国家科学技术学术著作出版基金资助出版

燃煤发电机组能耗及污染物时空分布与调控

杨勇平 等 著

科 学 出 版 社

北 京

内 容 简 介

燃煤发电是我国电力供应的主要来源，也是国家节能减排以及“碳中和”战略实施的关键。本书以燃煤发电系统为对象，深入探讨其节能理论与方法，并提出新颖节能技术。本书第1章阐述燃煤机组单耗分析理论与能耗时空分布规律；第2章介绍燃煤机组节能诊断方法及应用；第3章揭示燃煤机组污染物生成机制；第4章讨论燃煤机组热力系统流程重构与机炉耦合；第5章介绍燃煤机组空冷系统优化设计与全工况高效运行；第6章阐述绿色供热理论及其在大机组热电联产节能中的应用；第7章讨论太阳能辅助燃煤发电技术。

本书适合于热能动力工程及工程热物理专业方向的大学生、研究生、博士生以及从事火电行业的技术人员参考阅读，或有节能减排特定需求的电力企业人员等参考。

图书在版编目(CIP)数据

燃煤发电机组能耗及污染物时空分布与调控 / 杨勇平等著. —北京：科学出版社，2021.3

(国家科学技术学术著作出版基金资助出版)

ISBN 978-7-03-067970-3

Ⅰ. ①燃… Ⅱ. ①杨… Ⅲ. ①火力发电-发电机组-能量消耗-分析 ②火力发电-发电机组-污染物-污染防治 Ⅳ. ①TM621.3

中国版本图书馆CIP数据核字(2021)第021884号

责任编辑：范运年 / 责任校对：任苗苗
责任印制：师艳茹 / 封面设计：蓝正设计

科 学 出 版 社 出版
北京东黄城根北街16号
邮政编码: 100717
http://www.sciencep.com
北京通州皇家印刷厂 印刷
科学出版社发行 各地新华书店经销
*
2021年3月第 一 版 开本：720 × 1000 1/16
2021年3月第一次印刷 印张：26 3/4
字数：536 000

定价：188.00 元

(如有印装质量问题，我社负责调换)

序

我国一次能源以煤为主，其中一半以上煤耗量用于发电。燃煤发电既是电力能源供应和能源安全的基本保障，也是国家节能减排以及“碳中和”战略实施的关键。伴随着本世纪初以来的能源结构调整，我国开始大规模建设大容量、高参数火电机组，但面临煤质多变、负荷多变、环境条件复杂、排放标准日趋严格等众多挑战，衍生出众多科学和技术问题。燃煤发电节能减排一直是动力工程及工程热物理领域的学科和技术前沿。

该书作者杨勇平教授是热能动力工程专家，长期从事高效清洁燃煤发电理论与技术研究。20多年来，杨勇平教授及其带领的团队从燃煤发电的单元、过程及系统不同层面开展了深入研究，建立了燃煤发电能耗时空分布理论与节能诊断方法，发展了适应我国复杂资源环境条件的高效清洁燃煤发电技术；在大型燃煤发电机组空冷系统设计与运行、烟气脱硝技术的创新设计与工程应用、大型热电联产机组余热深度利用等方面取得了系列开创性成果。相关成果对满足我国燃煤发电的深层次节能需求、保障燃煤发电在复杂多变负荷和环境资源条件下的安全运行，以及实现燃煤发电的清洁与高效协同，做出了重要贡献。

该书集中展示了作者及其团队近年来在高效清洁燃煤发电领域取得的研究成果。以燃煤发电系统为对象，首先采用单耗分析法揭示燃煤机组能耗及污染物时空分布规律，进而从单元到系统提出燃煤发电系统节能调控方法和技术，内容涉及燃煤发电的节能诊断方法、机炉耦合与热力系统流程重构、大型燃煤发电空冷系统安全高效运行与设计、热电联产系统节能，以及燃煤与太阳能互补的新型发电系统等。内容丰富、结构合理、特色鲜明，从燃煤发电系统节能减排理论出发，再到具体单元、系统节能措施和技术，理论联系实际，并直接指导燃煤发电系统节能实践，具有重要的理论指导和工程应用价值。该书既是作者团队近20年研究成果的总结，也反映了燃煤发电节能减排领域的最新研究进展。

截至2020年底，我国电力装机总容量达到22亿kW，其中燃煤发电装机容量约为10.79亿kW，占总装机容量的比重为49%，历史性地进入50%以内。但在相当长的历史时期内，燃煤发电仍将作为电力能源的“主力军”和“压舱石”，为电力供应提供基本保障。同时，为适应太阳能、风力发电等可再生能源的发展，燃煤发电将会面临频繁调峰，提高灵活性以及深度节能减排、规模化消纳新能源等新的挑战和需求，燃煤发电承载的功能也将日益丰富。相信该书提出的燃煤发电节能减排理论、方法和能耗调控关键技术，对今后我国燃煤发电技术进步将具有重要的参考价值。该书的出版，对我国节能减排战略实施、2030 年“碳达峰”及 2060 年“碳中和”目标的实现，将起到积极的推动作用。

有鉴于此，愿略作数语，以为推荐。

2021 年 1 月 10 日

前　言

我国的资源禀赋决定了燃煤发电在能源体系中居主导地位。目前，我国煤炭资源的一半用于燃煤发电，燃煤发电装机容量超过 10 亿 kW，居世界首位，实际发电量占全国总发电量的 60%以上。

燃煤发电是煤炭资源的高效利用形式之一，对实现我国节能优先的能源发展战略至关重要。燃煤发电的技术进步，一直以提高蒸汽初参数、增加单机容量、优化热力系统、提高发电效率和控制污染排放为主题，历经从小容量、亚临界到大容量、超临界和超超临界的发展，将来还有望在更高参数的超超临界发电技术上继续取得突破，燃煤发电效率已接近甚至超过 50%。燃煤发电也是实现燃煤污染物集中治理最可行的技术途径。燃煤发电污染物控制技术不断取得突破，部分机组已达近零排放的水平。随着煤炭消费用于发电比例的提高，燃煤发电将对雾霾治理、解决环境污染发挥更大作用。燃煤发电在能源体系中功能也将更加丰富。除单纯的电力供应和热电联产之外，燃煤发电系统还可通过多过程匹配、能量梯级利用等途径，大规模接纳和吸收太阳能、地热能、生物质能等可再生能源，大幅度降低对煤炭等化石能源的消耗，具有实现能效提高与清洁排放协同的巨大潜力。

伴随着能源技术变革和能源结构调整，燃煤发电容量及参数不断提高，燃煤发电系统内部结构日趋复杂，外部资源环境条件更为多变，燃煤发电承载的功能日益丰富。实现高效、清洁的燃煤发电面临重大的理论和技术需求：

(1)燃煤发电面临深层次节能的需求。近年来，我国燃煤发电的结构发生了根本性变化，已经形成以大容量、高参数燃煤发电机组为主体的发电能源结构；燃煤发电煤耗率已达到国际先进甚至领先水平，传统技术的节能潜力日益缩小。燃煤发电系统能效的进一步提高，需要在参数提高、高效设备应用等节能措施的基础上，通过构建更为合理的能量释放与传输体系、利用外部可再生能源等，探索系统的、具有创新意义的节能理论与方法。

(2)燃煤发电面临外部环境资源复杂多变的挑战。我国的大型燃煤发电机组面临煤种多变、环境多变、负荷多变等复杂外部运行条件；由于随机波动性及间歇性的太阳能、风能等可再生能源发电快速增长，还面临更为频繁的调峰要求；同时我国大机组还承担着热电联产等多种能源输出的任务。研究燃煤发电机组在复杂外部条件下的高效热功转换、深度灵活变工况运行特性，以及能源综合利用的新理论和新技术，具有重要意义。

(3) 燃煤发电面临清洁与高效协同的需求。目前，我国燃煤发电机组执行世界上最严格的污染物排放标准，燃煤发电清洁排放导致机组能效下降的矛盾日益突出。在满足燃煤机组超低排放要求的前提下，实现燃煤发电系统高效、清洁的双重目标，保障电力能源的长期可持续发展，同样面临理论和技术创新需求。

围绕高效、清洁燃煤发电的理论和技术创新需求，从2009年开始，作者先后主持承担了两项国家“973计划”项目，并在国家自然科学基金杰出青年基金项目、重点项目的支持下开展了系统深入的研究。在燃煤发电能耗和污染物时空分布理论、燃煤发电多过程和多资源系统集成机理方面取得突破，进一步发展和完善了火电机组节能诊断方法。同时，将理论研究成果与工程实际相结合，围绕燃煤发电机组热力系统和流程重构、大型燃煤发电机组空冷系统优化设计和高效运行、大型热电联产机组节能技术，以及燃煤发电全工况高效、清洁协同技术等方面取得了重要进展，并探索出规模化太阳能与燃煤发电互补集成的新途径和新方法。基于作者的上述研究成果，本书的主要内容有望对我国燃煤发电领域相关科研机构、有关企业的科研，以及促进燃煤发电新技术的应用，推动高效、清洁燃煤发电技术进步起到积极作用。

本书由华北电力大学杨勇平教授等撰写，杨勇平教授撰写第1章，杨志平教高和王宁玲副教授撰写第2章，杨勇平教授和陆强教授撰写第3章，徐钢教授和许诚副教授撰写第4章，杨立军教授和杜小泽教授撰写第5章，杨勇平教授和戈志华教授撰写第6章，段立强教授、侯宏娟教授、庞力平教授和翟融融教授撰写第7章，全书由杨勇平教授统稿。

本书的编写也得到了作者团队的其他老师和研究生们的大力支持，他们承担了大量资料收集整理工作，谨致诚挚的感谢！本书的研究得到国家“973计划”项目“大型燃煤发电机组过程节能的基础研究”(2009CB219800，2009～2013)、“燃煤发电系统能源高效清洁利用的基础研究”(2015CB251500，2015～2019)，国家自然科学基金杰出青年基金项目“热力学，节能理论与技术、先进能量系统”(51025624，2011～2014)及国家自然科学基金重点项目“大型燃煤发电机组节能诊断理论与能效评价方法研究”(U1261210，2013～2016)的支持，在此一并致谢！

作　者

2020年10月于华北电力大学

目　　录

第 1 章　燃煤机组单耗分析理论与能耗时空分布规律

1.1　概　　述

燃煤发电是将煤的化学能转变为电能的生产过程，包括煤的化学能转化释放、热能和机械能的传递、转换等多个环节，涉及流动、传热、能量转换等多个过程。燃煤发电机组的能效与能耗评价方法主要基于热力学第一定律和第二定律。

热力学第一定律分析法通常称为热平衡法，以热力循环和热力系统为对象，以热效率为评价指标，分析、评价用能设备和系统能量有效利用的状况与程度，通过热量平衡计算热效率和热损失，得到系统中热量有效利用的程度，找出热损失最大的部位和能量利用的薄弱环节，为改进系统的用能水平提供理论依据。为提高计算效率，研究人员提出等效热降法[1]、循环函数法[2]、矩阵法[3]、热(汽)耗变换系数法[4]等，应用于燃煤发电机组热力系统的热经济性评价和节能诊断，取得了较好的节能效果。然而，这些方法主要考虑能量的数量，未直接考虑能量的品质，未能深入细致地揭示能量不可逆损失的部位和原因。

热力学第二定律分析法以熵平衡法和㶲平衡法[5-7]为代表，不再将热力系统当作一个黑箱，而以能量传递和转换过程为研究对象，引入熵和㶲的概念，定量计算不可逆过程的熵增和㶲损失，进而获得各过程的熵增和㶲损分布，从而发现能量系统的薄弱环节。第二定律分析法既考虑整体系统，又注重内部过程，从能量的质和量两方面对能量系统进行综合评价。与能量不同，物流的㶲可以因过程的不可逆性而损耗掉，也可能因与环境的交互而散失掉。㶲分析的关键是明确系统内各过程或设备的燃料㶲、产品㶲、耗散㶲、㶲平衡方程式和㶲效率。㶲平衡方程式有多种形式，对于系统或设备 k 而言，其常可写为

$$E_{\mathrm{F,sys}} = E_{\mathrm{P,sys}} + E_{\mathrm{D,sys}} + E_{\mathrm{L,sys}}\ （系统）\quad 或 \quad E_{\mathrm{F},k} = E_{\mathrm{P},k} + E_{\mathrm{D},k}\ （设备） \tag{1-1}$$

㶲效率为

$$\eta_{\mathrm{sys}}^{\mathrm{ex}} = \frac{E_{\mathrm{P,sys}}}{E_{\mathrm{F,sys}}}\ （系统）\quad 或 \quad \eta_k^{\mathrm{ex}} = \frac{E_{\mathrm{P},k}}{E_{\mathrm{F},k}}\ （设备） \tag{1-2}$$

式中，$E_{\mathrm{F,sys}}$ 为系统燃料总㶲；$E_{\mathrm{P,sys}}$ 为系统产品总㶲；$E_{\mathrm{D,sys}}$ 为系统耗损的总㶲；$E_{\mathrm{L,sys}}$ 为系统流失到环境中的总㶲；$E_{\mathrm{F},k}$ 为单元设备燃料㶲；$E_{\mathrm{P},k}$ 为单元设备产品㶲；$E_{\mathrm{D},k}$ 为单元设备㶲损失；$\eta_{\mathrm{sys}}^{\mathrm{ex}}$ 为系统㶲效率；η_k^{ex} 为单元设备㶲效率。

在烟分析的基础上，20 世纪 60 年代兴起的热经济学将热力学分析与经济优化理论相结合，王加璇教授于 20 世纪 80 年代将热经济学系统地引入国内[8, 9]。Tsatsaronis 在 1984 年提出烟经济学概念，形成了烟经济学分析方法[10]，之后又发展了先进烟分析方法[11]，将设备或过程的烟损耗分为设备自身因素及系统拓扑因素引起的损耗、或可避免和不可避免烟损耗等。

长期以来，我国工程领域的能量利用系统多采用标准煤耗指标进行评价，宋之平教授将烟分析与工程界常用的燃料消耗指标相关联，提出了“单耗分析理论”[12-14]，确定了系统的理论最低单耗及设备的附加单耗，在得到总体能耗(产品能耗)的同时还能反映其空间分布特性。在此基础上，作者团队进一步发展和完善单耗分析理论，提出能耗时空分布概念和改进的单耗分析方法[15, 16]，将各设备的附加单耗进一步分为由设备自身结构因素导致的附加单耗和由系统拓扑因素导致的附加单耗，并将其应用于燃煤发电机组的能耗分析、评价与诊断，在设计与运行层面评判其薄弱环节，进而提出过程改进措施和运行调整策略。

随着环保要求的日趋严格，污染物排放控制成为燃煤发电企业重要任务，污染物减排会增加煤电机组能耗。同时，我国北方地区水资源缺乏，建设大量空冷机组，虽然节水但煤耗较高。因此采用常规的热效率、煤耗率很难综合评价现代燃煤发电机组的性能，对电厂经济性综合评价提出新的课题。作者团队综合考虑能耗、水耗和污染物排放等，提出燃煤发电机组广义能耗的概念，并在广义能耗评价方法层面进行深入探索[17, 18]。

本章阐述了单耗分析理论，将其应用于不同类型大型燃煤发电机组，得到各类型机组的能耗时空分布规律。从设备角度，锅炉侧附加单耗最大，占机组总体能耗的一半；汽机侧附加单耗较大的设备主要有凝汽器、低压缸、高压缸、中压缸、汽动给水泵组、末级低加(低压加热器)、3#高加(高压加热器)等。空冷机组能耗高于湿冷机组，主要原因为空冷凝汽器压力较高导致排汽烟散失大。从过程角度，燃烧、传热传质、排放流失能耗最大，且系统上游过程(比如燃烧和传热过程)受其他过程影响更大。传热过程本身的可避免部分最大，但过程越靠近最终产品，其改进对机组总体能耗降低的贡献也越大，因此热功转换过程的可避免能耗虽远小于传热传质过程，却有相当大的降耗时空效应。考虑到可操作性，传热传质过程更应当受到重视。排放流失对系统的贡献取决于余热利用方式，余热转化为功量越多，其降耗时空效应也相应越高，鉴于此提出机炉深度耦合集成优化技术、汽轮机排汽余热梯级利用技术，实现燃煤发电机组的深度节能降耗。

在广义能耗评价方面，本章分析了多目标评价(MOCE)方法在燃煤发电机组综合评价中的应用情况，通过深入研究相关评价模型及赋权方法，对评价过程中的几个关键技术问题做了深入探讨并提出了应对措施。基于 MOCE 方法对燃煤发电机组广义能耗评价场景进行了实例分析，提出了面向未来电力系统节能发电调度的机组发电序位表制定方法。

1.2　单耗分析理论

单耗分析将抽象的㶲耗散以具体的燃料单耗表示，容易被理解和运用，增强了设备性能评价指标的实用性，对同一设备在不同系统状态下的性能变化的评价更加客观准确，为系统改进和节能降耗提供明确的指导。

任何能量系统都消耗燃料或原材料称之为“燃料”，最终产出的有用部分称之为“产品”，其余部分称为“耗散”。“产品量”与“燃料量”的比值称为效率，“耗散量”与“燃料量”的比值称为损失率，而“燃料量”与“产品量”的比值称为产品的燃料单耗，“耗散量”与“产品量”的比值称为产品的附加燃料单耗。产品的燃料单耗为理论最低单耗与附加燃料单耗之和，理论最低单耗是系统各过程完全可逆时产品的燃料单耗，附加燃料单耗是由于过程不可逆与排放至环境引起的燃料单耗之和。

1.2.1　燃煤发电机组的单耗

对于燃煤发电机组，消耗的“燃料”是煤，“产品”是电，效率和煤耗率常用作评价燃煤发电机组的主要热经济指标，而煤耗率与评价方法无关，都是消耗的标准煤量与生产电量的比值，产品的燃料单耗称为发电单耗，即发电煤耗率。燃煤机组发电单耗 b_s 主要由理论最低单耗 b_{min}^{TH} 和设备附加单耗 b_j 组成。理论最低单耗为发电过程完全可逆(即产品总㶲值 P 等于燃料总㶲值 F)情况下的发电单耗，而设备附加单耗为设备过程不可逆性与排放流失引起的附加燃料单耗。

$$b_s = \frac{B_s}{W} = \frac{F / e_F}{P / e_P} = b_{min}^{TH} + \sum b_j \tag{1-3}$$

式中，B_s 为燃料量；W 为产品量；F 为燃料总㶲值；e_F 为燃料比㶲；P 为产品总㶲值；e_P 为产品比㶲。对于燃煤发电机组，产品是电能，1kW·h 电能比㶲等于3600kJ，消耗燃料是标准煤，其比㶲近似等于其低位发热量，即 29271.2kJ/kg，因此其理论最低单耗为

$$b_{min}^{TH} = e_P / e_F = 3600 / 29271.2 \approx 123[g / (kW \cdot h)] \tag{1-4}$$

各设备附加单耗可表示为

$$b_j = (E_{D,j}/P)(e_P/e_F) \approx 123 \cdot (E_{D,j}/P) \tag{1-5}$$

式中，$E_{D,j}$ 为设备过程不可逆性或排放流失引起的㶲耗散。

式(1-6)反映单耗与㶲效率、㶲损失系数之间的关系：

$$1 = \frac{b_{min}^{TH}}{b_s} + \sum \frac{b_j}{b_s} = \frac{P}{F} + \sum \frac{E_{D,j}}{F} = \eta^{ex} + \sum \xi_j \tag{1-6}$$

式中，η^{ex} 为机组的㶲效率；ξ_j 为设备㶲损失系数。

可见，理论最低单耗与发电煤耗率之比等于机组的㶲效率，设备附加单耗与发电煤耗率之比等于设备的㶲损失系数，附加单耗高对应㶲损失系数大。

1.2.2　燃煤发电机组设备附加单耗

燃煤发电机组是一个复杂的能量系统，主要包括燃料化学能转化释放过程、换热过程、流动过程、膨胀做功过程、能量散失过程、机械能的传递与转化过程等。这些过程都与相应的设备或部件相关联，如从设备组成来看，燃煤发电系统主要包括锅炉、汽轮机、主再热蒸汽管道、回热加热器、除氧器(DEA)、回热抽汽管道、凝汽器、轴封加热器、凝结水泵、给水泵组等。锅炉还可进一步细分为各组成受热面，如省煤器、空气预热器、过热器、再热器等。管道系统可细分为主蒸汽管道、再热热段管道、再热冷段管道、给水管道、回热抽汽管道、疏水管道等。汽轮机本体可细分为各个汽缸或级组。典型燃煤发电机组热力系统如图 1-1 所示，相应计算各设备附加单耗㶲损失的计算公式列于表 1-1。

表 1-1 中，E_D 表示设备的㶲损失，D 表示工质流量，e 表示工质比㶲，W 表示汽轮机各汽缸作功或者水泵耗功，h 为工质比焓。

1.2.3　能耗敏度

能耗(单耗)敏度是系统能耗随决策变量的变化值，有绝对值和相对值之分。能耗敏度分析可确定决策变量变化导致机组总体能耗的变化量，以辅助分析设备设计、运行、检修等方面存在的问题。决策变量是由运行、检修、设计人员可以控制的，影响能量系统经济性能的参数。

假定能量系统的能耗(或产品单耗)为 y，影响该系统热经济性的变量分别为 $x_1, x_2, \cdots, x_i, \cdots, x_n$，则该系统的能耗可表示成多元函数，即

$$y = f(x_1, x_2, \cdots, x_i, \cdots, x_n) \tag{1-7}$$

假定各个变量之间相互独立，线性无关，且函数连续可导，则能量系统的能耗(或产品单耗)的全增量可表示为

$$\Delta y = y_1 - y_0 = f(x_{11}, x_{21}, \cdots, x_{i1}, \cdots, x_{n1}) - f(x_{10}, x_{20}, \cdots, x_{i0}, \cdots, x_{n0}) \tag{1-8}$$

或者

$$\Delta y = \frac{\partial f}{\partial x_1}\Delta x_1 + \frac{\partial f}{\partial x_2}\Delta x_2 + \cdots + \frac{\partial f}{\partial x_i}\Delta x_i + \cdots + \frac{\partial f}{\partial x_n}\Delta x_n \tag{1-9}$$

式中，x_{i0}、x_{i1} 分别为能量系统第 i 个变量变化前后的值；$\dfrac{\partial f}{\partial x_i}$ 为函数沿 x_i 方向的偏导数；Δx_i 第 i 个变量的变化值。

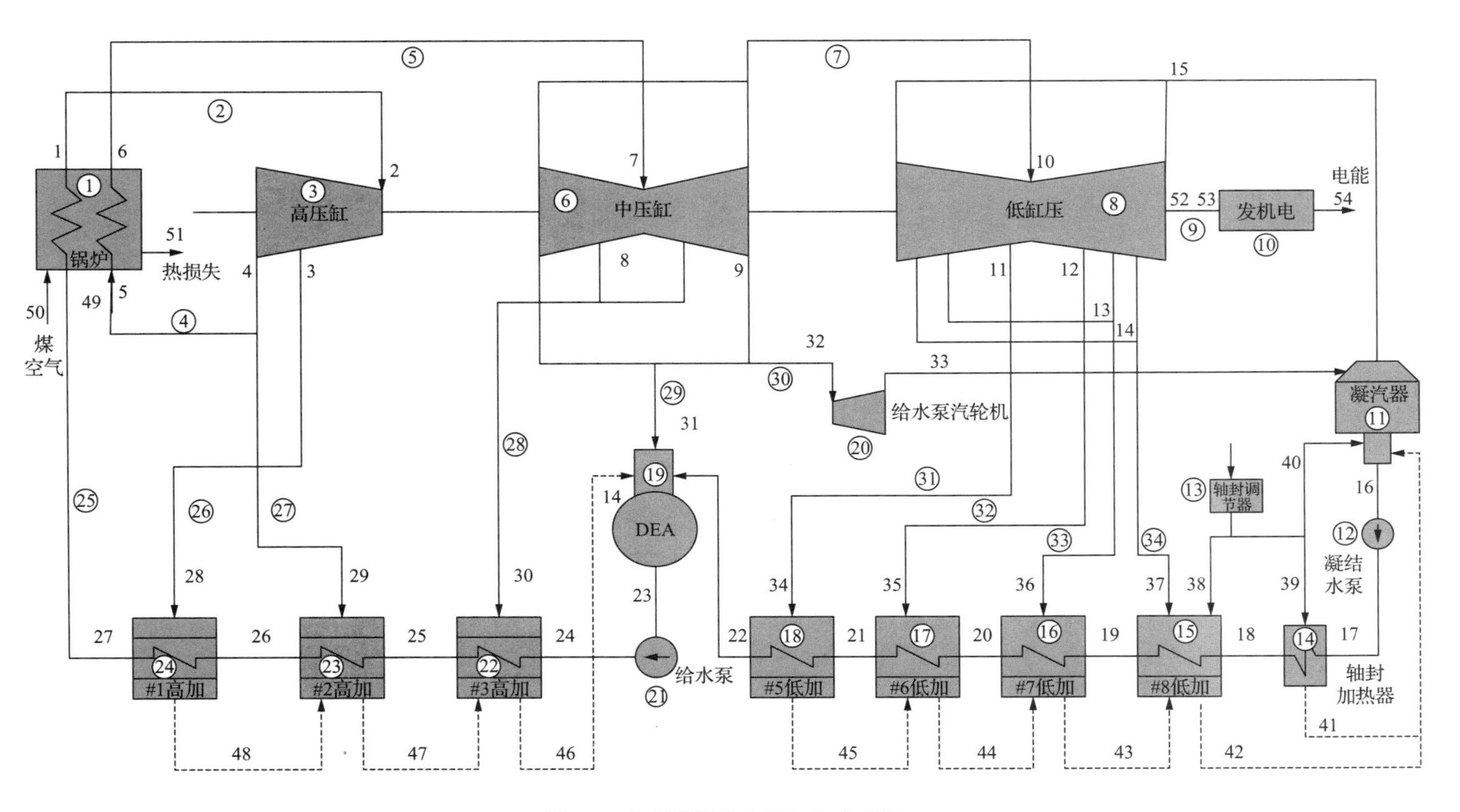

图1-1　典型燃煤发电机组热力系统

带圈数字为设备编号，数字为工质标号，表1-1同

表 1-1　典型燃煤机组主要设备烟损失计算公式

设备	㶲损失
锅炉 *b*①	$E_{\mathrm{D,b}} = D_{50}e_{\mathrm{F}} - (D_1e_1 - D_{49}e_{49}) - (D_6e_6 - D_5e_5)$
主汽管道 P,ms②	$E_{\mathrm{D,P,ms}} = D_1e_1 - D_2e_2$
高压缸 HP③	$E_{\mathrm{D,HP}} = D_2e_2 - D_3e_3 - D_4e_4 - \sum D_{\mathrm{f},j}e_{\mathrm{f},j} - W_{\mathrm{HP}}$
再热冷段 P,crh④	$E_{\mathrm{D,P,crh}} = D_5(e_4 - e_5)$
再热热段 P,rh⑤	$E_{\mathrm{D,P,rh}} = D_6(e_6 - e_7)$
中压缸 IP⑥	$E_{\mathrm{D,IP}} = D_7e_7 - D_8e_8 - D_9e_9 - \sum D_{\mathrm{f},j}e_{\mathrm{f},j} - W_{\mathrm{IP}}$
低压缸 LP⑧	$E_{\mathrm{D,LP}} = D_{10}e_{10} - D_{11}e_{11} - D_{12}e_{12} - D_{13}e_{13} - D_{14}e_{14} - D_{15}e_{15} - W_{\mathrm{LP}}$
凝汽器 con⑪	$E_{\mathrm{D,con}} = D_{15}e_{15} + D_{33}e_{33} + D_{40}e_{40} + D_{41}e_{41} + D_{42}e_{42} - D_{16}e_{16}$
凝结水泵 CP⑫	$E_{\mathrm{D,cp}} = W_{\mathrm{CP}} - (D_{17}e_{17} - D_{16}e_{16})$
轴封加热器 sg⑭	$E_{\mathrm{D,sg}} = D_{39}(e_{39} - e_{41}) - D_{17}(e_{18} - e_{17})$
8#低加 H8⑮	$E_{\mathrm{D,H8}} = (D_{37}e_{37} + D_{38}e_{38} + D_{43}e_{43} - D_{42}e_{42}) - (D_{19}e_{19} - D_{18}e_{18})$
7#低加 H7⑯	$E_{\mathrm{D,H7}} = (D_{36}e_{36} + D_{44}e_{44} - D_{43}e_{43}) - (D_{20}e_{20} - D_{19}e_{19})$
6#低加 H6⑰	$E_{\mathrm{D,H6}} = (D_{35}e_{35} + D_{45}e_{45} - D_{44}e_{44}) - (D_{21}e_{21} - D_{20}e_{20})$
5#低加 H5⑱	$E_{\mathrm{D,H5}} = (D_{34}e_{34} - D_{45}e_{45}) - (D_{22}e_{22} - D_{21}e_{21})$
除氧器 DEA⑲	$E_{\mathrm{D,DEA}} = D_{31}e_{31} + D_{14}e_{14} + D_{22}e_{22} - D_{23}e_{23}$
给水泵汽轮机 FPST⑳	$E_{\mathrm{D,FPST}} = D_{32}(e_{32} - e_{33}) - D_{32}(h_{32} - h_{33})$
给水泵 FP㉑	$E_{\mathrm{D,FP}} = W_{\mathrm{FP}} - (D_{24}e_{24} - D_{23}e_{23})$
3#高加 H3㉒	$E_{\mathrm{D,H3}} = (D_{30}e_{30} + D_{47}e_{47} - D_{46}e_{46}) - (D_{25}e_{25} - D_{24}e_{24})$
2#高加 H2㉓	$E_{\mathrm{D,H2}} = (D_{29}e_{29} + D_{48}e_{48} - D_{47}e_{47}) - (D_{26}e_{26} - D_{25}e_{25})$
1#高加 H1㉔	$E_{\mathrm{D,H1}} = (D_{28}e_{28} - D_{48}e_{48}) - (D_{27}e_{27} - D_{26}e_{26})$
主给水管道 P,fw㉕	$E_{\mathrm{D,P,fw}} = D_{27}e_{27} - D_{49}e_{49}$
一级回热抽汽管道 pr1㉖	$E_{\mathrm{D,pr1}} = D_3(e_3 - e_{28})$
二级回热抽汽管道 pr2㉗	$E_{\mathrm{D,pr2}} = D_{28}(e_4 - e_{29})$
三级回热抽汽管道 pr3㉘	$E_{\mathrm{D,pr3}} = D_{30}(e_8 - e_{30})$
四级回热抽汽管道 pr4㉙	$E_{\mathrm{D,pr4}} = D_{31}(e_9 - e_{31})$
五级回热抽汽管道 pr5㉛	$E_{\mathrm{D,pr5}} = D_{34}(e_{11} - e_{34})$
六级回热抽汽管道 pr6㉜	$E_{\mathrm{D,pr6}} = D_{35}(e_{12} - e_{35})$
七级回热抽汽管道 pr7㉝	$E_{\mathrm{D,pr7}} = D_{36}(e_{13} - e_{36})$
八级回热抽汽管道 pr8㉞	$E_{\mathrm{D,pr8}} = D_{37}(e_{14} - e_{37})$

对于燃煤发电机组，总体能耗为发电煤耗率(发电单耗)，对应煤耗敏度为

$$\Delta b\big|_{\Delta x_i} = b_s'\big|_{x_{i1}} - b_s\big|_{x_{i0}} \tag{1-10}$$

$$\delta b\big|_{\Delta x_i} = \frac{\Delta b\big|_{\Delta x_i}}{b_s\big|_{x_{i0}}} \times 100 \tag{1-11}$$

式中，Δx 为机组决策变量的变化值；b_s' 为决策变量变化后的发电煤耗率，g/(kW·h)；$\Delta b\big|_{\Delta x_i}$、$\delta b\big|_{\Delta x_i}$ 分别为机组煤耗的敏度绝对值和相对值。

对于燃煤发电机组，通过计算决策变量变化前后系统内各设备的附加单耗，进而得到整个系统的产品单耗，二者之差即为该决策变量的能耗敏度。通过该分析方法，不但能够得到决策变量变化对总体能耗的影响值，还可以知道该控制变量变化主要影响哪些设备的附加单耗。

$$\Delta b\big|_{\Delta x_i} = b_s'\big|_{x_{i1}} - b_s\big|_{x_{i0}} = \sum b_j' - \sum b_j = \sum \Delta b_j\big|_{\Delta x_i} = \frac{e_P}{e_F} \cdot \frac{\sum \Delta E_{D,j}}{P}\bigg|_{\Delta x_i} \tag{1-12}$$

1.2.4　改进的单耗分析

热力学分析的最终目的是综合考虑设备类型与功能，找到系统拓扑结构上的弱点，通过加减设备或加强子系统相互联系来实现系统总体用能水平的提升，而不仅仅是找到系统用能的薄弱点。传统热力学分析未考虑以下三方面对设备改进的影响：设备能耗的相互作用、设备能耗的可避免性及设备的降耗时空效应。因为设备间以物流相互连接，一个设备热力性能的改变可能影响其他设备的进出口物流流量或热力参数，导致设备间能耗具有一定的相互作用：改变一个设备的热力性能，其他设备的性能也可能随之变化；某一过程的最优并不一定意味着整体系统的最优。因此，进一步细分了设备或过程的附加单耗，提出了设备的降耗时空效应。

1. 设备结构因素/系统拓扑因素附加单耗

附加单耗反映设备的能耗水平，可用以定位系统中高能耗的主要设备与关键过程，但这并不足以有效指导系统结构的改进。实际上，某设备 k 的能耗并非全部由其本身结构缺陷造成，其他设备 $j(j \neq k)$ 的结构缺陷因设备间物流连接作用于设备 k 使之产生额外能耗。因此，设备 k 的总附加单耗可以进一步分为自身结构因素($b_{D,k}^{str}$)和系统拓扑因素($b_{D,k}^{sys}$)附加单耗。

(1)设备 k 的自身结构因素附加单耗(内因附加单耗)：当给定能量系统中除设备 k 的其他所有设备都处于理想状态而设备 k 处于实际状态时，设备 k 的附加单耗即为其内因附加单耗，此时设备 k 与其他设备间无能耗相互作用，设备 k 的附加单耗全部因为它本身的热力学缺陷(比如非定熵膨胀或过程有压力损失等)造成。

(2)设备 k 的系统拓扑因素附加单耗(外因附加单耗)：当给定能量系统中某一设备 $j(j \neq k)$ 不处于理想状态而其他所有设备(包含设备 k)处于理想状态时，设备 j 的结构缺陷(热力学缺陷)能作用于设备 k,使设备 k 产生额外的附加单耗 $b_{\mathrm{D},j\to k}$。系统中 Nu 个设备的能耗同时作用于设备 k 时，设备 k 的额外附加单耗并非呈线性增加($b_{\mathrm{D},k} \neq \sum_{j=1,j\neq k}^{N_\mathrm{u}} b_{\mathrm{D},j\to k}$)，也即多个设备的能耗同时作用于设备 k 时，存在一定的耦合效应。定义函数 f_k 为系统中其他所有设备对设备 k 的能耗作用关系，则 $f_k(b_{\mathrm{D},1}, b_{\mathrm{D},2}, b_{\mathrm{D},j(j\neq k)}, \cdots, b_{\mathrm{D},N_\mathrm{u}})$，即为设备 k 的系统拓扑因素附加单耗。显然，$f_k(0,0,\cdots, b_{\mathrm{D},j(j\neq k)},\cdots,0)$ 等于 $b_{\mathrm{D},j\to k}$。

基于上述附加单耗的划分与能耗作用关系 f_k，则有

$$b_{\mathrm{D},k} = b_{\mathrm{D},k}^{\mathrm{str}} + b_{\mathrm{D},k}^{\mathrm{sys}} \tag{1-13}$$

并且

$$b_{\mathrm{D},k}^{\mathrm{sys}} = f_k(b_{\mathrm{D},1}, b_{\mathrm{D},2}, \cdots, b_{\mathrm{D},j(j\neq k)}, \cdots, b_{\mathrm{D},N_\mathrm{u}}) \tag{1-14}$$

另外，在讨论设备 k 时，设 $b_{\mathrm{D,oth}:k} = \sum_{j=1,j\neq k}^{N_\mathrm{u}} b_{\mathrm{D},j}$，则有

$$b = b_{\min}^{\mathrm{TH}} + (b_{\mathrm{D},k}^{\mathrm{str}} + b_{\mathrm{D},k}^{\mathrm{sys}}) + b_{\mathrm{D,oth}:k} + \sum\nolimits_{m=1}^{N_\mathrm{L}} b_{\mathrm{L},m} \tag{1-15}$$

式中，N_L 为系统中有㶲流失至环境中的设备数量。

通过设备自身结构因素附加单耗和系统拓扑因素附加单耗，可以确定设备改进应以自身热力过程改进为主，还是应同时降低系统其他设备的不可逆性。

2. 设备可避免/不可避免附加单耗

设备的附加单耗大小并不意味着其实际具备的节能潜力。采用最为先进的技术，系统和设备的热力学性能可以得到一定程度的改善，但不可能达到零能耗的理想状态。也就是说，任何实际系统和设备中必然有一部分附加单耗是不可避免的。

计算可避免与不可避免附加单耗最关键的是确定系统中所有设备的最优状

态，这往往可由工业或实验中最佳实际运行状态(best practice)获得。当然，最佳状态的判断具有一定的主观性，尤其设备所在系统不尽相同时，可能会导致较大偏差，因此应尽量参考相似系统中相同设备的性能。

当给定能量系统的所有设备都处于最佳可能的运行状态(也即系统整体处于最佳可能状态)时，各设备处于其在当前系统下的不可避免过程，进而可得此系统中设备 k 产生产品量 $E_{\mathrm{P},k}$ 所造成的最小能耗（$E_{\mathrm{D},k}$）。当系统处于实际运行状态时，设备 k 会产生额外能耗，即为可避免的部分。这里认为设备 k 的最小能耗/产品比 $(E_{\mathrm{D}}/E_{\mathrm{P}})_k^{\mathrm{un}}$ 针对给定系统为定值，则实际状态下设备 k 的不可避免(上标 un)附加单耗 $b_{\mathrm{D},k}^{\mathrm{un}}$ 可由如下公式计算：

$$b_{\mathrm{D},k}^{\mathrm{un}} = \frac{E_{\mathrm{P},k} \cdot e_{\mathrm{P}}}{P \cdot e_{\mathrm{F}}} \left(\frac{E_{\mathrm{D}}}{E_{\mathrm{P}}} \right)_k^{\mathrm{un}} \tag{1-16}$$

这样，设备 k 的附加单耗亦可表示为不可避免与可避免(上标 av)部分之和（$b_{\mathrm{D},k} = b_{\mathrm{D},k}^{\mathrm{un}} + b_{\mathrm{D},k}^{\mathrm{av}}$），其中后者才是设备真正的节能潜力所在。对系统的改进应该更多地从节能潜力大的设备或过程着手。

3. 设备降耗时空效应

设备内热力过程的不可逆程度影响着系统总附加单耗的大小，而且不同设备对系统的影响程度高低有别。考察目标设备 k 的设备改进对系统总体能耗降低的贡献时，将设备 k 调整至其可达状态(与计算不可避免能耗的可达状态相同)，而系统内其他所有设备保持实际状态，这样旧的系统在新扰动下达到新的能耗平衡状态，以新旧系统下系统能耗的差值即为设备 k 的降耗时空效应 Δb_k：

$$\Delta b_k = b_k^{\mathrm{old}} - b_k^{\mathrm{new}} \tag{1-17}$$

式中，上标 old 为系统的实际状态；上标 new 则为设备 k 改进后系统达到的新能耗状态。

设备的降耗时空效应越大，其热力学性能的改善可更大程度上降低系统的能耗。因此，在对系统进行节能改造或者优化时理论上应该给予高降耗时空效应的设备高优先级。

单耗分析中已有的单耗敏度定义与降耗时空效应定义类似，但各有侧重。前者讨论的是系统某一个重要参数变化所引起的系统能耗的变化量，而后者则侧重于设备的能耗变化对系统能耗的影响。设备能耗的变化可能是与该设备相关的某个或多个特征参数引起的。

4. 改进单耗分析法的定量计算

改进的单耗分析涉及以下几个核心量的定量计算：设备自身结构/系统拓扑(可避免/不可避免)因素附加单耗、系统拓扑因素附加单耗中的线性项与耦合项以及设备的降耗时空效应。能耗作用耦合项的具体形式并不容易推导获得，由系统拓扑因素附加单耗与线性叠加项之差获得。而设备可避免/不可避免附加单耗的计算需首先构建机组的不可避免状态(详见表 1-2)来计算各个设备的$(E_D / E_P)_k^{un}$，从而获得$b_{D,k}^{un}$和$b_{D,k}^{av}$。表 1-2 中列出了定量计算所需要所有工况及其详细作用与系统模拟次数。

表 1-2　计算各种类型能耗所需要的机组状态

系统状态	描述	计算项	模拟次数
实际状态	所有设备处于实际状态 $b_{D,k}$	$b_{D,k}$	1
新状态 1	仅目标设备 k 处于可达状态，而系统内其他所有设备保持实际状态	Δb_k	$C_{N_u}^1$
新状态 2	仅设备 k 处于实际状态，而其他设备调整至理想状态	$b_{D,k}^{str}$	$C_{N_u}^1$
新状态 3	所有设备都处于最佳可达状态	$\left(\frac{E_D}{E_P}\right)_k^{un}$	1
新状态 4	目标设备 k 与某一设备 j 处于实际状态，而其他所有设备处于理想状态	$b_{D,j\to k}$	$C_{N_u}^2 - N_u$

5. 改进单耗分析对系统降耗的指导

考虑到上述对能量系统内部设备间能耗的相互作用、设备可避免能耗及设备的降耗时空效应，对能量系统的分析可以从四个层面进行，如表 1-3 所示，分别从传统的单耗分析、设备的结构因素/系统拓扑因素能耗、设备可避免/不可避免能耗和设备的降耗时空效应四个层面层层递进，对系统进行全面的分析与诊断，以期从系统分析角度找到能量系统进一步大幅降耗的系统结构改进方案。

表 1-3　改进单耗分析的四个层面

层面	目的
层面一：传统单耗分析	获得系统内部能耗的大小和具体部位，找到高能耗的主要设备和过程，同时评价系统㶲流失的大小
层面二：自身结构/系统拓扑附加单耗	根据设备能耗的来源，决定设备的改进是围绕其自身热力过程的不可逆性，还是需要同步优化与其密切相关的其他设备
层面三：可避免/不可避免附加单耗	确定具备较大节能潜力的设备或过程，节能降耗应该更注重节能潜力大的设备或过程，同时结合技术可行性，确定系统节能改进的短板
层面四：降耗时空效应	通过降耗时空效应，评估设备状态达到最佳可达状态时对系统能耗降低的贡献。贡献越大的设备应该给予高改进优先级

1.3　单耗分析理论的应用及能耗时空分布规律

1.3.1　锅炉作为整体时机组单耗分析及能耗时空分布规律

对于一个复杂能量系统，不仅要知道系统的效率和总体能耗，更希望了解系统中各个设备或过程能耗(附加单耗)的大小，特别是不同工况下的能耗分布状况，即能量系统的能耗时空分布，所谓“时”就是每时每刻的工况，就是“全工况”，所谓“空”就是系统空间分布中每一个设备，能耗时空分布就是所有的设备在每一工况时的能耗状况。

按照表 1-1 燃煤发电机组单耗分析计算模型，以 1000MW 超超临界一次再热燃煤发电湿冷机组和空冷机组为例进行单耗分析，以期获得机组在不同工况下的能耗分布[19,20]，在此基础上比较相同容量、相同初参数时湿冷机组和空冷机组能耗分布特性。本案例分析将锅炉系统作为整体，重点研究汽轮机侧各组成设备的能耗分布。

1000MW 超超临界一次再热燃煤发电湿冷机组锅炉型号为 DG3000/26.15-Ⅱ1，汽轮机型号为 N1000-25.0/600/600，回热级数八级，回热系统由三级高压加热器、四级低压加热器和一级除氧器构成，给水泵采用小汽轮机拖动，给水泵效率 83%，小汽轮机效率 81%，再热系统压降 10%，一、二、三级抽汽压损 3%，其他各级抽汽压损 5%，循环水入口水温 24℃(汽轮机背压 5.75kPa)，原则性热力系统参考图 1-1，计算结果如表 1-4 所示。

表 1-4　1000MW 超超临界湿冷机组能耗时空分布　［单位：g/(kW·h)］

	工况	TMCR	THA	75%THA	50%THA	40%THA	30%THA
	机组总体	268.108	268.528	272.089	282.280	289.496	301.062
机组总体能耗	理论单耗	123	123	123	123	123	123
	锅炉系统	124.200	124.780	128.510	138.300	144.460	153.170
	主再热蒸汽管道	1.697	1.676	1.74	1.761	1.792	1.823
	汽轮机系统	17.375	17.472	17.239	17.359	18.154	20.729
	机电系统	1.670	1.600	1.600	1.860	2.090	2.340
主再热蒸汽管道能耗	主蒸汽管道	0.782	0.788	0.839	0.834	0.831	0.815
	再热冷段管道	0.291	0.206	0.172	0.125	0.212	0.308
	再热热段管道	0.624	0.682	0.729	0.802	0.749	0.700
汽轮机系统能耗	中低压导汽管	0.181	0.181	0.184	0.191	0.196	0.204
	高压缸	2.397	2.598	3.875	3.867	3.985	5.671
	中压缸	1.163	1.163	0.799	0.535	0.545	0.568
	低压缸	3.270	3.339	3.663	5.641	6.319	7.398

续表

工况		TMCR	THA	75%THA	50%THA	40%THA	30%THA
汽轮机系统能耗	1#高加	0.452	0.433	0.400	0.387	0.389	0.382
	2#高加	0.422	0.409	0.388	0.381	0.388	0.392
	3#高加	0.564	0.560	0.533	0.521	0.519	0.510
	除氧器	0.431	0.433	0.431	0.443	0.442	0.447
	5#低加	0.237	0.236	0.231	0.230	0.226	0.224
	6#低加	0.257	0.256	0.249	0.248	0.245	0.244
	7#低加	0.195	0.194	0.184	0.176	0.173	0.170
	8#低加	0.704	0.691	0.613	0.450	0.363	0.245
	一级抽汽管道	0.033	0.032	0.027	0.022	0.021	0.019
	二级抽汽管道	0.028	0.027	0.024	0.021	0.020	0.019
	三级抽汽管道	0.016	0.016	0.014	0.013	0.013	0.013
	四级蒸汽管道	0.048	0.047	0.041	0.030	0.029	0.029
	五级抽汽管道	0.018	0.018	0.017	0.015	0.015	0.015
	六级抽汽管道	0.020	0.020	0.019	0.018	0.017	0.017
	七级抽汽管道	0.018	0.018	0.017	0.015	0.015	0.015
	八级抽汽管道	0.038	0.037	0.035	0.031	0.029	0.026
	汽动给水泵组	1.199	1.164	1.017	0.384	0.594	0.491
	轴封系统	1.103	1.001	0.669	0.739	0.888	1.182
	轴封加热器	0.048	0.054	0.070	0.106	0.143	0.192
	凝汽器	4.699	4.545	3.739	2.895	2.580	2.256
汽轮机本体		6.830	7.100	8.337	10.043	10.849	13.637
回热系统		3.481	3.427	3.223	3.001	2.904	2.767

注：TMCR 为最大连续工况；THA 为额定工况。

由表 1-4 可知，在整个负荷变化范围内，该湿冷机组发电煤耗率约为 268～301g/(kW·h)，随机组负荷降低而增加，负荷越低，煤耗增加越大；其中锅炉侧附加单耗在整个负荷变化范围内约为 124.2～153.2g/(kW·h)，占机组发电煤耗率的比例为 46%～51%，且随机组负荷变化的趋势与发电煤耗率的趋势相同；汽机侧附加单耗约为 17g/(kW·h)，占机组发电煤耗率的比例约为 6.5%，随负荷的变化较小。汽轮机本体附加单耗为 6.5～13.7g/(kW·h)，随负荷降低，汽轮机本体能耗增加，凝汽器附加单耗为 2.2～5g/(kW·h)，由于凝汽器热负荷降低，凝汽器压力降低，凝汽器附加单耗随机组负荷降低而降低，回热系统附加单耗约为 3g/(kW·h) 左右，随机组负荷变化较小。

1000MW 超超临界一次再热燃煤发电直接空冷机组锅炉型号为 DG3000/26.15-Ⅱ1，汽轮机型号为 NZK1000-25.0/600/600，回热级数七级，分别供给三级高压加热器、一级除氧器、三级低压加热器，给水泵采用小汽轮机拖动，小汽轮机排汽由专门配置的湿冷凝汽器冷却后，与直接空冷凝汽器的凝结水混合后进入凝结水系统，给水泵效率 83%，小汽轮机效率 81%，再热系统压降 10%，一、二、三级抽汽压损 3%，其他各级抽汽压损 5%，环境温度设定为 20℃，汽轮机背压 13kPa，计算结果如表 1-5 所示。

表 1-5　1000MW 超超临界空冷机组能耗时空分布　[单位：g/(kW·h)]

名称		TMCR	THA	75%THA	50%THA	40%THA	30%THA
机组总体		283.180	283.621	289.845	305.962	317.116	334.392
机组总体能耗	理论单耗	123	123	123	123	123	123
	锅炉系统	131.356	131.764	136.944	149.494	157.714	170.660
	主再热蒸汽管道	1.588	1.599	1.76	1.967	2.122	2.215
	汽轮机系统	25.566	25.658	26.541	29.641	32.190	36.177
	机电系统	1.670	1.600	1.600	1.860	2.090	2.340
主再热蒸汽管道能耗	主汽管道	0.809	0.818	0.881	0.969	1.023	1.060
	再热冷段管道	0.237	0.230	0.180	0.139	0.186	0.306
	再热热段管道	0.542	0.551	0.699	0.859	0.913	0.849
汽轮机系统能耗	中低压缸导管	0.184	0.183	0.186	0.197	0.206	0.218
	高压缸	2.345	2.493	2.984	3.013	3.091	3.347
	中压缸	1.368	1.370	1.328	1.329	1.376	1.420
	低压缸	3.504	3.458	3.537	5.460	7.016	9.272
	1#高加	0.485	0.467	0.421	0.421	0.430	0.434
	2#高加	0.451	0.438	0.405	0.410	0.423	0.432
	3#高加	0.663	0.659	0.638	0.645	0.643	0.637
	除氧器	0.493	0.495	0.497	0.523	0.528	0.538
	5#低加	0.310	0.309	0.309	0.320	0.320	0.321
	6#低加	0.248	0.247	0.239	0.239	0.236	0.235
	7#低加	0.709	0.683	0.521	0.359	0.283	0.192
	一级抽汽管道	0.034	0.034	0.029	0.024	0.023	0.022
	二级抽汽管道	0.030	0.029	0.026	0.023	0.023	0.022
	三级抽汽管道	0.019	0.019	0.017	0.016	0.016	0.016
	四级抽汽管道	0.054	0.054	0.049	0.040	0.036	0.033
	五级抽汽管道	0.022	0.022	0.021	0.019	0.019	0.019
	六级抽汽管道	0.021	0.020	0.019	0.018	0.018	0.018
	七级抽汽管道	0.035	0.034	0.029	0.023	0.020	0.016
	汽动给水泵组	0.897	0.931	1.036	0.784	0.600	0.317
	轴封系统	0.772	0.750	0.684	0.764	0.830	0.906
	空冷凝汽器	12.922	12.963	13.566	15.014	16.053	17.762
汽轮机本体		7.217	7.321	7.849	9.802	11.483	14.039
回热系统		3.574	3.510	3.220	3.080	3.018	2.935

由表 1-5 可知，在机组全工况范围内，该空冷机组的发电煤耗率为 282～335g/(kW · h)，且随负荷的降低而增加。其中锅炉侧的附加单耗为 130.8～170.6g/(kW · h)，占机组发电煤耗率的 46.3%～51%。汽轮机侧的附加单耗为 25.3～36g/(kW · h)，占整个系统总能耗的 8.9%～10.75%。在汽轮机侧，空冷凝汽器的附加单耗最大，为 12.9～17.8g/(kW · h)，约占整个汽轮机侧附加单耗的 50%以上；随机组负荷降低时，空冷凝汽器的附加单耗增加；汽轮机本体的附加单耗为 7.1～14g/(kW · h)，占整个汽轮机单耗的 28%～29%，也随机组负荷下降而增大；回热系统的附加单耗只有 2.9～3.65g/(kW · h)，占汽轮机系统能耗的 8.1%～14.3%，而且随负荷的降低而减小。对于汽轮机本体，低压缸的附加单耗最大，为 3.5～9.3g/(kW · h)，占汽轮机本体总单耗的 49%～66%，随机组负荷的降低而增加。高压缸的附加单耗次之，为 2.5～3.4g/(kW · h)，随机组负荷的降低而增加。中压缸的附加单耗最低，为 1.3～1.4g/(kW · h)，并且随机组负荷的变化很小。对于主要蒸汽管道，主蒸汽管道、再热蒸汽管道和中低压缸导汽管的附加单耗之和为 2g/(kW · h)左右，主蒸汽管道的附加单耗最大，其次是再热蒸汽热段管道、再热蒸汽冷段管道，中低压缸导汽管附加单耗最低。

比较表 1-4 和表 1-5 可见，锅炉侧各过程的不可逆性较大，因而锅炉侧附加能耗较高，占机组发电煤耗率的 50%以上，随机组负荷率降低而增大。汽轮机侧各过程的不可逆性较小，因而机侧附加能耗占机组发电煤耗率的 10%左右，其中能耗较大的设备主要有凝汽器、低压缸、高压缸、中压缸。回热系统采用多级回热使得每级加热器传热温差较小导致不可逆性较小，回热系统附加能耗占机侧能耗 10%左右，回热系统中末级回热加热器和 3#高压加热器由于传热温差较大引起的附加能耗较其他回热加热器附加能耗高，所以在设计过程中 3# 高加设置外置式蒸汽冷却器、末级低加采用疏水泵方式可以有效降低二者的附加能耗。主要蒸汽管道的附加能耗达到 2g/(kW · h)左右，高于汽轮机中压缸的附加能耗，可见在机组设计优化时主要蒸汽管道的设计应给以足够重视，特别是主蒸汽管道和再热管道的设计。这也进一步说明，汽轮机高压缸高位布置的优势，一方面节省高级合金钢管材进而降低成本，另一方面能够降低管道附加能耗，特别是对于二次再热超超临界参数机组效果更佳。

上述案例机组容量相同、初参数相同，主要不同之处在于汽轮机排汽冷却方式不同，凝汽器附加能耗主要是汽轮机排汽烟散失到环境而引起，比较表 1-4 和表 1-5 发现，空冷机组排汽压力高导致空冷凝汽器的附加能耗远大于湿冷凝汽器的附加能耗。湿冷机组凝汽器附加能耗随机组负荷降低而降低，是因为在循环水流量不变的条件下，排汽量减少排汽压力随之降低，因而散失到环境中的烟随之减少。汽轮机排汽压力不变的条件下，空冷凝汽器附加能耗随机组负荷降低而增加。这也进一步反映出机组实际运行过程中冷端系统运行优化的重要性，最佳排汽压力取决于机组发电能耗降低值与冷端系统电耗增加导致机组能耗增加值。比较 THA 工况，空冷凝汽器附加能耗是湿冷凝汽器的 3 倍，因而降低背压对于空冷机组的节能降耗至关重要。

上述单耗分析重点研究汽轮机侧各设备及过程的能耗时空分布规律，而将锅炉作为一个整体，实际上锅炉系统也是一个复杂的子系统，由多个单元或过程组成。对锅炉各单元过程进行详细单耗分析，可进一步揭示锅炉内部各单元过程的能耗分布规律。

1.3.2　锅炉细化为多个设备过程时机组单耗分析及能耗时空分布规律

本案例研究对象为 660MW 超超临界、一次再热凝汽式机组。机组设计煤种为烟煤(低位发热量为 21981kJ/kg)，其元素分析(收到基)为 C(57.52%)、H(3.11%)、O(2.78%)、N(0.99%)、S(2.00%)、H_2O(9.9%)和灰分(23.7%)。按设备过程划分的机组系统结构如图 1-2 所示。

锅炉子系统模型参照锅炉热力计算方法将锅炉按照受热面布置情况划分为 12 个分区(序号Ⅰ～Ⅻ)，每个分区包含主烟气物流、主受热面和附加受热面等。该模型需要对各个分区进行详细的传热计算，以准确计算受热面进出口蒸汽温度。给水经回热加热系统流入省煤器以及分区Ⅰ～Ⅵ中的水冷壁发生汽化。

蒸汽经过附加受热面、炉顶受热面和侧墙受热面后依次在屏式过热器、高温过热器和末级过热器吸热。过热器前后配备两级喷水减温以调节过热汽温。高压缸排汽再次在锅炉的低温再热器和高温再热器重新吸热后进入中压缸。根据分析问题需要，可以只考虑锅炉的主要流程和受热面特性，不考虑附加受热面的吸热情况，不进行详细传热计算，仅完成基本的能量平衡但又保留足够的锅炉内部细节。或者将锅炉模型简化成仅包括一个作为黑箱处理的锅炉本体和空气预热器，用于计算讨论任意两个设备能耗的相互作用。

过热蒸汽在汽轮机中做功。汽轮机排汽(乏汽)在表面式凝汽器中冷却为饱和水，并适时利用给水泵升压以防止在进入锅炉前过热。为提高机组的效率，机组配备给水加热系统，利用不同压力的汽轮机抽汽加热给水。该机组的回热系统为常规的“三高四低一除氧”。给水泵配备有不带抽汽的小汽轮机(做功工质为主汽机的第四级抽汽)以降低厂用电率。

按照 1.2.4 节改进单耗分析对系统降耗的指导分四个层面进行分析。

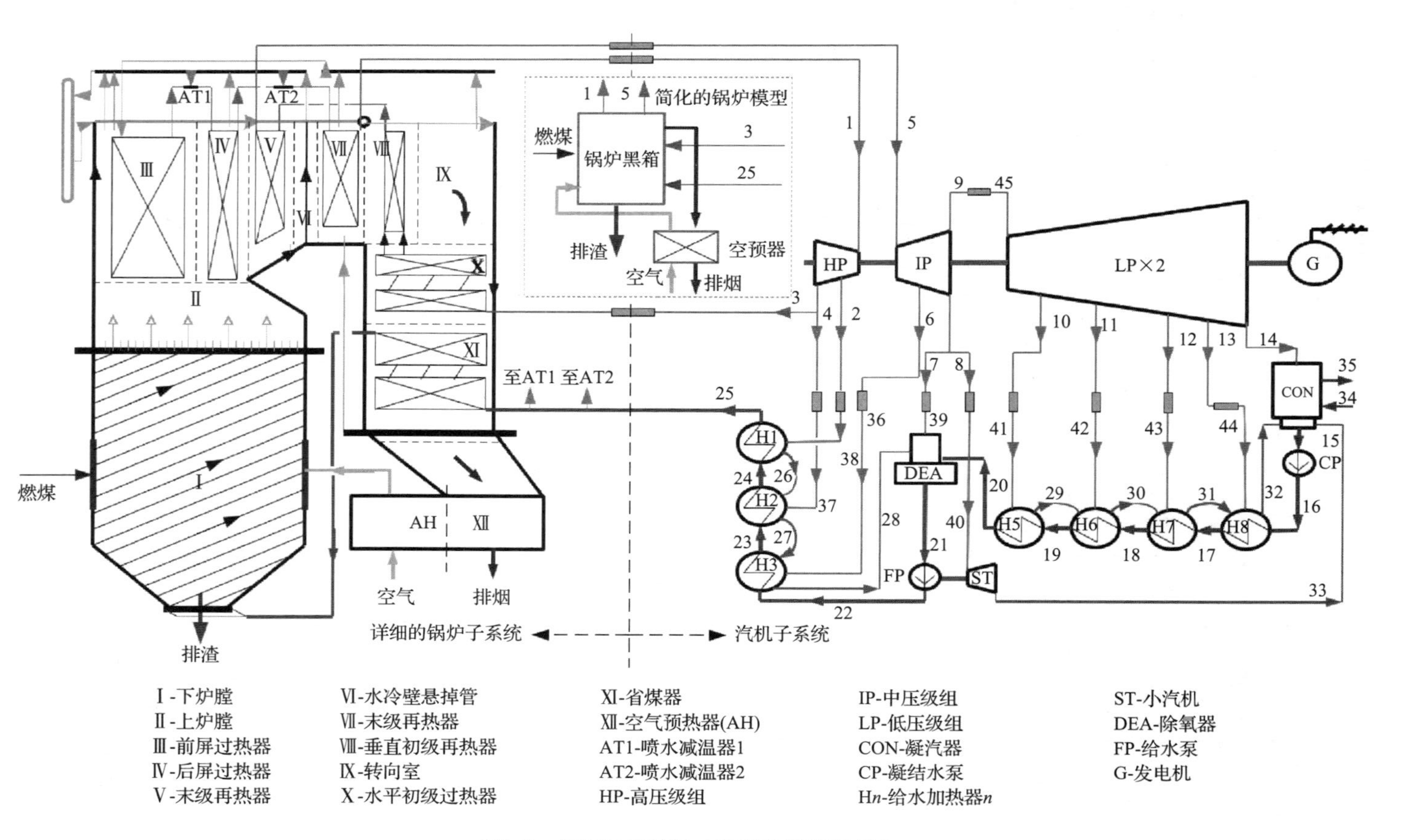

图1-2 机组系统结构（数字为物流编号）

1. 层面一：传统单耗分析

1) 设备能耗的空间分布

表 1-6 列出了机组内部各个设备能耗的空间分布情况及各设备的性能指标。详细地给出了附加单耗的空间分布情况。

在锅炉分区 Ⅰ 中，燃烧化学反应及炉膛内大温差辐射传热烟效率非常低(仅 67%)，其烟损占燃料烟损的三分之一。图 1-3 列出了锅炉各分区的烟气与工质的温度变化情况。辐射传热主要存在于烟气温度很高的区域(分区 Ⅱ～Ⅳ)，造成了非常大的不平衡势差和烟损失，尤其是分区 Ⅰ 中在最高烟气温度和较低工质温度下的换热。分区 Ⅶ～Ⅺ 随着烟气温度的降低，对流换热成为主要换热手段，传热温差进一步减小使这些分区的烟效率相应增加。

表 1-6　传统单耗分析结果

设备名称	燃料烟/MW	产品烟/MW	附加单耗/[g/(kW·h)]	烟效率/%	设备名称	燃料烟/MW	产品烟/MW	附加单耗/[g/(kW·h)]	烟效率/%
下炉膛 Ⅰ	1652	1112	98.9	67.5	低压级组 2	85.8	83.3	0.45	97.2
上炉膛 Ⅱ	117	82.9	6.24	70.9	低压级组 3	40.0	37.3	0.49	93.3
前屏过热器 Ⅲ	118	85.1	6.13	71.8	低压级组 4	53.9	40.8	2.39	75.8
后屏过热器 Ⅳ	91.3	69.5	4.00	76.2	低压级组 5	52.2	43.0	1.69	82.4
末级再热器 Ⅴ	74.8	58.2	3.05	77.8	凝汽器*	24.7	—	4.53	—
水冷壁悬掉管 Ⅵ	12.0	8.78	0.59	73.3	凝结水泵	0.87	0.70	0.03	80.7
末级过热器 Ⅶ	95.2	78.6	3.05	82.6	8#低加 H8	3.58	2.38	0.22	66.3
垂直再热器 Ⅷ	24.6	19.5	0.93	79.4	7#低加 H7	7.67	6.03	0.30	78.6
转向室 Ⅸ	11.3	8.90	0.44	79.0	6#低加 H6	7.04	6.18	0.16	87.8
水平再热器 Ⅹ	111	87.6	4.37	78.6	5#低加 H5	19.3	16.3	0.55	84.4
省煤器 Ⅺ	85.6	69.3	2.99	81.0	DEA	24.0	20.7	0.61	86.1
空预器 Ⅻ	78.7	57.4	3.91	73.0	给水泵	20.1	18.0	0.38	89.6
高压级组 1	184	173	1.95	94.2	3#高加 H3	25.1	22.7	0.44	90.5
高压级组 2	46.2	43.1	0.57	93.3	2#高加 H2	46.4	43.8	0.47	94.4
中压级组 1	104	99.9	0.71	96.3	1#高加 H1	32.0	30.9	0.21	96.5
中压级组 2	83.5	80.5	0.55	96.4	小汽机	24.8	20.1	0.87	80.9
低压级组 1	83.1	80.0	0.57	96.2	发电机	681	671	1.75	98.6

注：* 凝汽器为耗散设备，无产品烟和烟效率。

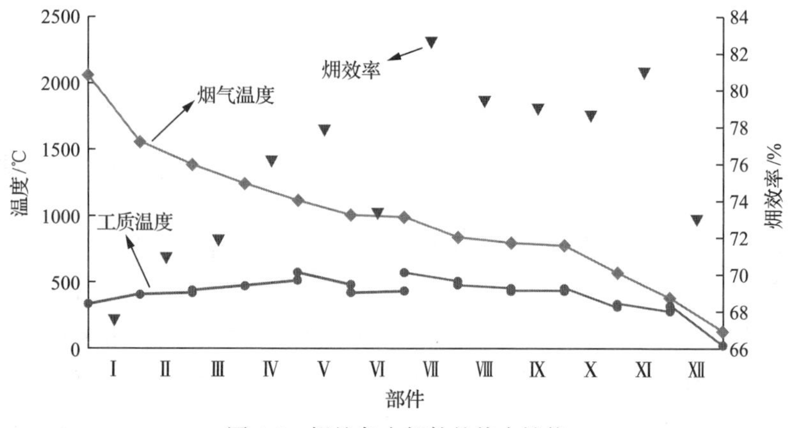

图 1-3　锅炉各个部件的热力性能

虽然空预器的换热在非常小的温差下进行，但其㶲效率却远低于其他对流受热面(小于 75%)，因为空预器的空气平均温度水平远低于其他受热面，也即该传热发生在较低温度水平。

由表 1-6 可知，工作于过热蒸汽区的汽轮机级组的热力学缺陷较小，受摩擦等阻力的损失较小，相应的热力学性能较高，它们的㶲效率普遍在 93%～97%范围内；然而，因湿汽损失、叶端泄漏损失和余速损失(末级)等，湿蒸汽区的级组㶲效率则相对很低(75%～82%)。

给水加热器的㶲效率则沿着给水流向稳步提高(图 1-4)。因为相同传热温差下，换热的温度水平越高，过程的㶲效率也相对越高。然而，H5、H3 和 H2 的㶲效率因为换热温差的不同导致与主上升趋势有所偏差。图 1-4 和图 1-5 列出了各回热加热器详细的换热情况(各区段换热端差及换热量)。由图知，H5 和 H2 的效率偏差主要来源于凝结段的大温差换热，而 H3 的偏差则由于其抽汽为再热后的第一段抽汽较大的蒸汽过热度(大于 200℃)。

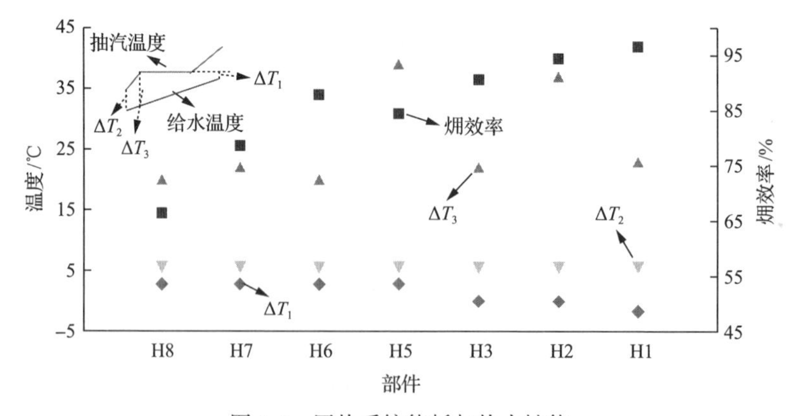

图 1-4　回热系统能耗与热力性能

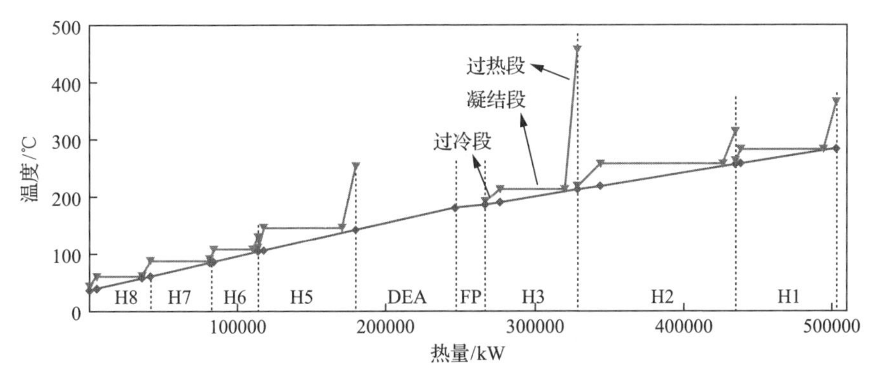

图1-5　回热系统的换热情况

图1-6(a)表明，锅炉子系统的附加单耗占到系统总附加单耗的76.9%，分列其后的为汽机子系统(约10.99%)及环境交互(约11.11%)的附加单耗。从此角度，锅炉具有最大的节能潜力。

图1-6(b)展示了系统与环境交互所造成的附加单耗的空间分布情况。锅炉的排烟贡献了总量的75.29%，而锅炉排渣占15.29%，汽机冷端仅占6.64%。锅炉表面散热损失也贡献了2.78%。如果锅炉排烟的余热能够有效而充分的利用，机组的总体单耗可获得大幅降低。

图1-6(c)给出了锅炉子系统内设备附加单耗的分布情况。有73.51%的锅炉总附加单耗来自于分区Ⅰ，而其他设备的附加单耗相比很小。从燃料㶲到蒸汽热㶲的转化传递过程应当获得更多重视，新型的燃烧方式等或可显著降低燃烧过程的附加单耗。

图1-6(d)列出了汽机子系统内设备附加单耗的分布情况。汽轮机本体附加单

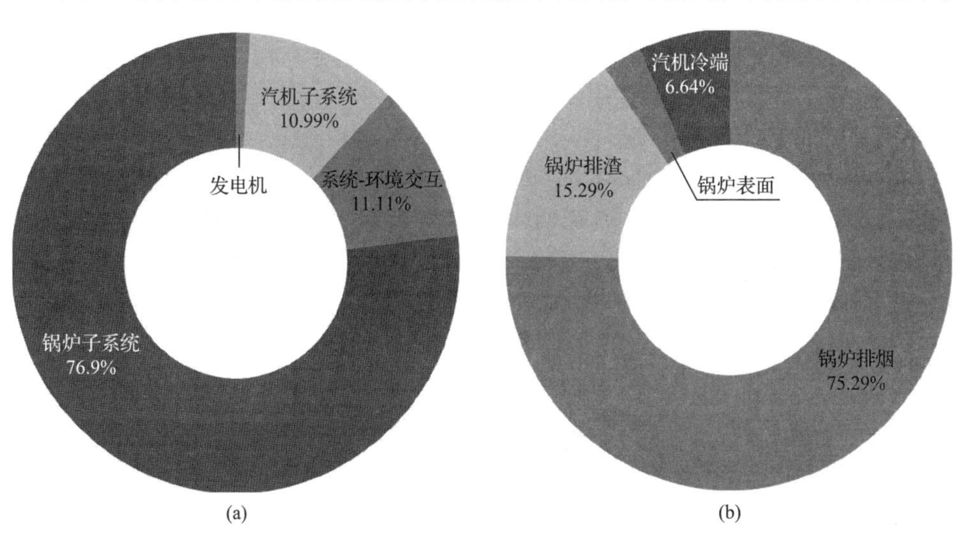

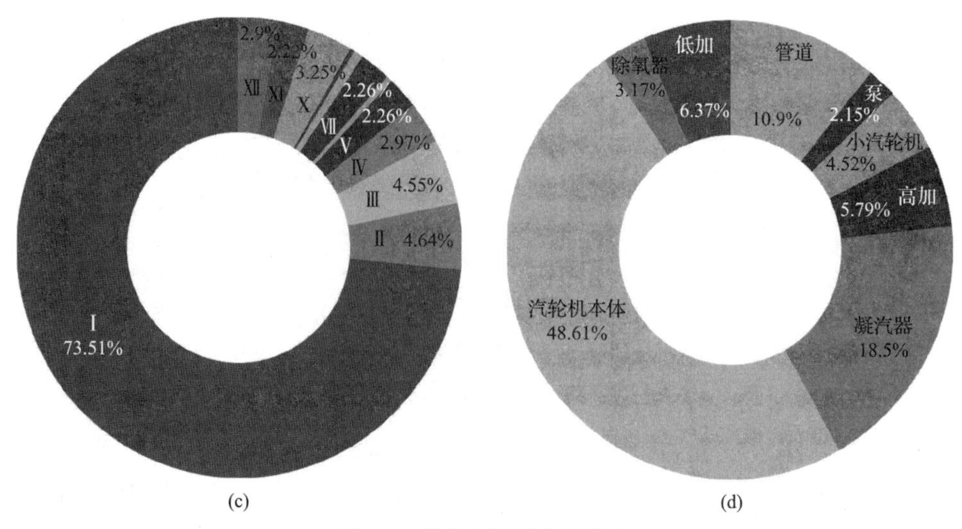

图 1-6　设备能耗的空间分布

耗占据一半，其次为凝汽器(18.5%)和回热系统(略高于 15.33%)。汽机子系统能耗的降低更多需要改进汽轮机的设计，比如采用更高级的汽机叶片(尤其是湿蒸汽区的叶片)设计、回热系统拓扑优化等。虽然各管道本身的附加单耗很小，但管道的累积附加单耗达到汽机侧附加单耗的 10.9%，这部分能耗不可忽视。

2) 对各换热器㶲效率差别的讨论

换热器的㶲效率与换热过程的整体温度水平与换热温差相关，热力发电机组中非耗散性换热器的目的为加热冷流体，其㶲效率如下式表示：

$$\eta^{\text{ex}}=\frac{E_{\text{o,c}}-E_{\text{i,c}}}{E_{\text{i,h}}-E_{\text{o,h}}}=\frac{Q\left(1-\dfrac{T_0}{T_{\text{a,c}}}\right)}{Q\left(1-\dfrac{T_0}{T_{\text{a,h}}}\right)}=\frac{1-T_0/T_{\text{a,c}}}{1-T_0/(T_{\text{a,c}}+\Delta T)} \tag{1-18}$$

式中，下标 i、o 分别为设备入口、出口，c、h 分别代表冷热流体，T_{a} 表示平均温度。根据此式，换热器㶲效率与冷热流体温度水平及传热温差的关系可如图 1-7 表示。很明显，在相同换热温差下，冷流体的热力学平均温度越高，换热器的㶲效率也越高。

如图 1-7 所示，A 区($T_{\text{a,c}}$ 为 35～250℃，ΔT 为 0.5～5℃)为回热加热器的工作区间。显然，当换热温度水平较低时(比如低于 70℃)，回热加热器的㶲效率受换热温度水平和换热温差的影响都很大。提高两者中任何一个，其㶲效率都会大幅增加。随着平均温度水平的进一步升高(比如 70～200℃)，平均温度水平的影响相

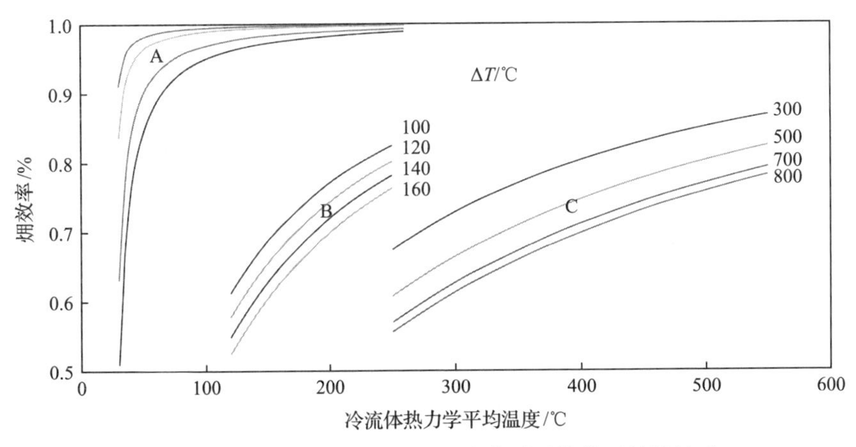

图 1-7　换热器烟效率与换热温度水平及换热温差的关系

对减弱，而传热温差变为主导因素。并且，当平均温度水平很高时(比如＞130℃)时，回热加热器的烟效率将大于 95%。另外，需要说明，因很低的给水温度，H8 的烟效率仅达到 66%，与炉膛分区的相当。

B 区代表锅炉系统烟气与工质换热器的工作区域。显然，辐射受热面分区的烟效率通常低于 80%，而对流受热面分区则往往具有较高热力学性能。需要指出，锅炉受热面分区的烟效率规律会出现小幅波动(图 1-3)，这主要是因为实际锅炉工质的流动方向设计所造成的受热面入口工质温度并不一直随烟气温度降低而升高。

C 区则代表空气预热器的工作区域。由于空气常直接取自大气，过低的入口温度导致冷流体的热力学平均温度过低，进而使空预器的烟效率常在 70%～80%区间内，略低于其他烟气与工质对流换热器。

2. *层面二、三和四：改进的单耗分析*

1) 结构因素/系统拓扑因素附加单耗

表 1-7 为层面二、三、四改进的单耗分析，结果表明，几乎所有设备的大部分附加单耗皆来自设备自身热力结构的不完善，而对于不同设备，其自身结构因素能耗的比例不尽相同。发电机的所有附加单耗都因为自身结构因素。对于汽轮机各级组和锅炉子系统中的各设备，仅有 10%的设备能耗由目标设备外的其他设备的不完善造成，而回热系统的该数值较高达到 30%，受拓扑影响较大。锅炉内设备的系统拓扑因素附加单耗绝对量非常大，总量超过 18g/(kW·h)，受汽机侧不可逆性影响较大。

表 1-7　层面二、三、四-改进的单耗分析

[单位：g/(kW · h)]

设备名称	$b_{D,k}^{TH}$	$b_{D,k}^{str}$	$b_{D,k}^{sys}$	$b_{D,k}^{av}$	$b_{D,k}^{un}$	$b_{D,k}^{str}$		$b_{D,k}^{sys}$		设备序号
						$b_{D,k}^{av,str}$	$b_{D,k}^{un,str}$	$b_{D,k}^{av,sys}$	$b_{D,k}^{un,sys}$	
炉膛	73.6	62.09	11.62	6.23	67.48	2.61	59.48	3.62	8.00	23
水冷壁+屏过	33.0	40.06	4.76	7.40	37.42	6.83	33.23	0.57	4.19	
末级再热器	0.70	2.26	0.28	1.14	1.40	1.01	1.25	0.13	0.15	
末级过热器	0.64	1.87	0.24	0.75	1.37	0.66	1.21	0.09	0.16	
低温再热器	0.94	4.75	0.57	2.21	3.11	1.98	2.77	0.23	0.34	
省煤器	1.37	2.56	0.39	0.61	2.34	0.52	2.04	0.09	0.30	
空预器	1.50	3.55	0.41	1.94	2.02	1.74	1.81	0.20	0.21	24
高压级组 1	0.00	1.82	0.18	0.26	1.74	0.24	1.58	0.02	0.16	1
高压级组 2	0.00	0.56	0.08	0.23	0.41	0.21	0.35	0.02	0.06	2
中压级组 1	0.00	0.67	0.03	0.37	0.33	0.36	0.31	0.01	0.02	3
中压级组 2	0.00	0.49	0.06	0.24	0.31	0.22	0.27	0.02	0.04	4
低压级组 1	0.00	0.51	0.05	0.20	0.36	0.19	0.32	0.01	0.04	5
低压级组 2	0.00	0.39	0.04	0.19	0.24	0.18	0.21	0.01	0.03	6
低压级组 3	0.00	0.43	0.05	0.12	0.36	0.11	0.32	0.01	0.04	7
低压级组 4	0.00	2.10	0.24	1.18	1.16	1.06	1.04	0.12	0.12	8
低压级组 5	0.00	1.44	0.21	0.33	1.32	0.29	1.15	0.04	0.17	9

续表

设备名称	$b_{D,k}^{TH}$	$b_{D,k}^{str}$	$b_{D,k}^{sys}$	$b_{D,k}^{av}$	$b_{D,k}^{un}$	$b_{D,k}^{str}$		$b_{D,k}^{sys}$		设备序号
						$b_{D,k}^{av,str}$	$b_{D,k}^{un,str}$	$b_{D,k}^{av,sys}$	$b_{D,k}^{un,sys}$	
凝汽器	5.01	4.04	0.97	—	—	—	—	—	—	10
凝结水泵	0.00	0.02	0.02	0.02	0.02	0.01	0.01	0.01	0.01	11
8#低加(H8)	0.22	0.22	0.04	0.04	0.22	0.03	0.19	0.01	0.03	12
7#低加(H7)	0.29	0.22	0.08	0.04	0.26	0.01	0.21	0.03	0.05	13
6#低加(H6)	0.15	0.11	0.05	0.03	0.13	0.01	0.10	0.02	0.03	14
5#低加(H5)	0.55	0.40	0.15	0.06	0.49	0.00	0.40	0.06	0.09	15
除氧器	0.55	0.33	0.19	0.06	0.46	–0.01	0.34	0.07	0.12	16
给水泵	0.00	0.30	0.12	0.20	0.22	0.14	0.16	0.06	0.06	17
3#高加(H3)	0.55	0.43	0.12	0.06	0.49	0.02	0.41	0.04	0.08	18
2#高加(H2)	0.38	0.28	0.15	0.05	0.38	–0.01	0.29	0.06	0.09	19
1#高加(H1)	0.24	0.22	0.07	0.04	0.25	0.01	0.21	0.03	0.04	20
小汽机	0.00	0.56	0.35	0.41	0.50	0.25	0.31	0.16	0.19	21
发电机	0.00	1.88	0.00	1.01	0.87	1.01	0.87	0.00	0.00	22

2) 可避免/不可避免附加单耗

设备(非系统)的节能潜力并非由其附加单耗总量而是由其可避免部分决定。锅炉内末级再热器、末级过热器、初级再热器和空气预热器的总能耗中约有35%～50%是可避免的。炉膛燃烧过程的附加单耗大部分为不可避免的，但是由于其总量很大，仍然有超过6g/(kW·h)的附加能耗可以避免。水冷壁和屏式过热器的可避免能耗比例低于20%。旋转机械的不可避免附加单耗比例稳定在30%～50%范围内。

锅炉受热面、汽轮机级组和发电机设备的大部分可避免附加单耗为设备本身结构因素，因此，针对这些设备的改进措施应着眼于设备本身，比如通过采用更先进的叶片设计提高级组的定熵效率等。然而，燃烧过程却有约4g/(kW·h)的能耗为可避免/系统拓扑部分，因此改善燃烧过程也应该通过改进其他相关设备。由于回热系统70%的可避免附加单耗与其他设备(回热加热器)有关，给水加热器更多地在子系统层面才会更加有效。

3) 降耗设备的降耗效应与设备的降耗时空效应

表1-7也列出了系统各设备的系统能耗收益、各类型附加单耗及降耗设备的降耗效应大小。独立改善各设备热力性能带来的整体系统的节能潜力可由设备的系统能耗收益表示。考虑到现有的以燃烧为主的燃料化学㶲到烟气热量㶲转化方式、锅炉受热面布置及机组功率，孤立提高锅炉设备所带来的系统能耗降低远低于汽机侧尤其是汽机本体改善的收益。主蒸汽与再热蒸汽的流量完全由汽机子系统决定，因而锅炉内吸热量及蒸汽状态等都是固定的。如果过量空气系数和排烟温度保持不变，则锅炉系统设计改善所能带来的整体系统能耗的降低将相当有限。因此，锅炉系统对总能耗降低的贡献仍应从排烟余热利用、改善燃烧以减少排烟损失和机械不完全燃烧损失两个角度出发。结果证实，将炉膛和空气预热器调整至理想状态，系统能耗降低量接近12g/(kW·h)，这是相当可观的。当然，降低工质的流动压损也可以一定程度上降低系统能耗。

尽管汽机子系统的附加单耗远远小于锅炉子系统的能耗(如图1-6所示)，但是改进汽机本体、给水泵、小汽机及发电机等所带来的系统能耗降低较大，几乎为锅炉系统的两倍。本案例讨论中并未改变汽机抽汽压力，因此孤立地改善某个回热加热器并不能降低系统能耗。这也在一定程度上说明，越靠近产品端，设备的附加单耗水平对系统总体能耗的影响越大。增加等量附加单耗维持机组输出不变的情况下，下游设备的能耗需要更多的燃料消耗来补偿。

对于燃煤发电机组，降耗设备主要为各回热加热器。由表1-7知，各回热加热器的降耗效应都为正值，说明这种配置是合理的。抽汽压力最高的加热器其降耗效应最大，因为其存在进一步提高了热力循环的平均吸热温度，降低了锅炉乃至整个系统的附加单耗水平。

4) 燃煤发电机组过程能耗分析

燃煤发电机组的主要热力过程为燃烧过程、传热传质过程、热功转换过程、机电转化过程、辅机耗电过程和排放过程(图 1-8)。其中，前五个过程属于热力系统内部不可逆过程，而后者为系统与环境的交互过程，主要涉及排烟过程和汽轮机排汽余热排放。燃烧过程、热功转换过程、机电转化过程和辅机耗电过程必须在特定的设备内部实现，比如燃烧过程只发生于炉膛，热功转换过程仅发生于汽轮机，而机电转化仅在发电机中。只有传热传质过程在系统的各个部分都存在，从炉内换热生成主蒸汽和再热蒸汽，到空气加热过程，到凝结水加热的回热系统，再到凝汽器冷端放热过程。从这个角度而言，从全局范围影响系统效率的过程主要是传热传质过程，系统的深度节能改进很大可能来源于传热传质过程的设计新思想。

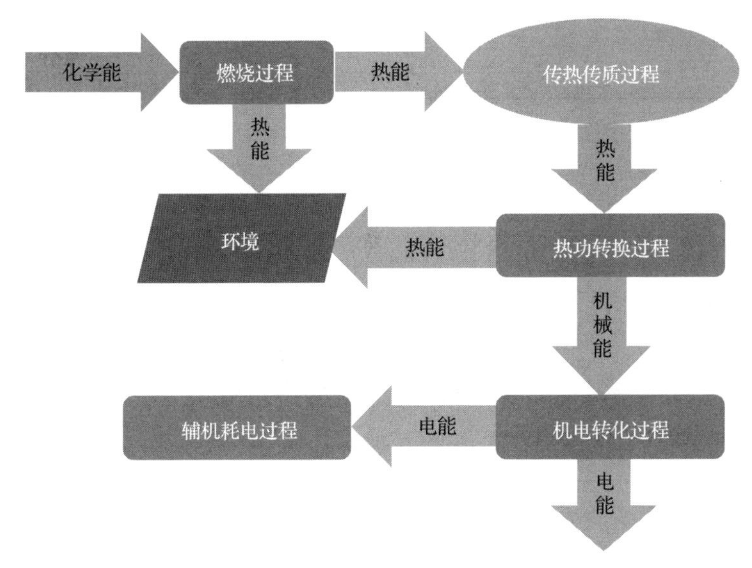

图 1-8　热力系统的主要过程

图 1-9 和图 1-10 分别展示了过程能耗占总燃料输入的份额及过程能耗的分布情况。可以看到，机组㶲效率达到 42%，其中燃烧、传热传质、排放流失是三个能耗最大的过程。传热传质过程能耗最高，燃烧过程其次。传热传质过程能耗份额最大，占到总能耗的 2/5 左右。

排放流失的可用能也不可忽视，其中烟气散热流失包含两部分可用能，一部分因为烟气本身具有的低温余热，另一部分因为飞灰含未燃尽碳。冷端余热排放为凝汽器循环水热量的散失，这部分余热品位虽然非常低，但量却不小。图 1-11 和图 1-12 列出了机组总供电能耗和主要过程能耗随负荷的变化。可以看到燃烧过

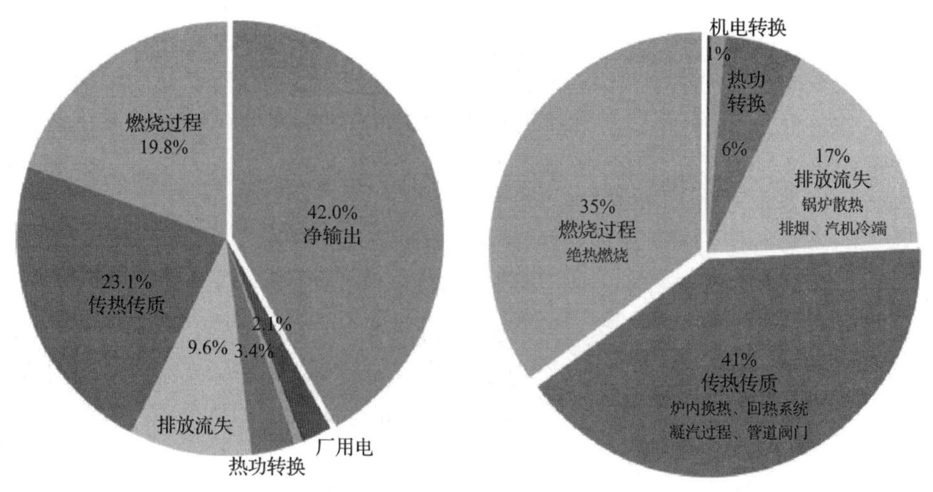

图 1-9　过程能耗占总燃料输入的比例　　　　图 1-10　过程能耗分布情况

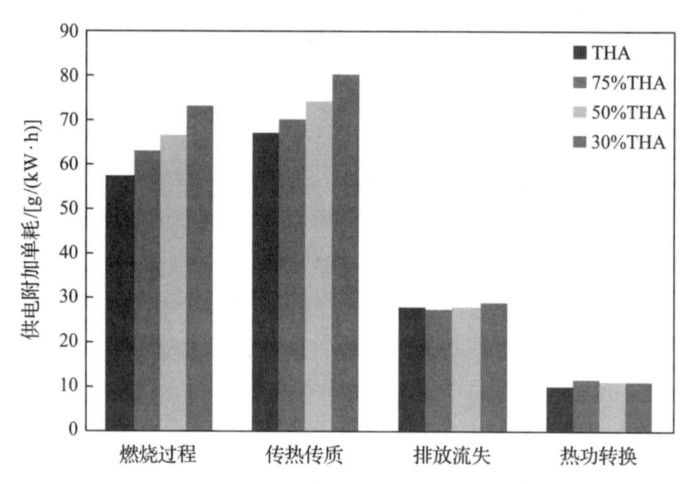

图 1-11　主要过程能耗随负荷的变化

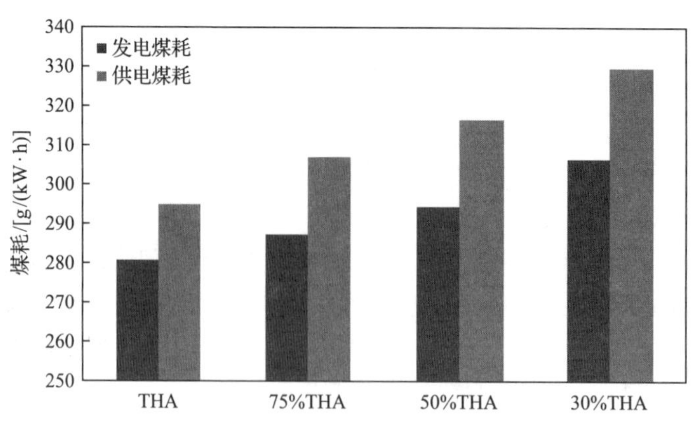

图 1-12　系统供电能耗随负荷的变化

程和传热传质过程受负荷影响更大。从这个角度来说，燃烧过程和传热传质过程毫无疑问是导致高能耗的主要过程，是系统节能降耗的重要环节。从可操作性角度来说，传热传质过程更有可操作的潜力，但是至此并不能够获得传热传质过程的具体降耗策略。

表 1-8 对过程的系统拓扑因素附加单耗进行分析，发现系统上游过程（比如燃烧和传热过程）受其他过程影响更大，比如燃烧过程有 15g/(kW·h) 的能耗由系统其他过程的不完善造成。传热传质的主要能耗来源于过热过程和再热过程，总体上属于传热的上游过程，故而受其他过程影响也较大。热功转换紧邻最终产品，故而受其他过程影响小。排放流失过程与环境直接关联，几乎不受其他过程影响。对下游系统的改进在一定程度上可以降低上游设备的能耗。

表 1-8　燃煤发电机组主要过程的四个层面能耗分析　　[单位：g/(kW·h)]

主要过程	过程总能耗	过程的系统拓扑附加单耗	过程的可避免能耗	过程的降耗时空效应
燃烧过程	58.0	15.5	7.5	3.98
传热传质	67.5	11.6	29.1	9.42
热功转换	10.0	1.5	3.9	9.93
排放流失	28.0	0.0	10.0	—

从能耗的可避免性来看，传热过程本身的可避免部分是最大的，达到 29g/(kW·h)，另外燃烧过程和排放流失过程也有相当的可避免部分。需要说明的是，燃烧过程的可避免能耗主要来源于提高燃尽程度及减小过量空气系数两个因素。排放流失有较大的可避免能耗是因为考虑了冷却水散失热量中的可回收部分。

从过程的降耗时空效应来看，很明显，过程越靠近最终产品，其改进对机组总能耗降低的贡献也越大。因为越靠近产品，过程涉及的㶲价值更高。热功转换过程虽然本身的可避免能耗远小于传热传质过程，其降耗时空效应却与传热传质过程相当，约为 9g/(kW·h)。相比而言，燃烧过程的降耗时空效应较小。同样考虑到可操作性，传热传质过程更应当受到重视。

排放流失对系统的贡献取决于余热利用方式，余热转化为功量越多，其降耗时空效应也相应越高。

表 1-9 对传热传质过程进行了剖析。过热过程占据传热传质能耗的绝大部分，且因其在系统上游，系统拓扑因素附加单耗相对较大。并且，过热过程有相当大的可避免能耗，但由于其改进受到相连受热面的相互制约，其改进对机组能耗降低的贡献反而很小。同样的情况也发生于再热过程。

回热过程是一个容易忽视的过程，因为其本身的能耗很小，可避免的附加单耗更小，但是其改进对机组降耗的贡献却相对最大。回热过程的改善直接减少了抽汽量，增加了机组出力。由于空气加热过程与环境直接相关，且与其他受热面的相互影响较小，系统拓扑因素能耗很小，其改进对机组能耗降低的贡献非常显著。当然，这里有一部分效应是因为锅炉排烟温度也相应有一定幅度的降低[约1g/(kW·h)]，一部分余热获得回收利用。

由于回热过程与空气加热过程都属于中低温区换热，其改进对机组节能的贡献都很明显，两者的可操作性可改变性都很强，有足够的条件进行整合实现机组更深层次的节能降耗。

表 1-9　燃煤发电机组传热传质过程四个层面的能耗分析　[单位：g/(kW·h)]

主要过程	总能耗	系统拓扑附加单耗	可避免能耗	降耗时空效应
过热过程	47.6	7.41	22.7	0.67
再热过程	7.1	1.19	3.3	0.75
回热过程	2.7	0.90	0.2	1.22
空气加热过程	4.0	0.55	2.9	6.79

综合考虑以上分析，机组的深度节能应该向以下三个阶段发展。

(1)初级阶段：应当以机组中低温区的传热进行全方位匹配，在此温区实现多种介质传热的匹配，机炉在此过程需要更多的耦合集成设计。

(2)高级阶段：具备很大可避免能耗的过热、再热过程毫无疑问也是重中之重，未来机组的设计应当注重全温区的传热匹配。

(3)更深层次的系统节能降耗，需要突破设备的壁垒，加强传热设备、子过程的相互耦合设计，实现全温区大空间多介质的全面的传热过程匹配与优化。

1.4　大型燃煤发电机组广义能耗评价

未来燃煤发电机组深度节能的指标不再局限于机组自身的能耗指标，还需要考虑经济性、环保性、灵活性、安全性等方面，这实质上是一个多目标的系统综合评价问题。所研究对象也不再是纯粹的机组热力系统，而是扩大到多变边界条件约束下以燃煤发电热力系统为主体的广义能量系统。基于该系统性能的研究需要在原有能耗评价的基础上，纳入水耗、污染物排放等引起的能耗惩罚，称之为“广义能耗评价”。

燃煤发电机组的广义能耗评价是一个复杂的系统性工程，多目标综合评价方法(multi-objective comprehensive evaluation，MOCE)是一个相对成熟的有力工具，它可以全面地综合评价广义能量系统多个方面的特性，通过赋予各个指标不同的权重，最终将多个目标集成为一个综合目标，由此做出科学的评估与决策。与MOCE相似的概念还有多指标综合评价方法(multi-index comprehensive evaluation，MICE)或多属性决策方法(multi-criteria decision making，MCDM)等，这些称谓的不同一是由于研究人员的习惯不同，二是所研究的对象和目的略有不同，但其所使用的系统评价或决策方法却具有极大的相似性。因此，在多数情况下，研究人员并不注重区分各自概念的细微差别，通常将这类问题称之为 MCDM 问题。一般认为“决策”更偏重于以评价方法为导向的后续行为结果，如工程选址、方案筛选等，而 MICE 又淡化了综合评价的目的性。考虑到契合所研究的内容，本书在以下论述中主要使用“多目标综合评价方法(MOCE)”这一概念，重点研究相关评价方法在燃煤发电机组广义能耗评价中的适用性及关键性问题[21-24]。

1.4.1　多目标综合评价方法

基于科学的广义能量系统评价指标体系，图 1-13 给出了燃煤机组广义能量系统评价对象的概念示意和对应的评价指标来源。针对燃煤发电机组综合评价，其指标数据来源广泛，既可以参考机组发电设备的设计参数，也可以选用机组实验产生的数据，或者基于历史运行数据建模、回归预测而得来的数据。对于机组的综合性能的评价可以采用一定时间段内的统计指标，而对机组进行动态评价或综合性能预报评估时，往往可以采用机器学习方法进行部分指标值的预测获取，比如能耗值及大气污染物的排放值等。还有一部分定性指标难以通过测量获取，也很难建立通用量化标准，如机组的管理水平、机组人员的运行水平等，而现实的系统综合评价问题又有必要考虑这些定性因素的影响，因此，需要利用合理的量化方法对机组人员的管理与运行水平进行定量化处理，使其转化为可以用于评价的指标数据。定性指标的存在从一定程度上说明系统综合评价数据的匮乏性及模糊性，通过传统的局部性能指标难以达到综合性能评价的目的与要求。

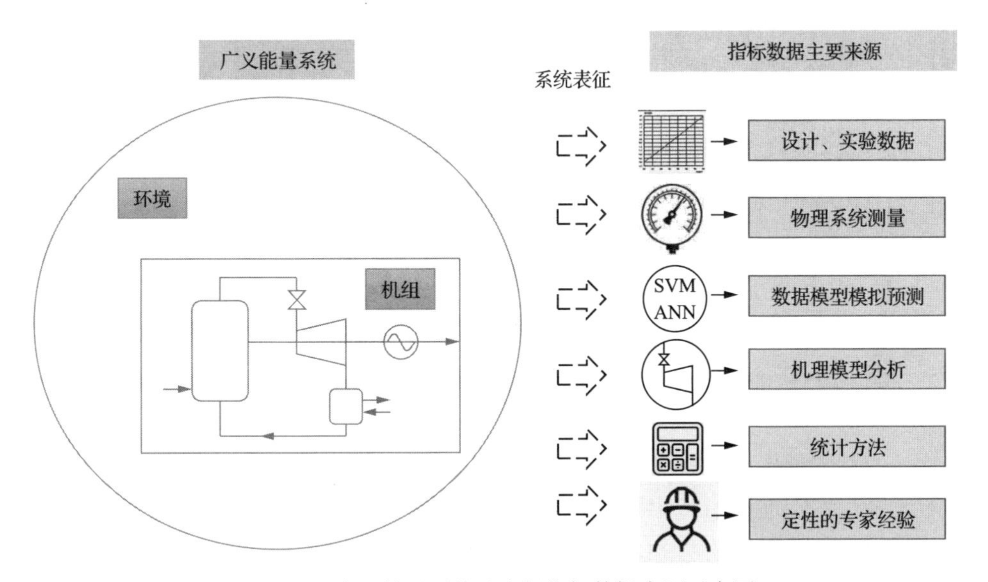

图 1-13　广义能量系统及表征指标数据来源示意图

1. 多目标综合评价要素及流程

对于燃煤发电机组与相关环境组成的广义能量系统，其多目标综合评价方法可以由图 1-14 所示的基本评价流程进行表述，该流程包括 MOCE 评价方法所涉及的相关步骤，同时指出了相应的影响因素。基于不同的应用背景和目的，各综合评价模型的基础原理各不相同，因此其在评价流程中也会略有差异。在处理复杂的实际问题时，研究人员常常将数量过多的指标进行二次划分，将每一类别单独评价，最后再将各类别的单独评价集合成总体评价。本质上来说，这种多层次的评价方法只是在权重求取和评价模型的使用上反复多次循环，仍可以看作是图 1-14 所示评价流程的扩展。

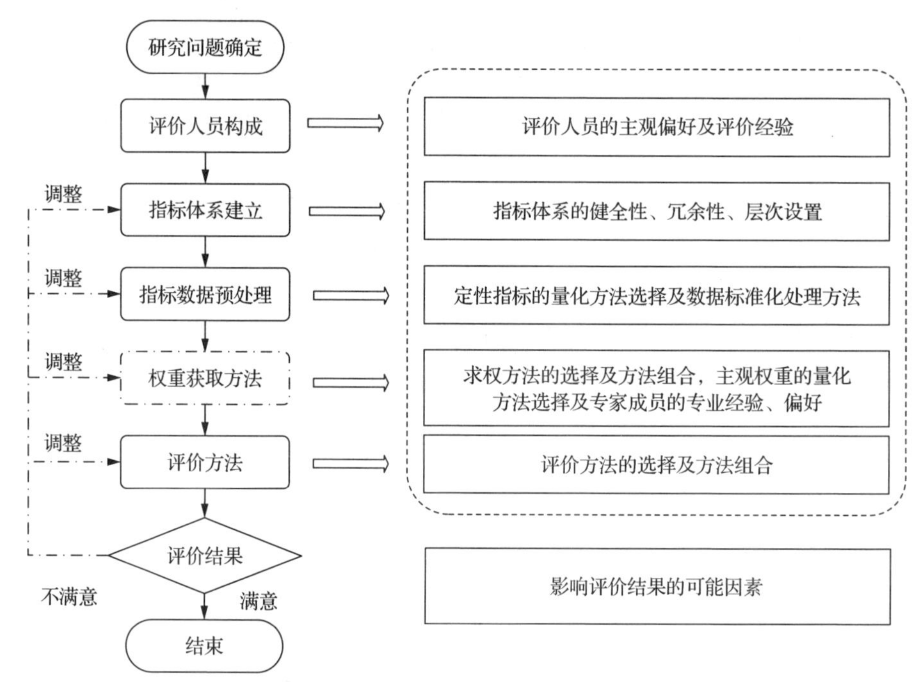

图 1-14　多目标综合评价基本流程及影响结果的可能因素

此外，一般通过文献对比分析或利用模型验证分析等方法对评价结果进行验证，若与实际结果存在较大偏差，则此次评价不合理，需要对实验步骤进行调整并再次评价。针对在 MOCE 实施过程中可以影响最终结果的相关因素，进行分析调整，如调整指标集、调整数据预处理方法、调整赋权方法及检查评价模型与调整参数等工作。在此过程中可能需要反复获取专家经验，因此，系统综合评价工作一般需要消耗大量人力和物力资源，成本较高。

2. 多目标综合评价指标

从评价流程上来说，评价指标体系的确定排在首位，根据指标体系所确定好的指标集来制定评价流程中的后续操作，因此，所选择的指标集是否恰当，能否客观全面地体现出评价系统的综合性能，直接决定综合评价的合理性及其评价效果。如果指标体系的设置科学且合理，其指标集能够正确地、客观地反映被评价对象的内涵本质，并符合评价人的主观思维，而不健全或是冗杂的指标集无法正确反映问题，甚至适得其反。

评价指标体系的选择主要依据评价目的来进行相应调整，比如燃煤机组的综合性能评估、节能减排评价及机组的可靠性评估等[25-27]，研究的目标不同，同一研究对象的侧重点发生变化，所选出的指标集也会变化。尽管在指标体系建立时存在较大的变动性，已有的研究结果表明，仍然有一些公认的原则可以遵循。在实际的评价过程中，为保证指标体系的科学性与合理性，研究人员通常会参考相关问题的已有文献来寻求处理方法和经验，或者是组织专家进行商议评定，借助数学模型进行分析，再由决策者个人依据自身经验或偏好对指标集进行添加与删减。

评价指标体系的建立主要根据所评价的目标问题进行设置，同时应综合考虑指标的全面性与相对独立性，并保障指标具有一定的弹性。此外，还要注意权衡利弊，过分追求指标体系的大而全或指标间的绝对独立性都会使评价结果难以达到理想的效果。

当处理相对复杂的问题时，可选用的指标往往较为繁杂，若将所有的指标视为性质相近、重要度相似，处理起来可能比较困难，特别是采用层次分析法(analytic hierarchy process，AHP)[28, 29]等主观评价方法时，同时处理过多的指标不仅增大了评价人员的评估难度，其结果的可靠性也难以保证。此时，一般采用多级评价的方式将原始指标集进行再分类，划分成更低层次的性质相近的指标再分别处理，往往能达到化繁为简的效果。因此，在针对实际的燃煤机组多目标评价问题时多采用这种方法，典型的两层指标 MOCE 结构如图 1-15 所示。

显然，在图 1-15 给出的多目标综合评价结构体系中，只要保证隶属关系明确，第二层次的指标在需要时还可以再行分类为第三层次、第四层次等。值得注意的是，指标体系的层次划分并非越细越好，这是由于指标层次在划分的过程中，额外引入了主观因素，如人为经验与偏好等，会增大评价结果的不确定性。参考已有的相关文献，并结合本书研究的经验表明，通常情况下，两到三层的指标体系划分已经可以达到机组综合评价的良好效果。因此，本书所涉及的研究案例以基于两层指标的评价体系为主。

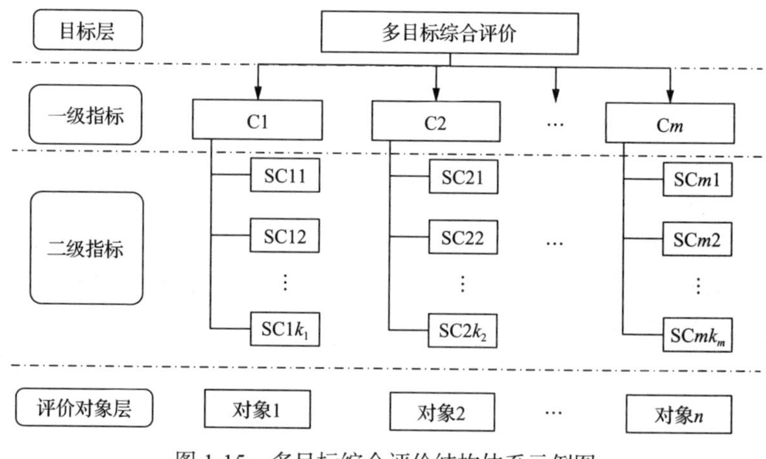

图 1-15　多目标综合评价结构体系示例图

3. 评价样本数据预处理

在应用评价模型之前，应对所使用的数据进行核查，并初步分析各指标属性值的特点及数据结构。其中，所选用的量化方法最终决定定性指标的数量化表达形式。定量转换的本质是通过相对成熟可靠的方法如模糊数学、AHP、物元分析、云模型等，将专家经验知识转化为具体可以操作的数值。定性指标赋值的数据类型应与研究者所预选的评价模型的处理能力相匹配。一般来说，基于实数表达的属性值具有最强的通用性，但在有些情况下，评价工作者基于不确定性的考虑，会选择使用区间数、三角模糊数等表达主观信息[30]，从而保障原始数据囊括更丰富的主观信息量。另外，如粗糙集等评价模型可以直接处理语义或符号型表达式。因此，应视具体情况来决定定性指标的赋值过程。本书主要介绍基于实数值表达样本数据的处理，不涉及区间数等内容的研究。

对指标数据类型审查后，为了消除样本数据中量纲之间的差异，还应对数据进行标准化处理。由于指标类型差异，测量方式多样，其数据单位不同有可能导致各指标数据在数量级上存在差异。同时，研究者对于不同指标具有不同期望值，期望值越大越好的指标常称之为正向指标或效益型指标，期望值越小越好的指标则称之为负向指标或成本型指标。对于表 1-10 所示 n 个评价对象 m 个指标的典型样本集 $X=(x_{ij})_{n\times m}$，经标准化处理后得评价矩阵 $Y=(y_{ij})_{n\times m}$。常用的标准化方法有极差变换法、比例变换法、向量归一化方法和标准差标准化方法，由于向量归一化方法和标准差标准化方法无法解决指标的同向性，因此在应用这两种方法之前应检查部分指标是否需要正向化(或负向化)转换。

表 1-10 典型综合评价样本集及指标系统

对象	指标 1	指标 2	…	指标 m
对象 1	x_{11}	x_{12}	…	x_{1m}
对象 2	x_{21}	x_{22}	…	x_{2m}
⋮	⋮	⋮		⋮
对象 n	x_{n1}	x_{n2}	…	x_{nm}

4. 评价指标权重确定

在实施 MOCE 过程中，当研究问题的评价目的确定之后，所选指标体系下各指标属性对于本次评价目的的重要度信息也隐含其中。各指标属性的重要程度不尽相同，如果忽略各指标在评价过程中所起作用的差异，将有可能遗漏关键信息，导致降低最终评价结果的可信度。

对于由 n 个评价对象 $S_i(1\leqslant i\leqslant n)$ 、m 个评价指标 $a_j(1\leqslant j\leqslant m)$ 构成的评价样本集，各指标 a_j 的权重信息主要与评价目的有关。评价目的改变，即便选用同一组指标集，其指标的重要度也随之变化。当指标 a_j 的权重信息 w_j 确定之后，指标重要度信息将成为评价过程除原样本数据信息之外的额外补充信息，图 1-16 示意给出了指标权重确定遵循的潜在逻辑与样本数据在考虑指标权重后信息量的变化情况。

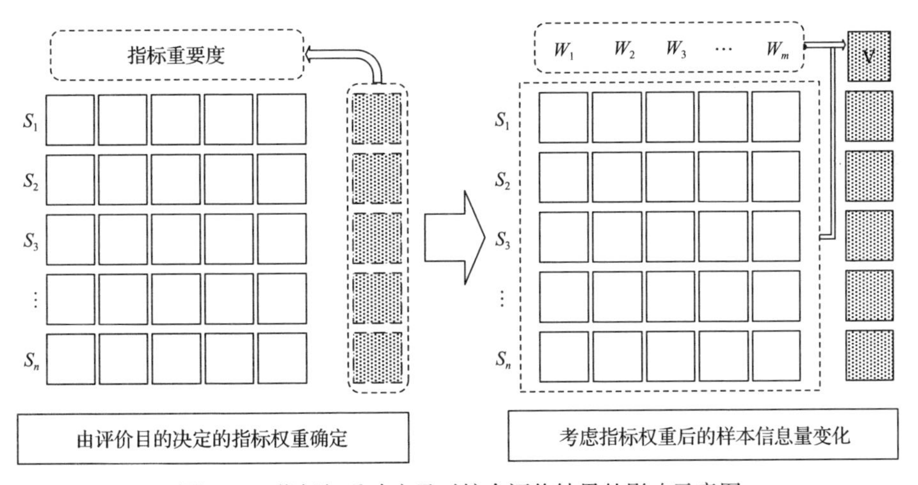

图 1-16 指标权重确定及对综合评价结果的影响示意图

1) 权重获取方法

在实际操作中，确定评价指标权重的方法具有很大的选择空间，从性质上说，指标权重大致可分为客观权重与主观权重；按获取方式来看，又可分为单一方法取得的权重与多种方法相组合所得到的综合权重。但是，由于方法各异容易给评价结果带来额外的不确定性。在 MOCE 工作中，应根据所研究的问题慎重选择权重求取方法，不恰当地使用权重会降低综合评价的合理性。

客观权重法主要是基于不同数学原理所建立的计算模型，以不同的方式去处理样本数据，从中挖掘并提取出相关的信息作为相应指标的权值。主观权重法更侧重于对专业人员的知识经验或个人偏好信息的提取。在使用功能上，权重确定方法与综合评价模型并无严格区分，它们通常既可用于指标权重的求取也可以用作最终评价数据的集结算子。

图 1-17 给出了常用的几种权重信息的来源，图中所示样本由 n 个评价对象 $S_i(1\leqslant i\leqslant n)$ 及 m 个评价指标 $a_j(1\leqslant j\leqslant m)$ 构成。如图所示，研究者常用的客观权重信息的来源从本质上可大致分为两类，一种来源方式是仅从单个指标 a_j 出发，用适当的方法去测度各评价对象 S_i 所含有的信息量的大小，如 a_j 列数据的方差、信息熵等，将其作为最根本的出发点提取相关的权重信息；另一种是将多列评价指标综合起来统一考虑，用一定的方法测出一系列指标相对于部分或整个样本集的相对重要度信息，如皮尔逊相关系数、模糊粗糙集、数据包络分析、投影寻踪、人工神经网络等客观权重求取方法。主观权重一般脱离现有样本数据，侧重人为经验知识的凝结与定量化表达，对现有样本信息量进行补充，如 AHP、专家咨询法和专家评议法等。

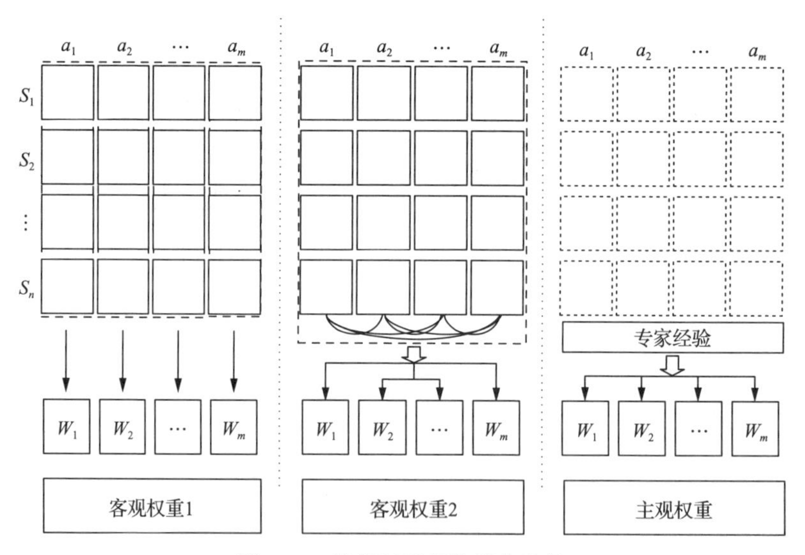

图 1-17 指标权重获取部分途径

各类权重只是基于不同的角度去观察问题，并无优劣之分。指标权重方法的使用不仅与评价者的经验积累有关，也与评价者对各式权重代表的物理意义的理解有关。

2) 权重组合方法

主观权重和客观权重在多目标综合评价中各具优势，对应地，各主、客观方法之间也存在着优缺点的取舍。特别是当评价者的知识经验相对不足时，使用何种方法获取权重往往难以抉择。因此，研究者往往会引入组合权重来解决问题，即对同一组样本同时采用多种赋权方法，再通过相对成熟的权重集结算子进行处理，最后得到一个多种赋权方法调和后的综合权重。组合权重的特点在于，不会因误用某种本不适合所研究问题的赋权方法而使本次评价结果偏离实际太远而不能使用。针对体现专家经验智慧及个人偏好的主观权重法，或是基于样本数据的客观权重方法，组合权重既可以单独使用，也可以在方法机理上进行组合使用。它相对全面地集成了现有技术条件和评价者经验认识水平与偏好下的可用信息，较大程度地保证评价结果的公正性与有效性。正因为这些优点，组合赋权思想成为 MOCE 问题流行的评价指标权重解决方案之一。

1.4.2　案例分析——面向节能发电调度的燃煤机组

大力发展可再生能源是国家“节能减排”战略布局的重要举措，然而以风能和太阳能发电为代表的可再生能源具有很强的时效性和波动性，负荷特性难以预测，电网平抑峰谷差的调峰能力面临着巨大挑战。抽水蓄能、燃气轮机发电机组等传统调峰手段，其现存容量无法满足需求，经济实用的储能技术规模化应用还在发展当中。考虑到燃煤发电机组未来仍将在我国电力供应中占有较大比重，因此充分挖掘其调峰的灵活性是应对当前挑战最现实的可行路径之一。

对于电网侧，节能发电调度(energy saving power generation dispatch，ESPGD)是优化资源配置的重要手段，它是针对所有并网运行的发电机组，在保障电网负荷能够可靠供应的基础上，按照环保性、经济性等原则保障可再生机组优先调度，充分发挥电力市场的调节作用，以最大限度减少能源及资源消耗和降低污染物排放为目标，按机组能耗与污染物排放水平，制定机组发电排序序位表。其中，ESPGD 实施的主要依据是机组发电排序序位表。尽管我国早已提出节能发电调度试行办法，但由于多方面因素，我国现行调度方法仍然大部分沿用煤耗等微增率原则，即主要考虑机组的煤耗率指标，忽略了发电机组的能量转换效率及排放等实际因素。对于参与发电的机组而言，执行电网制定的发电计划，其发电机会与运行小时数基本相当。这种基于公平性原则的发电调度方式，加重了能源的浪费与环境污染问题。传统的节能发电调度理念并没有明确提出机组的灵活性指标，由于参与调峰的燃煤机组数量与日俱增，机组的灵活性指标变得越来越重要。此外，电能作为发电机组向电网提供的主要产品，其电能质量指标如频率及电压等也应在电网调度时充分考虑，因此本节综合考虑机组多方面的性能指标，研究通过 MOCE 技术制定燃煤发电机组 ESPGD 序位表的可行性。

1. 综合评价指标体系

对于面向 ESPGD 需求的机组性能综合评价，不仅考虑了传统节能发电调度办法所要求的经济性与环保性，还纳入了机组调峰的灵活性指标和电能质量指标共 4 大类。具体评价指标体系如图 1-18 所示，4 类一级(B 级)指标又由各自的二级(C 级)指标构成，按照完整性、独立性及可获取性等原则进行指标筛选。

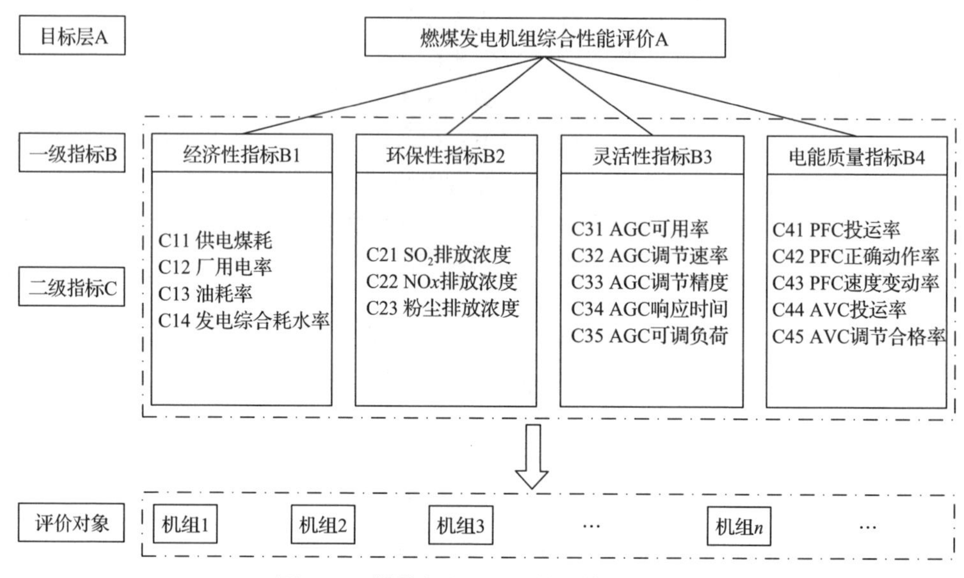

图 1-18　燃煤发电机组性能评估指标体系

另外，为方便说明，图 1-19 给出了燃煤发电机组系统与电网调度的简明关系，在简图中，燃煤发电机组系统由锅炉燃烧及尾部烟气净化系统(选择性催化还原(selective catalytic reduction，SCR)、静电除尘器(electrostatic precipitator，ESP)、

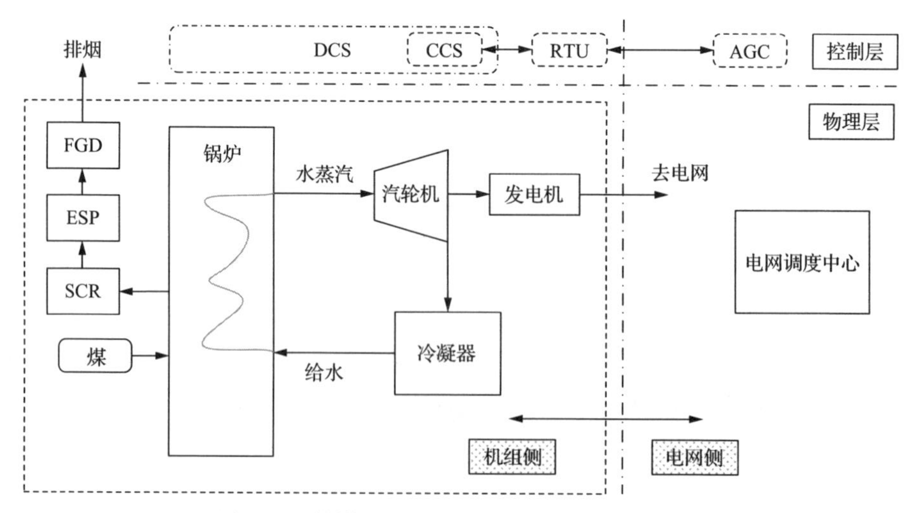

图 1-19　燃煤发电机组系统与电网调度关系简图

烟气脱硫(flue gas desulfurization，FGD)装置)、汽轮机做功系统、热力循环冷却系统及发电机系统组成。发电机将电产品送入电网进行调配，电网调度中心由自动发电控制系统(automatic generation control，AGC)经机组侧远程终端(remote terminal unit, RTU)调控机组。机组侧物理系统由分布式控制系统(distribute control system，DCS)统一管理，其中协调控制系统(coordinate control system，CCS)可以完成与 RTU 的通信，并对 AGC 下发的负荷调控指令做出响应。

2. 基于灰色关联度的机组性能综合评价模型

针对图 1-18 中所建 2 层评价指标体系，分两步应用灰色关联模型(grey relational analysis，GRA)，首先完成 C 级指标类的评价计算，并将其评价结果汇总为 B 级指标的样本数据，然后再应用 GRA 模型。如图 1-20 综合性能评价流

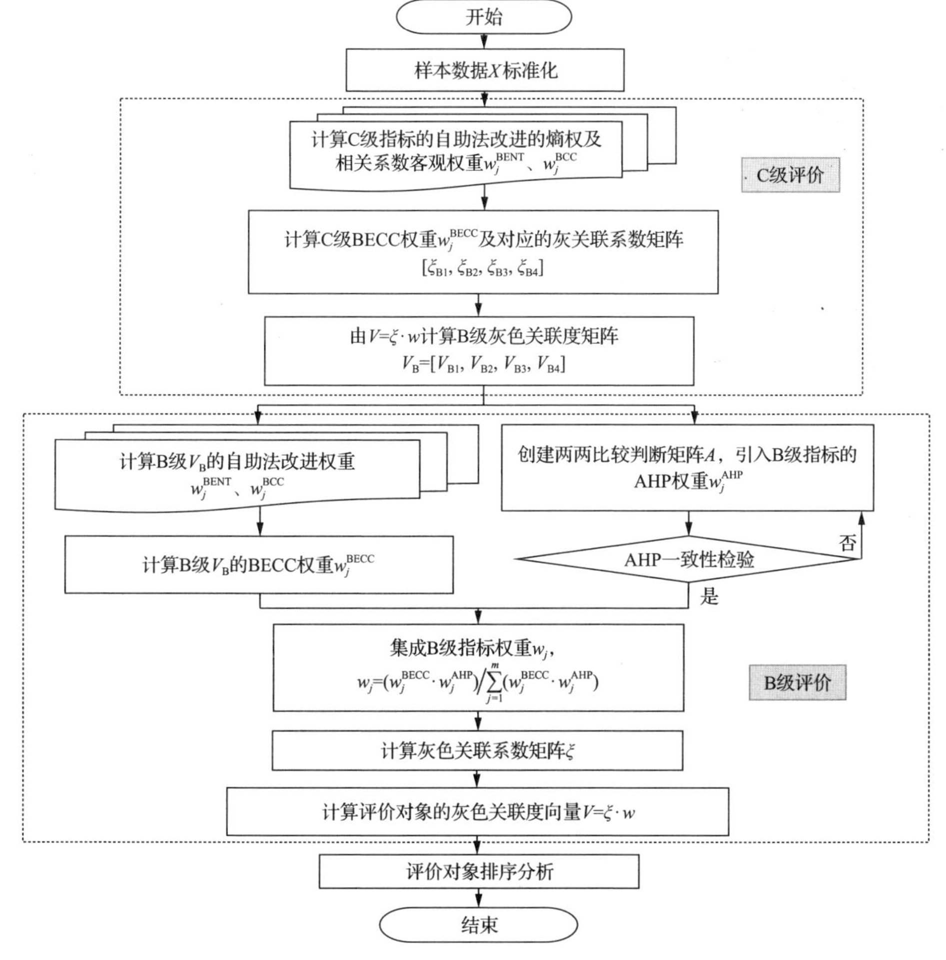

图 1-20　燃煤机组综合性能评价流程图

程所示，在C级指标应用BECC(基于自助法的信息熵-相关系数权重法，bootstrap-entropy-ccorrelation coefficent)客观求权算子，分别计算经济性、环保性、灵活性及电能质量4类指标集元素的权重值，然后应用灰关联评价算子得到4组评价结果。其中，BECC是一种适用于小样本集指标确权的方法。将4组评价结果合成一个中间过渡矩阵 $V_B=[V_{B1},V_{B2},V_{B3},V_{B4}]$，作为B级指标的样本数据。在这一级评价时，再次应用BECC求取客观权重，同时运用AHP方法确定其主观权重，之后通过乘法算子将主、客观权重集成为一个组合权重，并再次运用灰关联模型将过渡矩阵 V_B 与组合权重集结，得到最后的灰色关联度评价向量，以此进行后续的机组排序分析。

值得说明的是，在求取底层评价指标的权重时只应用了基于自助法改进的BECC客观赋权算子，并没有加入主观经验信息，这是因为咨询专家更易于对高层次指标给出权值建议，例如经济性与灵活性等指标的相对重要程度等。反之，对于低层指标，由于专业细分程度的深入，专家经验有可能受到专业跨度的限制，无法给出科学合理的建议，另外，在AHP程序实施的过程中，当对指标重要性的两两比较判断难以通过一致性检验时，由于高层次指标通常个数相对较少，调整起来更容易。因此本模型在B级指标求权时选择融入专家经验，并认为通过这种方式使专家知识在评价结果中具有更高的可靠度。

1#和2#机组的锅炉水循环为强制循环，燃烧方式为四角切圆燃烧，其余5台机组分别对应为自然循环及对冲燃烧方式。锅炉设计效率分别为93.95%(1#、2#机组)，93.43%(3#、4#机组)，94.36%(5#～7#机组)。相应地，机组的热耗率分别为7762kJ/(kW·h)(1#、2#机组)，7773kJ/(kW·h)(3#、4#机组)，8153kJ/(kW·h)(5#～7#机组)。另外，1#～4#机组的冷端冷却方式为湿冷，其余3台为空冷机组。所有机组均装设锅炉烟气净化设备，如采用湿法烟气脱硫、选择性催化还原脱硝及静电除尘等装置。为响应日益严格的环保要求，各机组均逐步实施了超低排放改造，截止到数据采集时，除了2#和5#机组以外，其余机组已经基本完成相应改造。

3. 综合评价结果分析

根据各指标类型信息将表1-11中数据使用极差变换法进行标准化，表中最后一列为各C级指标的BECC客观权重信息，将标准化后4类C级指标分别应用GRA模型与BECC权重信息计算其灰色关联度评价值如表1-12。C级指标评价结果向量构成一组新的B级指标评价矩阵，基于这些数据，再次应用BECC方法求得B级指标客观权重 w_j^{BECC}，同时由专家经验获取AHP权重 w_j^{AHP}，表1-12同时给出了这两组B级指标的权重信息及经乘法算子合成的组合权重 w_j，其中 $j=(1,2,3,4)$，且在AHP权重求取时对应的一致性系数CR=0.067<0.1，检验通过，使用的AHP两两比较判断矩阵为

$$A = \begin{bmatrix} 1 & 1/3 & 1/2 & 3 \\ 3 & 1 & 1 & 3 \\ 2 & 1 & 1 & 2 \\ 1/3 & 1/3 & 1/2 & 1 \end{bmatrix} \tag{1-19}$$

表 1-11　选用燃煤机组样本信息

B 级指标	C 级指标	单位	1#机组	2#机组	3#机组	4#机组	5#机组	6#机组	7#机组	指标类型*	C 级 w_j^{BECC}
B1	C11	g/(kW·h)	315.70	301.64	303.82	312.72	320.99	318.28	328.75	(−)	0.3077
	C12	%	4.72	4.78	4.45	4.23	4.75	5.02	4.44	(−)	0.2565
	C13	t/a	44.54	99.45	37.01	21.15	61.44	54.01	24.22	(−)	0.1994
	C14	kg/(kW·h)	0.89	0.47	1.98	0.63	1.55	2.62	1.35	(−)	0.2365
B2	C21	mg/m^3	18.29	84.10	18.12	19.14	79.65	26.10	18.95	(−)	0.3142
	C22	mg/m^3	20.32	116.17	12.93	26.38	47.16	27.15	14.76	(−)	0.339
	C23	mg/m^3	2.54	17.08	2.32	1.51	21.72	3.93	2.65	(−)	0.3469
B3	C31	%	100	99.2	100	100	100	100	100	(+)	0.0695
	C32	—	0.95	0.82	0.97	1.2	1.1	1.08	1.3	(+)	0.0988
	C33	—	1.44	1.39	1.48	1.56	1.53	1.21	1.42	(−)	0.1964
	C34	—	0.83	0.78	0.87	1.02	0.92	1.15	1.2	(−)	0.1364
	C35	%	50	50	50	55	55	50	51	(+)	0.4988
B4	C41	%	100.00	100.00	100.00	100.00	100.00	100.00	100.00	(+)	0
	C42	%	78.6	90.5	80.4	86.8	85.1	89	92.6	(+)	0.5108
	C43	%	4.5	4.8	4	5	4.5	4	4.5	(−)	0.4892
	C44	%	100	100	100	100	100	100	100	(+)	0
	C45	%	100	100	100	100	100	100	100	(+)	0

* (+)表示正向指标；(−)表示负向指标。

表 1-12　B 级指标评价结果矩阵及指标权重信息

B 级指标	B 级评价矩阵							B 级指标权重		
	1#	2#	3#	4#	5#	6#	7#	w_j^{AHP}	w_j^{BECC}	w_j
B1	0.5598	0.7176	0.6699	0.8311	0.4535	0.4103	0.5844	0.1957	0.1908	0.1357
B2	0.9252	0.3553	0.9730	0.9253	0.4227	0.7992	0.9444	0.3788	0.4201	0.5784
B3	0.4730	0.4569	0.4518	0.7647	0.7710	0.5359	0.4965	0.3116	0.1738	0.1968
B4	0.4156	0.5794	0.6782	0.4415	0.4913	0.828	0.7532	0.1139	0.2153	0.0891

表 1-12 中的 4 组评价结果显示，对于经济性指标 B1，4#机组最优而 6#机组最差，对于环境指标 B2，3#机组得分最高。2#机组经济性指标较高，但 B2 指标不理想，这可能是由于 2#机组尚未完成超低排放改造工作，其厂用电率相对较低，这将导致其经济性表现较好。对于灵活性指标 B3，4#和 5#机组明显好于其他机组，而 2#和 3#机组表现较差。对于电能质量指标 B4，6#机组最优，而 1#机组最差。基于 AHP 法获取的权重，环保指标占比最大，而灵活性也获得了较高的关注，其次是经济性与电能质量指标，这可能是由于近年来环保政策的压力及新能源发电份额的不断上升及较高的弃用率造成的。BECC 客观权重中环保指标权重最高，它与 AHP 权重保持着较高的一致性，灵活性指标的权重却排位最低，与主观经验明显背离，这也说明了客观权重对于样本数据的依赖性及其局限性，需要在评价过程中适时的加入主观经验。

由表 1-12 中 B 级指标评价结果矩阵及相应的组合权重，经 GRA 评价模型计算后得到最终的评价结果向量，即灰色关联度：

$$V = [0.7418, 0.4420, 0.8038, 0.8371, 0.5063, 0.6967, 0.7916]$$

按灰色关联度从大到小对机组排序，其结果为

$$4\# > 3\# > 7\# > 1\# > 6\# > 5\# > 2\#$$

评价结果显示，基于所建立的评价模型，4#机组综合性能最佳，这意味着在面对节能发电调度需求时，4#机组将在 7 台接入电网的可调机组竞争中获得发电调度的最优先权。从结果上分析，4#机组相较于其他机组，其经济性指标占优，且环保指标和灵活性指标也在处于前列，因此获得了最高的综合得分。而 2#机组排名最低，主要是由于其环保性能较差，而环保指标的权重又占比最大，同样地，5#机组综合排名也不理想。

传统节能发电调度主要依据燃煤机组的能耗水平进行由低到高排序，当能耗水平相同时，再按照其排放水平由低到高排序。因此，若依此原则，案例机组的发电序位表应为 $2\# > 3\# > 4\# > 1\# > 6\# > 5\# > 7\#$。显然，基于 MOCE 技术的机组评价与传统的节能发电调度方法存在明显差异。评价结果还可以反映出机组性能的改进方向，以 5#机组为例，在本次评价中排序第 6 位，这主要是其经济性及环保性指标与其他机组相比得分较低，因此若要提升其在节能发电调度排序中的竞争性，应进一步加强机组的节能管理及加快超低排放改造等工作。

在实际应用中，还应考虑到 MOCE 技术制定的机组排序表的时效性。随着运行时间的增长，机组系统可能发生性能劣化，主要表征指标也可能随之发生较大变化，需要视各机组具体情况进行周期性更新与维护。

4. 指标权重敏感性分析

当指标权重涉及包含主观成分时，有必要对权重进行敏感性分析。为了定量衡量指标敏感性的大小，可参考相关文献进行分析。由于 B 级指标的组合权重中含有 AHP 权重成分，在评价模型其他因素不变时，仅是所邀专家成员的不同就可能会对最终的评价结果造成较大的影响。因此，可以利用权重敏感性分析来判定评价模型相对于权值的稳健性，相关结果列于表 1-13 和表 1-14。

表 1-13　B 级指标权重敏感性分析

机组对	B1	B2	B3	B4
(1#,2#)	–/–	0.4834/82.3213	–/–	–/–
(1#,3#)	–/–	–/–	–/–	–/–
(1#,4#)	–/–	–/–	–/–	–/–
(1#,5#)	–/–	0.4126/70.2603	−0.6871/−353.9947	–/–
(1#,6#)	–/–	–/–	–/–	−0.205/−237.6440
(1#,7#)	–/–	–/–	–/–	–/–
(2#,3#)	–/–	–/–	–/–	–/–
(2#,4#)	–/–	–/–	–/–	–/–
(2#,5#)	−0.2661/−201.0095	–/–	–/–	−0.7936/−920.0509
(2#,6#)	−0.6188/−467.4248	0.4296/73.1515	–/–	–/–
(2#,7#)	–/–	0.587/99.9612	–/–	–/–
(3#,4#)	–/–	–/–	0.1146/59.0520	−0.1524/−176.7093
(3#,5#)	–/–	0.586/99.7833	–/–	–/–
(3#,6#)	–/–	–/–	–/–	–/–
(3#,7#)	–/–	–/–	–/–	−0.5704/−661.3729
(4#,5#)	–/–	–/–	–/–	–/–
(4#,6#)	–/–	–/–	–/–	−0.611/−708.3858
(4#,7#)	–/–	–/–	–/–	−0.2554/−296.0747
(5#,6#)	–/–	0.3243/55.2168	−0.5131/−264.3550	–/–
(5#,7#)	–/–	0.5337/90.8814	–/–	–/–
(6#,7#)	–/–	–/–	–/–	–/–

表 1-14　B 级指标敏感性系数

	B1	B2	B3	B4
D_j	|−201.0095|	55.2168	59.052	|−176.7093|
S_j	0.005	0.0181	0.0169	0.0057
机组对	(2#,5#)	(5#,6#)	(3#,4#)	(3#,4#)

由表 1-13 结果可知，环保性指标 B2 和电能质量 B4 的权重对评价结果影响较大，B2 和 B4 指标权重的扰动可以使 7 对机组排序发生交换，而 B4 指标影响 6 对机组。而有些机组的排序关系却非常稳定，即 B 级指标权重元素的扰动不影响它们当前的排序结果，这些机组关系有(1,3)、(1,4)、(1,7)、(2,3)、(2,4)、(3,6)、(4,5)和(6,7)。

表 1-14 所示，第 1 列中 D_j 表示 B 级各指标权重变化的最小临界值，S_j 表示 B 级各指标的敏感性系数，环保性指标 B2 敏感度最强，灵活性指标 B3 次之，而经济性指标 B1 稳健性最好。当 B1 和 B2 指标权重发生变化时，最先使 5#机组排序发生改变，即其分别与 2#和 6#机组排序进行交换。而 B3 和 B4 指标的变化，都是首先引起 3#与 4#机组的排序位置发生互换。

5. BECC 权重有效性分析

为了验证在评价中 BECC 客观权重的有效性，假定其他评价因素不变，将 BECC 客观赋权方法(M1)用其他 4 种客观赋权方法(M2～M5)进行替代，表 1-15 给出了对比各种赋权方法下的灰色关联度值及机组排序结果。其中 M2 为熵权法，M3 与 BECC 的区别是它在权重集成时没有引入自助法抽样，M4 主要是考虑了指标的相关系数与方差信息，M5 是对 M4 方法的发展，它主要是通过剔除某个指标来考查其相对重要度。表 1-15 的对比数据显示，只有应用 M4 方法的评价结果中，3#和 4#机组的排序发生了对换，这也说明 BECC 方法与基于相似思想设计的求权算法保持了极高的一致性。

表 1-15 不同赋权方法下的灰色关联度值及机组排序结果

机组	M1 (BECC)		M2 (熵权)		M3 (M1 不用自助法)		M4 (CRITIC[31])		M5 (CCSD[WDF8][32])	
	数值	排序	数值	排序	数值	排序	数值	排序	数值	排序
1#机组	0.7115	4	0.7245	4	0.7121	4	0.7287	4	0.6689	4
2#机组	0.4390	7	0.4306	7	0.4355	7	0.4537	7	0.4586	7
3#机组	0.8243	2	0.8197	2	0.8179	2	0.8581	1	0.7922	2
4#机组	0.8692	1	0.8872	1	0.8760	1	0.8377	2	0.8483	1
5#机组	0.5084	6	0.5081	6	0.5152	6	0.4913	6	0.5481	6
6#机组	0.6284	5	0.6261	5	0.623	5	0.6548	5	0.6380	5
7#机组	0.7808	3	0.7842	3	0.7778	3	0.8131	3	0.7828	3

由于在 BECC 算法中运用了自助法抽样技术，其有放回的随机抽样过程将会给结果带来新的不确定性。为了检验这一过程影响性大小，将整套评价算法在同等条件下再重复运行 5000 次，得到一个维度为 7×5000 的结果矩阵。经统计分析，各机组的排序结果具有完全确定性。

通过标准差表示评价结果的不确定性，相关结果见图 1-21。根据灰色关联度从小到大排序绘制机组统计结果的柱状图，同时将各自的标准差标注为误差线，并加以对比。由图 1-21 可以看出，结果的不确定度主要来源于 C 级指标与 B 级指标的 BECC 求权过程。图中还给出了循环过程使用的 B 级指标 BECC 权重及其标准差统计信息，以方便从输入的角度观察随机过程不确定度的引入过程。B 级指标 BECC 权重的最大标准差为 B2 指标的 0.0061，而评价结果标准差最大的是机组 5，对应 0.0031。显然，由随机抽样引入的不确定性量级要远远小于评价结果的量级，说明了 BECC 求权算子具有很好的重复性，可以忽略它对结果的随机性影响。

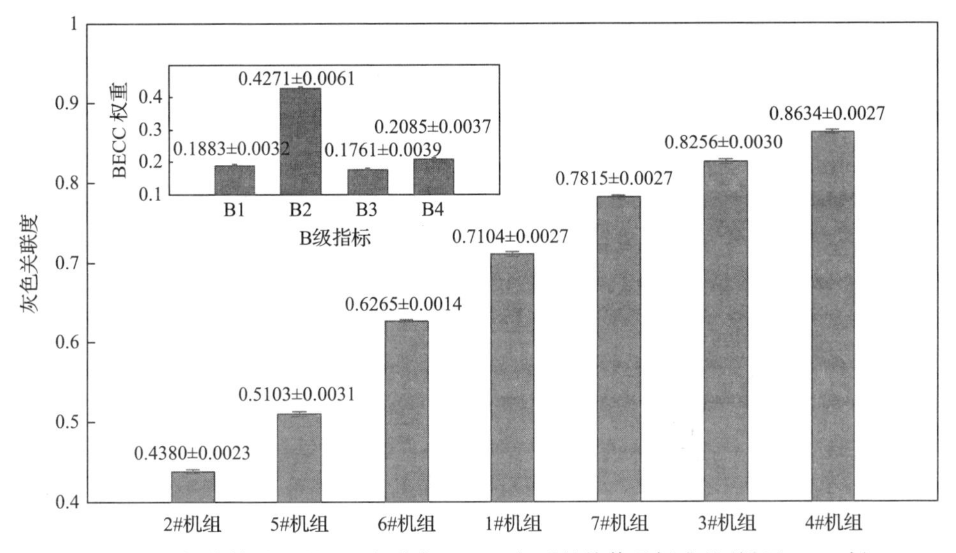

图 1-21 评价结果及所用 B 级指标 BECC 权重的均值及标准差(循环 5000 次)

另外，为了进一步理解 BECC 求权过程，每使用评价模型一次后需提取统计 BECC 过程中自助法抽样生成的样本数据信息(每次求权 BECC 默认重复抽样 5000 次)，对 C 级指标和 B 级指标对应的熵值与相关系数画散点箱形图见图 1-22 和图 1-23。可见无论熵权还是相关系数权重都非对称分布，特别是熵权值在箱形图的上边缘存在较多的离异值，这也说明对小样本系统，有时实际样本结构与正态分布假设有着较大的偏差。

6. 灰色分辨系数对结果的影响

在上述计算中，灰色关联模型中灰色分辨系数 ρ 均取经验值 0.5。为验证其取值对评价结果的影响，以步长 0.1 从 0.1～0.9 连续取值，并分别计算其灰色关联度值，对比结果见图 1-24 所示。

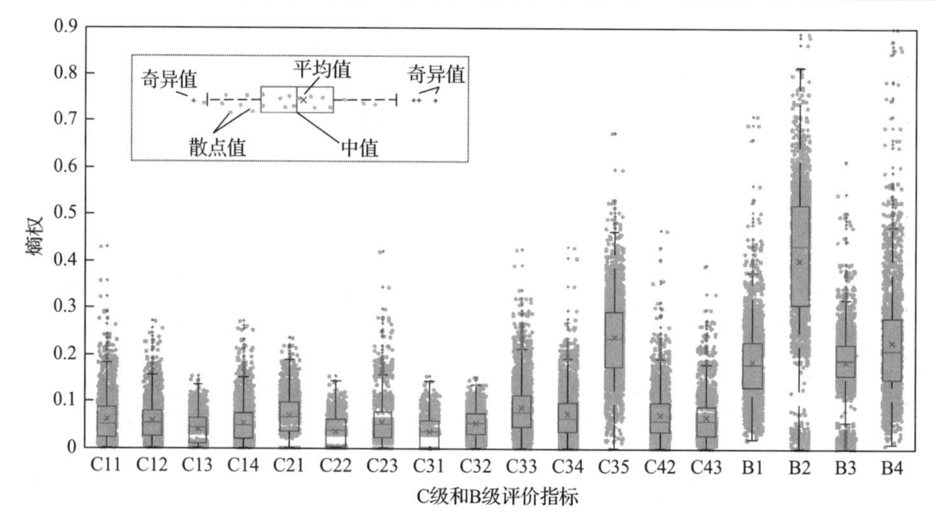

图 1-22　基于自助法的不同评价指标熵权分布图

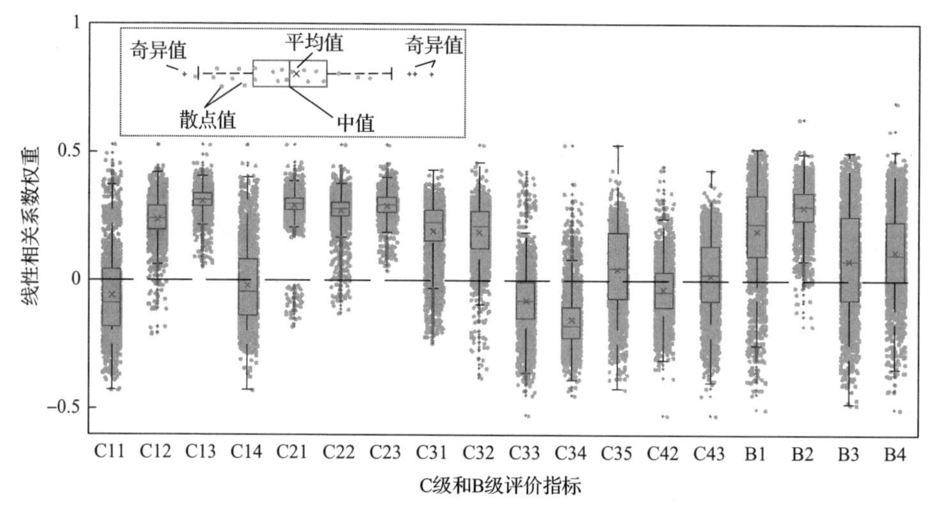

图 1-23　基于自助法的不同评价指标相关系数权重分布

如图 1-24 所示，在保证其他条件不变时，通过改变 ρ 使各机组评价得分绝对值及相对分布发生变化。尽管在一般情况下，ρ 的变化并不影响机组的排序结果，但从本例来看，过小的 ρ 值也有可能引起机组序位的变化。由图 1-24 可知，5#机组的评价结果在 $\rho<0.2$ 时其变化趋势明显异于其他机组，这很可能是由于评价模型过于复杂或指标层次分类过多所致。过于复杂的模型由于揉合了源自不同原理的评价及赋权模型，给灰色关联模型自身带来了额外的不确定性。但结果显示，案例模型取经验值 0.5 是相对合理的，它一方面保证了模型的稳定性，另一方面也使得评价结果具备一定的区分度。

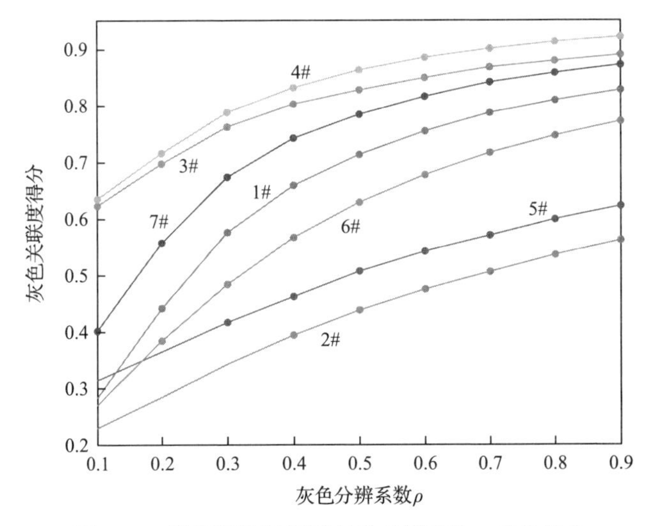

图 1-24　机组评价结果随灰色分辨系数 ρ 变化趋势

参 考 文 献

[1] 林万超. 火电厂热系统节能理论[M]. 西安: 西安交通大学出版社, 1994.

[2] 马芳礼. 电力热力系统节能分析原理[M]. 北京: 水利电力出版社, 1992.

[3] 陈海平, 张树芳, 张春发, 等. 火电厂热力系统热力单元矩阵分析法[J]. 动力工程, 1992, 19(1): 38-40.

[4] 郭民臣, 魏楠, 杨勇平. 热耗变系数、抽汽效率与主循环效率[J]. 中国电机工程学报, 2001, 21(10): 83-87.

[5] 朱明善. 能量系统的㶲分析[M]. 北京: 清华大学出版社, 1988.

[6] 宋之平, 王加璇. 节能原理[M]. 北京: 水利电力出版社, 1985.

[7] 王加璇, 张树芳. 㶲方法及其在火电厂中的应用[M]. 北京: 水利电力出版社, 1993.

[8] 王加璇, 张恒良. 动力工程热经济学[M]. 北京: 水利电力出版社, 1995.

[9] 杨勇平, 王加璇. 确定供热机组成本的热经济学法[J]. 热能动力工程, 1995, 10(2): 84-89.

[10] Tsatsaronis G. Recent developments in exergy analysis and exergoeconomics[J]. International Journal of Exergy, 2008, 5(5): 489-499.

[11] Kelly S, Tsatsaronis G, Morosuk T. Advanced exergetic analysis: Approaches for splitting the exergy destruction into endogenous and exogenous parts[J]. Energy, 2009, 34(3): 384-391.

[12] 宋之平. 单耗分析的理论和实施[J]. 中国电机工程学报, 1992, 12(4): 15-21.

[13] 宋之平. 供热系统“单耗分析”模型[J]. 热能动力工程, 1996, 11(5): 305-310.

[14] 宋之平, 张光. 联产机组供热的“单耗分析”[J]. 热能动力工程, 1997, 12(1): 1-4.

[15] 王利刚, 杨勇平, 董长青. 单耗分析理论的改进与初步应用[J]. 中国电机工程学报, 2012, 32(11): 16-21.

[16] 王利刚, 吴令男, 徐钢, 等. 大型燃煤蒸汽动力发电机组热力系统内能耗作用的计算与应用分析[J]. 中国电机工程学报, 2012, 32(29): 9-14.

[17] 陆诗原. 大型燃煤机组脱硫系统节能分析及综合性能评价方法研究[D]. 北京: 华北电力大学, 2011.

[18] 吴殿法. 大型燃煤发电机组广义能耗评价方法研究[D]. 北京: 华北电力大学, 2019.

[19] 杨志平, 杨勇平. 1000MW 燃煤机组能耗及其分布[J]. 华北电力大学学报(自然科学版) 2012, 39(1): 76-80.

[20] 杨志平. 大型燃煤发电机组能耗时空分布与节能研究[D]. 北京: 华北电力大学, 2013.

[21] 杨勇平, 吴殿法, 王宁玲. 基于组合权重-优劣解距离法的火电机组性能综合评价[J]. 热力发电, 2016, 45(2): 10-15.

[22] 杨勇平, 吴殿法, 王宁玲, 等. 一种考虑权重不确定性的机组综合评价模型[J]. 华北电力大学学报(自然科学版), 2016, 43(2): 73-79.

[23] 齐敏芳, 付忠广, 景源. 基于信息熵与主成分分析的火电机组综合评价方法[J]. 中国电机工程学报, 2013, 33(2): 58-64.

[24] 顾煜炯, 徐婧, 李倩倩, 等. 燃煤发电机组调峰能力模糊综合评估方法[J]. 热力发电, 2017, 46(2): 15-21.

[25] 满若岩, 付忠广. 基于模糊综合评判的火电厂状态评估[J]. 中国电机工程学报, 2009, 29(5): 5-10.

[26] 曹丽华, 崔琬婷, 徐皎瑾, 等. 熵权模糊物元模型应用于火电厂节能减排综合评价[J]. 热力发电, 2015(1): 54-57.

[27] 付忠广, 齐敏芳. 基于最大熵投影寻踪耦合的燃煤机组节能减排评价方法研究[J]. 中国电机工程学报, 2014, 34(26): 4476-4482.

[28] Saaty T L. How to make a decision: the analytic hierarchy process[J]. European Journal of Operational Research, 1994, 24(6): 19-43.

[29] Saaty T L. A scaling method for priorities in hierarchical structures. [J]. Journal of Mathematical Psychology, 1977, 15(3): 234-281.

[30] 卫贵武. 基于模糊信息的多属性决策理论与方法[M]. 北京: 中国经济出版社, 2010.

[31] Diakoulaki D, Mavrotas G, Papayannakis L. Determining objective weights in multiple criteria problems: The critic method[J]. Computers & Operations Research, 1995, 22(7): 763-770.

[32] Wang Y M, Luo Y. Integration of correlations with standard deviations for determining attribute weights in multiple attribute decision making[J]. Mathematical & Computer Modelling, 2010, 51(1-2): 1-12.

第 2 章　燃煤机组节能诊断方法及应用

2.1　概　　述

燃煤机组性能监测、诊断与优化是实现机组高效经济运行的有效途径。在机组的运行过程中，由于运行工况和边界(如负荷、煤质和环境温度等)偏离设计值，机组的能效和健康状态会发生变化；同时，随着机组运行时间的不断推移，机组热力设备的性能也会发生改变，不可避免地会出现老化；通过定期维修、检修和运行调整后，设备的性能又会有所改善。

本章系统阐述燃煤发电机组节能诊断关键问题，包括机组实际状态的表征、能耗基准状态的确定、能耗的可控性、能耗偏差的定量确定、相互作用和节能潜力诊断等。提出基于能耗时空分布的节能诊断方法，计算得到不同类型燃煤机组及部件在不同工况下的附加单耗，从而获得机组在不同工况和边界条件下的能耗分布规律；在此基础上，进一步提出基于降耗时空效应的节能诊断方法，基于改进的单耗分析量化不同部件的能耗相互作用，得到不同部件的降耗时空效应，获得机组在不同工况和边界条件下实际状态的节能潜力。针对燃煤机组特点，提出数据驱动的燃煤发电机组节能诊断方法，将先进的能耗分析与数据挖掘理论方法用于燃煤机组的节能潜力诊断中。开展燃煤发电机组性能诊断就是通过计算和分析机组性能指标，并与其实际可达的能耗基准状态相比较，判断机组是否存在影响应有性能水平发挥的异常现象、性能劣化和故障，进而确定能量损耗、性能劣化和故障的部位、产生原因、影响程度，以及进一步发展可能带来的危害等，形成了融混杂数据预处理、复杂热力系统建模、能耗决策规则与知识提取、实际可达优化目标值确定、能耗离线分析与在线诊断应用在内的，较为完整的燃煤机组节能诊断与优化的方法学体系。

2.2　机组实际状态的确定

2.2.1　机组实际状态与能耗表征

机组运行的经济性受许多因素影响，其中主要有设计水平、负荷、煤质、设备健康状况和操作人员的运行水平等。因此，机组经济性分析与节能潜力诊断是一项复杂的系统工程。常规的节能诊断主要是根据机组的设计参数及热力试验数据作为基准，诊断出运行参数与性能参数偏离理想值所造成的机组经济性的下降，这里的能耗也称为“可控损失”。事实上，机组经济性的损失应包括三个层次[1]：第一个层次称作运行可控损失，这部分损失是运行参数偏离最佳值所引起的，因而可以通过运行调整得到控制；第二个层次称作维修可控损失，这部分损失是设备缺陷所引起的，因而只能通过维修才能得到控制；第三个层次称作不可控损失，这部分损失是外界负荷变化、设备老化、煤质下降、环境温度变化等客观因素所引起的，因而是人力所无法控制的。

因此，燃煤机组节能诊断不仅应定量诊断出机组在实际运行中能量损失的部位与性能，即确定各项偏差对整个机组经济性影响的大小，而且应该表明它们的性质，也就是能量损耗属于哪一层次的损失。

2.2.2　关键能耗特征变量的可控性分类解析

一般说来，关键能耗特征变量是指对系统、设备能耗特性产生主要影响且相互独立的一组工质参数、设备状态参数或者它们的组合[2]。关键能耗特征变量是决定机组设备综合性能指标的参数集合，根据关键能耗特征变量的可控性质，可将其分为三类参数子集。

(1)第一类为不可控边界参数子集：主要包括由环境因素决定的大气压力、环境温度、负荷率、煤质参数等。

(2)第二类为运行可控参数子集：即由运行直接控制的主要工质状态参数指标，如主蒸汽压力、主蒸汽温度、再热蒸汽温度、给水温度、凝汽器真空、排烟温度、烟气含氧量、飞灰含碳量、加热器端差、过热器减温水量、再热器减温水量、辅机运行方式等。

(3)第三类为维修可控参数子集：即由设备健康状况所决定，可通过维修优化调整的指标参数，如汽轮机高/中/低压缸效率、辅机效率或单耗、加热器或凝汽器端差指标、空预器漏风率、补水率等指标。这一类指标取决于设备自身经济性能和设备检修维护水平。

需要说明的是，当运行可控参数中部分参数的可控性受到设备性能劣化的影响时，应根据情况具体分析，考虑通过维修改善设备性能加以调整优化。

部分关键能耗特征变量的可控性分类如表 2-1 所示。

表 2-1　关键能耗特征变量的可控性分类

参数类型	关键能耗特征		
不可控边界参数	负荷率(蒸发量)	入炉煤低位热值	入炉煤挥发分
	环境温度	入炉煤灰分	入炉煤硫分
	大气压力	入炉煤水分	…

续表

参数类型	关键能耗特征		
运行可控参数	排烟温度	主蒸汽温度	加热器端差
	烟气含氧量	主蒸汽压力	辅机运行方式
	飞灰含碳量	再热蒸汽温度	过热器减温水量
	给水温度	凝汽器真空	再热器减温水量
	⋮	⋮	⋮
维修可控参数	空预器漏风率	加热器清洁度	给水泵耗电率
	尾部烟道漏风率	凝汽器清洁度	循环水泵单耗
	制粉系统漏风率	循环水温升	凝结水泵单耗
	炉管清洁度	轴封漏汽量	除尘单耗
	高压缸效率	送引风机单耗	脱硫单耗
	中压缸效率	一次风机单耗	⋮
	低压缸效率	制粉单耗	

2.3　机组基准状态的确定

在机组节能诊断分析过程中，节能诊断目标值(又称为节能诊断基准值)的确定具有重要意义，是节能诊断分析的基础[1,3]。通过对比机组当前运行状态参数与目标值的差异，判断机组的健康状态，确定机组节能潜力，进而制定合理的检修计划与优化运行策略，提高机组经济性。结合机组经济性损失的三个层次，机组性能目标值可分为额定设计值、维修可达目标值和运行可达目标值，对机组性能目标值的讨论可以帮助清晰定义各类损失。机组各类性能目标值如图 2-1 所示。

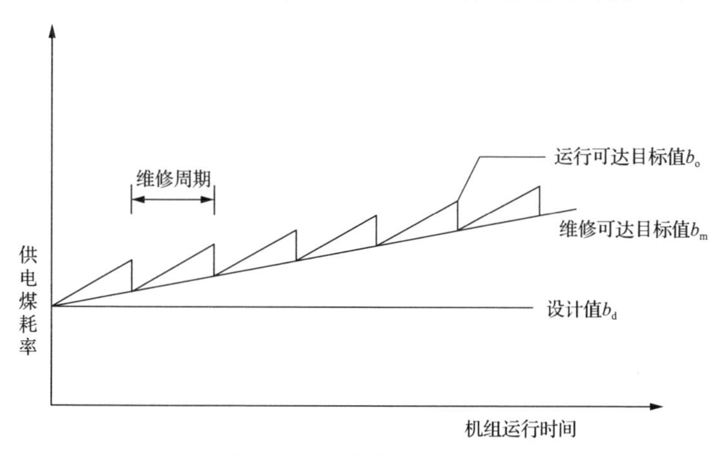

图 2-1　机组各类性能目标值

2.3.1 设计目标值

机组性能指标的设计值一般由生产厂家提供。凝汽式机组中，选择供电煤耗率作为机组经济性的评价准则，可以全面反映机组的经济性。以供电煤耗率为例进行说明，生产厂家会提供针对设计煤种和选定的典型负荷及环境温度时的机组供电煤耗率设计值。可在此基础上借助于机组性能模拟模型，进行变工况计算分析，得到在任意负荷、环境温度及煤质条件下机组供电煤耗率的设计目标值。它们之间的关系可以表达为以下函数式

$$b_{\mathrm{d}} = F_1(N, t_{\mathrm{a}}, A_{\mathrm{f}}, W_{\mathrm{f}}) \tag{2-1}$$

式中，b_{d} 为供电煤耗率在某一条件时的设计目标值；N 为机组负荷；t_{a} 为环境温度；A_{f} 为煤中灰分；W_{f} 为煤中水分。

机组供电煤耗率的影响因素中，机组负荷、环境温度、煤种灰分与水分属于不可控因素，同时在变工况计算中，机组各子系统和设备处于理想状态，因此机组的设计目标值只受到不可控因素影响，所以公式也可以推广至诊断指标设计目标值的一般形式：

$$\mathrm{Index}_{\mathrm{d}} = F_1(p_{\mathrm{uc}}, p_{\mathrm{w,c}}^{\mathrm{op}}, p_{\mathrm{y,c}}^{\mathrm{op}}) \tag{2-2}$$

式中，$\mathrm{Index}_{\mathrm{d}}$ 为指定边界条件下的性能指标设计目标值；p_{uc} 为指定边界条件下的不可控因素集，包括机组负荷、环境温度、煤种灰分与水分等变量；$p_{\mathrm{w,c}}^{\mathrm{op}}$ 为指定边界条件下的维修可控因素集，机组处于设计状态下，各维修可控因素处于最优状态；$p_{\mathrm{y,c}}^{\mathrm{op}}$ 为指定边界条件下的运行可控因素集，机组处于设计状态下，各运行可控因素处于最优状态。

2.3.2 维修可达目标值

机组性能指标的维修可达目标值是指机组经过检修后可能达到的最优性能指标，可以通过机组大修后的热力试验得到。目前燃煤机组主机普遍实行定期检修制度，一般分为 ABCD 四个等级，其中 A 级检修工作范围最大，对机组性能恢复效果最为明显。燃煤发电机组 A 级检修周期一般为 5～6 年，部分可达 8 年间隔周期。一般地，由于设备老化等问题，机组经过维修后设备性能并不能完全恢复到设计时的水平，因此供电煤耗率的维修可达目标值，一般要高于设计目标值，且随机组服役时间增加，二者差值可能逐步增大，如图 2-1 所示。当机组或系统

设备由于严重老化等因素导致机组维修可达目标值与设计基准值偏差较大，严重影响机组性能时，一般可考虑通过技术改造等方法对设备及机组进行性能恢复。通过对机组大修前后的数据进行分析，可以得到供电煤耗率的维修可达目标值 b_m 与负荷、环境温度、煤质之间的关系，即

$$b_{\mathrm{m}} = F_2(N, t_{\mathrm{a}}, A_{\mathrm{f}}, W_{\mathrm{f}}) \tag{2-3}$$

综合考虑大修前后维修可控因素的变化，由式(2-3)可以得到诊断指标维修可达目标值的一般形式：

$$\mathrm{Index}_{\mathrm{m}} = F_2(p_{\mathrm{uc}}, p_{\mathrm{w,c}}^{\mathrm{op,m}}, p_{\mathrm{y,c}}^{\mathrm{op}}) \tag{2-4}$$

式中， $\mathrm{Index}_{\mathrm{m}}$ 为指定边界条件下的性能指标维修目标值。

2.3.3 运行可达目标值

机组维修可达目标值反映机组经维修后供电煤耗率所能达到的最佳值，而一般机组的大修需要两年或更长时间进行一次，小修也需要几个月或一年以上进行一次。因而机组在两次维修的间隔期间，即使某些设备存在缺陷，但又不能在线消缺或维护，只要对机组的安全性影响不大，一般是在机组停机检修时进行治理。机组在运行中所能达到的目标值是指机组在最佳运行方式及运行参数下所能达到的目标值，称为"运行可达目标值"。在煤质、负荷、环境温度等运行边界条件相同的情况下，机组供电煤耗率的运行可达目标值一般在两次检修间隔期间，初期指标较好，之后随运行时间增加、设备健康状态发生劣化后逐渐升高，直至检修前达到较高值。综合考虑机组运行过程中运行人员操作水平及设备运行方式，运行可达目标值可以表征为下列形式：

$$\mathrm{Index}_{\mathrm{o}} = F_3(p_{\mathrm{uc}}, p_{\mathrm{w,c}}^{\mathrm{op,m}}, p_{\mathrm{y,c}}^{\mathrm{op,o}}) \tag{2-5}$$

式中， $\mathrm{Index}_{\mathrm{o}}$ 为指定边界条件下的性能指标运行可达目标值。

对于机组运行可达目标值，也可以利用数据挖掘方法，通过对机组历史运行数据进行分析，综合边界条件、运行操作水平和设备性能状况等各方面因素，在求取机组实际可达优化目标的基础上，从中深度解析、分类提取实际可达的运行优化目标值和维修优化目标值信息，从而分类仿真生产过程各类可控能量损耗，为实现对机组设备深度能耗状态评价与节能潜力诊断奠定基础。

2.3.4 机组各类目标值之间的关系

以供电煤耗率为例分析各类目标值之间的关系，机组供电煤耗率的设计目标值 b_d、维修可达目标值 b_m 及运行可达目标值 b_o 分别反映了机组在设计、维修与运行三个层次上所能达到的理想值。

如图 2-1 所示，在相同煤种、负荷和环境温度下，一般有 $b_o \geqslant b_m > b_d$。机组在刚刚投入运行时，由于厂用蒸汽及其他因素的变化，使 $b_m > b_d$，以后随着机组服役时间增加，设备不断老化，厂用蒸汽继续增加，使 b_m 越来越高。对于运行可达目标值，在两次检修之间的运行时间内，b_o 呈单调递增。当刚刚完成检修之后，在其他因素相同的情况下，$b_o=b_m$，二者重合。

机组运行可控损耗是指机组供电煤耗率的实际运行值与运行可达目标值之差，它是由机组运行中各个可控参数偏离最佳值引起的。机组运行中一些可控参数的最佳值，有些易于确定，为一固定值或随负荷与环境条件有规律地变化；还有一些可控参数的最佳值较难确定，需根据机组设备的健康状态、运行方式以及煤质等情况进行优化，如过量空气系数、排烟温度等。

机组维修可控损耗是由系统中设备的健康状态发生变化或设备存在缺陷而引起的，与运行参数和运行方式无关，因此，在进行机组维修可控损耗诊断时，主要是针对各设备的性能参数而言。对设备性能参数的要求是：一方面能够反映设备健康状态，另一方面是受运行参数及负荷的影响尽量小。通过计算各设备性能参数的实际值与最佳值，结合机组能耗特性模型，即可得到各设备性能参数对整个机组供电煤耗率的影响。与机组运行可控损耗的诊断类似，有些设备的缺陷难以通过性能参数反映出来，或者缺乏成熟的监测设备，因而可诊断出的机组维修可控损耗小于实际的维修可控损耗，二者之差为没有或无法诊断出的维修可控损耗。三者间关系如下：

$$\sum_{i=1}^{M}\Delta b_{m,i} + \Delta b_{m,n} = \Delta b_m \tag{2-6}$$

式中，M 为可诊断的性能参数偏差项数；$\Delta b_{m,i}$ 为某项维修可控偏差所造成的机组供电煤耗率的增加；Δb_m 为机组实际的维修可控损耗；$\Delta b_{m,n}$ 为没有诊断出的维修可控损耗。

2.4 机组节能潜力诊断

如图 2-2 所示，机组供电煤耗率的运行值 b_a 与运行可达目标值 b_o 之差 Δb_o 形成了“运行可控损耗”，运行可达目标值 b_o 与维修可达目标值 b_m 之差 Δb_m 构成了机组的维修可控损耗。影响机组“运行可控损耗”与“维修可控损耗”的因素很多，因此需要通过节能潜力诊断，定量得到各个因素对机组损耗的贡献。

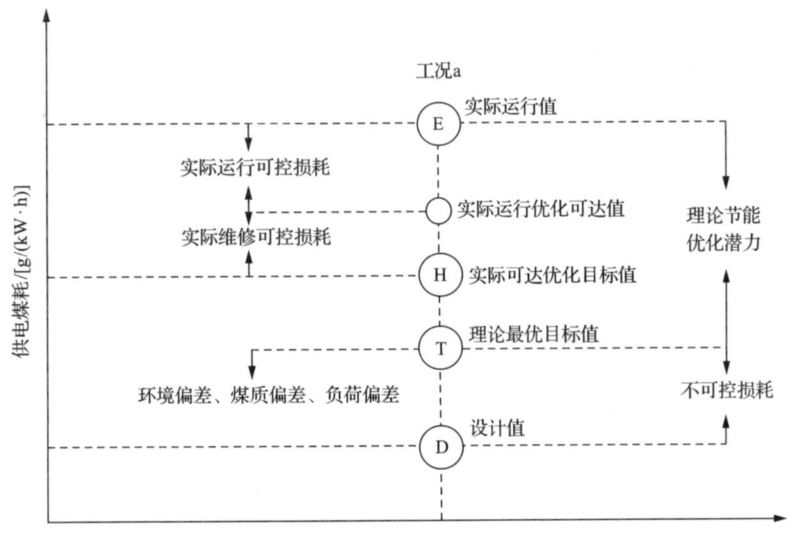

图 2-2　机组各项能耗与节能诊断示意

机组节能潜力诊断的目的在于利用各种能耗分析方法，确定机组不同工况和边界条件下机组能量转换和利用过程中的各项能量损失产生的部位、大小、原因和相互作用关系，区分其中的可控损失和不可控损失，定量得到能够通过运行调节和维修措施可避免的能量损失。对于燃煤发电机组，一般选择可全面反映机组经济性能的供电煤耗率作为机组节能潜力诊断的性能评价指标。

2.4.1　基于能耗时空分布的节能诊断方法

1. 燃煤机组能耗敏度分析

如 1.2 节所述，基于单耗分析方法和能耗时空分布规律，能够分析计算得到不同类型燃煤机组及部件在不同工况下的附加单耗，从而得到机组在不同工况和边界条件下的能耗分布规律。在此基础上，还应进一步确定机组能耗产生的机理及不同影响因素的时空作用规律[4,5]。能耗的敏度分析方法旨在研究一个系统的状态或输出变化对系统参数或周围条件变化的敏感程度，能耗敏度就是系统能耗随决策变量的变化值，有绝对值和相对值之分。

对于燃煤发电机组而言，影响机组发电煤耗率的决策变量主要包括两大类，一类是工质参数，另一类是设备特征参数。工质参数主要有主蒸汽压力与温度、再热蒸汽温度、汽轮机排汽压力、给水温度等；设备特征参数主要反映设备的热经济性能，对于汽轮机为内效率，对于回热加热器为端差。对于锅炉而言，热力学第二定律分析表明锅炉损失主要由三部分构成：一是锅炉燃料燃烧引起的㶲损，二是炉内工质流动与传热过程的㶲损，三是与锅炉效率相关的热损失引起的㶲散失，因此，锅炉效率为锅炉的特征参数。

能耗敏度分析的目的是确定决策变量的变化导致机组热耗和煤耗的变化量，以进一步分析设备设计、运行、检修等方面存在的问题，进而寻求解决的途径。研究对象不同，燃煤机组热经济性的评价指标和评价方法也有所差异，一般说来，对于汽轮机组通常采用热耗率作为能耗指标，该指标基于热力学第一定律，常采用热平衡法评价；对于燃煤发电机组采用发电煤耗率或供电煤耗率作为指标，该指标基于热力学第一、第二定律，可采用热平衡法与单耗分析法进行评价。

2. 基于热量法的能耗敏度分析

目前燃煤机组节能分析采用的耗差分析方法，主要是基于热力学第一定律，以锅炉效率和汽轮机热耗率为指标进行影响因素的定量分析，对于锅炉侧与厂用电设备的耗差分析采用基本公式法，汽轮机侧主要参数的耗差分析常采用热耗修正曲线法，对于汽轮机热力系统的耗差分析常采用基于热平衡的等效热降法，对于汽轮机组效率的分析采用简化公式法。

1) 基本公式法分析

额定工况下某超临界机组设计发电煤耗率为

$$b_s = \frac{q \times 1000}{\eta_b \eta_p \times 29271.2} = \frac{7587 \times 1000}{0.928 \times 0.99 \times 29271.2} = 282.13[\mathrm{g/(kW \cdot h)}] \tag{2-7}$$

式中，q 为汽轮机热耗率；η_b 和 η_p 分别为锅炉效率和管道效率。

(1) 厂用电率对煤耗的影响。当厂用电率 ε_{ap} 为 5.87%时，供电煤耗率为

$$b_s^n = \frac{b_s}{1-\varepsilon_{ap}} = \frac{282.13}{1-0.0587} = 299.72[\mathrm{g/(kW \cdot h)}] \tag{2-8}$$

当厂用电率增加 1%时，供电煤耗率为

$$b_s^n = \frac{b_s}{1-\varepsilon_{ap}} = \frac{282.13}{1-0.0687} = 302.94[\mathrm{g/(kW \cdot h)}] \tag{2-9}$$

所以，在额定工况下，厂用电率每增加 1%，供电煤耗率增加 3.22g/(kW·h)，在低负荷工况下发电煤耗率高、厂用电率大，因此低负荷时厂用电率对煤耗的影响更大。

(2) 锅炉效率对煤耗的影响。当锅炉效率从 92.8%减少 1%时，机组的发电煤耗率变化为

$$b_s = \frac{q \times 1000}{\eta_b \eta_p \times 29271.2} = \frac{7587 \times 1000}{0.918 \times 0.99 \times 29271.2} = 285.2[\text{g}/(\text{kW} \cdot \text{h})] \tag{2-10}$$

所以锅炉效率每降低 1%，发电煤耗率平均增加 3.07g/(kW·h)。

(3)机组热耗率对煤耗的影响。当机组热耗率增加 1%，发电煤耗率变为

$$b_s = \frac{q \times 1000}{\eta_b \eta_p \times 29271.2} = \frac{7587 \times 1.01 \times 1000}{0.928 \times 0.99 \times 29271.2} = 284.95[\text{g}/(\text{kW} \cdot \text{h})] \tag{2-11}$$

机组热耗率增加 1%，发电煤耗率升高 2.82g/(kW·h)。

(4)锅炉侧参数的耗差分析。锅炉侧参数的耗差分析，主要根据锅炉效率反平衡计算公式，分析相关参数变化前后对反平衡热损失的影响，进而根据反平衡热损失得到对锅炉效率的定量影响。以锅炉飞灰含碳量 C_{fh} 为例进行分析如下。

锅炉飞灰含碳量主要影响机械未完全燃烧热损失 q_4，根据机械未完全燃烧热损失计算公式,可得到飞灰含碳量变化影响机械未完全燃烧热损失的变化关系式：

$$\Delta \eta_b = -\Delta q_4 = q_4 - q_4' = \frac{337.27 A_{ar} \alpha_{fh}}{Q_r} \left(\frac{C_{fh}}{100 - C_{fh}} - \frac{C_{fh}'}{100 - C_{fh}'} \right) \tag{2-12}$$

式中，A_{ar} 为燃煤收到基灰分含量，%。

2)修正曲线法分析

对于主蒸汽温度、主蒸汽压力、再热蒸汽温度、再热蒸汽压降、补给水率、真空等的参数影响煤耗情况，可从制造厂提供的热力特性修正曲线推导出来。

3)等效热降法分析

等效热降法是以热平衡法为基础，在汽轮机进汽流量不变的条件下，求得热力系统参数(如工质泄漏、加热器端差等)的变化对新蒸汽等效热降和循环吸热量的影响，进而得到机组热效率和煤耗率的变化，计算公式如下：

$$\delta \eta_i = \frac{\Delta H - \Delta Q \eta_i}{H + \Delta H} \tag{2-13}$$

式中，$\delta \eta_i$ 为汽轮机装置效率的相对变化量，%；H 为新蒸汽等效热降，kJ/kg；η_i 为汽轮机装置效率，%；ΔH 为新蒸汽等效热降变化量，kJ/kg；ΔQ 为循环吸热量的变化量，kJ/kg。

4)汽缸效率的耗差分析

汽轮机的热耗率及其变化由以下公式计算：

$$q = \frac{Q_0}{W_i \eta_m \eta_g} = \frac{Q_{sh} + Q_{rh}}{(W_{hp} + W_{ip} + W_{lp}) \eta_m \eta_g} \tag{2-14}$$

式中，Q_0为汽轮机热耗量，等于过热吸热量Q_{sh}与再热吸热量Q_{rh}之和；W_i为汽轮机实际内功率，等于高压缸实际内功率W_{hp}与中低压缸的实际内功率W_{ip}、W_{lp}之和；η_m、η_g为分别为机械效率和发电机效率。

$$\frac{dq}{q}=\frac{dQ_{sh}+dQ_{rh}}{Q_{sh}+Q_{rh}}-\frac{d(W_{hp}+W_{ip}+W_{lp})}{W_{hp}+W_{ip}+W_{lp}}-\frac{d\eta_m}{\eta_m}-\frac{d\eta_g}{\eta_g} \tag{2-15}$$

由式(2-14)和式(2-15)可知，汽轮机缸效率的变化主要影响汽轮机的热耗量和实际内功率，按照汽轮机进汽流量不变分析，过热蒸汽吸热量不变，如果高压缸效率变化，高压缸排汽焓发生变化，再热吸热量变化，高压缸实际内功率发生变化，由于回热抽汽焓值发生变化进而影响高压缸回热抽汽量，使中低压缸流量稍有变化，进而中低压缸的实际内功率也有变化。如果中压缸效率变化，锅炉吸热量和高压缸实际内功率不受影响，而中、低压缸抽汽焓和排汽焓发生变化，进而中压缸和低压缸实际内功率发生变化。如果低压缸效率发生变化，只影响低压缸抽汽焓和排汽焓，进而只影响低压缸的实际内功率。式(2-16)～式(2-18)分别推导了高、中、低压缸效率变化对汽轮机热耗率的定量影响。

$$\begin{aligned}\frac{dq}{q}|\mathrm{hp}&=\frac{dQ_{rh}}{Q_{sh}+Q_{rh}}-\frac{dW_{hp}+dW_{ip}+dW_{lp}}{W_{hp}+W_{ip}+W_{lp}}=\frac{dQ_{rh}}{Q_{sh}+Q_{rh}}\\&-\frac{W_{t,hp}d\eta_{ri,hp}+\eta_{ri,hp}dW_{t,hp}+dW_{ip}+dW_{lp}}{W_{hp}+W_{ip}+W_{lp}}\end{aligned} \tag{2-16}$$

式中，$W_{t,hp}$为高压缸理想内功率；$\eta_{ri,hp}$为高压缸内效率。

$$\frac{dq}{q}|\mathrm{ip}=-\frac{dW_{ip}+dW_{lp}}{W_{hp}+W_{ip}+W_{lp}}=-\frac{W_{t,ip}d\eta_{ri,ip}+\eta_{ri,ip}dW_{t,ip}+dW_{lp}}{W_{hp}+W_{ip}+W_{lp}} \tag{2-17}$$

式中，$W_{t,ip}$为中压缸理想内功率；$\eta_{ri,ip}$为中压缸内效率。

$$\frac{dq}{q}|\mathrm{lp}=-\frac{dW_{lp}}{W_{hp}+W_{ip}+W_{lp}}=-\frac{W_{t,lp}d\eta_{ri,lp}+\eta_{ri,lp}dW_{t,lp}}{W_{hp}+W_{ip}+W_{lp}} \tag{2-18}$$

式中，$W_{t,lp}$为低压缸理想内功率；$\eta_{ri,lp}$为低压缸内效率。

3. 基于单耗分析法的能耗敏度分析

单耗分析法是基于热力学第二定律的㶲平衡法，通过计算决策变量变化前后系统内各设备的附加单耗，进而得到整个系统的产品单耗，二者之差即为该决策变量的能耗敏度。通过该分析方法，不但能够得到决策变量变化对总体单耗的影响值，还可以知道该决策变量变化主要影响哪些设备的附加单耗[4-6]。单耗分析法以能量系统设计工况数据为基础，建立整个能量系统的变工况计算模型。对于燃煤发电机组，汽轮机热力系统是核心，因此以机组设计工况的数据为基础，假设锅炉效率不变，计算求得汽轮机各汽缸或各级组的内效率，并进行拟合，作为变工况计算的基准数据，取回热加热器端差、抽汽压损、小汽机内效率为设计值，对汽轮机热力系统进行变工况计算建模。

首先假定初始汽轮机进汽量，按照弗留格尔公式的简化公式求得各级回热抽汽压力，根据抽汽压损确定加热器的进汽压力，根据加热器的出口端差和疏水端差求得加热器出口、入口水温、疏水温度，进而确定相应的焓值。根据以上得到的变工况热力系统新的汽水参数进行定功率热平衡计算，得到新的主蒸汽流量 D_0，判断该流量与假设的 D_0' 是否在给定范围内，如超出范围，再假定重新迭代计算，直至满足迭代精度要求[5,6]。

进行汽轮机热力系统变工况计算时，汽轮机排汽焓的确定仍然是一个难点，一般的汽轮机热力设计常采用膨胀线线性外推的方法确定，由于汽轮机次末级与末级效率较其他级的效率低，导致排汽焓误差较大。通过对不同类型机组设计数据的分析，发现汽轮机末级组的效率与末级组压力比具有多项式拟合曲线关系，为此可以根据弗留格尔公式得到末级抽汽压力，进而得到末级组压力比，由拟合公式可得到末级组的效率，进而求得汽轮机排汽焓。

2.4.2　基于降耗时空效应的燃煤机组节能诊断方法

1. 降耗效应与降耗时空效应

如 1.3 节所述，基于改进的单耗分析方法能够量化分析出不同部件的能耗相互作用，进而计算得到不同部件的降耗时空效应，获得机组在不同工况和边界条件下当前实际状态的节能潜力[7-10]。

燃煤机组的部件可分为两类：①功能部件，完成系统必需的物质生产或能量转换任务，如图 2-3 所示的锅炉、汽轮机和发电机等；②降耗部件，可以降低系统生产相同数量产品时，所需要消耗的燃料或成本量，如图 2-3 所示的回热加热器。

降耗部件在运行时，其本身也会产生能耗，不过其在系统中运行时所带来的降耗贡献是大于自身能耗的。用降耗效应表征降耗部件对系统降耗贡献的大小。在某一工况下，某降耗部件的降耗效应定义为此时由于解列该部件所引起的系统总能耗的增加值。应用降耗效应能够方便地量化降耗部件的节能潜力，对各种类型的部件和不同的系统流程布置方式进行节能效果的评价。

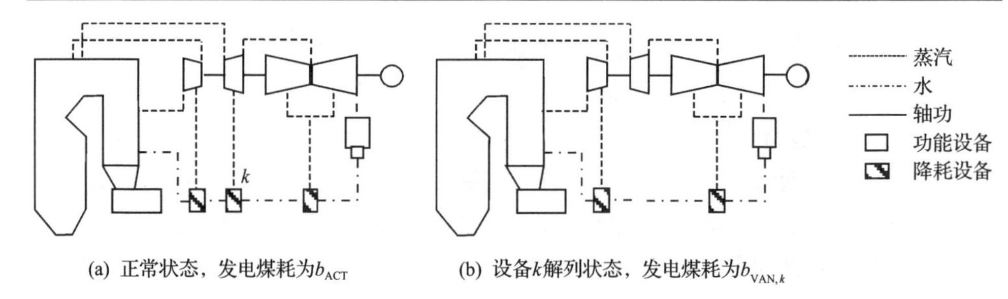

图 2-3　电厂设备分类示意图

对于功能部件(如锅炉、汽轮机等)，只要采取性能维护等措施，都会在原有基础上降低整体系统的能耗。如图 2-4 所示，在时变的边界条件 y 下，对于部件 k(某汽机级组)，在实际状态时其附加单耗为 $b_{aD,k,ACT}$，整体系统能耗为 b_{ACT}；假设对部件 k 进行维修等性能改善措施，在相同边界条件下，部件 k 的附加单耗变为 $b_{aD,k,REF}$，整体系统的能耗变为 b_{REF}，此时机组的状态称为参考状态(即性能优化的状态)。与实际状态相比，参考状态产生的能耗降低量即为在边界条件 y 下的降耗时空效应，如式(2-19)所示。

$$\beta_y = (b_{ACT} - b_{REF})_y \tag{2-19}$$

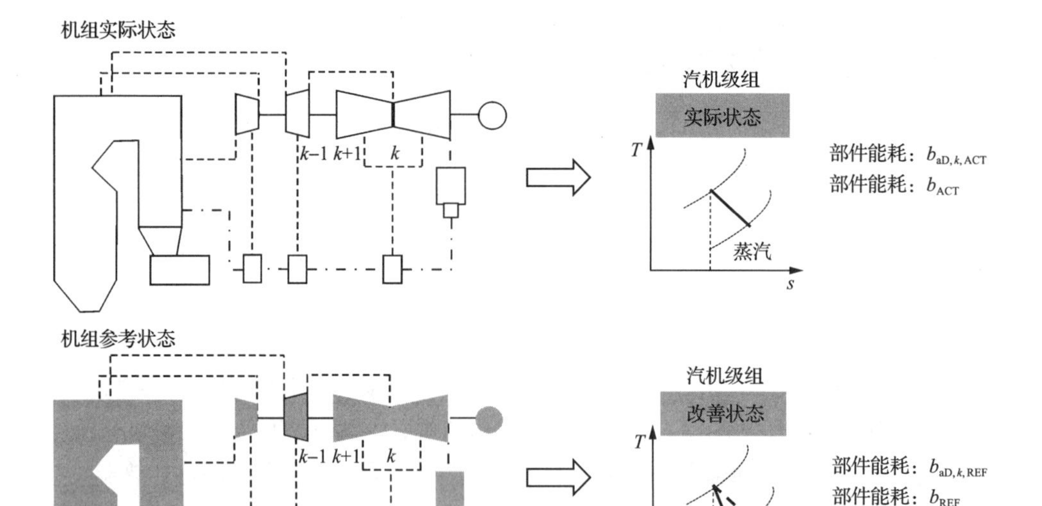

图 2-4　降耗时空效应示意图

值得注意的是，如图 2-4 所示，当机组内只有部件 k 的性能改善时，由于机组内部的时空效应，即在当前时间所对应的边界条件 y 下，部件 k 的性能变化，

会导致与部件 k 相连的物流参数也发生变化，导致其他部件（如部件 k–1 和 k+1 等）的附加单耗也发生改变，所以此时部件 k 改善所产生的机组能耗收益 β_y 与部件 k 的能耗差异是不等价的，如式(2-20)所示。

$$\beta_y = (b_{\mathrm{ACT}} - b_{\mathrm{REF}})_y \neq (b_{\mathrm{aD},k,\mathrm{ACT}} - b_{\mathrm{aD},k,\mathrm{REF}})_y \tag{2-20}$$

研究整体能量系统变化所导致的空间影响时，需要在对比实际状态与健康状态（下文所述的参考工况）时，保持发电机组外部边界条件一致。降耗时空效应可为式(2-21)：

$$\beta_y = \sum_{k=1}^{n} (\Delta b_{\mathrm{aD},k}^{\mathrm{EN}} + \Delta b_{\mathrm{aD},k}^{\mathrm{EX}})_y \tag{2-21}$$

即通过部件的内因/外因附加单耗在不同状态间的变化进行部件性能的诊断。

综上所述，降耗时空效应指在某时间与空间条件下，通过机组改善所能够降低的发电煤耗率。降耗时空效应是燃煤发电机组时间因素（多变边界条件）与空间因素（部件性能与拓扑结构）共同作用的结果，体现为限定时刻所对应的边界条件下，由机组能量系统里各个部件的内因与外因附加单耗变化累积而成。

2. 基于降耗时空效应的机组部件性能诊断

经过一段时间的运行，由于腐蚀、磨损和节流损失等因素，部件性能逐渐劣化（或衰退）。与初始的健康状态相比，部件的性能参数 α（如汽轮机的相对内效率和压比，以及换热器的热效率、压损和温差等）随之改变。劣化部件的附加单耗会增大，导致其他部件所消耗的燃料㶲增多，最终整体系统发电量降低。然而，复杂系统的布局中，部件间的相互耦合关系极其繁琐，这增加了劣化部件定位和故障源确定的难度。

根据上述分析，部件从理想状态衰退至实际状态时，其内因附加单耗 $b_{\mathrm{aD},k}^{\mathrm{EN}}$ 的变化主要是由性能参数的劣化引起的。对于处于健康状态的部件 k，其内因附加单耗 $b_{\mathrm{aD},k}^{\mathrm{EN}}$ 始终保持不变，但当该部件的性能开始劣化时，$b_{\mathrm{aD},k}^{\mathrm{EN}}$ 会相应地增大。所以，通过判断某部件在健康状态和实际状态下的内因附加单耗，可以比较容易地确定该部件是否发生了性能衰退。

部件 k 的内因附加单耗可由下式确定：

$$b_{\mathrm{aD},k}^{\mathrm{EN}} = f_k(\alpha_k, y) \tag{2-22}$$

式中，参数集 α_k 表示 k 部件的性能参数，如汽轮机级组的相对内效率；参数集 y 表示运行边界条件（如负荷指令和环境温度等）；当运行边界为 y 时，函数 f 描述了 $b_{\mathrm{aD},k}^{\mathrm{EN}}$ 和 α_k 之间的关系。

图 2-5 显示了附加单耗 $b_{\mathrm{aD},k}$ 随性能参数集 α_k 的变化规律：实线与虚线分别指 $b_{\mathrm{aD},k}^{\mathrm{EN}}$ 和 $b_{\mathrm{aD},k}$，图中也标出了健康状态(REF)与故障状态(MAL)。运行一段时间后，性能逐渐衰退并发生了运行异常，部件 k 从初始的健康状态偏移至劣化状态：k 部件的性能参数集 α_k 发生了变化(例如，绝热效率降低或者压损增加)。α_k 从健康状态衰退至劣化状态后会产生偏差 $\Delta\alpha_k$，其数值的正负视具体情况而定，例如，若 α_k 指汽轮机级组的绝热效率，则 $\Delta\alpha_k$ 为负值。劣化状态下 $b_{\mathrm{aD},k}^{\mathrm{EN}}$ 相对于健康状态的偏差可表示为

$$b_{\mathrm{aD},k}^{\mathrm{EN}} = f_k(\alpha_{k,\mathrm{MAL}}, y) - f_k(\alpha_{k,\mathrm{REF}}, y) = \left[\frac{\partial f_k}{\partial \alpha_k}\right]_y (\alpha_{k,\mathrm{MAL}} - \alpha_{k,\mathrm{REF}}) \tag{2-23}$$

部件 k 与其他部件之间由若干物流连接，其热力参数值会随 $\Delta\alpha_k$ 的产生而发生改变，导致部件 k 和相邻部件的外因附加单耗也随之变化，即外因附加单耗 $b_{\mathrm{aD},k}^{\mathrm{EX}}$ 受 α_k 间接影响(如图 2-5 中的虚线所示)。部件 k 的附加单耗变化 $\Delta b_{\mathrm{aD},k}$ 可以表示为

$$\Delta b_{\mathrm{aD},k} = b_{\mathrm{aD},k,\mathrm{MAL}} - b_{\mathrm{aD},k,\mathrm{REF}} = \Delta b_{\mathrm{aD},k}^{\mathrm{EN}} + \Delta b_{\mathrm{aD},k}^{\mathrm{EX}} \tag{2-24}$$

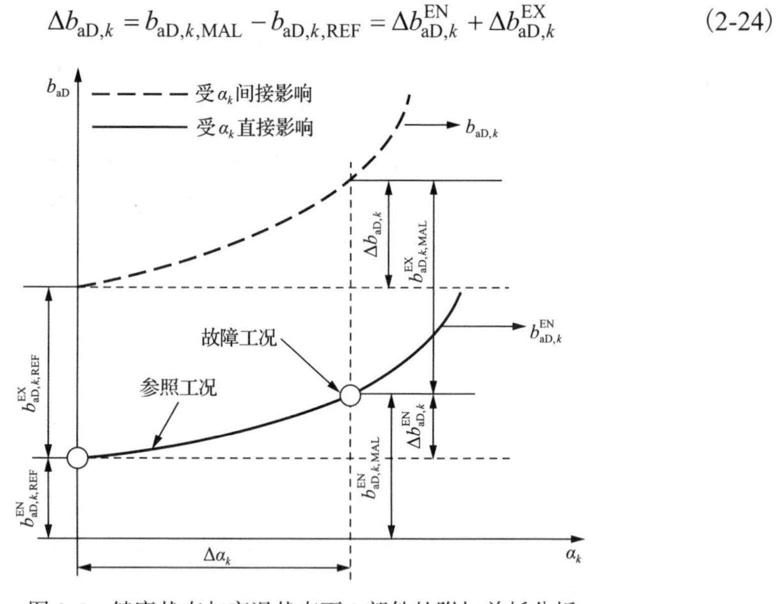

图 2-5　健康状态与衰退状态下 k 部件的附加单耗分析

综上所述，当部件 k 从健康状态偏移至劣化状态时，其性能的衰退可以按照以下步骤总结(图 2-6)：

(1)性能参数的劣化($\Delta\alpha_k$)直接导致了内因附加单耗的增加($b_{\mathrm{aD},k}^{\mathrm{EN}}$)，如图 2-6 中的黑色箭头所示。

(2) 部件 k 的性能偏移随后直接使其他部件的外因附加单耗增加（$\Delta b_{\mathrm{aD},1}^{\mathrm{EX}},\cdots,\Delta b_{\mathrm{aD},k-1}^{\mathrm{EX}},\Delta b_{\mathrm{aD},k+1}^{\mathrm{EX}},\cdots$），图中，$\Delta b_{\mathrm{aD},k-1}^{\mathrm{EX}}$ 与 $\Delta b_{\mathrm{aD},k+1}^{\mathrm{EX}}$ 分别由虚线包围的区域表示。

(3) 其他部件外因附加单耗发生变化后，（$\Delta b_{\mathrm{aD},1}^{\mathrm{EX}},\cdots,\Delta b_{\mathrm{aD},k-1}^{\mathrm{EX}},\Delta b_{\mathrm{aD},k+1}^{\mathrm{EX}},\cdots$），反过来也会导致部件 k 的外因附加单耗变大（$b_{\mathrm{aD},k}^{\mathrm{EX}}$）。

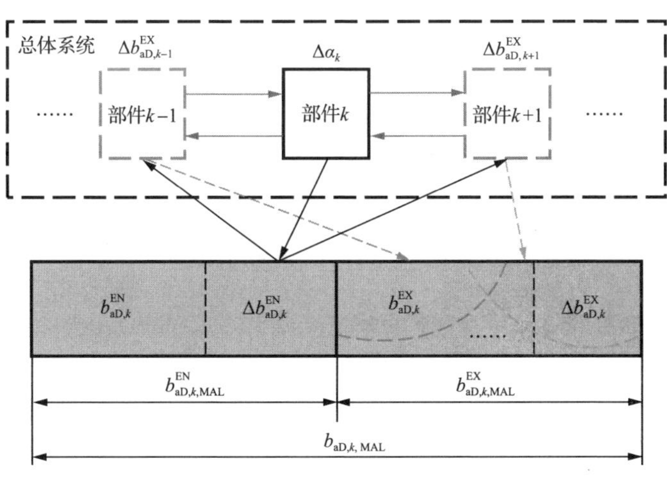

图 2-6　整体系统的㶲关系

3. 多故障工况的分析与量化

多故障工况可分为两类：第 1 类是多个故障同时发生在单一部件里；第 2 类是多个故障发生在不同部件中。前者相对简单，但在电厂的实际运行中并不常见，更常见的情况是多种故障同时发生在几个不同的部件上(即第 2 类多故障工况)。因此，这里主要分析第 2 类工况的故障影响量化流程。

图 2-7 详细描述了部件 k 的附加单耗与其他部件的性能参数之间的关系。部件 k 出口物流热力学性质主要由其自身的性能（α_k）决定，而其入口物流的性质主

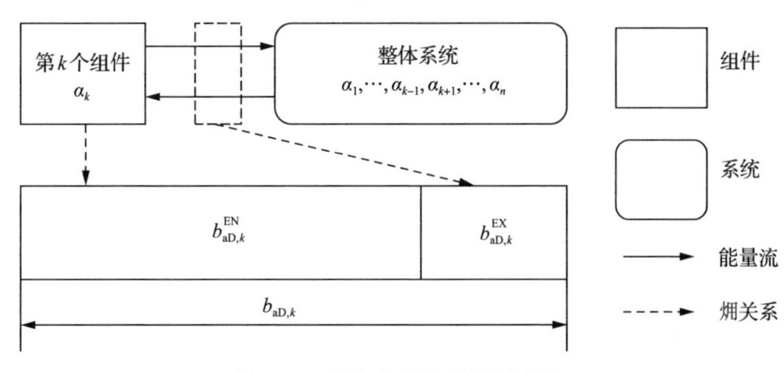

图 2-7　系统中部件的相互关系

要由上游部件决定。由于系统中的部件间存在着复杂的相互作用，部件 k 的性能参数会受到其他部件(例如，$\alpha_1,\alpha_2,\cdots,\alpha_{k-1},\alpha_{k+1},\cdots,\alpha_n$)的影响。因此，部件 k 的附加单耗是由参数集($\alpha_1,\alpha_2,\cdots,\alpha_k,\cdots,\alpha_n$)决定的，如式(2-25)：

$$b_{\mathrm{aD},k}=\theta_k(\alpha_1,\alpha_2,\cdots,\alpha_k,\cdots\alpha_n,y) \tag{2-25}$$

式中，函数 θ 表示 $b_{\mathrm{aD},k}$ 与($\alpha_1,\alpha_2,\cdots,\alpha_k,\cdots\alpha_n$)在边界条件 y 下的函数关系，n 表示系统中的部件数量。

$b_{\mathrm{aD},k}^{\mathrm{EN}}$ 从参考状态(REF)到故障状态(MAL)的偏移量可表示为

$$\Delta b_{\mathrm{aD},k}^{\mathrm{EN}}=\theta_k(\alpha_{k,\mathrm{MAL}},y)-\theta_k(\alpha_{k,\mathrm{REF}},y)=\left[\frac{\partial\theta_k}{\partial\alpha_k}\right]_y(\alpha_{k,\mathrm{MAL}}-\alpha_{k,\mathrm{REF}}) \tag{2-26}$$

因此，部件 k 的附加单耗在参考状态与故障状态间的差值可以描述为与其性能参数集相关的形式：

$$\Delta b_{\mathrm{aD},k}=\theta(\alpha_1,\alpha_2,\cdots\alpha_{k,\mathrm{MAL}},\cdots\alpha_i,\cdots,\alpha_n,y)-\theta(\alpha_1,a_2,\cdots\alpha_{k,\mathrm{REF}},\cdots,\alpha_i,\cdots,\alpha_n,y) \tag{2-27}$$

部件 k 的外因附加单耗从参考状态到故障状态的偏移量也可以得出

$$\Delta b_{\mathrm{aD},k}^{\mathrm{EX}}=\Delta b_{\mathrm{aD},k}-\Delta b_{\mathrm{aD},k}^{\mathrm{EN}} \tag{2-28}$$

假设经过一段时间的运行，部件 k 和 l 均偏离各自的参考状态并达到故障状态，图 2-8 展示了两故障部件 k 和 l 之间的关系，以及故障的定位与量化流程：

(1) 故障会直接导致性能参数产生偏移($\Delta\alpha_k,\Delta\alpha_l$)，同时内因附加单耗也发生了改变($\Delta b_{\mathrm{aD},k}^{\mathrm{EN}}$ 和 $\Delta b_{\mathrm{aD},l}^{\mathrm{EN}}$，如图 2-8 从部件 k 和 l 分别引出的箭头)。

(2) 部件 k 和 l 中的故障也会导致其他部件的外因附加单耗发生改变(如图 2-8 中虚线所围的区域所示)，分别用式(2-29)和式(2-30)表示如下：

$$(\cdots\Delta b_{\mathrm{aD},n_1}^{\mathrm{EX}},\cdots\Delta b_{\mathrm{aD},n_2}^{\mathrm{EX}},\cdots,\Delta b_{\mathrm{aD},l}^{\mathrm{EX}},\cdots,\Delta b_{\mathrm{aD},n_3}^{\mathrm{EX}},\cdots) \tag{2-29}$$

$$\left(\cdots\Delta b_{\mathrm{aD},n_1}^{\mathrm{EX}},\cdots,\Delta b_{\mathrm{aD},k}^{\mathrm{EX}},\cdots,\Delta b_{\mathrm{aD},n_2}^{\mathrm{EX}},\cdots,\Delta b_{\mathrm{aD},n3}^{\mathrm{EX}},\cdots\right) \tag{2-30}$$

(3) 对于部件 k，其他部件的外因附加单耗偏差($\cdots,\Delta b_{\mathrm{aD},n_1}^{\mathrm{EX}},\cdots,\Delta b_{\mathrm{aD},n_2}^{\mathrm{EX}},\cdots,\Delta b_{\mathrm{aD},l}^{\mathrm{EX}},\cdots,\Delta b_{\mathrm{aD},n_3}^{\mathrm{EX}},\cdots$)也会对它造成影响，使部件 k 的外因附加单耗发生改变($\Delta b_{\mathrm{aD},k}^{\mathrm{EX}}$)。同理，对于部件 l，其他部件的外因附加单耗偏差($\cdots,\Delta b_{\mathrm{aD},n_1}^{\mathrm{EX}},\cdots,\Delta b_{\mathrm{aD},k}^{\mathrm{EX}},\cdots,\Delta b_{\mathrm{aD},n_2}^{\mathrm{EX}},\cdots,\Delta b_{\mathrm{aD},n_3}^{\mathrm{EX}},\cdots$)也会对它造成影响，使部件 l 的外因附加单耗发生改变($\Delta b_{\mathrm{aD},l}^{\mathrm{EX}}$)。

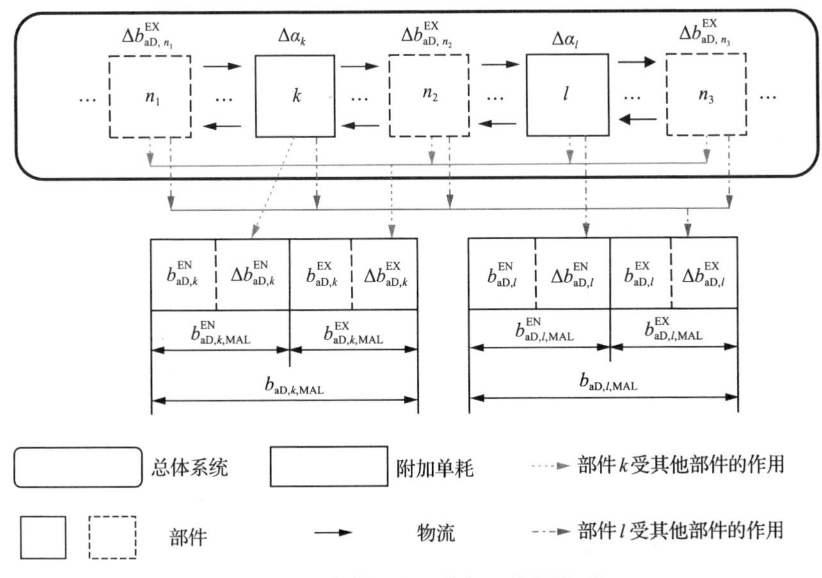

图 2-8　部件 k 和 l 的相互作用关系

多故障的量化流程与单一故障状态部分类似，但如果要明确故障间接造成的影响(不同部件间的相互作用)，则需要计算出故障部件的外因附加单耗。

4. 性能衰退的㶲参数指标

性能参数通常很难实时监测，部件 k 连接的物流参数较容易获得，一般通过测量这些物流的热力参数计算得出 $\Delta\alpha_k$。此外，部件的特性函数 f 也是未知的，因此，定位劣化部件和量化衰退影响十分困难，本章提出内部㶲参数 ζ_k 指标，以简化定位劣化设备的过程[11-14]。

图 2-9(a)展示了某一般性部件(系统里的部件 k)。如果该部件是一个接收器(例如，锅炉中的换热面)，则能量平衡和㶲平衡可以表示为式(2-31)和式(2-32)：

$$h_{\mathrm{m},k}m_{\mathrm{in},k}+Q=h_{\mathrm{out},k}m_{\mathrm{out},k} \tag{2-31}$$

$$e_{\mathrm{in},k}m_{\mathrm{in},k}+Q\left(1-\frac{T_0}{T}\right)=e_{\mathrm{out},k}m_{\mathrm{out},k}+E_{\mathrm{D},k} \tag{2-32}$$

式中，T 为传热过程的平均吸热温度。

如果该部件为一个发送器(例如某汽轮机级组)，则其能量平衡和㶲平衡方程如式(2-33)和式(2-34)所示：

$$h_{\mathrm{in},k}m_{\mathrm{in},k}=h_{\mathrm{out},k}m_{\mathrm{out},k}+W \tag{2-33}$$

$$e_{\mathrm{in},k}m_{\mathrm{in},k}=e_{\mathrm{out},k}m_{\mathrm{out},k}+W+E_{\mathrm{D},k} \tag{2-34}$$

这里定义内部㶲参数 ζ_k：

$$\zeta_k = (e_{\text{in},k} - e_{\text{out},k}) / (s_{\text{in},k} - s_{\text{out},k}) \tag{2-35}$$

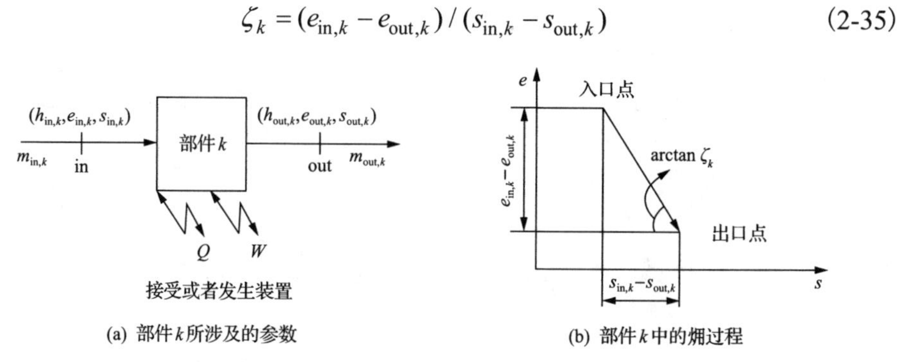

(a) 部件 k 所涉及的参数　　(b) 部件 k 中的㶲过程

图 2-9　部件的㶲过程

图 2-9(b)将部件 k 的㶲过程在 e-s 图上进行了描述，可见 ζ_k 表示工质流经部件 k 后在 e-s 图上所显示的斜率。

内部㶲参数定义为给定部件的进出口单位㶲差与熵差之比，所以其单位等价于温度。在实际运行中，如果部件没有发生故障，那么部件 k 的内部㶲参数 ζ_k 等于参考工况的对应参数值。然而，如果部件 k 中产生了故障，就会导致部件的不可逆性增加，使部件的熵产变大，出口物流的熵值增加，单位㶲降低，从而造成参数偏离参考工况的结果。由于能量系统的不可逆性主要使㶲变为热，导致相关物流的温度发生改变，所以用“温度”的形式表达内部㶲参数 ζ_k，以反映出故障部件的熵产变化。

为清晰说明内部㶲参数用于检测给定部件中是否存在故障的过程，图 2-10 表示了物流流经部件 k 的解析过程，包括参考工况（虚线所示）和不同的故障工况（实线 a、b、c 所示）。

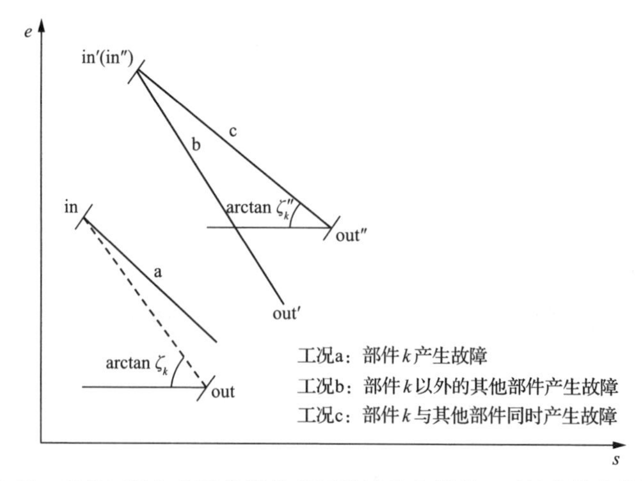

图 2-10　参考工况与多种故障状态下物流经由部件 k 时的参数变化情况

(1) 当部件 k 中出现故障 a 时(图 2-10 中的状态 a)，入口状态保持不变，但内因附加单耗的增加使内部烟参数从 ζ_k 变为 ζ'_k，导致部件 k 的出口状态偏离至实线 a 上的某一点。

(2) 当故障 b 出现在其他部件而不是部件 k 中时(如图 2-10 中的状态 b)，部件 k 的入口状态会从点 in 偏离至点 in′，出口状态偏离至点 out′。这里仅考虑故障工况的边界条件与参考工况相同的情况，此时连接部件 k 的物流流量几乎是不变的，则部件的内因附加单耗几乎不变，只有外因附加单耗发生改变。更重要的是，内部烟参数几乎保持不变，所以线 b 与参考工况(虚线)平行。

(3) 当相同的故障 a、b 同时发生在部件 k 和其他部件上时，图 2-10 中的状态 c 进出口状态分别偏离至点 in″和 out″。此过程可以拆分为两步：①故障 b 使进出口状态分别偏移至 in′和 out′；②故障 a 使出口状态从点 out′偏离至 out″。这样，部件 k 的内部烟参数、内部和外因附加单耗均发生改变，使物流状态偏离至实线 c。

综上所述，由于只需要烟值与熵值，内部烟参数可以用来快速方便地定位故障部件，而且对于多故障工况也同样适用。

5. 性能劣化的诊断

假设所研究系统的健康状态(或参考状态)已给定，图 2-11 展示了对运行过程中产生的性能劣化进行诊断的过程。首先，在对部件的运行状态进行监测时，运行过程中的热动力参数被逐渐记录下来，并可用于计算内部烟参数的实时数值。然后，得出从参考状态至劣化状态的偏差值 ζ_k，用于判断部件 k 是否发生了性能衰

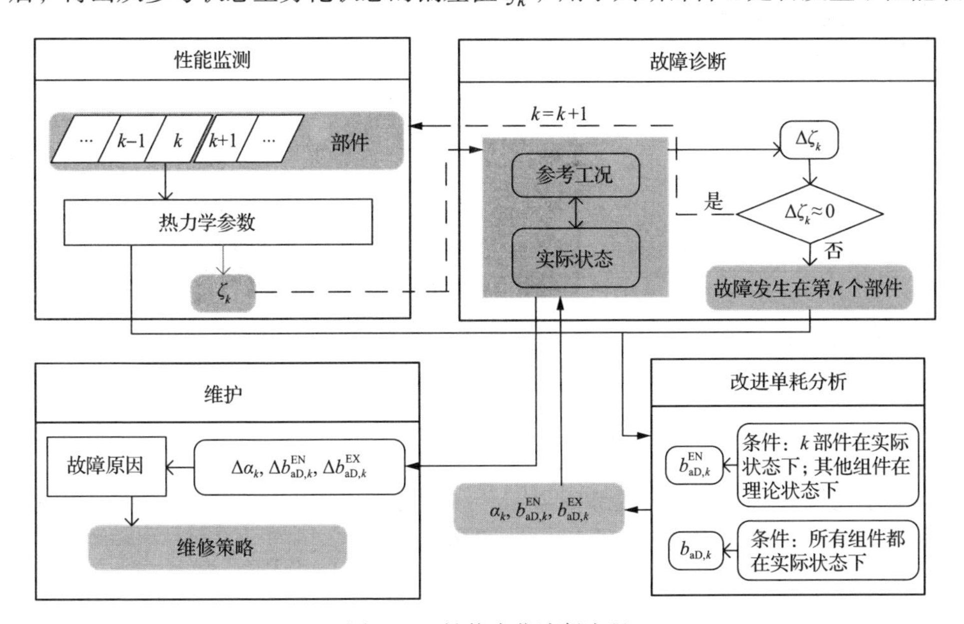

图 2-11　性能劣化诊断流程

退。若确定发生了性能衰退，则可应用先进㶲分析量化计算出部件中的内因附加单耗和外因附加单耗。随后，对比运行状态和参考状态的内部附加单耗和外因附加单耗，完成诊断过程以量化劣化的影响。最后，检测故障源并制订相应的劣化消减措施。

2.4.3　数据驱动的燃煤发电机组节能诊断

新常态下，燃煤发电机组的能耗与环境、资源、负荷之间存在强烈的依变关系，机组的深度节能减排面临重大需求和巨大压力。另外，快速发展的信息技术(IT)，如人工智能(AI)、数据采集、数据监测、机器学习、数据挖掘等，正在加速与传统能源技术(ET)领域的交叉融合，智能信息分析正逐步加深在微观能源技术与宏观能源规划等多层次协调优化方面的深度介入。为此，可以利用燃煤机组运行过程中不断积累的海量数据资源，将先进的数据挖掘理论和方法用于燃煤发电机组的能耗分析和节能诊断中。

数据驱动的燃煤发电机组节能诊断主要涉及混杂数据预处理、复杂热力系统建模、能耗决策规则与知识提取，实际可达优化目标值确定，能耗离线分析与在线诊断等[15-20]。

1. 能耗特征变量选择

数据预处理是保证发电过程能耗特性建模精度、可靠性和泛化能力的基础和保障。实际应用中，数据质量会受到设备类别及特性、数据类型、监测量种类、测点布置方式、传感器精度等因素的影响。数据预处理过程主要包括能耗特征变量选择、样本选取、数据质量提升等方面。

从样本、变量、数据结构的角度看，离线数据处理过程如图 2-12 所示，从各列样本来看，经过稳态分析与异常数据检测，部分样本被剔除，剩余样本的一部分用于建立研究对象的机理模型或算法模型，另一部分用于校验模型在时间尺度上的适用性。从各列的变量来看，首先经过特征变量的选择，根据具体问题选择合适的变量作为关键属性变量与决策变量建立两者的依变关系。同时，特征变量选择可能还包含了部分用于辅助计算的属性变量，如采用数据协调方法辅助计算并提升数据质量。

特征变量的选择主要用于选取模型的输入变量或进一步为模型各个输入变量加权。特征变量的选择可基于数据与算法也可基于机理(物理条件、先验知识)，可选的加权过程也相应地分为客观权重与主观权重。

基于机理分析的特征变量选择离不开对研究目标的充分理解与认识，这种基于因果关系或物理方程的方法可以保证选择的充分性又避免了冗余性，也便于去掉干扰因素。但当研究对象的理论研究上不完善或理论研究尚有未全面考虑的影响因素时，机理研究缺乏方程描述，根据经验与特性得到的机理模型与实际情况存在偏差。表 2-2 为近年来一些数据驱动的能量系统建模研究[21-32]。

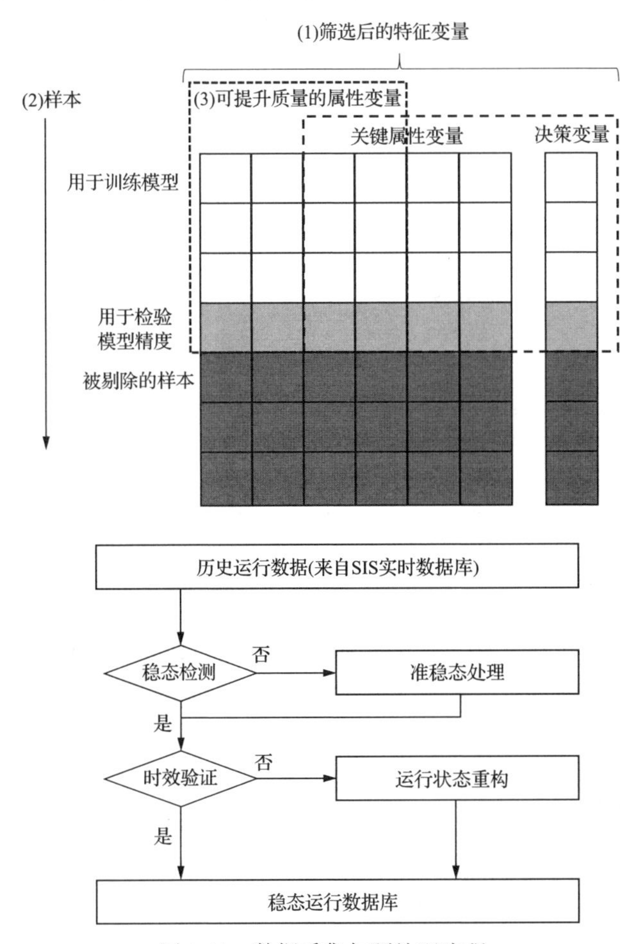

图 2-12　数据采集与预处理流程

表 2-2　数据驱动的能量系统建模中特征变量选择与建模

作者	研究领域	特征变量选择方法	建模方法
Jiang 等[21]	给水加热器与管道压力特性	先验知识	主因素分析 (本文分类为机理建模)
Li 等[22]	空冷特性建模	先验知识	特性参数与物理建模相结合
Rossi 等[23]	热电联产机组能耗基准	先验知识	比较了物理建模和 神经网络建模
Naik 和 Muthukumar[24]	空冷热交换特性建模	基于相关性分析	基于相关性的建模 (类似线性回归模型)
Azadeh 等[25]	不同热电站年发电量与运行方式、成本、技术等之间的关联	先验知识	模糊推理

续表

作者	研究领域	特征变量选择方法	建模方法
Du 等[26]	空冷背压特性建模	灰色关联度	神经网络
Hernández 等[27]	水净化过程，传热特性，压缩机特性	先验知识	神经网络
Yoo 等[28]	核电站失水事故建模	相关系数	支持向量机
Wang 等[29]	电站煤耗特性建模	模糊粗糙集	支持向量机
Li 等[16]	空冷特性建模	先验知识	支持向量机
Xu 等[30]	电站发电煤耗率建模	灰色关联度	基于粒子群优化的支持向量机
Capozzoli 等[31]	建筑群群能量系故障检测与分析	先验知识	分类与回归树(CART)与神经网络相结合
Yan 等[32]	地源热泵特性建模	相关系数	比较了支持向量机、神经网络、决策树

特征变量的选择分为基于机理的方法和基于算法的方法，但确定研究对象或决策属性后，与其相关的条件属性是客观存在的，不会因选择的算法而改变。在研究复杂问题或前沿课题时，特征变量的选择往往无法由以往经验知识或经验方程得到，此时应根据数据结构等合理选择算法，得到具有完备性、充分性且冗余信息尽量少的特征变量。

2. 样本选取与状态检测

样本选取过程主要涉及数据的稳态分析、异常数据检测、样本有效性和数据协调等，其中样本的有效性主要指根研究问题选择样本，如电站供热期与非供热期。

1) 稳态分析

燃煤机组运行是一个复杂多变的动态过程，呈现出非线性、耦合性、时效性等特征，因此过程监测数据有稳态数据与非稳态数据之分。非稳态数据异常性大、一致性差、可靠性低，往往对机组的故障分析、安全运行与经济性评判造成误诊。为了降低非稳态数据在建模中造成的不确定性，数据稳态检测过程显得尤其重要。常见稳态监测方法可分类为基于统计模型的和基于智能算法的。

(1) 基于统计模型的方法。季一丁[33]针对获取稳态数据问题，引入核密度估计方法，通过估计概率分布情况来获取某个区间内的稳态数据，克服了非稳态数据的干扰。饶宛等[34]提出基于 Fisher 有序聚类算法，对汽轮机性能实验数据分段判断其稳定性，以提取符合要求的稳态数据。Jiang 等[35]利用一种基于小波变换的持续过程稳态检测方法，通过小波的多尺度处理提取过程趋势，并进一步识别稳态。

Shrowti 等[36]采用互补临界值的概念，对统计数据进行评估，从而得出了各种非稳态的误差临界值。孔羽等[37]从数据机理层采用了一种基于样本熵的燃气—蒸汽联合循环机组稳态判断方法，通过样本熵对信号的敏感性分析进行数据的筛选与归类。刘吉臻等[38]综述了电站数据各类稳态检测方法，从多变量检测能力、趋势定量表征、检测区间等方面对已有检测方法进行了分析、对比与总结。吕游等[39]通过对采样数据拟合得到一阶导数和二阶导数序列，与相应阈值比较进而得到变量的稳态指数。Vazquez 等[40]采用鲁棒性方法并考虑噪声识别过程识别燃煤电站机组运行中的稳态数据。从电站运行数据的最大偏差、平均值波动等角度有效区别了稳态过程与瞬态过程。付克昌等[41]提出一种基于多项式滤波的自适应稳态检测方法，采用窗口宽度自适应的滑动窗口方法对窗口内数据进行多项式滤波，从而得到数据的区分。

(2) 基于智能算法的方法。毕小龙等[42]通过滑动窗口滤波与 BP 神经网络相结合的趋势提取方法，得到稳定性模糊隶属度矢量，计算稳定因子从而判断工况是否稳定。Smrekar 等[43]针对燃煤电站实时运行数据，通过建立人工神经网络模型，根据专家知识经验和灵敏度分析从大量可用参数中选出输入参数，在少参数和高精度要求下做出了选择。

2) 异常数据检测

燃煤电站数据采集系统包含上万个测点，而这些数据的准确性校核是机组后续状态分析与运行优化的基础。随着电站智能化水平的不断提升，自动化与信息化的电站运行监控对数据信息的检测过程提出了更为严格的要求。异常数据不但影响了设备与系统的性能分析结果，而且可能影响到运行与控制中执行器的误操作。在实际监控系统中由于测量设备老化、测量精度不足、传感器故障、信息传输故障、信号干扰、系统扰动等问题，常会出现异常的数据测点。

当数据信息中出现异常数据时，往往需要解决两个问题。一是如何判断出现了异常数据并确定问题出现原因；二是如何获得缺失的或异常的数据，或是简单的直接剔除数据。目前，数据验证方法基本可以分为基于统计或机理的方法及基于人工智能算法的方法。需要指出的是，各种情况下的离群值都有其不同的性质和定义空间，因此选择一种基于数据特征的合适的检测方法是最为重要的。

3. 数据质量的提升与数据协调

监测系统的数据分析涉及设备性能的在线监测、控制系统的正常运行、传感器异常数据监测等。由于测量设备往往存在系统误差和随机误差，给电站设备监控带来不便。电站运行数据的精准在线监测与诊断是电站建设、设备性能监控与运行优化等的重要组成部分。而数据协调方法是一种提升数据质量的有效手段，它利用监测系统的冗余测点及质量平衡、能量平衡方程等提升测量值的准确性。

电站性能监控与运行优化离不开可靠的在线监测系统，而监测系统的可靠性依赖于传感器的布置、精度及冗余性等。数据协调是提升数据质量的方法，既是一种基于工业流程过程机理的模型，也是一种基于数据的优化方法。

该方法也逐渐应用于电站系统，如周卫庆等[44]将数据协调算法应用于电站喷水减温系统，同时考虑了热力过程的混杂、强干扰等特性对误差分布的影响。Jiang等[45]侧重在线监测，将传统数据协调算法应用于汽机侧，并分析了不同负荷下数据协调结果的不确定性等问题。Guo 等[46]在考虑汽机侧的恒等约束条件基础上加入了不等式约束条件，进一步增强了数据协调方法对汽机系统协调结果的准确性。周凌科等[47]将其应用于换热器网络的温度和流量测量值的校核，并给出未测量变量的估计值。Syed 等[48]将该方法应用于热电联产系统中的燃气轮机运行监测上，利用氮氧化物排放量测点增加了约束方程，利用数据协调方法研究了电站锅炉系统中传感器合理布置问题，从而以最少的传感器布置成本得到最大的监测冗余度。

传统数据协调算法为

$$\min_{\hat{x},u} \gamma = \sum_{i=1}^{m} \left(\frac{\hat{x}_i - x_i}{\sigma_i} \right)^2 \tag{2-36}$$

$$\text{s.t.} \quad f_1(\hat{x}_l, u_k) = 0, \qquad i = 1, \cdots, m; k = 1, \cdots, p; l = 1, \cdots, q \tag{2-37}$$

式中，γ 为目标函数的最小值，可用于检测传感器是否发生故障；x 与 $\hat{x}$ 分别为实际测量值与数据协调方法最终得到的协调值；σ 为测量变量的均方差；f 为监测系统的约束方程，电站数据协调问题中，约束方程多为物质平衡方程和能量平衡方程；u 为与约束方程相关的未测量变量；m、p、q 分别为测量变量个数，未测量变量个数和涉及的约束方程的数目。可见数据协调算法本质上就是求解在满足约束方程条件的下最小化问题。同时需要指出，数据协调方法只能用于测量信息冗余的监测系统，即约束方程的数目应多余未测量的个数 $q > p$，记冗余变量个数 $r = q - p$。

此外，测量变量的均方差 σ 表征的测量结果的准确性，可由传感器的测量精度得到。若某测点 95%置信区间下的测量误差为 δ（即置信区间半长），则测量变量的均方差为

$$\sigma_i = \frac{\delta_i}{1.96\sqrt{N_S}} \tag{2-38}$$

式中，N_S 表示该测点的测量次数，如某一测点布置 3 个相同精度类型的传感器则 N_S 取 3。从而某测点单次测量结果可表示为 $x_i \pm \sigma_i$。测量变量经数据协调后，测

量结果可表示为 $\hat{x}_i \pm \hat{\sigma}_i$，其中 $\hat{\sigma}$ 为数据协调方法得到的均方差协调值：

$$\hat{\sigma}_i = \sqrt{\sigma_i^2 \sum_{j=1}^{m} \left(\frac{\partial x_i}{\partial x_j} \right)^2} \tag{2-39}$$

利用监测系统的冗余信息，数据协调方法得到测量结果 $\hat{x}_i \pm \hat{\sigma}_i$ 满足物质平衡与能量平衡等约束方程，其可靠性要高于单一传感器的测量结果 $x_i \pm \sigma_i$。

改进的数据协调算法[16,22]可以提升数据质量。电站实际测量监控中，可用的冗余测点往往较少，不宜直接使用传统的数据协调方法。为充分利用电站连续准稳态监测数据中测量数据在时间上的冗余信息，以提高监测准确性，可引入“特性变量”改进传统算法。特性变量是指由于设备固有特性，在短时间内或准稳态下基本保持恒定的变量，如电站汽轮机的等熵效率。改进的数据协调算法利用了特性变量在连续时间段内多次测量中基本保持不变的特性，将特性变量看作测量变量。与正常测量变量不同之处在于，特性变量的测量值未知，需根据实际经验给定假设的初始测量值 $\hat{y}_{j,t=0}$ 与初始均方差 $\hat{\sigma}_{j,t=0}$。改进的数据协调算法将初始猜测值作为第一次测量值，将协调值作为下次迭代的猜测值。受约束方程限制，特性变量在连续测量样本中不断迭代，并逐渐收敛。

采用 t 时刻的测量数据，改进的数据协调算法的求解方程如下：

$$\min_{\hat{x}_t, \hat{y}_t u} \quad \gamma_t = \sum_{i=1}^{m} \left(\frac{\hat{x}_{i,t} - x_{i,t}}{\sigma_i} \right)^2 + \sum_{j=1}^{n} \left(\frac{\hat{y}_{j,t} - \hat{y}_{j,t-1}}{\hat{\sigma}_{j,t-1}} \right)^2 \tag{2-40}$$

$$\text{s.t.} \quad f_{l,t}(\hat{x}_{i,t}, \hat{y}_{j,t}, u_{k,t}) = 0, \qquad i = 1,\cdots,m;\ j = 1,\cdots,n;\ k = 1,\cdots,p;\ l = 1,\cdots,q \tag{2-41}$$

式中，下角标 t 与 $t-1$ 分别表示当前时刻与上一时刻；$\hat{y}$ 为特性变量。目标函数的前半部分表示测量变量的测量值与协调值尽量接近，后半部分表示特征变量当前时刻的协调值应与上一时刻的协调值尽量接近。由于约束方程的限制，随着连续时间段的测量信息不断迭代，特征变量协调值不断收敛，利用特征变量在时间尺度上基本不变这一冗余特性，提升了原本冗余信息较少的监测系统的测量准确性。

4. 数据驱动的燃煤机组能耗特性建模

电站系统建模常具有高维度、多输入、多输出、非线性、扰动性等特点，区别于传统建模方法，数据驱动的能耗特性模块化建模方法提高了模型鲁棒性、建模精度、建模效率等，并考虑了基于实际数据进行模型验证、校核、维护、更新等因素。

常用的数据驱动模块化建模过程可分为机理模型、统计模型和混合模型。本章将统计模型与混合模型称为数据驱动下的机理模型，因为这两类建模方法本质上都依赖于对研究对象的认知；机理模型借助特性参数与机理分析得到模型，而统计模型可理解为借助特性参数与经验方程得到模型。而数据驱动下的算法模型则多将研究对象处理为黑箱模型，借助数据挖掘、机器学习算法进行深入分析。

数据驱动下的机理建模的实现模式为机理方程/经验方式+特性参数/特性曲线+运行数据。采用传统机理方程描述设备或子系统的一般特性，在传统机理方程中合理引入特性参数有针对性的描述目标设备的特性，并利用运行数据得到特性参数的值或曲线。本章以空冷系统传热特性、背压特性预测与风机耗功建模为例说明数据驱动下的机理建模方法，如图 2-13 所示。

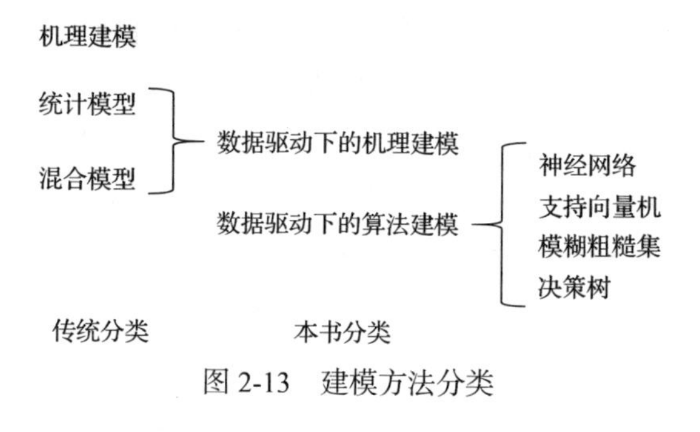

图 2-13　建模方法分类

数据驱动下的算法建模依赖于严格的数据预处理与机器学习算法。数据结构上可以是信息系统也可以是决策系统，数据类型上可以是整型、离散型、逻辑型、区间型等。本节主要面向电站系统中的结构化数据组成的决策系统，分析不同机器学习算法的优劣以及如何根据研究问题选择合适的机器学习算法。本章的研究工作主要采用了支持向量机算法，辅助采用神经网络进行比对，重点分析不同数据驱动下的机器学习方法在处理电站实际问题时的特点。

(1) 支持向量机。支持向量机(support vector mechine，SVM)方法是针对决策系统的一种回归算法，它可分为用于离散型变量分类问题的支持向量分类(support vector classification，SVC)与用于连续型变量的支持向量回归(support vector regression，SVR)。支持向量机在电站设备性能预测、电站设备安全预警、厂级负荷分配、参数控制与优化、电站数据异常监测等研究方向有着广泛应用[13-15]。本章重点从算法原理与实际应用的角度，阐述如何根据实际问题选择合适算法进行建模。简单来讲，从回归函数的结构及算法原理来评价，支持向量机算法非常适合应用于电站信息物理融合系统建模。为方便表述，下面以支持向量回归为例，分析支持向量机方法在电站系统建模中的优势与劣势。

支持向量回归是从结构风险最小化的角度计算输入变量 x 与输出变量 y 之间关联的。对于给定的条件属性与决策属性 $\{(x_1,y_1),(x_2,y_2),\cdots,(x_l,y_l)\}$ ，$x_i \in R^n$ ，$y_i \in R$ ，i=1,2,⋯ ,l，其中 l 为样本个数，n 为条件属性个数，所得到的回归方程形如式(2-42)所示：

$$f(x)=\sum_{i=1}^{l} w_i\varphi_i(x_i)+b=w^{\mathrm{T}}\varphi(x)+b \tag{2-42}$$

式中，$w=[w_1,w_2,\cdots,w_l]^{\mathrm{T}}$ 为支持向量的权值；$\varphi(x)=[\varphi_1(x_1),\varphi_2(x_2),\cdots,\varphi_l(x_l)]^{\mathrm{T}}$ ，用于将条件属性 x 映射到高维空间 $\varphi(x)$ ，b 为偏置项。

通过引入不敏感损失函数，提出了适用于非线性回归问题的 SVR 模型。SVR 模型的目标函数如式(2-43)所示：

$$\min\frac{1}{2}\|w\|^2+c\sum_{i=1}^{l}\left|y_i-f(x_i)\right|_{\varepsilon} \tag{2-43}$$

式中，目标函数前半部分 $\frac{1}{2}\|w\|^2$ 尽量小，表征了训练样本 (x_i,y_i) 应与回归曲线 $f(x)$ 的间隔尽量大，保证了模型的泛化效果，后半部分表征了训练样本的决策值 y_i 与回归值 $f(x_i)$ 的偏差，保证了模型的精度；c 为正则化系数，增加 c 将增加偏差较大数据的惩罚，并降低回归值的误差但削弱了模型的泛化能力。c 值较小时容易出现欠拟合，反之易出现过拟合。

损失系数 ε 的概念如图 2-14(a)所示。由于只有偏差大于等于 ε 的数据才会影响目标函数，也称这些样本数据为支持向量，即图 2-14(a)中落在虚线或虚线外侧的点。增大损失系数 ε，一般会使支持向量的个数减少，模型精度降低，但压缩了所得模型的数据量。同时对于有噪声污染的原始数据，增加 ε 有助于得到更平滑的回归方程 $f(x)$ 。

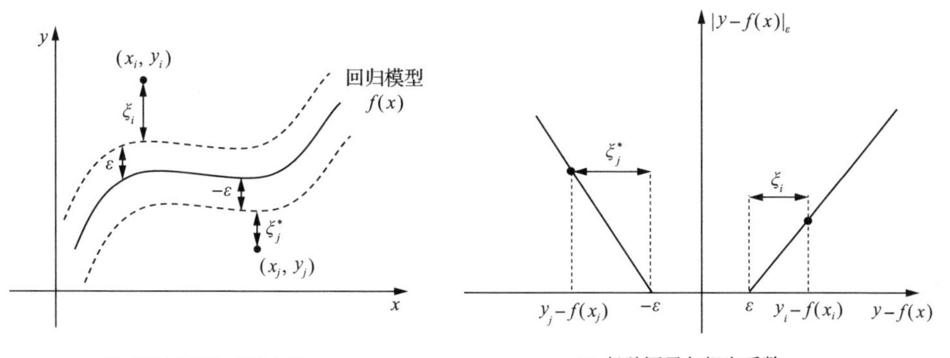

(a) 回归方程与支持向量　　(b) 松弛因子与损失系数

图 2-14　SVR 模型中的松弛因子 ξ 与损失系数

$\left|y-f(x)\right|_{\varepsilon}$ 即为引入的不敏感损失函数(如图 2-14(b)):

$$|y-f(x)|_{\varepsilon}=\begin{cases}0, & 当|y-f(x)|<\varepsilon \\ |y-f(x)|-\varepsilon, & 其他\end{cases} \tag{2-44}$$

该损失函数忽略了决策值 y_i 与回归值 $f(x_i)$ 偏差小于的样本数据，即认为 $\left|y_i-w^{\mathrm{T}}\phi(x_i)-b\right|<\varepsilon$ 是可以接受的。而偏差大于等于的数据则通过引入松弛系数 ξ_i 、ξ_i^* 来描述。其中，损失系数 ε 与松弛系数 ξ_i 、ξ_i^* 的关系如图 2-14(b)所示。

引入松弛系数 ξ_i 、ξ_i^* 后，目标函数与约束条件可描述为

$$\min\left[\frac{1}{2}\|w\|^2+c\sum_{i=1}^{l}(\xi_i+\xi_i^*)\right] \tag{2-45}$$

$$\text{s.t.}\begin{cases}y_i-w^{\mathrm{T}}\Phi(x_i)-b\leqslant\varepsilon+\xi_i \\ w^{\mathrm{T}}\Phi(x_i)+b-y_i\leqslant\varepsilon+\xi_i^*\end{cases},\quad \xi_i,\xi_i^*\geqslant 0, i=1,2,\cdots,l \tag{2-46}$$

通过拉格朗日对偶性求解式(2-45)与式(2-46)的约束优化问题，最终得到回归方程

$$f(x)=\sum_{i=1}^{l}(\alpha_i-\alpha_i^*)K(x_i,x)+b \tag{2-47}$$

式中，α_i 、α_i^* 为拉格朗日乘子，对于不属于支持向量的样本 x_i，所对应 $(\alpha_i-\alpha_i^*)$ 均为零；$K(x_i,x)$ 称为核函数，常用核函数公式列于表 2-3。

表 2-3 常用核函数公式

核函数类型	核函数公式
RBF 核函数	$K(x_i,x)=\exp(-\|x_i-x\|/2\sigma^2)$
多项式核函数	$K(x_i,x)=((x_i\cdot x)+\gamma)^{\mathrm{d}}$
线性核函数	$K(x_i\cdot x)=(x_i\cdot x)$
Sigmoid 核函数	$K(x_i,x)=\tanh(\upsilon(x_i\cdot x)+\gamma)$

核函数主要用于确定从映射空间的结构，不同核函数涉及参数不同，对计算速度与模型精度有一定影响。以 RBF 核函数为例，输入包括了训练样本数据 $U=\{(x_1,y_1),(x_2,y_2),\cdots,(x_l,y_l)\}$ 、正则化系数 c、损失系数 ε 、核函数系数 γ 。输

出即为回归方程，记录了支持向量、支持向量的权值$(\alpha_i-\alpha_i^*)$及偏置b。

从上述分析中可以得出，支持向量机方法在信息物理融合系统建模中的优势在于：适用性强，在小样本建模情况下同样具有适用性；理论基础扎实，参数意义明确；既适用于分类问题，也适用于回归问题。

同时，SVM 在电站系统建模中更适合于小样本。计算时间的主要瓶颈在于训练数据的样本容量大小；回归函数结构相对简单，虽然足以满足一般的电站设备或子系统建模，但在过程复杂、非线性强的情况下，模型精度非常依赖于核函数的合理选择；SVM 更多地是面向单输出问题，即决策属性只有一个，当面向多输出问题时，通常采用建立多个模型。

(2)神经网络。神经网络同样适用与决策系统，不依赖于机理公式将复杂的热力过程作为黑箱模型处理，建立特征属性x与目标y的对应关系。其高度的非线性映射能力、自学习能力与自适应能力，使神经网络算法在各个研究领域得到广泛的应用。尤其电站的运行系统是一个复杂的集合体，具有典型的多参数非线性特性。因此，在国内外与电站相关的研究中，神经网络算法在多因素分析与参数预测建模中发挥着举足轻重的作用。

一个典型的多层神经网络的回归函数结构如图 2-15(a)为单一神经元结构，IN、w、OUT 分别表示神经元的输入、权重与输出。激活函数的非线性性使模型可以用于处理非线性问题，常用激活函数及其特点见表 2-4。将单一神经元按图 2-15(b)拓展为多层神经网络，每一层的输入对应不同权重组合并计算输出值传递至下一层。

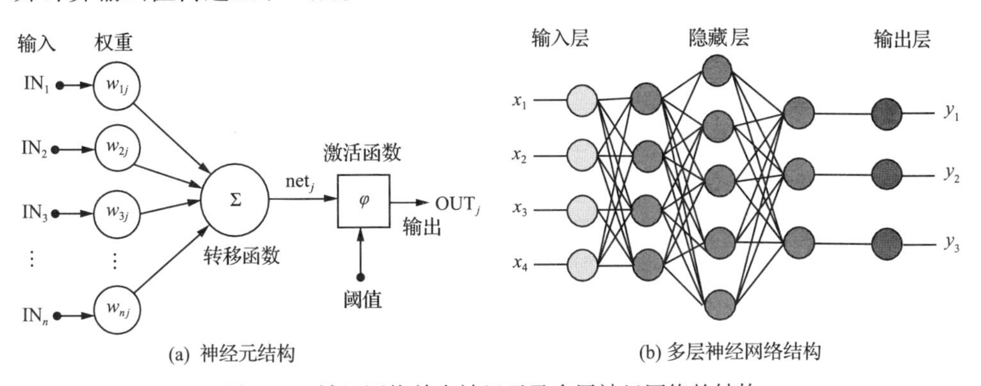

图 2-15　神经网络单个神经元及多层神经网络的结构

表 2-4　神经网络中常用激活函数

函数名	函数形式	函数特点
Sigmoid 函数	$\varphi(x)=\dfrac{1}{1+\exp(x)}$	结构简单，值域为[0,1]，会出现梯度消失问题

续表

函数名	函数形式	函数特点
Tanh 函数	$\varphi(x)=\dfrac{1-\exp(-2x)}{1+\exp(-2x)}$	值域为[−1,1]且中心对称
ReLu 函数	$\varphi(x)=\max(0,x)$	形式简单，且避免了梯度消失问题

基于神经网络算法自身特点，在选择神经网络用于燃煤机组设备建模时应注意以下几点：①对于复杂系统或设备模型，随着模型复杂度的提高及参数的增多，需要考虑如隐藏层数目、神经元数目、全连接或部分连接、激活函数的选择、权值等问题，大大增加了神经网络训练难度。②神经网络回归模型的参数较多，包括每两个神经元连接的连接权及每个神经元的阈值，复杂的网络结构依赖于更详尽的样本。

2.5 燃煤机组节能诊断应用案例分析

以 1.3.1 节 1000MW 湿冷超临界燃煤发电机组为研究对象，采用 1.2.3 节的能耗敏度方法和 1.2.4 节的改进单耗分析方法，以及能耗时空分布和降耗时空效应的节能诊断方法，定量分析案例机组在不同工况和运行边界下，主要参数及关键能耗特征变量的能耗敏度[49-51]，并开展机组主要部件的能耗状态与性能劣化诊断。

2.5.1 燃煤机组初、终参数的能耗敏度

汽轮发电机组的初参数主要是主蒸汽压力、主蒸汽温度、再热蒸汽温度、再热蒸汽压降，终参数主要是汽轮机的排汽压力。表 2-5 为该机组的初终参数设计值，图 2-16～图 2-20 为该机组在不同工况下初、终参数的能耗敏度曲线。

表 2-5 1000MW 超超临界湿冷机组设计初终参数

参数	VWO	TMCR	THA	75%THA（滑）	50%THA（滑）	40%THA（滑）
机组功率/MW	1089	1043	1000	750	500	400
主蒸汽压力/MPa	25	25	25	20.5	13.6	11
主蒸汽温度/℃	600	600	600	600	600	600
再热蒸汽压力/MPa	4.577	4.362	4.165	3.116	2.094	1.702
排汽压力/kPa	5.75	5.75	5.75	5.75	5.75	5.75

图 2-16 为 1000MW 湿冷机组在不同负荷下的主蒸汽压力能耗敏度曲线，图中曲线表明，随机组负荷率的降低，主蒸汽压力的能耗敏度增加；当机组负荷率大于 60%时，主汽压力的能耗敏度特性为线性关系；当机组负荷率小于 60%时，为

近似为抛物线关系，可见机组低负荷运行时，主蒸汽压力的变化对机组发电煤耗率的影响更大；另外主汽压力增加或降低同样的大小，压力降低时的能耗敏度更大。表2-6所示为主蒸汽力变化1MPa时，机组在不同工况下发电煤耗率的敏度。

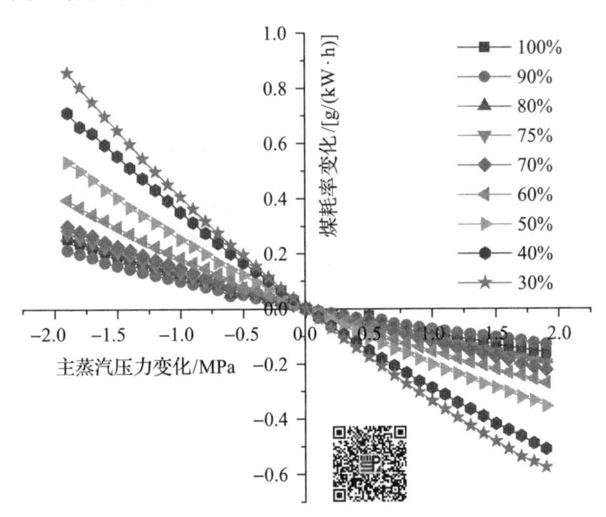

图2-16　主蒸汽压力的煤耗敏度(彩图扫二维码)

表2-6　1000MW湿冷机组主蒸汽压力变化1MPa时的煤耗敏度　[单位：g/(kW·h)]

压力变化	工况								
	THA	90% THA	80% THA	75% THA	70% THA	60% THA	50% THA	40% THA	30% THA
升高1MPa	−0.088	−0.074	−0.103	−0.112	−0.121	−0.153	−0.202	−0.288	−0.335
降低1MPa	0.118	0.100	0.126	0.132	0.148	0.183	0.252	0.352	0.407

图2-17为1000MW湿冷机组在不同负荷下的主蒸汽温度能耗敏度曲线，图中曲线表明，不同负荷下，主蒸汽温度的能耗敏度几乎为线性关系，主汽温变化1℃，发电煤耗率变化0.1g/(kW·h)左右，在3℃之内几乎接近；随机组负荷率的降低，主蒸汽温度的能耗敏度稍有增加。表2-7所示为主蒸汽温度变化5℃时，机组在不同工况下发电煤耗率的敏度。

图2-18为1000MW湿冷机组在不同负荷下的再热蒸汽温度能耗敏度曲线，图中曲线表明，不同负荷下，再热蒸汽温度的能耗敏度几乎为线性关系，再热汽温变化1℃，发电煤耗率变化0.07g/(kW·h)左右，在5℃之内几乎接近；随机组负荷率的降低，再热蒸汽温度的能耗敏度稍有增加。表2-8所示为再热蒸汽温度变化5℃时，机组在不同工况下的发电煤耗率敏度。比较表2-7与表2-8可知，再热汽温的能耗敏度小于对主蒸汽温的敏度，约为主蒸汽温度能耗敏度的80%。

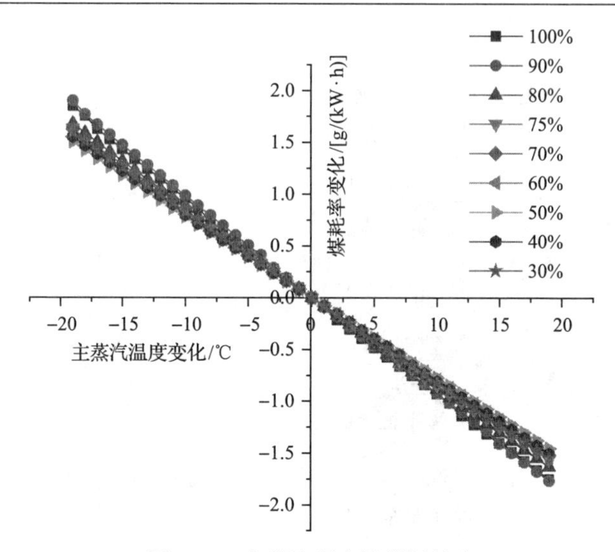

图 2-17　主蒸汽温度的煤耗敏度

表 2-7　1000MW 湿冷机组主蒸汽温度变化 5℃时的煤耗敏度　　[单位：g/(kW·h)]

温度变化	工况								
	THA	90% THA	80% THA	75% THA	70% THA	60% THA	50% THA	40% THA	30% THA
升高 5℃	–0.485	–0.464	–0.463	–0.408	–0.406	–0.398	–0.387	–0.395	–0.412
降低 5℃	0.459	0.506	0.434	0.413	0.410	0.401	0.391	0.398	0.414

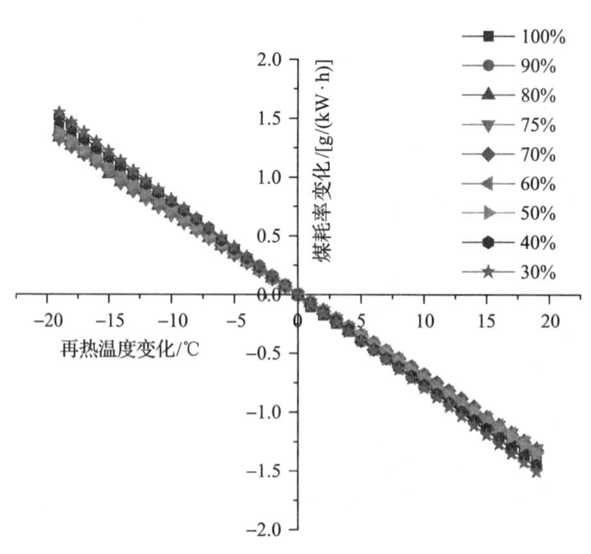

图 2-18　再热蒸汽温度的煤耗敏度

表 2-8　1000MW 湿冷机组再热蒸汽温度变化 5℃时的煤耗敏度　[单位：g/(kW·h)]

温度变化	工况								
	THA	90% THA	80% THA	75% THA	70% THA	60% THA	50% THA	40% THA	30% THA
升高 5℃	−0.387	−0.341	−0.374	−0.339	−0.341	−0.349	−0.357	−0.394	−0.397
降低 5℃	0.355	0.380	0.344	0.340	0.343	0.353	0.360	0.388	0.406

图 2-19 为湿冷机组在不同负荷下的再热蒸汽压降的能耗敏度曲线，图中曲线表明，不同负荷下，再热蒸汽压降的能耗敏度几乎为线性关系，再热蒸汽压降变化 1%，发电煤耗率变化 0.28g/(kW·h)，随机组负荷率的降低，再热蒸汽压降的能耗敏度稍有增加。表 2-9 所示为再热蒸汽压降变化时，机组在不同工况下发电煤耗率敏度。

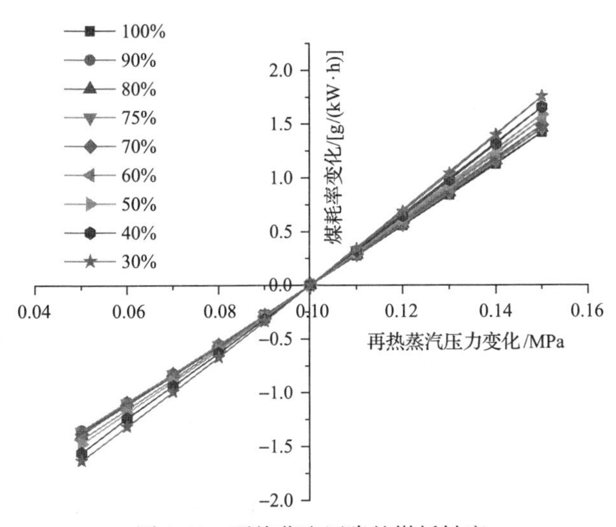

图 2-19　再热蒸汽压降的煤耗敏度

表 2-9　1000MW 湿冷机组再热蒸汽压降变化 1%时的煤耗敏度　[单位：g/(kW·h)]

压降变化	工况								
	THA	90% THA	80% THA	75% THA	70% THA	60% THA	50% THA	40% THA	30% THA
升高 1%	0.276	0.284	0.283	0.283	0.289	0.299	0.308	0.321	0.341
降低 1%	−0.272	−0.278	−0.279	−0.279	−0.284	−0.295	−0.303	−0.316	−0.336

图 2-20 为湿冷机组在不同负荷下的排汽压力能耗敏度曲线。图中曲线表明，排汽压力的能耗敏度曲线存在最低点，即随着排汽压力的升高，机组发电煤耗率

增加，随着排汽压力的降低，机组发电煤耗率下降到最低点，再继续降低排汽压力，机组的发电煤耗率反而增加。发电煤耗率变化最低点对应的排汽压力变化随机组负荷而变，在机组负荷率较高时煤耗变化最低点对应的排汽压力变化值较小，如当负荷率为 100%时，对应的排汽压力下降值约 2kPa，为当机组负荷率为 60%负荷率时，对应的排汽力下降值约为 3kPa。

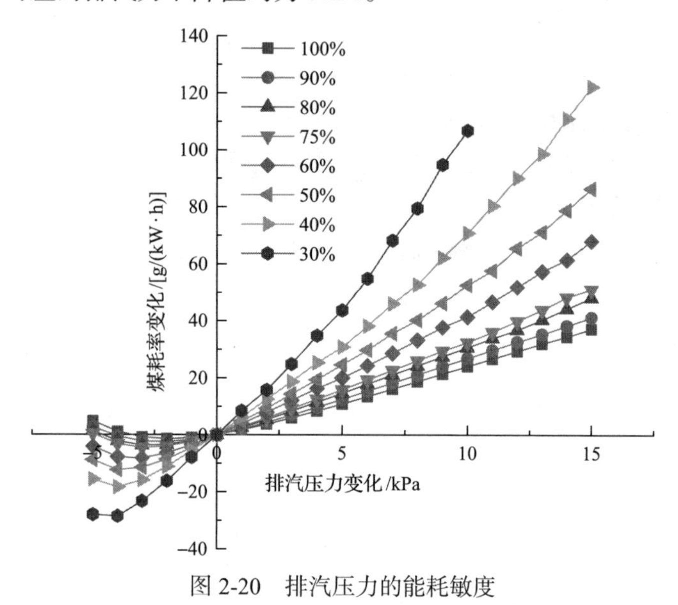

图 2-20　排汽压力的能耗敏度

由图 2-20 可见，排汽压力的能耗敏度约为 2～6g/(kW·h)，与机组的负荷率关系密切，机组负荷率越低，排汽压力的能耗敏度越大；在敏度曲线的最低点时，随着排汽压力的增加，排汽压力的能耗敏度近似为线性关系，只有当机组负荷率低于 40%时，排汽压力增加较大时(8kPa 以上)，能耗敏度更大，呈现出抛物线关系。表 2-10 为排汽压力变化 1～3kPa 时机组在不同负荷时的发电煤耗率敏度。

表 2-10　1000MW 湿冷机组排汽压力变化 1～3kPa 时的煤耗敏度　　[单位：g/(kW·h)]

压降变化	工况							
	THA	90% THA	80% THA	75% THA	60% THA	50% THA	40% THA	30% THA
升高 1kPa	1.795	2.03	2.535	2.824	3.914	4.834	6.199	8.49
降低 1kPa	−1.109	−1.7	−2.047	−2.354	−3.559	−4.61	−5.589	−7.98
升高 2kPa	3.759	4.4	5.373	5.927	7.992	9.327	12.57	16.76
降低 2kPa	−1.49	−2.525	−3.53	−4.131	−6.434	−8.669	−11.23	−16.27
升高 3kPa	5.98	6.987	8.392	9.187	12.13	14.33	18.69	24.82
降低 3kPa	−0.865	−2.286	−3.73	−4.608	−8.272	−11.55	−15.89	−23.31

2.5.2　汽轮机缸效率的能耗敏度

对于汽轮机本体而言，作为热功转换的装置，常采用相对内效率评价其热功转换的完善程度；而大型汽轮机一般由多个汽缸构成，按其承受的蒸汽压力不同分为高压缸、中压缸和低压缸，常采用汽缸内效率评价其热功转换的完善程度，1000MW 超超临界湿冷机组汽缸效率的设计值如表 2-11 所示。

表 2-11　1000MW 超超临界湿冷机组设计汽缸效率

名称	VWO	TMCR	THA	75%THA（滑）	50%THA（滑）	40%THA（滑）
高压缸效率/%	89.48	88.88	88.26	84.13	83.64	83.44
中压缸效率/%	92.36	92.4	92.37	94.64	96.06	96.2
低压缸效率/%	91.32	91.75	92.15	94.85	96.3	95.95

图 2-21～图 2-23 为该机组在不同工况下各汽缸效率的能耗敏度曲线。从图中曲线可见，高压缸效率的能耗敏度较大，随机组负荷变化较大，高压缸效率变化相同时，机组负荷越低，能耗敏度越大，如高压缸效率下降 5 个百分点，在 THA 工况下机组热耗增加 56.9kJ/(kW·h)，发电煤耗率增加 1.685g/(kW·h)，供电煤耗率增加 1.774g/(kW·h)，机组热耗相对升高 0.775%；而在 50%滑压运行工况下机组热耗增加 68.85kJ/(kW·h)，发电煤耗率增加 2.555g/(kW·h)，供电煤耗率增加 2.711g/(kW·h)，机组热耗相对升高 0.894%。

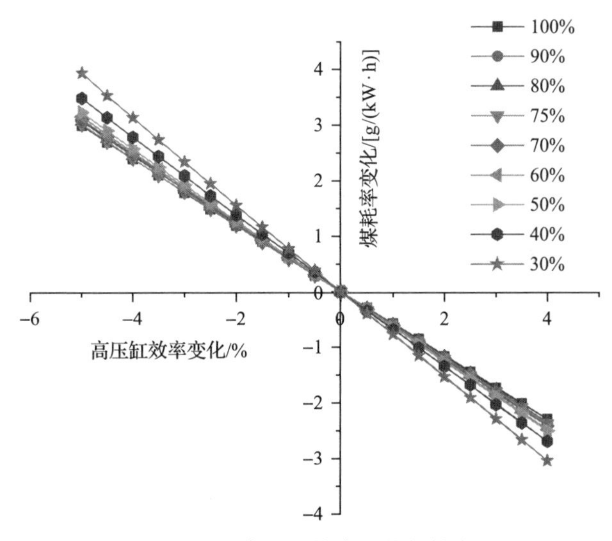

图 2-21　高压缸效率的能耗敏度

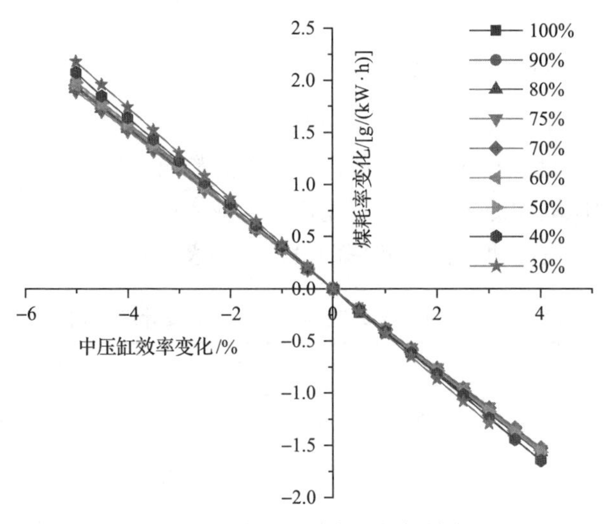

图 2-22　中压缸效率的能耗敏度

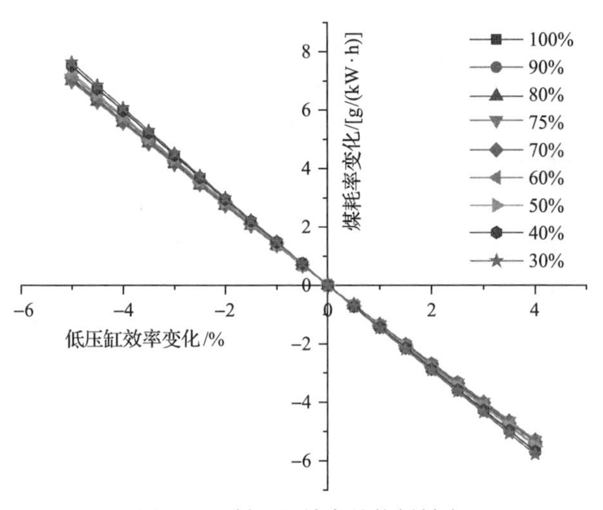

图 2-23　低压缸效率的能耗敏度

中压缸效率变化的能耗敏度较小，随机组负荷变化较小，在工况 70%～100%下，能耗敏度曲线几乎重合，随着机组负荷下降能耗敏度略有上升。如中压赶效率下降 1 个百分点，在 THA 工况下机组热耗增加 9kJ/(kW·h)，发电煤耗率增加 0.334g/(kW·h)，供电煤耗率增加 0.352g/(kW·h)，机组热耗率相对升高 0.122%；而在 50%滑压运行工况下机组热耗增加 9.28kJ/(kW·h)，发电煤耗率增加 0.344g/(kW·h)，供电煤耗率增加 0.366g/(kW·h)，机组热耗相对升高 0.12%。

低压效率的能耗敏度较大，但随机组负荷变化较小，在 70%～100%工况下，能耗敏度曲线几乎重合，随着机组负荷下降能耗敏度略有上升。如低压缸效率下降 3 个百分点，在 THA 工况下机组热耗增加 96.83kJ/(kW·h)，发电煤耗率增加

3.59g/(kW·h)，供电煤耗率增加 3.78g/(kW·h)，机组热耗相对升高 1.32%；而在 50%滑压运行工况下机组热耗增加 100.38kJ/(kW·h)，发电煤耗率增加 3.725g/(kW·h)，供电煤耗率增加 3.953g/(kW·h)，机组热耗相对升高 1.298%。表 2-12～表 2-14 为各汽缸效率变化 1%～5%时，机组发电煤耗率绝对敏度。

表 2-12　1000MW 湿冷机组高压缸效率变化 1%～5%时的能耗敏度　[单位：g/(kW·h)]

高压缸效率	工况								
	THA	90% THA	80% THA	75% THA	70% THA	60% THA	50% THA	40% THA	30% THA
上升 1%	–0.569	–0.595	–0.594	–0.630	–0.604	–0.621	–0.635	–0.677	–0.769
上升 2%	–1.166	–1.185	–1.183	–1.215	–1.200	–1.235	–1.262	–1.345	–1.531
上升 3%	–1.732	–1.805	–1.768	–1.797	–1.826	–1.874	–1.885	–2.030	–2.287
下降 1%	0.611	0.599	0.633	0.590	0.601	0.619	0.633	0.697	0.773
下降 3%	1.776	1.844	1.842	1.791	1.825	1.877	1.919	2.091	2.339
下降 5%	2.990	3.074	3.070	3.012	3.100	3.154	3.224	3.482	3.931

表 2-13　1000MW 湿冷机组中压缸效率变化 1%～5%时的能耗敏度　[单位：g/(kW·h)]

中压缸效率	工况								
	THA	90% THA	80% THA	75% THA	70% THA	60% THA	50% THA	40% THA	30% THA
上升 1%	–0.423	–0.393	–0.387	–0.381	–0.386	–0.392	–0.396	–0.411	–0.435
上升 2%	–0.811	–0.780	–0.768	–0.758	–0.767	–0.780	–0.788	–0.817	–0.866
上升 3%	–1.197	–1.168	–1.181	–1.133	–1.147	–1.167	–1.180	–1.245	–1.296
下降 1%	0.382	0.385	0.379	0.374	0.379	0.386	0.392	0.406	0.431
下降 3%	1.159	1.201	1.149	1.133	1.147	1.169	1.184	1.227	1.303
下降 5%	1.943	1.987	1.922	1.896	1.922	1.956	1.981	2.077	2.181

表 2-14　1000MW 湿冷机组低压缸效率变化 1%～5%时的煤耗敏度　[单位：g/(kW·h)]

低压缸效率	工况								
	THA	90% THA	80% THA	75% THA	70% THA	60% THA	50% THA	40% THA	30% THA
上升 1%	–1.386	–1.344	–1.343	–1.339	–1.357	–1.388	–1.404	–1.437	–1.472
上升 2%	–2.712	–2.668	–2.706	–2.697	–2.698	–2.758	–2.791	–2.878	–2.927
上升 3%	–4.065	–4.008	–4.017	–4.007	–4.022	–4.112	–4.161	–4.281	–4.364
下降 1%	1.359	1.389	1.360	1.356	1.411	1.405	1.422	1.476	1.490
下降 3%	4.214	4.190	4.167	4.155	4.211	4.269	4.319	4.462	4.527
下降 5%	7.103	7.030	7.010	6.989	7.118	7.207	7.292	7.522	7.640

由此可见，相同的缸效率变化条件下，低压缸效率能耗敏度最大，低压缸效率下降 1 个百分点，供电煤耗率敏度的绝对值增加 1.246g/(kW·h)，相对值升高 0.433%；高压缸效率能耗敏度次之，高压缸效率下降 1 个百分点，供电煤耗率敏度的绝对值增加 0.44g/(kW·h)，相对值升高 0.154%；中压缸效率能耗敏度最小，中压缸效率下降 1 个百分点，供电煤耗率敏度的绝对值增加 0.352g/(kW·h)，相对值升高 0.122%。

(1) 通过对汽轮机各汽缸效率的能耗敏度分析可知，低压缸效率的能耗敏度最大，高压缸效率次之，中压缸效率较小，在实际运行过程中重点应关注低压缸和高压缸效率的变化，进行主蒸汽压力和冷端系统运行优化。

(2) 随机组负荷变化，高压缸效率的能耗敏度变化较大，中、低压缸效率的能耗敏度变化较小，因此，机组在低负荷运行时更应关注高压缸的性能。

(3) 各缸效率的能耗敏度随缸效率变化基本呈线性关系，通过表 2-12～表 2-14 中的计算结果，可测算不同缸效率变化对机组热耗、煤耗的影响，以定量进行节能诊断。

2.5.3　燃煤发电机组部件性能诊断

1. 案例机组流程描述

案例机组为 1000MW 湿冷机组，如图 2-24 所示，主要部件有锅炉(BO)、发电机(G)、汽轮机(包括高压缸级组(HP)、中压缸级组(IP)和低压缸级组(LP))、3 级高压给水回热加热器(H1、H2 和 H3)、4 级低压给水回热加热器(H5、H6、H7 和 H8)、凝汽器(CON)和给水泵(FP)和除氧器(DEA)。

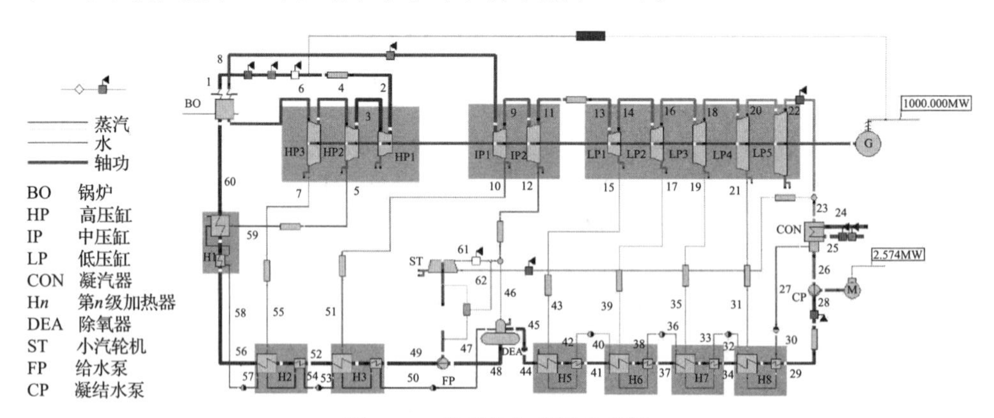

图 2-24　案例机组模拟流程图

主蒸汽在 HP、IP 和 LP 依次膨胀做功后，驱动 G 发电，做功后的乏汽在 CON 中凝结。在蒸汽膨胀做功的过程中，部分蒸汽从 HP、IP 和 LP 中抽出至 H1～H3、

DEA 和 H5～H8 加热液态水。系统中配置一台小汽机(ST)以驱动 FP。

2. 参考状态和理想状态

各部件的理想状态与参考状态的特征参数列于表 2-15，表中，η_c 为热效率，η_s 为等熵效率，TD 为端差，UTD 为上端差，TTD 为下端差，Δp 为压差。参考状态一般采用厂商提供的设计参数，理想工况的参数选择参考文献[11]里的数据。

表 2-15　各部件参考状态与理想状态

部件	参考状态	理想状态	部件	参考状态	理想状态
BO	$\eta_c=0.93$	$\eta_c=1$	H6	UTD =2.8	UTD =0
HP1	$\eta_s=0.857$	$\eta_c=1$		TTD =5.6	TTD =0
HP2	$\eta_s=0.969$	$\eta_c=1$	H5	UTD =2.8	UTD =0
IP1	$\eta_c=0.919$	$\eta_c=1$		TTD =5.6	TTD =0
IP2	$\eta_c=0.939$	$\eta_c=1$	DEA	$\Delta p=1$	$\Delta p=0$
LP1	$\eta_c=0.884$	$\eta_c=1$	H3	UTD =0	UTD =0
LP2	$\eta_c=0.926$	$\eta_c=1$		TTD =5.6	TTD =0
LP3	$\eta_c=0.942$	$\eta_c=1$	H2	UTD =0	UTD =0
LP4	$\eta_c=0.899$	$\eta_c=1$		TTD =5.6	TTD =0
CON	TD =1	TD =0	H1	UTD =−1.7	UTD =0
H8	UTD =2.8	UTD =0		TTD =5.6	TTD =0
	TTD =5.6	TTD =0			
H7	UTD =2.8	UTD =0			
	TTD =5.6	TTD =0			

3. 故障定义及仿真

复杂能量系统中部件的性能故障一般是由内部因素引起的，本章所考虑的能量系统中包含不同类型的部件，表 2-16 详细描述了与特定性能参数相关的一般故障与产生原因，本章选取其中常见的 3 类典型故障进行研究。

表 2-16　电厂一般故障描述

部件	部件编号	性能参数	故障原因描述
锅炉	1	η_c	1.受热面结渣，降低了受热面的传热性能； 2.受热面管束被腐蚀
汽轮机	2～11	η_s	1.磨损；2.真空下降；3.汽轮机进水
回热加热器	14～17, 20～22	UTD LTD	1.加热器表面结垢；2.加热器汽侧存在空气； 3.传热系数降低

续表

部件	部件编号	性能参数	故障原因描述
凝汽器	12	TD	1.凝汽器表面脏污；2.真空严密性降低
泵	13, 19	η_s	1.泵的转速过低；2.进水口堵塞；3.密封环或叶轮磨损
除氧器	18	Δp	1.蒸汽阀门开度不够，中继水温度过低且流量过大；2.凝结水水质运行中不合格；3.除氧器设备本身故障

(1)低压缸最后一级(LP5)：通过调整部件的等熵效率($\eta_{s,11}$)来模拟叶片腐蚀等故障。

(2)8号回热加热器(H8)：换热器结垢是工业过程最常见问题之一，也是导致运行效率降低的关键原因。换热器故障通常通过改变端差(LTD_{14})进行模拟。

(3)给水泵(FP)：腐蚀、沉积和泵轮损伤均会改变泵的性能。泵的故障可以通过改变泵的等熵效率进行模拟($\eta_{s,19}$)。

表2-17列出了上述3个部件在参考状态下的性能参数值，以及在故障状态下各性能参数的相对于参考状态时的变化量。

表2-17 故障模拟的参数设置情况

编号	部件	性能参数 α_k	参考工况数值 $\alpha_{k,REF}$	调节量 $\Delta\alpha_k$
11	LP5	$\eta_{s,11}$	0.893	–10%
14	H8	LTD_{14}	5.6	10℃
19	FP	$\eta_{s,19}$	0.851	–10%

根据上文所描述的3种故障，以4个案例进行分析。考虑到实际运行时电厂的输出功率由电网决定，所有案例的输出功率均固定为1000MW。

(1)案例1～3：分别对表2-17描述的各个独立故障进行分析，即案例1中只有LP5带有故障，案例2中只有H8产生故障，案例3中只有FP产生故障。

(2)案例4：表2-17列出的所有故障同时发生。

4. 参考工况电厂部件性能诊断

表2-18展示了电厂机组在参考状态时的改进单耗分析结果。锅炉部分的附加单耗远高于汽轮机系统，因此，锅炉的节能潜力更高。汽缸部分的附加单耗大于加热器侧，㶲效率η^{ex}范围为98.0%～99.5%。回热加热器的㶲效率沿给水方向逐渐升高，

表 2-18　改进单耗分析计算结果

部件	b_{aD}/[g/(kW·h)]	η^{ex} /%	b_{aD}^{EN} /[g/(kW·h)]	$\frac{b_{aD}^{EN}}{b_{aD}}$ /%	b_{aD}^{EX} /[g/(kW·h)]	$\frac{b_{aD}^{EX}}{b_{aD}}$ /%
BO	126.84	68.09	103.43	81.54	23.41	18.46
HP1	1.63	98.93	1.54	94.41	0.09	5.59
HP2	0.85	99.41	0.81	94.41	0.05	5.59
HP3	0.55	99.50	0.55	98.41	0.01	1.59
IP1	0.75	99.36	0.70	93.36	0.05	6.64
IP2	0.48	99.51	0.44	92.85	0.03	7.15
LP1	0.41	99.44	0.37	91.10	0.04	8.90
LP2	0.19	99.69	0.17	90.73	0.02	9.27
LP3	0.31	99.36	0.28	90.38	0.03	9.62
LP4	0.21	99.43	0.18	86.71	0.03	13.29
LP5	1.97	92.41	1.72	87.27	0.25	12.73
CON	4.33	46.76	4.18	96.58	0.15	3.42
CP	0.05	87.78	0.05	95.25	0.00	4.75
H8	0.85	71.86	0.71	83.42	0.14	16.58
H7	0.20	95.09	0.16	78.96	0.04	21.04
H6	0.25	95.79	0.21	82.06	0.05	17.94
H5	0.24	97.00	0.19	82.21	0.04	17.79
DEA	0.30	97.80	0.25	84.04	0.05	15.96
H3	0.52	97.90	0.51	97.09	0.02	2.91
H2	0.38	98.81	0.23	59.77	0.15	40.23
H1	0.43	98.91	0.37	86.84	0.06	13.16
ST	0.63	85.76	0.61	96.76	0.02	3.24
FP	0.35	97.94	0.29	83.84	0.06	16.16

因为这些加热器的端差基本相同，换热温度越高，附加单耗越小。大部分部件的内因附加单耗占总附加单耗的 80%～95%，这表明部件的性能主要由部件自身因素决定，如部件的物理结构和材料等。部件 LP4、LP5、H2 和 H7 的外因附加单耗比例较高，表明这些部件与其他部件的热力耦合关系是不可忽略的。

5. 故障工况性能诊断

首先，计算出案例 1～3 的内部㶲参数（ζ_k）。然后，对 3 种故障工况分别进行先进㶲分析。为简化起见，仅选取内部㶲参数（ζ_k）和 3 种先进㶲分析的关键指标（$b_{aD,k}$、$b_{aD,k}^{EN}$、$b_{aD,k}^{EX}$），如表 2-19 所示。

表 2-19　故障案例模拟结果

故障设备	案例工况	$b_{aD,k}^{EN}$ /[g/(kW·h)]	$b_{aD,k}^{EX}$ /[g/(kW·h)]	ζ_k /K
LP5	参考工况	1.720	2.041	2887.91
	案例 1	3.323	3.041	1484.41
	案例 2	1.720	4.041	2887.91
	案例 3	1.720	5.041	2887.91
	案例 4	3.323	6.041	1484.40
H8	参考工况	0.696	7.041	68.77
	案例 1	0.696	8.041	68.77
	案例 2	0.700	9.041	69.53
	案例 3	0.696	10.041	68.77
	案例 4	0.700	11.041	69.53
FP	参考工况	0.291	12.041	2788.63
	案例 1	0.291	13.041	2788.63
	案例 2	0.291	14.041	2788.63
	案例 3	0.529	15.041	1554.19
	案例 4	0.529	16.041	1541.44

单一设备故障工况下，相关物流的流量或物理状态发生变化，导致故障设备的附加单耗改变，案例 1～3 中，只有故障部件的内因附加单耗发生了变化，其他正常部件的内因附加单耗保持不变。由此可见，内因附加单耗能够有效地用于诊断部件的性能。首先，可以通过内因附加单耗是否发生改变，来判断某部件是否产生故障。其次，内因附加单耗的变化量可以用来量化部件故障所产生的影响，用以确定部件性能故障的严重程度。各故障部件(如案例 1 中的 LP5，案例 2 中的 H8 和案例 3 中的 FP)所对应的内部烟参数 ζ 都很显著，而所有健康部件的内部烟参数 ζ 均保持不变，表明内部烟参数能够有效地定位发生故障的部件。

多设备故障工况下，部件之间的相互作用会导致引入的故障产生连锁影响，使物流的状态发生改变，故障部件的内部烟参数 ζ 变化显著，而正常部件则保持不变。表明对于多故障工况，可以将内部烟参数 ζ 作为定位故障部件的可靠指标。表 2-19 展示出案例 4 中每个故障的准确影响状况，与案例 1～3 相比，案例 4 的故障部件呈现出相同的内因附加单耗变化情况，这表明即使部件之间存在着较强的相互作用，各独立故障的影响也可以得到准确量化。

参 考 文 献

[1] 杨勇平, 杨昆. 燃煤机组节能潜力诊断理论与应用[J]. 中国电机工程学报, 1998, 18(2): 131-134.

[2] 王宁玲, 杨勇平, 杨志平. 多变边界条件下燃煤发电机组能耗基准状态诊断[J]. 中国电机工程学报, 2013, 33(26): 1-7.

[3] 王宁玲. 基于数据挖掘的大型燃煤发电机组节能诊断优化理论与方法研究[D]. 北京: 华北电力大学, 2011.

[4] 杨勇平, 付鹏, 王宁玲, 等. 基于改进单耗理论的燃煤机组能耗基准状态精细表征[J]. 华北电力大学学报(自然科学版), 2015, 42(3): 56-63.

[5] 杨志平. 大型燃煤发电机组能耗时空分布与节能研究[D]. 北京: 华北电力大学, 2013.

[6] 杨辰曜, 杨志平, 杨勇平, 等. 600MW 亚临界燃煤机组单耗分析[J]. 华北电力大学学报(自然科学版), 2010, 37(1): 45-48+52.

[7] Petrakopoulou F, Tsatsaronis G, Morosuk T, et al. Conventional and advanced exergetic analyses applied to a combined cycle power plant[J]. Energy, 2012, 41(1): 146-152.

[8] 王利刚, 杨勇平, 董长青, 等. 单耗分析理论的改进与初步应用[J]. 中国电机工程学报, 2012, 32(11): 16-21.

[9] 王利刚, 吴令男, 徐钢, 等. 大型燃煤蒸汽动力发电机组热力系统内能耗作用的计算与应用分析[J]. 中国电机工程学报, 2012, 32(29): 9-14, 8.

[10] 付鹏. 基于降耗时空效应的大型燃煤机组节能诊断方法[D]. 北京: 华北电力大学, 2017.

[11] Fu P, Wang N, Wang L, et al. Performance degradation diagnosis of thermal power plants: A method based on advanced exergy analysis[J]. Energy Conversion & Management, 2016, 130: 219-229.

[12] Wang L G, Fu P, Wang N L, et al. Malfunction diagnosis of thermal power plants based on advanced exergy analysis: The case with multiple malfunctions occurring simultaneously[J]. Energy Conversion and Management, 2017, 148: 1453-1467.

[13] 王宁玲, 冯澎湃, 付鹏, 等. 一种基于㶲分析的燃煤发电机组热力系统性能劣化诊断方法[J]. 工程热物理学报, 2016, 37(6): 1147-1153.

[14] Wang N L, Zhang Y M, Fu P, et al. Heat transfer and thermal characteristics analysis of direct air-cooled combined heat and power plants under off-design conditions [J]. Applied Thermal Engineering, 2018, 129, 260-268.

[15] 李晓恩. 数据驱动的电站信息物理融合系统与电站性能监控优化方法[D]. 北京: 华北电力大学, 2018.

[16] Li X E, Wang N L, Wang L G, et al. A data-driven model for the air-cooling condenser of large-scale coal-fired power plants based on data reconciliation and support vector regression[J]. Appliad Thermal Engineering, 2018, 129: 1496-1507.

[17] 薛禹胜, 赖业宁. 大能源思维与大数据思维的融合: (一)大数据与电力大数据[J]. 电力系统自动化, 2016, 40(1): 1-8

[18] 刘吉臻, 胡勇, 曾德良, 等. 智能发电厂的架构及特征[J]. 中国电机工程学报, 2017, 37(22): 6463-6470, 6758.

[19] 齐敏芳. 大数据技术及其在电站机组分析中的应用[D]. 北京: 华北电力大学, 2016.

[20] 刘继伟. 基于大数据的多尺度状态监测方法及应用[D]. 北京: 华北电力大学, 2013.

[21] Jiang X, Liu P, Li Z. A data reconciliation based framework for integrated sensor and equipment performance monitoring in power plants[J]. Applied Energy, 2014, 134: 270-282.

[22] Li X, Wang N, Wang L, et al. Identification of optimal operating strategy of direct air-cooling condenser for Rankine cycle based power plants[J]. Applied Energy, 2018, 209: 153-166.

[23] Rossi F, Velázquez D, Monedero I, et al. Artificial neural networks and physical modeling for determination of baseline consumption of CHP plants[J]. Expert Systems with Applications, 2014, 41(10): 4658-4669.

[24] Naik B K, Muthukumar P. Empirical Correlation Based Models for Estimation of Air Cooled and Water Cooled Condenser's Performance[J]. Energy Procedia, 2017, 109: 293-305.

[25] Azadeh A, Saberi M, Anvari M, et al. An adaptive network based fuzzy inference system-genetic algorithm clustering ensemble algorithm for performance assessment and improvement of conventional power plants[J]. Expert Systems with Applications An International Journal, 2011, 38(3): 2224-2234.

[26] Du X, Liu L, Xi X, et al. Back pressure prediction of the direct air cooled power generating unit using the artificial neural network model[J]. Applied Thermal Engineering, 2011, 31(14-15): 3009-3014.

[27] Hernández J A, Colorado D, Cortés-Aburto O, et al. Inverse neural network for optimal performance in polygeneration systems[J]. Applied Thermal Engineering, 2013, 50(2): 1399-1406.

[28] Yoo K H, Back J H, Na M G, et al. Prediction of golden time using SVR for recovering SIS under severe accidents[J]. Annals of Nuclear Energy, 2016, 94: 102-108.

[29] Wang N, Zhang Y, Zhang T, et al. Data Mining-Based Operation Optimization of Large Coal-Fired Power Plants[J]. AASRI Procedia, 2012, 3: 607-612.

[30] Xu J, Gu Y, Chen D, et al. Data mining based plant-level load dispatching strategy for the coal-fired power plant coal-saving: A case study[J]. Applied Thermal Engineering, 2017, 119: 553-559.

[31] Capozzoli A, Lauro F, Khan I. Fault detection analysis using data mining techniques for a cluster of smart office buildings[M]. Pergamon Press, Inc., 2015: 4324-4338.

[32] Yan L, Hu P, Li C, et al. The performance prediction of ground source heat pump system based on monitoring data and data mining technology[J]. Energy and Buildings, 2016, 127: 1085-1095.

[33] 季一丁. 多变量复杂系统的稳态检测和提取方法研究[D]. 杭州: 浙江大学, 2016.

[34] 饶宛, 方立军, 张晗, 等. 基于 Fisher 有序聚类的汽轮机试验数据稳态检测方法[J]. 电站系统工程, 2016, 32(1): 64-66.

[35] Jiang T, Chen B, He X, et al. Application of steady-state detection method based on wavelet transform[J]. Computers & Chemical Engineering, 2003, 27(4): 569-578.

[36] Shrowti N A, Vilankar K P, Rhinehart R R. Type-II critical values for a steady-state identifier[J]. Journal of Process Control, 2010, 20(7): 885-890.

[37] 孔羽, 任少君, 司风琪, 等. 基于样本熵的燃气—蒸汽联合循环机组稳态判定[J]. 热力发电, 2016, 45(4): 28-34.

[38] 刘吉臻, 高萌, 吕游, 等. 过程运行数据的稳态检测方法综述[J]. 仪器仪表学报, 2013, 34(8): 1739-1748.

[39] 吕游, 刘吉臻, 赵文杰, 等. 基于分段曲线拟合的稳态检测方法[J]. 仪器仪表学报, 2012, 33(1): 194-200.

[40] Vazquez L, Blanco J M, Ramis R, et al. Robust methodology for steady state measurements estimation based framework for a reliable long term thermal power plant operation performance monitoring[J]. Energy, 2015, 93: 923-944.

[41] 付克昌, 戴连奎, 吴铁军. 基于多项式滤波算法的自适应稳态检测[J]. 化工自动化及仪表, 2006, 33(5): 18-22.

[42] 毕小龙, 王洪跃, 司风琪, 等. 基于趋势提取的稳态检测方法[J]. 动力工程学报, 2006, 26(4): 503-506.

[43] Smrekar J, Assadi M, Fast M, et al. Development of artificial neural network model for a coal-fired boiler using real plant data[J]. Energy, 2009, 34(2): 144-152.

[44] 周卫庆, 乔宗良, 周建新, 等. 一种热工过程数据协调与显著误差检测同步处理方法[J]. 中国电机工程学报, 2012, 32(35): 115-121.

[45] Jiang X, Liu P, Li Z. Data reconciliation for steam turbine on-line performance monitoring[J]. Applied Thermal Engineering, 2014, 70(1): 122-130.

[46] Guo S, Liu P, Li Z. Inequality constrained nonlinear data reconciliation of a steam turbine power plant for enhanced parameter estimation[J]. Energy, 2016, 103: 215-230.

[47] 周凌柯, 傅永峰. 基于双线性正交分解法的换热器系统数据协调[J]. 南京理工大学学报, 2017, 41(2): 212-216.

[48] Syed M S, Dooley K M, Madron F, et al. Enhanced turbine monitoring using emissions measurements and data reconciliation[J]. Applied Energy, 2016, 173: 355-365.

[49] 杨勇平, 王梦娇, 侯宏娟. 模型及参数敏感性分析[J]. 太阳能学报, 2015, 36(8): 2036-2041.

[50] 杨志平, 杨勇平. 1000MW 汽轮机初参数能耗敏度分析[J]. 华东电力, 2012, 40(6): 1067-1071.

[51] 杨志平, 杨勇平, 王宁玲. 1000MW 汽轮机缸效率能耗敏度分析[J]. 中国电机工程学报, 2012, 32(26): 1-9.

第3章　燃煤机组污染物生成机制

3.1　概　　述

目前，煤炭在我国能源消费中仍占主导地位，其燃烧产生硫氧化物、氮氧化物、重金属等污染物，由此导致的大气污染问题依旧严峻。在硫氧化物治理方面，石灰石-石膏湿法脱硫工艺是目前应用最广泛、最为成熟的脱硫技术，已实现了 SO_2、SO_3 等污染物的高效脱除。然而，氮氧化物等污染物排放控制技术尚未完全成熟，是现阶段及今后燃煤电站污染物控制技术的主要研究方向之一。

煤燃烧过程中产生的氮氧化物（NO_x）会引起光化学烟雾、酸雨、温室效应和臭氧层空洞等环境问题。NO_x 主要有三种类型，分别是热力型、快速型和燃料型。热力型 NO_x 是指空气中的 N_2 在高温下被氧化而生成的 NO_x，此类型的 NO_x 主要在 1800K 以上的高温区产生。热力型 NO_x 生成机理最早由苏联科学家捷里多维奇提出，因此又称捷里多维奇机理。化学反应式如下：

$$N_2 + O\cdot \rightleftharpoons NO + N\cdot \tag{3-1}$$

$$N\cdot + O_2 \rightleftharpoons NO + O\cdot \tag{3-2}$$

$$N\cdot + \cdot OH \rightleftharpoons NO + H\cdot \tag{3-3}$$

式（3-1）和式（3-2）称为捷里多维奇模型，加上反应式（3-3）被称为扩大的捷里多维奇模型。氮气分子比较稳定，它被氧原子氧化为 NO 的过程需要克服较大的反应能垒，整个反应的反应速度取决于反应式（3-1）。氧原子在反应中起活化链的作用，它来源于高温下 O_2 的分解。因此热力型 NO_x 的浓度随温度和氧浓度的增大而增加，生成速度比较缓慢，主要是在火焰带的下游高温区生成。

快速型 NO_x 是在煤燃烧过程中由于燃料过多、过量空气系数为 0.7～0.8 时所特有的产物，生成地点不是火焰面而是在火焰面内部。也有学者认为热力型 NO_x 和快速型 NO_x 都是由空气中的氮在高温下氧化而成，因此把这两种途径生成的 NO_x 统称为热力型 NO_x。

燃料型 NO_x 是 NO_x 排放的主要来源，通常煤粉燃烧生成的燃料型 NO_x 占全部 NO_x 的 80%以上。煤中含有许多含氮的环状或链状有机化合物，如吡咯（占煤中氮存在形式的 50%～80%）、吡啶和喹啉等[1]，这些化合物中的氮以原子状态存在于有机化合物中，当发生热分解反应时，一部分氮会随挥发分析出，形成挥发分氮，另一部分留在煤焦中形成焦炭氮。综合近年来的研究成果，燃料型 NO_x 的生成大致可分为几个阶段：①燃料氮的热分解，燃料中的含氮有机化合物在一般的燃烧条件下，会分解成氰化氢(HCN)、氨(NH_3)和氰自由基(·CN)等中间产物，随着挥发分一起从燃料中析出；②挥发分氮的燃烧，随挥发分析出的挥发氮和氧气发生一系列的均相反应被氧化成 NO_x；③焦炭氮的燃烧，残留在焦炭中的氮通过焦炭表面的多相氧化反应直接生成 NO_x。针对上述燃料型 NO_x 形成的几个阶段，通常认为，决定 NO_x 产生的关键是其前驱体 NH_3 与 HCN 等的形成。因此要想探寻从根源上控制 NO_x 生成的方法，明晰 NO_x 前驱体的形成机理至关重要。

针对 NO_x 的生成控制与减排，笔者团队进行了多年研究，重点研究了煤燃烧过程中 NO_x 前驱体的生成机理、前驱体向含氮产物的转化机理及 NO_x 的分解还原机制。

3.2　燃料氮迁移转化生成 NO_x 前驱体的机理

如前所述，煤燃烧过程中燃料氮为 NO_x 主要来源，是 NO_x 生成机理研究的主要对象，燃料氮的主要存在形式为吡咯，占煤中氮存在形式的 50%～80%。得益于计算机软硬件的快速发展，过去应用于医学、基础有机化学等领域的量子化学中的密度泛函理论[2]，近年来逐渐应用于煤这类无定形、非周期结构特征有机体的研究[3-5]。

借助量子化学计算平台[6]，可准确获取反应过程中的键能信息、生成焓值以及反应时各化学键的变化[7]，确定反应过程中的过渡态[8, 9]、氢键和电子云分布情况[10]。Bacskay 等[11]基于密度泛函理论研究了煤中主要含氮模型化合物吡咯热解形成 HCN 的机理，其主要目的是寻找 HCN 生成的最优路径，他们认为吡咯热解的初始反应为内部氢转移反应，进而破坏吡咯环的稳定性，引发 C—N 键的断裂，开环生成碳烯烃中间体，最终通过协同裂解形成 HCN，其反应决速步能垒为 315.47kJ/mol，这一能垒的理论值与 Lifshitz 等[12]在单脉冲电流放电加热反应器实验中使吡咯全部分解时所需能量近似。Martoprawiro 等[13]在 Bacskay 等[11]的研究基础上，对吡咯环内部氢转移反应作为生成 HCN 的触发机理进行了全面研究，主要包括吡咯氮上的氢原子转移到邻位碳作为起始反应、吡咯氮原子邻位碳上的氢转移作为起始反应、吡咯氮原子对位碳上的氢转移作为起始反应。Zhai 等[14]同样认为吡咯环内部氢转移诱发开环反应是吡咯生成 HCN 的主要路径，需要说明的是，区别于 Martoprawiro 和 Bacskay 的工作，Zhai 等重点考虑了叠加氢转移反应方式，即吡咯环内发生连续氢转移反应，这极大地拓宽了吡咯形成 HCN 的生成路径，丰富了前人的研究机理。美中不足的是，Zhai 等仅考虑了吡咯环氮位上的氢连续转移机理这一种情况，未全面考虑吡咯环碳位上的氢转移诱发开环机理。

综上所述，依据吡咯环的内部氢转移反应可将吡咯热解机理分为图 3-1 所示的三类：吡咯氮邻位碳原子的氢转移(路径 1)、吡咯氮对位碳原子的氢转移(路径 2)、吡咯氮上的氢转移(路径 3)。其中，路径 1 为此类机理的最优路径，其反应决速步能垒为 315.47kJ/mol[11]，这也是现有研究中吡咯热解形成 HCN 能垒最低的路径[14]，这一结果与前人研究吡咯分解实验中当反应物吡咯全部分解时记录下的反应能量相近[12]。

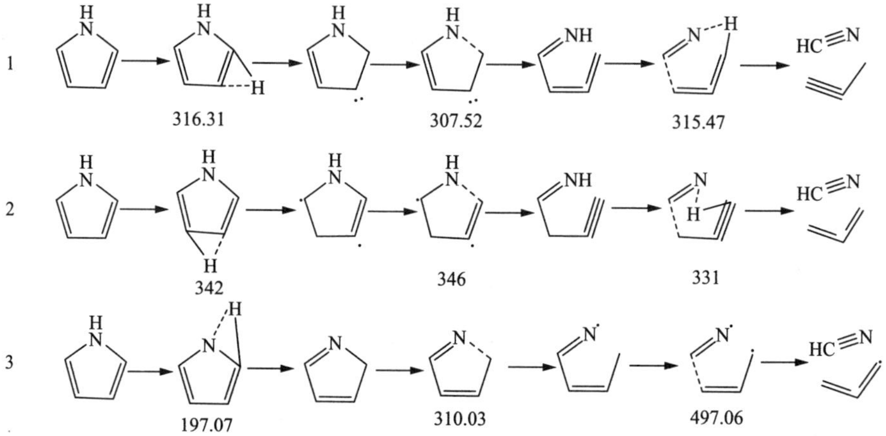

图 3-1　吡咯环上 H 原子转移诱发的 HCN 形成路径
(单位：kJ/mol，有效数字位数与所引文章一致)

现有的机理研究未考虑外部因素对反应机理和路径的影响，事实上煤在热反应过程中会受到自由基、水分子、灰分等各种因素的影响。基于此，笔者团队在前人研究的基础上，重点考虑了关键因素自由基和水的影响，进一步完善了吡咯热解生成 NH_3/HCN 的反应机理。

3.2.1　氢自由基对吡咯热解生成 HCN 的影响

笔者团队选取典型的自由基——氢自由基(H·)为研究对象，利用量子化学计算方法模拟自由基对吡咯热解反应机理的影响。H 自由基可以与吡咯环上的碳原子和氮原子键合，破坏了原有吡咯环 π 键电子云的平衡，进而影响吡咯环的开裂和后续反应。考虑吡咯为轴对称化合物，因此仅讨论吡咯环单侧的开环及后续反应。如图 3-2 所示，根据 H 自由基与吡咯的结合位不同，有 3 种可能的初步热解反应机理：(a) H 自由基与吡咯氮的邻位碳结合；(b) H 自由基与吡咯氮的间位碳结合；(c) H 自由基与吡咯上的氮原子结合。经计算可知，上述三种方式中，方式(a)的反应能垒最小，为-2.8kJ/mol，容易发生；方式(b)的反应能垒为 6.8kJ/mol，与方式(a)的反应能垒相近，也较容易发生；方式(c)的反应能垒最大，为 77.2kJ/mol。

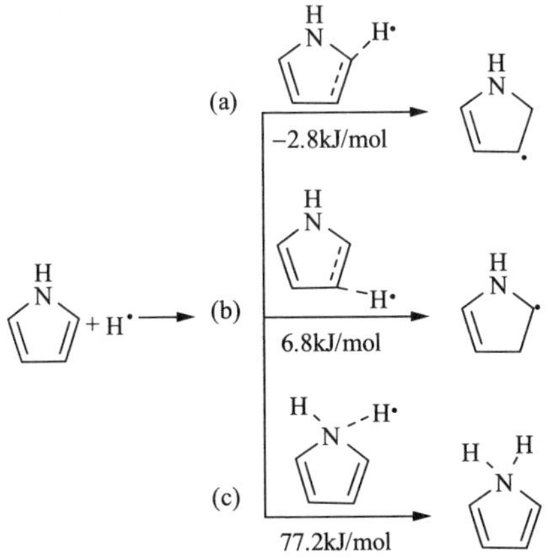

图 3-2　H 自由基与吡咯结合的三种方式及反应能垒

基于上述三类 H 自由基与吡咯的键合方式，分别探究后续的分解反应机理。如图 3-3 所示，H 自由基与吡咯氮的邻位碳结合形成中间体 a1-1m，随后经过渡态 a1-2t 断裂 C—N 键生成开环中间体 a1-2m，随后经 5 种可能路径最终生成 HCN(路径 a1、a2、a3、a4 和 a5)。路径 a1 中，a1-2m 首先通过过渡态 a1-3t 生成自由基 a1-3m，再经过渡态 a1-4t 发生氢转移反应生成中间体 a1-4m，最后经过渡态 a1-5t 断裂 C—C 键生成 HCN；其中，过渡态 a1-4t 为路径 a1 的决速步，其反应能垒为 133.9kJ/mol。路径 a2 和 a1 经历相同的自由基中间体 a1-3m，不同的是，路径 a2 中 a1-3m 直接经由过渡态 a2-1t 断裂 C—C 键，生成中间体 a2-1m 和 a2-2m，中间体 a2-2m 经分子内重整最终生成 HCN；路径 a2 的决速步为过渡态 a2-3t 的分子内重整反应，能垒为 148.4kJ/mol。路径 a3 中，a1-2m 经过渡态 a3-1t 发生氢转移反应生成中间体 a3-1m，再经过渡态 a3-2t 断裂 C—C 键生成中间体 a3-2m 和 a3-3m，最终经过渡态 a3-4t 发生分子内重整生成 HCN；最后一步分子内重整为该路径的决速步，其能垒为 253.5kJ/mol，由于能垒较高，该路径发生的可能性极小。路径 a4 中，a1-2m 首先经过渡态 a4-1t 发生内部氢转移反应生成中间体 a4-1m，然后由过渡态 a4-2t 断裂 C—C 键生成 a4-2m 与 HCN；C—C 键的断裂是该路径的决速步，该反应的能垒为 77.1kJ/mol。路径 a5 中，a1-2m 经内部氢转移过渡态 a5-1t 生成自由基 a1-4m，随后经过和路径 a1 中相同的反应形成 HCN；生成 a1-4m 的氢转移反应是路径 a5 的决速步，反应能垒为 100.1kJ/mol。比较上述 5 条路径，路径 a4 决速步能垒最低，仅为 77.1kJ/mol，是最优路径。

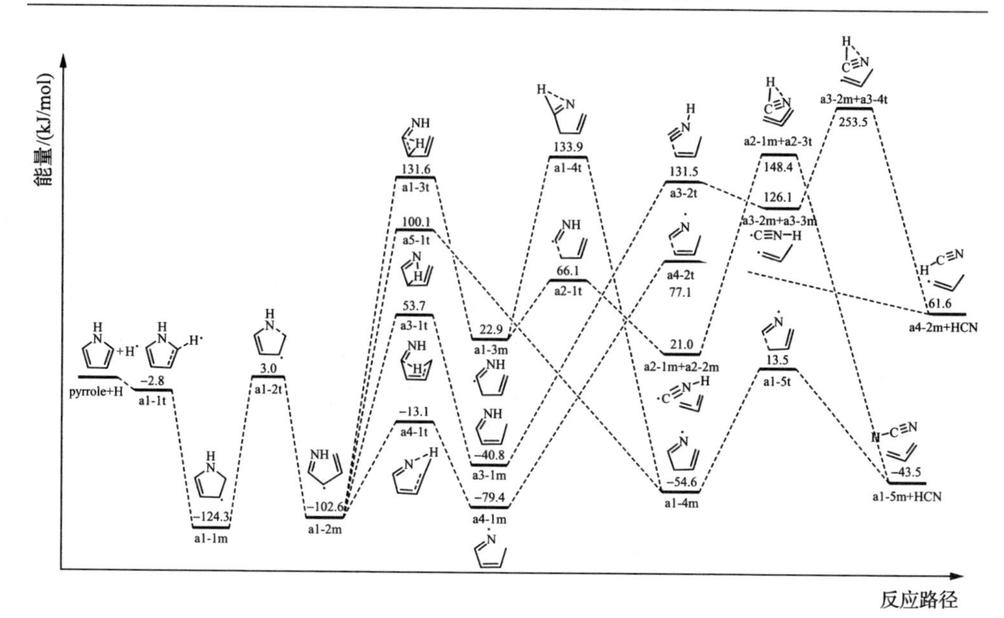

图 3-3　基于 a 方式的可能反应路径

如图 3-4 所示，H 自由基与吡咯氮的间位碳结合生成自由基中间体 b1-1m，其后续经 5 条反应路径分解形成 HCN。路径 b1 中，中间体 b1-1m 经过渡态 b1-2t 断开 C—N 键发生开环反应，随后经过渡态 b1-3t 断裂 C—C 生成 HCN；尽管路径 b1 中 b1-1m 直接开环能垒仅为 82.0kJ/mol，但 C—C 键的断裂反应能垒高达 421.2kJ/mol，因此该路径不易发生。吡咯结合 H 自由基后对称性遭到破坏，吡咯氮上的氢可分别向两个邻位碳转移；由于自由基的存在，吡咯氮上的氢更容易经过渡态 b2-1t 转移到邻位碳上形成中间体 b2-1m，随后经过渡态 b2-2t 发生协同断裂开环生成中间体 b2-2m，中间体 b2-2m 经路径 b2 和 b4 分解生成 HCN。路径 b2 中，决速步为过渡态 b2-3t 的内部氢转移反应，能垒为 170.2kJ/mol；路径 b4 中，中间体 b2-2m 经过渡态 b4-1t 发生内部氢转移生成中间体 b4-1m，通过该路径的决速步，过渡态 b4-2t 协同断裂生成 HCN，路径 b4 的能垒为 104.1kJ/mol。另外，路径 b3 中，中间体 b1-1m 经过渡态 b3-1t 发生内部氢转移生成中间体 b3-1m，随后经过渡态 b3-2t 断裂 C—N 键生成中间体 b3-2m，最后经过渡态 b3-3t 断裂 C—C 键生成 HCN；此路径的决速步为 b1-1m 的氢转移反应，其能垒为 97.1kJ/mol。此外，中间体 b3-1m 还可经由路径 b5 中的过渡态 b5-1t 和 b5-2t 先后断裂 C—C 键和 C—N 键生成 HCN，此路径的决速步与能垒均与路径 b3 相同。比较上述 5 条反应路径，路径 b3 和 b5 的决速步反应能垒最低(97.1kJ/mol)，是最优反应路径。

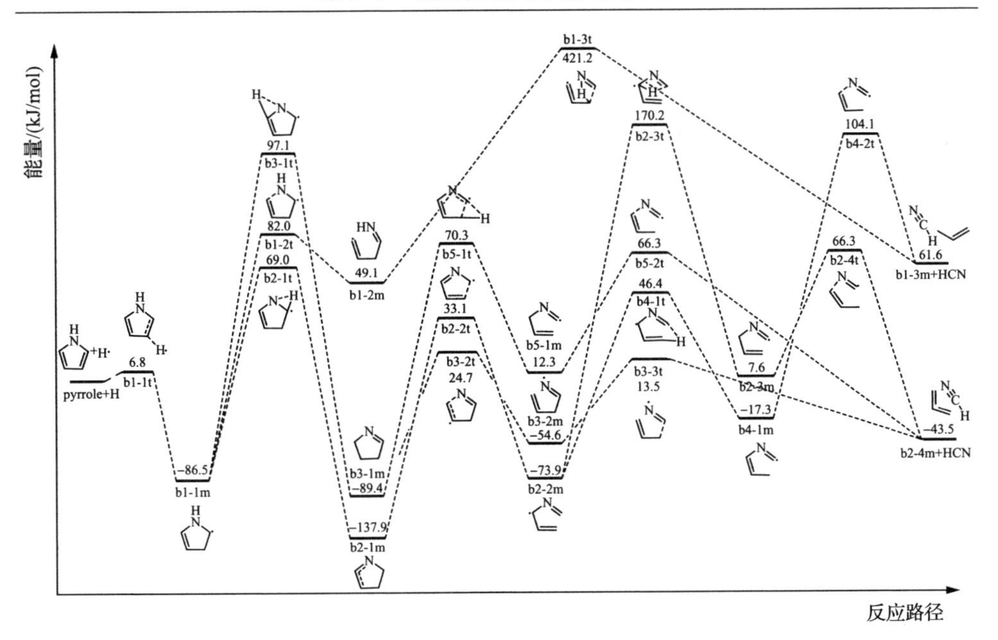

图 3-4　基于 b 方式的可能反应路径

如图 3-5 所示，H 自由基与吡咯上的氮原子结合形成中间体 c1-1m，随后经两种可能的路径继续分解(路径 c1 和 c2)，最终生成 HCN。路径 c1 中，中间产物 c1-1m 通过均裂反应直接断裂 C—N 键开环生成 c1-2m，而后经过渡态 c1-3t 发生内部氢转移反应生成中间体 c1-3m。路径 c2 同样得到了相同的中间体 c1-3m，不同的是，路径 c2 中，c1-1m 经氢转移过渡态 c2-1t 生成中间体 c2-1m，该中间体即为图 3-3 中的 a1-1m，而后经 C—N 键断裂形成 c1-3m，c1-3m 即为 a1-2m，由前所述，a1-2m 最容易经路径 a4 分解形成 HCN。路径 c1 和 c2 相比，后者的决速步反应能垒更低，为 160.0kJ/mol，因此更具优势。

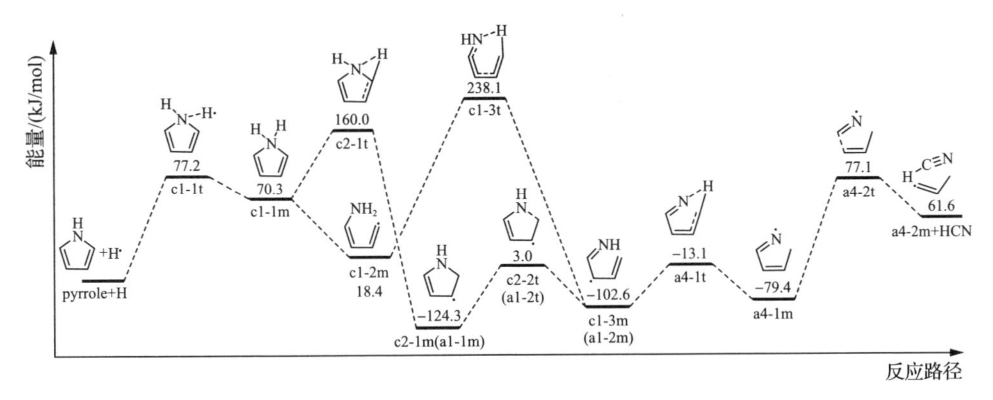

图 3-5　基于 c 方式的可能反应路径

上述三类机理中的最优路径分别为路径 a1、b3、b5 和 c2，对比图 3-1 中的反应路径可以发现，H 自由基的参与明显降低了吡咯分解形成 HCN 的反应能垒，远低于 Bacskay 等[11]提出的最优路径反应能垒 315.5kJ/mol，说明 H 自由基能促进 HCN 的生成。

3.2.2　水分对吡咯热解生成 NH_3/HCN 的影响

水分的存在，可以参与吡咯的开环与双键加成反应，图 3-6 给出了 4 种水与吡咯的结合方式：①羟基(—OH)和氢分别与吡咯邻位 C_1 和间位 C_2 结合，反应能垒为 226.4kJ/mol，记为 adj-OH-C_2-H；②羟基和氢分别与吡咯邻位 C_1 和 N 结合，反应能垒为 297.6kJ/mol，记为 adj-OH-N-H；③羟基和氢分别与吡咯的对位 C_2 和邻位 C_1 相结合，反应能垒为 235.0kJ/mol，记为 ind-OH-C_1-H；④羟基和氢分别与吡咯的对位 C_2 和对位 C_3 相结合，反应能垒为 293.1kJ/mol，记为 ind-OH-C_3-H。

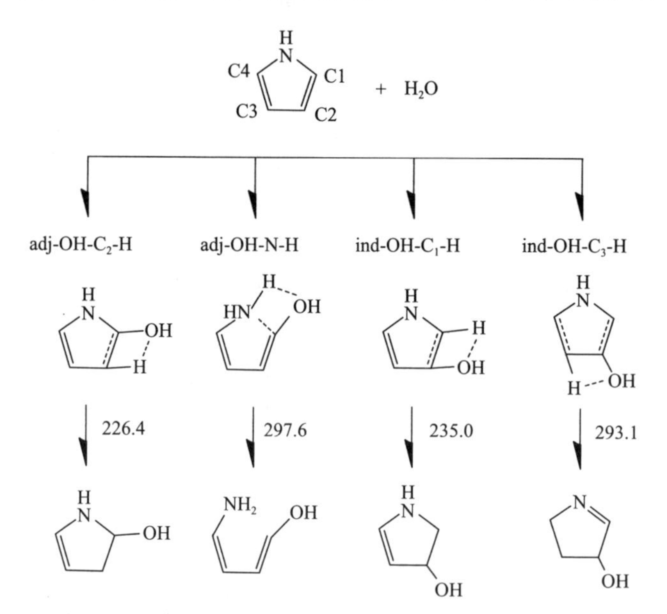

图 3-6　吡咯与水热解的初始反应机理图(单位：kJ/mol)

水与吡咯基于 adj-OH-C_2-H 方式的后续反应路径共有 5 种可能，按照最终产物的不同可分为两种情况：最终产物为 NH_3 的反应路径(路径 a1、a2 和 a3)以及最终产物为 HCN 的反应路径(路径 a4 和 a5)。图 3-7 为后续反应热解产物为 NH_3 时的可能反应路径。

水与吡咯通过过渡态 a1-1t 生成中间体 a1-1m，反应能垒为 226.4kJ/mol；而后中间体 a1-1m 经路径 a1 和 a2 继续分解。路径 a1 中，a1-1m 经过渡态 a1-2t 断裂 C—N 键，而后经过渡态 a1-3t 继续断裂 C—N 键生成 NH_3；最后一步 C—N 键的断裂为路径 a1 的决速步，能垒为 379.4kJ/mol。路径 a2 中，a1-2m 的 C_3 位氢向氮原子转移，导致 C—N 键断裂生成 NH_3 和中间体 a2-1m，该反应能垒高达 473.6kJ/mol，是路径 a2 的决速步。在路径 a3 中，中间体 a1-1m 首先经 C—N 键断裂生成 a3-1m，而后 C—C 键断裂生成 a3-2m 和 CO，最后经 C—N 键均裂反应

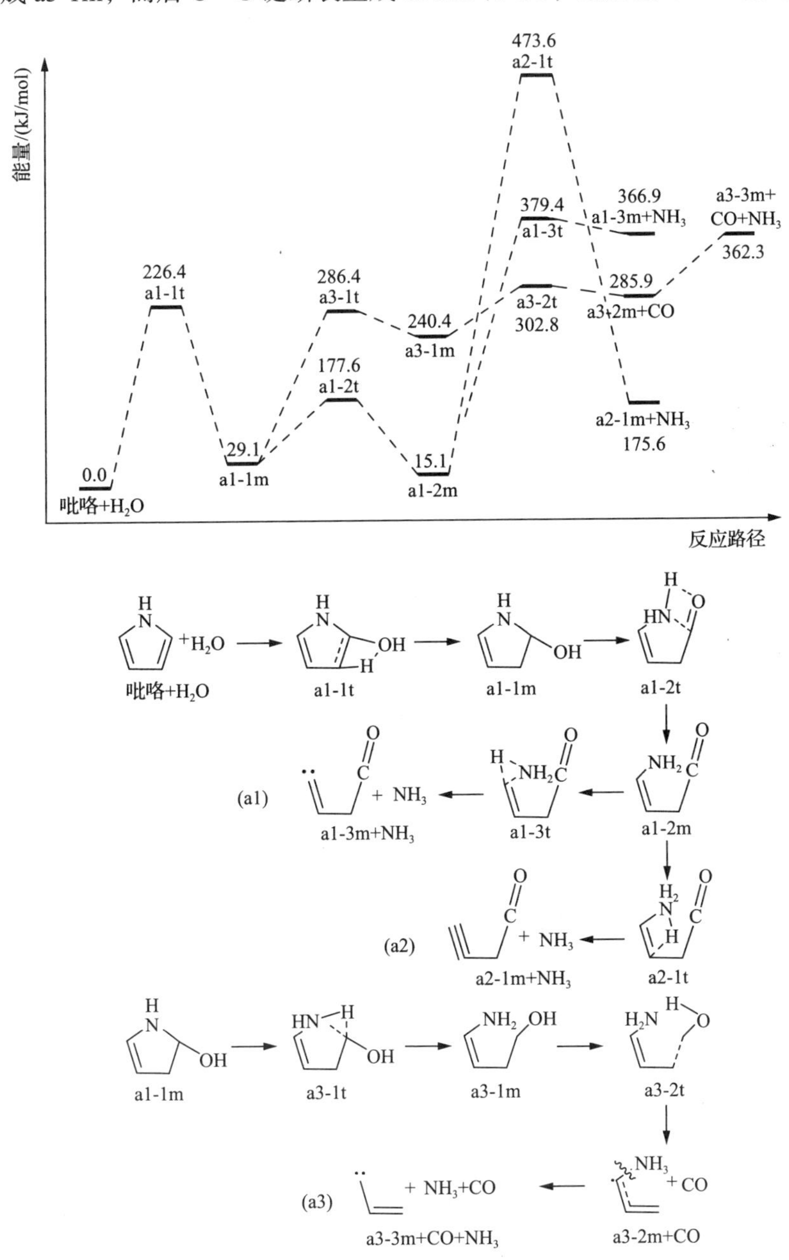

图 3-7　吡咯与水基于 adj-OH-C_2-H 方式生成 NH_3 的机理

生成 NH_3 和产物 a3-3m；最后的均裂反应为该路径的决速步，反应能垒为 362.3kJ/mol。对比上述 3 条反应路径，路径 a3 为最优路径，该路径决速步的反应能垒为 362.3kJ/mol。需要说明的是，前人对于吡咯热解的研究所获得产物主要是 HCN[13, 15, 16]，而上述反应路径最终的含氮产物均为 NH_3，说明水的参与改变了吡咯的热解路径与产物，这可归结于水为吡咯热解时提供了氢源，导致了 NH_3 的生成，这一结论与前人实验结果相吻合，即水含量的增加会提高煤热解产物中 NH_3 的量[17]。

图 3-8 为后续反应热解产物为 HCN 时的可能反应路径，a1-1m 首先发生脱水

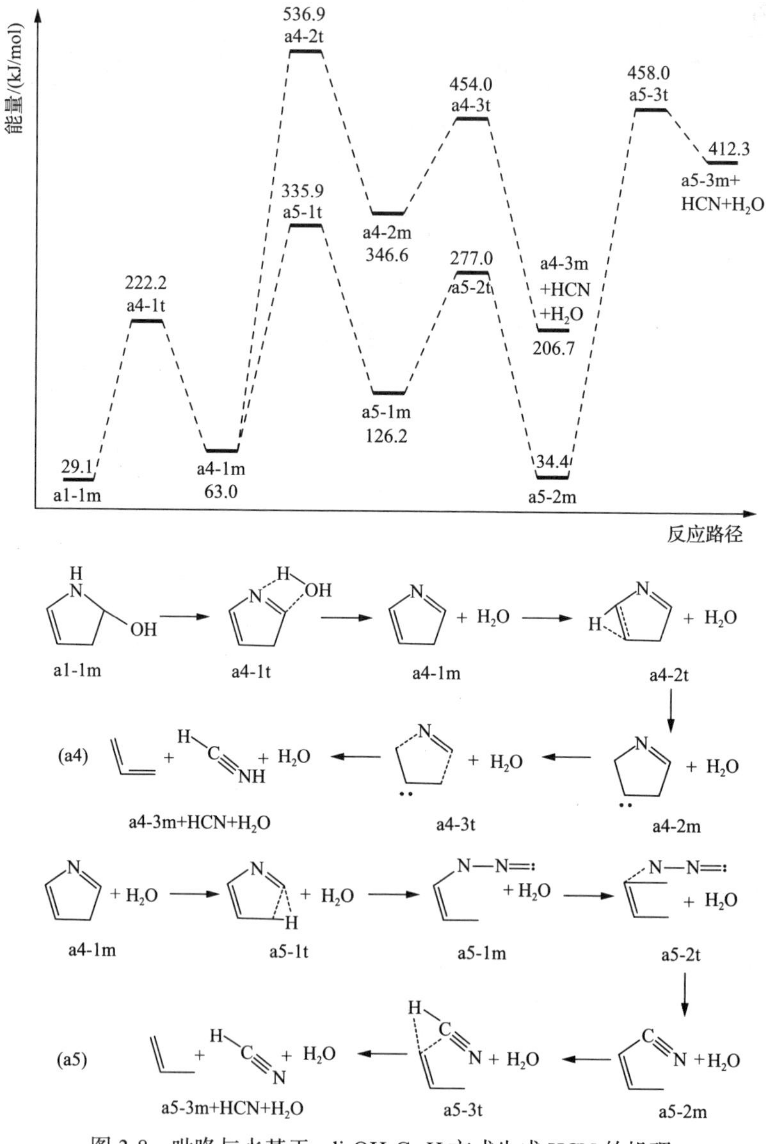

图 3-8 吡咯与水基于 adj-OH-C_2-H 方式生成 HCN 的机理

反应生成 a4-1m，而后经路径 a4 和 a5 分解形成 HCN。a4-1m 的氢转移反应均为路径 a4 和 a5 的决速步，路径 a4 中，C_3 位氢向 C_4 转移，反应能垒为 536.9kJ/mol。路径 a5 中，C_1 位氢向 C_2 位转移同时断裂 C_1—C_2 键，反应能垒为 458.0kJ/mol。对比可知，路径 a5 的决速步反应能垒比路径 a4 低 78.9kJmol，因此更具优势，但实际上这两条路径的反应能垒均较高，均不易发生。

上述结果表明水对吡咯热解有着重要影响。首先路径 a3 是 adj-OH-C_2-H 方式下的所有可能路径中(a1-a5)的最优路径，其最终含氮产物为 NH_3，决速步能垒为 362.3kJ/mol。其次，水改变了吡咯热解含氮产物的种类，Martoprawiro[13]、Bacskay[11] 和 Zhai 等[14]已证明吡咯单独热解时生成的含氮产物仅有 HCN，而在我们的研究中发现水的存在促使吡咯热解生成 NH_3。最后，水的存在也改变了吡咯形成 HCN 的路径和机理，以 adj-OH-C_2-H 方式发生热解反应生成 HCN 的路径中，最优路径为路径 a4，其决速步能垒为 458.0kJ/mol，这比吡咯单独热解生成 HCN 的最优路径反应能垒高很多(详见本章图 3-1)，说明水有阻碍 HCN 形成的作用。

如图 3-9 所示，水与吡咯基于 adj-OH-N-H 方式的后续反应路径共有 3 种可能，分别为路径 b1～b3，其主要含氮产物为 NH_3。水与吡咯通过过渡态 b1-1t 发生协同断键反应生成中间体 b1-1m，该反应需跨越的能垒为 297.6kJ/mol；而后中间体 b1-1m 的后续反应又分为两种情况，分别为路径 b1 和 b3。在路径 b1 中，过渡态 b1-3t 为该路径的决速步，反应能垒为 361.4kJ/mol。在路径 b3 中，路径能垒较高，决速步反应能垒达到 450.5kJ/mol，较难发生。在路径 b2 中，过渡态 b2-1t 为该路径的决速步，其反应能垒为 369.8kJ/mol。对比可知，路径 b1 是最优路径。

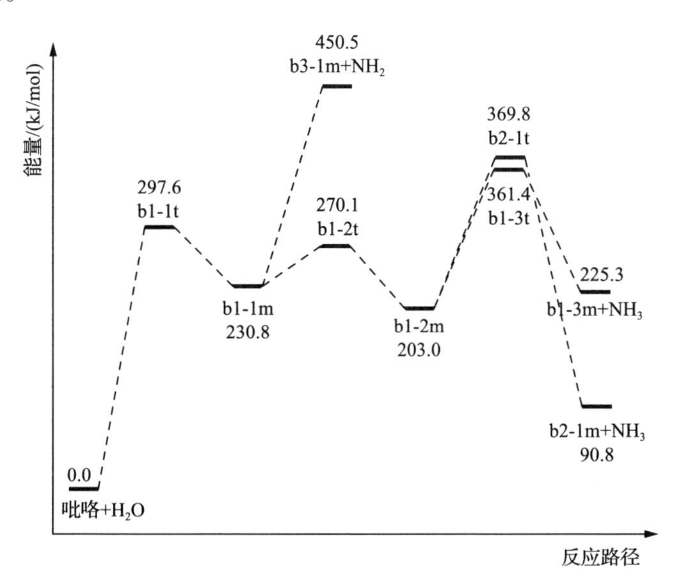

图 3-9　基于 adj-OH-N-H 方式的后续热解反应机理

如图 3-10 所示，基于 ind-OH-C_1-H 方式的后续反应路径共有 4 种可能，分别为路径 c1～c4。图 3-10(a)中吡咯与水通过过渡态 c1-1t 发生协同反应生成中间体 c1-1m，该步反应能垒为 235.0kJ/mol，而后中间体 c1-1m 经过渡态 c1-2t 发

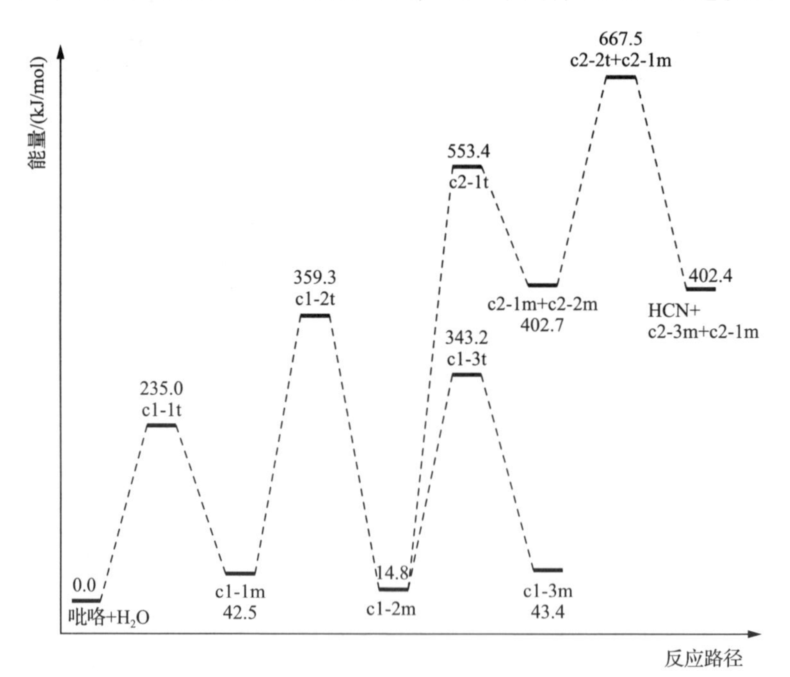

吡咯+H_2O → c1-1t → c1-1m → c1-2t → c1-2m → c1-3t → c1-3m　(c1)

c1-2m → c2-1t → c2-1m+c2-2m → c2-2t+c2-1m → HCN+c2-3m+c2-1m　(c2)

(a)

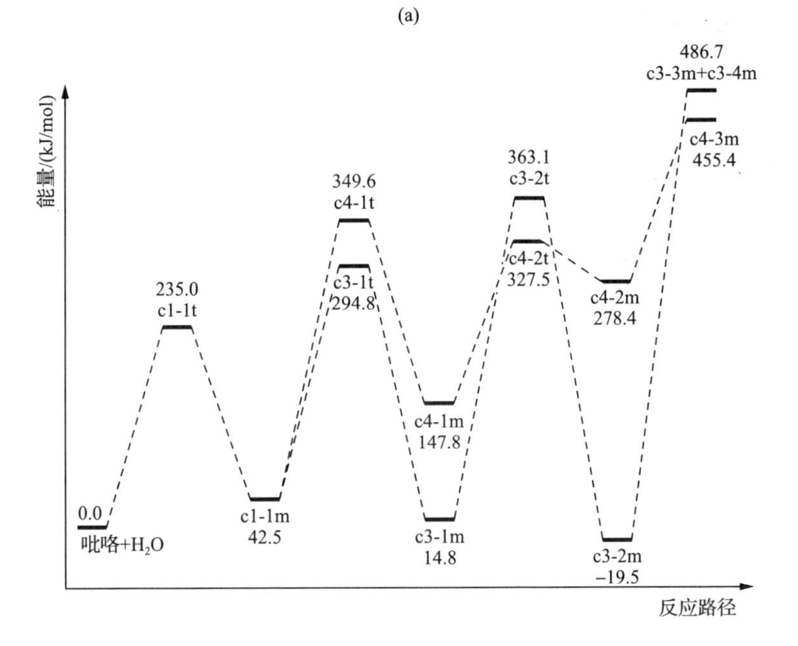

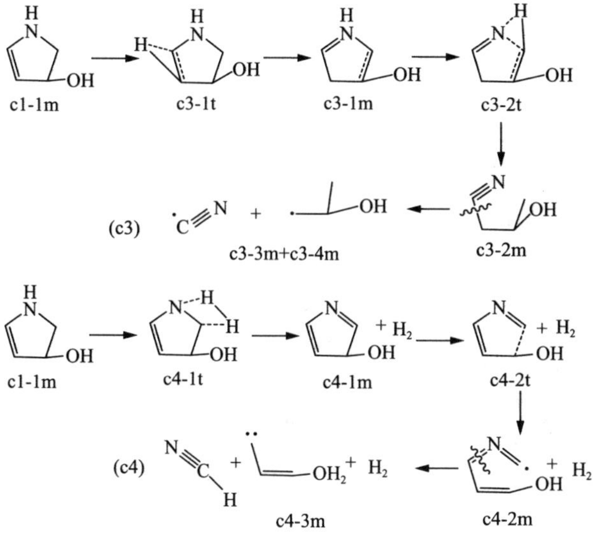

(b)

图 3-10　基于 ind-OH-C_1-H 方式的后续热解反应机理

生内部氢转移反应生成中间体 c1-2m，该步反应的能垒为 359.3kJ/mol。中间体 c1-2m 的后续反应又分为两种情况，分别为路径 c1 和 c2。在路径 c1 中，中间体 c1-2m 经过渡态 c1-3t 发生协同开环反应生成中间体 c1-3m，该步反应能垒为 343.2kJ/mol，然而在中间体 c1-3m 的后续反应中并未找到生成 NH_3 和 HCN 的可能反应路径；在路径 c2 中，过渡态 c2-2t 为该反应的决速步，其能垒为 667.5kJ/mol。图 3-10(b)所示的反应路径的最终产物均为 HCN，中间体 c1-1m 后续反应可分为两种情况，分别为路径 c3 和 c4。在路径 c3 中，中间体 c3-2m 通过均裂反应生成产物 c3-4m 和 c3-3m(CN 自由基)，该步为路径 c3 的决速步，其反应能垒为 486.7kJ/mol。在路径 c4 中，中间体 c4-2m 通过 C—N 键的均裂反应生成产物 c4-3m 和 HCN，为该反应决速步，反应能垒为 455.4kJ/mol。综上所述，基于 ind-OH-C_1-H 方式的后续反应能垒普遍偏高，说明该反应方式阻碍了 HCN 的形成。

如图 3-11 所示，基于 ind-OH-C_3-H 方式的后续反应只有一条路径。过渡态 d1-5t 为路径 d1 的决速步，其反应能垒为 413.9kJ/mol。显然，水与吡咯结合的方式 ind-OH-C_1-H 和 ind-OH-C_3-H 中形成的只有 HCN，说明当氢或者羟基攻击吡咯的 C_3 位时其含氮产物种类中无 NH_3。

基于上述机理和路径的研究结论可知，水在吡咯热解的过程中起着重要作用。水改变了吡咯热解的产物种类，也影响了反应路径和能垒。具体如表 3-1 所示，基于 adj-OH-C_2-H 反应方式的后续反应路径中，路径 a3 为最优路径，其反应的能

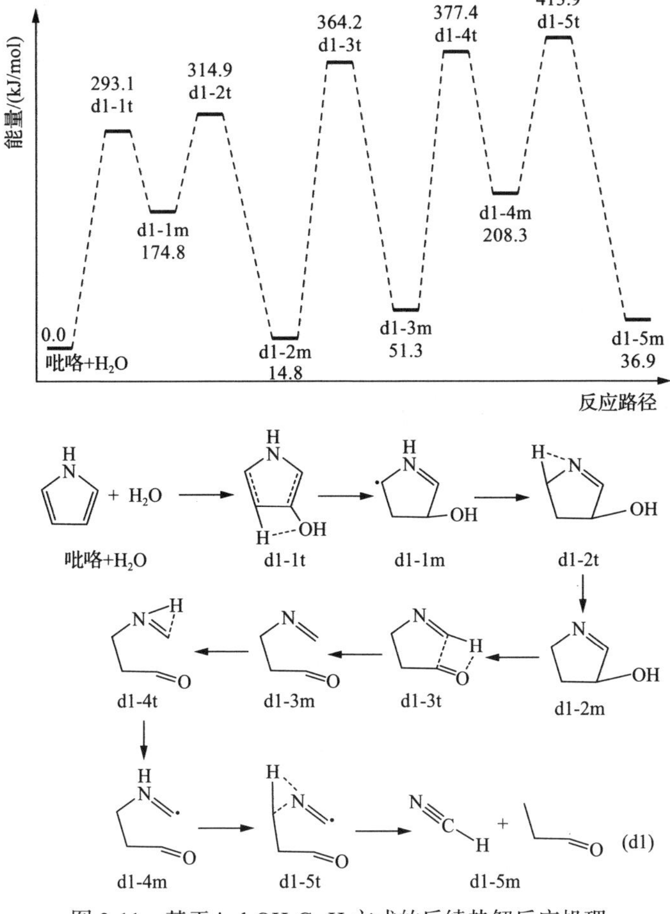

图 3-11　基于 ind-OH-C_3-H 方式的后续热解反应机理

垒为 362.3kJ/mol，热解生成的含氮产物类型为 NH_3。基于 adj-OH-N-H 反应方式的后续反应路径中，路径 b1 为最优路径，其反应能垒为 361.4kJ/mol，热解生成的含氮产物类型为 NH_3。基于 ind-OH-C_1-H 反应方式的后续反应路径中，路径 c4 为最优路径，其反应能垒为 455.4kJ/mol，热解生成的含氮产物类型为 HCN。基于 ind-OH-C_3-H 反应方式的后续反应路径中，路径 d1 为最优路径，其决速步能垒为 413.9kJ/mol，热解生成的含氮产物类型为 HCN。由此可知，路径 a3 与 b1，反应决速步能垒分别为 362.3kJ/mol 和 361.4kJ/mol，反应能垒相差 0.9kJ/mol，因此路径 a3 与 b1 共同为水和吡咯热解生成 NO_x 前驱物反应的最优路径。另外针对产物为 HCN 的两个最优路径，路径 c4 和 d1，它们的反应能垒远高于前人研究的吡咯热解生成 HCN 的最优路径（详见本章图 3-1），因此水的存在抑制了吡咯热解生成 HCN 的反应。

表 3-1　水与吡咯结合的四种方式中最优路径反应能垒以及产物种类

初始反应方式	最优路径	反应能垒/(kJ/mol)	含氮(N)产物种类
adj-OH-C_2-H	a3	362.3	NH_3
adj-OH-N-H	b1	361.4	NH_3
ind-OH-C_1-H	c4	455.4	HCN
ind-OH-C_3-H	d1	413.9	HCN

比较 HCN 和 NH_3 生成路径能垒，水的存在促进了吡咯生成 NH_3，这与前人的实验研究结果一致[17]。Tian 等[18]在煤焦(主要为吡咯型氮)实验中也发现了同样的现象，水蒸汽重整实验中产生了大量 NH_3，但无水蒸汽时仅产生少量的 NH_3；这一现象深层次的机理为水通过 adj-OH-C_2-H 和 adj-OH-N-H 反应方式攻击吡咯氮的 C_2 位并提供了氢元素，这是生成 NH_3 的关键。

3.3　NO_x 前驱体向含氮产物的转化机制

3.3.1　HCN、NH_3 和 HNCO 在 CaO(100)表面向含氮产物的转化机制

在对煤燃烧过程中含氮物质向 NO_x 前驱体形成机理的研究基础上，笔者团队进一步研究了 NO_x 前驱体形成最终含氮产物(包括 NO、N_2O 和 N_2)的转化机制，为 NO_x 的减排工作提供理论支持和技术指导。

NO_x 前驱体在向最终含氮产物的转化过程中，会受到各种因素的影响。上一节我们以 H 自由基和水为例进行了说明，本小节以循环流化床(circulating fluidized bed，CFB)锅炉为例，阐述 CaO 对 NO_x 前驱体转化的影响机制。CFB 锅炉具有燃料适应性广、燃烧效率高、负荷调节范围大及可以采用炉内脱硫技术等优点，添加到炉内的石灰石经煅烧后生成 CaO 与炉内的硫氧化物(SO_x)反应生成硫酸钙，实现脱硫的目的。添加到炉内的 CaO 同时影响了 NO_x 前驱体 HCN、NH_3 和 HNCO 等向最终产物的转化过程，已有研究表明，CFB 锅炉炉内添加石灰石会在宏观上影响最终的 NO_x 排放浓度[19, 20]，实验研究发现煅烧后的石灰石可以促进 HCN 和 NH_3 向 NO 的转化[21-23]，并推测 CaO 能够促进 HCN 和 CN 自由基向 NO 转化，但其微观反应机制仍不明晰。为了进一步揭示 CaO 对重要含氮前驱体的影响作用规律，笔者研究团队基于密度泛函理论(density functional theory，DFT)计算研究了 HCN、NH_3 和 HNCO 在 CaO 表面向含氮产物转化的微观反应机制。

1) CaO(100)表面模型构建

为了揭示 HCN、NH_3 和 HNCO 在 CaO 表面的非均相转化机制，首先需要构建合适的 CaO 表面模型。CaO(100)表面是 CaO 晶体热力学最稳定的低指数晶面，能够代表 CaO 的宏观表面性质，通过表面能的计算，也印证了这一结论[24]。本节所采用的 CaO(100)表面模型(如图 3-12 所示)由五层原子层构成，在其表面垂直

方向添加了12Å的真空层，并施加了周期性边界条件。每一原子层包含八个氧(O)位点和八个钙(Ca)位点，表面的O位点对表面的前线轨道贡献度更大，更有可能是表面催化过程的活性位点。在研究含氮前驱体在CaO(100)表面的吸附过程时，采用吸附能来表征被吸附气体和表面之间相互作用的强弱，吸附能小于零时，被吸附气体在表面吸附以后释放能量，有利于吸附的进行；当吸附能大于零时，表明被吸附气体在表面的吸附需要吸收能量，不利于吸附反应的进行。

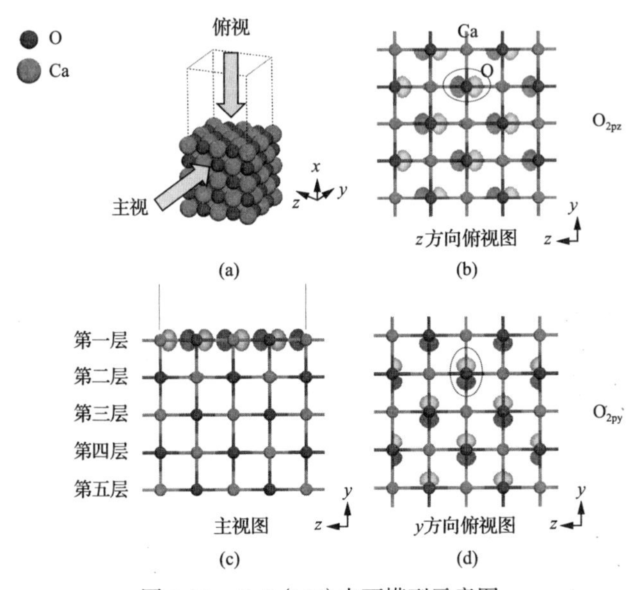

图3-12　CaO(100)表面模型示意图

2) HCN在CaO(100)表面的吸附过程

吸附是气固反应的第一步，合适的吸附能对于催化反应至关重要，吸附能过低会导致催化剂无法有效吸附气体分子进行后续反应，吸附能过高则会使气体分子与表面结合过强，导致后续反应能垒过高，反应难以进行。HCN在CaO(100)表面可能的吸附结构如图3-13(a)～(e)所示，其中吸附结构(a)在吸附后释放了最

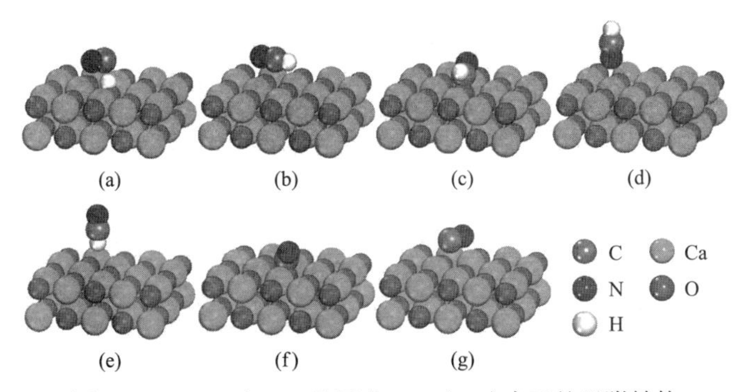

图3-13　HCN和CN基团在CaO(100)表面的吸附结构

多的能量(–1.396eV)，是 HCN 在 CaO(100)表面最稳定的吸附结构，吸附后 HCN 的 H 原子接近表面的 O 位点，同时 HCN 由吸附前的线性结构变为吸附后的类三角形结构，因此，HCN 可以在 CaO(100)表面发生较为明显的化学吸附[25]。

3)—CN 在 CaO(100)表面的吸附和转化机制

—CN 由 HCN 脱氢后形成，其在 CaO(100)表面的吸附结构如图 3-13 所示，主要有两种吸附结构，包括—CN 以其 C 侧在表面 O 位点吸附(图 3-13(f)所示)和 CN 平行吸附(图 3-13(g)所示)两种结构，其中平行吸附结构具有更高的吸附能(–2.853eV)，因此，—CN 更有可能以平行吸附的形式在 CaO(100)表面吸附。

在 CaO(100)表面吸附的—CN 可以进一步被 O_2 氧化并向—NCO 转化。图 3-14 给出了—CN 与 O_2 的均相及在 CaO(100)表面模型的反应势能面。均相过程的反应活化能垒为 1.560eV，反应释放 0.674eV 的能量；非均相过程的反应能垒为 0.766eV，并释放出 3.607eV 的能量。—CN 与 O_2 在 CaO(100)表面上的反应能垒低于均相反应过程，此外非均相过程释放了更多的能量，因此，CaO(100)表面能够促进—CN 与 O_2 向—NCO 的氧化过程。

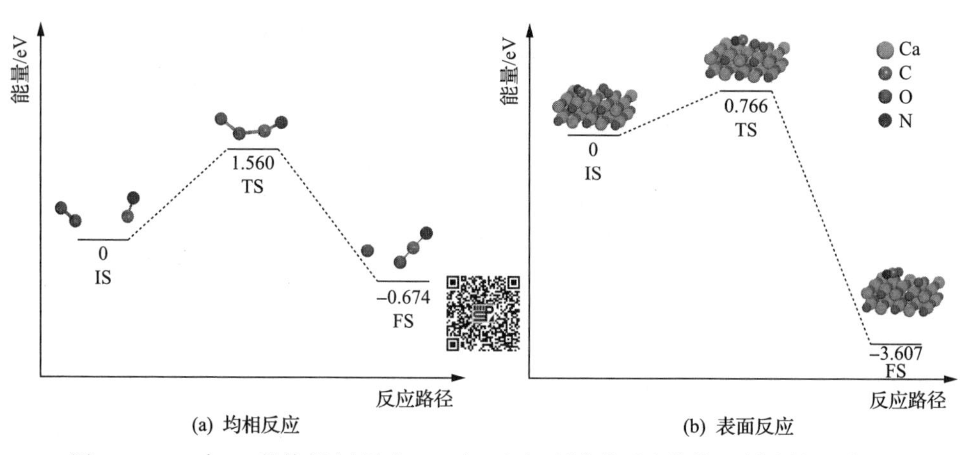

图 3-14 CN 与 O_2 的均相(a)及在 CaO(100)表面(b)的反应势能面(彩图扫二维码)

4)—NCO 在 CaO(100)表面向 NO_x 的转化机制

图 3-15 给出了—NCO 与 O_2 均相及在 CaO(100)表面反应生成 NO 与 CO_2 的势能面。均相反应能垒为 0.349eV，共释放 3.828eV 的能量；而在 CaO(100)表面该过程仅需克服 0.026eV 的能垒，并释放 3.763eV 的能量，因此，CaO(100)表面可以促进—NCO 与 O_2 反应向 NO 的转化。

—NCO 还可以与 NO 反应向 N_2 或 N_2O 转化。图 3-16 给出了—NCO 与 NO 均相与在 CaO(100)表面反应生成 CO_2 与 N_2 的势能面，该反应的活化能为 0.742eV，并释放出 4.014eV 的能量。—NCO 与 NO 在 CaO(100)表面上的反应首

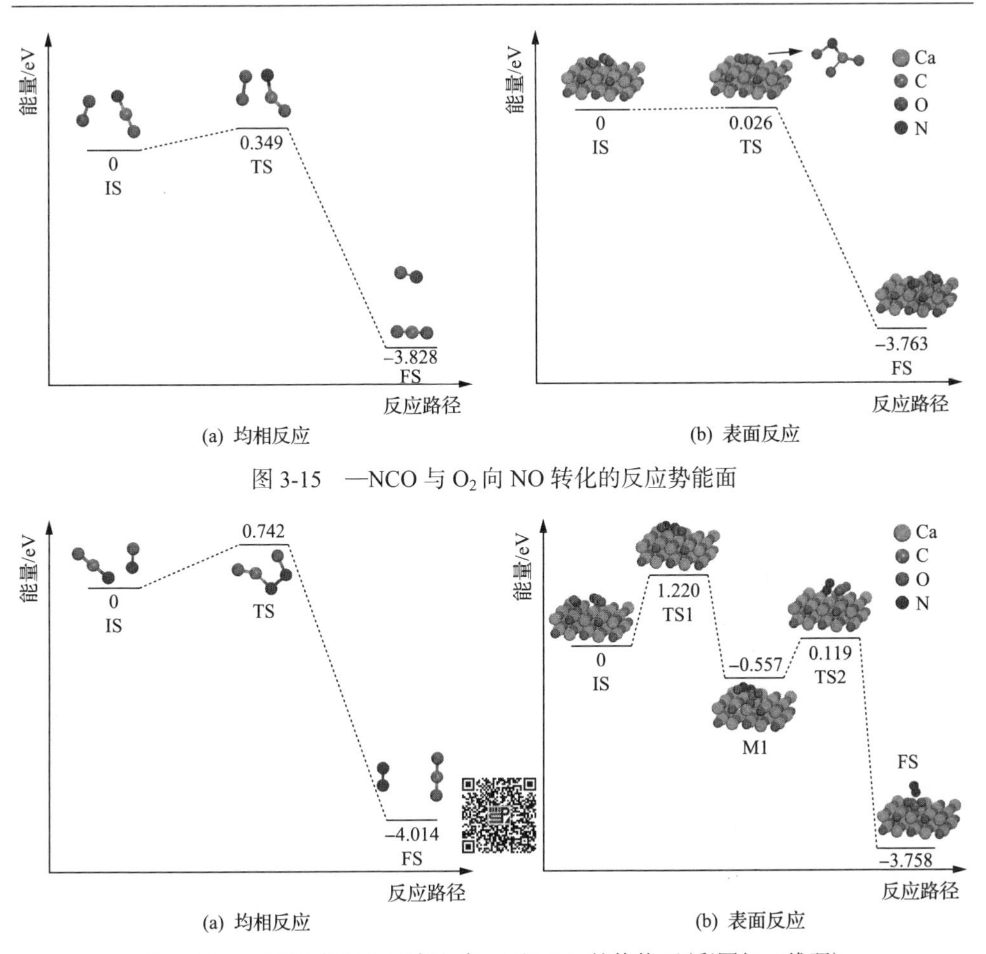

图 3-15　—NCO 与 O_2 向 NO 转化的反应势能面

图 3-16　—NCO 与 NO 反应生成 N_2 和 CO_2 的势能面(彩图扫二维码)

先需要越过 1.220eV 的能垒，释放 0.557eV 的能量并形成吸附态的 ONNCO 基团(图 3-16 中 M1)，生成的 ONNCO 基团进一步越过 0.676eV 的能垒，并释放 3.201eV 的能量，在 CaO(100)表面生成吸附态的 CO_2 与 N_2。由于—NCO 与 NO 在 CaO(100)表面向 N_2 与 CO_2 转化反应的总能垒为 1.220eV，高于均相反应过程，因此 CaO(100)表面无法促进—NCO 与 NO 向 N_2 和 CO_2 转化。由于 CaO(100)表面可以促进—NCO 与 O_2 反应向 NO 转化，因此 CaO(100)表面提高了 NCO 氧化过程中 NO 的选择性并降低了 N_2 的选择性。

图 3-17 给出了—NCO 与 NO 均相与在 CaO(100)表面反应生成 N_2O 和 CO 的势能面，均相反应需越过 1.050eV 的能垒并释放 0.439eV 的能量。—NCO 与 NO 在 CaO(100)表面反应首先越过 1.258eV 的能垒，释放 0.645eV 的能量，生成表面吸附的 ONNCO 基团(图 3-17 中 M1)，ONNCO 基团随后需克服 1.870eV 的能垒并生成 CO 与 N_2O，该过程需要吸收 1.508eV 的能量。相较于均相反应，CaO(100)

表面使得—NCO 与 NO 反应生成 N_2O 的反应能垒有所提高，同时整个反应由放热过程转化为吸热过程，从反应动力学和热平衡角度分析，CaO(100)表面无法促进—NCO 与 NO 向 N_2O 与 CO 的转化。

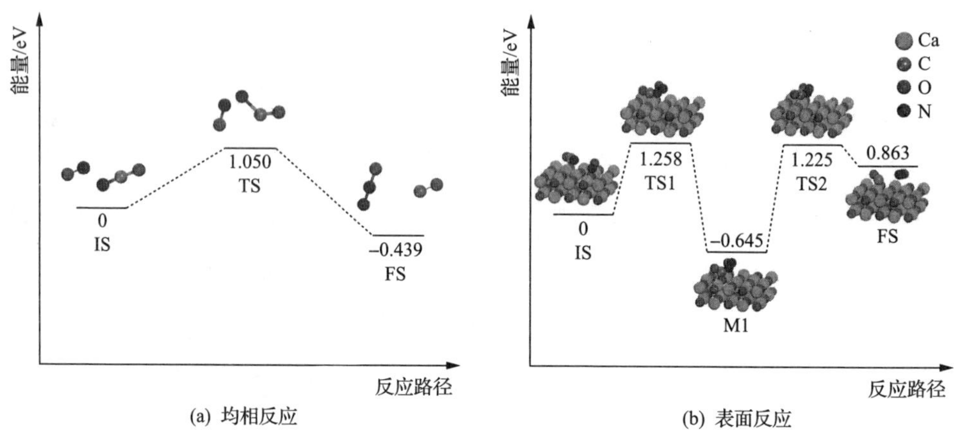

图 3-17　—NCO 与 NO 反应生成 N_2O 和 CO 的势能面

在 298K 至 1275K 的温度范围和 1bar 的压力下，根据过渡态理论计算得到的上述反应的速率常数如图 3-18 所示。—NCO 与 O_2 在 CaO(100)表面上的反应速率最快。相较而言，—NCO 与 O_2 均相生成 NO 的反应在低温下也具有较快的速率，当温度为 1175K 时，—NCO 与 O_2 在 CaO(100)表面生成 NO 的反应速率是均相反应速率的 600 倍左右，同时比—NCO 与 NO 向 N_2O 或 N_2 转化的均相反应速率高出 4 个数量级左右。

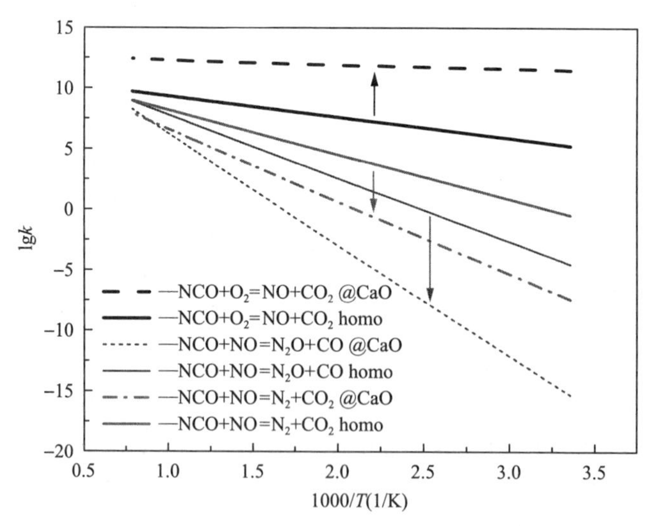

图 3-18　均相及在 CaO(100)表面的反应速率常数

综合上述的计算结果可知，相较于均相反应过程，CaO(100)表面具有催化CN与O_2反应生成—NCO的能力，同时也可以促进—NCO与O_2反应生成NO与CO_2，但无法催化—NCO与NO生成N_2O或N_2的反应。因此，CaO对HCN向NO_x转化的总效果表现为促进了HCN的转化并提高了NO的选择性。

5) NH_3在CaO(100)表面的吸附及其向NH_2的转化机制

NH_3也是一种重要的含氮前驱体，在研究NH_3在CaO(100)表面吸附的过程中，考虑了NH_3在CaO(100)表面八种可能的初始吸附结构，优化后的吸附结构如图3-19所示，从键长角度分析，NH_3在CaO(100)表面吸附后并未发生明显的化学吸附。

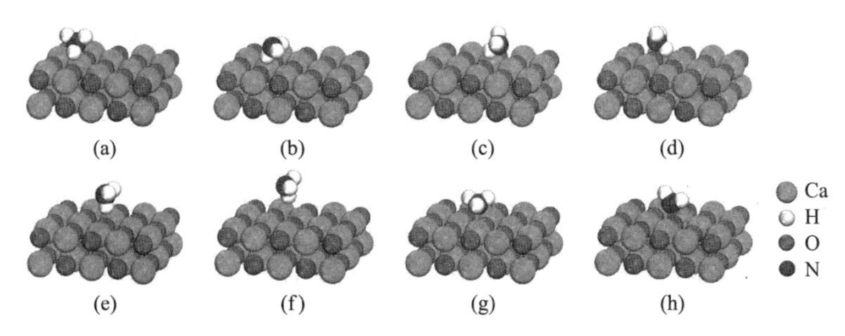

图 3-19　NH_3在CaO(100)表面的吸附结构

NH_3的脱氢过程是NH_3向NO_x转化的重要过程，图3-20给出了NH_3与·OH自由基均相及在CaO(100)表面脱氢反应的势能面，NH_3与·OH的均相反应仅需要越过0.006eV的能垒，并放出0.187eV的能量。在CaO(100)表面，NH_3和OH自由基的反应需要越过0.362eV的能垒，同时该反应为吸热反应。因此，与均相反应相比，CaO(100)表面抑制了NH_3与·OH的反应。

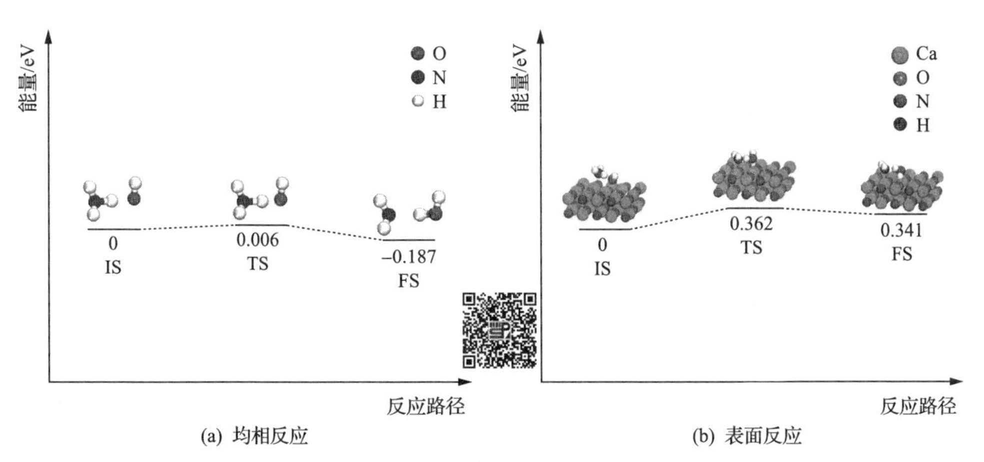

图 3-20　NH_3与·OH的脱氢反应势能面(彩图扫二维码)

图 3-21 给出了 NH_3 与 H 自由基均相反应以及在 CaO(100) 表面反应生成 NH_2 与 H_2 的势能面，均相反应的能垒为 0.520eV，需要吸收 0.335eV 的能量。在 CaO(100) 表面，反应需要越过 0.334eV 的能垒并吸收 0.260eV 能量。与均相过程相比，CaO(100) 表面降低了反应能垒及反应热，因此 CaO(100) 表面可以促进 NH_3 与 H 自由基向 NH_2 与 H_2 的转化。

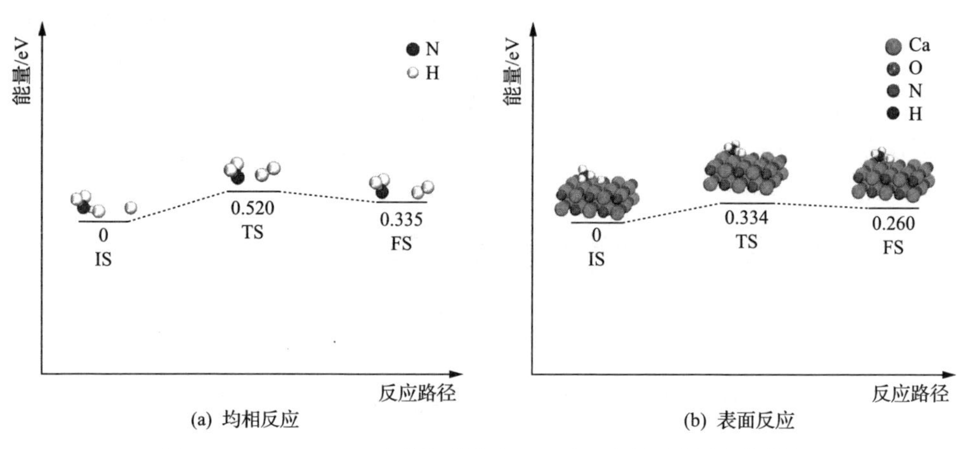

图 3-21　NH_3 与 H 自由基均相和在 CaO(100) 表面的反应势能面

6) NH_2 在 CaO(100) 表面的吸附及其向 NH 的转化机制

NH_3 在脱掉一个 H 后形成 $\cdot NH_2$，不同初始结构经优化后得到的 NH_2 在 CaO(100) 表面的吸附结构较为相似(如图 3-22 所示)，$\cdot NH_2$ 更倾向于以其 N 端靠近 CaO(100) 表面的 O 位点的形式吸附。图 3-23 给出了 $\cdot NH_2$ 在 CaO(100) 表面与 $\cdot OH$ 的反应的势能面。$\cdot NH_2$ 与 $\cdot OH$ 在 CaO(100) 表面反应生成 $\cdot \dot{N}H$ 与 H_2O 需要克服 0.827eV 的能垒，并释放 1.477eV 的能量。在 CaO(100) 表面，$\cdot NH_2 + \cdot OH$ 反应的脱氢活化能比 $NH_3 + \cdot OH$ 的活化能更高；而从反应热角度分析，$\cdot NH_2$ 与 $\cdot OH$ 在 CaO(100) 表面的反应要比 NH_3 与 $\cdot OH$ 的反应更容易进行。

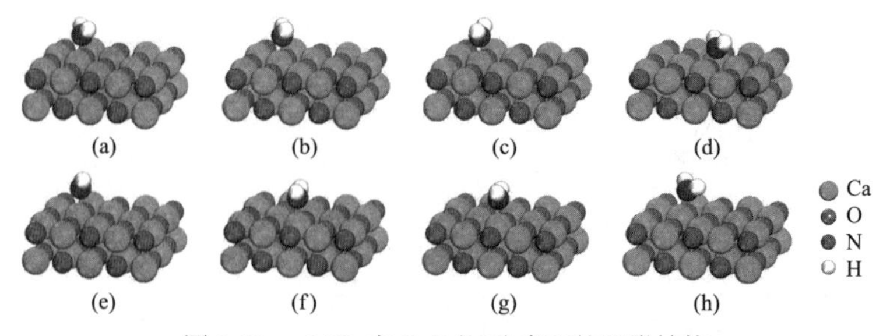

图 3-22　$\cdot NH_2$ 在 CaO(100) 表面的吸附结构

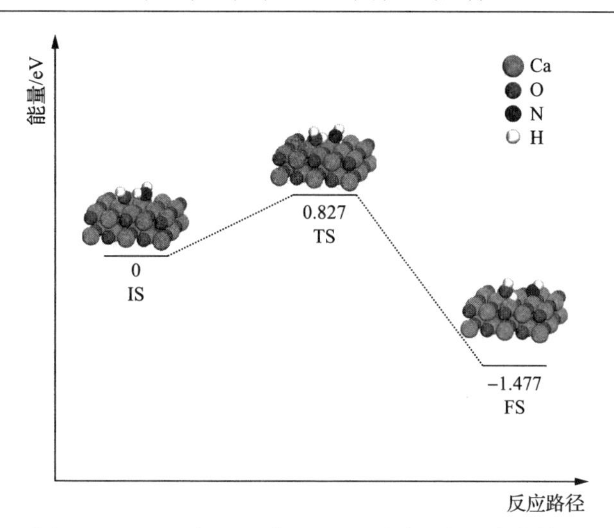

图 3-23　$\cdot NH_2$ 与 ·OH 在 CaO(100) 表面的反应势能面

7) ·$\dot{N}$H 在 CaO(100) 表面的吸附及·$\dot{N}$H 向 NO 的转化机制

图 3-24 给出了·$\dot{N}$H 在 CaO(100) 表面的稳定吸附结构，对八种初始吸附结构进行优化均得到了类似的·$\dot{N}$H 在 CaO(100) 表面的稳定吸附结构，即以·$\dot{N}$H 的 N 端吸附于表面的 O 位点的吸附结构。图 3-25 给出了·$\dot{N}$H 与 O·向 NO 转化的反应势能面。对于均相反应，O·与·$\dot{N}$H 首先通过加成反应生成 HNO 基团并释放 6.067eV 的能量，生成的 HNO 基团经过异构化生成 NOH 基团，该过程需要越过 2.328eV 的能垒，并吸收 1.008eV 的能量，生成的 NOH 基团需要吸收 1.210eV 的能量生成 NO 和 H 自由基。总体上，·$\dot{N}$H 与 O·的均相能垒为 2.328eV，反应放出 3.849eV 的能量。NH 和 O·在 CaO(100) 表面的吸附过程共释放 5.608eV 的能量，生成的吸附态 NH 与 O·需要越过 0.742eV 的能垒并在表面形成吸附态的 HNO 基团,该基团需要克服 0.239eV 的能垒并形成以 H 靠近表面 O 位点的 HNO 基团,生成的 HNO 基团需吸收 2.326eV 的能量形成表面吸附的 H 自由基和 NO。·$\dot{N}$H 与 O·在 CaO(100) 表面反应过程的总体活化能为 0.742eV，总体释放 4.625eV 的能量。·$\dot{N}$H 与 O·在 CaO(100) 表面反应的活化能(0.742eV)远低于·$\dot{N}$H

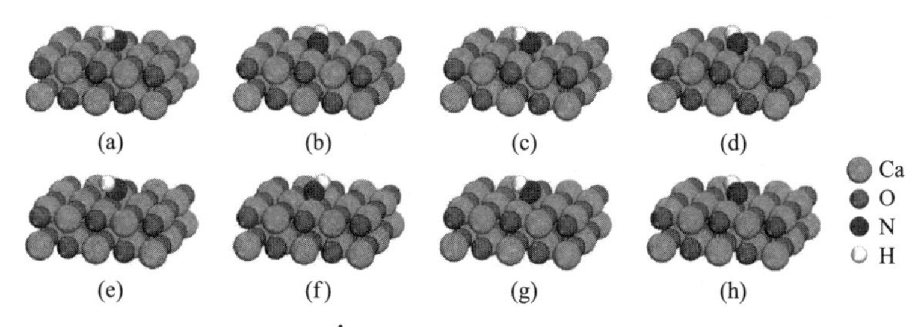

图 3-24　·$\dot{N}$H 在 CaO(100) 表面的吸附结构

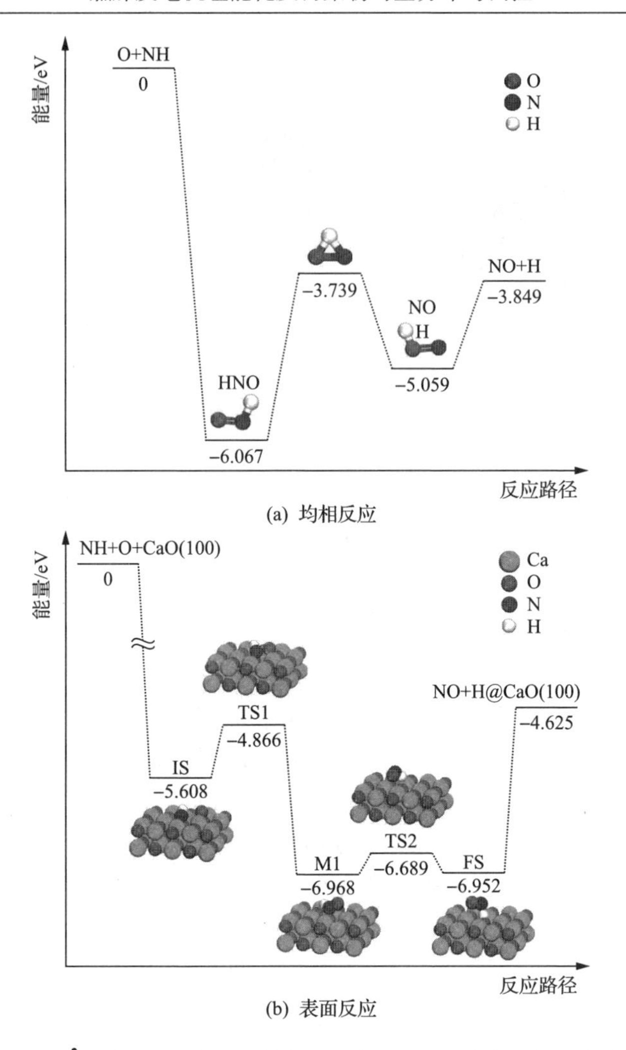

(a) 均相反应

(b) 表面反应

图 3-25　·ṄH 与·O 生成 NO 的均相和在 CaO(100)表面的反应势能面

与·O 均相反应生成 NO 的活化能(2.328eV)，同时·ṄH 与·O 在 CaO(100)表面反应所释放的能量(绝对值为 4.625eV)也多于均相反应所释放的能量(绝对值为 3.849eV)。因此，CaO(100)表面可以促进·ṄH 与·O 向 NO 的转化反应，提升 NH_3 的转化速率及 NO 的生成率。

8) HNCO 在 CaO(100)表面的吸附及 HNCO 向—NCO 的转化

HNCO 是燃料氮向 NO_x 转化的重要中间产物之一，其会在 CaO(100)表面吸附并进一步转化为 NCO。图 3-26 给出了 HNCO 的结构和前线轨道示意图，HNCO 是一种非线性分子，计算得到的 H—N═C 的键角为 123.72°，N═C═O 的键角为 179.99°，N—H 键长为 1.013Å，N═C 键长为 1.225Å，C═O 键长为 1.181Å。HNCO

的最高占据分子轨道(highest occupied molecular orbital，HOMO)主要由其 N 原子和 O 原子贡献，而 H、N、C 和 O 都对其最低未占分子轨道(Lowest unoccupied molecular orbital，LUMO)轨道有所贡献。图 3-27 给出了 HNCO 在 CaO(100)表面的多种吸附结构。吸附结构 1、3、4 和 5 是类似的稳定吸附结构，即 H 吸附在 CaO(100)表面的 O 位点，同时吸附后 NCO 的结构为准直线型。吸附结构 2、6、7 和 8 中的 HNCO 与表面之间的相互作用较弱，吸附后 HNCO 的空间结构与吸附前的气态 HNCO 分子较为类似，对应 HNCO 在表面的物理吸附结构。

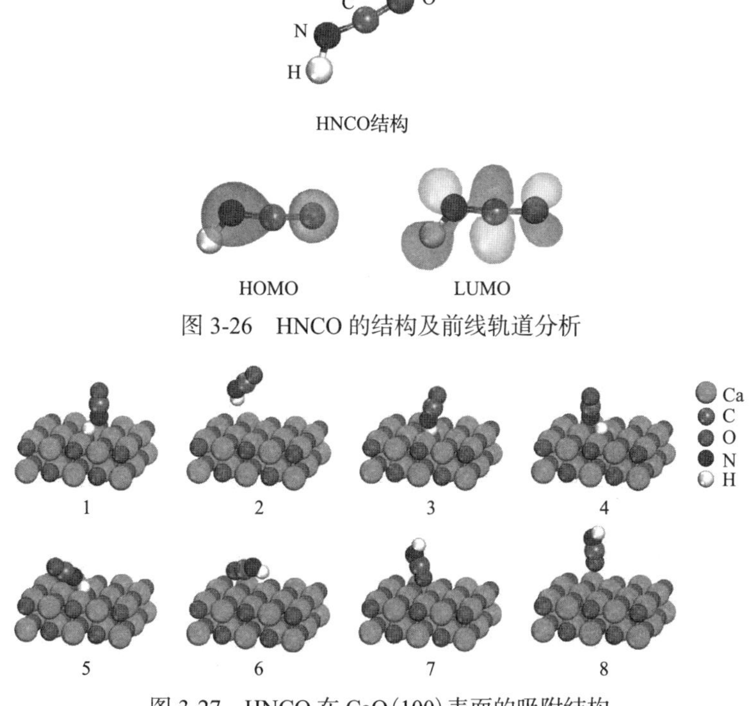

图 3-26　HNCO 的结构及前线轨道分析

图 3-27　HNCO 在 CaO(100)表面的吸附结构

图 3-28 给出了 HNCO 在 CaO(100)表面吸附后的态密度图，图中从上到下依次是吸附后的 H、CaO(100)表面 O 位点和吸附后 H-NCO 中 N 的态密度。在–7eV 附近，吸附后 H 的 s 轨道与表面 O 位点的态密度重合良好。与此同时，H 的 s 轨道态密度也与吸附后—NCO 中 N 原子的态密度有一定重叠。在–19eV 和–21eV 附近，被吸附的 H 原子与表面 O 之间有良好的态密度重叠，而与吸附后—NCO 中 N 的态密度没有重叠。因此，HNCO 在 CaO(100)表面按照结构 1 吸附后，吸附的 H 原子与表面 O 位点之间形成了共价键，而 H 与 HNCO 中的 N 原子之间原有共价键的强度被削弱，但仍有一定的共价作用存在。

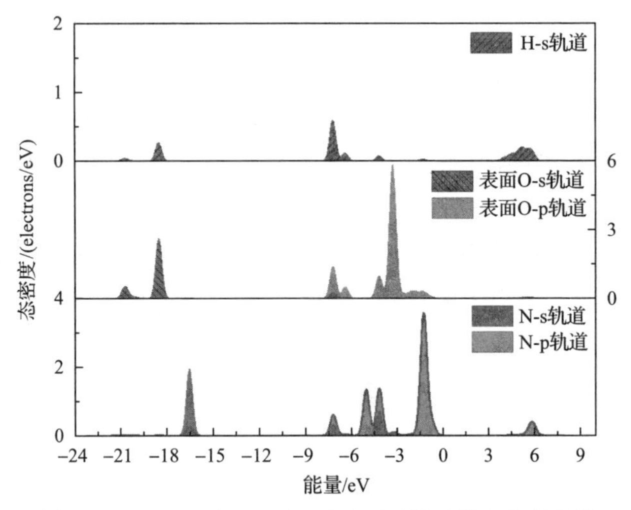

图 3-28　HNCO 在 CaO(100)表面吸附后的态密度分析

图 3-29 给出了 HNCO 在 CaO(100)表面向—NCO 转化过程的势能面，HNCO 在 CaO(100)表面从物理吸附到化学吸附是自发进行的放热过程，在反应过程中并没有找到反应过渡态，因此 CaO(100)表面有助于 HNCO 分子 H—N 键的活化。

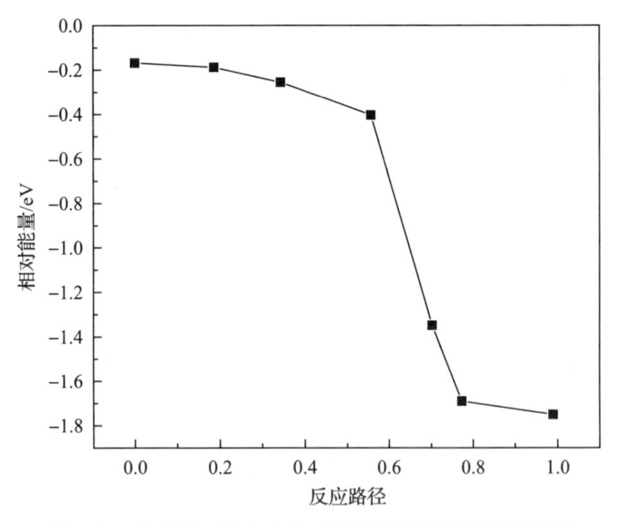

图 3-29　HNCO 在 CaO(100)表面吸附过程的势能面

3.3.2　NO_x 污染物的分解还原机制

上一节研究了 CFB 炉内 CaO 对 NO_x 前驱体(HCN、NH_3 和 HNCO)转化过程的影响规律，实际上 CaO 对 NO_x 排放的影响不仅体现在对前驱物转化过程的影响，也体现在对已生成 NO_x(NO、NO_2 和 N_2O)分解过程的影响[26-30]。因此，为了全面了解 CFB 锅炉 NO_x 的形成机制，明确 NO_x 在 CaO 及其衍生物上的分解还原机理成为必然。笔者团队通过实验研究和密度泛函理论计算的方式[31-34]开展了大量的研究工作，在此以笑气(N_2O)为例，分别介绍理想 CaO 表面以及还原性氛围与氧化性氛围下 CaO 表面及其表面反应衍生物对 N_2O 的催化分解性能。

1) N_2O 在 CaO(100)表面分解机制的实验研究

笔者研究团队首先采用小型固定床流动管反应器对比研究了 CaO 催化分解 N_2O 的性能，如图 3-30 所示。对于空白对照组，当反应区温度达到 947℃时，N_2O 的转化率高达 94.6%，这与 N_2O 的热力学不稳定性一致，即 N_2O 可以在较高的温度下自行分解。当在反应区内放置 CaO 作为催化剂时，N_2O 的转化率在 500℃之后显著提高，表明 CaO 相对于空白对照组具有较强的催化分解 N_2O 能力，因此就催化 N_2O 直接分解过程而言，CFB 锅炉炉内加入的石灰石脱硫剂有利于降低 CFB 锅炉 N_2O 的排放浓度，但脱硫剂对炉内化学反应的作用是极其复杂的，CaO 对 CFB 锅炉总体 N_2O 排放浓度的影响需要综合考虑脱硫剂对炉内其他化学反应过程的综合作用。

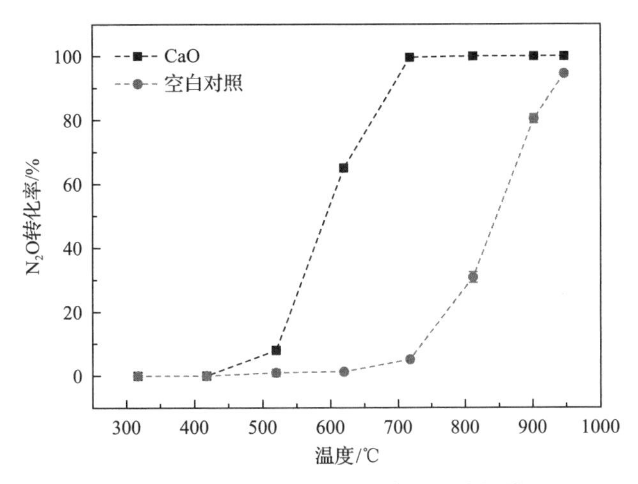

图 3-30 CaO 对 N_2O 转化率的影响规律

图 3-31 给出了空白对照组与 CaO 催化作用下 N_2O 分解产物中 NO 的产率。在 620℃之前，NO 的产率仅为 0.1%，因此，N_2O 的分解产物中几乎不含 NO，近乎全部转化为 N_2。随着温度升高，NO 的产率有所增加，在 620～812℃，空白组与 CaO 催化组的 NO 产率大致相同，可见 CaO 可以小幅度地降低 N_2O 分解产物中 NO 的产率。

图 3-32 给出了 CaO 在催化分解 N_2O 过程中对产物中 NO 选择性的影响。在 620℃之前，由于 N_2O 分解产物中 NO 的产率不足 0.1%，因此 NO 的选择性几乎为零；当反应区温度达到 718℃时，空白对照组 NO 的选择性升高至 12.5%，而

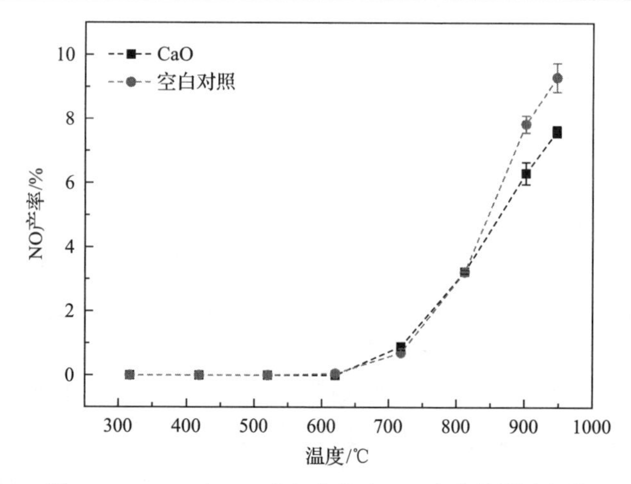

图 3-31　CaO 对 N_2O 分解产物中 NO 产率的影响规律

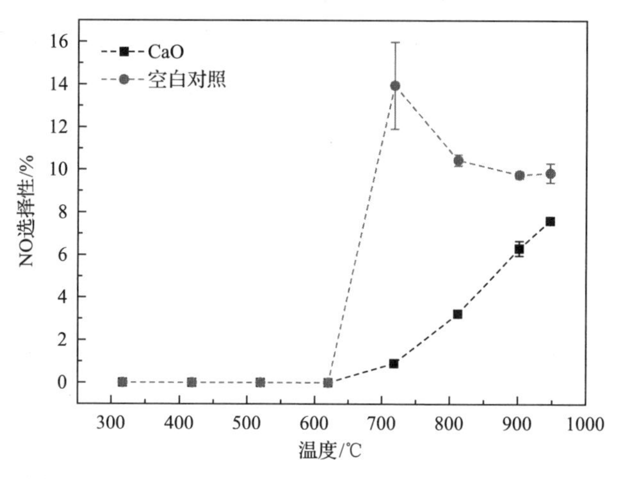

图 3-32　CaO 对 N_2O 分解产物中 NO 选择性的影响规律

CaO 催化作用下 NO 的选择性只有 1.0%左右，这是由于在 718℃时，空白对照组 N_2O 的转化率只有约 5.0%左右，但 NO 的产率已达到 0.8%，致使 NO 的选择性较高;在 CaO 的催化作用下，N_2O 在反应区温度达到 718℃时的转化率已高达 99.5%，但对应 NO 的产率与空白对照组相近，因此 CaO 可以显著降低 N_2O 向 NO 的转化，并使大部分的 N_2O 分解成为 N_2 和 O_2。随着温度的升高，空白对照组 N_2O 的转化率开始增加，尽管 NO 的产率也随温度升高而增加，但相对而言，NO 的选择性有所下降。因此，CaO 不仅能够提高 N_2O 的转化率，同时能够降低 N_2O 分解产物中 NO 的选择性。

2) N_2O 在 CaO 表面分解机制的理论研究

理论计算的相应计算参数设置可以参见文献[35]，为了考察 CaO 对 N_2O 的催化分解作用，首先研究了 N_2O 的均相分解机制以作为参照。N_2O 分子含有 N—N 键和 N—O 键，在均相分解过程中可能发生的反应有

$$N_2O \longrightarrow N_2 + O \tag{3-4}$$

$$N_2O \longrightarrow NO + N \tag{3-5}$$

N_2O 中 N—O 键的键能相对较低，为 2.926eV，而 N—N 键的键能较高，为 5.768eV，因此 N_2O 分子的 N—O 键更容易发生断裂。如图 3-33，生成的 O 自由基可以进一步与 N_2O 反应。O 自由基可以攻击另一 N_2O 分子的 O 端，生成 N_2 和 O_2，该过程需要越过 1.017eV 的能垒并释放 3.177eV 的能量；O 自由基也可以攻击 N_2O 的 N 端，越过 0.400eV 的能垒并释放 2.064eV 的能量，生成的 ONNO 基团需要 0.476eV 的能量断裂 N—N 键并生成两个 NO 分子。因此，N_2O 的均相分解过程受制于 N_2O 分子的断键过程，其最低的断键键能为 2.926eV，为 N—O 键的断裂键能，相对而言，N_2O 中 N—N 键的断裂较难，因此如何能够加速 N—O 键的断裂成为催化分解 N_2O 的关键。

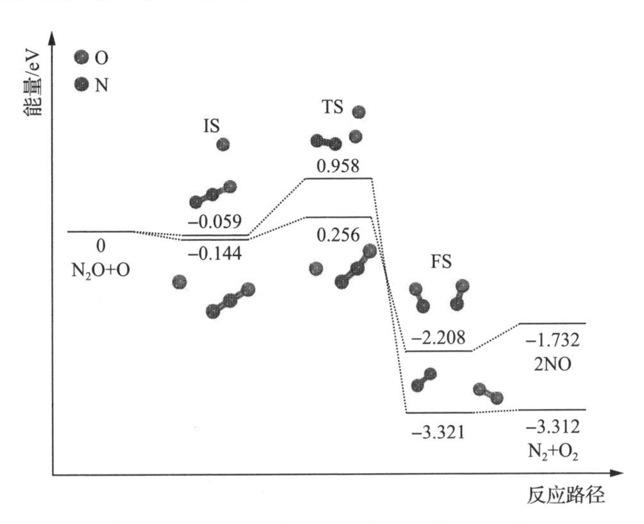

图 3-33　O 自由基与 N_2O 分子反应的势能面

N_2O 在表面物理吸附后，在表面 O 位点的催化作用下，N_2O 的 O 原子通过 N—O 键的活化与断裂过程及其与表面 O 位点之间的成键过程，从 N_2O 分子转移到 CaO(100)表面的 O 位点，N_2O 氧原子传递过程(O atom transfer，OAT)的反应势能面如图 3-34 所示。氧原子传递过程需要越过 0.989eV 的能垒并释放 0.303eV 的能量。由于 N_2O 中 N—O 键的均相断裂需要 2.926eV 的能量，因此 CaO 表面的 O 位点可以显著降低 N_2O 中 N—O 键断裂所需的能垒和反应热，所以 CaO 表面可

以有效地促进 N_2O 的断键过程。N_2O 在 CaO(100)表面的 O 位点分解后，会在 CaO(100)表面 O 位点形成吸附态的原子 O。

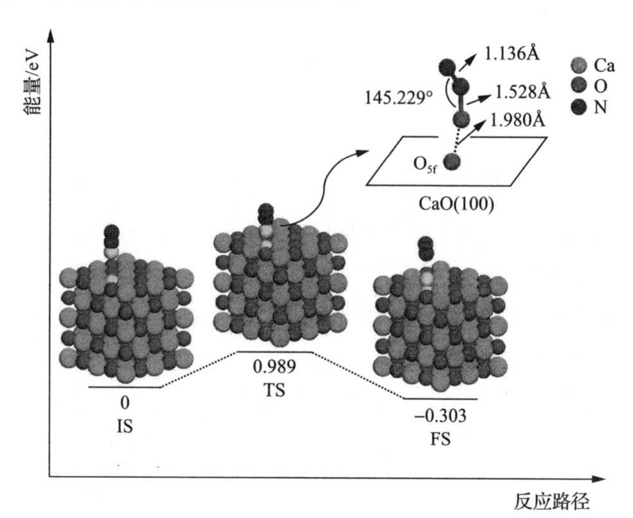

图 3-34　N_2O 在 CaO(100)表面的氧原子传递过程

图 3-35 给出了 CaO(100)表面 O 位点吸附的 O 与 N_2O 按照 Eley-Rideal(ER)型表面反应的势能面。反应需要越过 1.200eV 的能垒，同时吸收 0.012eV 的能量。与 OAT 步相比，ER 型表面还原过程的能垒较高，因此，占据 O 位点的吸附 O 使得 CaO(100)表面催化分解 N_2O 的能力有所下降。

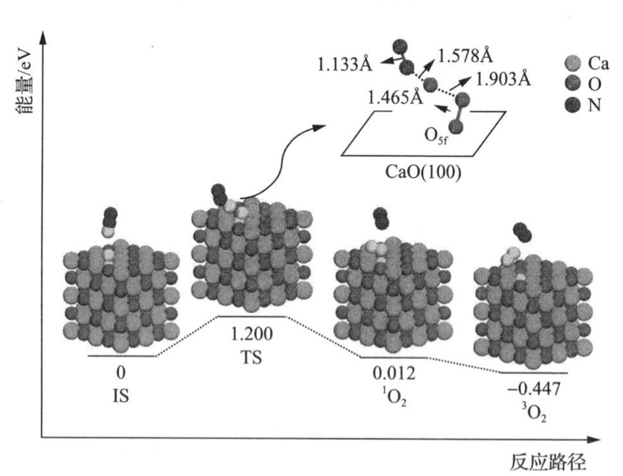

图 3-35　CaO(100)表面 ER 型表面还原过程势能面

另一种 CaO(100)表面的还原过程是通过 CaO(100)表面上两个邻位的吸附态 O 按照 Langmuir-Hinshelwood(LH)型表面反应机制重新组合生成氧气的方式进行，如图 3-36 所示。吸附在 CaO(100)表面两个邻位 O 位点的两个吸附 O 需要克服 1.400eV 的反应能垒组合成氧气分子。因此，CaO(100)表面的 ER 和 LH 型还原过程的活化能均高于 OAT 步骤的活化能。因此，在 0K 下，CaO(100)表面 O 位点吸附的原子 O 使表面催化分解 N_2O 能力有所下降，CaO(100)表面的还原过程是 N_2O 在 CaO(100)表面分解反应的反应决速步，决定了 CaO 催化分解 N_2O 的性能。

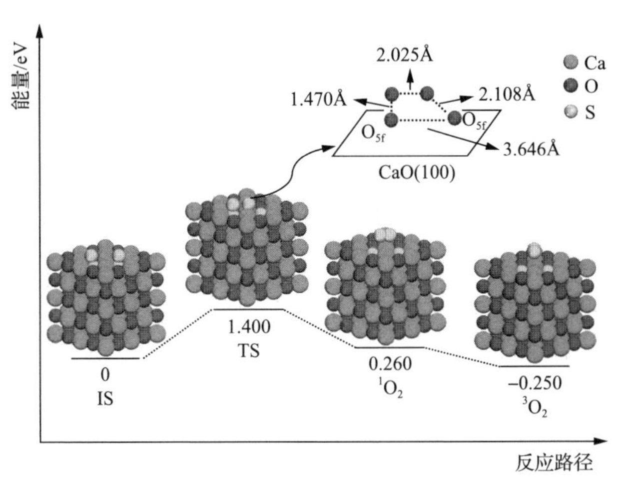

图 3-36　CaO(100)表面 LH 型还原过程的势能面

图 3-37 总结了 N_2O 按照 ER 型表面反应在 CaO(100)表面分解的反应机制。图中，E_a 为活化能，ΔE 为活化能的变化量。N_2O 分子首先物理吸附在 CaO(100)表面并释放 0.034eV 的能量，随后 N_2O 分子在 CaO(100)表面进行 OAT 过程，越过 0.989eV 的反应能垒并将其氧原子传递到 CaO(100)表面的 O 位点，随后另一 N_2O 分子与表面吸附的原子 O 继续反应需要越过 1.200eV 的反应能垒并吸收

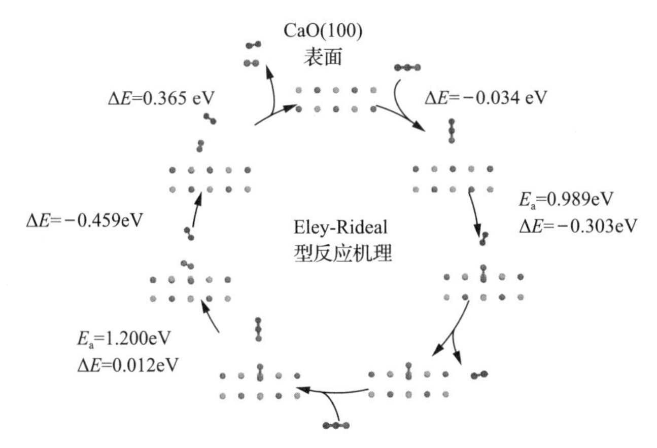

图 3-37　N_2O 在 CaO(100)表面 ER 型表面反应的分解过程

0.012eV 的能量，吸附态的 N_2 与 O_2 最后需要吸收 0.365eV 的能量从 CaO(100) 表面脱附，完成 N_2O 在 CaO(100) 表面的分解过程，同时使得 CaO(100) 表面复原。

N_2O 分子在 CaO(100) 表面的 LH 分解过程图 3-38 所示。与 ER 型表面反应类似，N_2O 首先在 CaO(100) 表面发生物理吸附并进行 OAT 过程后形成了表面吸附的原子 O，另一个 N_2O 分子经历同样的 OAT 过程在邻位的 O 位点形成另外一个吸附态的原子 O；这两个吸附态的原子 O 越过 1.400eV 的能垒重新结合生成氧气并吸收 0.260eV 的能量，最终吸附态的 O_2 和 N_2 吸收 0.633eV 的能量后从表面脱附，完成整个反应过程。

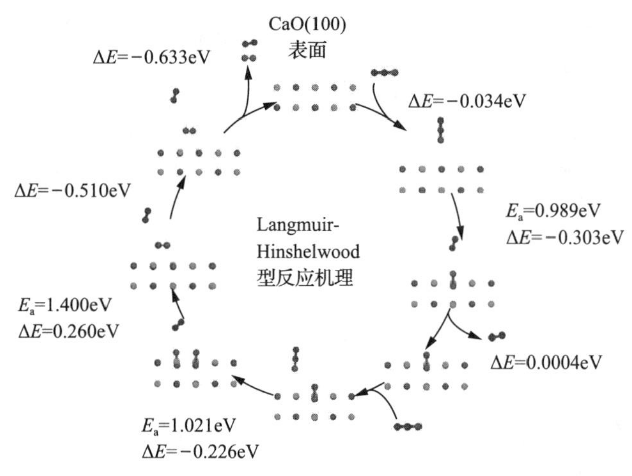

图 3-38 N_2O 在 CaO(100) 表面 LH 型表面反应的分解过程

综上，N_2O 在 CaO(100) 表面的 LH 和 ER 型分解路径的决速步都是 CaO(100) 表面吸附 O 的脱除过程，因此在较低的表面覆盖度下，CaO(100) 表面具有较高的催化分解 N_2O 活性，此时 N_2O 在表面的分解速率主要受 OAT 过程控制。当表面吸附 O 覆盖度较高时，CaO(100) 表面活性位点逐渐被吸附 O 占据，导致 CaO(100) 表面催化分解 N_2O 能力下降，此时由于 CaO(100) 表面的还原速度低于 OAT 速度，因此 N_2O 在 CaO(100) 表面的分解主要受 CaO(100) 表面还原过程的控制。

3）还原性气氛条件下 CaO 的硫化过程对 CaO 催化分解 N_2O 性能的影响

CFB 锅炉炉内宏观上表现为氧化性气氛，但在燃料富集的炉内局部范围内仍存在还原性气氛区，因此尽管 CFB 锅炉脱硫产物的主要成分为 $CaSO_4$，但仍可以在脱硫产物中发现少量的 CaS[36]，CaS 可以由 CaO 直接硫化生成，也可能由 $CaSO_4$ 的还原过程生成。本小节主要研究 CFB 锅炉炉内还原性气氛条件下 CaO 的硫化过程对 CaO 催化分解 N_2O 性能的影响，通过构建部分硫化的 CaO(100) 表面和完全硫化的 CaS(100) 表面，研究了 CaO 不同程度的硫化产物催化分解 N_2O 的性能，从而体现硫化作用对 CaO 催化分解 N_2O 性能的影响。

(1)部分硫化的 CaO 表面催化分解 N_2O 的性能研究。详细的计算过程可以参见相关文献[37]，图 3-39 是部分硫化的 CaO(100)表面模型，表面上两个邻近的 O 位点被硫原子(S)所取代，相对于单原子掺杂表面，双原子掺杂表面模型可以考虑两个 S 位点吸附的原子 O 重新组合生成 O_2 的 LH 型表面反应路径。

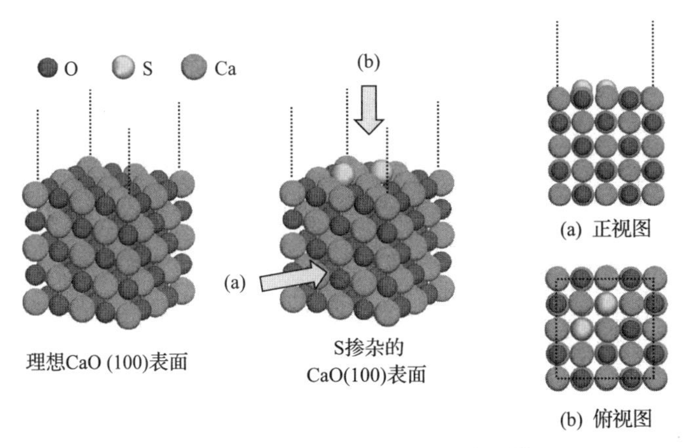

图 3-39　部分硫化的 CaO(100)表面模型

图 3-40 给出了部分硫化的 CaO(100)表面模型的 HOMO 结果，部分硫化 CaO(100)表面的最高占据轨道主要由表面的 S 位点和 O 位点所贡献，表明 S 位点和 O 位点是部分硫化 CaO(100)表面的活性位点。由于 N_2O 中 N—O 键的断裂需要催化剂表面向 N_2O 反键轨道提供电子，因此部分硫化 CaO(100)表面的 S 位点和 O 位点更有可能是催化分解 N_2O 的活性位点。

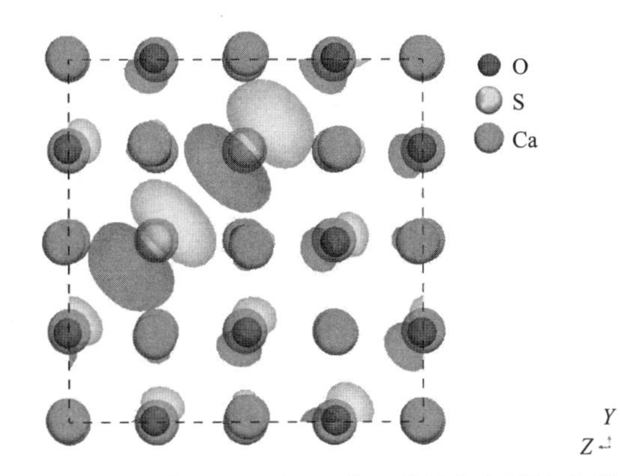

图 3-40　部分硫化的 CaO(100)表面的最高占据轨道(俯视图)

图 3-41 给出了 N_2O 在部分硫化 CaO(100)表面 OAT 过程的势能面。当 N_2O 在部分硫化 CaO(100)表面的 S 位点进行 OAT 时，需克服 1.190eV 的能垒，并释放 0.907eV 的能量；当 N_2O 分子在表面 S 位点邻位的 O 位点进行 OAT 时，需要

越过 1.062eV 的反应能垒，并释放 0.238eV 的能量。相较于理想 CaO(100) 表面，部分硫化 CaO(100) 表面催化分解 N_2O 的能力略有减弱，同时 S 位点邻位的表面 O 位点催化分解 N_2O 的能力也略有降低。

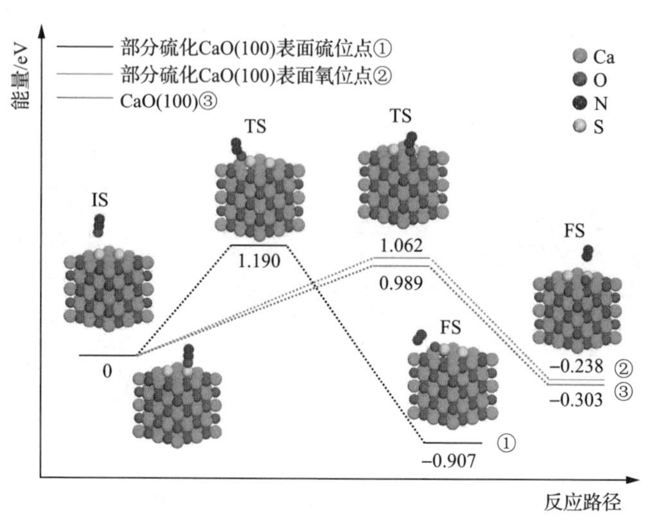

图 3-41　N_2O 在部分硫化 CaO(100) 表面 OAT 过程的势能面

图 3-42 给出了在部分硫化 CaO(100) 表面 S 位点所吸附的原子 O 按照 ER 型表面反应与 N_2O 反应的势能面，该反应的活化能为 1.563eV，反应过程需要吸收 0.773eV 的能量。对于理想 CaO(100) 表面的 O 位点而言，其 ER 型表面还原过程需要越过 1.200eV 的能垒并吸收 0.012eV 的能量，因此对于部分硫化 CaO(100) 表面的 S 位点而言，其 ER 型表面还原过程要比 CaO(100) 表面更难以进行。

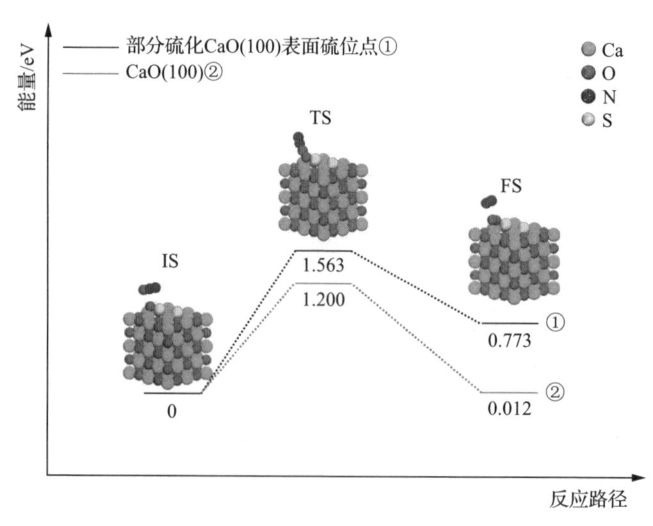

图 3-42　部分硫化的 CaO(100) 表面 ER 型表面还原过程的势能面

图 3-43 给出了部分硫化 CaO(100)表面上两个邻位吸附态 O 的 LH 型表面还原过程势能面。当两个 O 吸附在表面两个 S 位点时，LH 型表面还原过程并不存在过渡态，整个反应是一个需要吸收 2.703eV 的强吸热反应，因此通过表面两个 S 位点吸附的原子 O 重组生成 O_2 的反应是难以进行的。在表面 S 位点吸附的原子 O 和 S 位点邻位 O 位点吸附的原子 O 重组生成 O_2 的反应过程需要越过 1.763eV 的能垒，并吸收 0.406eV 的能量。因此当 CaO(100)表面发生部分硫化时，部分硫化的 CaO(100)表面 LH 型表面还原过程的反应速率与理想 CaO(100)表面相比也有所减慢，因此，部分硫化 CaO(100)表面催化分解 N_2O 的能力与理想 CaO(100)表面相比有所下降。

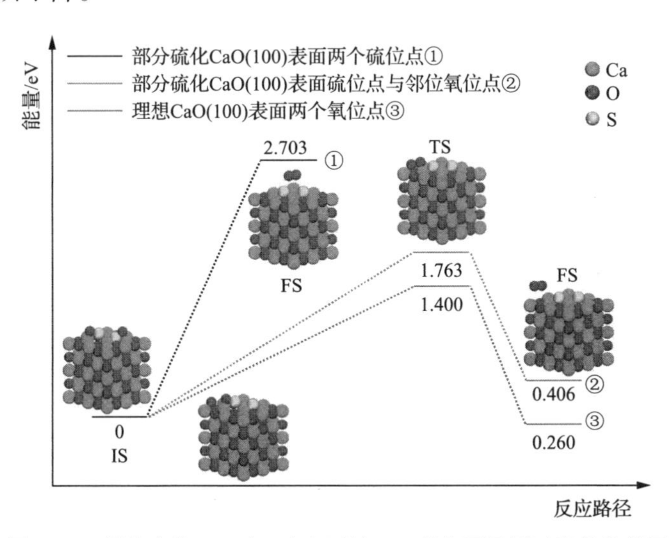

图 3-43　部分硫化 CaO(100)表面的 LH 型表面还原过程的势能面

(2) CaS 催化分解 N_2O 的性能研究。CaS 是 CaO 在还原性气氛下的硫化产物，本小节主要研究 CaS 催化分解 N_2O 性能。CaS 属于立方晶系，CaS(100)表面最能够体现 CaS 的表面性质，因此采用了 CaS(100)表面来研究其催化分解 N_2O 的性能。构建的 CaS(100)表面模型如图 3-44 所示，CaS(100)表面模型共包含 80 个原子(包括 40 个 S 和 40 个 Ca)，在表面垂直方向布置了 12 Å 的真空层以避免镜像表面的干扰，同时对模型施加了周期性边界条件，此外图中同时给出了 CaS(100)表面模型的前线轨道分析结果，其中 HOMO 主要分布在表面的 S 位点周围，表明 CaS(100)表面的 S 位点可能是催化分解 N_2O 过程的活性位点。

详细的计算参数和计算过程可以参见文献[38]。N_2O 在 CaO(100)表面 OAT 步的反应势能面如图 3-45 所示，N_2O 分子 N—O 键的断裂需要越过 1.228eV 的能垒并释放 0.867eV 的能量。

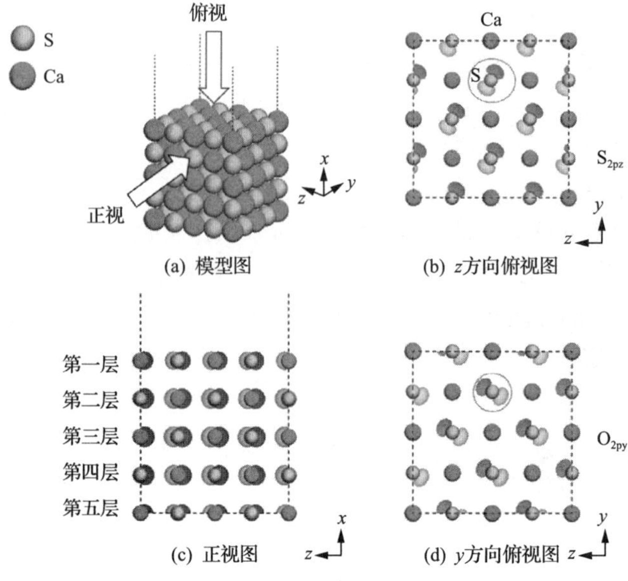

图 3-44　CaS(100)表面模型及 HOMO 分析

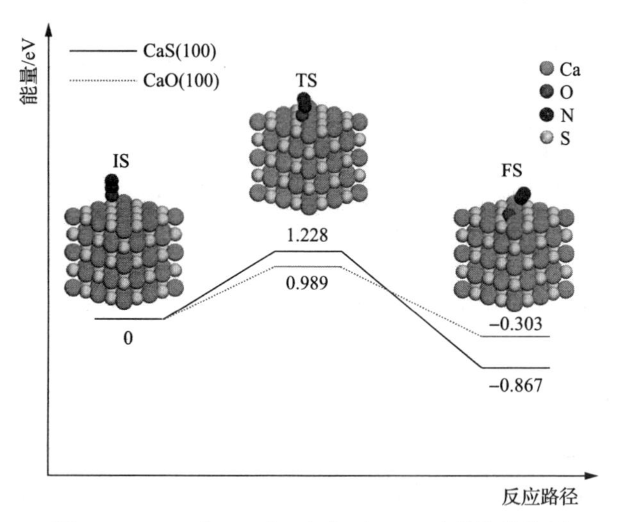

图 3-45　N_2O 在 CaS(100)表面 OAT 过程的势能面

N_2O 在 CaS(100)表面的 S 位点发生化学吸附后形成了吸附态原子 O 和 N_2，在较高的表面覆盖度下，需要考虑 CaS(100)表面的还原过程。LH 型表面还原过程的势能面如图 3-46 所示，两个吸附的 O 重组生成 O_2 的过程需要越过 1.877eV 的能垒并吸收 1.641eV 的能量，对比 CaO(100)表面，CaS(100)表面的 LH 型还原过程比 CaO(100)表面的 LH 型还原过程更加困难。

吸附在 CaS(100)表面 S 位点的原子 O 同样可以通过 ER 型表面反应与气态 N_2O 反应并生成 N_2 与 O_2，反应过程的势能面如图 3-47 所示，CaS(100)表面 ER

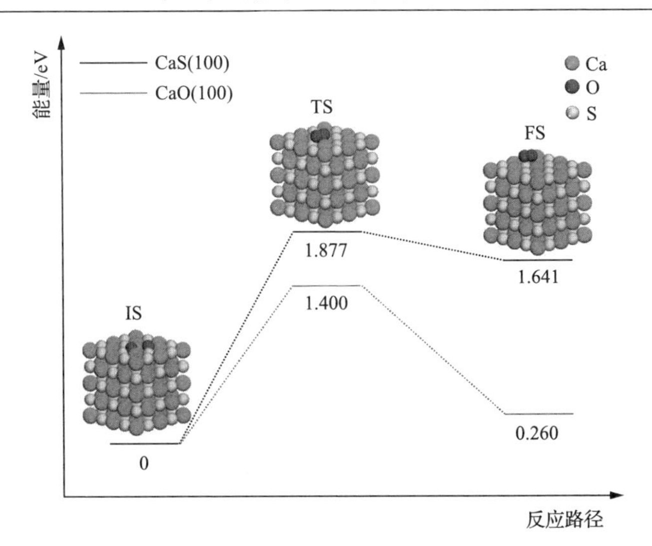

图 3-46　CaS(100)表面 LH 型表面还原过程的势能面

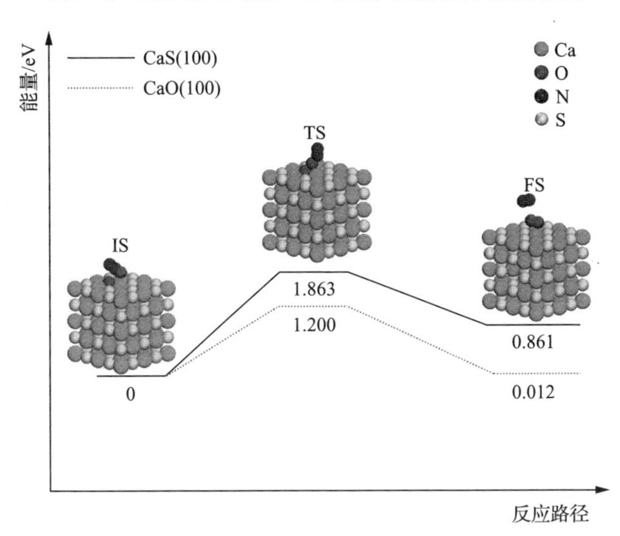

图 3-47　CaS(100)表面 ER 型还原过程的势能面

型表面还原过程的活化能垒为 1.863eV，反应过程吸收 0.861eV 的能量。综合考虑 OAT 过程和表面还原过程，N_2O 在 CaS(100)表面 OAT 过程以及 ER 和 LH 表面还原过程的速率均比在 CaO(100)表面慢，因此在还原性气氛条件下，CaO 表面的硫化作用会使 CaO 表面催化分解 N_2O 的能力有所下降，但与 N_2O 的均相反应过程相比，CaS(100)表面仍具有一定的催化分解 N_2O 能力。

4) 氧化性条件下 CaO 表面的硫酸盐化对 CaO 催化分解 N_2O 性能的影响

在氧化性条件下，CaO 表面在 SO_x 的作用下会发生硫酸盐化，如图 3-48 所示，CaO 的硫酸盐化可以通过两种方式进行：①CaO 首先与 SO_2 反应生成 $CaSO_3$ 再进

一步与 O_2 反应生成 $CaSO_4$；②CaO 直接与 SO_3 反应生成 $CaSO_4$。详细的计算过程和方法可参见文献[39]。

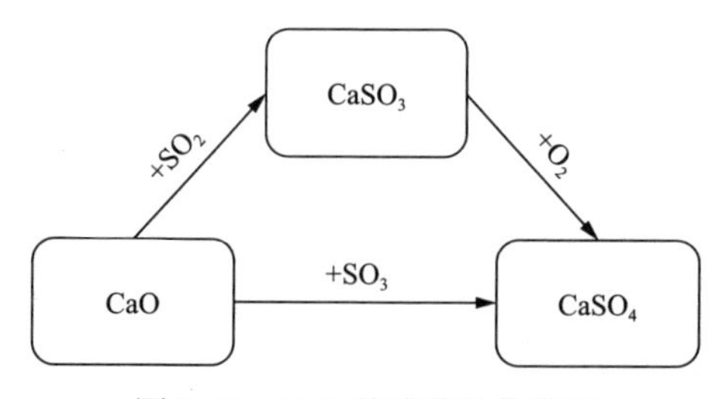

图 3-48　CaO 的硫酸盐化机理

图 3-49 给出了形成局部 $CaSO_3$ 的 CaO(100) 表面与 N_2O 反应的势能面，考虑了包括 S 位点(位点 1)和 S—O 桥位(位点 2)的两种吸附位点。N_2O 在位点 1 与局部 $CaSO_3$ 反应需要越过 1.340eV 的反应能垒，生成局部的 $CaSO_4$ 和 N_2 并释放 2.448eV 的能量；位点 2 的反应能垒为 2.684eV，反应能为 2.034eV。在 CaO(100) 表面形成的局部 $CaSO_3$ 仍具有一定催化分解 N_2O 的活性，其活性位点为 S 位点。

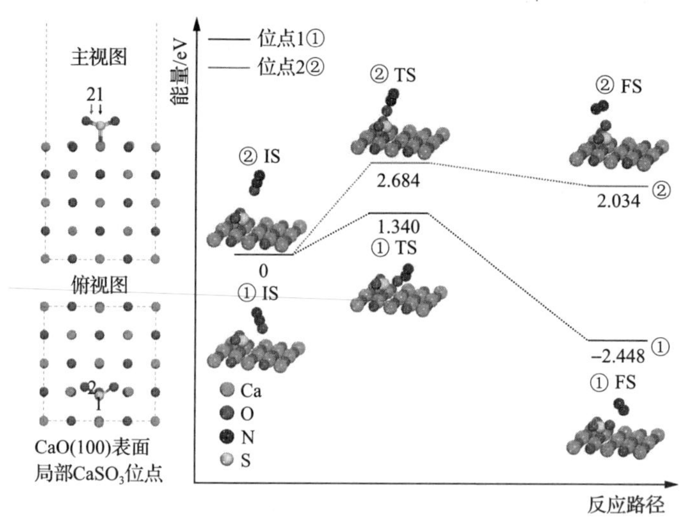

图 3-49　形成局部 $CaSO_3$ 的 CaO(100) 表面对 N_2O 的催化分解性能

图 3-50 给出了 N_2O 在 CaO(100) 表面局部 $CaSO_4$ 位点分解过程的反应势能面，同样考虑了 $CaSO_4$ 的 S 位点(位点 1)和 S—O 桥位(位点 2)两个位点。当 N_2O 分子在位点 1 分解时需要跨越 2.945eV 的能垒并吸收 0.388eV 的能量，形成一个吸附态的原子 O 和一个 N_2 分子。N_2O 在位点 2 分解时需要越过 2.967eV 的能垒。由于 N_2O 在理想 CaO(100) 表面 OAT 步的反应活化能仅为 0.989eV，CaO(100) 表面形成的局部 $CaSO_4$ 催化分解 N_2O 的性能显著下降，催化能力可以忽略不计，与

表面形成的 $CaSO_3$ 催化性能相比也有所下降，但仍有一定的催化性能说，因此 CaO(100)表面的局部硫酸盐化过程削弱了 CaO(100)表面催化分解 N_2O 的能力，当 CaO(100)表面形成局部 $CaSO_4$ 后，生成的局部 $CaSO_4$ 使得 CaO(100)表面的 O 位点失活。

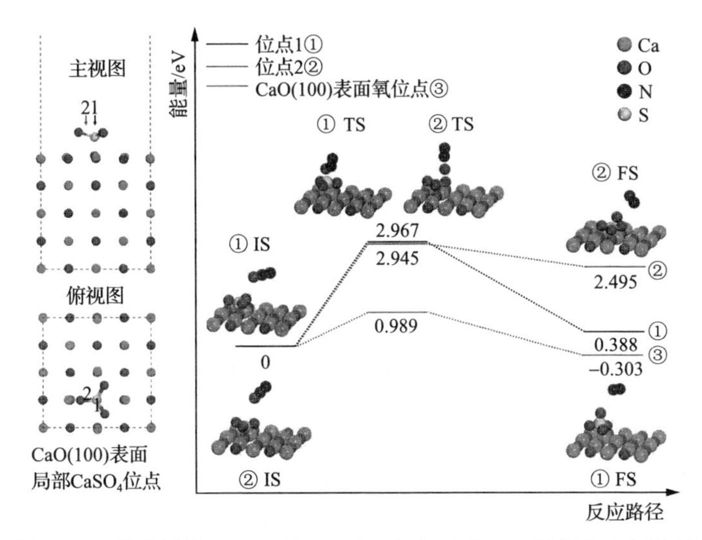

图 3-50　形成局部 $CaSO_4$ 的 CaO(100)表面对 N_2O 的催化分解性能

随着表面硫酸盐化程度的加深，CaO(100)表面的活性 O 位点逐渐与 SO_x 反应生成 $CaSO_4$ 表面覆盖层，图 3-51 构建了 CaO-$CaSO_4$ 的复合表面模型来模拟形成 $CaSO_4$ 覆盖层的 CaO 表面，并研究了 CaO-$CaSO_4$ 之间电子的相互作用。在构建 CaO-$CaSO_4$ 表面模型过程中选取了 $p(\sqrt{2}\times\sqrt{2})$ 的 CaO(100)表面作为复合模型底层的 CaO 模型，同时选择了 $p(\sqrt{2}\times\sqrt{2})$ 的 $CaSO_4$(001)表面模型作为 CaO 的表

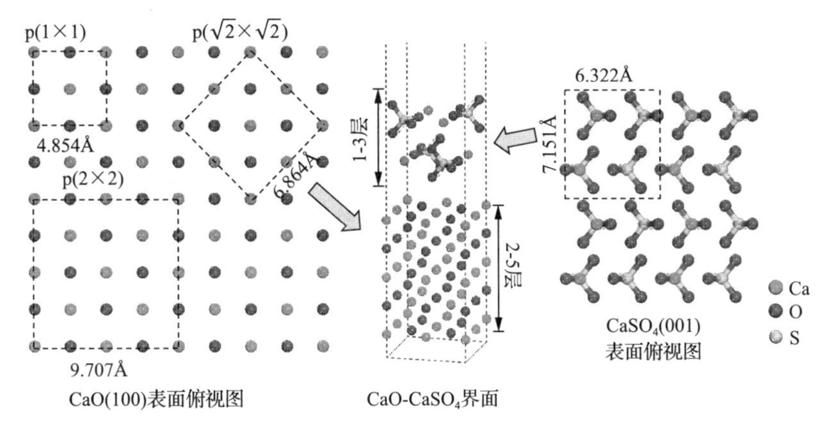

图 3-51　CaO-$CaSO_4$ 复合表面模型

面覆盖层模型。在上述的表面模型构建方式下，CaO(100)表面模型的晶格常数为6.864Å，$CaSO_4$(001)表面模型的晶格常数为7.151Å和6.322Å，晶格匹配误差为4.2%和–7.9%。

图3-52给出了2～5层CaO表面被1～3层$CaSO_4$覆盖的CaO-$CaSO_4$复合表面模型的电荷密度差分结果，图中的红色区域为电荷密度差分大于零的部分，表示在复合表面形成之后得到电子的区域，图中的蓝色区域为电荷密度差分小于零的部分，表示在复合表面形成之后失去电子的区域，图中的白色区域为电荷密度差分等于零的区域，表示在复合表面形成之后未发生电子转移的部分。图中第一行的表面模型中CaO表面层数固定为五层，其表面的$CaSO_4$层数从一层逐渐增加到三层。当CaO表面形成一层$CaSO_4$覆盖层后，在CaO与$CaSO_4$的界面发生了明显的电荷转移；当CaO表面形成两层$CaSO_4$覆盖层以后，主要的电荷转移仍然分布在CaO的顶层原子和$CaSO_4$的底层原子之间，$CaSO_4$的第二层原子只有少量的电荷转移情况；当表面形成三层$CaSO_4$表面以后，第三层$CaSO_4$完全不受内部CaO的影响，其性质与理想$CaSO_4$表面相同。图中的第二行表面模型研究了2～4层CaO表面覆盖1～3层$CaSO_4$表面后复合表面模型的电子特性，当CaO的层数为四层或者两层时，CaO与$CaSO_4$的电荷转移情况较弱，当底层CaO为三层原子时，电荷转移较为明显(与五层CaO表面的情况相类似)，其主要原因在于奇数或

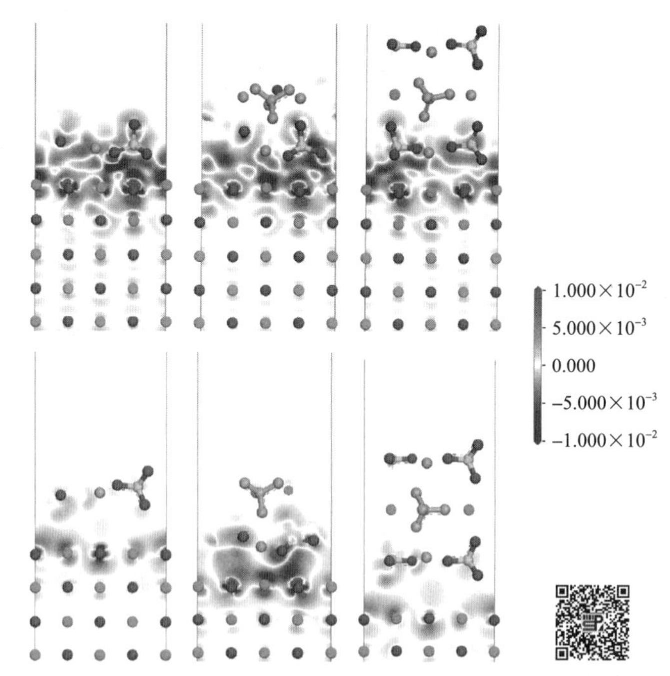

图3-52 CaO-$CaSO_4$复合表面模型的电荷密度差分分析(彩图扫二维码)

偶数的 CaO 底层表面模型与 $CaSO_4$ 表面覆盖层模型的配位情况正好相反，从而影响了相互作用的强弱，但无论配位情况如何，CaO 与 $CaSO_4$ 之间的相互作用主要发生在二者之间的界面部分，即 $CaSO_4$ 的底层和 CaO 表面的顶层，CaO 的次顶层和 $CaSO_4$ 的次底层受到较少的影响，而当 $CaSO_4$ 形成三层以上的覆盖层表面时，第三层 $CaSO_4$ 几乎不受内侧 CaO 表面的影响。

$CaSO_4$ 是 CaO 在氧化性气氛区的主要脱硫产物，因此 $CaSO_4$ 催化分解 N_2O 的性能值得研究，前文已经讨论了局部硫酸盐化 CaO(100)表面催化分解 N_2O 的性能，下文主要讨论当 CaO 被完全硫酸盐化形成 $CaSO_4$ 后，理想 $CaSO_4$ 表面对 N_2O 的分解能力。$CaSO_4$ 属于正交晶系，其空间群号为 63，几何优化后所得到的 $CaSO_4$ 晶胞的晶格常数为 a=6.322Å，b=7.151Å，c=7.115Å，其结构如图 3-53 所示。

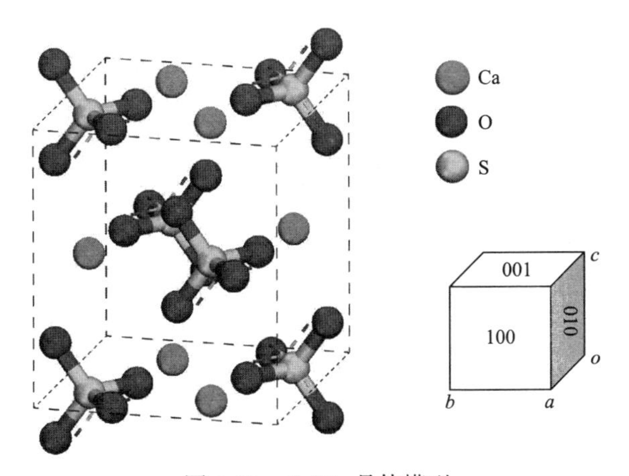

图 3-53　$CaSO_4$ 晶体模型

$CaSO_4$(001)和(010)表面模型如图 3-54 所示，$CaSO_4$(001)和 $CaSO_4$(010)表面具有类似的表面位点，分别为外侧的 O 位点、内侧的 O 位点和表面的 Ca 位点，

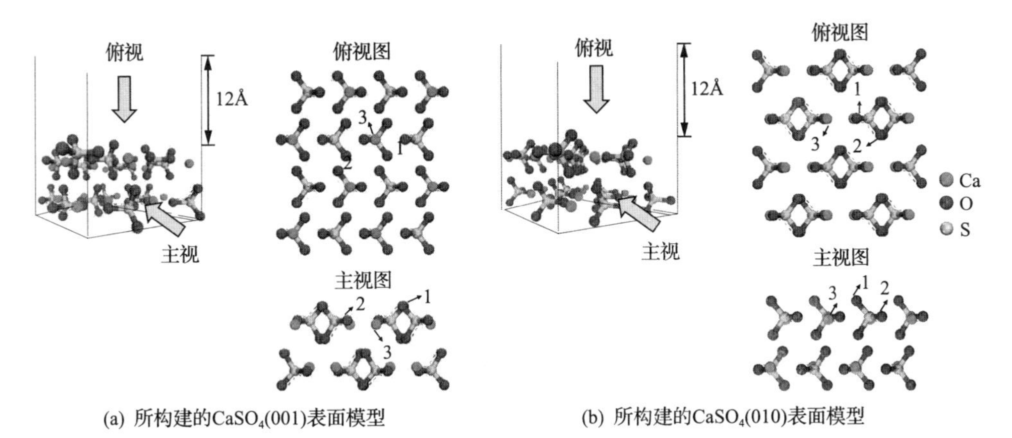

(a) 所构建的$CaSO_4$(001)表面模型　(b) 所构建的$CaSO_4$(010)表面模型

图 3-54　所构建的 $CaSO_4$(001)和 $CaSO_4$(010)表面模型

而 S 位点由于位阻效应，难以和气体分子发生接触，因此在后续的反应过程中忽略了 N_2O 分子在 S 位点分解的情况。

N_2O 在 $CaSO_4$(001)表面吸附后，N_2O 在 $CaSO_4$(001)表面 OAT 过程的反应势能面如图 3-55 所示，当 N_2O 的氧原子从 N_2O 传递到 $CaSO_4$(001)表面位点 2 时需要越过 2.593eV 的能垒并吸收 2.033eV 的能量；传递到位点 1 时需要克服 2.755eV 的能垒并吸收 2.224eV 的能量。对于 $CaSO_4$(010)表面而言，当 O 原子从 N_2O 传

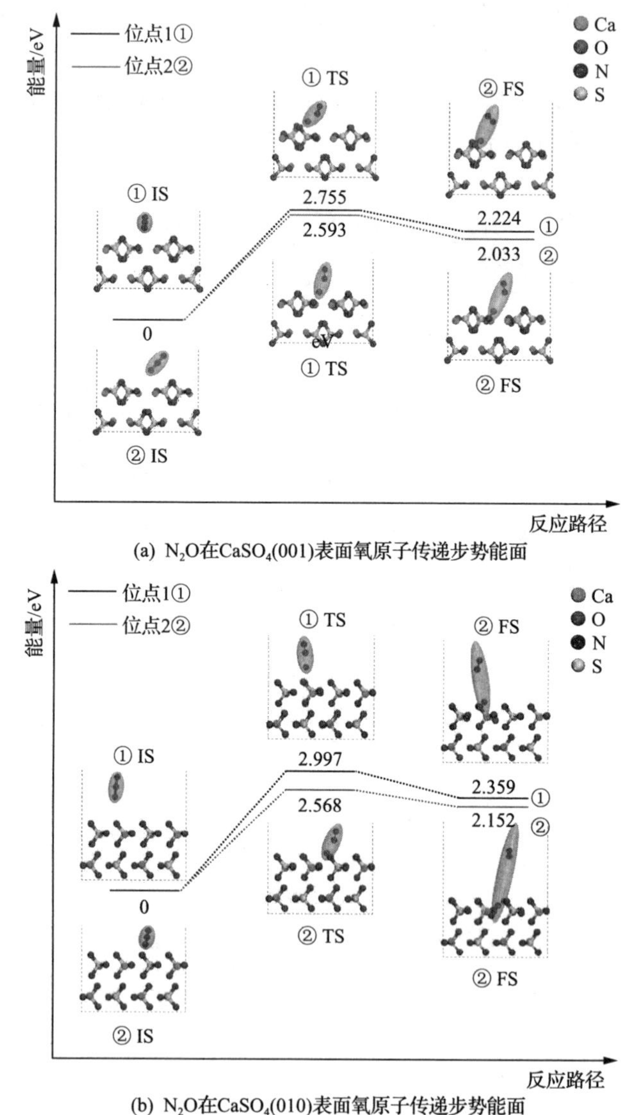

(a) N_2O在$CaSO_4$(001)表面氧原子传递步势能面

(b) N_2O在$CaSO_4$(010)表面氧原子传递步势能面

图 3-55 N_2O 在 $CaSO_4$(001)表面 OAT 过程的反应势能面

递到表面位点 2 时需要越过 2.568eV 的能垒并吸收 2.152eV 的能量；传递到表面位点 1 时需要越过 2.997eV 的能垒并吸收 2.359eV 的能量。二者与均相反应的能垒相差不大，因此 $CaSO_4$ 催化分解 N_2O 的能力几乎可以忽略不计。

对 N_2O 在 $CaSO_4$(001) 和 $CaSO_4$(010) 表面分解过程的分析可知，$CaSO_4$ 几乎没有催化分解 N_2O 的能力，这与其表面缺乏活性位点有关。因此当活性较高的 CaO 在 CFB 锅炉炉内的氧化性气氛条件下与 SO_x 反应生成 $CaSO_4$ 后，其催化分解 N_2O 能力基本消失。

参考文献

[1] Kelemen S, Freund H, Gorbaty M, et al. Thermal chemistry of nitrogen in kerogen and low-rank coal[J]. Energy & Fuels, 1999, 13(2): 529-538.

[2] Zhang Y. Liu J. Density functional theory study of arsenic adsorption on the Fe_2O_3(001) surface[J]. Energy & Fuels, 2019, 33(2): 1414-1421.

[3] Zhang J, Weng X, Han Y, et al. The effect of supercritical water on coal pyrolysis and hydrogen production: a combined ReaxFF and DFT study[J]. Fuel, 2013, 108: 682-690.

[4] Parr R G. Density functional theory of atoms and molecules[C]. Dordrecht: Springer, 1980: 5-15.

[5] Medvedev M G. Bushmarinov I S, Sun J, et al. Density functional theory is straying from the path toward the exact functional[J]. Science, 2017, 355(6320): 49-52.

[6] Frisch M, Trucks G, Schlegel H, et al. Gaussian 16. Revision A 2016, 3.

[7] Frisch M, Trucks G, Schlegel H B, et al. Gaussian 09, revision D. 01. Gaussian, Inc., Wallingford CT: 2009.

[8] Dance I. A pragmatic method for location of transition states and calculation of reaction paths[J]. Molecular Simulation, 2008, 34(10-15): 923-929.

[9] Govind N, Petersen M, Fitzgerald G, et al. A generalized synchronous transit method for transition state location[J]. Computational Materials Science, 2003, 28(2): 250-258.

[10] Onishi T. Quantum Computational Chemistry: Modelling and Calculation for Functional Materials[M]. New York: Singapore: Springer, 2018.

[11] Bacskay G B, Martoprawiro M, Mackie J C. The thermal decomposition of pyrrole: an ab initio quantum chemical study of the potential energy surface associated with the hydrogen cyanide plus propyne channel[J]. Chemical Physics Letters, 1999, 300(3): 321-330.

[12] Lifshitz A, Tamburu C, Suslensky A. Isomerization and decomposition of pyrrole at elevated temperatures: studies with a single-pulse shock tube[J]. The Journal of Physical Chemistry, 1989, 93(15): 5802-5808.

[13] Martoprawiro M, Bacskay G B, Mackie J C. Ab initio quantum chemical and kinetic modeling study of the pyrolysis kinetics of pyrrole[J]. The Journal of Physical Chemistry A, 1999, 103(20): 3923-3934.

[14] Zhai L, Zhou X, Liu R. A theoretical study of pyrolysis mechanisms of pyrrole[J]. The Journal of Physical Chemistry A, 1999, 103(20): 3917-3922.

[15] Bacskay G B, Martoprawiro M, Mackie J C. The thermal decomposition of pyrrole: an ab initio quantum chemical study of the potential energy surface associated with the hydrogen cyanide plus propyne channel[J]. Chemical Physics Letters, 1999, 300(3-4): 321-330.

[16] Hao Z, Yin X L, Huang Y Q, Zhang X H, et al. Characteristics of NO_x precursors and their formation mechanism during pyrolysis of herb residues[J]. Journal of Fuel Chemistry and Technology, 2017, 45 (3) : 279-288.

[17] Park D C, Day S J, Nelson P F. Nitrogen release during reaction of coal char with O_2, CO_2, and H_2O[J]. Proceedings of the Combustion Institute, 2005, 30 (2) : 2169-2175.

[18] Tian F J, Yu J, Mckenzie L J, et al. Conversion of fuel-N into HCN and NH_3 during the pyrolysis and gasification in steam: a comparative study of coal and biomass[J]. Energy & Fuels, 2007, 21 (2) : 517-521.

[19] Tarelho L A C, Matos M A A, Pereira F J M A. Influence of limestone addition on the behaviour of NO and N_2O during fluidised bed coal combustion[J]. Fuel, 2006, 85 (7-8) : 967-977.

[20] Glarborg P, Jensen A D, Johnsson J E. Fuel nitrogen conversion in solid fuel fired systems[J]. Progress in Energy and Combustion Science, 2003, 29 (2) : 89-113.

[21] Lin W, Johnsson J E, Dam-Johansen K, et al. Interaction between emissions of sulfur dioxide and nitrogen oxides in fluidized bed combustion[J]. Fuel, 1994, 73 (7) : 1202-1208.

[22] Jensen A, Johnsson J E, Dam-Johansen K. Nitrogen chemistry in FBC with limestone addition[J]. Symposium (International) on Combustion, 1996, 26 (2) : 3335-3342.

[23] Hayhurst A N, Lawrence A D. The effect of solid CaO on the production of NO_x and N_2O in fluidized bed combustors: Studies using pyridine as a prototypical nitrogenous fuel[J]. Combustion and Flame, 1996, 105 (4) : 511-527.

[24] 吴令男. 燃料在循环流化床锅炉燃烧过程中挥发分氮的迁移规律研究[D]. 北京: 华北电力大学, 2017.

[25] Wu L, Tian Z, Qin W, et al. Understanding the effect of CaO on HCN conversion and NO_x formation during the circulating fluidized combustion process using DFT calculations[C], Proceedings of the Combustion Institute, 2020, doi: https://doi.org/10.1016/j.proci.

[26] Hansen P F B, Dam-Johansen K, Johnsson J E, et al. Catalytic reduction of NO and N_2O on limestone during sulfur capture under fluidized bed combustion conditions[J]. Chemical Engineering Science, 1992, 47 (9-11) : 2419-2424.

[27] Hou X, Zhang H, Yang S, et al. N_2O decomposition over the circulating ashes from coal-fired CFB boilers[J]. Chemical Engineering Journal, 2008, 140 (1-3) : 43-51.

[28] Pilawska M, Zhang H, Hout X S, et al. Destruction of N_2O over different bed materials[C]. Heidelberg: Springer, 2009: 953-959.

[29] Shimizu T, Inagaki M. Decomposition of N_2O over Limestone under Fluidized-Bed Combustion Conditions[J]. Energy & Fuels, 1993, 7 (5) : 648-654.

[30] Shun D, Chang H S, Park Y S, et al. A study of nitrous oxide decomposition over calcium oxide[J]. Korean Journal of Chemical Engineering, 2001, 18 (5) : 630-634.

[31] Kantorovich L N, Gillan M J. The energetics of N_2O dissociation on CaO (001) [J]. Surface Science, 1997, 376 (1) : 169-176.

[32] Karlsen E J, Nygren M A, Pettersson L G M. Theoretical study on the decomposition of N_2O over alkaline earth metal-oxides: MgO-BaO[J]. The Journal of Physical Chemistry A, 2002, 106 (34) : 7868-7875.

[33] Piskorz W, Zasada F, Stelmachowski P, et al. DFT modeling of reaction mechanism and ab initio microkinetics of catalytic N_2O decomposition over alkaline earth oxides: From molecular orbital picture account to simulation of transient and stationary rate profiles[J]. Journal of Physical Chemistry C, 2013, 117 (36) : 643-648.

[34] Snis A, Miettinen H. Catalytic decomposition of N_2O on CaO and MgO: experiments and ab initio calculations[J]. The Journal of Physical Chemistry B, 1998, 102 (14) : 2555-2561.

[35] Wu L, Hu X, Qin W, et al. Effect of CaO on the selectivity of N_2O decomposition products: A combined experimental and DFT study[J]. Surface Science, 2016, 651: 128-136.

[36] Anthony E J, Granatstein D L. Sulfation phenomena in fluidized bed combustion systems[J]. Progress in Energy and Combustion Science, 2001, 27(2): 215-236.

[37] Wu L, Qin W, Hu X, et al. Mechanism study on the influence of in situ SO_x removal on N_2O emission in CFB boiler[J]. Applied Surface Science, 2015, 333: 194-200.

[38] Wu L, Qin W, Hu X, et al. Decomposition and reduction of N_2O on CaS(100) surface: A theoretical account[J]. Surface Science, 2015, 632: 83-87.

[39] Wu L, Hu X, Qin W, et al. Effect of sulfation on the surface activity of CaO for N_2O decomposition[J]. Applied Surface Science, 2015, 357: 951-960.

第4章　燃煤机组热力系统流程重构与机炉耦合

4.1　概　　述

随着能源价格的不断攀升及节能减排要求的日益严格，提高电站效率、降低机组供电煤耗成为我国发展燃煤发电的重点。燃煤发电节能降耗措施可归为三类[1]：①提高蒸汽初参数，增加机组容量；②提高热力系统完善程度，研发高性能热力设备，如二次再热技术的研发以及回热系统、再热系统的优化；③降低系统对外的排放损失，如锅炉尾部排烟余热的回收利用等。

截至2020年底，我国已运行百余台百万千瓦超超临界燃煤机组，主蒸汽参数普遍达到25MPa/600℃的水平。为了进一步提高机组的蒸汽参数，世界各主要经济体都开展了700℃及以上先进超超临界发电技术的相关研究。与主蒸汽参数水平为25MPa/600℃的超临界机组相比，参数为35MPa/700℃水平的超超临界机组可使机组热效率提高约8.2%，节能效果显著。然而，700℃超超临界机组的发展必须要解决金属材料的可用性问题。尽管新型镍基合金材料受到众多国家和企业的重视，当前超超临界机组采用的先进铁素体材料，仍达不到700℃超超临界机组的材料要求。

现有的铁素体材料能够满足二次再热超超临界机组的材料要求，因此，在目前的超超临界参数水平基础上采用二次再热技术，是现阶段技术水平可以实现的提高燃煤机组发电效率的有效措施。然而，对于二次再热超超临界机组，回热系统抽汽由于经过再热过程，具有较高的过热度，与回热系统较低温度的凝结水或给水换热时温差较大，造成较大的不可逆损失。因此，如何更合理地利用二次再热机组回热系统蒸汽热量需要引起重视。关于二次再热机组汽水循环的研究大多是基于特定机组，对其热力系统进行热力学分析，讨论二次再热机组热力系统的热经济性；较少针对二次再热超超临界机组热力系统的结构和参数综合优化开展全面研究。此外，关于二次再热机组热力性能分析公开报道的研究，大多是基于热力学第一定律的能量平衡分析，热力系统节能潜力的机理性研究较少。因此，二次再热超超临界燃煤发电机组系统优化集成和能量梯级利用需要进一步深入研究，这将为二次再热超超临界燃煤发电机组节能降耗提供可靠的理论支撑和技术指导。

在燃煤电站中，锅炉在能量传递与转化过程中起到十分重要的作用，也是第一大耗能设备。大型电站锅炉中，燃料化学能的90%～95%可被工质吸收利用，余下 5%～10%以锅炉热损失的形式释放到环境中去，而在锅炉系统损失中，排烟热损失占锅炉全部热损失的 60%以上，因此锅炉排烟蕴藏着巨大的余热。按照设计排烟温度 130℃计算，基于 2020 年火力发电量，我国电站锅炉低温烟气年余热资源量达 1 亿 t 标煤。如采用锅炉烟气余热回收技术，将排烟温度降低约 20℃，锅炉效率可提高近 1%。在工程技术允许的条件下，回收 30%左右的烟气余热，每年可节约标煤约 0.3 亿 t，相当于近 18 台 1000MW 超临界火力发电机组的年耗煤量；而按标煤价格 750 元/t 计算，年节约燃料费用约 225 亿元人民币；同时烟气余热排放的减少，又可大幅降低环境热污染，减轻城市热岛效应；而机组运行效率提高，亦可实现单位发电 SO_x 和 NO_x 等有害气体排放降低。总之，烟气余热的有效利用具有节能、节水、减少单位发电有害气体排放等综合作用，具有巨大的经济和社会效益，对我国节能减排具有重要意义。当前，烟气余热利用中最常用的是安装低温省煤器加热凝结水的方法，相关研究多侧重于工程案例的描述和烟气余热换热设备结构与参数优化；加装低温省煤器的形式较为单一，即利用空气预热器排烟加热回热系统凝结水，空气预热器排烟温度较低，导致节省的抽汽参数低，节能效果不明显，限制了烟气余热的利用。因此，需要从系统的角度对烟气余热开展全面的热力学评估，并从能量品位提升利用的角度阐释低品位余热资源回收利用的节能机理，获得打破这种温度限制的流程重构方法。

随着燃煤电站节能改造的深入开展，机组性能不断提升，参数不断优化，但锅炉岛、汽机岛内的传热传质过程仍相互独立，汽机岛内的回热系统利用抽汽加热给水和凝结水；而锅炉岛内主要发生烟气加热给水/蒸汽和空气的过程。虽然这两个传热过程的换热温区相接近，但其热质传递过程却分别发生在不同的换热单元内，当机组在正常工况运行时，这两个过程的物流与能流之间是毫无关联的。从热力学角度来看，这两个独立进行的热质传递过程均存在明显的“能级不匹配”现象。如汽轮机侧回热系统中放热工质只有抽汽，但抽汽做功能力强、过热度大，直接冷凝放热势必造成较大的做功能力损失；炉侧空气预热过程中烟气流量、热容均高于空气，随着换热的进行，换热温差不断增加，这就导致其不可逆损失偏高。以上难题均为空气预热过程和回热过程的固有特性，无法通过其自身结构优化来改善。如能打破机炉单元间的界限，实现两侧不同工质在较大温区内更彻底的热量集成，则有可能改善机炉两侧类似过程的传热特性，进而提高热质传递效率与机组效率。

基于此，本章对汽轮机热力系统、锅炉低品位热传递等燃煤电站主要能量转化传递过程开展结构优化与流程重构，提出了二次再热回热系统的构建方法，以及回热系统增设外置式蒸汽冷却器、回热汽轮机，锅炉尾部受热面分级布置、烟气余热低温预干燥原煤等一系列的流程重构节能方法，并分析了上述流程重构过程的节能机理；同时，提出了燃煤电站机炉耦合节能思路，打破了机炉单元间固有的工质传热界限，进一步实现了燃煤电站传热过程的“大温区、跨工质”流程重构与深度耦合。

4.2　汽轮机热力系统流程重构

4.2.1　二次再热机组回热系统流程重构

1. 二次再热循环的技术特点

二次再热机组在结构上比一次再热更复杂，汽轮机增加一级中压缸，锅炉增加一个二次再热器及再热蒸汽连接管道。图 4-1 给出了无回热二次再热循环热力系统简图(a)与 T-S 示意图(b)，在无回热二次再热循环热力系统中，经过过热器加热后的主蒸汽先进入汽轮机高压缸做功，经过一次再热器后进入汽轮机一级中压缸，再经二次再热器后进入汽轮机二级中压缸和低压缸。如图 4-1(b)所示，假设二次再热循环和一次再热循环的蒸汽初参数相同，一次再热循环和二次再热循环分别在朗肯循环的基础上增加一次再热和二次再热过程，同时不考虑回热给水加热过程。二次再热循环可以看作是一次再热循环和一个附加再热循环叠加的复合循环。图中 T_0 表示循环的初蒸汽温度，T_{rh1} 和 T_{rh2} 分别表示一次再热蒸汽温度和二次再热蒸汽温度，$\bar{T}_{rh1}$ 和 $\bar{T}_{rh2}$ 分别表示一次再热循环和二次再热循环的平均吸热温度。从 T-S 图可以看出，如果二次再热循环的吸热平均温度大于一次再热循环的吸热平均温度（$\bar{T}_{rh2} > \bar{T}_{rh1}$），则二次再热循环的热效率会高于一次再热循环的热效率。

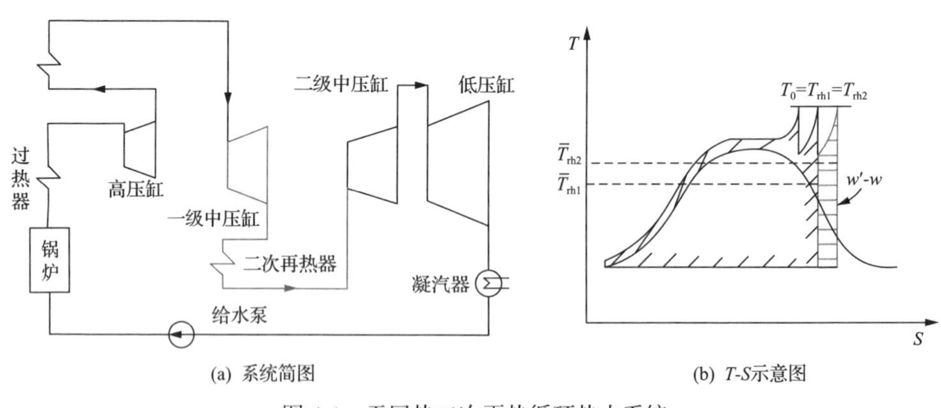

图 4-1　无回热二次再热循环热力系统

2. 二次再热机组汽水循环的热平衡模型

根据能质平衡公式，计算得到热力系统各部分工质的温度、压力和流量等参数，为分析机组热力性能提供理论支持。图 4-2 为典型燃煤发电机组汽水循环回热系统的流程简图，对于汽水系统的热力系统计算，主要过程如下。

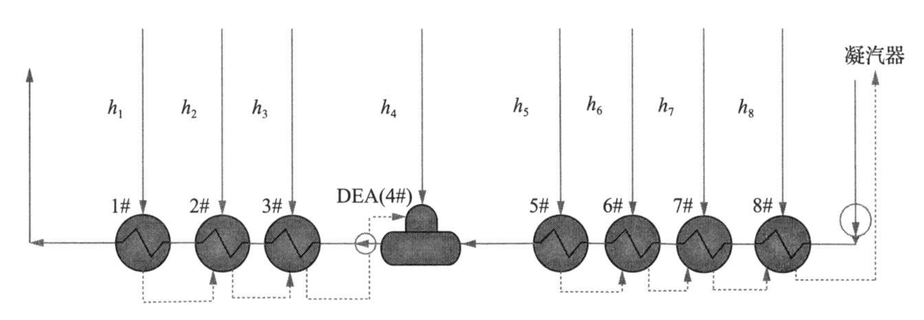

图 4-2　常规燃煤发电机组汽水循环回热系统简图

(1)对各级回热加热器通过热平衡计算各级回热加热器的抽汽流量；根据热力学第一定律，列能量平衡方程式[2]：

$$
\begin{cases}
D_1 q_1 = D_{\text{fw}} \tau_1 \\
D_1 \gamma_2 + D_2 q_2 = D_{\text{fw}} \tau_2 \\
D_1 \gamma_3 + D_2 \gamma_3 + D_3 q_3 = D_{\text{fw}} \tau_3 \\
D_1 \gamma_4 + D_2 \gamma_4 + D_3 \gamma_4 + D_4 q_4 = D_{\text{fw}} \tau_4 \\
D_1 \tau_5 + D_2 \tau_5 + D_3 \tau_5 + D_4 \tau_5 + D_5 q_5 = D_{\text{fw}} \tau_5 \\
D_1 \tau_6 + D_2 \tau_6 + D_3 \tau_6 + D_4 \tau_6 + D_5 \gamma_6 + D_6 q_6 = D_{\text{fw}} \tau_6 \\
D_1 \tau_7 + D_2 \tau_7 + D_3 \tau_7 + D_4 \tau_7 + D_5 \gamma_7 + D_6 \gamma_7 + D_7 q_7 = D_{\text{fw}} \tau_7 \\
D_1 \tau_8 + D_2 \tau_8 + D_3 \tau_8 + D_4 \tau_8 + D_5 \gamma_8 + D_6 \gamma_8 + D_7 \gamma_8 + D_8 q_8 = D_{\text{fw}} \tau_8
\end{cases}
\tag{4-1}
$$

式中，D_j 为 j#回热加热器的抽汽流量，kg/s；D_{fw} 为回热系统的给水流量，kg/s；q_j 为 j#回热加热器的蒸汽放热量，kJ/kg；τ_j 为 j#回热加热器的给水焓升，kJ/kg；γ_j 为第 j–1 级疏水放热量，kJ/kg。

燃煤发电机组热力系统的回热加热器可分为两类：一类称为表面式加热器，其疏水方式为逐级自流，如图 4-3(a)所示；另一类为混合式加热器，其疏水汇集于本加热器，如图 4-3(b)所示。

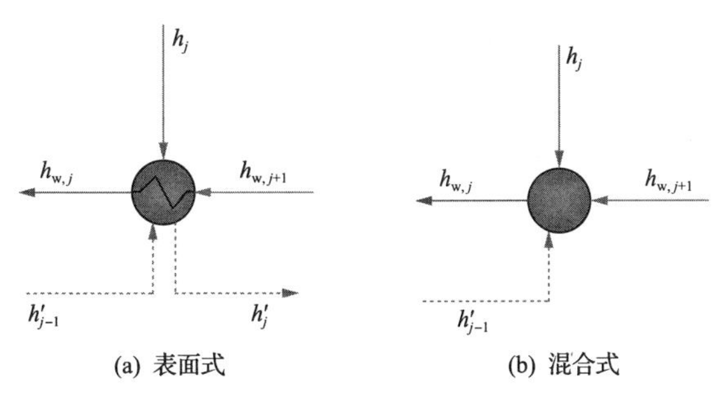

(a) 表面式　　(b) 混合式

图 4-3　抽汽回热加热器示意图

表面式加热器的蒸汽放热量、给水焓升和上一级加热器的疏水放热量计算方法如下：

$$\begin{cases} q_j = h_j - h'_j \\ \tau_j = h_{\mathrm{w},j} - h_{\mathrm{w},j+1} \\ \gamma_j = h'_{j-1} - h'_j \end{cases} \tag{4-2}$$

式中，h_j为j#回热加热器的进汽比焓值，kJ/kg；h'_j为j#回热加热器的疏水比焓值，kJ/kg；$h_{\mathrm{w},j}$为j#回热加热器出口的给水比焓值，kJ/kg。

在混合式回热加热器中，该级加热器的蒸汽放热量和给水焓升的计算公式与式(4-2)中表面式回热加热器的计算方法相同，上一级加热器的疏水放热量则与表面式回热加热器不同，其计算方法如下：

$$\gamma_j = h'_{j-1} - h_{\mathrm{w},j+1} \tag{4-3}$$

(2)根据物质守恒，列质量平衡方程式得到凝汽量：

$$D_{\mathrm{c}} = D_0 - \sum_{j=1}^{8} D_j \tag{4-4}$$

式中，D_{c}为回热系统的凝汽流量，kg/s；D_0为回热系统的主蒸汽流量，kg/s。

(3)求出各股蒸汽流量占主蒸汽流量的份额。

j#回热加热器的蒸汽流量占主蒸汽流量的份额α_j为

$$\alpha_j = \frac{D_j}{D_0} \tag{4-5}$$

再热蒸汽流量占主蒸汽流量的份额α_{rh}为

$$\alpha_{\mathrm{rh}} = \frac{D_{\mathrm{rh}}}{D_0} = \frac{D_0 - \sum\limits_{j=1}^{j=n} D_j}{D_0} = 1 - \sum_{j=1}^{j=n} \alpha_j \tag{4-6}$$

式中，D_{rh}为再热蒸汽流量，kg/s；n为再热前抽汽级数。

凝汽流量占主蒸汽流量的份额α_{c}为

$$\alpha_{\mathrm{c}} = \frac{D_{\mathrm{c}}}{D_0} \tag{4-7}$$

(4)求出 1kg 主蒸汽的比内功：

$$w_{\mathrm{i}} = h_0 + \sum_{i=1}^{2} \alpha_{\mathrm{rh},i} q_{\mathrm{rh},i} - \sum_{j=1}^{8} \alpha_j h_j - \alpha_{\mathrm{c}} h_{\mathrm{c}} \tag{4-8}$$

式中，h_0 为主蒸汽的比焓值，kJ/kg；q_{rh} 为 1kg 再热蒸汽的吸热量，kJ/kg；h_{c} 为凝汽的比焓值，kJ/kg。

(5)求出机组热力系统的输出功率。

$$P_{\mathrm{e}} = D_0 w_{\mathrm{i}} \eta_{\mathrm{m}} \eta_{\mathrm{g}} \tag{4-9}$$

选取机组发电效率、发电热耗和发电煤耗率作为机组热力性能的评价指标。机组发电效率的计算公式如下：

$$\eta = \frac{P_{\mathrm{gen}}}{Q_{\mathrm{total}}} \tag{4-10}$$

式中，η 为机组发电效率；Q_{total} 为燃料输入热量，kW；P_{gen} 为机组发电量，kW。

机组发电热耗率的计算公式如下：

$$q = \frac{Q_{\mathrm{total}} \times 3600}{P_{\mathrm{gen}}} = 3600 \Big/ \frac{P_{\mathrm{gen}}}{Q_{\mathrm{total}}} \tag{4-11}$$

式中，q 为机组发电热耗率，kJ/(kW·h)。

机组发电标准煤耗率的计算公式如下：

$$b = \frac{Q_{\mathrm{total}} \times 3600}{P_{\mathrm{gen}} \times 29271.2} = 0.123 \Big/ \frac{P_{\mathrm{gen}}}{Q_{\mathrm{total}}} \tag{4-12}$$

式中，b 为机组发电标准煤耗率，kg/(kW·h)；29271.2 为标准煤的低位发热量，kJ/kg。

为了揭示燃煤发电机组热力系统的节能潜力，在热平衡分析的基础上，对燃煤发电机组热力系统建立㶲平衡模型进行分析。㶲分析法是在热力学两大定律基础上结合环境情况从对能的全面认识以及从能的实用性出发而提出的一种方法。能的可用性，即能的使用价值，在于它能促成变化。能的可用性与能的可转化性是一致的。不具有可转化性特点的能，没有单独地被使用的价值，所以真正可以为我们服务的不是泛泛的能，而是㶲。

具体而言，当某一体系通过任一可逆过程与环境仅仅达到机械平衡和热平衡，即具有与环境相同的压力与温度，其向环境所作的功为物理㶲，如式(4-13)所示：

$$E_{\mathrm{ex,u}} = m \cdot e_{\mathrm{ex,u}} = (U - U^0) + p_0(V - V^0) - T_0(S - S^0) \tag{4-13}$$

式中，$E_{\mathrm{ex,u}}$ 和 $e_{\mathrm{ex,u}}$ 为某一体系内的总物理㶲(kW)和比物理㶲(kJ/kg)；m 为物流的质量流量，kg/s；U、V、S 为体系的总内能(kW)、体积(m^3/s)和熵值(kW/K)；U^0、V^0、S^0 为体系处于物理寂态下的总内能(kW)，体积(m^3/s)和熵值(kW/K)；p_0 为环境压力，kPa；T_0 为环境温度，K。

而当该体系通过一系列可逆化学反应，使体系中诸组分的化学势与环境中相应化学势相同时，其所能做的最大功为化学㶲，如式(4-14)所示：

$$E_{\mathrm{ex}}^0 = m \cdot \sum_j (\mu_j^0 - \mu_{0j}) y_j \tag{4-14}$$

式中，E_{ex}^0 为体系的总化学㶲，kW；μ_j^0 为组分 j 在物理寂态下的化学势，kJ/kg；μ_{0j} 为组分 j 在环境状态下的化学势，kJ/kg；y_j 为组分 j 的摩尔分数。

体系的总㶲 $E_{\mathrm{ex}}^{\mathrm{total}}$ 是其物理㶲和化学㶲的综合，如式(4-15)所示：

$$E_{\mathrm{ex}}^{\mathrm{total}} = U + p_0 V - T_0 S - m\sum_j \mu_{0j} y_j \tag{4-15}$$

对于稳定流动的工质而言，在其自身所具有的㶲中还应包括“压力势能”，其值等于把体系所处状态下的容积，从环境压力 p_0 移至 p 所作的排挤功，所以在式(4-15)的基础上加上排挤功后，流动流体的总㶲如式(4-16)所示：

$$E_{\mathrm{ex}}^{\mathrm{total}} = U + p_0 V - T_0 S - m\sum_j \mu_{0j} y_j + (p - p_0)V \tag{4-16}$$

稳定流动工质焓值的定义如式(4-17)所示，因此，稳定流动流体的总㶲，化学㶲，物理㶲分别简化为式(4-18)～式(4-20)。

$$H = U + pV \tag{4-17}$$

$$E_{\mathrm{ex}}^{\mathrm{total}} = (H - H_0) - T_0(S - S_0) \tag{4-18}$$

$$E_{\mathrm{ex}}^0 = (H^0 - H_0) - T_0(S^0 - S_0) \tag{4-19}$$

$$E_{\mathrm{ex,u}} = (H - H^0) - T_0(S - S^0) = H - T_0 S - m\sum_j \mu_j^0 y_j \tag{4-20}$$

式中，H 为体系的焓值，kW；H_0 为体系与环境达到寂态平衡时的焓值，kW；H^0 为物理寂态下的体系的焓值，kW；S_0 为体系与环境达到寂态平衡时的熵值，kW/K。

在能量转化过程中，损失的真正含义是不可逆损失，即㶲损失。㶲损失的大小反映出该设备在能量转化过程中的节能潜力，㶲损失越大，㶲效率越低。

确定㶲损失最常用的方法是列㶲平衡方程式。流入系统的㶲与流出系统的㶲之差就是㶲损失。

对于稳定流动，㶲平衡方程式可以表示为如下式所示：

$$\sum E_{\mathrm{ex,in}} + \sum W_{\mathrm{in}} = \sum E_{\mathrm{ex,out}} + \sum W_{\mathrm{out}} + \Delta E_{\mathrm{ex}} \tag{4-21}$$

式中，$\sum E_{\mathrm{ex,in}}$ 为流进系统的㶲，kW；$\sum E_{\mathrm{ex,out}}$ 为流出系统的㶲，kW；$\sum W_{\mathrm{in}}$ 为流入系统的功，kW；$\sum W_{\mathrm{out}}$ 为系统对外所做的功，kW；ΔE_{ex} 为系统的㶲损失，kW。

根据式(4-21)，可以得到㶲损的表达式如下：

$$\Delta E_{\mathrm{ex}} = \left(\sum E_{\mathrm{ex,in}} + \sum W_{\mathrm{in}}\right) - \left(\sum E_{\mathrm{ex,out}} + \sum W_{\mathrm{out}}\right) \tag{4-22}$$

衡量设备或过程在能量转化方面完善程度的指标是㶲效率。㶲效率的定义有很多种，比较常见的一种是目的㶲效率。一个设备的采用或一个过程的进行，往往是联系于一定的目的，有时是以得到一定温度的热量为目的，有时则以改变物质的组成状态为目的。为了达到特定的目的，就要付出一定的代价。以㶲的观点衡量目的与代价之比，就称为目的㶲效率，这是㶲效率的一种很常用的定义。具体定义的表达式，也是以㶲平衡式为基础而建立的。以获取功为目的，则㶲平衡方程式可以变形成为以下不等式：

$$\sum E_{\mathrm{ex,in}} - \sum E_{\mathrm{ex,out}} \geqslant \sum W_{\mathrm{out}} - \sum W_{\mathrm{in}} \tag{4-23}$$

㶲效率就是不等式右端的各项代数和与左端的各项代数和的比值。因此，㶲效率的定义式为

$$\eta_{\mathrm{ex}} = \frac{\sum W_{\mathrm{out}} - \sum W_{\mathrm{in}}}{\sum E_{\mathrm{ex,in}} - \varphi \sum E_{\mathrm{ex,out}}} \tag{4-24}$$

式中，φ 为出口㶲被利用的百分比，$0 \leqslant \varphi \leqslant 1$。

3. 基于一次再热机组回热系统的八级回热二次再热机组

选取国内典型超超临界典型 1000MW 一次再热超超临界机组作为参比机组。图 4-4 给出了一次再热机组参比系统汽水循环流程示意图[3]，回热系统具有八级回热抽汽，分别为三级高压加热器、一级除氧器、四级低压加热器。主蒸汽压力为 26.25MPa，主蒸汽温度为 600℃，再热蒸汽温度为 600℃，低压缸排汽压力设

定为 5.75kPa。机组回热系统的主要汽水参数如表 4-1 所示。

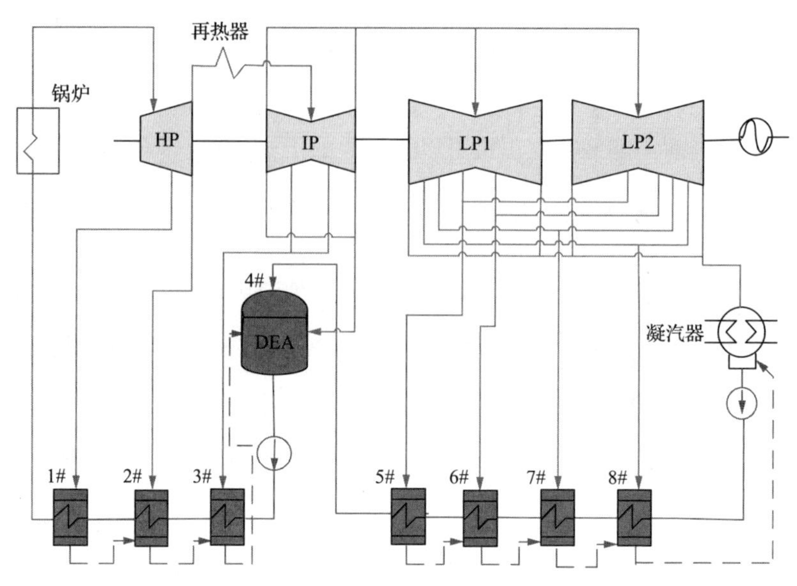

图 4-4　一次再热参比机组系统流程图

表 4-1　一次再热参比机组回热系统主要参数

回热加热器	抽汽压力/MPa	抽汽温度/℃	饱和温度/℃	给水焓升/(kJ/kg)
1#	7.494	402.4	288.4	102.5
2#	5.555	352.7	268.7	223.9
3#	2.364	483.0	219.4	128.7
DEA	1.165	381.0	184.4	175.8
5#	0.589	289.0	156.0	127.4
6#	0.241	192.4	124.7	169.8
7#	0.060	86.1	84.1	94.0
8#	0.025	64.8	63.6	103.3

超临界机组是现代燃煤发电机组的一个重要发展方向。由于其新蒸汽参数日益增高，越来越多的超临界机组采用具有二次再热的热力系统。在现有典型 1000MW 超超临界一次再热机组的基础上，提高机组初参数，将主蒸汽压力从 26.25MPa 提高到 30MPa，主蒸汽温度仍为 600℃；增加了二次中间再热，锅炉侧增加一级再热器，汽轮机侧增加一级中压缸；即汽轮机高压缸排汽经过一次中间再热后进入一级中压缸，一级中压缸排汽经过二次中间再热后进入二级中压缸，二级中压缸排汽进入低压缸，低压缸排汽进入凝汽器；机组回热系统仍然沿用一次再热机组回热系统，采用八级回热抽汽；借鉴国外早期二次再热机组的回热系

统布置，采用两级高压加热器，一级除氧器，五级低压加热器的回热系统布置结构，该八级回热二次再热机组汽水循环流程图如图 4-5 所示[4]。

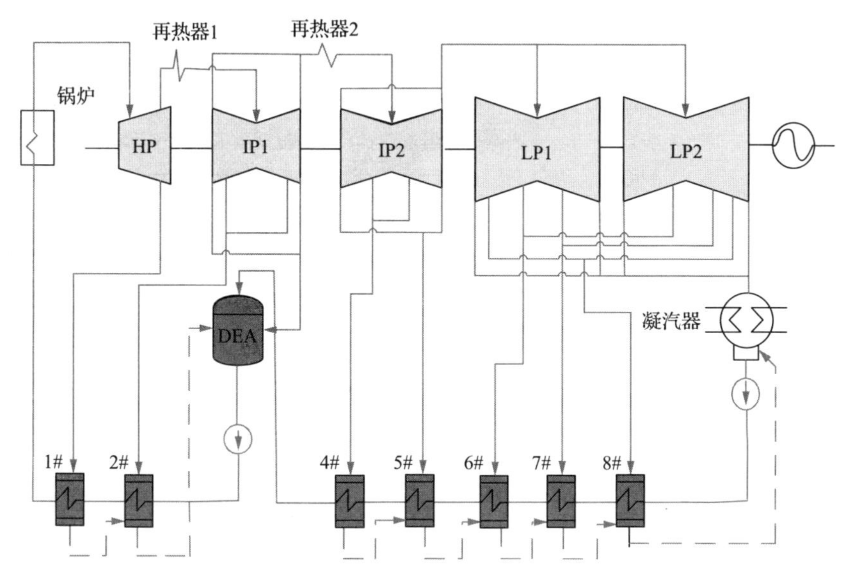

图 4-5　八级回热二次再热机组热力系统流程图

各级抽汽点的位置遵循燃煤发电机组热力系统的基本准则。具体而言，1#回热加热器的抽汽点位于高压缸排汽口处，2#回热加热器的抽汽点紧邻一次再热过程之后，布置在 1#中压缸内，除氧器的抽汽点位于一级中压缸的排汽口处，4#和 5#回热加热器的抽汽点布置在 2#中压缸内，6#～8#回热加热器的抽汽点布置在低压缸内。各级回热加热器的给水焓升遵循各部分基本等焓升分配，1#～4#、5#和 6#、7#和 8#回热加热器的给水焓升分别相等。

在选择再热蒸汽参数时，一次再热蒸汽压力取主蒸汽压力的 0.3 倍，二次再热蒸汽压力取一次再热蒸汽压力的 0.3 倍；鉴于二次再热机组的再热蒸汽温度的调节要比一次中间再热机组更加复杂，从安全角度考虑，再热蒸汽温度比主蒸汽温度有一定提高，对二次再热机组锅炉的温度偏差控制留有适当裕量，将再热蒸汽温度定为 610℃；通过热平衡模型进行设计分析，得到热力系统主要汽水参数。该机组回热系统主要汽水参数如表 4-2 所示。

根据模拟计算，表 4-3 给出了八级回热抽汽的二次再热机组与一次再热参比机组的主要热力性能参数比较。

从表中可以看出：在八级二次再热机组中，输出功和一次再热参比机组保持不变的条件下，输入能降低。因此与一次再热参比机组相比，八级回热二次再热机组的热耗率降低，发电效率增加，数据表明：八级回热二次再热机组的热耗率比一次再热机组降低 297.4kJ/(kW·h)；发电效率提高 1.72 个百分点。

表 4-2 八级回热二次再热机组回热系统汽水参数

回热加热器	抽汽压力/MPa	抽汽温度/℃	饱和温度/℃	给水焓升/(kJ/kg)
1#	9.900	415.9	310.3	185.0
2#	5.800	520.5	273.4	185.0
3#	2.970	407.5	233.3	185.0
DEA	1.217	491.3	188.6	185.0
5#	0.641	376.0	161.4	130.0
6#	0.311	285.0	134.8	130.0
7#	0.093	158.0	97.6	115.0
8#	0.023	62.5	62.1	115.0

表 4-3 八级回热二次再热机组与一次再热参比机组热力性能比较

项目	一次再热参比机组	八级回热二次再热机组
输入能/MW	2449.42	2358.82
输出功/MW	1096.85	1096.85
热耗率/[kJ/(kW·h)]	8039.30	7741.90
热耗降低值/[kJ/(kW·h)]	—	297.40
发电效率/%	44.78	46.50
发电效率增加值/%	—	1.72

基于上文关于㶲分析的假设，将机组整个热力系统划分为不同的子单元，包括锅炉、汽轮机、回热系统、凝汽器、发电机等，分析得到各部分的㶲损。表 4-4 给出了八级回热二次再热机组和一次再热常规机组的㶲分析比较。结果表明：和一次再热参比机组相比，八级回热二次再热机组热力系统中锅炉的㶲损明显降低，原因在于二次再热过程使循环吸热平均温度提高。二次再热机组的主蒸汽温度提高，在获取相同输出电能的条件下，所需的主蒸汽流量更少，因此汽轮机和凝汽器的㶲损有所降低。另外，与一次再热参比机组相比，八级回热二次再热机组的回热系统㶲损有所增加，说明八级回热二次再热机组回热系统的能量利用水平较低，为了进一步提高八级回热二次再热机组的能量利用水平，进一步对八级回热二次再热机组的回热系统进行了深入分析。

图 4-6 给出了八级回热二次再热机组各级回热加热器的㶲损和换热量，图中柱状图代表八级回热二次再热机组各级回热加热器的㶲损，散点代表各级回热加热器的换热量。可以看出，1#～3#回热加热器及 DEA 的㶲损明显高于其他级回热加热器，与此同时，1#～3#回热加热器及 DEA 的换热量也明显高于其他各级，因此，为了降低 1#～3#回热加热器及 DEA 的㶲损，应考虑降低其换热量。

表 4-4　八级回热二次再热机组系统和一次再热机组参比系统㶲分析

项目		一次再热参比机组/(MW/%)		八级回热二次再热机组/(MW/%)	
输入㶲(煤)		2449.42	100	2358.82	100
输出㶲(电能)		1096.85	44.78	1096.85	46.50
㶲损	锅炉	1179.73	48.16	1118.65	47.42
	汽轮机	93.25	3.80	75.47	3.19
	回热系统	31.84	1.30	36.01	1.53
	凝汽器	39.9	1.63	27.02	1.15
	其他部分	6.85	0.28	5.86	0.25
㶲分析校核	输出㶲和㶲损	2448.42	99.96	2359.86	100.04
	计算误差	1.0	0.04	1.04	0.04
㶲效率/%		44.78		46.50	

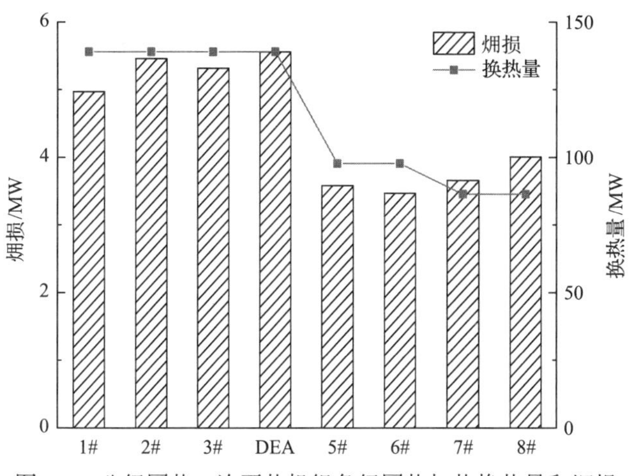

图 4-6　八级回热二次再热机组各级回热加热换热量和㶲损

4. 二次再热机组回热系统流程优化：十级回热二次再热机组

如前文所述，为了降低八级回热二次再热机组回热系统的㶲损，应考虑降低1#～4#回热加热器的换热量。有鉴于此，提出增加两级回热加热器来降低二次再热机组回热系统㶲损。图 4-7 给出回热系统结构优化后的十级回热二次再热机组汽水循环流程示意图[4]。

在八级回热二次再热机组的基础上增加两个抽汽口，回热系统采用十级回热抽汽，即四级高压加热器、一级除氧器、五级低压加热器，增加的两级回热抽汽分别位于一次再热过程和二次再热过程之后。具体而言，1#回热加热器的抽汽口

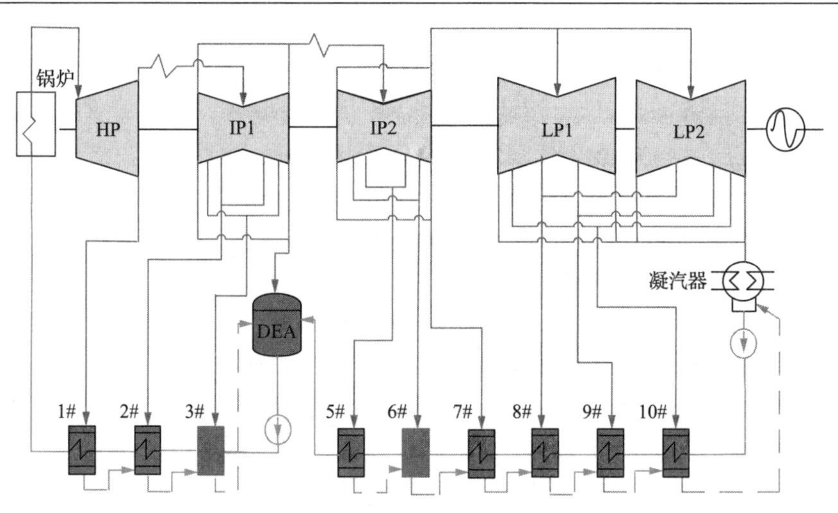

图 4-7　十级回热二次再热机组热力系统汽水循环示意图

位于高压缸排汽口，2#、3#回热加热器的抽汽口布置在一级中压缸内，除氧器的抽汽口位于一级中压缸排汽口处，5#～7#回热加热器的抽汽口布置在二级中压缸，8#～10#回热加热器的抽汽口布置在低压缸。

带十级回热抽汽的二次再热机组回热系统的主要汽水参数如表 4-5 所示。取 2#回热加热器的给水焓升为 110kJ/kg，1#、3#回热加热器的给水焓升取 130kJ/kg。5#回热加热器的给水焓升取 100kJ/kg，4#回热加热器的给水焓升取 135kJ/kg。6#～10#回热加热器的给水焓升为等焓升分配，各级给水焓升均为 125kJ/kg。

表 4-5　十级回热二次再热机组回热系统汽水参数

回热加热器	抽汽压力/MPa	抽汽温度/℃	饱和温度/℃	给水焓升/(kJ/kg)
1#	9.900	415.9	310.3	130.0
2#	7.012	533.4	285.9	110.0
3#	4.968	496.2	263.5	130.0
DEA	2.970	417.4	233.3	135.0
5#	1.753	521.7	205.8	100.0
6#	1.150	456.5	186.1	125.0
7#	0.582	362.7	157.6	125.0
8#	0.251	261.4	127.5	125.0
9#	0.096	163.7	98.5	125.0
10#	0.029	68.9	68.3	125.0

通过模拟计算，十级回热抽汽的二次再热机组与八级回热抽汽的二次再热机组的主要热力性能参数比较如表 4-6 所示。结果表明，输出功相同的条件下，与八级回热二次再热机组相比，十级回热二次再热机组的输入能降低，机组热耗率

降低 54.5kJ/(kW·h)。十级回热二次再热机组发电效率比八级回热二次再热机组增加了 0.33 个百分点。

表 4-6　十级回热二次再热机组与八级回热二次再热机组热力性能比较

项目	八级回热二次再热机组	十级回热二次再热机组
输入能/MW	2358.82	2342.20
输出功/MW	1096.85	1096.85
热耗率/[kJ/(kW·h)]	7741.9	7687.4
热耗降低值/[kJ/(kW·h)]	—	54.5
发电效率/%	46.50	46.83
发电效率增加值/%	—	0.33

表 4-7 给出了十级回热二次再热机组和八级回热二次再热机组的㶲分析比较结果。从表中可以看出，与八级回热二次再热机组相比，十级回热二次再热组回热系统的㶲损降低 0.35 个百分点，表明增加两级回热抽汽后，有效降低了二次再热机组回热系统的㶲损，提高了二次再热机组回热系统的能量利用水平。

表 4-7　十级回热二次再热机组与八级回热二次再热机组㶲分析比较

项目		八级回热二次再热机组/(MW/%)		十级回热二次再热机组/(MW/%)	
输入㶲(煤)		2358.82	100	2342.20	100
输出㶲(电能)		1096.85	46.50	1096.85	46.83
㶲损	锅炉	1118.65	47.42	1109.65	47.38
	汽轮机	75.47	3.19	79.74	3.41
	回热系统	36.01	1.53	27.55	1.18
	凝汽器	27.02	1.15	23.03	0.98
	其他部分	5.86	0.25	6.59	0.28
㶲分析校核	输出㶲和㶲损	2359.86	100.04	2343.41	100.05
	计算误差	1.04	0.04	1.21	0.05
㶲效率		46.50		46.83	

4.2.2　外置式蒸汽冷却器系统

1. 系统构建

超超临界二次再热机组回热系统带有两级再热，再热后蒸汽温度升高，因此位于再热后的回热抽汽的温度随之升高。由表 4-5 可以看出，第五级回热抽汽过热度最高，达到 315.9℃，第二级回热抽汽的过热度达到 276.7℃，高于其他各级回热抽汽，这是因为第二级回热抽汽紧邻一次再热之后，第五级回热抽汽紧邻二次再热之后。为解决上述问题，对超超临界二次再热机组紧邻两级再热后的回热加热器设置外置式蒸汽冷却器，可以有效利用回热抽汽的过热度，在抽汽进入回热加热器之前释放一部分热量，这样一方面既降低了抽汽过热度，使回热加热器㶲损减小；另一方面又可进一步提高给水温度，实现回热抽汽能量的梯级利用，提高机组的热经济性。

外置式蒸汽冷却器的连接方式分为并联和串联两种。串联蒸汽冷却器优点是进水温度高，换热过程平均温差小，效益明显。因此，为了取得更好的热力学性能，采用串联外置式蒸汽冷却器[5]。图 4-8 给出了超超临界二次再热机组集成外置式蒸汽冷却器系统的汽水循环流程图。如图所示，5#回热加热器的外置式蒸汽冷却器设置在 1#回热加热器之前，2#回热加热器的外置式蒸汽冷却器设置在第一级外置式蒸汽冷却器之前，用于进一步提高给水温度。

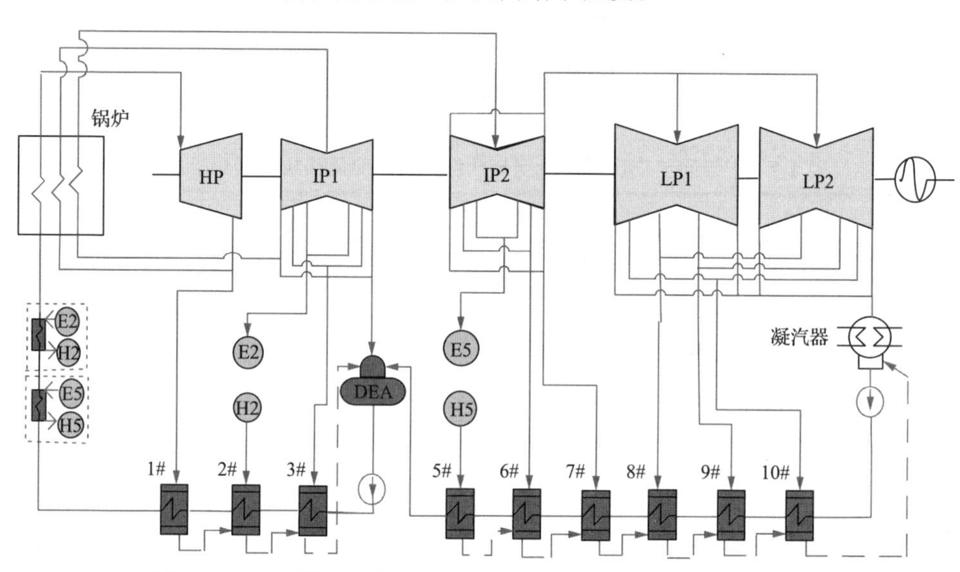

图 4-8　二次再热机组集成外置式蒸汽冷却器系统汽水循环流程图

2. 热力性能分析

对于两级外置式蒸汽冷却器系统，假定外置式蒸汽冷却器的下端差为 10℃，并通过对汽轮机等关键部件的重新设计，新系统的各级回热抽汽压力与二次再热机组参比系统的各级抽汽压力相同。表 4-8 给出了二次再热集成外置式蒸汽冷却器系统和二次再热机组参比系统汽水循环的主要参数。可以看出，二次再热机组集成外置式蒸汽冷却器系统的主蒸汽流量增加，原因在于增加外置式蒸汽冷却器后，进入相应回热加热器的蒸汽温度降低，回热加热器加热给水所需的抽汽流量增加。

表 4-8　二次再热机组集成外置式蒸汽冷却器系统与参比系统汽水循环主要参数

项目	参比系统	外置式蒸汽冷却器系统
主蒸汽流量/(kg/s)	689.4	700.5
主蒸汽压力/bar	300	300
主蒸汽温度/℃	600	600
一次再热蒸汽压力/bar	90	90
一次再热蒸汽温度/℃	610	610
二次再热蒸汽压力/bar	27	27
二次再热蒸汽温度/℃	610	610

注：1bar=100kPa。

表 4-9 给出了二次再热机组参比系统和二次再热集成外置式蒸汽冷却器系统的各级回热抽汽的参数，可以看出，二次再热机组集成外置式蒸汽冷却器系统中，各级回热抽汽的压力与参比系统的抽汽压力相同，第二级回热抽汽温度由 562.6℃(E2)降为 324.9℃(H2)，第五级回热抽汽温度由 521.7℃(E5)降为 321.9℃(H5)，其余各级抽汽温度与参比系统回热抽汽温度相同。此外，第二级回热抽汽的流量由 29.8kg/s 增加至 41.1kg/s，5#回热抽汽的流量由 20.6kg/s 增加至 24.6kg/s，这是由于这两级回热加热器设置了外置式蒸汽冷却器后蒸汽温度降低，加热给水/凝结水所需的抽汽量有所增加，所以二次再热机组集成外置式蒸汽冷却器系统主蒸汽流量增加，其余各级抽汽流量变化较小。

表 4-9　二次再热机组参比系统和二次再热集成外置式蒸汽冷却器系统的各级回热抽汽参数

回热加热器	参比系统			集成外置式蒸汽冷却器系统		
	流量/(kg/s)	压力/bar	温度/℃	流量/(kg/s)	压力/bar	温度/℃
1#	46.6	99.0	415.9	47.3	99.0	415.9
2#	29.8	70.1	562.6	41.1	70.1	324.9
3#	24.9	49.7	496.2	24.8	49.7	496.2
4#	28.0	29.7	417.4	27.6	29.7	417.4
5#	20.6	17.5	521.7	24.6	17.5	321.9
6#	24.7	11.5	456.5	24.5	11.5	456.5
7#	25.0	5.8	362.7	24.8	5.8	362.7
8#	23.2	2.5	261.4	23.1	2.5	261.4
9#	23.0	1.0	163.7	22.8	1.0	163.7
10#	21.6	0.3	68.9	21.4	0.3	68.9

表4-10给出了二次再热机组集成外置式蒸汽冷却器系统与参比系统热力性能比较结果。与二次再热机组参比系统相比，集成外置式蒸汽冷却器系统中主蒸汽流量和一次再热蒸汽流量有所增加，一次再热蒸汽流量占主蒸汽流量比基本不变；二次再热蒸汽流量有所降低，二次再热蒸汽流量占主蒸汽流量比随之降低。总体而言，二次再热机组集成外置式蒸汽冷却器系统的热耗率较参比系统降低26.2kJ/(kW·h)，发电效率从46.83%增加至46.99%，增加0.16个百分点。

表4-10　二次再热机组集成外置式蒸汽冷却器系统与参比系统热力性能

项目	参比系统	外置式蒸汽冷却器系统
主蒸汽流量/(kg/s)	689.4	700.5
一次再热蒸汽流量/(kg/s)	642.9	653.2
二次再热蒸汽流量/(kg/s)	525.1	522.6
一再热蒸汽流量占主蒸汽流量比	0.933	0.932
二次再热蒸汽流量占主蒸汽流量比	0.817	0.800
机组发电效率/%	46.83	46.99
发电效率增加值(百分点)	—	0.16
机组热耗率/[kJ/(kW·h)]	7687.4	7661.2
热耗率降低值/[kJ/(kW·h)]	—	26.2

需要注意的是，如果外置式蒸汽冷却器应用于现存机组的流程改造，各级抽汽压力会偏离设计点，随着通过蒸汽轮机的流量变化而变化：首先，设定主蒸汽流量不变，增加外置式蒸汽冷却后，抽汽量会增加，通过2#和5#后汽轮机的蒸汽流量下降1.7%～2.4%，其后的汽轮机抽汽压力会略有下降，模拟计算获得的机组发电效率为46.82%，表明增加外置式蒸汽冷却器带来的效率收益完全被抽汽压力偏离设计工况造成的效率损失抵消了；然而，抽汽的增加会造成出功量的减少，当出功量不变时，主蒸汽流量会升高1.6%，汽轮机抽汽压力会有所回升，最终模拟计算机组的发电效率为46.96%，较原机组高出0.13个百分点，表明出功不变的条件下，外置式蒸汽冷却器应用于现存机组的流程改造，也可有效改善机组热力性能，不过比新设计机组的热效率略低。

3. 关键过程图像㶲分析

为了更全面地分析二次再热机组集成外置式蒸汽冷却器的能量利用规律，并从热力学第二定律的角度阐释节能机理，找到热量传递过程中品位损失的关键因素，本章节采用图像㶲分析法，剖析利用外置式蒸汽冷却器实现高参数二次再热机组回热抽汽能量梯级利用换热过程的㶲损失特性。

图像㶲分析(exergy utilization diagram, EUD)方法于1982年由日本教授Ishida提出[6]，与传统㶲分析方法不同，它不再是单纯的数字分析，而是通过使用图像形式来表达出热力过程中能量变化与能量品位变化的关系，在同一坐标中既体现了热力学第一定律，又体现了热力学第二定律。任何一个热量交换过程，按照物质能量变化都可分为能量释放过程和能量吸收过程。对一个热力过程进行图像㶲分析时，能量释放过程和能量吸收过程中工质的能级品位“A”是一个无量纲数，是热力过程中㶲的变化量 ΔE 与能的变化量 ΔH 的比值，定义如下：

$$A=\frac{\Delta\varepsilon}{\Delta H}=1-T_0\frac{\Delta S}{\Delta H} \tag{4-25}$$

式中，A 为工质的能级品位；ΔS 为过程的熵变，MW/K；$\Delta\varepsilon$ 为过程的㶲变化，MW；ΔH 为能量的变化，MW；T_0 为环境温度，K。

回热加热器中换热过程认为是理想换热过程，A 可定义为

$$A=1-\frac{T_0}{T} \tag{4-26}$$

式中，T 为能量释放侧(热源)或能量吸收侧(冷源)的温度，K。

可以看出，在换热过程中，热源或冷源的能级品位即为热源或冷源在该温度下卡诺循环的效率。

在图像㶲分析方法中，横坐标 ΔH 为能量的变化，其与热力学第一定律相关；纵坐标 A 为能量的能级品位，其与热力学第二定律相关。能级品位 A 的变化曲线与横坐标 ΔH 包围的面积反映了能量传递过程所做的最大有用功，能量释放侧与能量吸收侧的能级品位差则代表驱动传热过程发生势差的大小，而能量释放侧和能量吸收侧两曲线之间的面积则表示能量传递过程中的㶲损失。因此，在图像㶲分析法中，能量释放侧和能量吸收侧变化过程曲线的形状反映了研究系统内部每个能量转化过程的㶲变化。综上所述：图像㶲分析方法可将能量交换过程中的㶲损失直观、清晰地用能量的释放侧 A_{ed} 和能量的接收测 A_{ea} 曲线之间的面积表达出来。

从蒸汽能级品位的角度看，汽轮机高压缸排汽在锅炉再热器中吸收高温烟气热量，蒸汽温度提高，能级品位提升。高温蒸汽被引入回热系统用来加热给水或凝结水，如果直接利用高温的蒸汽加热低温冷源工质，会导致回热系统蒸汽热能的贬值利用。从换热设备的角度看，在冷源工质温度一定的条件下，利用温度很高的蒸汽加热冷源会导致换热温差增大，同时使换热过程的㶲损失增大，换热过程热力性能下降。

图 4-9 给出了二次再热机组集成外置式蒸汽冷却器系统与参比系统的 2#回热

加热器和外置式蒸汽冷却器的 EUD 图，对于回热加热器中的换热过程而言，能量输入侧为回热抽汽，能量吸收侧为给水或凝结水。图中菱形阴影部分面积为集成外置式蒸汽冷却器系统中 2#回热加热器的㶲损，左斜线阴影部分面积为集成外置式蒸汽冷却器系统中 2#回热加热器㶲损的减少值。

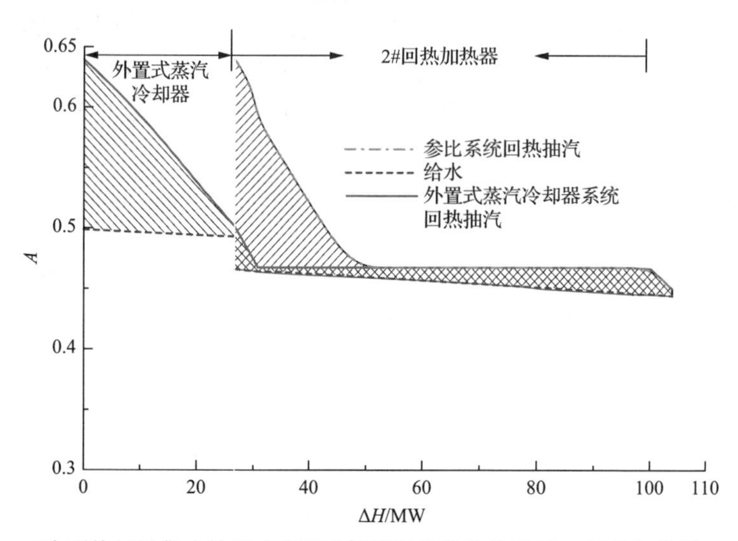

图 4-9　二次再热机组集成外置式蒸汽冷却器系统和参比系统 2#回热加热器 EUD 分析

通过图 4-9 可以看出，二次再热机组集成外置式蒸汽冷却器后，相对于参比系统，外置式蒸汽冷却器系统 2#回热加热器㶲损明显减小。右斜线阴影面积表示集成外置式蒸汽冷却器系统中第二级外置式蒸汽冷却器㶲损。虽然增加外置式蒸汽冷却器导致了额外㶲损，但是 2#回热加热器㶲损明显减小，2#回热加热器和外置式蒸汽冷却器的总体㶲损降低。同时由于增加外置式蒸汽冷却器，还能够同时有效提高锅炉给水温度。综合考虑 2#回热加热器与外置式蒸汽冷却器的作用，外置式蒸汽冷却器系统能够获得更好的热力学性能。5#回热加热器的能量交换过程与 2#回热加热器相似，综合考虑 5#回热加热器与外置式蒸汽冷却器的作用，外置式蒸汽冷却器系统能够获得更好的热力学性能。

4.2.3　回热式汽轮机系统

1. 系统构建

从图 4-10 可以看出，二次再热机组参比系统中，第二级和第五级回热抽汽由于紧邻两次再热过程，蒸汽温度很高，蒸汽过热度达到 300℃左右。此外，第三级和第四级回热抽汽紧邻第二级回热抽汽之后，蒸汽温度较高，过热度也达到 200℃左右；第六级和第七级回热抽汽过热度均超过 200℃。为了充分利用回热系统再热后回热抽汽的热量，提出了二次再热机组多级回热系统蒸汽能量梯级利用的回热式汽轮机系统[5]。图 4-11 给出了超超临界二次再热机组集成回热式汽轮机系统汽水循环的流程图。从图中可以看出，二次再热机组回热式汽轮机系统将部分高压缸排汽引入到一台单独的回热式汽轮机中，这部分蒸汽不再经历再热过程，直接通过回热式汽轮机的抽汽和排汽进入到相应的回热加热器中，用来加热给水或凝结水。

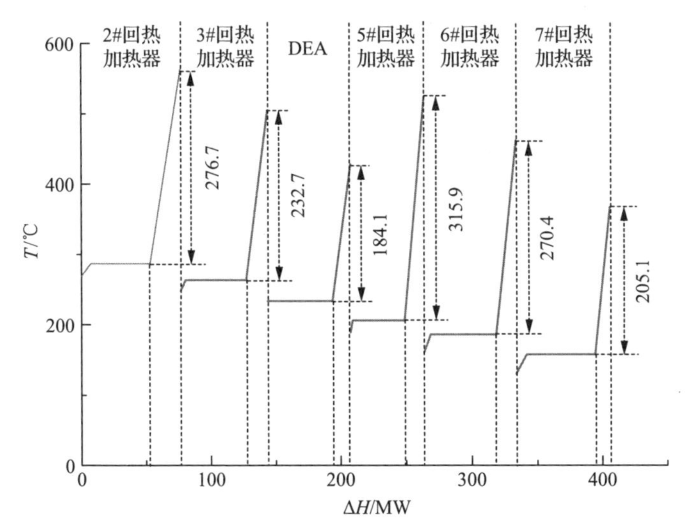

图 4-10　二次再热机组参比系统各级回热抽汽的温度分布

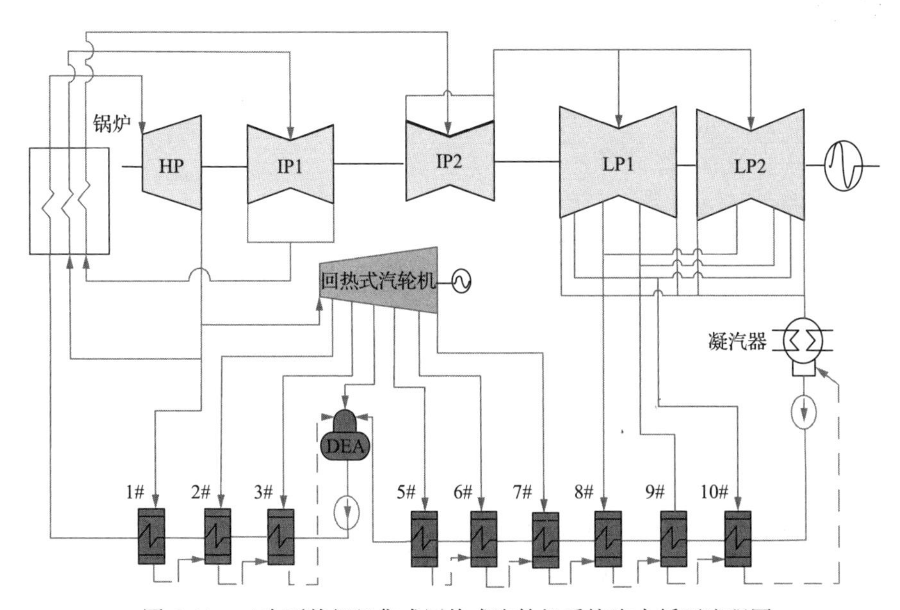

图 4-11　二次再热机组集成回热式汽轮机系统汽水循环流程图

在回热式汽轮机系统中，主汽轮机一级中压缸和二级中压缸都不再进行回热抽汽，相应的回热加热器的抽汽来自于回热式汽轮机，由于这部分蒸汽没有进行再热，蒸汽过热度将显著降低，回热加热器的换热效果提高，㶲损降低，而且这部分蒸汽的做功损失减小，从而有利于整个循环的热效率提高。

2. 热力性能分析

在超超临界二次再热机组集成回热式汽轮机系统中，锅炉效率定为 93%，汽水循环热力系统中各设备的模型假设如表 4-5 所示。对于新设计的回热式汽轮机发电系统，假定回热式汽轮机的相对内效率为 85%，新机组的各级回热抽汽压力和二次再热机组参比系统的各级回热抽汽压力设定相同。

表 4-11 给出了二次再热集成回热式汽轮机系统与参比系统汽水循环的主要参数。可以看出，在主蒸汽和再热蒸汽的压力和温度均保持不变的条件下，二次再热机组集成回热式汽轮机系统的主蒸汽流量增加，原因在于增加回热式汽轮机辅助循环后，进入相应回热加热器的蒸汽温度降低，回热加热器加热给水所需的抽汽流量增加。

表 4-11　二次再热机组集成回热式汽轮机系统与参比系统汽水循环主要参数

项目	参比系统	集成回热式汽轮机系统
主蒸汽流量/(kg/s)	689.4	735.3
主蒸汽压力/bar	300	300
主蒸汽温度/℃	600	600
一次再热蒸汽压力/bar	90	90
一次再热蒸汽温度/℃	610	610
二次再热蒸汽压力/bar	27	27
二次再热蒸汽温度/℃	610	610

表 4-12 给出了二次再热机组参比系统和二次再热集成回热式汽轮机系统的各级回热抽汽的参数。与二次再热参比系统相比，集成回热式汽轮机系统中第二至七级回热抽汽温度均明显降低，说明集成回热式汽轮机系统能够实现多级回热抽汽的余热利用，同时这些回热加热器的抽汽流量有所增加，其余各级抽汽流量变化较小。

表 4-13 给出了二次再热机组参比系统和集成回热式汽轮机系统热力性能比较结果。与二次再热机组参比系统相比，集成回热式汽轮机系统中主蒸汽流量有所增加，一次再热蒸汽流量降低，一次再热蒸汽流量占主蒸汽流量比明显降低；二次再热蒸汽流量降低，二次再热蒸汽流量占主蒸汽流量比同时降低。总体而言，

二次再热机回热式汽轮机系统的热耗率较参比系统降低 29.5kJ/(kW·h)，发电效率从 46.83%增加至 47.01%，增加 0.18 个百分点。

表 4-12　二次再热机组参比系统和二次再热集成回热式汽轮机系统的各级回热抽汽参数

回热加热器	参比系统			集成回热式汽轮机系统		
	流量/(kg/s)	压力/bar	温度/℃	流量/(kg/s)	压力/bar	温度/℃
1#	46.6	99.0	415.9	50.2	99.0	415.9
2#	29.8	70.1	562.6	40.4	70.1	368.4
3#	24.9	49.7	496.2	32.8	49.7	320.3
DEA	28.0	29.7	417.4	34.9	29.7	258.2
5#	20.6	17.5	521.7	29.6	17.5	205.8
6#	24.7	11.5	456.5	33.9	11.5	186.1
7#	25.0	5.8	362.7	32.6	5.8	157.6
8#	23.2	2.5	261.4	23.3	2.5	261.4
9#	23.0	1.0	163.7	23.0	1.0	163.7
10#	21.6	0.3	68.9	21.3	0.3	68.9

表 4-13　二次再热机组参比系统和集成回热式汽轮机系统热力性能比较

性能参数	参比系统	集成回热式汽轮机系统
主蒸汽流量/(kg/s)	689.4	742.3
一次再热蒸汽流量/(kg/s)	642.9	481.1
二次再热蒸汽流量/(kg/s)	525.1	481.1
一次再热蒸汽占主蒸汽流量比	0.933	0.658
二次再热蒸汽占一次再热蒸汽流量比	0.817	0.658
发电效率/%	46.83	47.01
发电效率增加值/%	—	0.18
热耗率/[kJ/(kW·h)]	7687.4	7657.9
热耗率降低值/[kJ/(kW·h)]	—	29.5

3. 关键过程图像㶲分析

对二次再热机组参比系统和集成回热式汽轮机系统的 2#～7#回热加热器开展 EUD 分析。图 4-12 展示了二次再热机组参比系统与集成回热式汽轮机系统中 2#～7#回热加热器的 EUD 图，各级回热加热器的㶲损失已在图中标出。

从图 4-12(a)中可以明显看出：在二次再热机组参比系统中，回热系统中蒸汽能级品位较高，给水/凝结水的能级品位较低，换热过程热源工质与冷源工质的能级品位差很大，导致换回热换热过程的㶲损失很大，削弱了回热换热过程的节能效果。图 4-12(b)显示，在二次再热机组集成回热式汽轮机系统中，回热加热器的蒸汽过热度大幅降低，蒸汽与给水/凝结水的能级品位之差大幅降低；尽管回热抽汽温度降低导致给水/凝结水的流量增大，回热加热器得换热量有所增加，但是其换热㶲损失依然低于参比系统，这些都是通过增加回热式汽轮机蒸汽循环，降低抽汽过热度所带来的热力学收益。

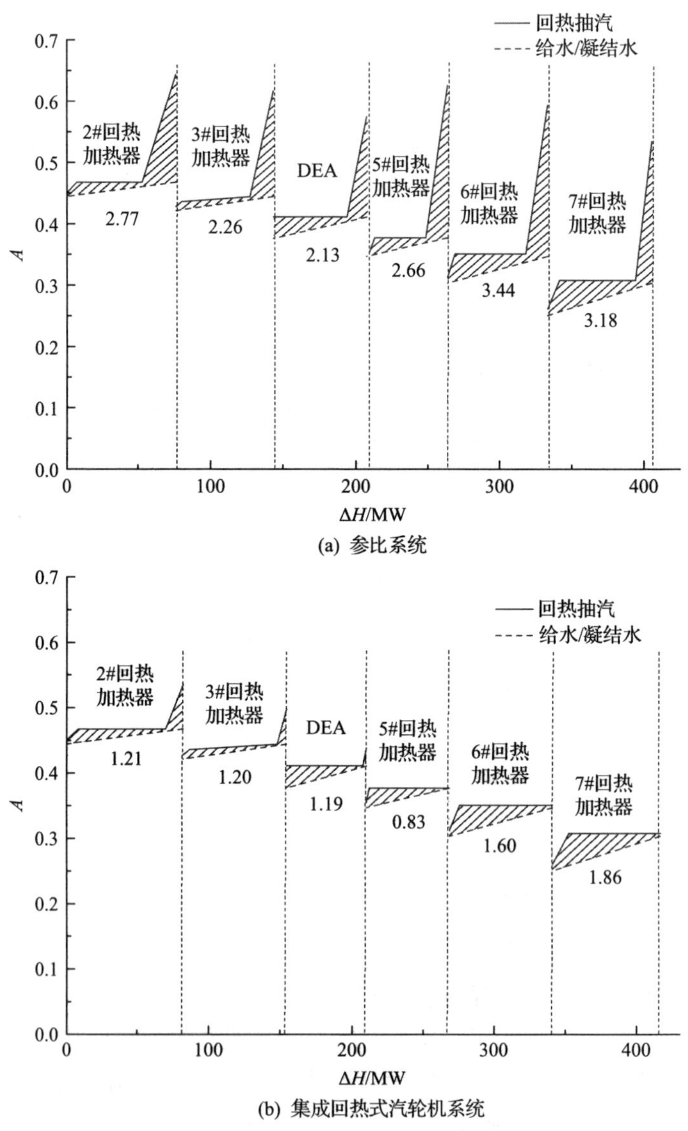

图 4-12 二次再热机组回热加热器 EUD 分析

4.3　锅炉低品位热量高效利用与流程重构

4.3.1　“串联式”锅炉尾部受热面流程重构

1. 常规低温省煤器系统分析及流程重构的提出

在燃煤电站中，煤通过燃烧在锅炉中释放燃料化学能，产生的锅炉烟气在炉膛及锅炉尾部受热面内加热水冷壁中的工质水，烟气将大部分热量传递给蒸汽，余下的热量在空气预热器中加热空气，空气预热器出口的空气进入炉膛参与燃烧，空气预热器排烟进入烟气处理系统，作为废热排到环境中去。锅炉排烟温度一般在 120～140℃，是一种常压的低温资源。在电站热力系统中，汽轮机需要大量抽汽加热凝结水，而抽出的蒸汽一方面使凝结水温度提高，另一方面自身放热后凝结成相应压力下的饱和水而失去做功能力，因此在火电厂烟气余热回收利用中，运用最广泛的就是在空气预热器后的烟气通道中加装低温省煤器，如图 4-13 所示，利用烟气余热加热凝结水，节省部分回热抽汽到后续汽轮机内做功，从而在主蒸汽流量不变的情况下，增加系统总出功，提高燃煤电站综合效率。在常规烟气余热利用系统中，低温省煤器安装在空气预热器后，其入口烟气温度为空气预热器出口温度，显而易见，这种余热利用系统存在很多独特的限制因素，是一种“有约束”的系统，具体包括以下几种。

(1) 低温省煤器的烟气入口温度往往是固定的，而出口温度又受材料承受烟气腐蚀能力的限制。

(2) 低温省煤器烟气温度水平低，只能加热较低温度的凝结水，因此节省的回热抽汽蒸汽参数低，相应的做功能力较差，系统节能效果受到限制。

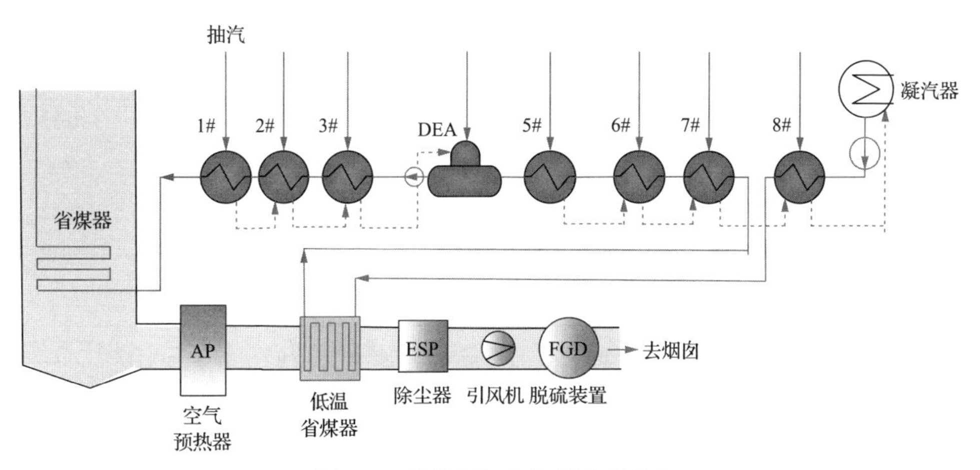

图 4-13　常规烟气余热利用系统图

(3)在实际工程中,低温省煤器烟气侧和工质侧的换热温差受到传热空间和面积的限制，为了满足工程需要，一般节点温差应保持在 10℃以上，对数温差要保持在 20℃以上。

选取某典型 1000MW$_e$ 超超临界燃煤机组作为研究对象,该机组采用 N1000MW-26.25MPa/600℃/600℃型超超临界中间再热凝汽式汽轮机和 SG-3093/27.46-M533 超超临界压力直流锅炉；锅炉燃用设计煤种(收到基碳、氢、氧、氮、硫、灰分、水分分别为 56.26%、3.79%、12.11%、0.82%、0.17%、8.94%、18.1%)时，锅炉实际燃煤量为 115.6kg/s，排烟温度 130℃。汽机的热力参数和机组热力性能如表 4-14 和表 4-15 所示。

表 4-14　参比系统热力性能表

相关参数	数值
烟气流量/(kg/s)	1158.1
主蒸汽流量/(kg/s)	859.2
入炉煤流量/(kg/s)	115.6
低位发热量/(MJ/kg)	21.13
总输入热量/MW	2440.3
总输出功/MW	1093.2
厂用电/MW	60.1
净出功/MW	1033.1
净效率/%	42.3

表 4-15　参比机组回热系统参数表

项目	回热系统参数							
	1#	2#	3#	除氧器	5#	6#	7#	8#
抽汽压力/MPa	8.58	6.29	2.68	1.23	0.63	0.26	0.067	0.025
抽汽温度/℃	421.4	376.1	481.8	370.7	286.7	194.2	88.8	65.4
抽汽流量/(kg/s)	48.82	88.21	41.08	26.70	35.97	41.06	24.78	25.62
入口水温度/℃	276.7	225.7	195.3	157.7	125.3	86.0	62.8	36.0
出口水温度/℃	299.4	276.7	225.7	188.7	157.7	125.3	86.0	62.8

根据案例机组烟气与回热系统热力参数以及低温省煤器传热温差限制，烟气余热最佳利用方式为低温省煤器加热 8#回热加热器出口凝结水,节省 7#回热加热器抽汽。利用烟气余热加热凝结水的锅炉尾部受热面(空气预热器、低温省煤器)综合换热曲线见图 4-14。

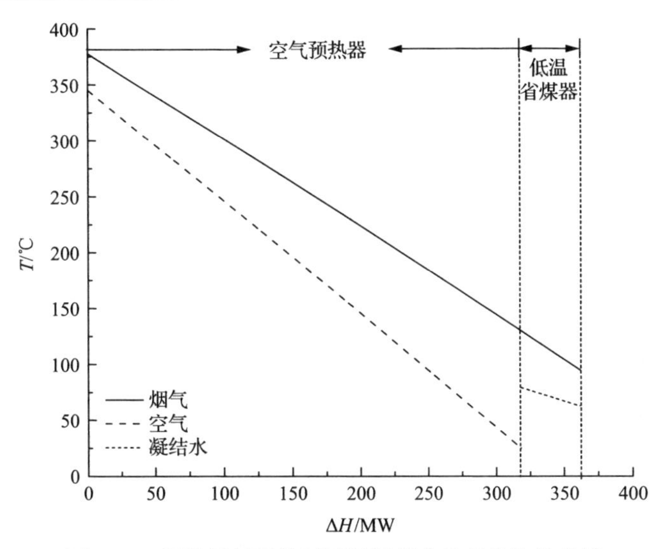

图 4-14　锅炉尾部受热面采用常规余热系统换热曲线

图中可以看出：一方面，常规余热利用系统中低温省煤器入口烟气为空气预热器出口排烟，烟气温度低，低温省煤器受烟温和凝结水温度差换热约束严重，进而导致烟气只能加热低温凝结水，节省较低品位回热抽汽，节能效果不佳。具体而言，参比机组采用低温省煤器可利用烟气余热温度范围为 130～95℃，根据表 4-15 中的汽水系统参数，常规余热利用中的低温省煤器只能加热凝汽器出口或 8#回热加热器出口凝结水，因此，系统只能节省 7#或 8#回热加热器抽汽。另一方面，在电站锅炉空气预热器的空气入口处，处于环境温度下的空气(通常 25℃甚至更低)和烟气(通常 120～150℃甚至更高)温差可达 100℃以上，由此带来空气预热器传热㶲损失较大，烟气-空气换热系统有待完善。

图 4-15 给出了一种提升低温省煤器中烟气能级品位的串联式烟气余热优化利用系统[7,8]。在优化系统中，空气预热器分两级布置，分别为主空气预热器和低温空气预热器，省煤器后的排烟先进入主空气预热器，主空气预热器排烟进入低温省煤器中加热回热系统凝结水，低温省煤器出口排烟经过除尘后进入低温空气预热器。常温空气经过前置的低温空气预热器加热到一定温度后，进入主空气预热器，加热到额定热风温度，完成空气的全程加热。根据案例机组烟气与回热系统热力参数及低温省煤器传热温差限制，烟气余热最佳利用方式为低温省煤器加热 6#回热加热器出口凝结水，节省 5#回热加热器抽汽。

图 4-16 给出了采用烟气余热优化利用系统的锅炉尾部受热面综合换热曲线，可以看出，在优化余热利用系统中，140～95℃的烟气在低温空气预热器中加热环境温度空气，而非在传统系统中加热凝结水，因此主空气预热器入口空气温度上升。在空气预热器出口热空气温度不变的情况下，主空气预热器的排烟温度(低温

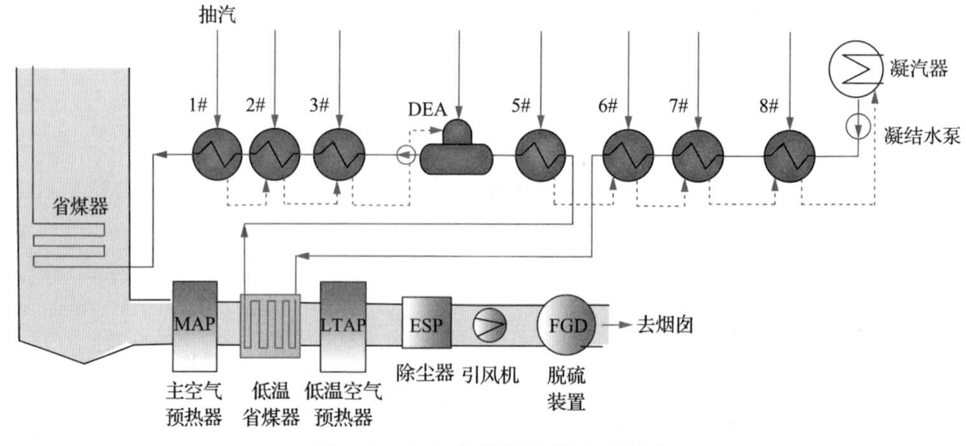

图 4-15 烟气余热优化利用系统图

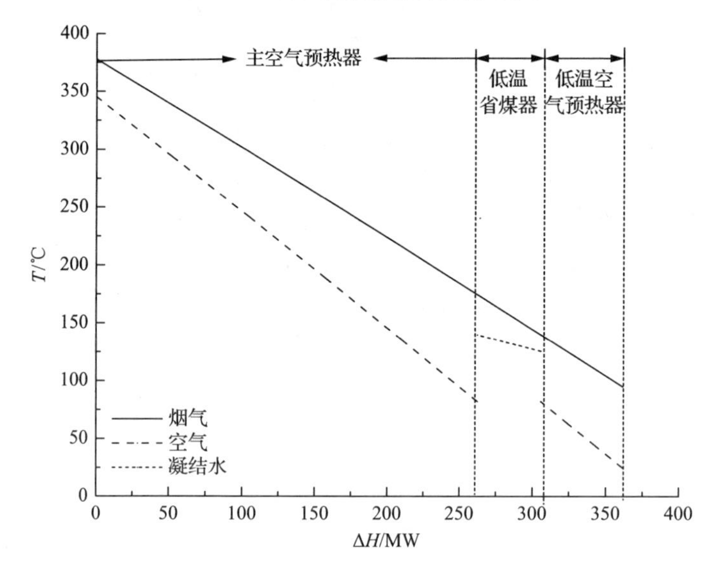

图 4-16 锅炉尾部受热面采用优化烟气余热系统换热曲线

省煤器入口烟气温度）上升至 174.5℃，而低温省煤器出口烟气温度也达到 140℃，因此可以加热 6#回热加热器出口凝结水，节省 5#回热加热器抽汽。5#回热加热器抽汽参数较常规系统中 7#回热加热器高。因此，在烟气回收热量一定的条件下，机组采用烟气余热优化利用系统时，机组效率较采用常规余热利用系统有所提高。

根据上文分析可知，通过低温省煤器回收烟气余热可提高机组效率，而获得的效率提升又与替代回热抽汽的级数有关。从根本上讲，是与替代回热抽汽所具备的做功能力有关，在提出的优化系统中，打破了常规余热利用系统低温省煤器所处烟气温区的限制，通过对空气预热器的分级布置，使空气预热器、低温省煤器中的烟气热量得到了更为合理利用，从而使原有系统中较低品位烟气余热返回到热力系统中所节省的蒸汽做功能力提高。因此，提出的系统通过对锅炉尾部受热面的优化布置，提升了烟气余热返回到热力系统中的能级品位，实现了烟气余热物理能的提升利用。

2. 烟气余热回收的热力学模型

对于燃煤电站利用排烟余热加热凝结水的余热回收利用系统来说，在忽略低温省煤器散热损失的条件下，低温煤器中回收的烟气热量等于省煤器出入口烟气的总焓降，烟气焓(基于单位质量煤)如下式所示：

$$I = I_{\mathrm{g}}^{0} + (\kappa - 1) I_{\mathrm{a}}^{0} \tag{4-27}$$

$$I_{\mathrm{a}}^{0} = V^{0} (c\vartheta)_{a} \tag{4-28}$$

式中，I 为实际烟气焓值，kJ/kg-煤；I_{g}^{0} 为理论烟气焓，kJ/kg-煤；I_{a}^{0} 为理论空气焓，kJ/kg-煤；κ 为过量空气系数；V^{0} 为理论空气量，$\mathrm{m^3}$/kg-煤；$(c\vartheta)_{a}$ 为 $1\mathrm{m}^3$ 空气在 ϑ ℃时的焓，kJ/m^3。

$$I_{\mathrm{g}}^{0} = V_{\mathrm{CO_2}} (c_{\mathrm{p}}\vartheta)_{\mathrm{CO_2}} + V_{\mathrm{N_2}} (c_{\mathrm{p}}\vartheta)_{\mathrm{N_2}} + V_{\mathrm{H_2O}} (c_{\mathrm{p}}\vartheta)_{\mathrm{H_2O}} \tag{4-29}$$

式中，V_x 为烟气中 x 成分体积，m^3；$(c\vartheta)_x$ 为烟气中成分 x 在温度为 ϑ 时，每立方米(标准状况下)的焓，kJ/kg。

烟气放热量可由下式计算得出：

$$Q_{\mathrm{r}} = B_{\mathrm{j}} (I_{\mathrm{in}} - I_{\mathrm{out}}) \tag{4-30}$$

式中，B_{j} 为燃煤量，kg/s；I_{in} 为低温省煤器入口烟气焓，kJ/kg-煤；I_{out} 为低温省煤器出口烟气焓，kJ/kg-煤。

采用等效热降法[9]计算烟气余热给机组带来的出功增加。等效热降法是一种基于热力学热功转换原理，考虑热力系统结构和参数的特点，用以研究热功转换及能量利用程度的方法，该方法被广泛利用在计算烟气余热等额外热量输入到热力系统给系统带来能效的提升。

根据等效热降的概念，等效热降是 1kg 抽汽从某级抽汽口返回汽轮机的真实做功能力，它标志着汽轮机各抽汽口蒸汽的能级品位。在再热机组中，再热热段到凝汽器直接的等效热降与再热蒸汽冷端到新蒸汽之间的等效焓降 H_j 分别为

$$H_j = h_j - h_{\mathrm{c}} - \sum_{r=1}^{j-1} \frac{A_r}{q_r} H_r \tag{4-31}$$

$$H_j = (h_j + \Delta h_{\mathrm{rh}} - h_{\mathrm{c}}) - \sum_{r=1}^{j-1} \frac{A_r}{q_r} H_r \tag{4-32}$$

式中，h_j为j#回热加热器抽汽焓，kJ/kg；h_{c}为汽轮机排汽焓，kJ/kg；q_r为1kg抽汽在r级回热加热器中的放热量，kJ/kg；A_r为疏水或凝结水焓差，A_r取值视加热器的类型而定，其具体取值规则参照文献[9]，kJ/kg；H_r为第r级抽汽的等效热降。

由式(4-31)、式(4-32)可计算各级抽汽的等效热降H_j，并由等效热降与加入热量之比，可得相应的抽汽效率：

$$\eta_j = \frac{H_j}{q_j} \tag{4-33}$$

在烟气余热加热凝结水过程中，烟气余热可按照纯热量输入系统计算。因此，当烟气放热利用在能级η_j上，新蒸汽等效热降增量为

$$\Delta H = \frac{Q_{\mathrm{r}}}{D_{\mathrm{s}}} \eta_j \tag{4-34}$$

式中，Q_{r}为烟气余热利用系统回收的热量，kJ/kg-煤；D_{s}为主蒸汽流量，kg/s。

系统在增设烟气余热利用后，新蒸汽等效热降为$H + \Delta H$，故电站系统效率提高为

$$\delta\eta_i = \frac{\Delta H}{\Delta H + H} \tag{4-35}$$

显然，在输入原煤不变的情况下，机组出功增加为

$$\Delta W_{\mathrm{LTE}} = \delta\eta_i W \tag{4-36}$$

在优化烟气余热利用系统中，锅炉尾部受热面的温区重新分配，换热器的面积需要重新校核计算。

在锅炉尾部受热面，烟气主要以对流换热为主。因此对于省煤器、空气预热器、低温省煤器而言，烟气辐射换热系数可忽略不计。省煤器和低温省煤器总的传热系数由下式确定[10]：

$$K_{\mathrm{LTE}} = \frac{1}{\dfrac{1}{a_1} + \dfrac{1}{a_2}} \tag{4-37}$$

式中，a_1为烟气换热系数，$\mathrm{W/(m^2 \cdot K)}$；a_2为凝结水换热系数，$\mathrm{W/(m^2 \cdot K)}$。

对于烟水换热器，一般选用高频翅片管，其对流换热系数如下[11]：

$$a_1 = 0.134\left(\frac{\lambda_f}{d''}\right) Re_f^{\ 0.681} Pr_f^{\ 0.33} \left(\frac{s}{14.85}\right)^{0.2} \left(\frac{s}{t_f}\right)^{0.1134} \tag{4-38}$$

式中，λ_f 为烟气的导热系数，$W/(m^2 \cdot K)$；d'' 为管束的当量直径，m；Re_f 为烟气的雷诺数；Pr_f 为烟气的普朗特数；s 为翅片截距，m；t_f 为翅片厚度，m。

给水与凝结水的对流传热系数表示如下：

$$a_2 = 0.021(\lambda_w / d') Re_w^{\ 0.8} Pr_w^{\ 0.125} \tag{4-39}$$

式中，λ_w 为给水/凝结水的导热系数，$W/(m^2 \cdot K)$；d' 为管内径，m；Re_w 为给水/凝结水的雷诺数；Pr_w 给水/凝结水的普朗特数。

对于回转式空气预热器，总的传热系数计算为

$$K_{AP} = \frac{\gamma \cdot C_n}{\dfrac{1}{x_1 \cdot a_1} + \dfrac{1}{x_3 \cdot a_3}} \tag{4-40}$$

式中，a_3 为空气换热系数，$W/(m^2 \cdot K)$；γ 为利用系数；C_n 为空气预热器旋转因子；x_1 为空气预热器中烟气的份额；x_3 为空气预热器中空气的份额。γ 、C_n、x_1 和 x_3 的数值分别为 0.9、1.0、0.42 和 0.46。

空气预热器中烟气的放热系数如下计算：

$$a_1 = 0.03 \times \lambda_f'' \times Re_f''^{0.03} \times Pr_f''^{0.4} / d \tag{4-41}$$

式中，λ_f'' 为烟气的导热系数，$W/(m^2 \cdot K)$；d 为空气预热器的当量直径，m。

同样，空气侧的换热系数如下公式所示：

$$a_3 = 0.03 \times \lambda_a'' \times Re_a''^{0.03} \times \frac{Pr_a''^{0.4}}{d} \tag{4-42}$$

式中，Re_a'' 为空气的雷诺数；Pr_a'' 为空气的普朗特数。

因此，当传热系数 K 和传热量 Q 确定时，新系统中省煤器、空气预热器、低温省煤器的换热面积也被确定，其计算公式如下：

$$A = \frac{Q}{K \cdot \Delta t} \tag{4-43}$$

式中，Δt 为换热器的平均对数换热温差，K。

在锅炉尾部加装额外的受热面会增加烟气流动阻力，对于省煤器和低温省煤器而言，烟气的阻力计算如下：

$$\Delta p_{\mathrm{f}} = Eu \times \rho \times w_{\mathrm{y}}^2 \times z \tag{4-44}$$

式中，Eu 为管阻特性；ρ 为烟气的密度，kg/m^3；w_y 为烟气平均流速，m/s；z 为沿烟气流动方向的总管数。

Eu 数可以根据如下公式计算：

$$Eu = a_0 Re^{\mathrm{b}} \left(\frac{p_{\mathrm{f}}}{d_0}\right)^{\mathrm{c}} \left(\frac{S_1}{d_0}\right)^{\mathrm{d}} \tag{4-45}$$

式中，$\frac{p_{\mathrm{f}}}{d_0}$ 为翅片单位间距的烟气压降，Pa；$\frac{S_1}{d_0}$ 为高频翅片管的相对间距；a_0、b、c 和 d 为由相关设计参数图表获得的经验数据。

对于空气预热器而言，换热温差减小会增加空气预热器面积，面积的增加也会导致空气预热器烟气阻力增加，烟气阻力计算如下：

$$\Delta p_{\mathrm{AP}} = \lambda \frac{l}{d} \frac{\rho v^2}{2} \tag{4-46}$$

式中，λ 为沿程阻力系数；l 为空气预热器的高度，m；d 为当量直径，m；ρ 为烟气密度，kg/m^3；v 为烟气流速，m/s。

在烟气余热利用系统中，烟气阻力增加会增加引风机电耗，增加电耗计算如下：

$$\Delta W_{\mathrm{f}} = \frac{D_{\mathrm{f}} \cdot \Delta p_{\mathrm{r}}}{1000 \eta_{\mathrm{f}}} \tag{4-47}$$

式中，Δp_{r} 为烟气流动阻力增加，kPa；η_{f} 为引风机效率，%；D_{f} 为烟气体积流量，m^3/s。

因此，机组的净出功增加为

$$\Delta W_{\mathrm{net}} = \Delta W_{\mathrm{LTE}} - \Delta W_{\mathrm{f}} \tag{4-48}$$

式中，ΔW_{LTE} 为低温省煤器带来机组出功增加，MW；ΔW_{f} 为引风机电耗增加，MW。

3. 热力性能比较

表 4-16 与表 4-17 给出了常规烟气余热利用系统与优化烟气余热利用系统的主要热力及性能参数。从表中可以看出：①在优化余热利用系统中，低温省煤器与空气预热器传热温差降低，传热系数基本保持不变，在传热量不变的条件下，

换热面积增加，带来在空气预热器及低温省煤中烟气阻力增加，数据表明，优化系统由于换热面积增加带来的引风机电耗增加约为 1.1MW；②优化余热利用系统中，低温省煤器入口烟气温度达到 174.5℃，出口为 140.0℃，低温省煤器中烟气

表 4-16　常规烟气余热利用系统与优化烟气余热利用系统参数表

项目		常规系统	优化系统
低温省煤器	进/出口烟气温度/℃	130.0/95.0	174.6/140
	进/出口凝结水温度/℃	62.8/79.4	125.3/139.5
	排挤抽汽压力/MPa	0.067	0.63
	排挤抽汽焓/(kJ/kg)	2624.1	3033.9
	对数平均温差/℃	40.7	23.1
	总传热系数/[W/(m^2·K)]	36.0	38.2
	总换热量/MW	43.4	43.4
	换热面积/m^2	29484	49182
	烟气附加压降/Pa	206	376
空气预热器	进口烟气温度(主/低温空预器)/℃	—/377.8/—	377.8/140.0
	出口烟气温度(主/低温空预器)/℃	—/130.0/—	174.6/95.0
	出口空气温度(主/低温空预器)/℃	—/345.1/—	345.1/82.2
	对数平均温差(主/低温空预器)/℃	—/62.0/—	57.4/63.8
	总传热系数(主/低温空预器)/[W/(m^2·K)]	14.5	14.7/13.0
	换热面积(主/低温空预器)/m^2	353949	310981/67277
	换热量(主/低温空预器)/MW	318.2	262.4/55.8
	烟气附加压降(主/低温空预器)/Pa	—	—/309

表 4-17　常规烟气余热利用系统与优化烟气余热利用系统热力性能表

项目	常规系统	优化系统
低温省煤器带来出功增加(ΔW_{LTE})/MW	5.3	10.7
风机能耗增量(ΔW_f)/MW	0.3	1.1
净附加功率(ΔW_{net})/MW	5.0	9.6
净功率($W+\Delta W_{net}$)/MW	1038.0	1043.4
总输入热量(E_{total})/MW	2440.3	2440.3
净效率/%	42.5	42.7
净效率增量/%	+0.2	+0.4

温度较常规余热利用系统高，可加热 6#回热加热器出口凝结水，节省 5#回热加热器抽汽。5#回热加热器抽汽品位较 7#回热加热器高，因此，在回收热量一定的条件下，系统出功增加明显。结果表明，在优化系统中，节省回热抽汽带来的出功增加为 10.7MW，较常规系统增加 5.4MW。

总之，在烟气余热优化利用系统中，通过对锅炉尾部受热面的温度区间合理分配，机组出功较常规系统增加显著，虽然换热面积增加会增加引风机电耗，但优化系统净增加出功仍然达到 9.6MW，系统净出功较常规系统增加 4.6MW，热效率较常规系统增加 0.2 个百分点。

对于新设计的机组，通过设备的设计调整(如调整蒸汽轮机的通流面积)，可以实现改造系统各级的抽汽压力和原系统的一致。但是，当上述节能方法应用于现存机组的节能改造时，抽汽压力势必会随着部分抽汽流量的变化而变化，系统流程改造的节能效果会有所削弱：对于常规烟气余热回收系统，机组发电效率为 42.4%，对于优化系统，系统的发电效率为 42.6%，表明低温省煤器应用于现存机组的节能改造仍能实现有效节能，并且优化系统的节能效果更加显著，较常规系统提高约 0.2 个百分点。

为更全面地分析常规余热利用系统、优化余热利用系统的能量传递规律，并从热力学第二定律的角度阐释系统节能机理，找到热量传递过程中影响传热过程㶲损失的关键因素，在本节采用图像㶲分析法，剖析利用常规余热利用系统、优化余热利用系统的锅炉尾部受热面的换热过程㶲损失特性。图 4-17 描述了利用常规余热利用系统与优化余热利用系统空气预热器与低温省煤器传热过程的㶲损失分布情况。

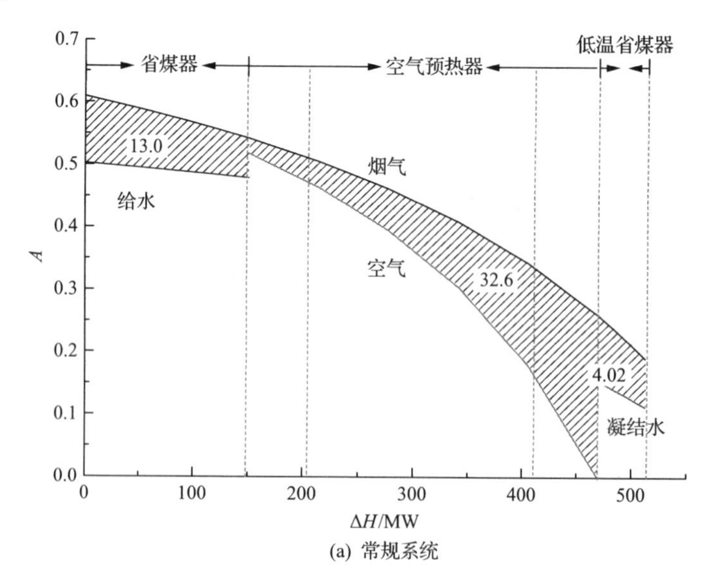

(a) 常规系统

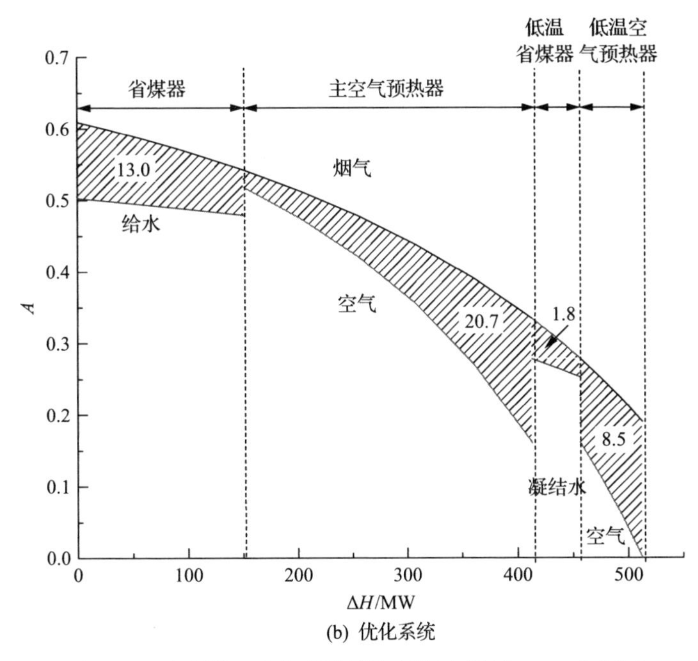

(b) 优化系统

图 4-17　省煤器、空气预热器与低温省煤器 EUD 分析图

在常规余热利用系统中，空气预热器烟气放热能级品位从 A=0.54 降低到 A=0.26，空气吸热能级品位从 A=0 升高至 A=0.52。图中可以看出，放热侧品位与吸热侧品位差值较大，说明空气预热器烟气品位与空气品位匹配不佳，因此导致空气预热器不可逆换热㶲较大，其㶲损失可达 32.6MW。而在烟气余热优化利用系统中，由于空气预热器分级布置，在主空气预热器中，烟气首先从 A=0.54 降低到 A=0.34，加热空气从 A=0.16 到 A=0.52；在低温空气预热器中，烟气从 A=0.28 放热降低到 A=0.19，空气从 A=0 加热到 A=0.16。因此，在优化系统中烟气、空气之间的能级品位差减小，传热㶲损失降低。而对于低温省煤器而言，通过改变烟气运行温度区间，使可加热的凝结水温度升高，同样换热㶲损失也相应降低。

4. 技术经济分析

首先，需要对系统的新增投资进行估算，采用规模因子法对现在设备投资进行估算，计算公式如下[12,13]：

$$\mathrm{FCI}_i = n \times \mathrm{FCI}_{i,\mathrm{r}} \times \left(\frac{S_i}{n \times S_{i,\mathrm{r}}} \right)^{f_i} \tag{4-49}$$

式中，S_i 为设备 i 实际的规模；FCI_i 为设备 i 在实际规模下的固定成本；$S_{i,\mathrm{r}}$ 为参考规模；$\mathrm{FCI}_{i,\mathrm{r}}$ 为在参考规模下的设备固定成本；n 为设备数量；f_i 为规模因子。

在常规余热利用系统中，系统新增设备只有低温省煤器，而在优化余热利用系统中，除需考虑低温省煤器外，空气预热器面积增加，投资也相应增加。在本节中，对这两种烟气余热利用系统的技术经济性进行对比分析，并通过燃煤电站单位供电成本、系统净收益两个指标进行综合比较。

单位供电成本 COE(cost of electricity)可按下式计算：

$$\mathrm{COE} = \frac{\mathrm{FC_L} + \mathrm{CC_L} + \mathrm{OMC_L}}{W_{\mathrm{net}} \cdot N \cdot w} \tag{4-50}$$

式中，$\mathrm{FC_L}$为年燃料成本；$\mathrm{CC_L}$为年度化投资成本；$\mathrm{OMC_L}$为年度运行维护费用；N为年平均运行小时数，h；w为系统的容量因子；W_{net}为系统净输出功，kW。

年度化投资成本由系统总投资乘以资金回收系数 CFR 得到，同时又与建设期内的利息有关，计算如下：

$$\mathrm{CC_L} = \mathrm{CRF} \cdot \mathrm{FCI} \cdot (1+\sigma) \tag{4-51}$$

CFR 是贴现率 k 和设备寿命 n 的函数，计算如下：

$$\mathrm{CRF} = [k \cdot (1+k)^n] / [(1+k)^n - 1] \tag{4-52}$$

燃料的年度成本 $\mathrm{FC_L}$ 可通过公式(4-53)计算：

$$\mathrm{FC_L} = 3.6 m_{\mathrm{coal}} \cdot c_{\mathrm{coal}} \cdot \mathrm{LHV} \cdot N \cdot w \tag{4-53}$$

式中，m_{coal}为输入煤量；c_{coal}为煤价。

另外，燃煤电站每年的净收益也是表征燃煤发电系统技术经济优劣的标准，其计算如下：

$$C_{\mathrm{t}} = C_{\mathrm{P}} - (\mathrm{FCI} \cdot (\mathrm{CRF} \cdot (1+\sigma) + \mathrm{OMC_L}) + C_{\mathrm{c}} \tag{4-54}$$

式中，C_{P}为年度售电收入；C_{c}为年度燃料费用。

售电收入计算如下：

$$C_{\mathrm{P}} = W_{\mathrm{net}} \cdot N \cdot w \cdot c_{\mathrm{e}} \tag{4-55}$$

通过优化锅炉尾部受热面换热温区，采用优化余热利用系统机组热力学性能较采用常规余热利用系统有所提升，然而在优化系统中，换热器面积增加，带来投资相应增加，其最终给燃煤电站带来的收益需要通过系统技术分析进一步验证。

表 4-18 与表 4-19 分别给出了计算设备投资需要的基本规模参数与系统技术经济计算基本假设。表 4-20 给出了两种锅炉冷端设计的燃煤电厂经济性能对比，从表中可以看出，与常规余热利用系统相比，烟气余热优化利用系统由于锅炉尾

部受热面换热温差减少，设备面积增加，系统的固定投资较常规余热利用系统有所增加。但需要指出的是，与燃煤电站整体投资相比，采用优化系统的电站投资仅相对增加 0.8%，而采用烟气余热优化系统时，机组在耗煤量不变的条件下，年净发电量增加带来的售电收益较常规系统增加 170 万美元。综合来看，采用优化余热利用系统的机组供电成本较常规系统降低 0.2 美元/(MW·h)[约合 1.25 元/(MW·h)]，年净收益较采用常规系统增加约 160 万美元(约合人民币 1000 万元)。

表 4-18 主要设备的技术经济计算参数

项目	省煤器	空气预热器	低温省煤器
参比投资/M$	5.18	6.24	0.64
基本规模/m^2	42392	353949	13149
规模因子(f_i)	0.68	0.68	0.68

表 4-19 技术经济分析的基本假设

项目	取值
原煤价格/($/GJ)	4.09
低位发热量/(GJ/kg)	21.13
原煤质量流量/(kg/s)	113.3
上网电价/[$/(MW·h)]	61.0
折现率(k)/%	8
电厂经济寿命/年	30
运行维护费用	4% FCI
年运行小时数/(小时/年)	6900
负荷因子	0.8

表 4-20 采用两种锅炉冷端设计的燃煤电厂经济性能对比

项目	参比机组	常规系统	优化系统
总固定资本成本/M$	700.0	701.1	702.1
安装期间利息/M$	68.6	68.7	68.8
总投资/M$	768.6	769.8	770.9
运行维护费用/M$	28.0	28.0	28.1
年均原煤费用/M$	194.6	194.6	194.6
供电成本/[$/(MW·h)]	51.0	50.9	50.7
年供电收入/M$	347.8	348.7	350.4
净收益/M$	57.0	57.7	59.3

综上，通过对锅炉尾部受热面烟气温区的合理再分配，优化烟气余热利用系统在烟气余热“量”不变的条件下，提高了烟气余热返回到热力系统中的“质”，实现了烟气余热的能级提升利用。最终，系统的热力性能与技术经济性能都较常规余热利用系统有所提升。

4.3.2 “并联式”锅炉尾部受热面流程重构

基于分割烟道设计的旁路烟道系统又被称为余热深度利用系统或者能级提升余热利用系统，20 世纪 90 年代在德国科隆 Niederaussem 1000MW 级褐煤发电机组已获得成功应用，我国近期在业内建设的示范项目中也获得应用。图 4-18 为该系统的示意图[14]，从图中可见，该系统将锅炉烟道在省煤器出口分为主烟道和旁路烟道两部分，主烟道中布置空气预热器，旁路烟道中布置高、低温烟水换热器，在尾部的汇合烟道中布置前置式空气预热器。

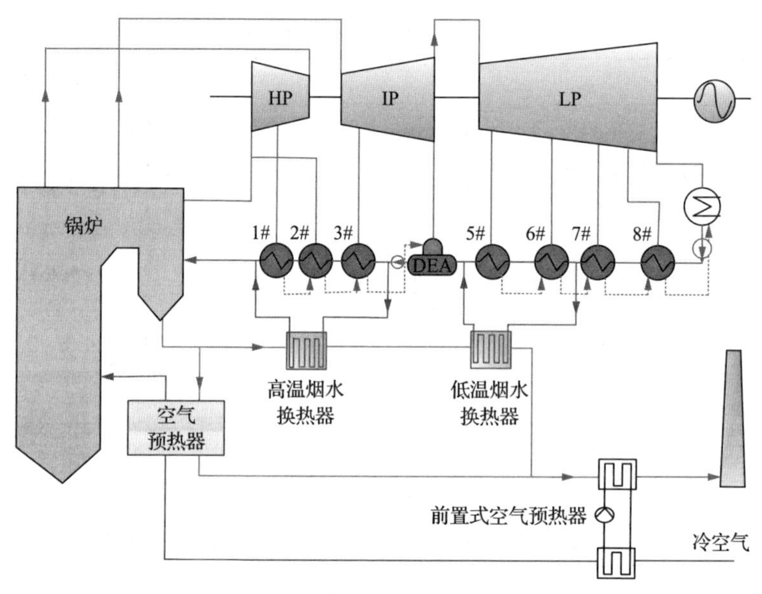

图 4-18　旁路烟道系统示意图

在旁路烟道系统中，锅炉的烟气余热被用来初步预热助燃空气，使主烟道中的空气预热器换热量有所降低，从空气预热器入口处抽取高温烟气进入旁路烟道，通过高、低温烟水换热器来加热回热系统中给水和凝结水，节省高参数汽轮机抽汽，进而增加机组发电功率。总体来看，旁路烟道系统在锅炉冷端利用排烟余热置换出了省煤器出口的高品位烟气能量，有效提升了烟水换热的温区，使机组热效率提升。

本节基于典型 1000MW 超超临界一次再热机组，基于换热器的合理设计与热力计算，得到旁路烟道系统各换热器的热力参数，汇总于表 4-21 中。从表中可以看出，系统烟气温度降至 100℃，分别利用低温省煤器与前置式空气预热器回收了 31.0MW 的烟气余热，各换热器的换热面积均在合理范围内，总体来看，旁路烟道系统的新增换热面积更大，辅机增加电耗相对更高。

表 4-21　旁路烟道系统换热器参数

项目	空气预热器	高温烟水换热器	低温烟水换热器	前置空气预热器（烟气-媒介水）	前置空气预热器（媒介水-空气）
入口/出口烟气温度/℃	378.0/128.0	378.0/204.8	204.8/128.0	128.0/100.0	—/—
入口/出口空气温度/℃	60.5/345.6	—/—	—/—	—/—	25.0/60.5
入口/出口水温度/℃	—/—	189.8/290.0	83.3/153.3	70.0/90.0	90.0/70.0
烟气流量/(kg/s)	888.3	114.0	114.0	1,002.3	—
空气流量/(kg/s)	865.2	—	—	—	865.2
水流量/(kg/s)	—	48.5	31.0	378.4	378.4
平均温差/℃	47.8	41.3	48.0	33.8	36.7
总换热系数/[W/(m^2·K)]	13.0	36.6	37.2	26.9	65.2
换热量/MW	238.5	21.9	9.1	31.0	31.0
换热面积/m^2	404392	14014	5048	34918	13307
压降增加/Pa	59.3	882.4	454.2	499.6	295.2
风机附加电耗/MW	0.07	0.16	0.08	0.54	0.23

低温省煤器系统与旁路烟道系统的节能效果均来源于节省汽轮机抽汽，因此，各级汽轮机功率的变化可以从热力学第一定律角度直观反映两个系统的节能机理。图 4-19 对比了两个系统各级抽汽所带来的功率变化，从图中可以看出，虽然

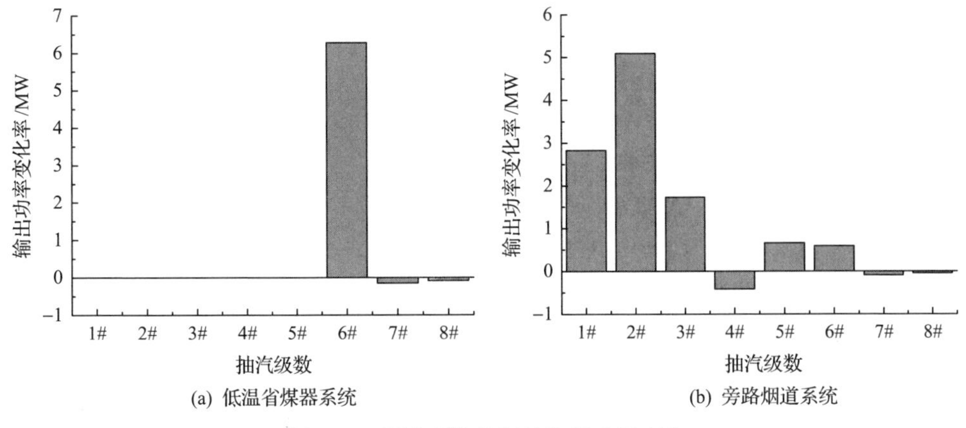

(a) 低温省煤器系统　(b) 旁路烟道系统

图 4-19　两个系统各级抽汽做功量变化

低温省煤器系统能够节省大量的第六级抽汽，但其做功能力较低，功率增加仅为6.28MW；而旁路烟道系统虽然节省的各级抽汽量较少，但所节省的前三级抽汽做功能力极强，功率增加分别为2.83MW、5.10MW和1.73MW。总体来看，在回收相同烟气余热量的条件下，旁路烟道系统能够增加机组功率10.34MW，达到低温省煤器系统的1.7倍。

两个系统的图像㶲分析可以从热力学第二定律角度直观反映系统的节能机理。图4-20给出了低温省煤器系统与旁路烟道系统的图像㶲分析。从图中可以看

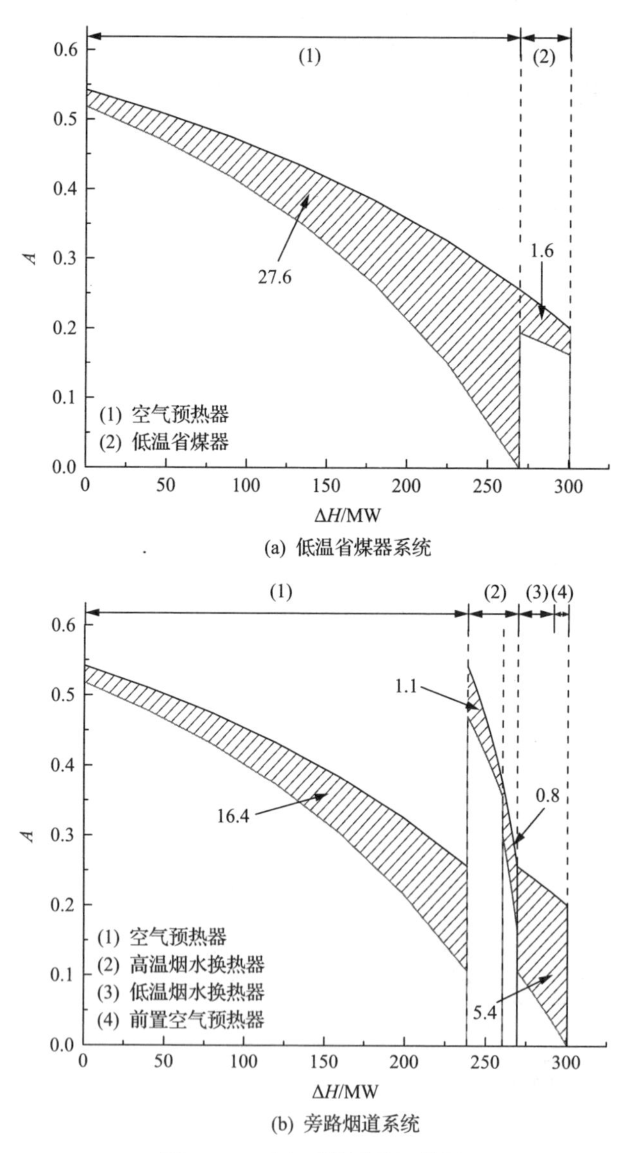

(a) 低温省煤器系统

(b) 旁路烟道系统

图4-20　两个系统图像㶲分析

出，旁路烟道系统通过从源头抽取烟气，并将其送进旁路烟道的方式，有效降低了空气预热流程的不可逆损失。由于烟气流量的减小，与常规燃煤电站相比，锅炉冷端烟气与空气的能级差异明显降低。抽取烟气会导致空气预热流程的换热量不足，在旁路烟道系统中，这部分缺失的换热量由烟气余热代替，通过设置前置式空气预热器的方式，来弥补空气吸热量的不足。总体来看，在旁路烟道系统中，空气预热器的冷端能级差异由原来的 $\Delta A=0.26$ 降至 $\Delta A=0.15$，相比于常规燃煤机组，旁路烟道系统空气预热流程的热力学完善程度显著提高，㶲损失由原来的 27.6MW 降至 21.8MW。

基于对系统整体的热力计算，可以得到两个系统的热力性能，对比于表 4-22 中。从表中可以看出，旁路烟道系统能够增加机组供电功率 9.26MW，降低供电煤耗 2.75g/(kW·h)，节能效果显著优于低温省煤器系统，在机组热效率上，旁路烟道系统的供电热效率达到 43.53%。

表 4-22　两个系统的热力性能

项目	低温省煤器系统	旁路烟道系统
总余热回收量/MW	31.0	31.0
旁路烟道份额/%	—	11.4
发电功率/MW	1006.05	1010.34
发电功率增加/MW	6.05	10.34
风机电耗增加/MW	0.93	1.08
供电功率/MW	955.12	959.26
供电功率增加/MW	5.12	9.26
系统热效率/%	43.34	43.53
热效率提升/%	0.23	0.42
供电标准煤耗/[g/(kW·h)]	283.80	282.56
标准煤耗降低/[g/(kW·h)]	1.51	2.75

如果旁路烟道系统应用于现存机组的节能改造，考虑蒸汽流量变化对抽汽压力的影响，现存机组旁路系统的发电效率通过变工况模拟，结果为系统发电效率为 43.49%，较原有机组提高约 0.38 个百分点，表明旁路烟道对现有机组的节能效果虽然比新建机组略差，但仍能有效提高机组的发电效率。

表 4-23 给出了两个系统的设备投资，旁路烟道系统和低温省煤器系统的经济性能汇总于表 4-24，从表中可以看出，虽然旁路烟道系统的投资较高，但系统杰出的节能效果能够为燃煤发电系统每年带来 1716.0 万元的发电收益，其年增加净收益为低温省煤器系统的 1.6 倍，达到 1353.0 万元。

表 4-23　两个系统的设备投资

系统	设备	参考设备投资/万元	参考规模/m^2	规模因子	实际规模/m^2	设备投资/万元
低温省煤器系统	空气预热器	4118.4	353949	0.68	342400	4026.0
	低温省煤器	455.4	13149	0.68	30812	811.8
	整个系统	—	—	—	—	811.8
旁路烟道系统	空气预热器	4118.4	353949	0.68	404392	4507.8
	高温烟水换热器	455.4	13149	0.68	14104	475.2
	低温烟水换热器	455.4	13149	0.68	5048	237.6
	前置空预器(烟气-水)	455.4	13149	0.68	34918	884.4
	前置空预器(水-空气)	528.0	8372	0.68	13307	726.0
	整个系统	—	—	—	—	2805.0

表 4-24　两个系统的经济性能

项目	低温省煤器系统	旁路烟道系统
年增加发电量/(GW·h)	25.60	46.30
年增加发电收益/万元	950.4	1716.0
折合年投资/万元	72.6	250.8
运行维护费用/万元	33.0	112.2
年增加净收益/万元	844.8	1353.0

4.3.3　烟气余热驱动原煤预干燥流程重构

1. 烟气余热用于“原煤干燥过程”的节能方法

从锅炉整体的能量转换来看，燃煤电站㶲损失最大的地方发生在炉膛内燃烧过程，其㶲损失占总㶲损失的一半以上。这是由于煤在燃烧过程中燃煤的化学能与燃烧产物的物理能存在较大的品位差。具体来讲，煤的化学能品位较高，在燃烧过程中平均放热品位为1.0左右，而燃烧过程中释放的物理能品位则为0.8左右，该品位差是导致煤燃烧过程㶲损失的主要原因。因此，从热力学第二定律的角度看，进一步提高燃煤电站能量利用水平的很大潜力在于减少燃烧过程的㶲损失。

烟气在锅炉辐射对流受热面放热后，温度降低，而为了防止在烟气在锅炉尾部烟道内发生低温腐蚀，燃煤电站排烟温度往往又在水露点以上。因此，煤燃烧过程中用来蒸发煤中水分的热量则很难加以利用，从热力学第一定律的角度看，造成了大量的燃料能量损失。而从热力学第二定律的角度看，煤的燃烧反应为强放热反应，水的蒸发过程为强吸热反应，在常规燃煤电站中，煤的燃烧反应与水的蒸发过程同时发生在炉膛中，炉膛燃烧温度可达 1100～1200℃，其温度远高于常压下水吸热蒸发所需要的温度要求，因此，当煤中水的蒸发反应发生在炉膛内时，其㶲损失较大，炉膛内高品位的燃煤化学能被损耗。因此，如果尝试在煤入炉燃烧前利用电站低品位余热降低其水分含量，从热力学第一定律的角度看，可减少煤燃烧过程中用于蒸发自身水分所需热量；而从热力学第二定律的角度看，利用低品位余热预干燥入炉煤，使煤中水分蒸发反应在相对较低的温度下进行，在节省高品位燃煤化学能的同时，又可减少煤在燃烧过程中的㶲损失。

图 4-21 给出了利用电站低品位余热(以烟气余热为例)降低煤燃烧㶲损失示意图[12]。

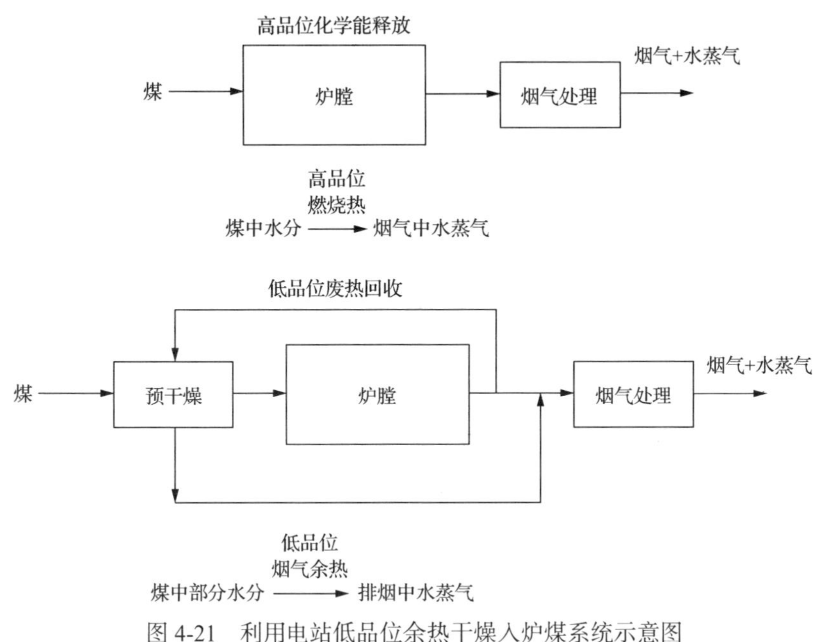

图 4-21　利用电站低品位余热干燥入炉煤系统示意图

我国主要动力用煤一般含 8%～25%的水分，其中次烟煤的水分约为 10%～25%。文献研究表明：烟煤、次烟煤中的外水分占到全水分的 70%～80%，而褐煤因其含氧官能团亲水特性及多孔结构，内水分比例较烟煤、次烟煤等高，但其外水分仍然占水分 60%以上。外水分因其与煤表面结合程度低，其在较低温度环境下即可脱除。根据相关的实验研究发现，只要流程设计合理、停留时间适当延长，50～100℃左右的低温预干燥过程即可使烟煤、次烟煤的外水分大部分蒸发，同时也可以使部分内水分蒸发，从而可以使其全水分大幅降至 3%～10%的水平。以京隆煤(含水分 21.01%)和米东煤(含水分 23.57%)为例[15]，图 4-22 给出了这两种煤的干燥性能曲线(粒径 2～4mm)。图中可以看出：①干燥速率随干燥温度的增加而增加；②大部分水分(以外水分为主)以恒定的干燥速度被快速去除，随着干燥的进行，干燥速率减缓，此时干燥出的水分就可认为是与煤具有一定结合能力的内水分。

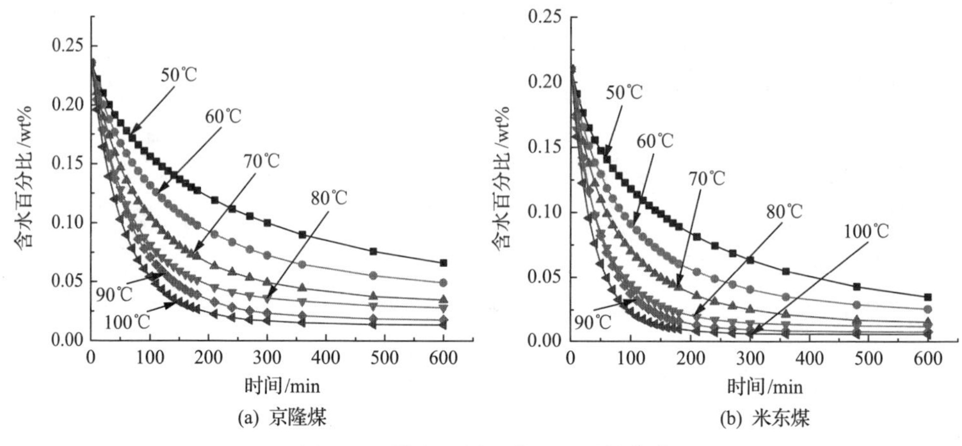

图 4-22　煤在不同温度下的干燥曲线

在具体工程中，对中高水分原煤干燥可沿用较为成熟的褐煤干燥技术，只需在装置的具体设计尺寸、停留时间等细节上做一些改进，因此对中高水分的煤进行预干燥处理的工程设计与实施基本成熟。

2. “预干燥”过程对电站热力性能的影响分析

本节采用电站烟气余热作为干燥热源，并以烟气滚筒干燥设备为例，阐释原煤预干燥过程给燃煤电站带来的热力学性能提升规律。显然，这种利用电站余热的原煤预干燥系统，从系统用能的角度看，是一种“零能耗”的干燥系统，因此，该系统能最完整的反映“预干燥”过程本身给系统带来的收益，而对于使用电站系统内其他热量作为热源(例如抽蒸汽干燥)的干燥系统，只需考虑实际过程中的干燥能耗对热力系统带来的影响即可。

煤的预干燥过程会对电站系统中主要热力单元及整体性能产生影响。具体而言：①在入炉原煤质量不变的条件下，干燥后煤中水分降低，质量下降，单位煤热值提高；②由于水分减少，单位质量原煤产生的烟气的质量流量降低，也对锅炉的排烟损失造成影响，直接影响到锅炉热效率；③对于蒸汽循环，原煤干燥前后机组采用的蒸汽参数(压力、温度)不变，蒸汽循环效率不变，而炉膛内可用热量增加，相应的给水及主蒸汽流量也随之增加，机组出功增加；④煤干燥后，燃煤电站的辅机用电也会有所变化。

总的来说，烟气余热干燥原煤所带来的燃煤电站热力性能提高与干燥单元、锅炉单元及辅机用电单元的性能变化密切相关。本节针对干燥过程对入炉煤焓值、锅炉效率、厂用电率，燃煤电站净效率的影响进行分析建模，揭示原煤预干燥过程对燃煤电站热力性能的影响规律。

本小节建立了原煤预干燥单元的煤的能量变化规律理论分析模型[16]，图 4-23 给出了原煤在干燥前后煤的质量与能量变化示意图。其中，m 表示干燥前原煤质量流量，HHV 表示高位发热量，LHV 表示低位发热量，H_H 与 H_L 表基于高位发热量与低位发热量的总焓，Δm_w 表示从 m 千克原煤中干燥出的水分质量；无上标物理量代表原煤相关物理量，有上标物理量代表干燥煤相关物理量。

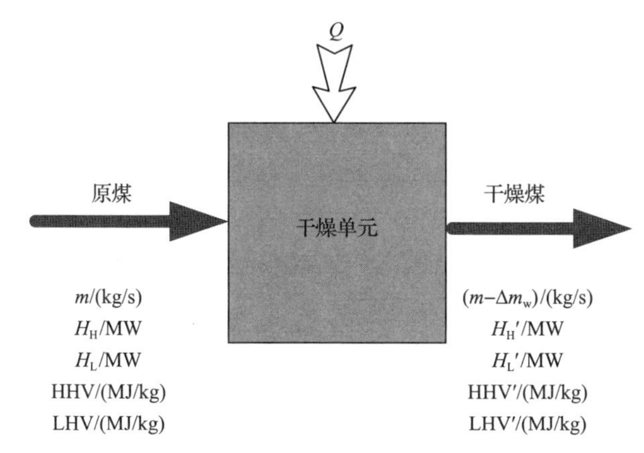

图 4-23　原煤预干燥过程煤质量与能量变化

低位发热量是除去煤中原有水分凝结放热及氢元素燃烧产生的水分的凝结放热的实际发热量，其与煤的高位发热量关系如下：

$$\mathrm{LHV} = \mathrm{HHV} - 2.5 \times (9m_{\mathrm{H}} + m_{\mathrm{w}}) \tag{4-56}$$

式中，m_H 为氢元素的质量分数，%；2.5 为水的平均定压汽化潜热，MJ/kg，易见 $H_H = m \cdot \mathrm{HHV}$；$H_L = m \cdot \mathrm{LHV}$。

在煤的干燥过程中，煤中可燃物质的量并没有发生变化，因此干燥前后煤的高位发热量总焓没有发生变化，即

$$H_{\mathrm{H}}' = H_{\mathrm{H}} \tag{4-57}$$

然而，对于单位质量的原煤，干燥后煤的质量下降。因此，对应单位质量的干燥煤，其高位发热量升高至

$$\mathrm{HHV}' = \frac{H_{\mathrm{H}}'}{(1-\mu)\cdot m} = \frac{\mathrm{HHV}}{1-\mu} \tag{4-58}$$

式中，$\mu=\dfrac{\Delta m_{\mathrm{w}}}{m}=\dfrac{m-m'}{m}$ 定义为干燥程度，即单位质量原煤干燥出的水分。

可得

$$\begin{aligned}\mathrm{LHV}' &= \mathrm{HHV}' - 2.5\times(9m_{\mathrm{H}}' + m_{\mathrm{w}}') \\ &= \frac{\mathrm{HHV}}{1-\mu} - 2.5\times\left(\frac{9m_{\mathrm{H}}}{1-\mu} + \frac{m_{\mathrm{w}}-\mu}{1-\mu}\right) \\ &= \frac{\mathrm{LHV}+2.5\cdot\mu}{1-\mu}\end{aligned} \tag{4-59}$$

因此

$$H_{\mathrm{L}}' = m'\cdot\mathrm{LHV}' = H_{\mathrm{L}} + 2.5\cdot\Delta m_{\mathrm{w}} = H_{\mathrm{L}} + 2.5\mu m \tag{4-60}$$

根据式(4-59)可知：干燥后煤的质量虽有所减少，但其总低位发热量反而增加，其增加值就等于干燥过程煤中蒸发出水分的汽化潜热。这个现象可以这样理解：煤燃烧过程释放的化学能部分用于加热蒸发煤中的水分，而当采用原煤预干燥时，煤中部分水分在入炉前已经在预干燥系统中去除，从而节省了原煤燃烧过程中提供给这部分水分蒸发所需的燃烧热。

定义入炉煤燃料焓值提升系数，用以表征干燥后燃料可用热量提升的程度：

$$\beta = f(\mu) = \frac{\Delta H}{H_{\mathrm{L}}} = \frac{\Delta H_{\mathrm{L}} + \Delta H_{\mathrm{s}}}{H_{\mathrm{L}}} \tag{4-61}$$

式中，ΔH_{L} 为干燥过程总低位发热量变化，MW；ΔH_{S} 为干燥过程带来的煤显热变化，MW。

图 4-24 给出了 M kg/s 原煤干燥前后质量流量、总焓值和低位发热量的变化情

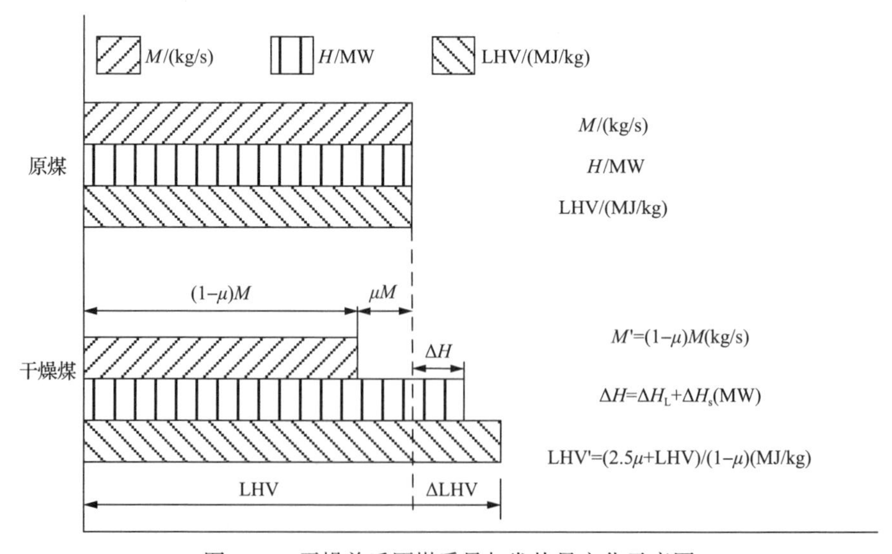

图 4-24　干燥前后原煤质量与发热量变化示意图

况，M'为干燥后原煤质量流量。图中可以看出：煤干燥后一方面总焓值有所增加，另一方面煤的总质量却明显减少，两方面因素叠加会使干燥后煤的单位发热量(低位)显著增加。

锅炉单元的热平衡如图 4-25 所示，公式表示如下[17]：

$$Q_{in} = Q_1 + Q_2 + Q_3 + Q_4 + Q_5 + Q_6 \tag{4-62}$$

式中，Q_1 为锅炉有效吸热量，kJ/kg；Q_2 为排烟热损失，kJ/kg；Q_3 为化学未完全燃烧热损失，kJ/kg；Q_4 为机械未完全燃烧热损失，kJ/kg；Q_5 为锅炉散热损失，kJ/kg；Q_6 为其他热损失，主要指灰渣物理热损失，kJ/kg。

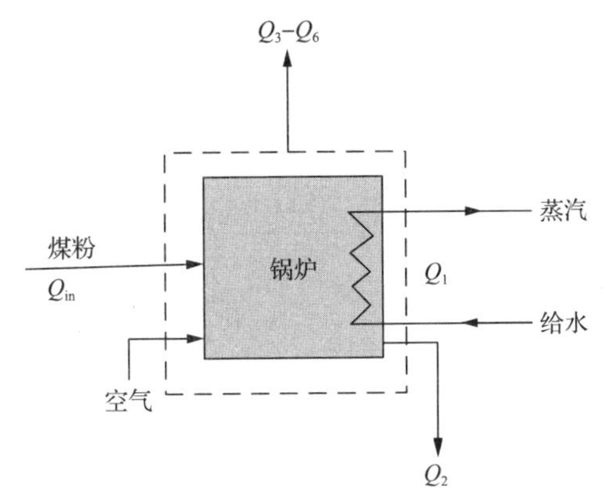

图 4-25　锅炉单元热平衡模型

将式(4-62)两边都除以 Q_{in}，则锅炉的热平衡可以用占输入热量的百分比来表示：

$$100 = q_1 + q_2 + q_3 + q_4 + q_5 + q_6 \tag{4-63}$$

式中，$q_x = \dfrac{Q_x}{Q_{in}} \times 100$。

因此，锅炉效率可以表示为

$$\eta_b = 100 - (q_2 + q_3 + q_4 + q_5 + q_6) \tag{4-64}$$

锅炉燃用干燥煤后，q_5 和 q_6 基本不变；对于 q_3 和 q_4 而言，炉膛内煤粉燃烧条件改善，q_3 和 q_4 值理论上应相应降低，然而这两个参数数值本身较小，而其改变量则更微小；燃用干燥煤后，锅炉排烟损失 q_2 则随着烟气量、烟气焓值的改变发生明显变化。因此，在研究煤干燥前后锅炉效率变化时，重点关注锅炉排烟损失变化带来锅炉效率的变化，其他参数变化对锅炉效率的影响忽略不计。

锅炉排烟热损失定义如下：

$$q_2 = \frac{(I^0_{g,t_g} - I^0_{a,t_a})(100 - q_4)}{\text{LHV}} \tag{4-65}$$

$$I^0_{a,t_a} = V^0 (c \cdot t_a)_{\text{air}} \tag{4-66}$$

$$I^0_{g,t_g} = V_{CO_2}(c \cdot t_g)_{CO_2} + V_{N_2}(c \cdot t_g)_{N_2} + V_{H_2O}(c \cdot t_g)_{H_2O} \tag{4-67}$$

式中，I^0_g 为理论烟气焓，kJ/kg；I^0_a 为理论空气焓，kJ/kg；V^0 为标况下理论空气体积，m^3/kg-煤；$c \cdot t_a$ 为在温度 t 时每立方米空气的焓，kJ/m^3；V_x 为 x 成分产生烟气体积；$c \cdot t_x$ 为烟气 x 成分在温度 t 条件下的焓，kJ/m^3。

干燥后，干燥煤的成分比例发生变化，因此基于每千克干燥煤的理论烟气及空气焓发生变化。具体而言，当干燥程度为 μ 时，干燥煤质量降低至 $(1-\mu)$ kg，烟气中水蒸气减少 μ（m^3/kg-煤）。因此，对于单位质量干煤，产生的 x 气体变为 $\frac{V_x}{1-\mu}$（m^3/kg-煤），产生的水蒸气减少 $\frac{22.4}{18}\frac{\mu}{1-\mu}$（m^3/kg-煤）。

因此，干燥后单位质量干煤产生的理论烟气焓为

$$I^{0\,\prime}_{g,t'_g} = \frac{V_{CO_2}(c \cdot t'_g)_{CO_2}}{1-\mu} + \frac{V_{N_2}(c \cdot t'_g)_{N_2}}{1-\mu} + \frac{V_{H_2O}(c \cdot t'_g)_{H_2O}}{1-\mu} - \frac{22.4}{18}\frac{\mu}{1-\mu}(c \cdot t'_g)_{H_2O} \tag{4-68}$$

$$I^{0\,\prime}_{a,t'_a} = \frac{V^0}{1-\mu}(c \cdot t'_a)_{\text{air}} \tag{4-69}$$

式中，22.4 为理想气体摩尔体积，m^3/kmol；18 为水的摩尔质量，kg/kmol；t'_g、t'_a 分别表示干燥系统中烟气温度和空气温度。

另外，对于空气预热器而言，入口空气温度与为干燥系统相同，都为环境空气温度（$t_a = t'_a$）。

最终，排烟焓损失系数可以由如下公式获得：

$$q'_2 = \frac{(I^{0\prime}_{g,t'_g} - I^{0\prime}_{a,t_a})(100 - q_4)}{\text{LHV}'} = \frac{[I^0_{g,t'_g} - 11.1\mu(c \cdot t'_g)_{H_2O} - I^0_{a,t_a}](100 - q_4)}{(\text{LHV} + 2.5\mu)} \tag{4-70}$$

从上式可以看出：即使排烟温度不变（$t_g = t'_g$），排烟热损失也有所降低。这是因为：一方面，煤中水分减少，烟气焓降低；另一方面，干燥后煤的低温发热量增加，所以对于单位发热量而言，排烟热损失系数降低。在实际运行中，由于烟气量减少，锅炉尾部受热面烟气温度较燃烧未干燥煤的排烟温度下降，一般认为，对于单位质量原煤，每干燥出 0.1kg 水，锅炉排烟降低约 5～7℃。

最终，燃用干燥煤后锅炉效率提高为

$$\Delta\eta_b = \frac{q_2 - q_2'}{100} = \frac{(I_{g,t_g}^0 - I_{a,t_a}^0)(100 - q_4)}{100\text{LHV}} - \frac{[I_{g,t_g'}^0 - 11.1\mu(c \cdot t_g')_{\text{H}_2\text{O}} - I_{a,t_a}^0](100 - q_4)}{100(\text{LHV} + 2.5\mu)} \tag{4-71}$$

在原煤预干燥电站中，汽水系统的工质压力、温度均与燃用未干燥原煤相同。因此，汽水系统循环热耗率不变。然而，锅炉总输入热量增加，锅炉效率增加，因此锅炉传递给汽水单元的热量增加，主蒸汽流量相应增加。在原煤预干燥电站中，主蒸汽流量由下式确定：

$$m_\text{s}' = \frac{\beta \cdot M \cdot \text{LHV} \cdot (\eta_\text{b} + \Delta\eta_\text{b})}{d_\text{o}} \tag{4-72}$$

式中，d_o 为蒸汽循环的热耗率，kJ/kg-蒸汽。

在原煤预干燥电站中，煤中水分的减少会直接降低入炉煤和烟气的质量流量，从而降低磨煤机和引风机的电耗。然而，给水/凝结水流量增加也会相应增加水泵耗功。对于旋转干燥设备而言，也会有一定的附加电耗。因此，原煤预干燥电站中辅机能耗变化受到磨煤机、引风机、泵及干燥设备的耗能影响。

一般而言，在燃煤电站中，磨煤机、引风机、泵类(凝结水泵和循环泵)分别约占总厂用电的 30%(α_1)、10%(α_2)、25%(α_3)。对于干燥设备而言，其能耗水平则有较大区别，本节以工艺较为成熟的烟气滚筒干燥设备为例展开分析讨论，研究预干燥电站的厂用电变化。

对于磨煤机而言，其电耗变化可近似与进入磨煤机的煤量变化成正比，因此磨煤机电耗变化可表示为

$$\Delta W_\text{pul} = \mu\alpha_1 W_\text{g}\xi_0 \tag{4-73}$$

式中，α_1 为参比机组磨煤机电耗占厂用电比例，%；W_g 为参比机组总发电量，MW；ξ_0 为参比机组厂用电率，%。

在燃煤预干燥电站中，烟气阻力(Δp_r)和风机效率(η_f)基本保持不变，引风机布置在滚筒干燥设备后，流经引风机的烟气质量与燃用原煤机组一致。因此，烟气体积流量的变化只与烟气密度相关，而烟气密度又近似与开式温度成反比例关系。引风机电耗变化为

$$\Delta W_\text{fan} = \left(1 - \frac{T_e'}{T_e}\right) W_\text{fan} = \left(1 - \frac{T_e'}{T_e}\right) \alpha_2 W_\text{g}\xi_0 \tag{4-74}$$

式中，α_2 为引风机电耗占总厂用电的比例，%；T_e 为参比机组排烟温度，K；T_e' 为干燥设备排烟温度，K。

同样，泵的耗功与给水/凝结水的体积流量呈正比，而水作为非压缩工质，其体积流量可近似正比于其质量流量。因此，泵耗功增加可计算为

$$\Delta W_{\text{pum}} = \left(\frac{m_{\text{s}}'}{m_{\text{s}}} - 1\right)\alpha_3 W_{\text{g}} \xi_0 \tag{4-75}$$

式中，α_3 为泵耗功占总厂用电比例，%；m_{s}' 为燃用干燥煤电站的主蒸汽流量，kg/s；m_{s} 为燃用原煤电站的主蒸汽流量，kg/s。

另外，干燥设备耗功与干燥出力有关，单位时间蒸发干燥单位质量水(kg/s)功耗记为 p，kW。

最终，总的厂用电变化为

$$\begin{aligned}\Delta W_{\text{a}} &= \Delta W_{\text{pul}} + \Delta W_{\text{fan}} + \Delta W_{\text{pum}} + \Delta W_{\text{dryer}} \\ &= p\mu m + \left(\frac{m_{\text{s}}'}{m_{\text{s}}} - 1\right)\cdot \alpha_3 \xi_0 W_{\text{g}} - \mu\alpha_1 W_{\text{g}} \xi_0 - \left(1 - \frac{T_e'}{T_e}\right)\alpha_2 W_{\text{g}} \xi_0\end{aligned} \tag{4-76}$$

综上分析，原煤干燥后，入炉煤热量提高至 $m\cdot\text{LHV}\cdot\beta$，锅炉效率提高至 η_{b}'（$\eta_{\text{b}}' = \eta_{\text{b}} + \Delta\eta_{\text{b}}$），因此燃煤预干燥电站的发电功率为

$$W_{\text{g}}' = m\cdot\text{LHV}\cdot\beta\cdot\eta_{\text{b}}'\cdot\eta_{\text{r}} \tag{4-77}$$

式中，η_{r} 为汽轮发电机组效率，%。

最终，原煤预干燥电站的净效率为

$$\eta_{\text{net}}' = \beta\cdot\eta_{\text{b}}'\cdot\eta_{\text{r}}\cdot\left(1 - \frac{W_{\text{a}} + \Delta W_{\text{a}}}{W_{\text{g}}'}\right) \tag{4-78}$$

3. 案例分析

在分析原煤预干燥节能机理与模型构建的基础上，本节仍以 3.3.1 章节参比机组为例，将排烟余热用于干燥入炉煤(系统如图 4-26 所示)，并假定干燥设备出口烟气温度仍为 95℃，分析对比烟气余热以不同方式利用给机组带来热效率及技术经济性的变化。

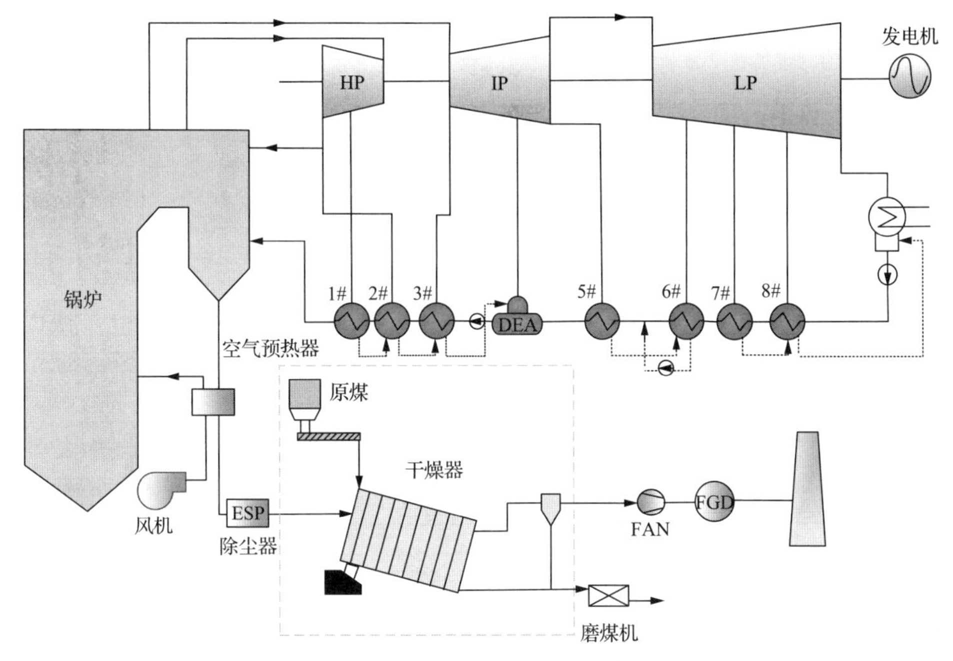

图 4-26　利用烟气余热干燥入炉煤系统图

为了获得干燥设备出口烟气温度与入炉煤干燥程度的关系。对干燥设备进行热平衡分析。煤的吸热量由下式计算得出：

$$Q_\mathrm{d} = B_\mathrm{j}[\mu(c_\mathrm{s}T_\mathrm{s,out} - c_\mathrm{w}T_0 + 2500) + c_\mathrm{c}(1-\mu)(T_\mathrm{c,out} - T_0)] \tag{4-79}$$

式中，c_w 为水的平均定压比热容，kJ/(kg·K)；c_s 为蒸汽的平均定压比热容，kJ/(kg·K)；c_c 为干燥煤的平均定压比热，kJ/(kg·K)；$T_\mathrm{s,out}$ 为干燥设备出口烟气温度，K；$T_\mathrm{c,out}$ 为干燥设备干燥煤温度，K；T_0 为干燥设备环境温度，K。

c_c 计算如下：

$$c_\mathrm{c} = c_\mathrm{w}\frac{M_\mathrm{ar}}{100} + \frac{100 - M_\mathrm{ar}}{100}c_\mathrm{fd} \tag{4-80}$$

式中，M_ar 为干燥煤的收到基含水量，%；c_fd 为干煤定压比热，kJ/(kg·K)。

烟气滚筒设备体积庞大，并处在环境温度下，其散热损失也需考虑。因此

$$Q_\mathrm{R} = \frac{Q_\mathrm{c}}{1-\varphi} \tag{4-81}$$

式中，φ 为烟气干燥设备的散热系数，公式主要参数取值如表 4-25 所示。

表 4-25　计算干燥设备热平衡公式主要参数取值

项目	取值
c_w/[kJ/(kg·K)]	4.19
c_s/[kJ/(kg·K)]	1.85
c_{fd}/[kJ/(kg·K)]	1.10
φ	0.05
T_0/K	298.15
干燥设备能耗率/(kJ/kg-水)	3300

根据上述理论分析及参数设定，可得干燥设备及预干燥电站主要热力性能表 4-26 和表 4-27。从表中可以看出：①在原煤输入量不变的条件下，通过回收烟

表 4-26　干燥设备主要热力参数

项目	取值
入口烟气温度($t_{s,in}$)/℃	124.4
出口烟气温度($t_{s,out}$)/℃	95.0
出口煤温度($t_{c,out}$)/℃	63
干燥程度(μ)	0.1
干燥煤水分(M_d)/%	9.6
干燥出力/(kg-水/s)	11.1
干燥耗能/MW	36.5

表 4-27　利用烟气干燥入炉煤的电站热力性能表

项目	参比系统	干燥系统
原煤输入流量/(kg/s)	115.4	115.4
原煤输入热量/MW	2441.5	2441.5
锅炉输入热量/MW	2441.5	2474.6
锅炉效率/%	93.1	93.5
主蒸汽流量/(kg/s)	859.2	874.6
总输出功率/MW	1093.2	1112.6
厂用电率/%	5.5	5.3
净输出功率/MW	1033.0	1053.6
净效率/%	42.3	43.2
效率增加值/%	—	+0.9

气余热干燥入炉原煤，使入炉煤总焓值从 2441.5MW 增加至 2474.6MW；②燃用干燥煤后，锅炉效率从 93.1%增加至 93.5%，在与入炉煤能量增加的共同作用下，锅炉主蒸汽量从 859.2kg/s 增加至 874.6kg/s，较参比机组增加 15.4kg/s，出功增加 19.4MW；③烟气干燥使厂用电率降低，最终净出功增加 10.6MW，效率达 43.2%，较参比机组增加 0.9 个百分点。

另外，需要指出的是，利用烟气余热干燥入炉煤会影响锅炉排烟温度和烟气焓。因此，同样将烟气温度降低至 95℃，在燃用干燥煤电站中烟气可用余热仅为 36.5MW，较常规增加低温省煤器机组烟气余热回收量(42.4MW)低。从数字表面看，可回收利用的余热量少，会削弱余热利用效果。从锅炉能量传递本质上看，正是由于在煤燃烧前增加了预干燥过程，优化了炉膛内热传递过程，降低了排烟温度和排烟焓，从而锅炉热效率提高，排废降低。对于烟气干燥入炉煤电站而言，亦可将锅炉与干燥设备划归为一个系统分析，此时，干燥系统回收烟气可看作锅炉内部的烟气循环，如不考虑干燥设备散热损失，则可认为通过干燥过程，将锅炉排烟从 130℃直接降低到 95℃，这 35℃的烟气温度降低释放的热量都通过锅炉能级受热面传递给汽水循环系统，加热给水/蒸汽。显然，将烟气余热通过预干燥过程返回到锅炉能级受热面的利用方式较通过低温省煤器将热量返回到回热系统的利用方式相比，获得的机组热效率提升更明显。而且，利用原煤预干燥进行烟气余热回收，当出功一定时，燃料量会减少，但是不会改变主蒸汽和各级抽汽的热力参数，因此无论是对新机组的建造还是对现存机组的节能改造，节能效果是一样的。

同样，利用技术经济学分析方法对利用烟气预干燥入炉煤电站的技术经济性展开分析。表 4-28 和表 4-29 给出了计算系统新增设备投资的参数与烟气预干燥电站整体技术经济性能表。

由表 4-28 可以看出，利用烟气余热干燥入炉煤系统需增加碎煤设备、滚筒干燥设备及除尘设备，新增设备投资约 1053 万美元；而由表 4-29 可以看出，系统年净收益达 6240 万美元，较参比系统(表 4-20)增加约 550 万美元(约合人民币 3400 余万元)，其带来的电站净收益较增设低温省煤器系统可观。

表 4-28 设备投资计算参数表

设备	参比投资/M$	参比规模	规模	规模因子	单位	数量	投资
烟气滚筒干燥设备	4.00	200.0	415.4	0.80	t 原煤/h	3	8.94
碎煤机	0.50	408.7	415.4	0.80	t 原煤/h	2	0.58
新增设备投资							10.53

表 4-29　利用烟气余热干燥入炉煤技术经济性能表

项目	数值
净投资/M$	710.5
建设期利率/M$	69.6
总投资/M$	780.1
运行维护费用/M$	28.4
年均原煤费用/M$	194.6
年供电收入/M$	354.8
净收益/M$	62.5

4.4　机炉深度耦合流程重构及其应用

4.4.1　"机炉耦合"概念的提出

本节以某典型 1000MW 超超临界机组为例，进行案例研究与定量分析计算。案例机组流程简图如图 4-27 所示[1]，该机组采用 1000MW-26.38MPa/600℃/620℃型超超临界中间再热凝汽式汽轮机和 3093/27.32-M533 超超临界压力直流锅炉；锅炉燃用设计煤种(收到基碳、氢、氧、氮、硫、灰分、水分分别为 57.33%、3.26%、9.43%、0.61%、0.63%、9.57%、18.5%)，锅炉热效率 94.59%(按低位发热量计算)。排烟温度 121℃。汽机侧具体的热力特性数据如表 4-30 所示。从图 4-27 和表 4-30 可见，该系统具有以下特点：①机组参数高，容量大，设备性能强。该系统主蒸汽参数为 26.38MPa/600℃，再热蒸汽温度达 620℃；②热力系统较完善。案例机

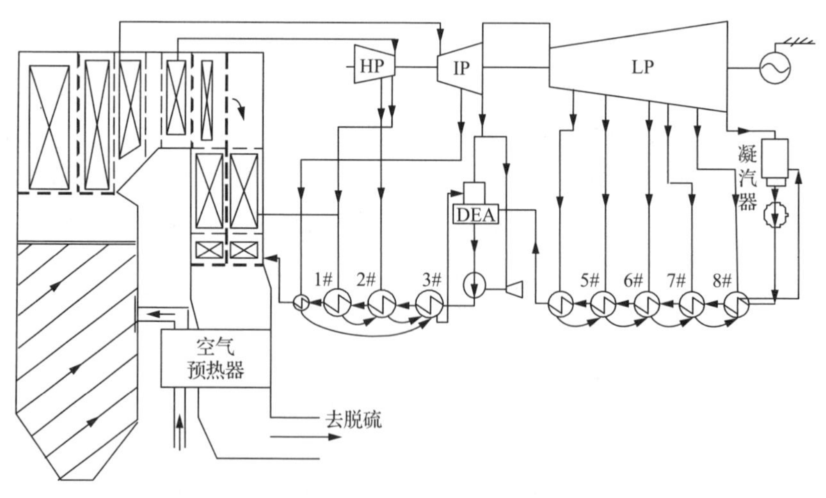

图 4-27　常规电站简图

表 4-30　各级回热加热器主要热力参数

项目	外置式蒸汽冷却器	1#	2#	3#	DEA	5#	6#	7#	8#	9#
抽汽温度/℃	484.7	406	359.3	303.4	376.6	297.1	247.5	192.2	88.1	63.1
抽汽焓/(kJ/kg)	3431.0	3154.2	3075.3	3025.7	3213.2	3056.2	2960.1	2853.7	2641.4	2495.6
出口给水温度/℃	299.3	295.4	273.7	216.3	180.6	153.8	137.1	120	84	59.2
出口给水焓/(kJ/kg)	1324.1	1304.5	1199.4	937.6	765.6	649.3	577.3	504.6	352.6	249.1
入口给水温度/℃	295.4	273.7	216.3	186.4	153.8	137.1	120	84	59.2	36.6
入口给水焓/(kJ/kg)	1304.5	1199.4	937.6	807.7	649.3	577.3	504.6	352.6	249.1	154.1
给水流量/(kg/s)	758.84	758.84	758.84	758.84	758.84	569.01	569.01	569.01	503.56	503.56
疏水温度/℃	—	279.3	221.9	192	—	142.7	125.6	122.5	86.8	38.9

组汽水系统采用的是较先进的九级回热加热器加外置式蒸汽冷却器的设计方案，给水温度达 299℃；③锅炉尾部设计排烟温度已降至 121℃，锅炉效率达 94.59%。综合来看，该机组参数水平高，供电煤耗仅为 278.18g/（kW·h），机组整体性能已达到国际先进水平。本章将进一步分析其节能降耗的空间。

结合案例机组的基本设计参数，图 4-28、图 4-29 分别给出了常规系统中空气预热子系统和回热加热子系统的综合换热曲线，可以看出：炉侧空气预热过程的传热温区为 25～320℃；汽机侧回热加热过程的传热温区为 30～300℃。两侧的传热过程不仅温区相近，在换热特性上也具有较好的匹配关系。此外，还可以发现以下问题。

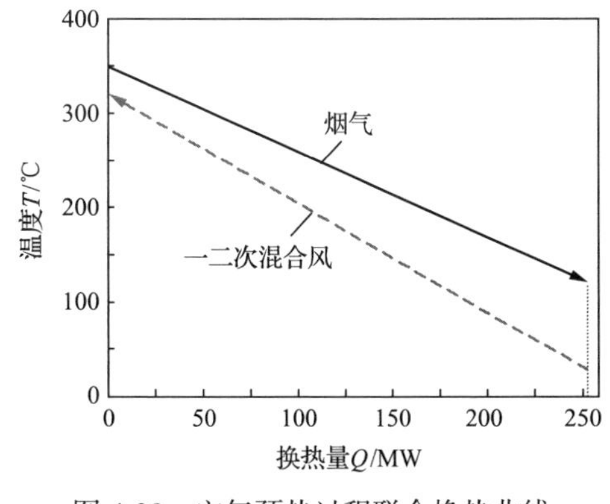

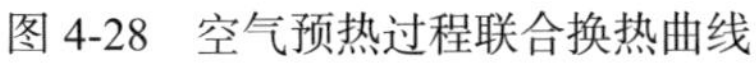
图 4-28　空气预热过程联合换热曲线

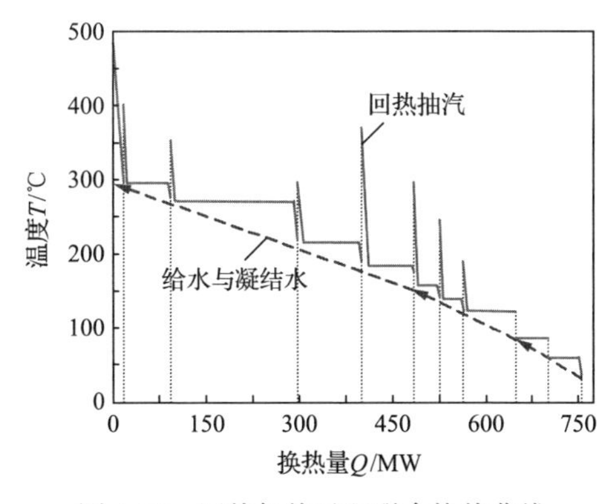

图 4-29　回热加热过程联合换热曲线

(1)空气预热器中烟气的比热容和流量均高于空气，随着换热的进行，两者之间的传热温差必然不断增大[18]。如图 4-28 所示，空气预热过程热端温差仅为 20～

30℃，已达气-气换热的较低值，但随着换热的进行，空气与烟气之间的传热温差不断扩大，至空气预热器入口处，两者之间的换热温差已达 100℃左右。同时，整个空气预热过程的平均温差也达 50～70℃，换热不可逆损失明显较大。

(2)从图 4-29 可知，回热系统利用大量抽汽加热凝结水，但多级抽汽的过热度达 50～130℃[19]，直接冷凝放热传热损失较大。同时，回热抽汽(特别是高压蒸汽)做功能力较强，可在汽缸内膨胀做功，直接引入回热系统势必造成大量做功能力浪费。然而，在传统电站系统中，给水和凝结水只能利用汽轮机抽汽加热，这就造成传统电站中高过热度及抽汽做功能力损失难以避免。

针对常规系统机炉两侧在独立进行热质传递过程中均存在的传热损失大、可用能利用率低等问题，提出一种突破常规设计思路的新型机炉耦合热集成方案[1,20,21]。如图 4-30 所示，该方案打破了常规系统中烟气只能在炉侧加热空气，蒸汽只能在汽机侧加热给水和凝结水的思维定势，提出将汽机侧低压抽汽引到炉侧预热低温空气，减少空气预热过程的吸热量，置换出部分高温烟气，并将这部分烟气引入回热系统加热给水和凝结水，减少高压抽汽流量，从而增加机组出功。

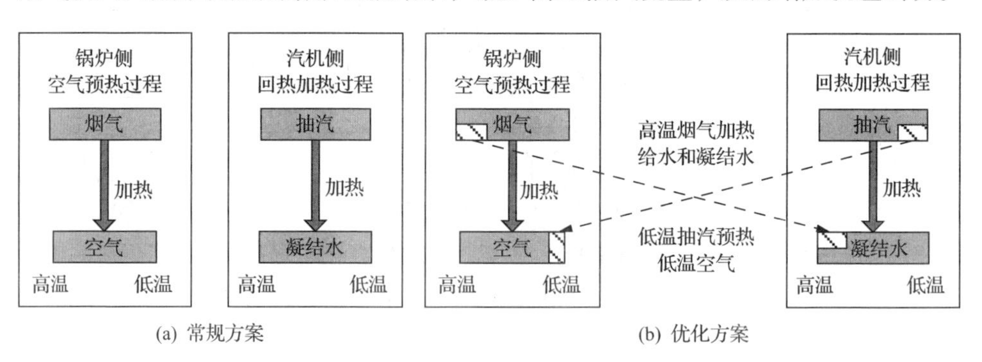

图 4-30　热集成方案示意图

从热力学角度来看，该方案较好地解决了空气预热过程中普遍存在的换热温差较大的难题；同时，利用置换出的高温烟气替代部分高压抽汽加热给水与高温凝结水，也有效地降低了高压抽汽冷凝造成的过热度与做功能力损失，从而更好地实现了机炉两侧能量的梯级利用。

4.4.2 “机炉耦合”流程重构案例分析

基于 3.4.1 节的优化思路，结合案例机组实际运行情况，设计了新型机炉耦合热集成系统，具体流程和主要设备参数分别如图 4-31 所示[1]。从图可见，新型机炉耦合热集成系统是在常规方案的基础上，增设了前置空气预热子系统和旁路烟道子系统两部分。前置空气预热单元主要包括两级抽汽式空气预热器，其依次利用汽轮机第八、第七级低压抽汽加热入炉的常温空气，抽汽凝结放热后的疏水补入相应的疏水管道。空气则流入主空气预热器中继续吸热。由于主空气预热器入口风温的提高，势必减少主空气预热器的需热量及相应的烟气流量。为此，新型热集成系统采用旁路烟道子系统将省煤器出口烟气分隔成两部分：约 75%左右的烟气流入主空气预热器，余下 25%左右的烟气则流入旁路烟道。旁路烟道中依次布置有高、低温烟水换热器。流经旁路烟道的高温烟气分别与锅炉给水(通过高温烟水换热器)以及较高温的凝结水(通过低温烟水换热器)进行热交换，加热给水和凝结水，减少高压抽汽量，进而提高机组热功转换效率。

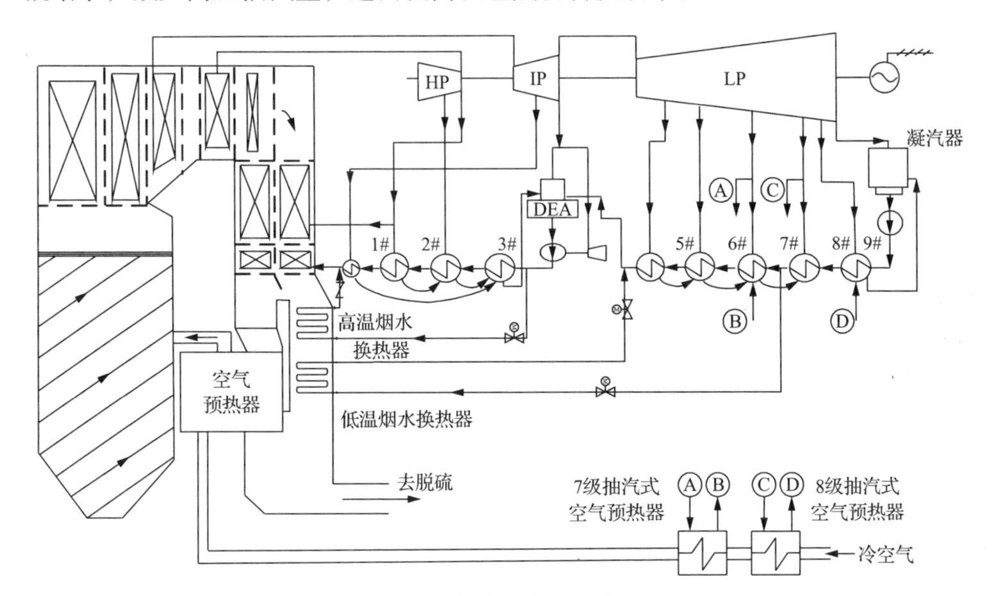

图 4-31　机炉耦合热集成系统流程图

新型机炉耦合热集成系统采用将空气预热器与旁路烟道并联布置，并在入口风道上增设抽汽式空气预热器的设计思路，该系统利用低品位抽汽替代部分高温烟气加热入炉空气，置换出部分高温烟气的同时，减少了空气加热过程的传热㶲损。同时，将置换出的烟气引入旁路烟道加热给水和凝结水，排挤部分高压回热抽汽，进而提高机组热功转换效率。

实际上，新型机炉耦合热集成系统将部分高品位热能从锅炉岛引入汽机岛，而将部分低品位热能从汽机岛引回至锅炉岛，两者虽然在总量上相当，但能级品位差距较大。常规局部设备评价指标(如锅炉效率、汽轮机热耗率等)已不能准确地反应新型热集成系统中局部子系统的热力性能。因此，本章主要利用电厂净效率、供电煤耗等全厂评价指标对新型热集成系统进行评估。

表 4-31 为机炉耦合热集成系统热力参数，图 4-32 给出了新型热集成系统新增设备的换热量示意图，可以看出：①高、低温烟水换热器共回收了 65.03MW 的烟气热量供应回热系统，而两级抽汽式空气预热器消耗了 62.37MW 抽汽热量，两

者在总量上基本相等；②根据汽轮机降效损耗最小化原则，只有尽量抽取低级抽汽，才能更好地降低回热抽汽对汽轮机组出功带来的损失。因此，在抽汽式空气预热器中，优先利用了能级品位更低的第七级和第八级抽汽预热空气，从而最大程度的保证热功转换效率；③根据烟气热能利用经济效益最大化原则，排挤更多的高级抽汽返回汽轮机做功，有利于进一步提高烟气热能利用的节能潜力。因此，在工程实际约束条件下，优先利用流经旁路烟道的高温烟气加热 186～299℃的锅炉给水，从而最大限度的排挤高级抽汽。

表 4-31 机炉耦合热集成设计热力参数

项目	高温烟水换热器	低温烟水换热器	7#抽汽式空气预热器	8#抽汽式空气预热器
入口烟气温度/℃	350.0	206.4	—	—
出口烟气温度/℃	206.4	121.0	—	—
入口水(蒸汽)温/℃	186.4	84.0	192.2	88.14
出口水(蒸汽)温/℃	299.3	175.6	86.8	38.9
入口空气温度/℃	—	—	73.14	25.00
出口空气温度/℃	—	—	100.00	73.14
对数平均温差/℃	33.00	33.81	35.87	33.49

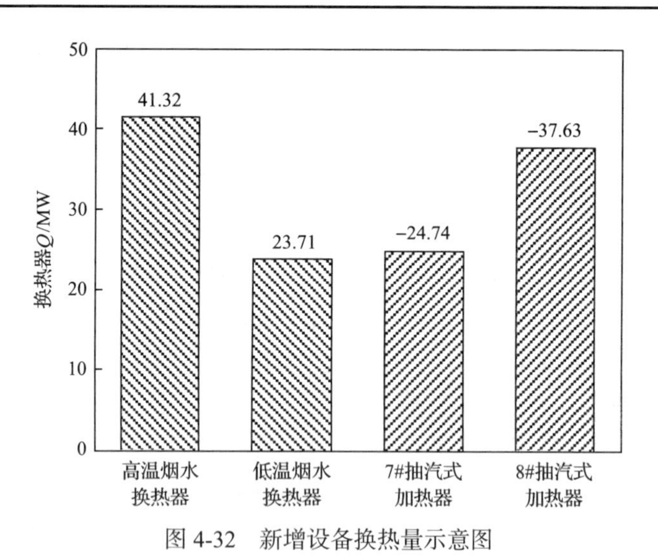

图 4-32 新增设备换热量示意图

图 4-33 给出了新型机炉耦合热集成设计对各级抽汽量及做功量的影响，从图 4-33(a)可以看出，流经旁路烟道的高温烟气排挤了约 18.88kg/s 的第一～第三级回热抽汽和 3.82kg/s 的第四～第六级回热抽汽，而两级抽汽式空气预热器的引入使第七、第八级抽汽增加了 23.29kg/s。对回热系统而言，抽汽总量变化不大，仅

增加了 1.27kg/s。但对汽轮机而言，不同级别抽汽做功能力相差甚远。如图 4-33(b)所示，第一～第三级高压抽汽做功能力是第七、第八级低压抽汽的 3～5 倍。由此可知，若想进一步增加机组出功，提高系统热功转换效率，必须尽量减少高压抽汽量。

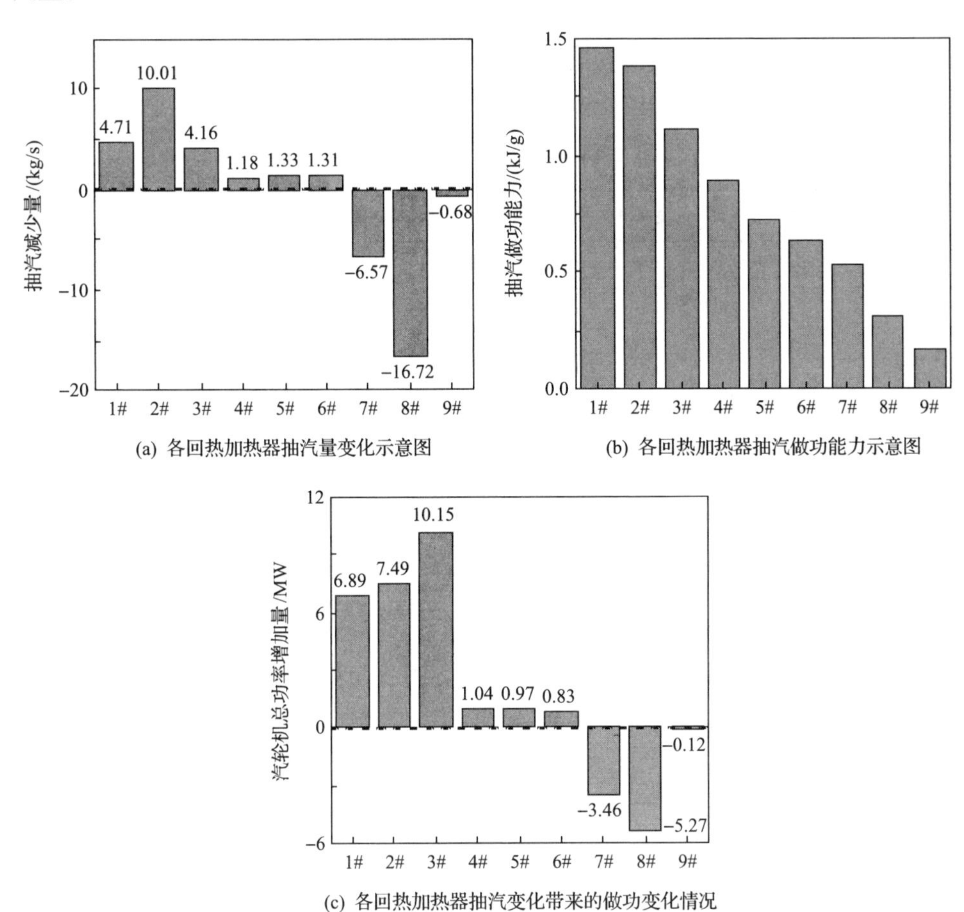

图 4-33　回热系统各级抽汽量及做功量的影响

正是由于高压抽汽做功能力显著高于低压抽汽，流经旁路烟道的烟气排挤了 18.88kg/s 高压抽汽，使机组出功增加 24.53MW。而两级抽汽式空气预热器多消耗了 23.29kg/s 低压蒸汽预热空气，仅使机组出功下降 8.73MW。再加上排挤第四～第六级回热抽汽带来的 2.84MW 的出功增加，新型热集成方案使机组总出功增加 18.53MW，系统优化节能收益显著。

对常规系统和新型热集成系统进行热力设计计算和经济性比较。相关结果如表 4-32 所示。案例机组在采用基于旁路烟道技术的新型机炉耦合热集成设计后，汽轮机组出功增加了 18.53MW，发电机端功率增加了 18.35MW(发电机效率取为

0.99)；同时，由于新设备的引入，需要增设若干水泵、风机并提供相应的能耗来克服凝结水、空气等工质流动阻力的增大，厂用电耗较常规方案增加了约1.71MW，最终机组净出功较常规方案增加了约16.64MW；此外，流经旁路烟道的高温烟气排挤了部分第一、第二级回热抽汽，使再热蒸汽流量略有增加，从而导致再热过程煤耗微增0.75g/(kW·h)。最终机组供电煤耗较常规方案降低4.02g/(kW·h)。如果该集成方案应用于现存机组的节能改造，考虑蒸汽流量的变化会影响抽汽压力和再热压力，通过变工况模拟，可获得现存机组通过机炉耦合流程调整改造后的供电效率为44.8%，供电煤耗率较原机组降低3.70g/(kW·h)，节能效果依然显著。

表4-32　各方案的热力性能计算结果

项目	常规系统	新型机炉耦合热集成系统
新增设备厂用电耗/MW	—	1.71
机组净功率/MW	953.96	970.60
机组发电功率/MW	1012.70	1031.23
再热过程增加煤耗/[g/(kW·h)]	—	0.75
机组供电煤耗/[g/(kW·h)]	278.18	274.16

为了全面揭示常规系统和新型热集成系统的综合性能，在热力性能分析基础上，进行了技术经济性分析。在技术经济性分析中，本节采用的假设如下：①煤价为750元/吨标煤；②机组的年利用时间为5000h；③新增设备维护成本用取为总投资的4%；④地区因子、变化因子均取为1；⑤土建安装费用为设备总投资的17%；⑥运行年限为25年。

在新型机炉耦合热集成系统中，空气预热器入口风温提高，导致其平均换热温差和换热量减少，在换热系数变化不明显的情况下，由公式$Q=kA\Delta t$可知，空气预热器换热面积有所增加，从而导致系统投资成本略有提升；同时，抽汽式空气预热器、烟水换热器及相应管道、泵的引入均会造成投资成本的增加。具体增加金额如表4-33所示，相比于常规系统，热集成系统新增设备投资共4919.56万元。

表4-33　新增设备投资

设备	金额/万元	设备	金额/万元
空气预热器	1137.21	泵	170
高温烟水换热器	826.66	管道	402.74
低温烟水换热器	550.88	土建安装费用	714.81
7#抽汽式空气预热器	436.32	总投资	4919.56
8#抽汽式空气预热器	680.94	—	—

在新增设备投资的基础上，从投资收益、回收年限的角度，分析新型热集成系统的合理性。其中，以动态分析为主，建设投资和经营成本估算为基础，计算系统优化的内部收益率，静态回收期和净收益。具体经济性评价指标如表 4-34 所示，由表中可看出：与常规系统相比，新型热集成系统在总投资仅增加 4919.56 万元的前提下，系统净功率增加 16.64MW，供电煤耗降低 4.02g/(kW·h)，年节约标煤达 2.03 万 t，大大改善了火电机组热力性能。同时，虽然新型机炉耦合热集成系统投入设备较多，但引入的设备均为常规设备。因而，参考动力设备投资方面的相关文献，取系统新增设备维护费用为新增投资的 4%，即 196.78 万元/年。年收益增长 1525.49 万元，净收益为 848.89 万元。

表 4-34 经济性分析结果

项目	数值	项目	数值
系统增加净功率/MW	16.64	总投资/万元	4919.56
供电煤耗降低/[g/(kW·h)]	4.02	节煤收益/(万元/年)	1525.49
热耗率降低/[kJ/(kW·h)]	116.89	静态回收期/年	3.76
年节约煤耗/(万吨/年)	2.03	内部收益率/%	27
新增设备维护成本/(万元/年)	196.78	净收益(万元/年)	848.89

总体来说，新型热集成系统在投资增加有限、运行维护费用略有增长的情况下实现了降耗效果明显和经济收益显著的双重目标。为我国大型燃煤发电机组全工况实际能耗的进一步下降提供了关键技术保障。

机炉深度耦合相关技术[22,23]在工程实际中得到了转化应用。作者团队与华北电力设计院有限公司进行开展项目合作，开展超超临界机组的机炉深度耦合集成方案优化设计，相关技术已应用于 2×660MW、2×1000MW 超超临界燃煤发电机组等项目中。

参考文献

[1] 杨勇平, 张晨旭, 徐钢, 等. 大型燃煤电站机炉耦合热集成系统[J]. 中国电机工程学报, 2015, 35(2): 375-382.

[2] 郑体宽. 热力发电厂(第二版)[M]. 北京: 中国电力出版社, 2008.

[3] 周璐瑶. 二次再热燃煤发电机组系统优化与能量梯级利用研究[D]. 北京: 华北电力大学, 2017.

[4] Li Y, Zhou L, Xu G, et al. Thermodynamic analysis and optimization of a double reheat system in an ultra-supercritical power plant[J]. Energy, 2014, 74: 202-214.

[5] Xu G, Zhou L, Zhao S, et al. Optimum superheat utilization of extraction steam in double reheat ultra-supercritical power plants[J]. Applied Energy, 2015, 10: 863-872.

[6] Ishida M, Kawamura K. Energy and exergy Analysis of a Chemical Process System with Distributed Parameters Based on the Energy-direction Factor Diagram[J]. Industrial Engineering and Chemistry Process Design & Development, 1982, 21: 690-695.

[7] 徐钢, 许诚, 杨勇平, 等. 电站锅炉余热深度利用及尾部受热面综合优化[J]. 中国电机工程学报, 2013, 33(14): 1-8.

[8] Xu G, Xu C, Yang Y P, et al. A novel flue gas waste heat recovery system for coal-fired ultra-supercritical power plants[J]. Applied Thermal Engineering, 2014, 67(1-2): 240-249.

[9] 林万超. 火电厂热系统节能理论[M]. 西安: 西安交通大学出版社, 1994.

[10] 杨世铭, 陶文铨. 传热学[M]. 北京: 中国电力出版社, 2006.

[11] 刘纪福. 翅片管换热器的原理与设计[M]. 哈尔滨: 哈尔滨工业大学出版社, 2013.

[12] 许诚. 燃煤电站余热资源的热力学评估、能级提升与高效利用[D]. 北京: 华北电力大学, 2016.

[13] Yang Y P, Xu C, Xu G, et al. A New Conceptual Cold-End Design of Boilers for Coal-Fired Power Plants with Waste Heat Recovery[J]. Energy Conversion and Management, 2015(89): 137-146.

[14] 韩宇. 燃煤发电系统锅炉冷端能量利用与污染物减排协同优化[D]. 北京: 华北电力大学, 2018.

[15] 白璞, 许诚, 徐钢, 等. 次烟煤低温干燥特性的实验研究[J]. 煤炭工程, 2016, 48(08): 114-116.

[16] Xu C, Xu G, Zhao S, et al. A theoretical investigation of energy efficiency improvement by coal pre-drying in coal fired power plants[J]. Energy Conversion and Management, 2016, 122: 580-588.

[17] 樊泉桂. 锅炉原理[M]. 北京: 中国电力出版社, 2008.

[18] 张晨旭. 大型燃煤机组深度余热优化利用系统节能分析[D]. 北京: 华北电力大学, 2015.

[19] 黄圣伟. 大型燃煤电站机炉耦合系统热力性能分析与优化集成[D]. 北京: 华北电力大学, 2018.

[20] 俞基安, 刘鹤忠, 吴焕琪, 等. 我国高效灵活二次再热发电机组研制及工程示范[J]. 中国电机工程学报, 2019, 39(S1): 193-202.

[21] 段立强, 王婧, 庞力平, 等. 二次再热机组高效灵活发电创新理论与方法[J]. 中国电力, 2019, 52(05): 1-12.

[22] 华北电力大学. 电站机炉一体化冷端综合优化系统: CN201210586768.2[P]. 2013-04-24.

[23] 华北电力大学. 基于分隔烟道与多级空气预热的锅炉受热结构及受热方法: CN201310039575.X[P]. 2013-05-15.

第5章　燃煤机组空冷系统优化设计与全工况高效运行

5.1　概　　述

空冷系统主要包括机械通风直接空冷系统和自然通风间接空冷系统。机械通风直接空冷系统通常包含呈矩形阵列布局的数十个空冷凝汽器单元，空冷凝汽器单元为“A”型框架结构，翅片管束以一定夹角分两侧倾斜布置，轴流风机水平设置在下部。自然通风间接空冷系统一般由双曲线型自然通风空冷塔及塔内水平布置或塔外竖直布置的空冷散热器组成。

对于机械通风直接空冷系统，在环境风作用下，迎风面轴流风机入口流动变形加剧，甚至出现热空气倒流现象，使迎风面空冷凝汽器单元入口温度升高，加之空冷凝汽器单元出口热空气受到压制，使流动换热性能进一步恶化。但环境风不利影响会沿流动方向快速衰减，下游空冷凝汽器单元冷却性能极大改善，导致不同位置空冷凝汽器单元输运性能存在显著差异，表现出强烈的空间分布规律。在无风条件下，空冷凝汽器单元特殊框架结构使冷却空气沿换热管束表面分布不均，仍呈现明显的空间分布差异。

对于广为采用的空冷散热器塔外竖直布置的自然通风间接空冷系统而言，环境风的作用使空冷散热器外围冷却空气流动与圆柱绕流类似，导致空冷散热器不同扇段、不同冷却三角流动换热性能存在较大差异，表现出强烈的空间变化特性。其中空冷散热器迎风面冷却三角的流动换热性能被强化，而空冷散热器侧面扇段入口处，冷却空气流动加速，形成低压区，导致该处冷却三角流动换热性能严重恶化。

综上所述，不论是机械通风直接空冷系统还是自然通风间接空冷系统，其输运性能都受到环境风不同程度的不利影响，并表现出显著的差异化空间分布特性。针对空冷系统性能的空间分布特性，可以从多个方面进行空冷换热器流动传热性能的调控。针对机械通风直接空冷系统，提出空冷凝汽器单元竖直布置及引风式“V”型结构布置策略，以削弱环境风场的不利影响，有效引导环境风动能，实现直接空冷系统输运性能的改善。针对自然通风间接空冷系统，提出空冷散热器内外空气诱导方案，以减弱环境风场不利影响。同时分别针对循环水侧和空气侧，开发循环水流量调控和百叶窗开度调节技术，实现间接空冷系统夏季高效运行，以及冬季防冻经济运行的目的。

5.2 直接空冷系统发展现状

机械通风直接空冷技术发展较为成熟，已有大量文献对空冷凝汽器翅片管束和大直径轴流风机进行了较为深入的研究。此外，直接空冷系统对环境风比较敏感，尤其是在夏季高温大风情况下，空冷机组背压易随环境气象条件变化产生较大波动，对机组运行安全造成威胁，因此研究直接空冷系统的不利环境风效应及其作用机理具有重要意义。

现有直接空冷系统空冷凝汽器主要采用单排波形翅片扁平管，其流动换热性能方面的研究成果较少。例如，Meyer 和 Kroger[1]采用实验方法研究了翅片管入口流动损失产生的原因，发现入口流动损失与气流在翅片间的流速无关，与冷却空气入射角呈反比，并拟合了流动损失关联式。张凯峰等[2]根据数值模拟结果，拟合得到了不同翅片间距和高度下，翅片管换热器的换热系数和摩擦系数。杜小泽等[3,4]通过现场实验和空冷凝汽器单元热态实验，获得了单排波形翅片扁平管的性能。Jin 等[5]和 Yang 等[6]针对翅片倾斜布置的空冷翅片管结构及其在空冷凝汽器单元层面的应用进行了研究，发现翅片倾斜结构可减小流动死区，提高空冷凝汽器单元流动换热性能。虽然不同翅片管束供应商提供的翅片管束结构类似，但基本尺寸有一定区别，针对特定结构翅片管流动换热关联式并不能通用，并且由于风洞在实验规模、测试范围等方面的限制，实验对象尺寸并不完整，翅片管束的真实性能与实验结果存在差异,可以结合数值模拟方法,与实验结果进行相互验证。

针对空冷轴流风机特性，南非 Kroger 课题组[7]提出了风机激盘模型，并在实验中进行了验证。Van Rooyen 和 Kroger[8]采用该模型研究了轴流风机性能，指出风机入口流动偏心导致风机性能恶化。Stinnes 和 von Backstrom[9]在风机入口设置不同角度管道以模拟风机进口偏心流动，发现偏心角小于 45°时，风机性能与进口偏心无关。Hotchkiss 等[10]采用数值方法研究了风机入口横向流动对风机性能的不利影响，指出风机进口偏心对轴流风机不利影响的诱因是风机出口动能的增加和更大的机械能耗散。Zhang 等[11]研究了现有 A 型空冷凝汽器单元结构对单元内空气流场的不利影响，并提出了单元内部空气流场优化组织措施，使空冷凝汽器单元流动换热性能得到改善。为了评价空冷岛不同位置轴流风机性能差异，杨立军等[12,13]提出了空冷岛轴流风机集群因子的概念以及轴流风机分区调节的方法[14]，通过调整风机转速和叶片安装角[15,16]，实现空冷岛不同区域风机调整策略。但针对具体环境气象条件下空冷岛不同区域风机群差异化调节的设计研究还不完善，缺乏对于空冷岛风机集群运行特性的深入研究，无法准确指导空冷风机优化运行。

空冷机组变工况优化运行需考虑环境气象条件对直接空冷系统性能的影响。严俊杰等[17]和杨立军等[18]提出了直接空冷机组背压与空冷凝汽器入口空气温度相关的数学模型，用于直接空冷系统变工况计算。针对直接空冷系统的环境风效应，国内外学者做了大量研究，并提出了应对措施。Van Rooyen 和 Kroger[19]运用风机激盘模型研究了空冷凝汽器环境风效应，指出环境风作用下轴流风机性能恶化是空冷凝汽器性能下降的主要原因。Yang 等[20,21]运用数值模拟方法，研究了环境风对直接空冷系统热力性能的影响规律。为削弱环境风不利影响，Owen 等[22]提出在空冷岛下方地面布置十字形多孔挡风板的方法，以抑制环境风对空冷岛流动换热的不利影响。Meyer[23]提出在空冷岛边缘布置步道并去除空冷岛边缘风机风筒的方法，以减小风机入口流动损失。Yang 等[24]采用数值模拟研究了挡风墙高度、空冷平台步道宽度及水平外延步道对空冷凝汽器不利环境风效应的改善效果，指出增加步道宽度和外延步道宽度作用明显，而提高挡风墙高度作用效果微弱。Gao 等[25]和 Yang 等[26]和 Huang 等[27]均提出在空冷岛下沿迎风侧布置百叶窗式导流板，对环境风场进行诱导以提高空冷凝汽器流动换热性能。另外，为降低环境风对空冷岛上游空冷凝汽器单元的影响，Yang 等[28]提出了梯形结构空冷岛布置方案，他们团队[29,30]还针对不同空冷岛结构形式进行了研究。最近，部分学者对新型空冷凝汽器单元结构进行了研究。Butler 和 Grimes[31]研究了模块化空冷凝汽器的环境风效应，并提出了优化的空冷凝汽器结构。Zhang 等[32]提出了鼓风式“V”型结构空冷凝汽器单元，得到了优化的空冷凝汽器单元翅片管束表面冷却空气流速分布。Chen 等[33,34]针对环境风的不利影响，提出了引风式空冷岛以及竖直布置空冷岛结构。可以看出，国内外学者主要通过数值模拟方法对直接空冷系统的不利环境风效应和应对策略进行研究，基于新型空冷系统布置方式和空冷凝汽器单元结构方面的研究则相对较少。

5.3 直接空冷系统输运性能

5.3.1 研究对象及模型

以传统 2×660MW 机械通风直接空冷机组为研究对象，如图 5-1(a)所示，直接空冷系统由矩形阵列布置的“A”型空冷凝汽器单元构成。“A”型空冷凝汽器单元主要包括上部空冷凝汽器管束和下部空冷轴流风机，如图 5-1(b)所示。有风工况下，环境横向风方向与空冷轴流风机鼓风方向近乎垂直，在风机入口出现流动变形现象，导致轴流风机吸风不足，甚至出现热空气倒流现象，使得轴流风机性能恶化，严重影响直接空冷系统流动换热性能。

图 5-2 表示的是空冷岛布局及其序号标注方式，每台机组空冷凝汽器以 56 个空冷凝汽器单元按照 7×8 的矩形阵列方式布置。沿空冷岛长轴方向，空冷凝汽器单元编号为第 1～16 列。沿空冷岛短轴方向，空冷凝汽器单元所在位置编号为第 1～7 行。环境风主要考虑 30°、60°和 90°三个典型风向角。

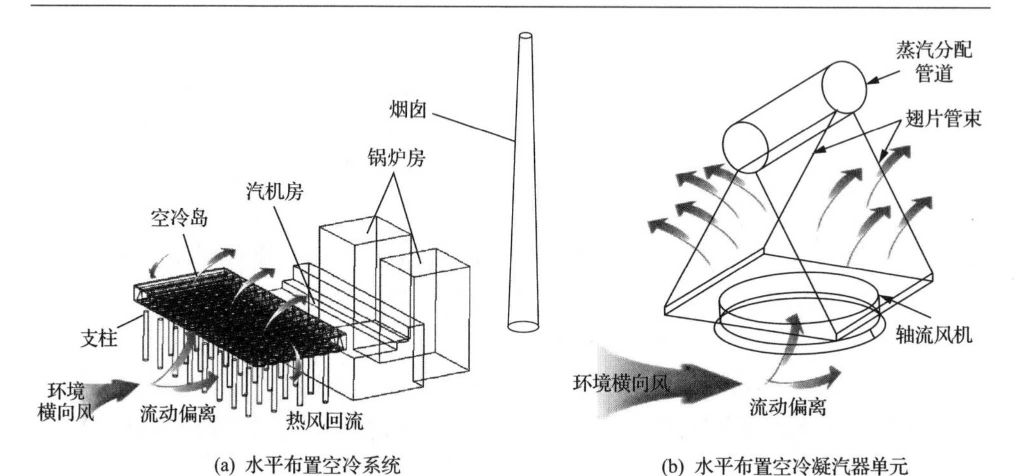

(a) 水平布置空冷系统　　(b) 水平布置空冷凝汽器单元

图 5-1　传统水平布置直接空冷系统及空冷凝汽器单元结构示意图

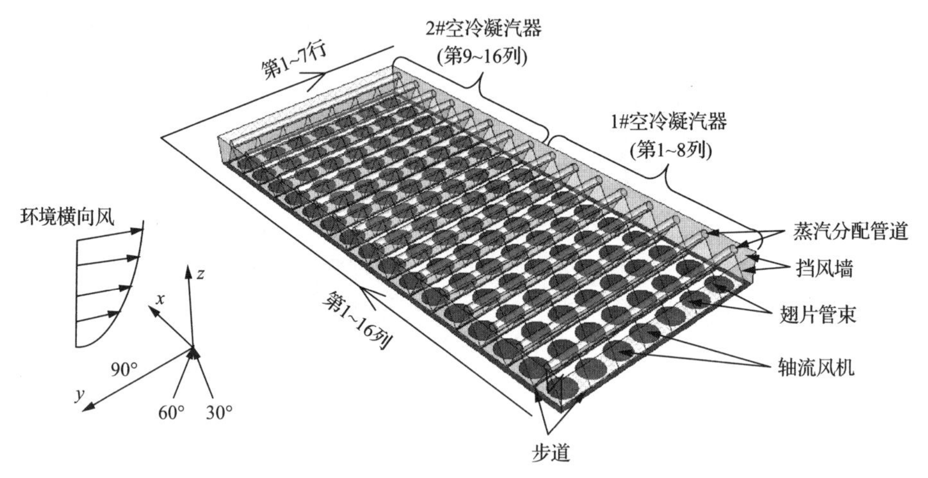

图 5-2　水平布置空冷岛空冷凝汽器单元序号标注及环境风向示意图

图 5-3 表示的是数值模型计算域及边界条件。采用方形计算域，空冷岛与主厂房位于计算域的中心位置，计算域长宽高分别为 2500m、2500m 和 1000m。无风条件下，如图 5-3(a)所示，计算域四周设置为压力入口边界条件，计算域顶部设置为压力出口边界条件。地面设置为绝热壁面。环境风作用下，如图 5-3(b)所示，沿环境风方向，计算域上游入口设置为速度入口边界条件，下游出口设置为出流边界条件，其余边界设置为对称面。为了进行网格独立性验证，对空冷凝汽器单元采用不同步长进行网格划分，包括 0.2m、0.5m 和 0.8m 三种尺寸，模拟得到了环境风速 u_{w} 为 4m/s、90°风向角下，不同网格尺寸对应空冷凝汽器冷却空气质量流量。结果表明，不同网格尺寸下空冷岛总的冷却空气质量流量变化小于 0.5%，最终选择网格数量为 3873721。

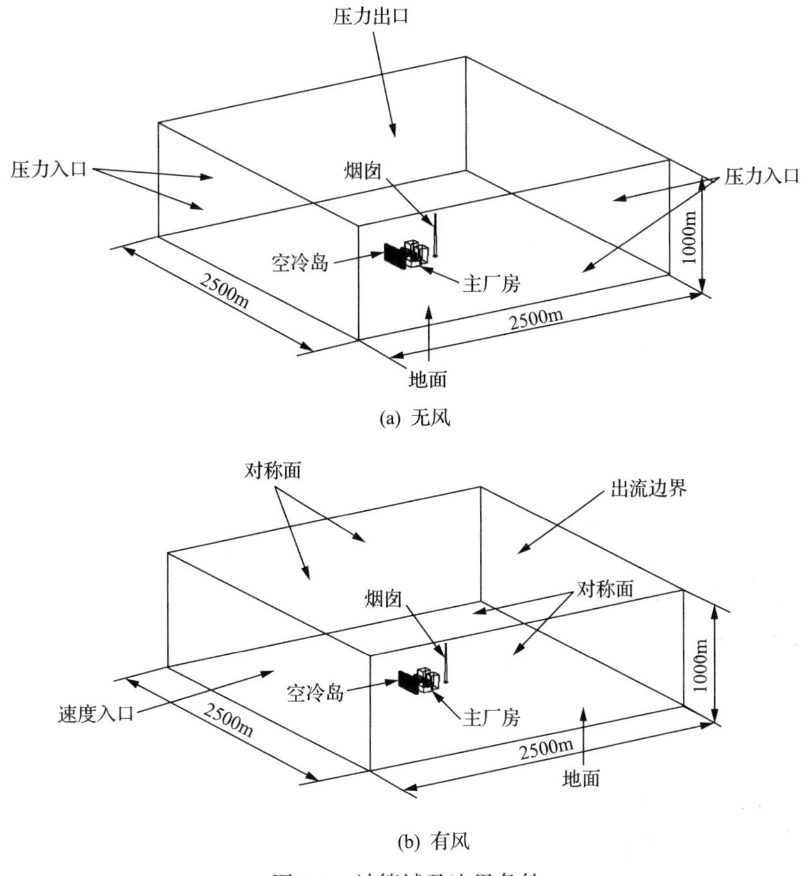

(a) 无风

(b) 有风

图 5-3　计算域及边界条件

5.3.2　流动传热分析

图 5-4 表示的是环境风向角为 90°时，不同风速下空冷岛竖截面的空气压力场。可以看出，在无风条件下，空冷岛边缘轴流风机入口由于流动变形产生低压区。如图 5-4(b) 所示，当风速为 4m/s 时，迎风面轴流风机入口流动变形加剧，导致迎风侧空冷凝汽器单元风机低压区范围扩大，影响轴流风机性能。同时，环境风在空冷岛出口产生了高压区，对上升热空气形成压制作用，尤其是在上游空冷凝汽器单元出口处。随风速增加，由图 5-4(c)(d) 可知，上游轴流风机入口低压区扩散到单元内部，并向下游轴流风机延伸。同时，背风侧空冷凝汽器单元风机入口压力变化并不明显。因此，环境风对上游空冷凝汽器单元流动换热性能的不利影响随风速增加而加剧，而背风侧空冷凝汽器单元几乎不受影响，甚至有所强化。

图 5-5 表示的是风向角为 90°时，不同环境风速下竖截面内空气流场与温度场。在无风情况下，如图 5-5(a) 所示，在空冷岛边缘的轴流风机入口处发生了流动变

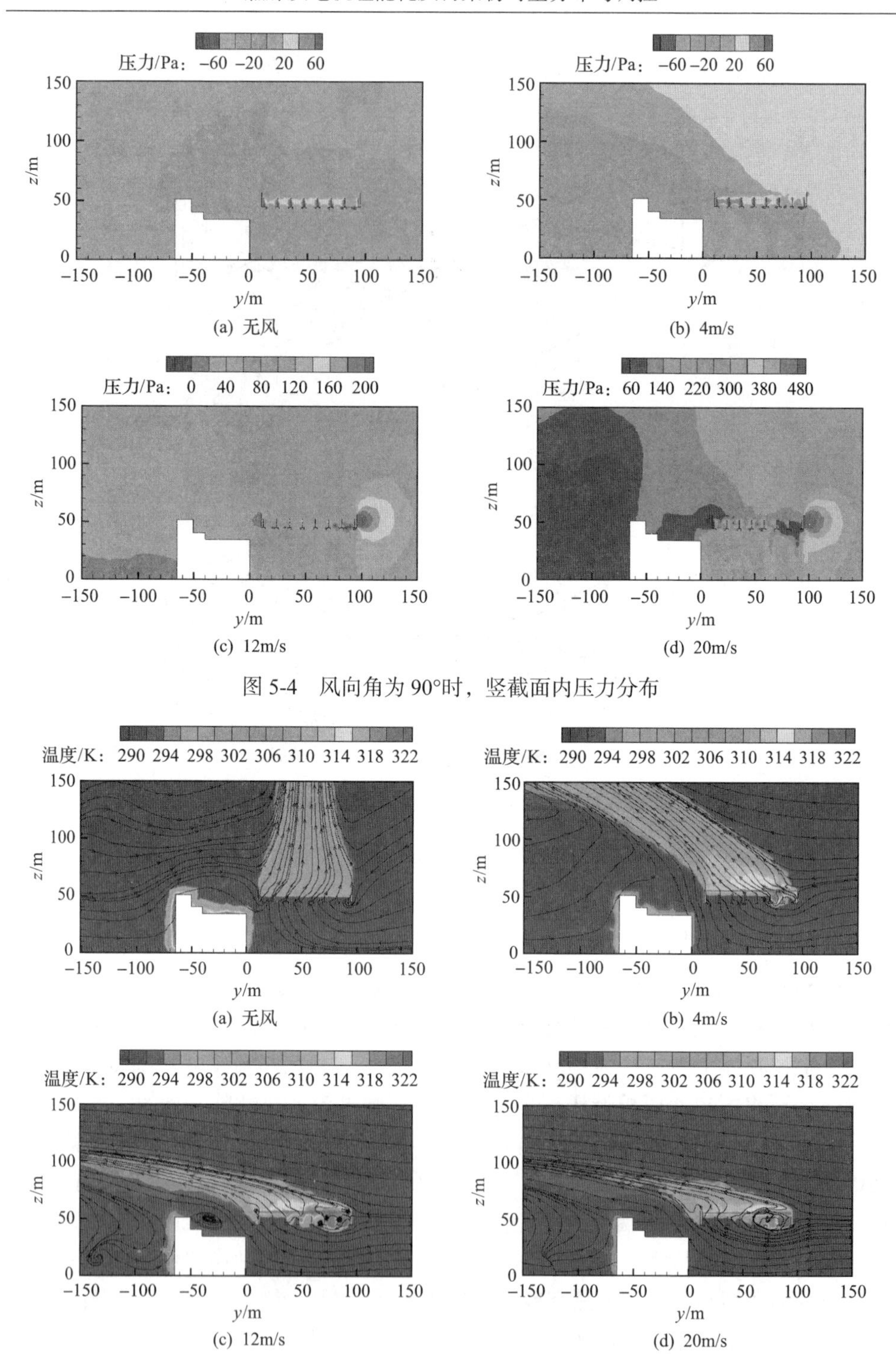

图 5-4　风向角为 90°时，竖截面内压力分布

图 5-5　风向角为 90°时，竖截面内空气流场与温度场

形，使边缘轴流风机性能下降。沿环境风方向，受影响的空冷凝汽器单元数量随风速增加而增多，并在上游空冷凝汽器单元出现涡流及热风倒流现象，但其不利影响向下游逐渐衰减。风速为4m/s时，迎风面轴流风机入口冷却空气流动变形，风机性能下降，导致迎风面空冷凝汽器单元内部温度较高，流动换热性能恶化。随风速增加，由图5-5(c)(d)可以看出，上游轴流风机入口流动变形现象加剧，轴流风机性能进一步恶化，导致上游空冷凝汽器单元冷却空气质量流量低，其内部空气温度持续升高，流动换热性能进一步恶化，尤其是迎风面第1行和第2行空冷凝汽器单元。在高风速下，上游空冷凝汽器单元高温区域范围不再扩大，说明大风速下直接空冷系统流动换热性能不再恶化。

5.3.3　轴流风机性能分析

轴流风机特性直接影响整个空冷岛的流动换热性能，因此研究环境风作用下轴流风机性能变化情况，对直接空冷系统传热表面构建具有重要意义。

当风向角为90°时，空冷岛第1行空冷凝汽器单元处于上游迎风位置。图5-6和图5-7给出了不同环境风速下轴流风机入口空气温度和冷却空气质量流量分布情况。由图5-6(a)可以看出，在无风情况下，轴流风机入口温度分布均匀，与环境温度基本一致。由于空冷岛四周轴流风机入口存在流动变形现象，由图5-7(a)可以看出，空冷岛四周空冷凝汽器单元冷却空气质量流量相对较低。如图5-6(b)

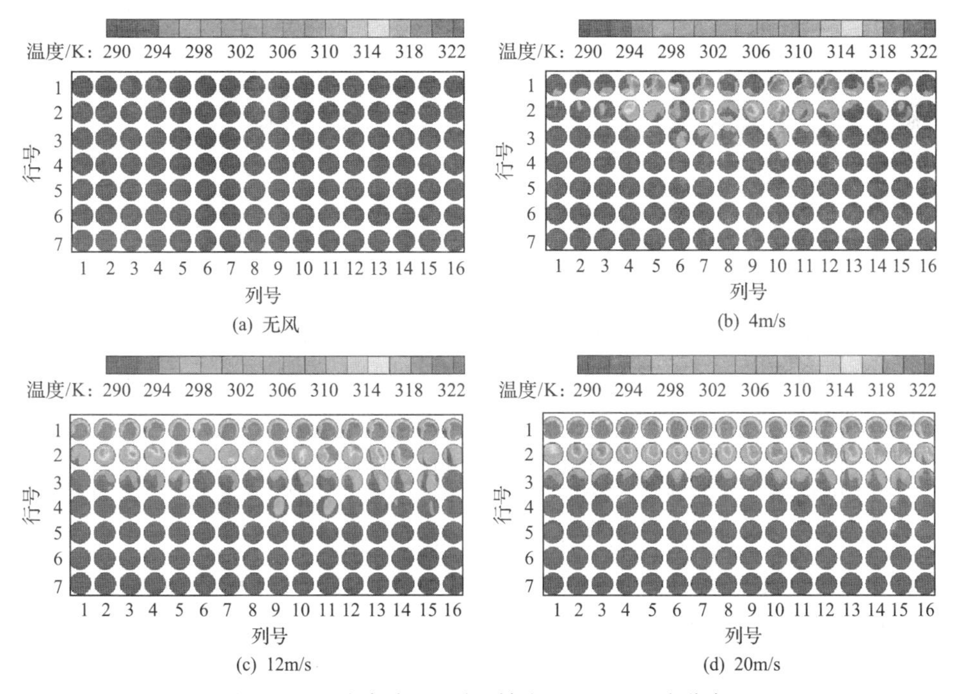

(a) 无风　(b) 4m/s　(c) 12m/s　(d) 20m/s

图5-6　风向角为90°时，轴流风机入口温度分布

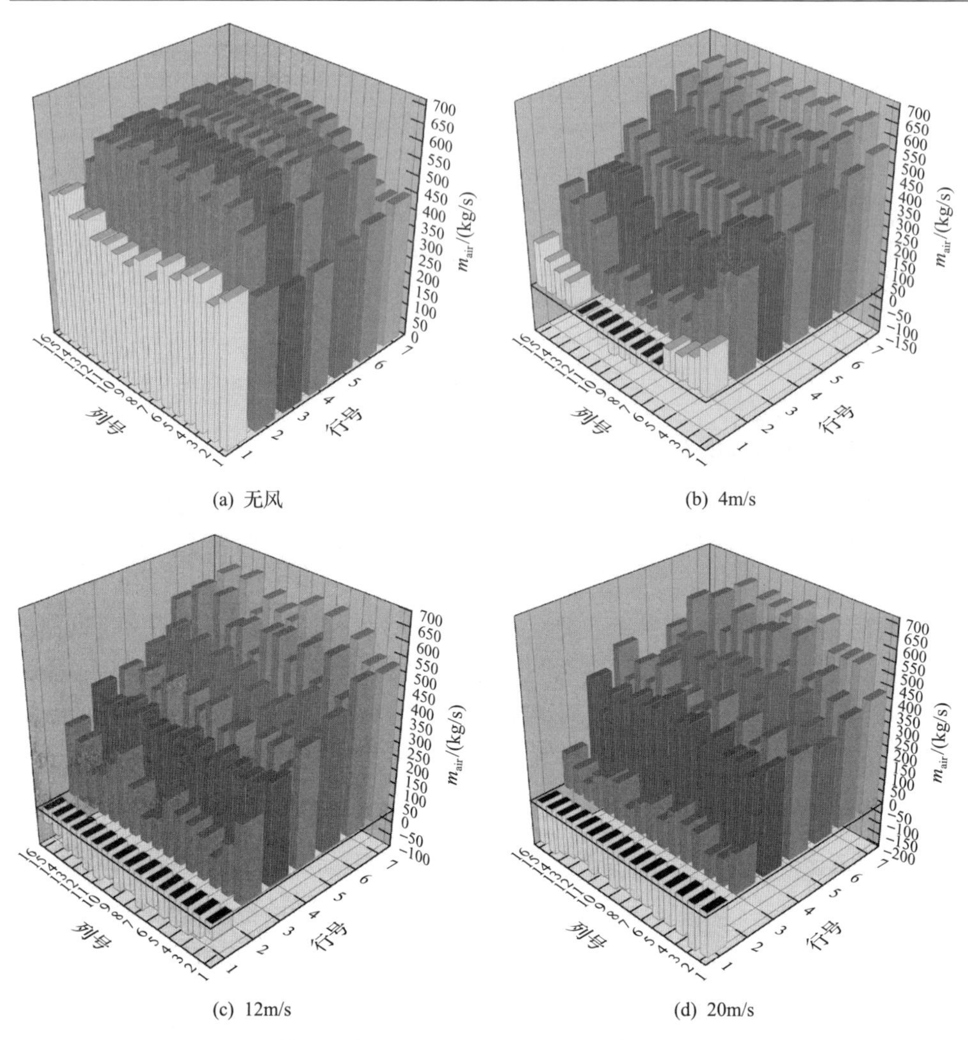

(a) 无风　(b) 4m/s

(c) 12m/s　(d) 20m/s

图 5-7　风向角为 90°时，轴流风机冷却空气质量流量分布

所示，当风速为 4m/s 时，空冷岛迎风面第 1 行空冷凝汽器单元出现热空气倒流现象，导致轴流风机入口空气温度升高。高温区域向下游轴流风机入口扩散，并逐渐衰减。同时，如图 5-7(b)所示，除了迎风面轴流风机外，上游其余轴流风机入口同样存在流动变形现象，使上游轴流风机性能下降，冷却空气质量流量明显降低。值得注意的是，背风侧第 7 行空冷凝汽器单元冷却空气质量流量相对于无风情况有所增加。随风速进一步增加，如图 5-6(c)(d)和图 5-7(c)(d)所示，轴流风机入口高温区域向下游扩散，主要出现在上游第 1、2 行轴流风机入口。随风速增加，迎风面第 1 行轴流风机热空气倒流现象加剧，第 2 行空冷凝汽器单元冷却空气质量流量也逐渐降低。然而，背风侧轴流风机冷却空气质量流量随风速增加而

增加。当风速大于 12m/s 时，轴流风机入口高温区域范围基本不再扩大。因此，随风速增加，背风侧轴流风机性能不断上升。总之，在 90°风向角下，上游空冷凝汽器单元轴流风机入口空气温度较高，冷却空气质量流量大幅降低，甚至出现热空气倒流现象，流动换热性能恶化。随环境风速增加，其不利影响向下游扩散并逐渐衰减。在大风速下，上游受影响空冷凝汽器单元范围不再扩大，环境风不利影响有所减弱，同时背风侧轴流风机冷却空气质量流量有所增加，性能得到提升，说明大风条件下直接空冷系统流动换热性能有所回升。

5.3.4 热力性能变化规律

本节讨论直接空冷系统总体性能评价参数，包括空冷岛轴流风机入口平均温度 t_{a1}、冷却空气质量流量 m_{air} 和机组背压 p_c 在不同环境气象条件下的变化规律。

图 5-8 为传统直接空冷系统热力性能参数随环境风速和风向变化规律。其中，图 5-8(a)表示的是不同环境风向条件下空冷岛轴流风机入口平均温度随环境风速变化情况。可以看出，随环境风速增加，风机入口平均温度逐渐升高。随风速进一步增加，其变化趋势趋于平缓，甚至有所降低。同时，在低风速下，风向角越大，轴流风机入口平均温度越高；随风速增加，其变化趋势相反，即风向角越大，风机入口平均温度越低。图 5-8(b)表示的是不同环境风向下，通过空冷岛的总冷却空气质量流量随环境风速变化情况。可以看出，在风向角为 90°和 60°下，随环境风速增大，冷却空气质量流量先减后增，临界点出现在 12m/s 风速下。这是因为当风速小于 12m/s 时，环境风对上游轴流风机冷却空气质量流量的削弱作用大于其对下游轴流风机的强化作用，致使总体冷却空气质量流量与环境风速呈负相关。当风速大于 12m/s 时，下游风机冷却空气质量流量的强化作用占主导地位，使总冷却空气质量流量与环境风速呈正相关。然而，在 30°风向条件下，随环境风速增加，空冷岛总冷却空气质量流量逐渐下降，在高风速情况下趋于平缓。在低风速条件下，随风向角增大，总的冷却空气质量流量逐渐降低。当风速大于 4m/s 时，其大小与风向角呈正相关。由上述分析可知，在低风速下，风向角越大，风机入口温度越高，且冷却空气质量流量越低；在高风速情况下，风向角越大，对应的风机入口温度越低，冷却空气质量流量越大。由此可知，在低风速下，风向角越大，空冷系统流动换热性能越差；在高风速下，风向角越大，其流动换热性能越好。

图 5-8(c)是直接空冷机组背压随环境气象条件的变化规律。可以看出，随风速增加，在 90°和 60°风向角下，机组背压先增后减；在 30°风向角下，机组背压持续增加，与所预测的空冷系统性能变化情况一致。在低风速情况下，机组背压与风向角呈正相关，但其差异较小。在高风速下，机组背压与风向角呈负相关，不同风向角对应的机组背压差异较大。

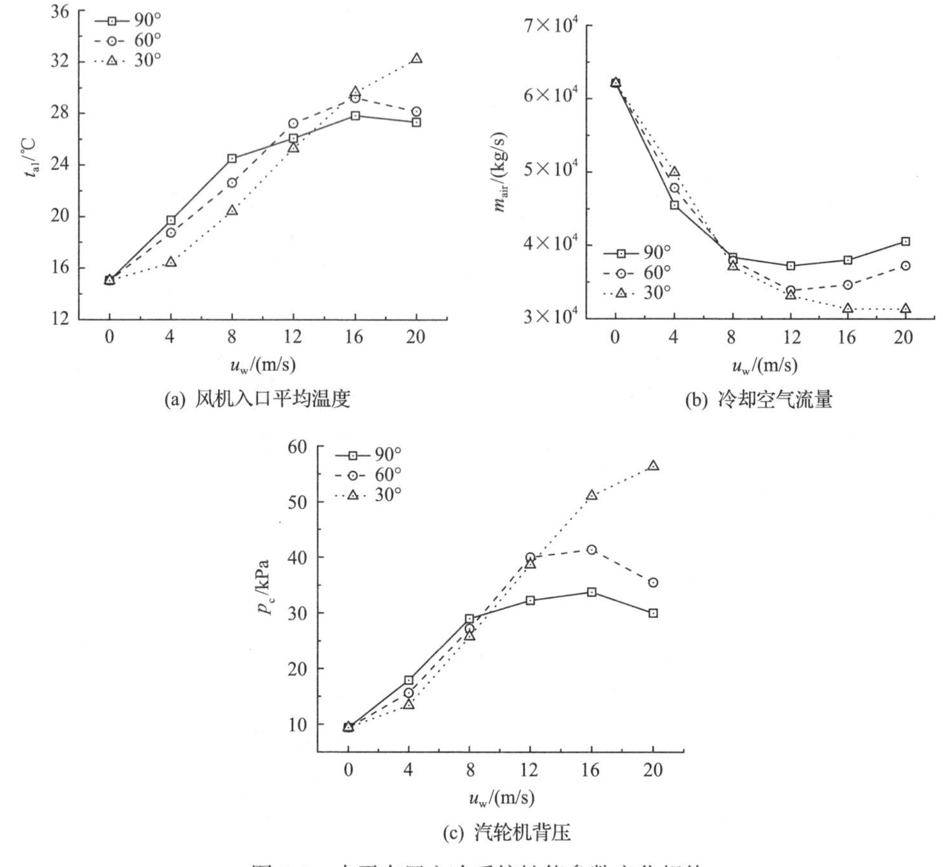

(a) 风机入口平均温度　(b) 冷却空气流量

(c) 汽轮机背压

图 5-8　水平布置空冷系统性能参数变化规律

总之，随环境风速增加，直接空冷系统流动换热性能逐渐恶化，但在大风条件下有所回升。同时，在低风速下，不同风向角对应直接空冷系统热力性能参数变化较小。在大风速下，风向角越大，直接空冷机组背压越低，抗大风性能越好。

5.4　直接空冷系统优化设计与运行

5.4.1　空冷凝汽器单元竖直布置策略

1. 研究对象及模型

5.3 节分析了空冷岛水平布置的传统直接空冷系统在不同环境气象条件下的流动换热性能变化规律。可以看出，环境风作用下空冷岛轴流风机入口流动变形对其性能造成了严重影响，提升轴流风机与环境风的协同能力，成为改善直接空冷系统不利环境风效应的关键。为此提出“有效引导风场能量，实现风能资源化利用”的传热面构建原则，即通过新型传热表面布置，提升环境风场与轴流风机的协同程度，在改善直接空冷系统流动换热性能的同时，达到环境风能资源化利用的目的。如图 5-9(a)所示，针对传热表面构建原则，提出了由竖直布置空冷凝汽器单元构成的新型空冷岛布置方案。其中，竖直布置空冷凝汽器单元结构如图 5-9(b)所示，翅片管束及排汽管道竖直布置在单元的一侧，空冷轴流风机由竖直向上鼓风转变为水平鼓风。针对特定环境风向，轴流风机入口正对环境风来流方向，大大提升了环境风场与轴流风机的协同程度，不仅避免了轴流风机入口流动变形现象，还可以充分利用环境风动能，实现风能资源化利用，提升直接空冷系统流动换热性能。

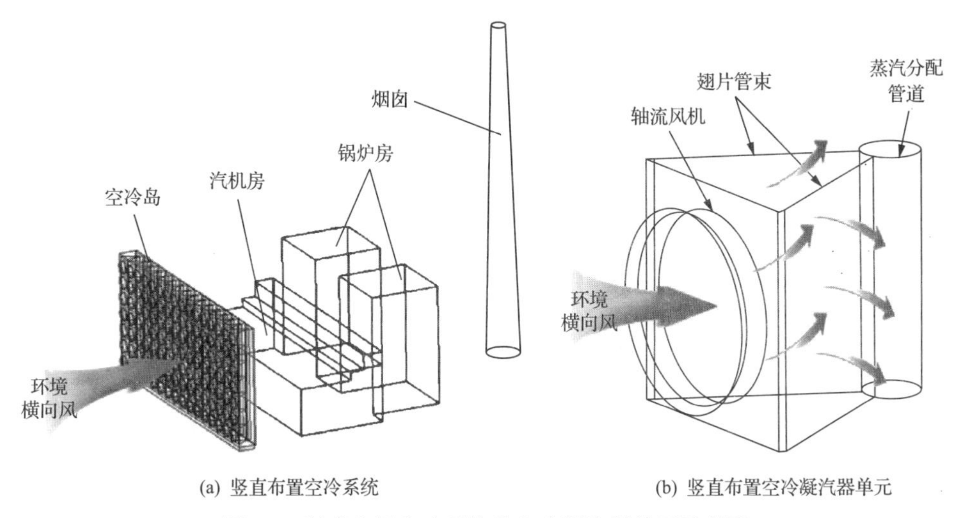

(a) 竖直布置空冷系统　　(b) 竖直布置空冷凝汽器单元

图 5-9　竖直布置空冷系统及空冷凝汽器单元示意图

如图 5-10 所示，竖直布置空冷岛单元规模与传统水平布置空冷岛一致。空冷

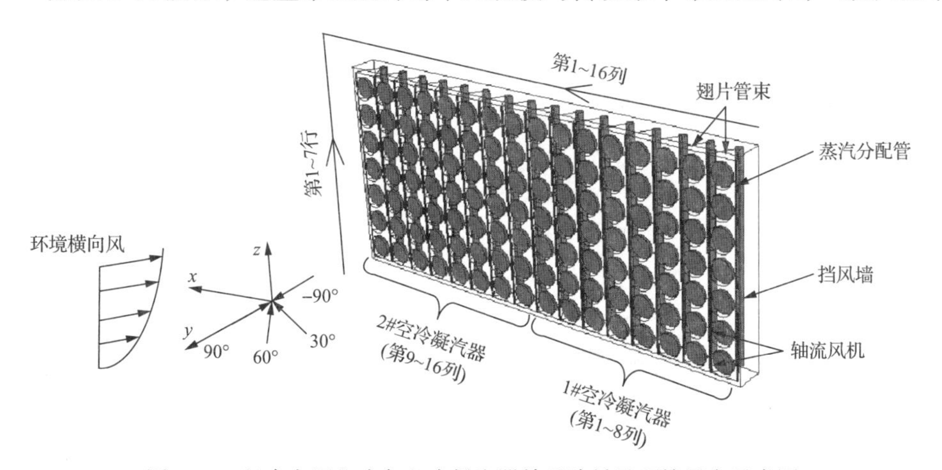

图 5-10　竖直布置空冷岛空冷凝汽器单元编号及环境风向示意图

凝汽器单元序号沿 z 轴方向命名为第 1～7 行，沿 x 轴方向命名为第 1～16 列。其中，90°风向角下，环境风吹向竖直布置空冷岛入口，即轴流风机入口。–90°风向角为不利风向角，环境风吹向竖直布置空冷岛出口。

2. 流动传热分析

在 90°风向角下，图 5-11 展示了不同环境风速下，沿环境风方向竖直布置空冷岛竖截面空气压力场。采用新型竖直布置空冷岛，环境横向风垂直吹向空冷岛轴流风机入口，增加了轴流风机入口静压，环境风动能转化为轴流风机入口空气静压头，在轴流风机转速不变的情况下，使轴流风机性能曲线整体上移，可以增加轴流风机冷却空气质量流量，强化空冷凝汽器单元流动换热性能。随环境风速增加，竖直布置空冷岛入口压力逐渐增加，可不断提升轴流风机性能。图 5-12 表示的是风向角 90°时，不同环境风速下竖直布置空冷岛竖截面内的空气流场与温度场。可以看出，轴流风机入口的流动情况得到了改善，轴流风机入口流动变形现象基本被消除。总之，在风向角为 90°时，轴流风机与环境风场的协同程度良好，不仅消除了轴流风机入口流动变形，还实现了环境风能资源化利用，使直接空冷系统流动换热性能随环境风速增加而提升。

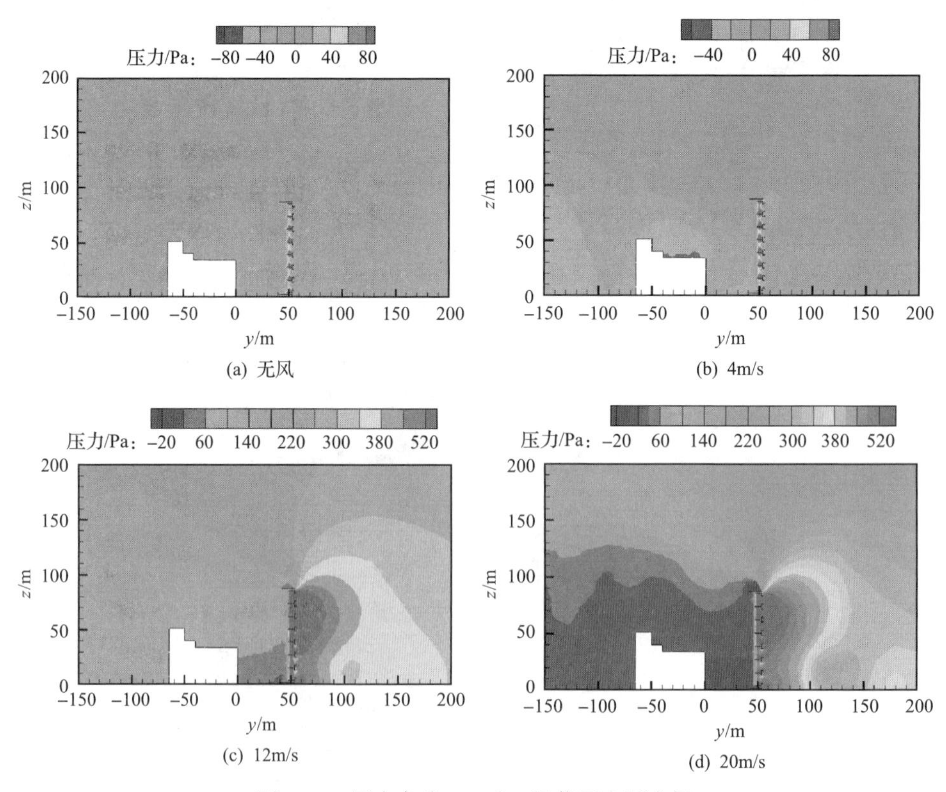

图 5-11　风向角为 90°时，竖截面内压力场

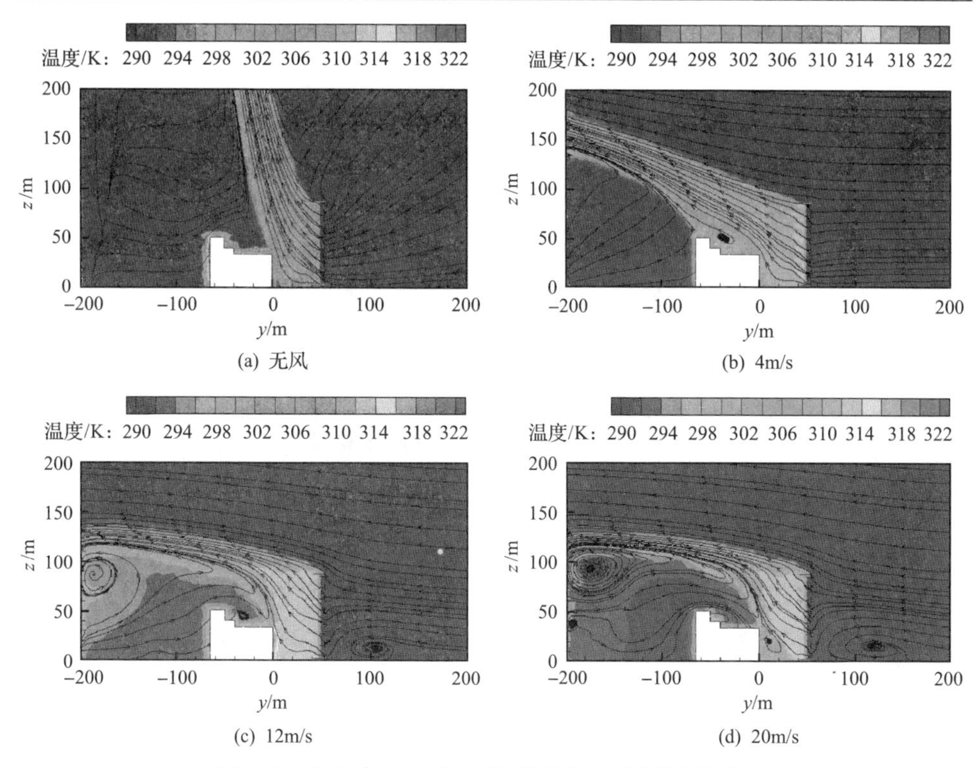

(a) 无风

(b) 4m/s

(c) 12m/s

(d) 20m/s

图 5-12 风向角为 90°时，竖截面内空气流场与温度场

3. 轴流风机性能分析

图 5-13 和图 5-14 分别表示的是 90°风向角下竖直布置空冷岛轴流风机入口温度和空气质量流量分布。由图 5-13 可知，不同风速下，空冷凝汽器单元轴流风机入口空气温度基本保持不变并与环境温度一致。与传统水平布置空冷岛轴流风机入口温度分布相比，在 90°风向角下，竖直布置空冷岛可以有效地消除轴流风机入口流动变形，使轴流风机入口温度不随风速增加而增加。由图 5-14 可以看出，无风时，与水平布置空冷岛类似，处于竖直布置空冷岛边缘的轴流风机流量相对较低。在环境风作用下，轴流风机冷却空气质量流量整体上升，尤其是处于空冷岛顶部的轴流风机。随环境风速增加，轴流风机冷却空气质量流量逐步增加。总之，通过环境风场与轴流风机的协同作用，轴流风机性能得到了强化，冷却空气质量流量大幅增加且入口空气温度保持不变。

4. 热力性能变化规律

图 5-15～图 5-18 给出了直接空冷系统热力性能随环境气象条件的变化规律。图 5-15 表示的是水平和竖直布置直接空冷系统轴流风机入口平均温度变化规律；

图 5-16 表示的是通过水平和竖直布置空冷岛轴流风机的冷却空气质量流量变化规律；图 5-17 表示的是空冷岛水平和竖直布置直接空冷系统的空冷机组背压随环境风速、风向的变化规律；图 5-18 表示的是不利风向角–90°下，轴流风机正常运行和反转时机组背压变化规律。

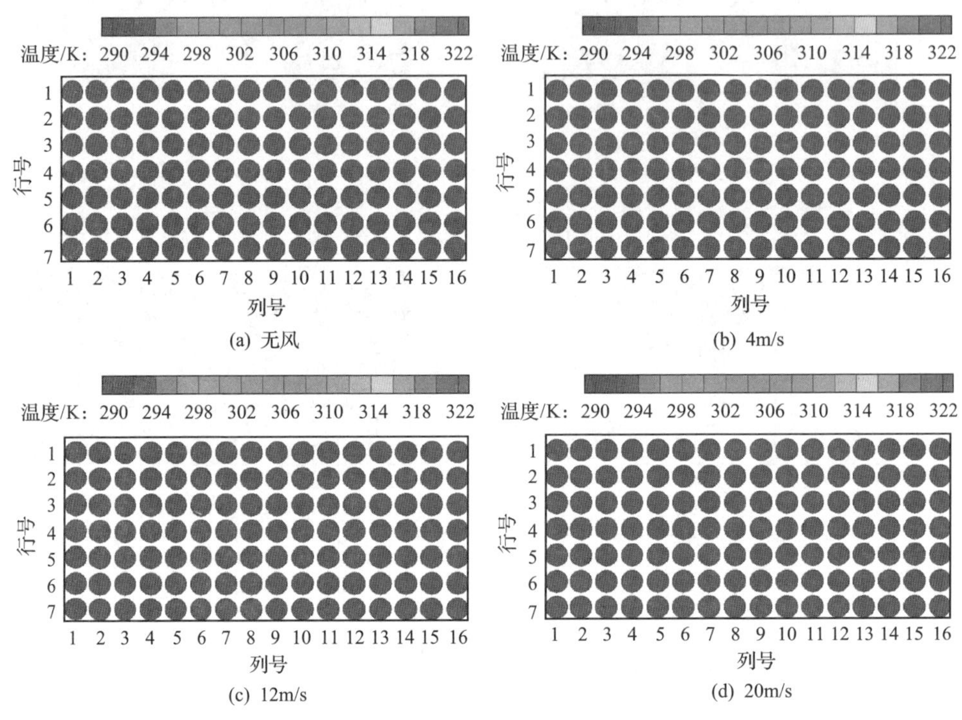

(a) 无风　(b) 4m/s　(c) 12m/s　(d) 20m/s

图 5-13　风向角为 90°时，竖直布置空冷岛轴流风机入口空气温度分布

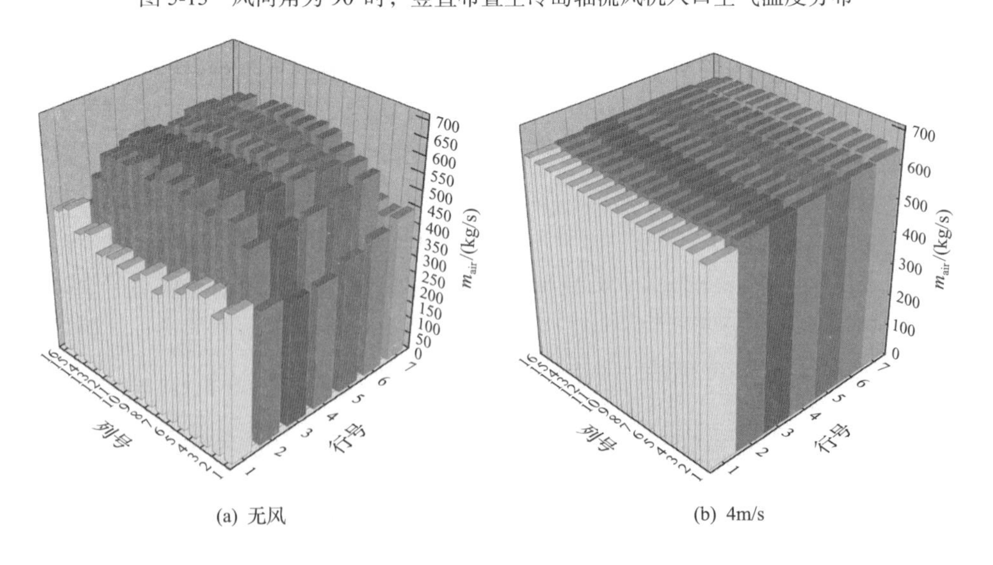

(a) 无风　(b) 4m/s

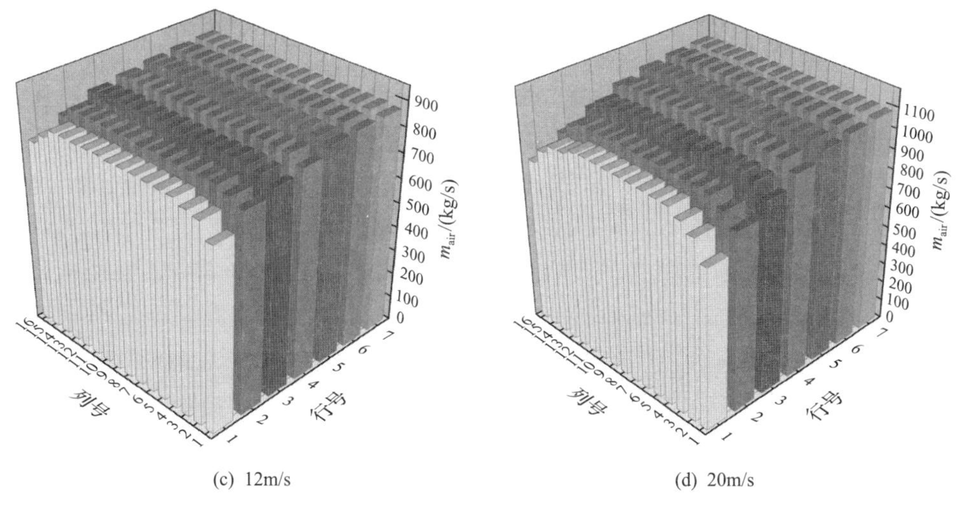

(c) 12m/s　　(d) 20m/s

图 5-14　风向角为 90°时，竖直布置空冷岛轴流风机冷却空气质量流量分布

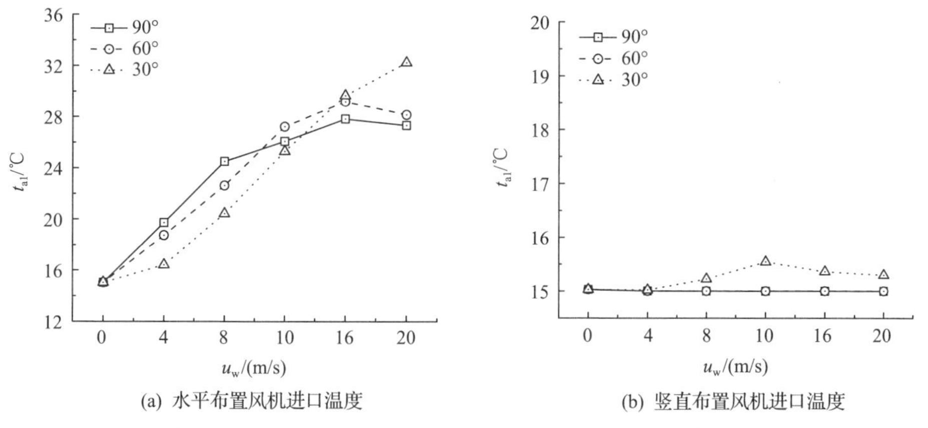

(a) 水平布置风机进口温度　　(b) 竖直布置风机进口温度

图 5-15　不同布置方式空冷岛入口空气平均温度变化规律

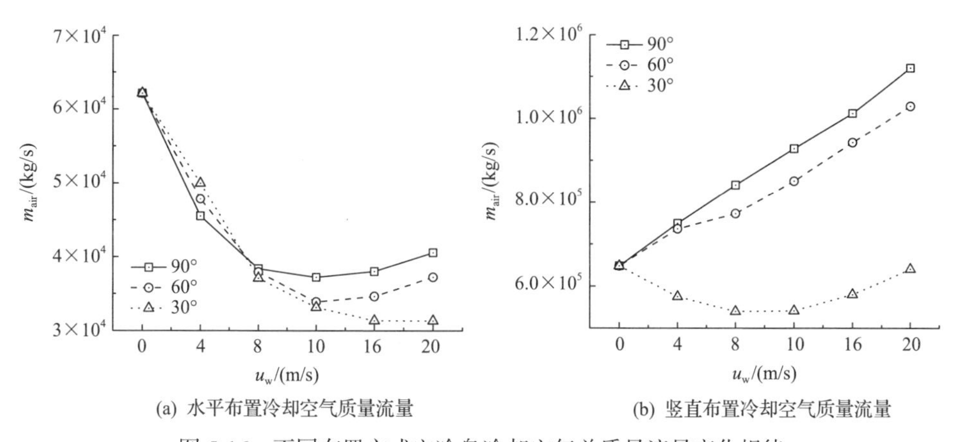

(a) 水平布置冷却空气质量流量　　(b) 竖直布置冷却空气质量流量

图 5-16　不同布置方式空冷岛冷却空气总质量流量变化规律

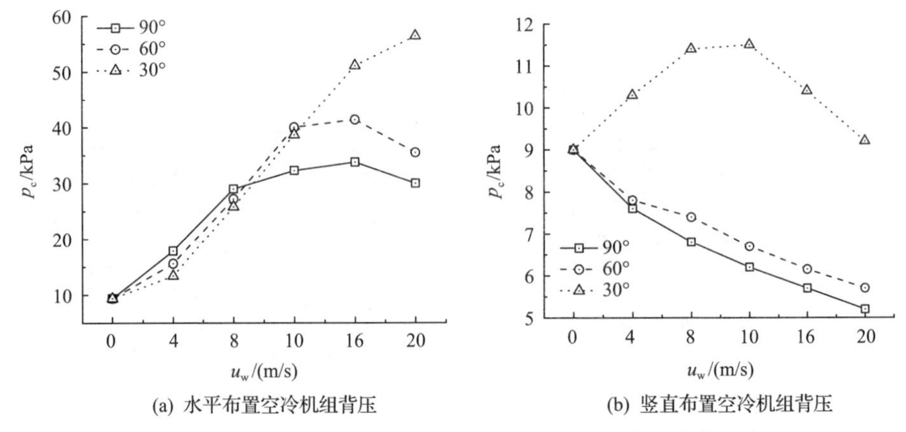

(a) 水平布置空冷机组背压　　(b) 竖直布置空冷机组背压

图 5-17　空冷岛采用不同布置方式的空冷机组背压变化规律

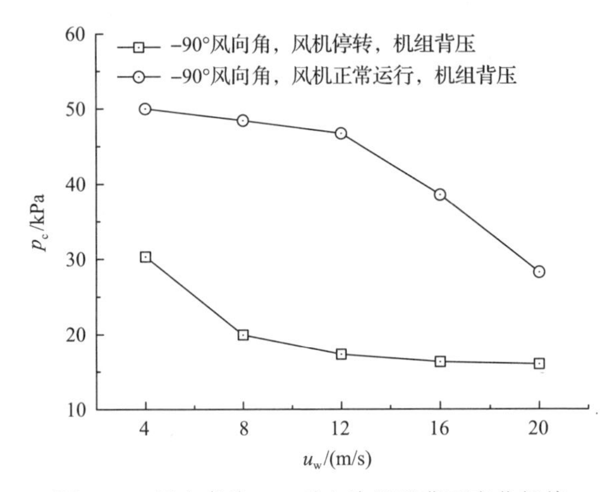

图 5-18　风向角为–90°时空冷机组背压变化规律

由图 5-15(b)可以看出，在环境风向角为 90°和 60°下，轴流风机入口平均温度在不同风速下均保持为 15℃，与环境气温相同。在风向角为 30°，风速超过 4m/s 时，竖直布置空冷岛轴流风机入口平均温度小幅上升。总体而言，与水平布置空冷岛相比，轴流风机入口平均温度得到了大幅降低。如图 5-16(b)所示，在风向角为 90°和 60°时，总冷却空气质量流量随环境风速增加而增加。同时，在风向角为 30°时，轴流风机总冷却空气质量流量随环境风速增加先减后增，但变化幅度与水平布置空冷岛相比较小。

如图 5-17(b)所示，空冷岛采用竖直布置方式时，在环境风向角为 90°和 60°下，机组背压随风速增加而降低。在环境风向角为 30°下，机组背压随风速增加先增后减。其中，竖直布置空冷岛正面来风，即风向角为 90°时，空冷机组背压最低。与传统水平布置空冷岛相比，空冷机组背压受环境风的不利影响得到了根本改变。总之，在特定风向角范围内，对于空冷岛竖直布置的直接空冷系统而言，环境风场与轴流风机协同良好，在消除环境风的不利影响的同时，还兼顾了环境风能的资源化利用，强化了直接空冷系统流动换热性能，使直接空冷系统流动换热性能随环境风速增加不降反升，机组背压相应地降低，机组运行经济性提升。

图 5-18 为在不利风向角–90°下空冷机组背压变化规律。风机正常运行时，在不利风向角下直接空冷系统流动换热性能急剧恶化，机组背压较高。为了克服竖直布置空冷系统在风向角发生变化时机组背压较高的问题，可以通过风机停转的方法，改变单元内空气流向，使冷却空气随环境风由空冷岛出口流入，利用环境风动能，驱动空气与翅片管束进行换热。可以看出，随风速增加，换热加强，机组背压逐渐降低，说明采用风机停转的方式，可以克服不利风向角下环境风对直接空冷系统的不利影响，提升环境风场与轴流风机的协同程度，资源化利用环境风动能，强化直接空冷系统性能。

5.4.2　空冷凝汽器单元引风式“V”型结构布置

为削弱环境风对轴流风机性能的不利影响，提出了空冷凝汽器单元采用引风式“V”型结构的引风式直接空冷系统。

1. 研究对象及模型

图 5-19 为引风式“V”型结构空冷凝汽器单元及其空冷岛布置示意图。引风式“V”型结构空冷凝汽器单元如图 5-19(a)所示，主要由位于空冷凝汽器单元上部的引风式轴流风机和布置在引风机下方的“V”型翅片管束组成。引风式轴流风机驱动冷却空气与“V”型布置翅片管束换热并带走汽轮机排汽热量。与传统水平布置空冷岛一致，如图 5-19(b)所示，引风式空冷岛由两台引风式空冷凝汽器共 112 个引风式“V”型结构空冷凝汽器单元以 7×16 的矩形阵列方式布置而成。沿 x 方向，空冷凝汽器单元命名为第 1～16 列；沿–y 方向，空冷凝汽器单元命名为第 1～7 行。其中，90°风向角沿–y 方向。采用“V”型结构空冷凝汽器单元空冷凝汽器与传统水平布置空冷凝汽器相同，每列 7 个单元相连，列与列之间空冷凝汽器单元分离，空冷凝汽器单元翅片管束平面与空冷岛短轴方向平行，即与 90°风向角平行。空冷凝汽器单元采用引风式“V”型结构的改进型空冷岛布置方式（简称改进型引风式空冷岛）如图 5-19(c)所示。可以看出，沿空冷岛长轴方向，每行共 16 个“V”型空冷凝汽器单元相连，行与行之间空冷凝汽器单元分离，空冷凝汽器单元翅片管束平面与空冷岛长轴方向平行。改进型引风式空冷岛迎风侧未布置下挡风墙，使得环境风直接吹向迎风面第 1 行空冷凝汽器单元一侧翅片管束，提高迎风面空冷凝汽器单元流动换热性能。模型计算域和边界条件设置与 5.3 节中传统布置空冷系统一致。

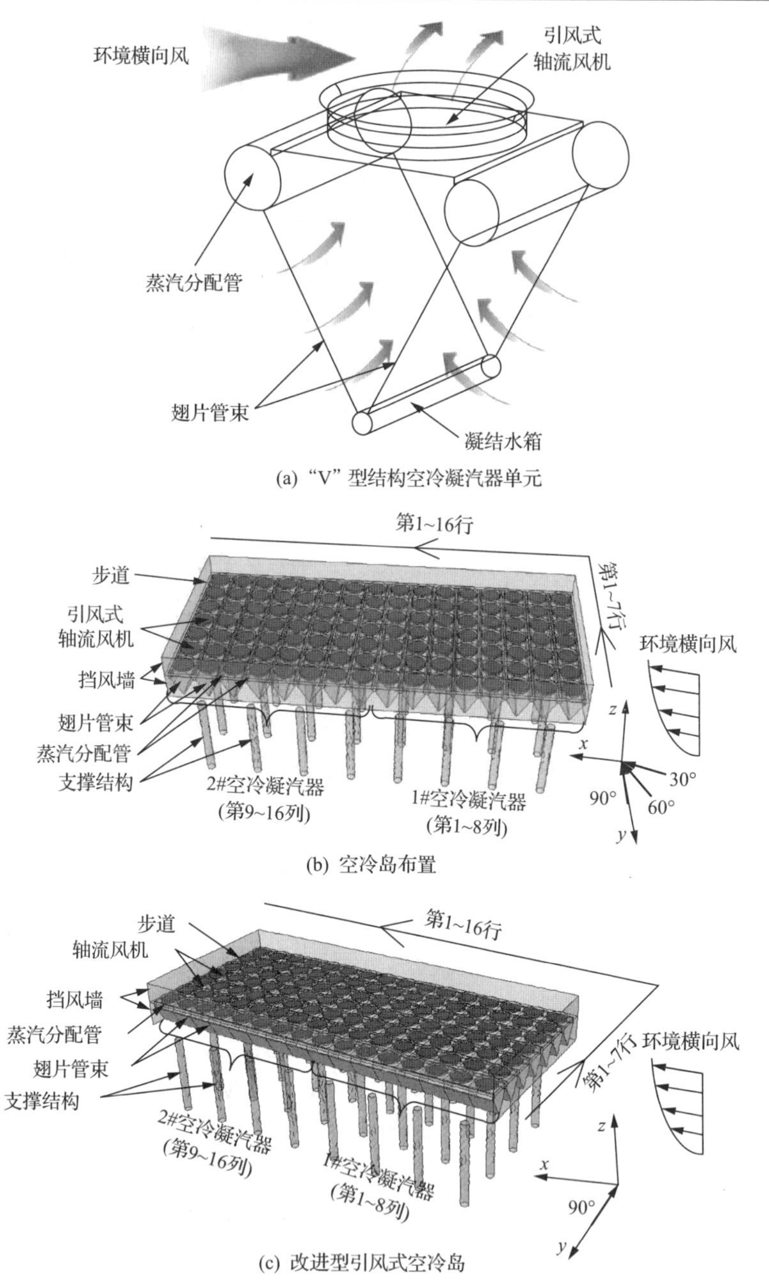

图 5-19　引风式“V”型结构空冷凝汽器单元及空冷岛示意图

2. 流动传热分析

图 5-20 是风向角为 90°时不同风速下引风式空冷岛竖截面内空气压力场。可

以看出，在有风条件下，空冷岛出口迎风侧压力较高，对迎风面空冷凝汽器单元入口热空气形成压制作用。同时，迎风面空冷凝汽器单元入口压力相对较低。随风速增加，空冷岛迎风面空冷凝汽器单元入口附近低压区范围扩大。结合流场及温度场分析，如图 5-21 所示，环境风作用下，在空冷岛上游空冷凝汽器单元入口低压区的位置形成了涡流。与传统水平布置空冷岛类似，上游空冷凝汽器单元受环境风影响严重，出现热空气倒流，尤其是上游第 1、2 行空冷凝汽器单元。但不同的是，相对于传统空冷岛轴流风机而言，引风式空冷岛轴流风机入口条件得到明显改善。在大风情况下，除了上游单元处形成涡流，冷却空气可以顺利地通过其余空冷凝汽器单元，环境风的影响范围相对于传统空冷岛而言明显有所缩小。同时，由于引风机出口流速相对较高，能更好地抵御环境风的压制作用。总之，引风式直接空冷系统相对于传统直接空冷系统而言，轴流风机入口条件有所改善，下游空冷凝汽器单元流动换热性能有所强化。

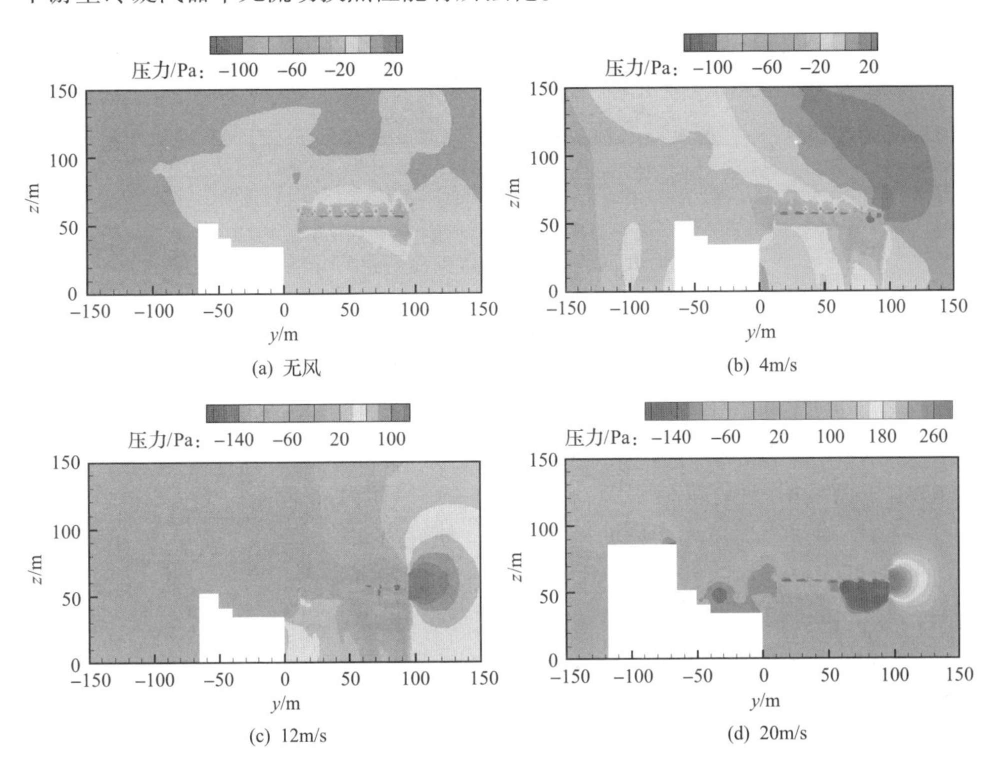

图 5-20　风向角为 90°时，引风式空冷岛竖截面内压力场

虽然新型引风式空冷岛布置方式可以提高部分空冷凝汽器单元的流动换热性能，但迎风面空冷凝汽器单元流动换热性能在环境风作用下依然严重恶化。为了提高迎风面空冷凝汽器单元流动换热性能，提出了改进型引风式空冷岛。

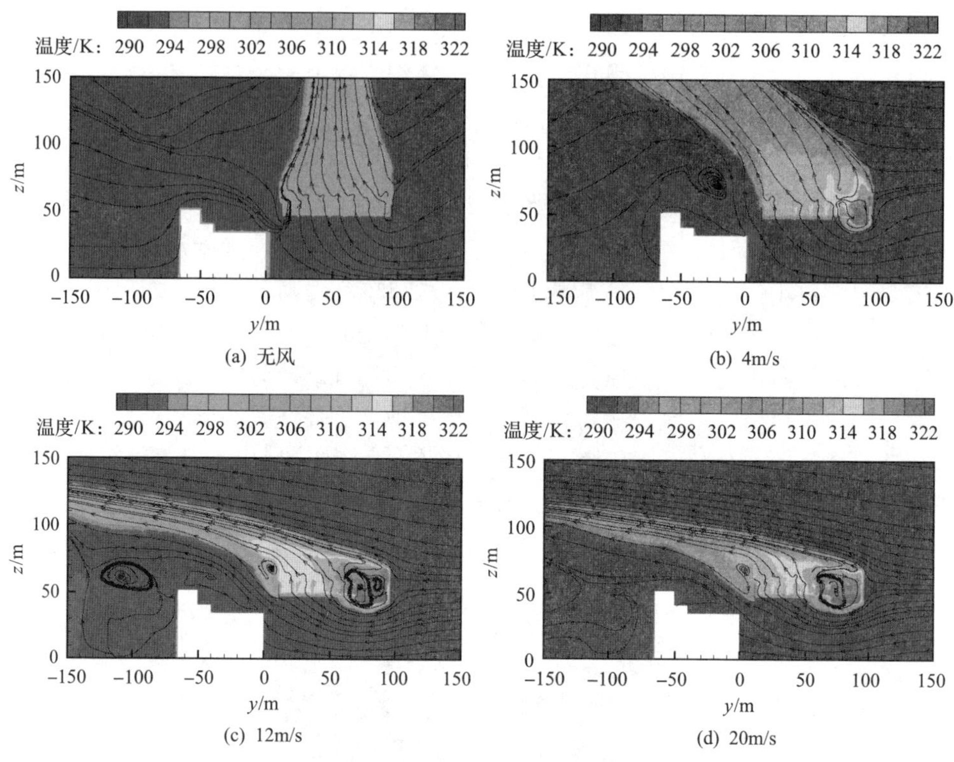

图 5-21　风向角为 90°时，引风式布置空冷岛竖截面内流场与温度场

图 5-22、图 5-23 分别表示的是风向角为 90°时，不同风速下改进型引风式空冷岛竖截面内的空气压力场、温度场和流场。由图 5-22 可知，通过对引风式空冷岛布置方式的改进，在高风速下，上游空冷凝汽器单元入口低压区明显缩小，尤其是第 1 行空冷凝汽器单元迎风侧翅片管束入口压力较高，可以利用环境风动能，强化翅片管流动换热性能。由图 5-23 可知，在风速为 4m/s 时，冷却空气顺利通过第 1 行空冷凝汽器单元迎风面翅片管束，使迎风面第 1 行空冷凝汽器单元内空气温度较低，流动换热性能提升。在高风速下，改进型空冷岛上游空冷凝汽器单元处产生的巨大涡流消失，被较小的涡流取代。不仅迎风面第 1 行空冷凝汽器单元流动换热性能得到了强化，而且环境风对下游空冷凝汽器单元的不利影响也有所减弱。因此，在环境风作用下，通过改进型引风式空冷岛的布置方式，可以有效改善迎风面空冷凝汽器单元流动换热性能。

3. 入口温度及冷却空气质量流量

图 5-24、图 5-25 分别表示的是风向角为 90°时引风式空冷岛入口空气温度和冷却空气质量流量分布情况。如图 5-24(a)、图 5-25(a)所示，无风条件下，空冷

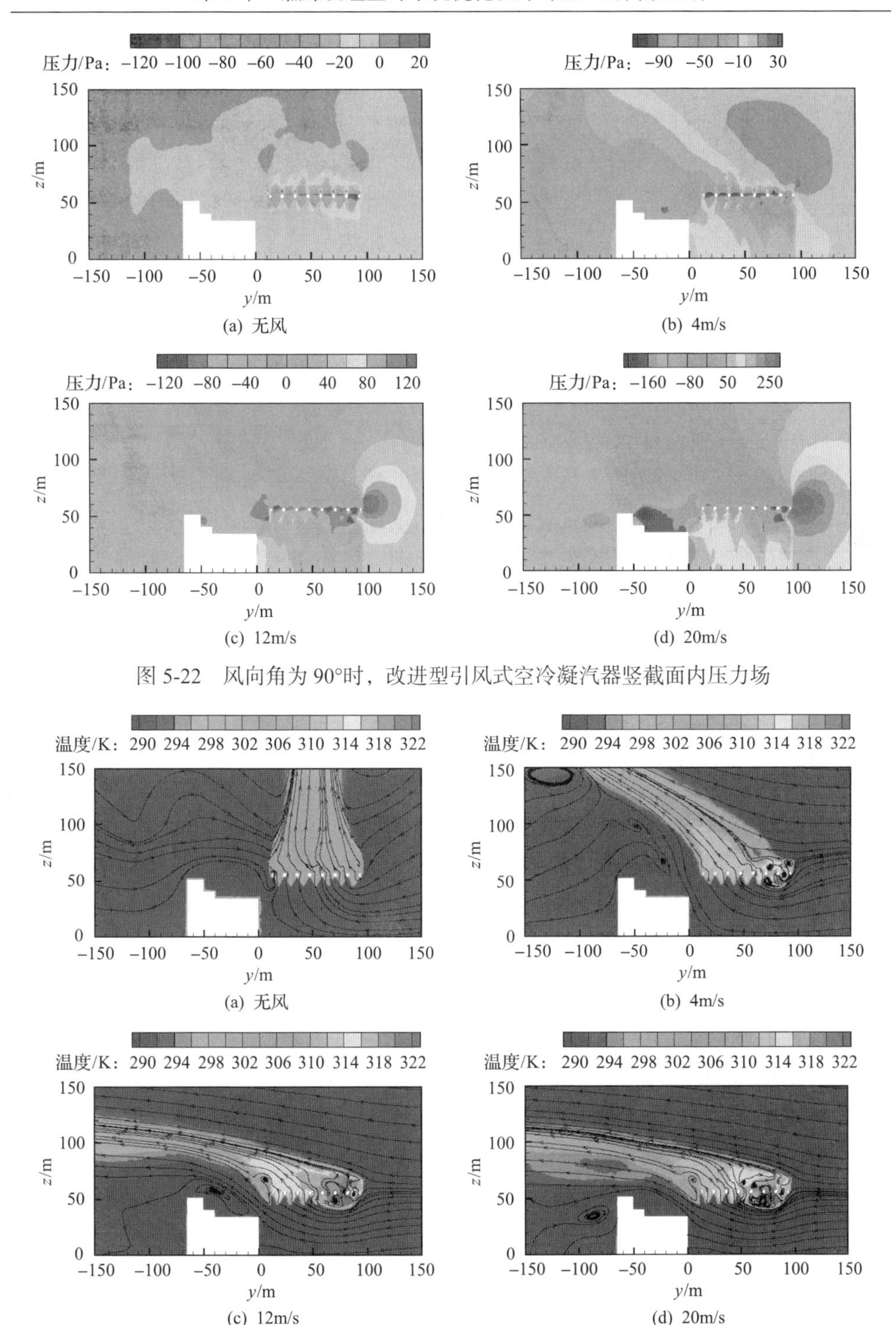

图 5-22　风向角为 90°时，改进型引风式空冷凝汽器竖截面内压力场

图 5-23　风向角为 90°时，改进型引风式空冷凝汽器竖截面内空气流场与温度场

岛入口温度与环境温度保持一致，冷却空气质量流量分布规律与传统水平布置空冷岛基本一致。在风速为 4m/s 时，如图 5-25(b)所示，在迎风面第 1 行轴流风机出现了热空气倒流现象，并且第 2 行轴流风机流量较低。由于迎风面空冷凝汽器单元热空气倒流现象，如图 5-24(b)所示，单元入口出现高温区域。同时，高温区域逐渐向下游扩散并衰减。随风速增加，热空气倒流现象加剧，红色高温区域范围向空冷岛下游扩散。当风速增加至 12m/s，如图 5-24(c)、5-25(c)所示，第 1 行所有空冷凝汽器单元与第 2 行大部分空冷凝汽器单元出现了热空气倒流现象，红色高温区域范围扩散至整个第 1、2 行空冷凝汽器单元入口。当风速继续增大，第 1、2 行所有空冷凝汽器单元均出现热空气倒流现象，但热空气倒流影响范围并不随风速继续增加而扩大，因此，高温区域影响范围仅保持在第 1、2 行空冷凝汽器单元。但随风速增加，下游空冷凝汽器单元入口出现次高温区域，是由于空冷凝汽器单元列与列之间形成了流通通道，导致热空气顺利流向下游空冷凝汽器单元入口。次高温区域影响范围随风速增加而逐渐扩大。与传统布置空冷岛相比，环境风作用下，除第 1、2 行空冷凝汽器单元外，其余下游空冷凝汽器单元冷却空气质量流量均有所提升，使引风式空冷岛总冷却空气质量流量有所增加，流动换热性能得到强化。

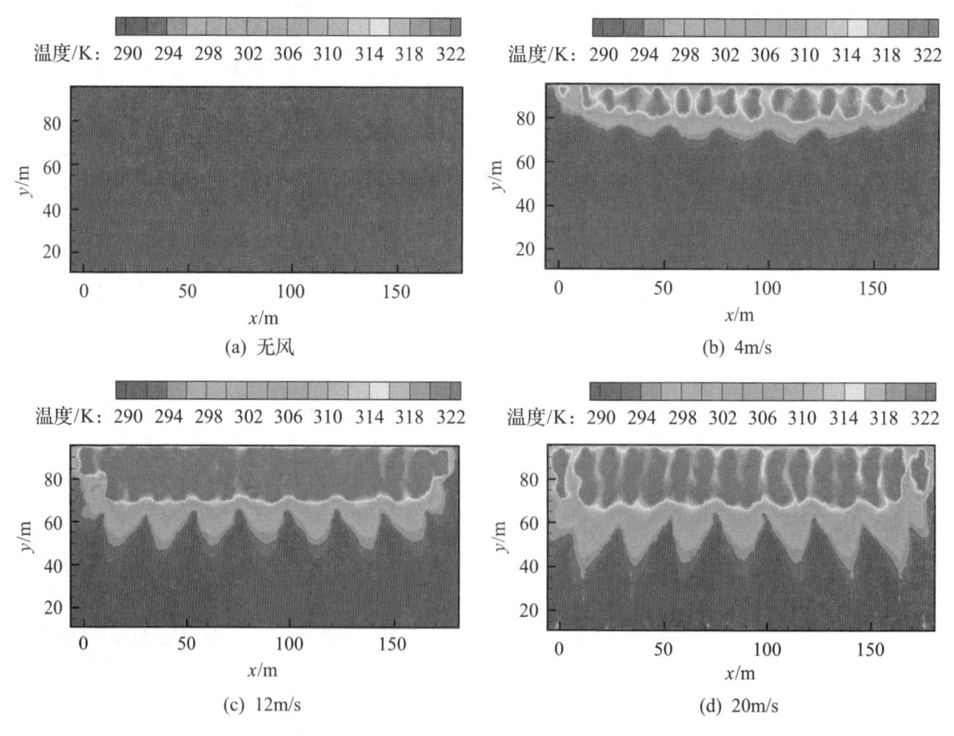

图 5-24 风向角为 90°时，引风式空冷凝汽器入口空气温度分布

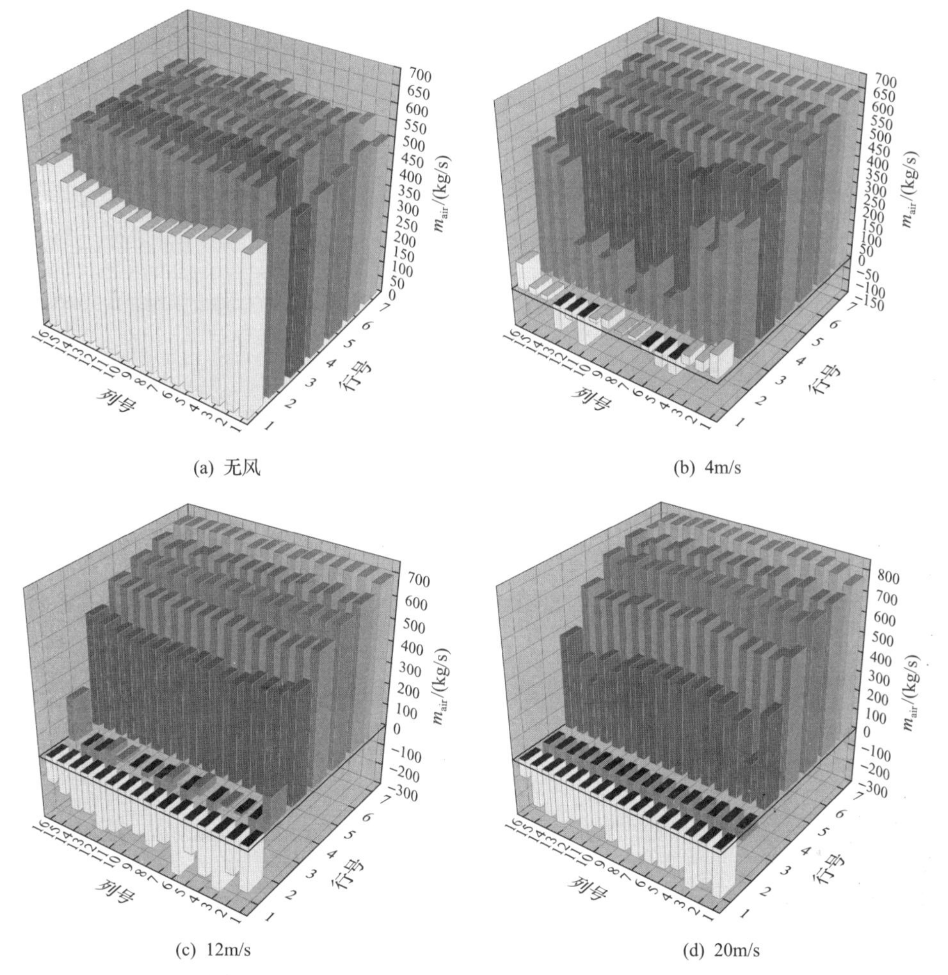

(a) 无风　(b) 4m/s

(c) 12m/s　(d) 20m/s

图 5-25　风向角为 90°时，引风式空冷凝汽器轴流风机冷却空气质量流量分布

图 5-26、图 5-27 分别表示的是风向角为 90°时改进型引风式空冷岛入口空气温度和冷却空气质量流量分布情况。由图 5-27 可以看出，在环境风作用下，迎风侧第 1 行空冷凝汽器单元翅片管束一侧直接面向环境风，冷却空气质量流量得到了大幅提升。在环境风作用下，轴流风机冷却空气质量流量均为正值，热空气倒流现象被消除。同时，由图 5-26 可以看出，迎风面空冷凝汽器单元一侧入口温度与环境温度一致。如图 5-26(b)、5-27(b)所示，在低风速 4m/s 时，迎风面第 2 行空冷凝汽器单元冷却空气质量流量相对较低，且该处空冷凝汽器单元存在内外涡流，导致空冷凝汽器单元入口温度较高。在高风速下，空冷岛第 2 行空冷凝汽器单元入口仍然出现热空气倒流现象，在入口产生了红色高温区域。但红色高温区域范围并未随环境风进一步增大而增大。由于热空气倒流现象被削弱，并且改进型引风式空冷岛改变了空冷凝汽器单元列与列之间的流通通道，热空气向下游扩

散范围缩小，所以次高温区域与传统布置空冷岛相比有所缩小。总之，相对于引风式空冷岛而言，改进型引风式空冷岛的布置方式可以降低空冷岛入口空气温度，强化迎风面空冷凝汽器单元流动换热性能。需要指出的是，由于缺少了迎风侧下挡风墙，无法阻挡环境风，空冷岛入口冷却空气流速变大，与轴流风机吸风方向形成的流动偏离角度增加，第 3 行空冷凝汽器单元冷却空气质量流量大幅降低。

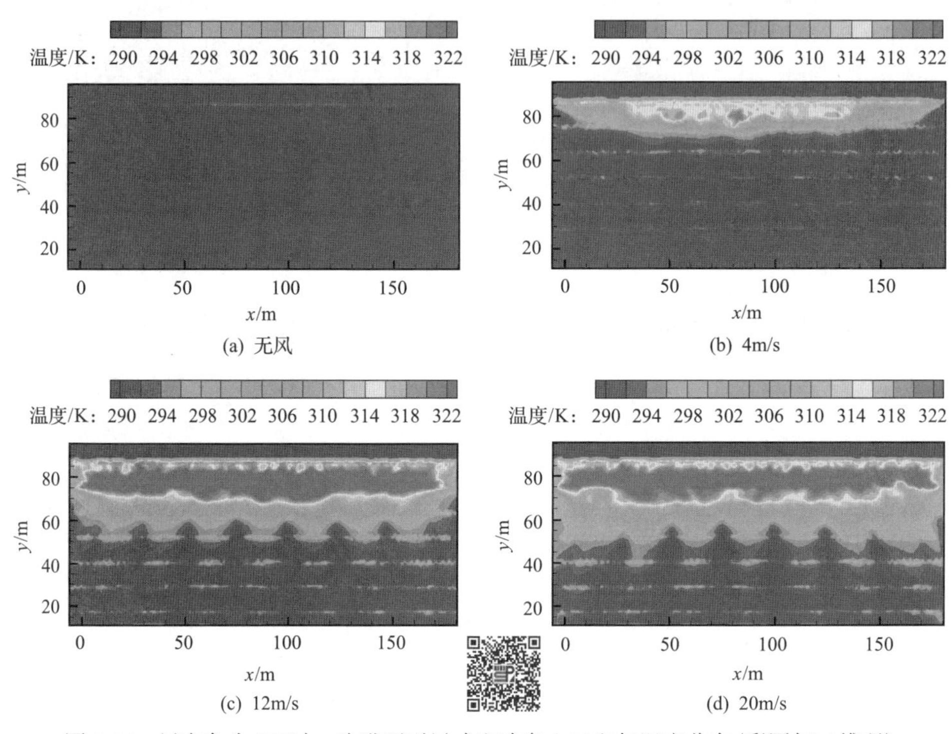

图 5-26　风向角为 90°时，改进型引风式空冷岛入口空气温度分布(彩图扫二维码)

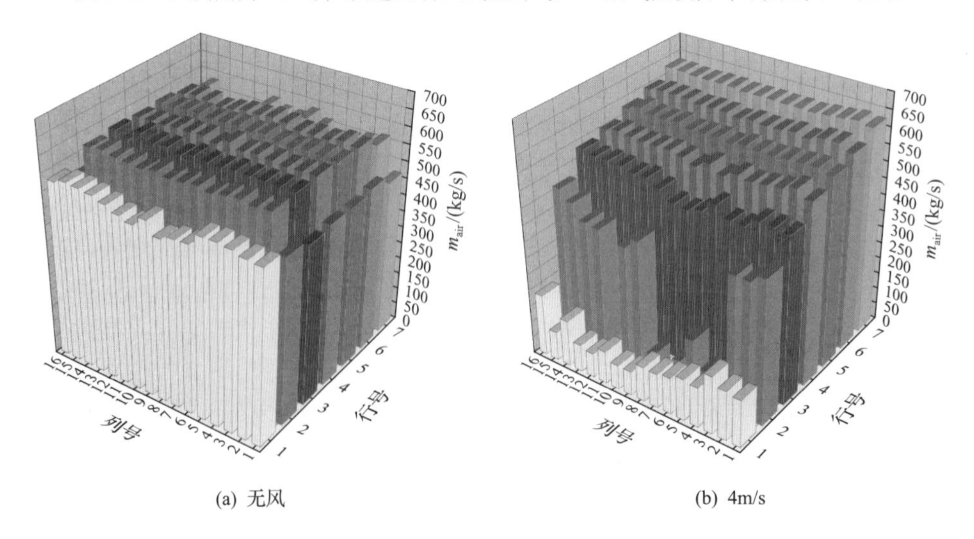

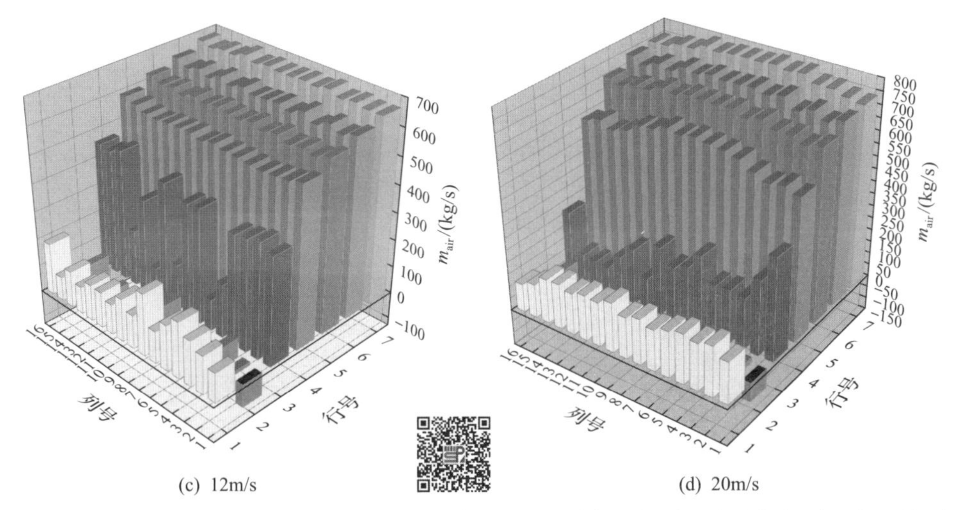

(c) 12m/s　　(d) 20m/s

图 5-27　风向角为 90°时，改进型引风式空冷岛轴流风机冷却空气质量流量分布(彩图扫二维码)

总之，与传统水平布置空冷岛相比较而言，引风式空冷岛轴流风机入口条件明显改善，空冷岛冷却空气质量流量总体上有所增加，但处于迎风位置的空冷凝汽器单元流动换热性能仍然较差。针对该特点，提出了改进型引风式空冷岛布置方式。改进型引风式空冷岛迎风面第 1 行空冷凝汽器单元入口空气温度和冷却空气质量流量得到了大幅改善，同时，热空气向下游空冷凝汽器单元入口扩散范围缩小，空冷岛整体入口温度有所降低，但由于空冷岛迎风侧下挡风板的缺失，第 3 行空冷凝汽器单元冷却空气质量流量有所降低，然而，背风侧空冷凝汽器单元冷却空气质量流量有所提升。总体而言，改进型引风式直接空冷系统具有更优的流动换热性能。

4. 热力性能变化规律

图 5-28 给出了不同环境气象条件下，空冷岛采用不同布置方式时入口平均温度的变化规律。可以看出，引风式空冷岛和改进型引风式空冷岛入口空气平均温度变化趋势与传统水平布置空冷岛基本一致，即随风速增加而增加，最终趋于平缓。不同的是，新型布置空冷岛入口平均温度始终随风向角降低而降低，而传统布置空冷岛在高风速时，其入口平均温度随风向角降低而升高。总体而言，引风式空冷岛和改进型引风式空冷岛入口平均温度与相应的传统布置空冷岛相比，均有明显的下降。同时，改进型引风式空冷岛入口平均温度又比相应的引风式空冷岛入口平均温度低，说明引风式空冷岛及其改进型布置可以有效降低空冷岛入口平均温度，尤其是改进型引风式空冷岛。

图 5-29 表示的是不同环境气象条件和空冷岛布置方式下轴流风机总冷却空气质量流量的变化规律。可以看出，引风式空冷岛和改进型引风式空冷岛轴流风机

总空气质量流量随环境风速和风向变化趋势与传统水平布置空冷岛基本一致，即冷却空气质量流量随环境风速增加先减后增。同时，在风速小于 8m/s 时，风向角越小，总冷却空气质量流量越大；当风速大于 8m/s 时，风向角越小，总冷却空气质量流量越小。不同的是，风向角为 30°时，传统水平布置空冷岛总冷却空气质量流量在大风速下依然一致下降，说明引风式空冷岛及其改进型引风式空冷岛在高风速下具有更广泛的风向角适应性。总体而言，引风式空冷岛和改进型引风式空冷岛总的空气质量流量均比相应的传统布置空冷岛高。然而，改进型引风式空冷岛总冷却空气质量流量又比相应的引风式空冷岛低。

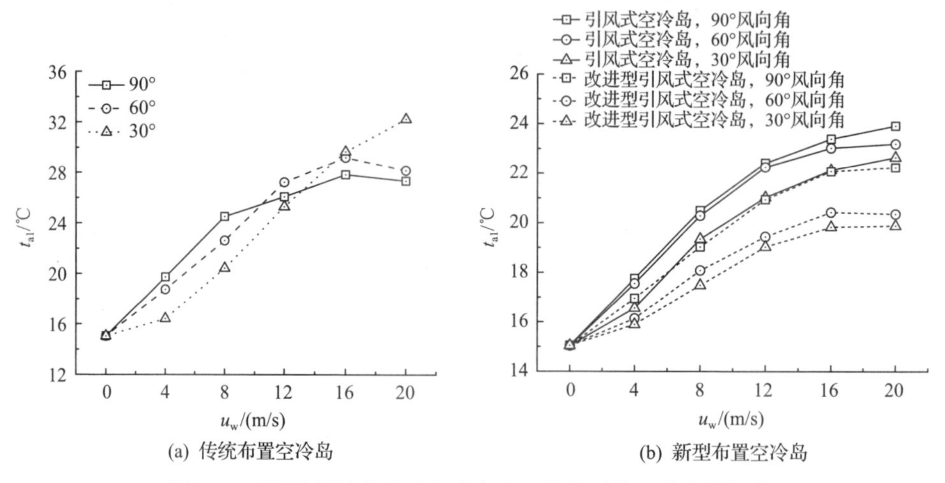

图 5-28　不同布置方式下空冷岛入口空气平均温度变化规律

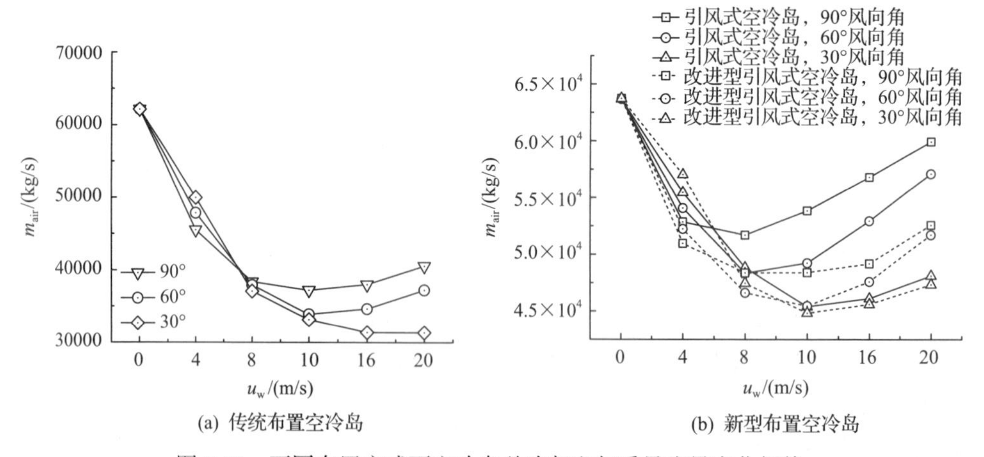

图 5-29　不同布置方式下空冷岛总冷却空气质量流量变化规律

图 5-30 给出了采用不同布置方式空冷岛的直接空冷机组背压变化规律。可以看出，采用引风式空冷岛和改进型引风式空冷岛的直接空冷机组背压变化规律与

传统水平布置空冷岛基本一致，即随风速增加，机组背压先增后减。同时，在低风速条件下，机组背压随风向角减小而降低，在高风速情况下，机组背压随风向角减小而上升。总体而言，传统水平布置空冷机组背压变化范围比引风式空冷岛和改进型引风式空冷岛都大，说明新型引风式空冷岛布置方式具有更好的抗风性能。相较之下，改进型引风式空冷机组背压均比相应的引风式空冷机组低，说明改进型引风式空冷系统具有更好的运行经济性。

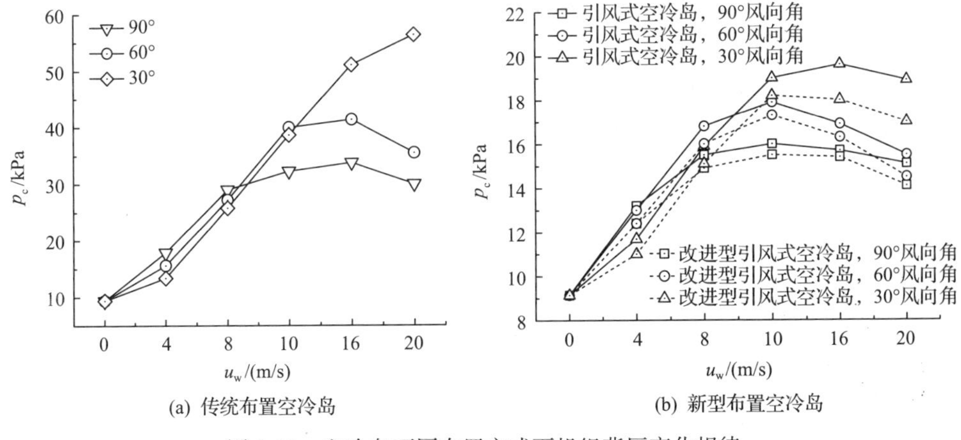

图 5-30　空冷岛不同布置方式下机组背压变化规律

5.5　间接空冷系统发展现状

自然通风间接空冷系统主要由冷却塔和空冷散热器组成，其中，冷却塔形状一般为双曲线型，空冷散热器则分为塔内水平、塔外竖直布置两种。作为间接空冷系统关键部件，常用空冷散热器翅片管束为圆管矩形翅片四排或六排管结构。国内外学者针对空冷散热器冷却三角翅片管换热器流动换热性能进行了大量研究，Ibrahim 和 Gomaa[35]研究了在气流垂直冲刷情况下，椭圆管和圆管流动换热性能的优劣，Matos 等[36]对采用不同基管的翅片管换热器结构进行了研究，得到了相应的优化布置方式,Kong 等[37]采用数值模拟研究了采用顺列和错列布置的四排圆管矩形翅片换热器流动换热性能，发现翅片表面开槽可强化翅片管束性能。

环境气象条件，尤其环境风场会影响间接空冷系统流动换热性能。针对采用不同形式凝汽器的间接空冷系统，张春雨等[38,39]建立相应的数学模型以研究变工况特性，Ma 等[40]提出了间接空冷系统与凝汽器耦合模型，可模拟不同环境风速和温度下空冷塔出塔水温；Hooman[41]理论分析了间冷系统流动换热性能，并采用数值模拟方法进行了验证；Li 等[42]通过实验，研究了塔顶冷却空气回流现象，以及对间接空冷系统冷却性能的不利影响。在空冷塔塔型研究方面，Goodarzi[43]指出环境风作用下，空冷散热器两侧流动分离和空冷塔出口热空气向一侧偏斜会严重影响间接空冷系统冷却效率，为此提出一种新型空冷塔出口形状，以削弱偏斜气流对塔内上升热空气的阻塞作用，在 10m/s 风速下冷却效率可以提高 9 个百分点。为了降低空冷塔环境风载荷，提高空冷塔冷却效率，Goodarzi 提出了降低塔高以及椭圆形塔筒的方法[44,45]。Liao 等[46,47]采用数值模拟研究了空冷塔高度和直径比的影响，并提出了新型三角型布置空冷散热器，结果表明，高径比较小的空冷塔具有更优异的性能，尤其是在大风条件下。Kong 等[48]在空冷塔底部两侧采用直线方式布置冷却三角，削弱了间冷系统的不利环境风效应。Zhao 等[49]研究了环境风作用下，空冷散热器不同扇段冷却空气入口倾角，提出可以通过安装导流板的方法提升空冷散热器流动传热性能。Al-Waked 和 Behnia[50]提出了在空冷散热器外侧布置挡风墙的方法，用以改善间接空冷系统不利环境风效应。Lu 等[51]研究了环境风作用下空冷塔底部呈 120°夹角的三岔型挡风板对空冷塔冷却效率的影响。Ma 等[52]提出在空冷散热器入口安装角度可调的挡风板，发现挡风板的角度应与入口气流方向一致，在发生流动分离时，角度等于零。Wang 等[53]和 Zavaragh 等[54]提出了在空冷散热器外布置开口圆环式挡风墙的方法，不仅削弱了环境风的不利影响，还可以利用部分环境风动能。一些学者也提出了循环水流量分配措施，通过优化水侧和空气侧热负荷匹配来提升间接空冷系统的冷却性能。Wang 等[55]指出，通过合理分配空冷扇段水侧流量可在不同风速下提升间接空冷系统冷却能力，但在小风速环境下，不应过多抽取侧风扇段的水流量。近些年，国内学者针对高寒地区间接空冷系统散热器低温冻结问题，开展了一系列研究，为间接空冷系统的高效安全运行提供了理论指导。针对百叶窗控制，基于防冻热负荷匹配原则，Chen 等[56]采用数值模拟研究了百叶窗开度原则，指出百叶窗开度随环境温度降低而调低，在环境温度不是很低的情况下只调低迎风侧百叶窗开度，而在低温环境下则调低全部扇段百叶窗开度，可实现有效的防冻效果。此外，Yang 等[57]提出了一种卷帘式百叶窗结构，可实现百叶窗开度快速调整，具有较高工程应用价值。针对循环水流量控制，Wang 等[58]建立了空冷扇段防冻流量计算模型并比较了不同扇段的无量纲防冻裕量，指出迎风扇段防冻流量最高而防冻裕量最低，侧风及侧后扇段防冻流量最低而防冻裕量最高。在此基础上，Kong 等[59]探究了循环水流量分配对自然通风空冷系统防冻及经济运行的影响；Wang 等[60]揭示了散热器空气侧传热面积递减的防冻效应，指出迎风扇段退出能实现最优的防冻效果。基于上述研究，Wang 等[61]提出了自然通风空冷系统防冻运行指导原则，即在环境温度不是很低的情况下可单独增加循环水流量以实现防冻运行，当温度继续降低时，则辅助调节百叶窗开度以避免翅片管束发生冻结危险。可以看出，国内外学者在间接空冷系统不利环境风效应、应对措施及防冻安全运行方面，已积累了大量研究成果。

5.6　间接空冷系统输运性能

5.6.1　研究对象及模型

以 2×660MW 间接空冷机组为研究对象，图 5-31 表示的是自然通风间接空冷系统原则性汽水系统，采用的是表凝式凝汽器和空冷散热器塔外竖直布置的间接空冷系统。如图 5-32 所示，将空冷散热器冷却三角分为 10 个扇段。间接空冷系统结构参数列于表 5-1，其中，空冷塔高 170m，空冷散热器有效高度 24m，冷却三角个数为 180。空冷散热器翅片管结构为四排管圆管矩形翅片，如图 5-33 所示，其结构参数列于表 5-2。

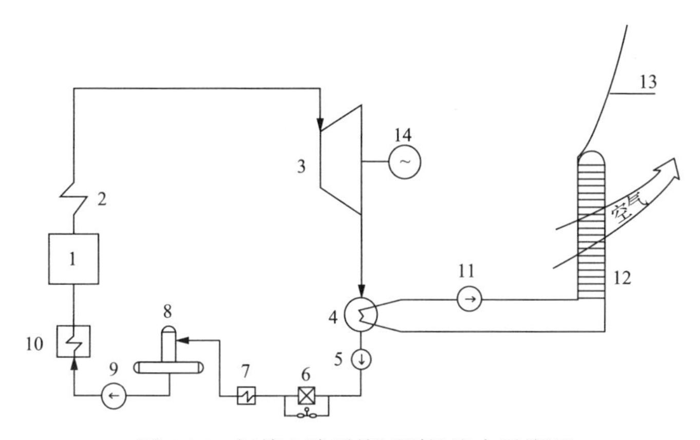

图 5-31　间接空冷系统原则性汽水系统图

1-锅炉，2-过热器，3-汽轮机，4-凝汽器，5-凝结水泵，6-凝结水处理装置，7-低压加热器，8-除氧器，9-给水泵，10-高压加热器，11-循环水泵，12-空冷散热器，13-空冷塔，14-发电机

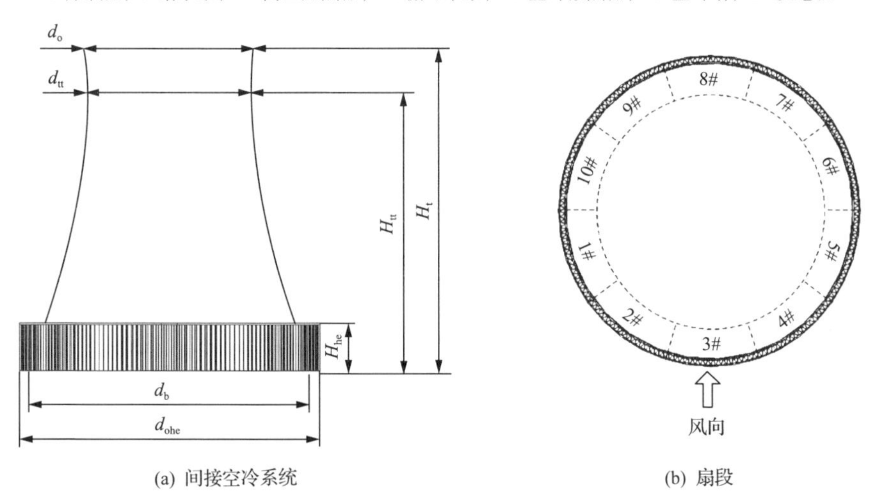

(a) 间接空冷系统　　(b) 扇段

图 5-32　空冷散热器塔外竖直布置空冷系统及扇段分布示意图

表 5-1　间接空冷系统结构参数

名称	符号	数值
塔高	H_t	170m
塔底直径	d_t	151m
塔出口直径	d_o	90m
喉部直径	d_{tt}	87m
喉部高度	H_{tt}	145m
空冷散热器有效高度	H_{he}	24m
空冷散热器外缘直径	d_{ohe}	159m
冷却三角数量	n_{he}	180
空冷散热器扇段数量	n_{cd}	10

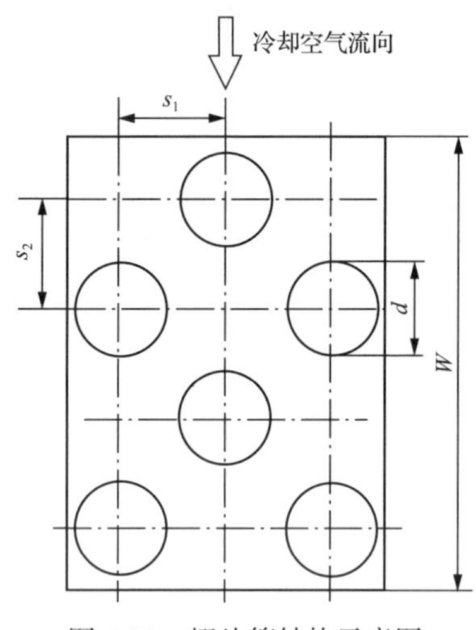

图 5-33　翅片管结构示意图

表 5-2　翅片管结构参数　（单位：mm）

名称	符号	数值
基管直径	d_t	25
基管厚度	δ_1	1
翅片长度	L	660
翅片宽度	W	132
翅片厚度	δ_2	0.3
翅片间距	P	3.2
基管横向间距	S_1	25
基管竖直间距	S_2	30

图 5-34 表示的是模型计算域及边界条件，采用的是方形计算域，空冷系统位于模型计算域的中心位置，计算域长宽高分别为 3000m、3000m 和 2000m。无风时，如图 5-34(a)所示，计算域四周设置为压力入口边界条件，计算域顶部设置为压力出口边界条件。地面设置为绝热壁面。环境风作用下，如图 5-34(b)所示，沿环境风方向，计算域上游入口设置为速度入口边界条件，下游出口设置为出流边界条件，其余边界设置为对称面。为了进行网格独立性验证，对冷却三角采用不同网格尺寸进行了划分，包括 0.1m、0.2m 和 0.5m 三种尺寸，并模拟得到了环境风速为 4m/s 时，不同网格尺寸对应空冷散热器冷却空气质量流量。结果表明，不同网格尺寸下空冷散热器的冷却空气质量流量变化小于 0.5%，最终选择网格数量为 4 248 684。

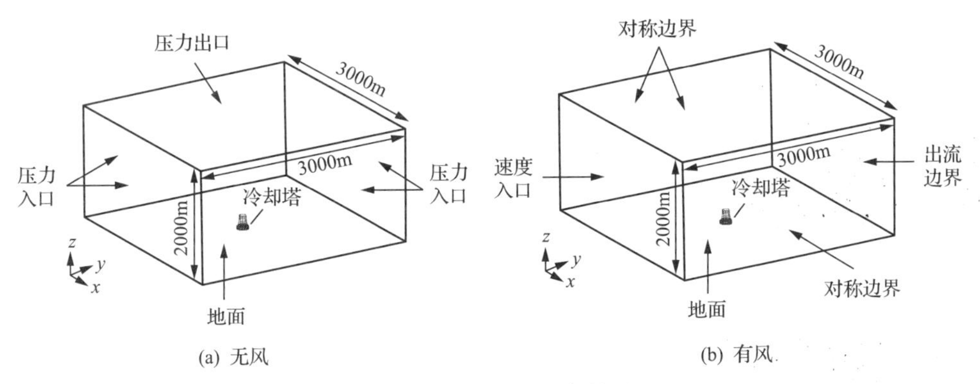

图 5-34 计算域及边界条件设置

5.6.2 流动传热性能分析

图 5-35 表示的是无风条件下间接空冷系统水平和竖直截面内空气压力场、温度场和流场。其中，水平截面距地面高度为 10m，竖直截面平行于空冷塔中心线和环境风向。由图 5-35(a)(b)可以看出，无风条件下，水平截面内空气压力场、温度场和流场呈中心对称。空冷散热器外压力沿散热器各扇段入口均匀分布，使各扇段冷却空气质量流量分布均匀，流动换热性能相同。由图 5-35(c)(d)可以看出，在竖截面内，压力场、温度场和流场呈左右对称。由于冷却空气流经空冷散热器带走热量，在空冷塔内形成热空气，塔内外空气密度差引起浮升力，为空气流动提供驱动力，并在塔内形成逆压梯度。

图 5-36 表示的是风速为 4m/s 时，空冷塔水平和竖直截面内空气压力场、温度场和流场。与圆柱绕流的情况类似，如图 5-36(a)所示，在 10m 高度水平截面内空冷散热器两侧扇段入口冷却空气高速流动，并形成了低压区，同时，在迎风

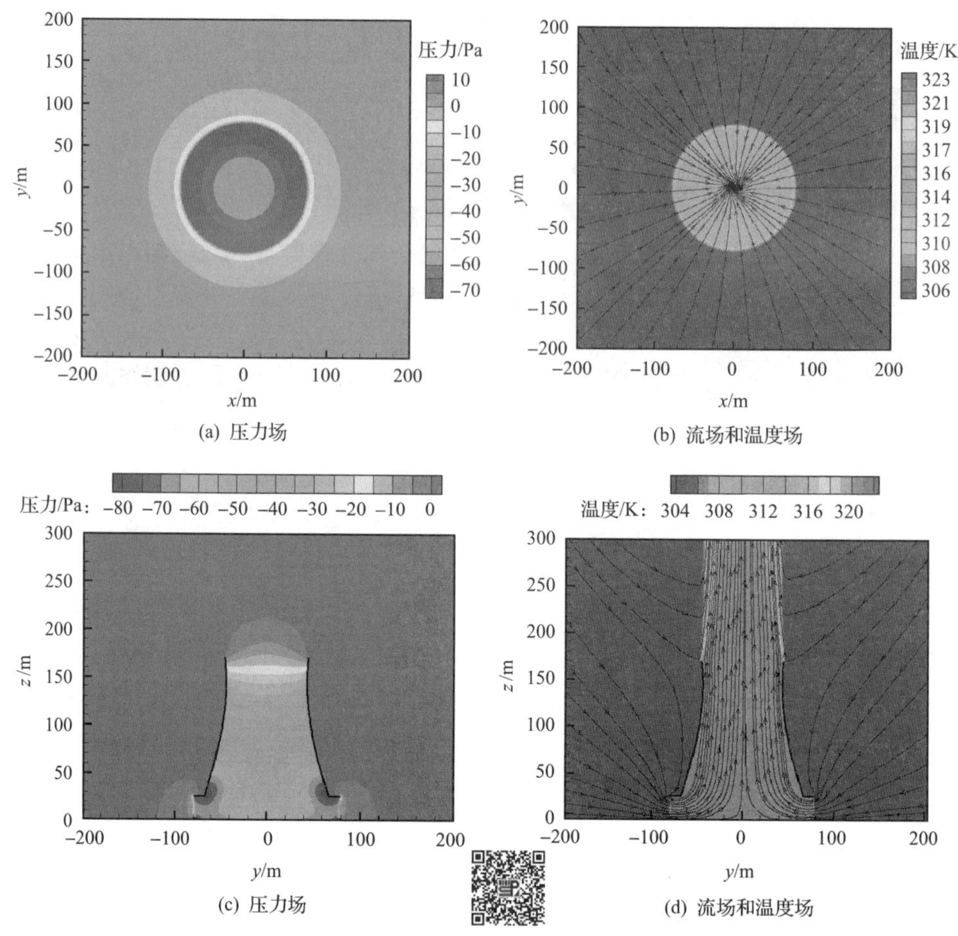

图 5-35　无风条件下间接空冷系统各截面内空气压力场、流场和温度场(彩图扫二维码)

侧和背风侧扇段入口形成了高压区。空冷散热器两侧扇段入口低压区导致该处扇段冷却空气质量流量降低，使换热性能恶化，而迎风侧和背风侧扇段入口高压区则有利于提升该处扇段冷却空气质量流量，强化换热。由图 5-36(b) 可知，不同位置扇段冷却空气质量流量不同，导致其流动换热能力不同，出口温度不同。空冷散热器两侧扇段冷却空气质量流量低，导致其出口热空气温度较高且流速低。同时，由于迎风侧扇段冷却空气质量流量高，扇段出口热空气流速较高。迎风侧和背风侧扇段出口热空气相向流动，最终流向两侧扇段出口并形成涡流，增加了流动阻力。在竖直截面内，如图 5-36(c) (d) 所示，迎风侧扇段冷却空气质量流量明显高于背风侧，使空冷塔内热空气迹线整体向下游偏移。同时，在空冷塔出口迎风侧存在压力较高的区域，对塔内上升热空气形成了压制作用，减小了空冷塔出口有效流动面积，增加了流动阻力。

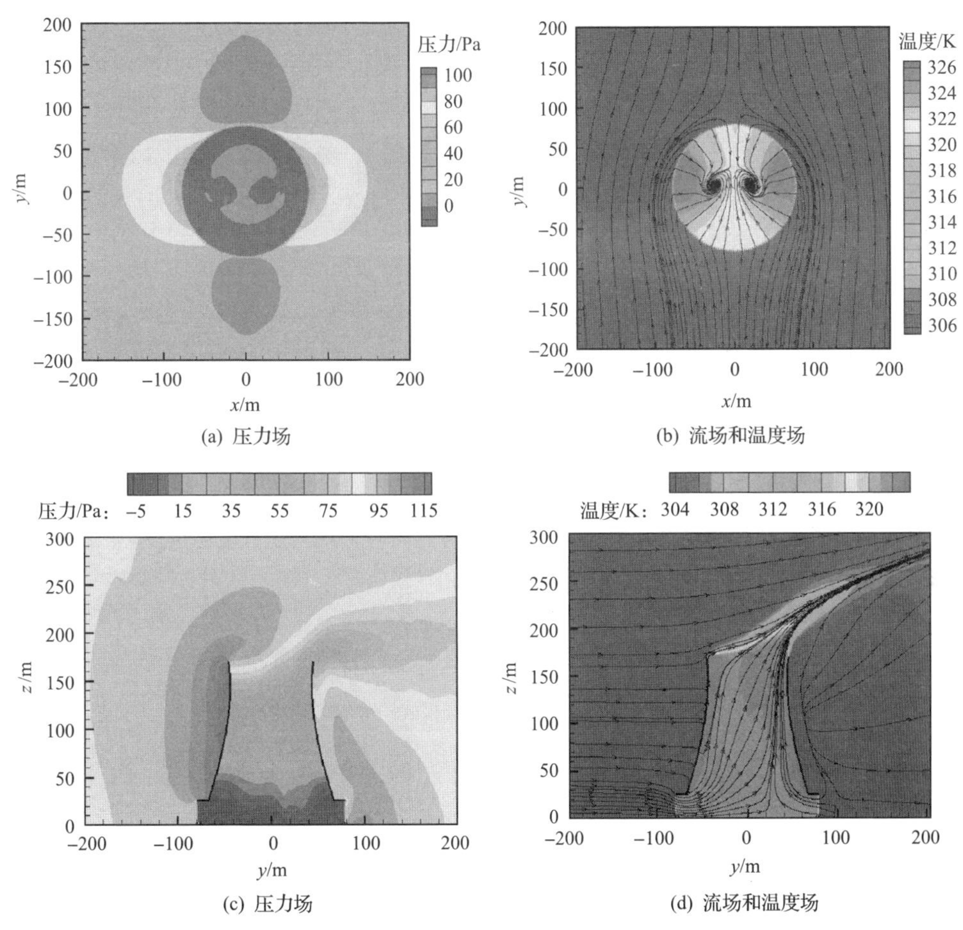

(a) 压力场

(b) 流场和温度场

(c) 压力场

(d) 流场和温度场

图 5-36　风速 4m/s 时，间接空冷系统各截面内空气压力场、流场和温度场

图 5-37 表示的是环境风速为 12m/s 时，间接空冷系统水平和竖直截面内空气压力场、温度场和流场。由图 5-37(a)(b)可以看到，在 10m 高度水平截面内，不同扇段入口压力分布不均匀程度增加。高速流动的冷却空气在空冷散热器侧后方发生了流动分离，使扇段入口和出口压力基本相等，并在侧后方扇段处形成了严重的涡流，该处扇段流动换热性能急剧恶化，最终导致通过不同扇段冷却空气质量流量差异明显。迎风侧扇段出口大量热空气向空冷塔内两侧低压区流动，形成巨大涡流，塔内热空气旋转上升，流动阻力增加。在竖直截面内，如图 5-37(c)(d)所示，迎风面扇段冷却空气质量流量得到进一步提升，塔内涡流加剧，导致塔内旋转上升热空气迹线继续向下游偏移，对背风侧扇段形成阻塞作用。同时，在空冷塔出口迎风侧，环境风形成的高压区域对塔内热空气上升的压制作用进一步提升，热空气抬升高度明显降低，使出口热空气流动阻力增加。

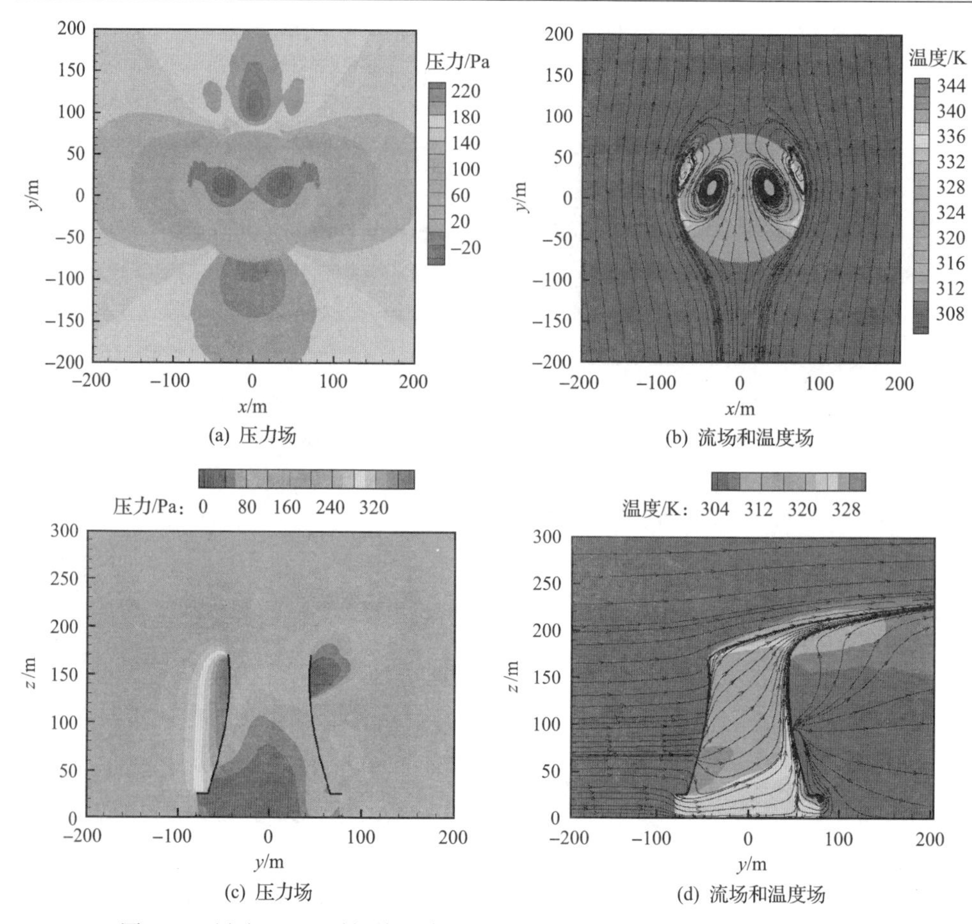

(a) 压力场　　(b) 流场和温度场

(c) 压力场　　(d) 流场和温度场

图 5-37　风速 12m/s 时间接空冷系统各截面内空气压力场、流场和温度场

图 5-38 给出了环境风速为 20m/s 时间接空冷系统水平和竖直截面内空气压力场、温度场和流场。可以看出，高风速情况下，空冷散热器内外流动紊乱，各扇段流动换热性能差异进一步加剧。如图 5-38(a)(b)所示，在 10m 高度水平截面内，由于环境风速较高，迎风侧扇段入口压力明显升高。空冷散热器两侧高流速冷却空气使分离点前移，并在空冷散热器两侧及其背风侧扇段附近出现了大量涡流，形成了较大低压区，导致两侧扇段出口热空气温度较高，流动换热性能恶化。迎风侧扇段出口大量热空气流出，在空冷塔内形成巨大涡流，对背风侧扇段的阻塞作用加剧，甚至在背风侧扇段部分位置直接形成了穿堂风，流动换热严重恶化。在竖直截面内，如图 5-38(c)(d)所示，迎风面扇段入口压力较高，使得其冷却空气质量流量显著提升，形成旋转上升涡流几乎充满了整个空冷塔，阻碍背风侧扇段冷却空气流通，并在背风侧扇段入口出现涡流，导致该处扇段出口空气温度较高，流动换热性能严重恶化。

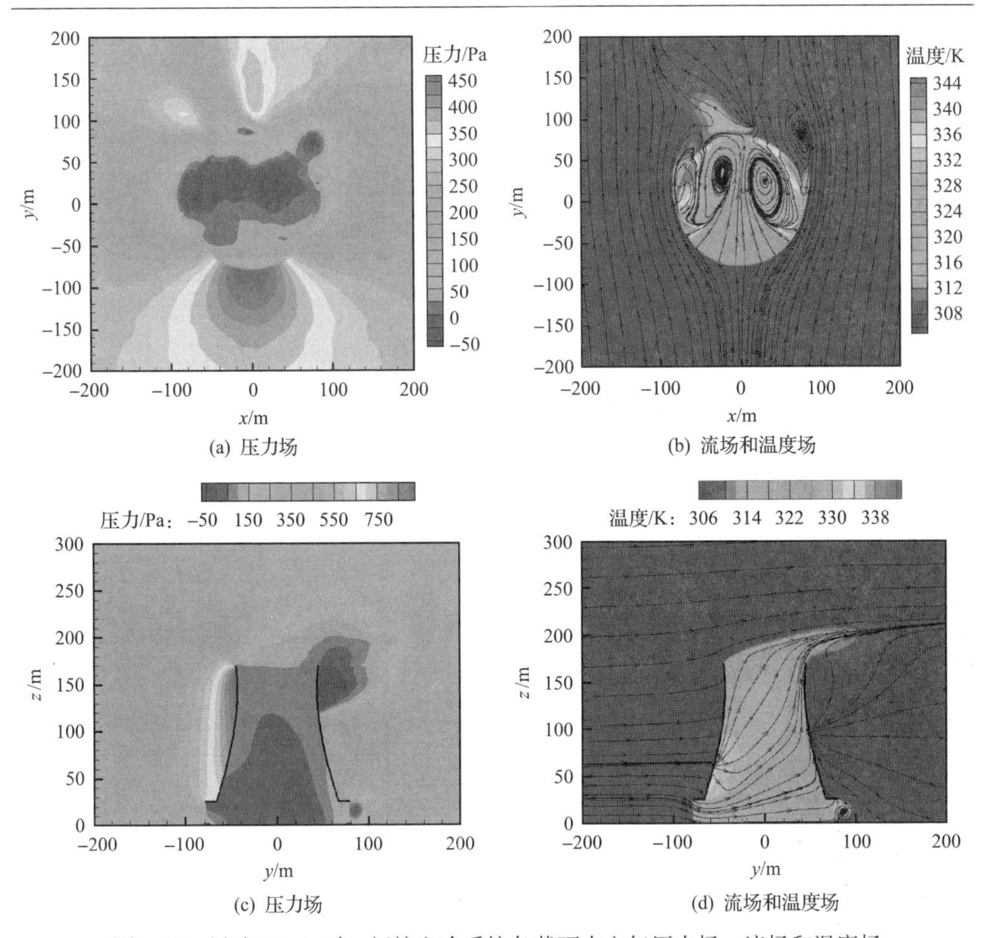

(a) 压力场　(b) 流场和温度场

(c) 压力场　(d) 流场和温度场

图 5-38　风速 20m/s 时，间接空冷系统各截面内空气压力场、流场和温度场

总之，无风条件下空冷散热器各扇段流动换热性能一致。在低风速条件下，各扇段流动换热性能不同，迎风侧和背风侧扇段流动换热性能得到了加强，两侧扇段流动换热性能下降。随风速增加，各扇段流动换热性能差异明显。空冷散热器迎风侧扇段性能随环境风速增加而增强，两侧扇段流动换热性能由于流动分离而严重恶化，背风侧扇段在高风速情况下由于穿堂风和上游热空气的阻塞作用，其流动换热性能下降。因此，可以通过在空冷散热器内外安装挡风板或导流板的方式，对空冷塔内外流场进行优化组织，改善空冷散热器流动换热性能。

5.6.3　空冷散热器扇段热力性能变化规律

图 5-39 表示的是不同环境风速下，空冷散热器各扇段热力性能变化规律。由图 5-39(a)各扇段冷却空气质量流量变化可以看出，处于迎风侧 2#、3#、4#扇段冷却空气质量流量随环境风速增加而增加，而处于空冷散热器侧面 1#、5#、6#、

10#及背风侧 7#、9#扇段冷却空气质量流量随环境风速增加而降低，处于背风侧第 8#扇段冷却空气质量流量随风速增加而先增后减，临界点出现在 12m/s 风速下。在低风速下，迎风侧扇段出口热空气对背风侧扇段出口热空气阻塞作用不明显。随风速增加，迎风侧和背风侧扇段冷却空气质量流量差异变大，迎风侧扇段出口热空气的阻塞作用明显，甚至出现穿堂风，使背风侧扇段冷却空气质量流量急剧降低。由图 5-39(b)空冷散热器各扇段热负荷 Φ 分布可以看出，各扇段热负荷变化规律与其冷却空气质量流量变化规律基本一致，扇段冷却空气质量流量越高，其热负荷越高。不同的是，空冷散热器背风侧第 7#、8#、9#扇段，其热负荷变化规律基本一致，即随风速增加先增后减。总之，在环境风作用下，迎风侧扇段流动换热性能始终增强，侧面扇段则恶化，而背风侧扇段流动换热性能先增后减。

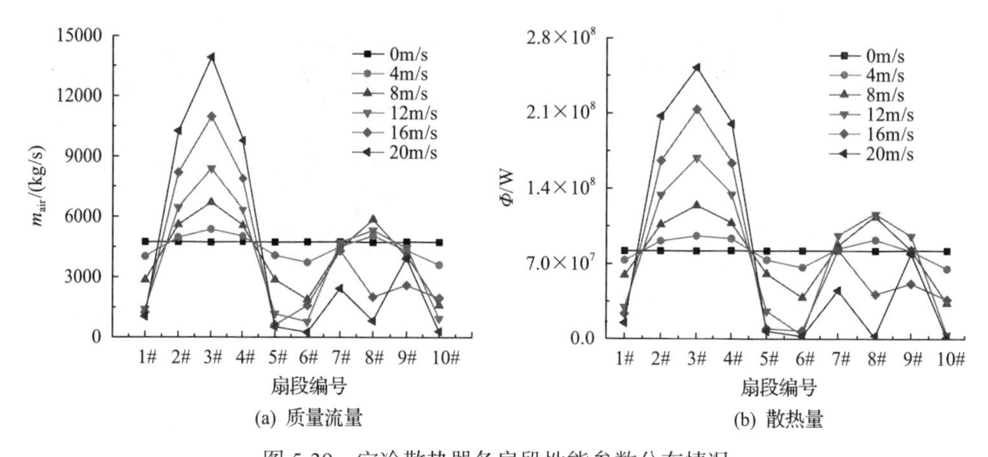

图 5-39　空冷散热器各扇段性能参数分布情况

5.6.4　空冷系统总体热力性能变化规律

图 5-40 表示的是不同风速下，间接空冷系统总体性能变化情况。可以看出，总冷却空气质量流量随环境风速增加先减后增，临界点出现在 12m/s 风速时。同时，空冷散热器出口水温 t_{wa2} 随环境风速增加而提高，当风速超过 12m/s 时，其变化趋势变得平缓。同样，空冷散热器总热负荷随环境风速增加而降低，当风速超过 12m/s，其变化亦变得平缓。最终，间接空冷机组背压随环境风速增加而增加，当风速超过 12m/s 时，其变化趋势变得平缓，当风速大于 16m/s 时，机组背压有所小幅降低。说明环境风作用下，间接空冷系统整体流动换热性能恶化，机组背压升高，运行经济性降低。

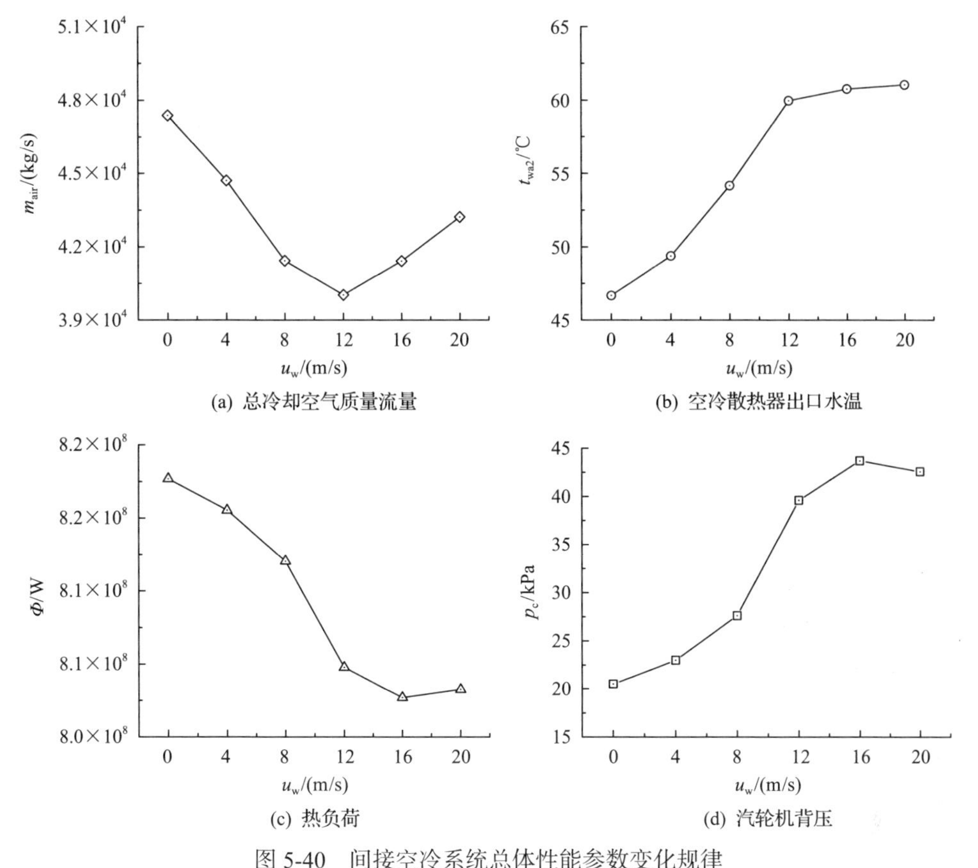

(a) 总冷却空气质量流量　(b) 空冷散热器出口水温

(c) 热负荷　(d) 汽轮机背压

图 5-40　间接空冷系统总体性能参数变化规律

5.7　间接空冷系统优化设计与运行

5.7.1　冷却空气流场调控

通过 5.6 节的研究可知，环境风作用下空冷散热器各扇段冷却空气质量流量差异性较大，尤其是高风速下其侧面扇段流动换热能力严重恶化，同时，在高风速情况下，空冷塔内涡流严重，流动阻力较大。因此，本节根据“有效诱导环境风场能量，实现风能资源化利用”的空气流场诱导策略，提出了 3 种不同形式的诱导方案，以改善间接空冷系统的不利环境风效应。

1. 研究对象及模型

本节研究对象采用的是与 5.6 节所述结构尺寸完全相同的间接空冷系统，数值模拟采用模型也相同。如图 5-41 所示，表示的是不同诱导方案示意图，总共 3

个布置方案。方案 1：如图 5-41(a)(b)所示，表示的是在空冷散热器内部各扇段之间布置矩形挡风板，其尺寸为 30m×26m，共 10 块。方案 2：如图 5-41(c)(d)所示，表示的是在空冷散热器外部两侧冷却空气高速流动的区域安装矩形挡风板，其尺寸同样为 30m×26m，左右各 1 块。方案 3：如图 5-41(e)(f)所示，即将方案 1 与方案 2 相结合。

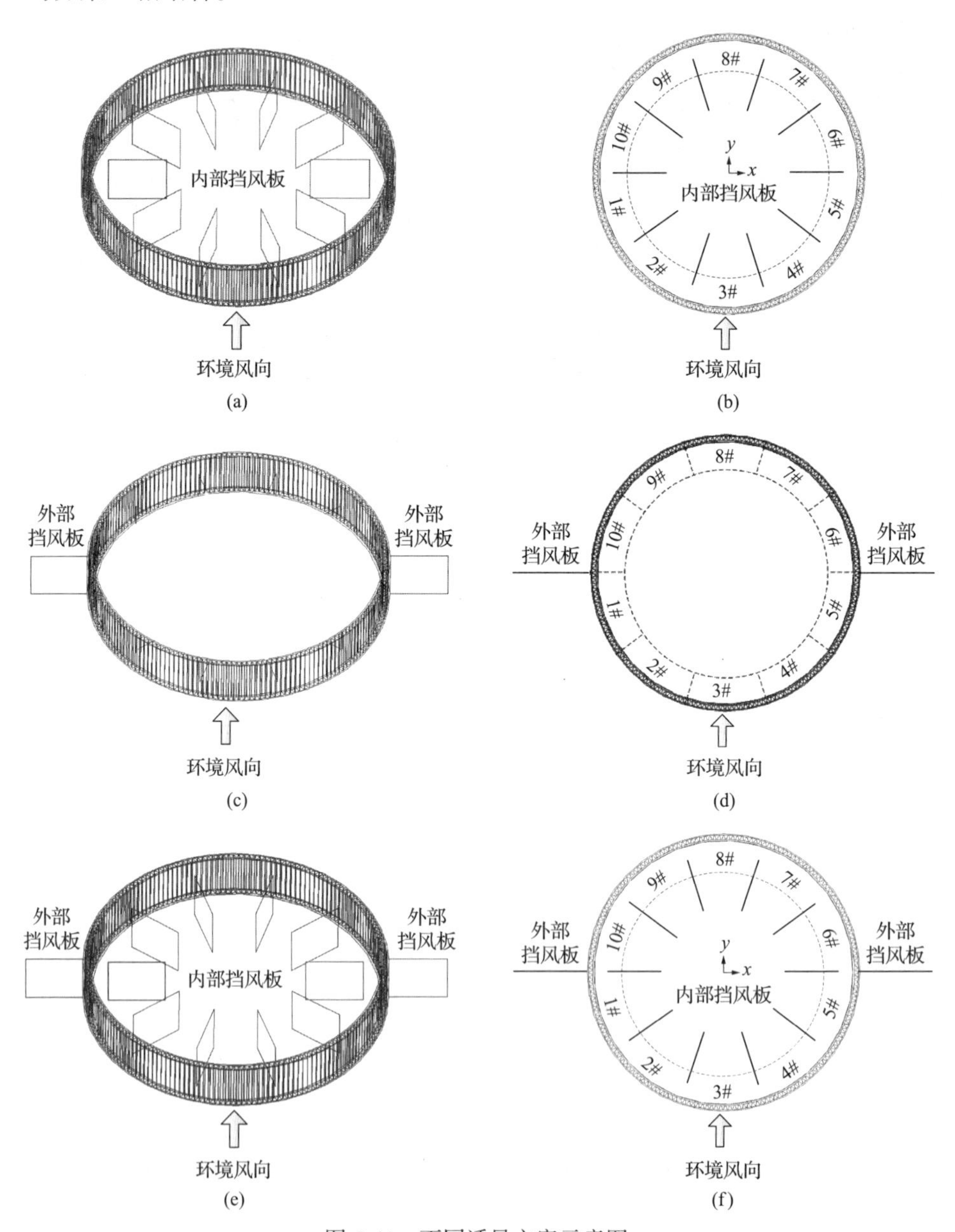

图 5-41　不同诱导方案示意图

2. 调控后物理场

图 5-42～图 5-44 分别表示的是环境风速为 4m/s、12m/s 和 20m/s 时，方案 1 对应的间冷系统 10m 高度水平截面和空冷塔中心竖直截面内压力场、温度场和流场。

当环境风速为 4m/s，由图 5-42(a)(b)可以看出，由于圆柱绕流现象的存在，在空冷散热器左右两侧扇段入口依然存在由高速流动冷却空气引起的低压区，导致通过此处扇段冷却空气质量流量较低，出口热空气温度升高。同时，塔内由于各扇段空气质量流量不均匀造成的涡流被打破。由图 5-42(c)(d)可知，与传统无挡风板布置的空冷系统相比，竖直截面内，空冷塔内空气逆压梯度分布基本一致，迎风面扇段出口气流迹线向下游偏移程度减弱。

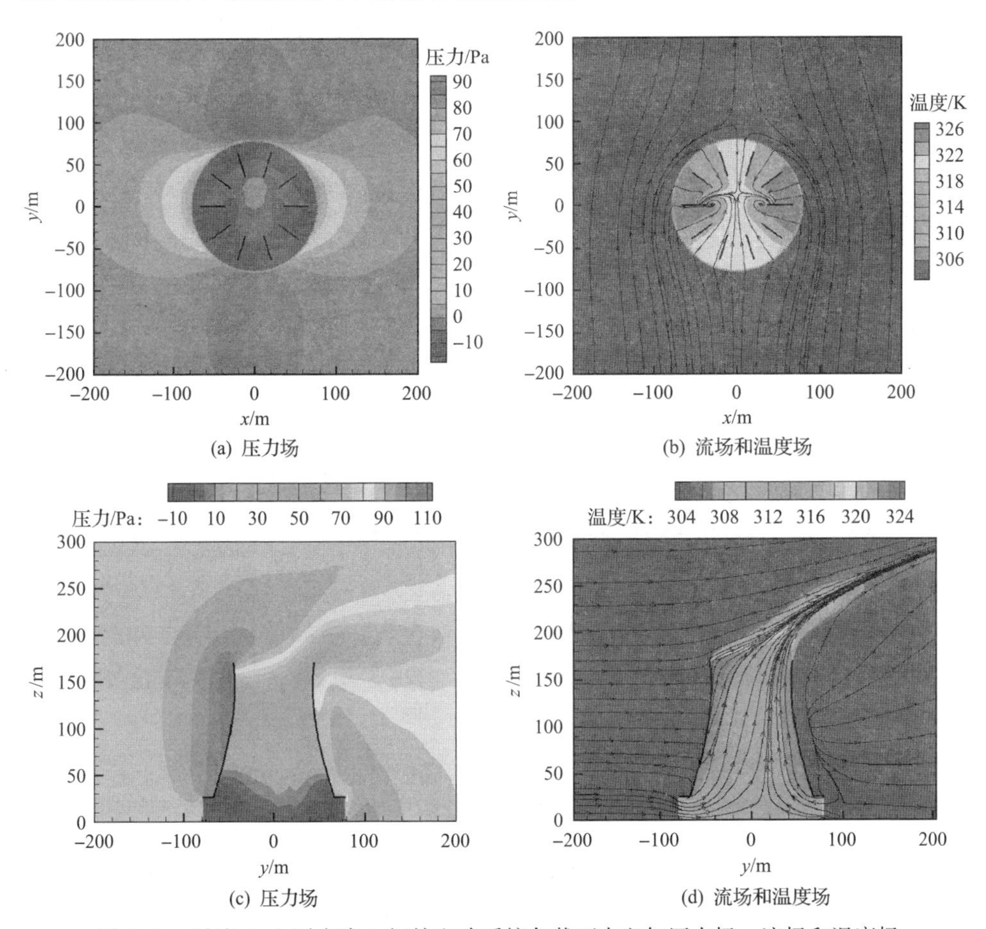

图 5-42　风速 4m/s 时方案 1 间接空冷系统各截面内空气压力场、流场和温度场

当风速增加至 12m/s，图 5-43 展示的是方案 1 对应的间接空冷系统水平和竖

直截面内空气压力场、温度场和流场。由图 5-43(a)(b)可以看出，水平截面内，通过空冷散热器内挡风板的引导和阻隔作用，使空冷散热器各扇段出口热空气相互干扰减弱。与空塔相比，空冷塔内低压区域范围扩大。同时，空冷塔内巨大涡流被打破，使左右两侧 1#、5#扇段出口流动条件改善，其流动换热性能得到强化。在竖直截面内，如图 5-43(c)(d)所示，通过空冷散热器迎风面扇段气流在空冷塔内挡风板的作用下，涡流被打破，流动阻力降低，热空气上升趋势明显，得以顺利通过空冷塔。同时，塔内气流迹线整体向上游移动，降低了迎风侧扇段出口热空气对背风侧扇段出口热空气的阻塞作用。

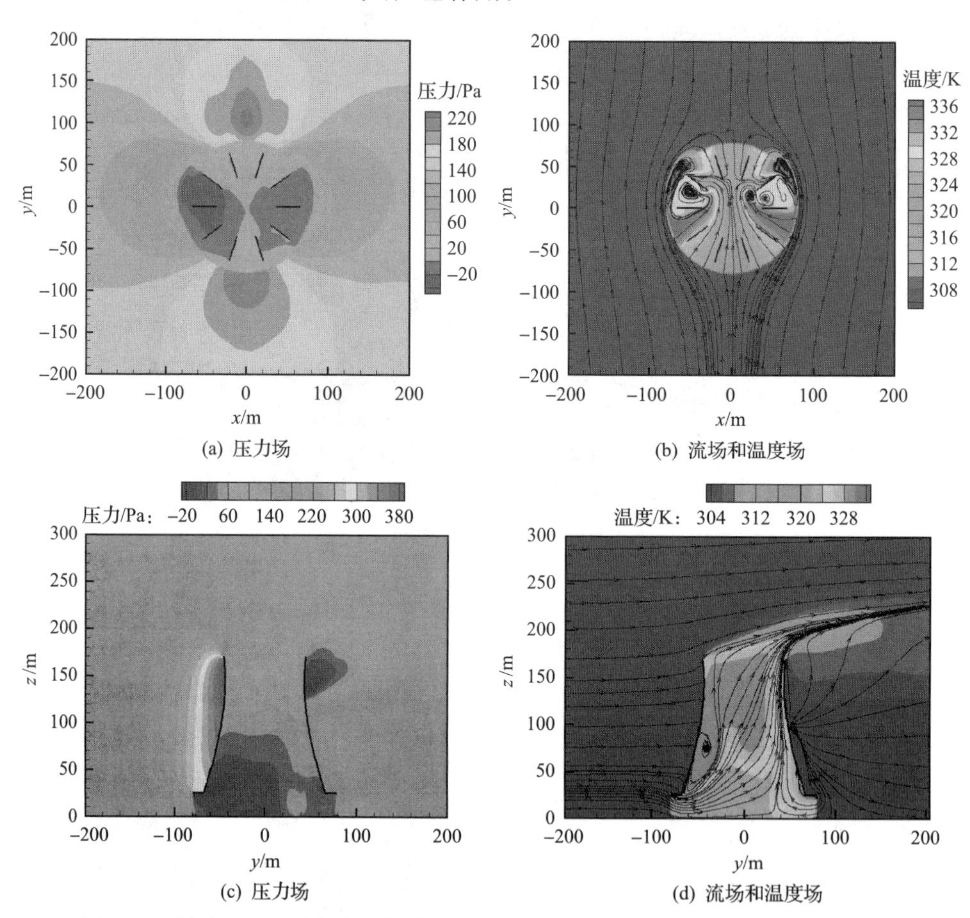

图 5-43 风速 12m/s 时方案 1 间接空冷系统各截面内空气压力场、流场和温度场

在大风速 20m/s 条件下，采用方案 1 时，间接空冷系统水平和竖直截面内空气压力场、温度场和流场如图 5-44 所示。在水平截面内，如图 5-44(a)(b)所示，相对于空塔情况而言，空冷散热器内低压区域扩大。通过挡风板的布置，空冷散热器内部巨大涡流被打破。挡风板在各个扇段之间起到了引导和阻隔的作用，有

利于降低塔内热空气流动阻力。虽然迎风侧扇段出口热空气质量流量大、流速高，但仅在背风侧 8#扇段出口附近形成了涡流。同时，左右两侧由于圆柱绕流流动分离形成的涡流明显减小，使得扇段出口空气温度亦有所降低。在竖直截面内，如图 5-44(c)(d)所示，空冷塔塔内热空气迹线整体上移，通过空冷散热器迎风面扇段热空气涡流减小，降低了流动阻力，有利于热空气向上流动。

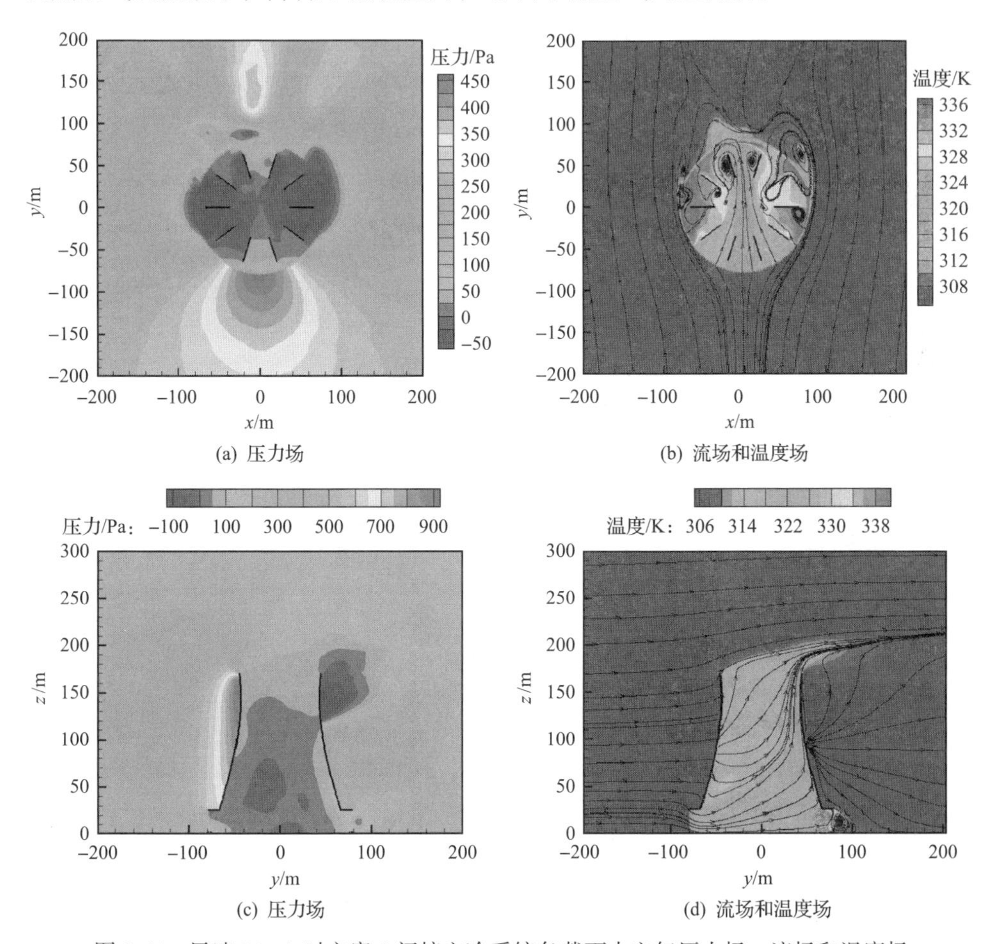

图 5-44　风速 20m/s 时方案 1 间接空冷系统各截面内空气压力场、流场和温度场

图 5-45～图 5-47 分别表示的是环境风速为 4m/s、12m/s 和 20m/s 下，间接空冷系统采用方案 2 时，10m 高度水平截面和空冷塔中心竖直截面内空气压力场、温度场和流场。

在低风速 4m/s 条件下，方案 2 水平截面内空气压力场、温度场和流场如图 5-45(a)(b)所示。可以看出，通过在空冷散热器两侧布置挡风板，阻碍了两侧扇段入口冷却空气高速流动。与未布置挡风板间接空冷系统相比，空冷散热器 1#、

5#扇段入口压力明显增加，冷却空气质量流量增加，其出口热空气温度降低。并且空冷散热器迎风侧和背风侧扇段入口存在高压区域，使其冷却空气质量流量比其余扇段高，出口热空气温度相对较低。在竖直截面内，如图 5-45(c)(d)所示，塔内外空气压力及流场变化较小。

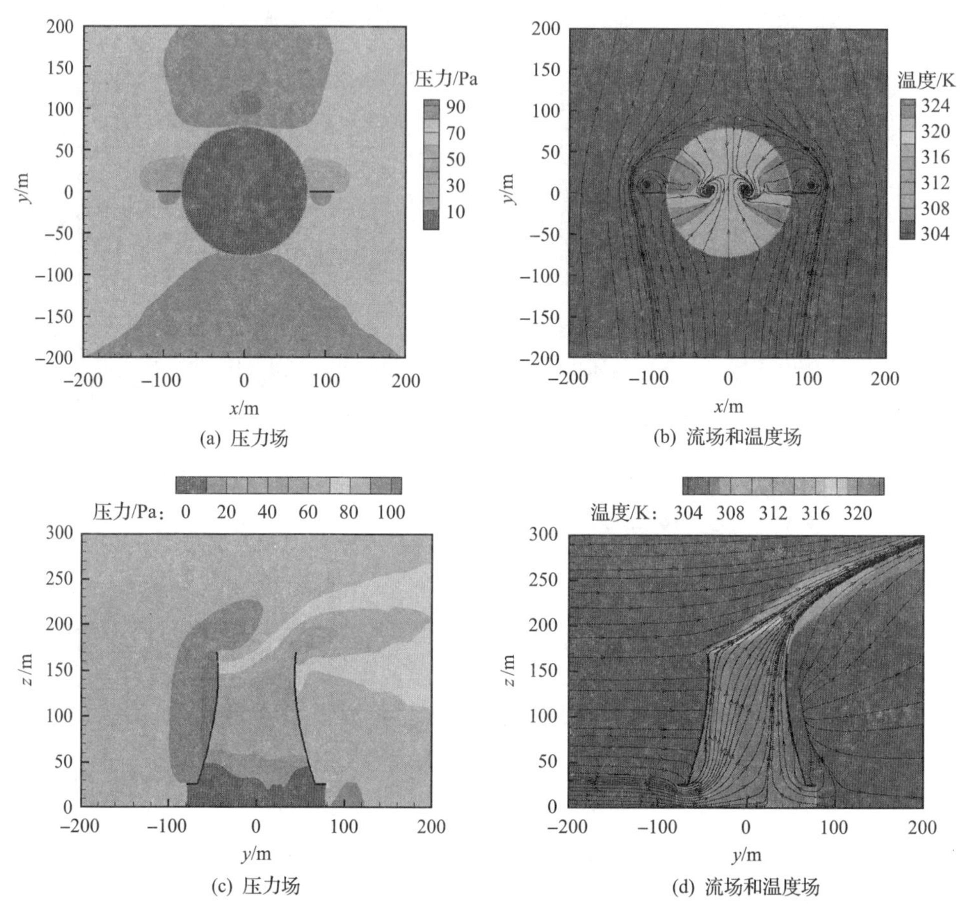

图 5-45　风速 4m/s 时，方案 2 间接空冷系统各截面内空气压力场、流场和温度场

图 5-46 表示的是风速为 12m/s 时，方案 2 水平和竖直截面内空气压力场、温度场及流场。如图 5-46(a)(b)所示，相对于空塔而言，在水平截面内，由于挡风板的阻挡，冷却空气在空冷散热器两侧 1#、5#扇段入口形成高压区域，使得其冷却空气质量流量增加，出口热空气温度降低。由于挡风板的阻挡作用，在挡风板后形成了低压区，并出现了较大涡流，但其距侧后方空冷散热器有一定距离，并未引起热空气回流。同时，迎风面扇段出口热空气直接流向背风侧扇段出口，并形成涡流。由于空冷散热器侧面扇段冷却空气质量流量增加，该涡流未向空冷散热器两侧发展，被限制在背风侧扇段出口区域，阻塞作用加剧。背风侧扇

段出口热空气流通通道被阻塞，导致其出口温度升高，流动换热性能恶化。在方案 2 竖直截面内，如图 5-46(c)(d)所示，迎风侧扇段出口气流引起的涡流向背风侧移动，导致空冷塔内低压区域后移，同时背风侧空冷散热器扇段几乎没有冷却空气流入。

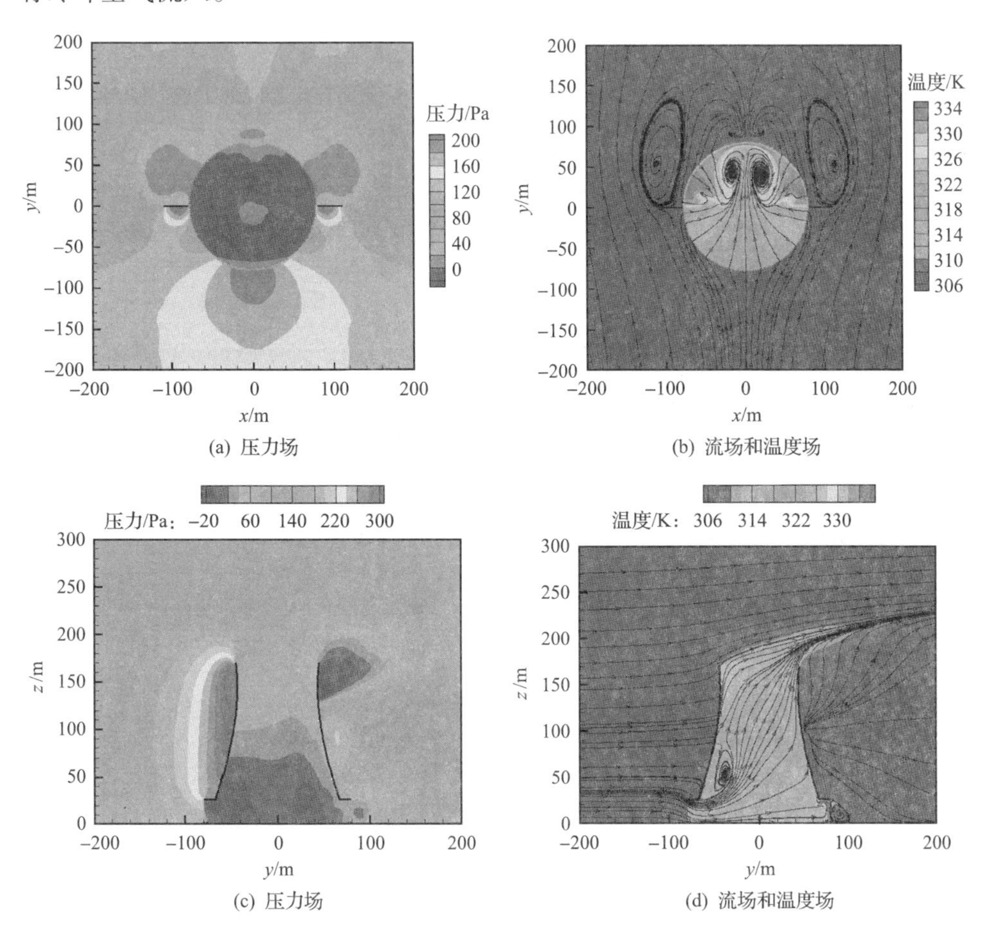

图 5-46　风速 12m/s 时，方案 2 间接空冷系统各截面内空气压力场、流场和温度场

在大风速 20m/s 时，图 5-47 给出了方案 2 水平截面和竖直截面内空气压力场、温度场及流场。可以看到，由于外部挡风板的作用，空冷散热器前侧扇段入口压力均较高，其冷却空气质量流量大，出口热空气温度降低，流动换热性能得到强化。然而，挡风板后侧扇段入口压力较低，冷却空气质量流量低。各扇段冷却空气质量流量的巨大差异，导致迎风侧扇段出口气流在背风侧扇段出口形成涡流加剧，阻碍背风侧扇段冷却空气流入。同时，来自迎风侧扇段出口热空气甚至直接穿透空冷散热器，由于其温度相对较低，反而可以带走部分热量，导致高风速下，背风侧扇段换热量有所提升。

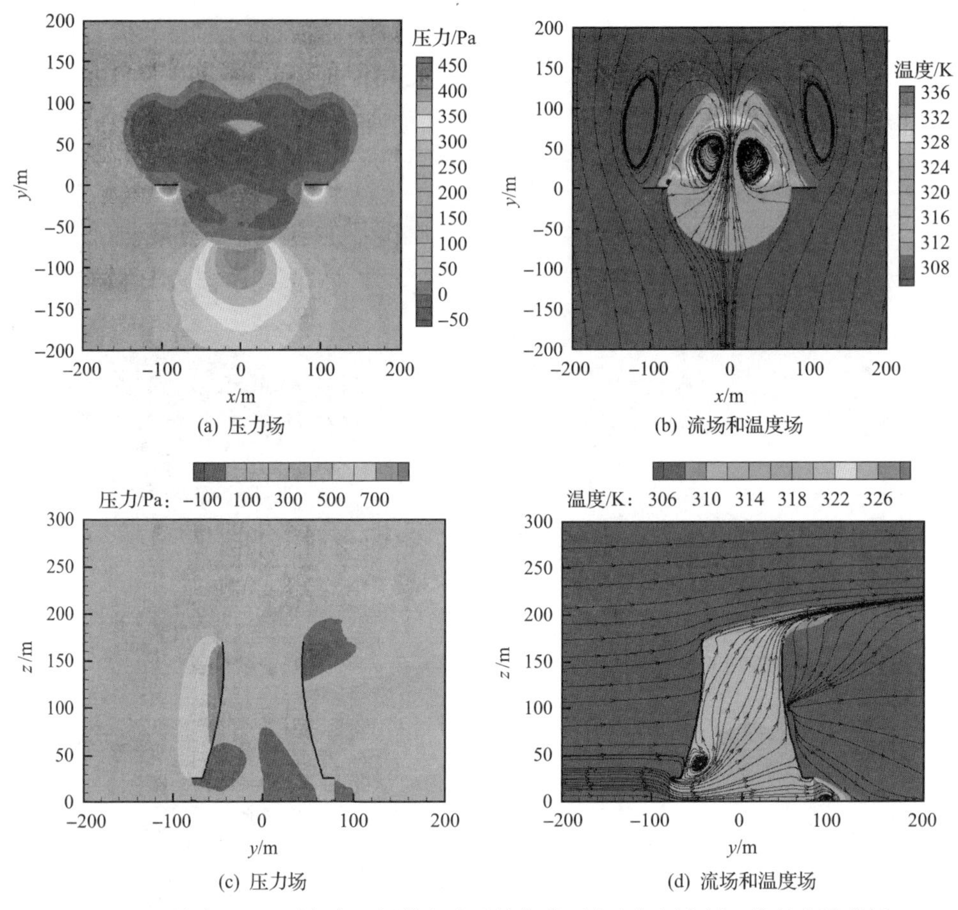

(a) 压力场　(b) 流场和温度场

(c) 压力场　(d) 流场和温度场

图 5-47　风速 20m/s 时方案 2 间接空冷系统各截面内空气压力场、流场和温度场

图 5-48～图 5-50 分别表示的是环境风速为 4m/s、12m/s 和 20m/s 下，方案 3 对应间接空冷系统 10m 高度水平截面和空冷塔中心竖直截面内空气压力场、温度场和流场。

方案 3 结合了方案 1 和方案 2 挡风板的布置方式以及强化扇段流动换热性能方面的优势。在低风速 4m/s 条件下，如图 5-48 所示，诱导方案 3 不仅提高了空冷散热器侧面扇段入口压力，还打破了空冷塔内部涡流。在竖直截面内，空冷散热器迎风侧扇段出口热空气对背风侧扇段出口热空气的阻塞作用削弱，热空气流动迹线整体前移。在风速为 12m/s 时，如图 5-49 所示，通过方案 3 挡风板的布置，空冷散热器背风侧扇段出口涡流相对于方案 2 有所减弱，其影响范围缩小。不仅减小了流动阻力，还可以改善涡流附近扇段出口条件，使流动换热性能增强。但是由于背风侧扇段存在进出口涡流，该处冷却空气质量流量几乎为零，其流动换热性能严重恶化。

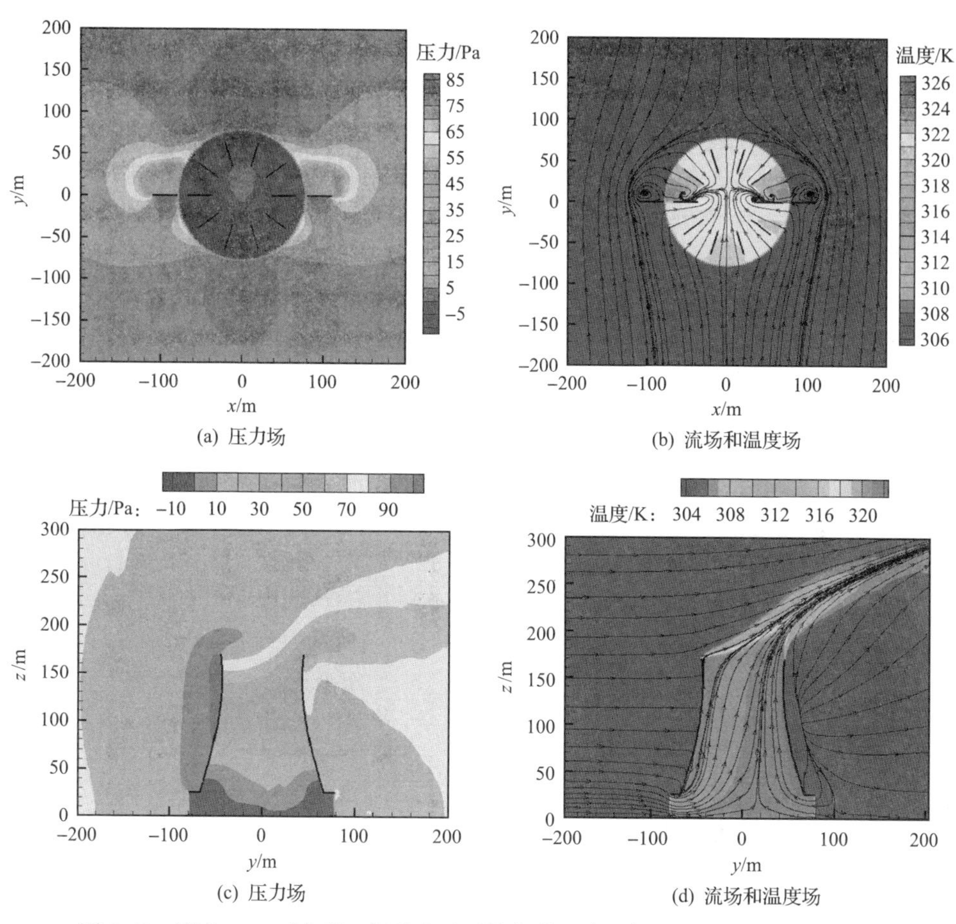

(a) 压力场　(b) 流场和温度场

(c) 压力场　(d) 流场和温度场

图 5-48　风速 4m/s 时方案 3 间接空冷系统各截面内空气压力场、流场和温度场

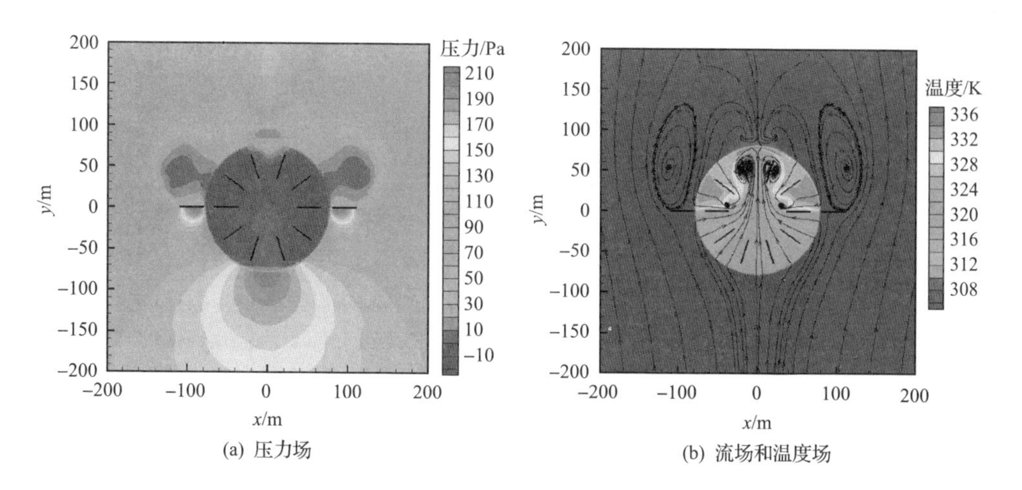

(a) 压力场　(b) 流场和温度场

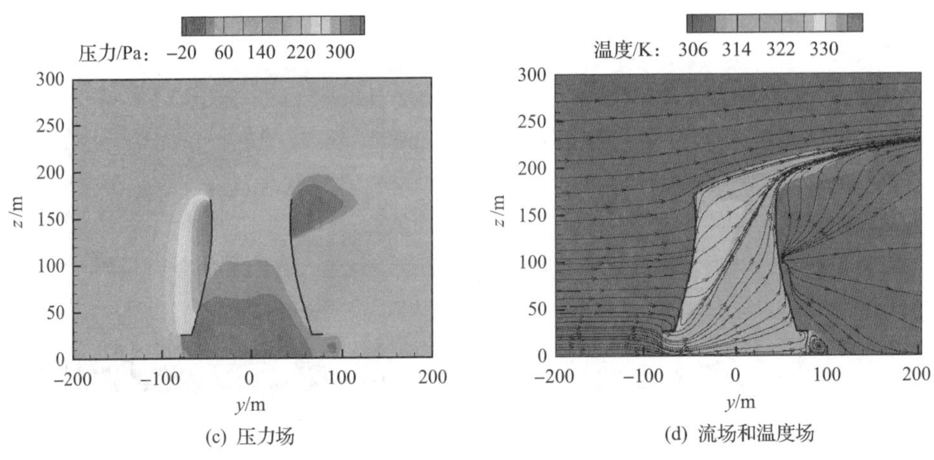

(c) 压力场　　(d) 流场和温度场

图 5-49　风速 12m/s 时方案 3 间接空冷系统各截面内空气压力场、流场和温度场

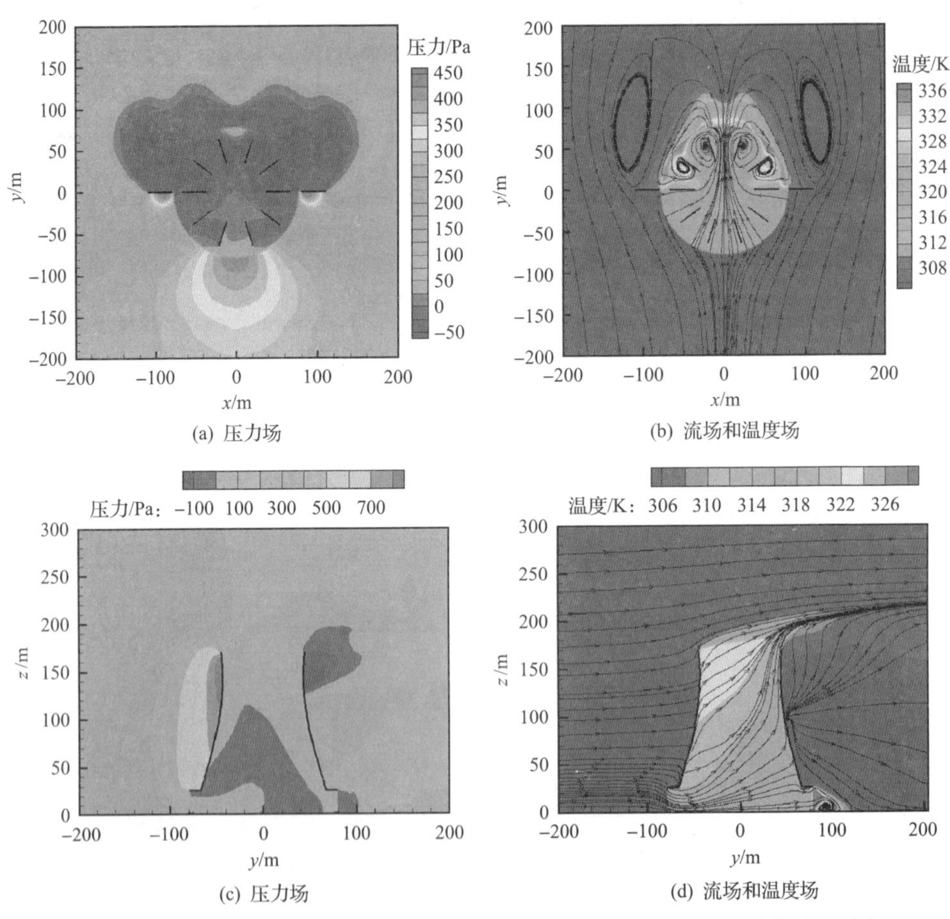

(a) 压力场　　(b) 流场和温度场

(c) 压力场　　(d) 流场和温度场

图 5-50　风速 20m/s 时方案 3 间接空冷系统各截面内空气压力场、流场和温度场

在大风速 20m/s 时，如图 5-50 所示，空冷散热器迎风侧扇段出口热空气质量流量较高，在内部挡风板的引导和阻隔作用下，在背风侧出口的巨大涡流被打破，形成了较小的涡流，影响范围降低。同时，在背风侧 8#扇段出现了穿堂风，热空气由迎风侧扇段出口排出并直接流入背风侧扇段入口进行换热，其流动换热能力相对于风速 12m/s 有所提升。

总之，诱导方案 1 可以有效地组织空冷塔内空气流场，使部分扇段入口条件改善，尤其是背风侧扇段。通过方案 2 挡风板的布置，可以显著改善空冷散热器两侧扇段流动换热性能恶化的情况，但其背风侧扇段流动换热能力在低风速条件下有所降低。方案 3 结合了方案 1 和方案 2 的优点，可以最大程度地平衡各个扇段冷却空气质量流量，改善间接空冷系统在环境风作用下的流动换热性能。

3. 空冷散热器各扇段热力性能变化规律

图 5-51、图 5-52 分别表示的是不同风速条件下，各方案不同扇段热力性能变

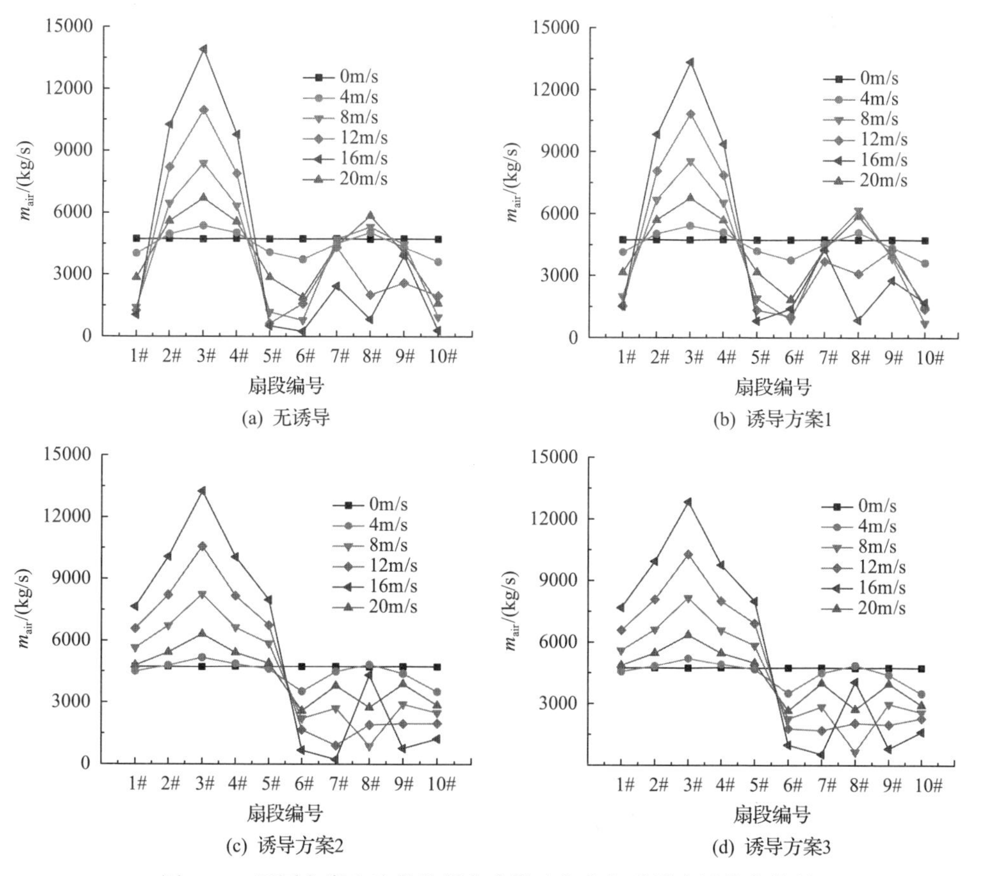

图 5-51　不同方案空冷散热器各扇段冷却空气质量流量分布情况

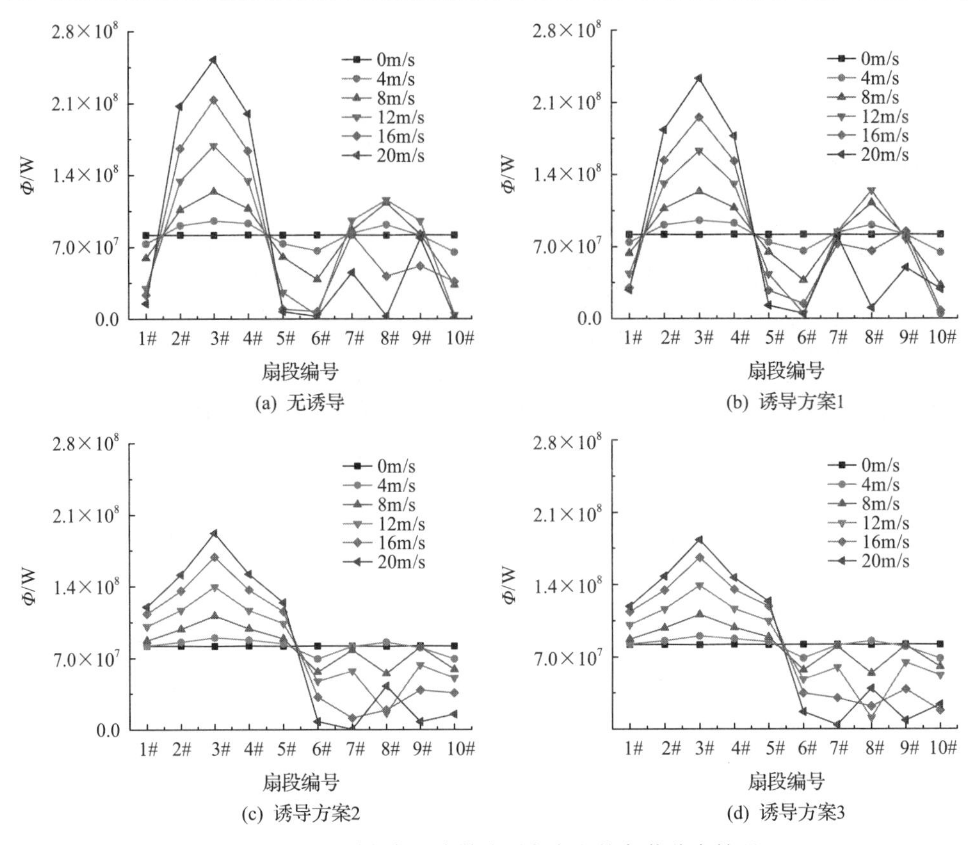

图 5-52　不同方案空冷散热器各扇段热负荷分布情况

化情况，包括各扇段冷却空气质量流量分布和热负荷分布。通过分析各方案不同扇段性能变化规律，可获得各方案对间接空冷系统流动换热性能的影响机制，最终得到最优布置方案。

以空塔情况下间接空冷系统各扇段冷却空气质量流量分布为基准，如图 5-51(a)所示。方案 1 的冷却空气质量流量变化规律如图 5-51(b)所示，可以看出，其变化规律与空塔情况基本一致。在环境风作用下，主要是空冷散热器外部圆柱绕流的流动形态决定了各扇段入口压力分布与冷却空气质量流量分布。在相同风速下，通过内部档风板的布置，优化塔内压力分布。在低风速 4m/s 和 8m/s 下，各扇段空气质量流量变化不明显。当风速大于 12m/s 时，背风侧 8#扇段冷却空气质量流量具有一定幅度的提升。图 5-51(c)表示的是方案 2 各扇段冷却空气质量流量分布情况，通过外部挡风板的布置，阻碍了空冷散热器两侧冷却空气高速流动，很大程度上改变了原有扇段空气质量流量分布规律。可以看出，迎风面 2#、3#、4#扇段冷却空气质量流量并没有明显变化，然而空冷散热器侧前方 1#、5#扇段冷却空气质量流量得到了显著提升。同时，侧后方 6#、10#扇段流量亦有小幅提升。但背风侧 7#、8#、9#扇段冷却空气质量流量有所降低。在风速为 20m/s 时，由于穿堂风的出现，通过 8#扇段空气质量流量有所提升，图中该点表示的是冷却空气质量流量的绝对值。图 5-51(d)表示的是方案 3 各扇段冷却空气质量流量分布情况。综合方案 1 和方案 2 对各扇段冷却空气的影响，可以看出，在方案 2 的基础上，7、9#扇段空气质量流量有小幅提升，但是总体变化不明显。

同样，以间接空冷系统空塔情况下各扇段热负荷分布为基准，如图 5-52(a)所示，各扇段热负荷变化规律与其冷却空气质量流量变化规律基本一致。图 5-52(b)表示方案 1 各扇段热负荷变化情况，在小风速下，方案 1 作用不明显，但在大风速下，方案 1 具有明显的强化作用，例如侧面 6#、10#扇段及背风侧 8#扇段。对于方案 2，如图 5-52(c)所示，在空冷散热器侧面 1#、5#扇段热负荷显著增加的同时，迎风面 2#、3#、4#扇段热负荷降低，使各扇段热负荷分布更均匀，同时，侧面 6#、10#扇段热负荷亦有小幅增加，处于背风侧 6#、7#、8#扇段热负荷均有小幅下降，例外的是，在风速 20m/s，背风侧 8#空冷散热器由于穿堂风的存在，热空气与冷却三角进行换热，带走了部分热量，使其热负荷相对 16m/s 风速时更高。图 5-52(d)表示的是方案 3 各扇段热负荷分布情况，可以看出，第 7#、9#扇段热负荷有所提升，总的变化幅度不明显。

4. 空冷系统总体热力性能变化规律

图 5-53 表示的是空塔情况和不同诱导方案对应的间接空冷系统热力性能随环境风速的变化，包括空冷散热器总冷却空气质量流量、总热负荷、出口水温和机组背压。

图 5-53(a)为通过空冷散热器总冷却空气质量流量随环境风速的变化规律。总体而言，空冷散热器总冷却空气质量流量随环境风速增加先减后增，其中，诱导方案 1 总冷却空气质量流量最低值出现在 12m/s 风速下。与空塔情况相比，诱导方案 1 总冷却空气质量流量在不同风速下均有提升，尤其是高风速情况下。对于诱导方案 2 和诱导方案 3，其空冷散热器总冷却空气质量流量相对空塔情况而言具有大幅提升，其最低值出现在 8m/s 风速下，在高风速下，其流量增加幅度变大。同时，在同一风速下，诱导方案 3 总冷却空气质量流量比诱导方案 2 有小幅提升。

图 5-53(b)展示了各方案空冷散热器总热负荷变化规律，总体上，各方案热负荷随风速增加而降低，在高风速下，各方案热负荷有小幅回升。以间接空冷系统空塔情况下的总热负荷为基准，可以看出，诱导方案 1 在大风速下热负荷明显提升，而诱导方案 2 和诱导方案 3 在所有风速下均有良好的散热能力，尤其是在大风速情况下。同时，诱导方案 3 热负荷较方案 2 亦有小幅增加。因此，在不同环境气象条件下，诱导方案 3 散热能力最好。

通常将空冷散热器出口水温作为一个重要的参数，对间接空冷系统性能进行评价。图 5-53(c)表示不同方案空冷散热器出口水温随环境风速变化规律。与热负荷变化趋势恰好相反，随风速增加，空冷散热器出口水温逐渐升高。对于未布置挡风板间接空冷系统和诱导方案 1 而言，当风速大于 12m/s 时，其空冷散热器出口水温变化趋于平缓，并在 20m/s 风速下有小幅降低，其中，诱导方案 1 出塔水温低于空塔情况，尤其是在高风速情况下。对于诱导方案 2 和方案 3 而言，其平均出塔水温变化趋势较为平缓，并远低于间接空冷系统空塔情况和诱导方案 1，其中，诱导方案 3 出口水温略低于方案 2，并在 20m/s 风速下小幅下降。

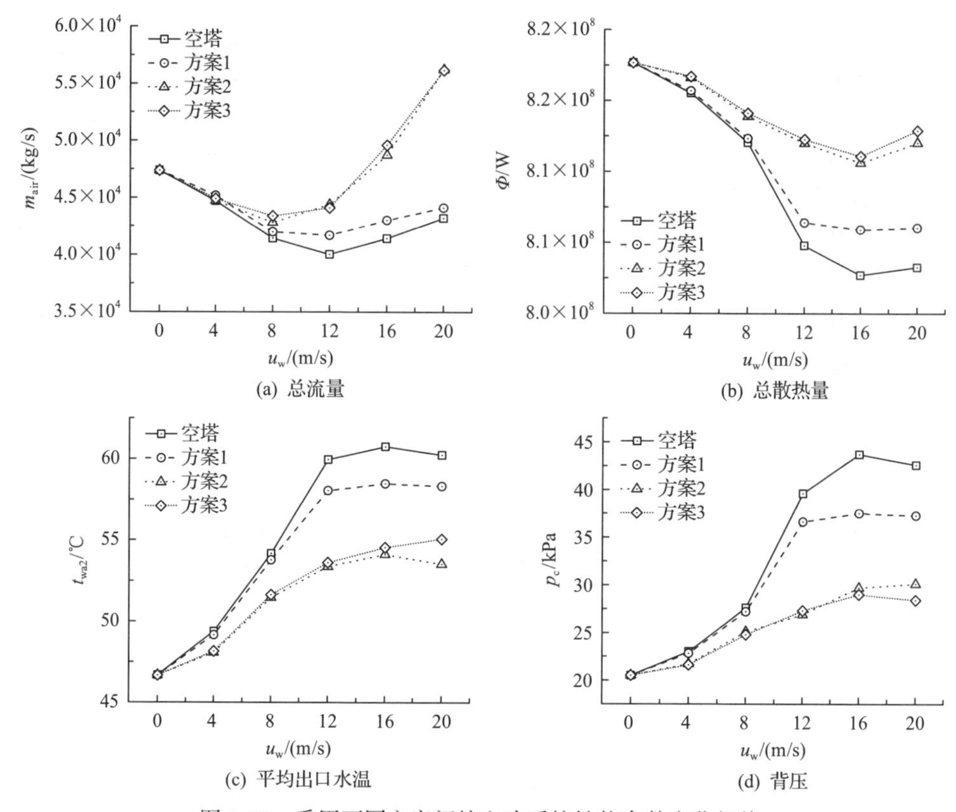

图 5-53　采用不同方案间接空冷系统性能参数变化规律

图 5-53(d)给出了空冷机组背压变化规律，与空冷散热器出口水温变化规律类似。可以看出，环境风对于间接空冷系统流动换热是不利的，在高风速下，背压变化并不明显。各诱导方案均不同程度降低了机组背压，尤其是诱导方案 2 和诱导方案 3。

不同的诱导方案均对间接空冷系统不利环境风效应具有一定的改善效果，尤其是诱导方案 3 的效果最为明显。通过对空气流场诱导方案的研究可知，诱导方案 1 可以有效地优化组织空冷散热器内部流场；诱导方案 2 可以改善空冷散热器侧面扇段流动换热性能；诱导方案 3 结合了方案 1 和方案 2 的优点，对间接空冷系统各扇段冷却空气质量流量分配起到了良好的优化组织作用，明显降低了机组背压。

5.7.2　改进型空气流场调控

通过 5.7.1 节对间接空冷系统空气流场诱导方案的研究，发现以下问题。

(1) 在高风速下，不同扇段冷却空气质量流量差异较大，空冷散热器迎风面扇段冷却空气质量流量较高，易在低流量的侧后方扇段出口形成涡流。虽然内部挡风板仍对涡流有一定的干扰，但迎风侧扇段出口热空气对背风侧扇段的阻塞作用依然明显。

(2) 塔外矩形实体挡风板对气流阻隔作用明显，有利于侧面空冷散热器扇段流动换热，但对于挡风板下游背风侧空冷散热器性能具有一定影响。

在本节研究中，提出相应的改进型空冷塔内外挡风板及导流板布置方案。一方面，采用空冷散热器内部挡风板与中心区域弧形圆台相结合的布置方式，在减小空冷散热器各个扇段出口热空气之间的相互作用的同时，将迎风面扇段出口大流量热空气直接引导至空冷塔入口，降低其对背风侧扇段的阻塞作用。另一方面，将空冷散热器外部两侧挡风板拆分为多块小尺寸挡风板和导流板，在降低两侧冷却空气流速的同时，平衡诱导装置前后压差，并且可以引导气流吹向下游扇段入口，强化换热。

1. 研究对象及模型

本节研究对象为 350MW 间接空冷机组，其结构参数列于表 5-3 中。其中，空冷塔高 140m，空冷散热器有效高度为 20m，冷却三角个数为 136。在各计算工况中，空冷散热器热负荷固定为 413.5MW。图 5-54 表示的是不同空气诱导方案挡风板及导流板布置形式。其中，图 5-54 (a) 表示的是未布置风场诱导装置间接空冷系统，即空塔模型；图 5-54 (b) 表示的是空冷散热器内部布置挡风板和中心弧形圆台相结合的空气诱导装置，命名为改进型诱导方案 1；图 5-54 (c) 表示的是空冷

表 5-3　空冷塔结构参数　(单位：m)

名称	符号	数值
塔高	H_t	140
塔底直径	D_t	114
塔出口直径	D_o	87
喉部直径	D_{tt}	78
喉部高度	H_{tt}	74
空冷散热器有效高度	H_{he}	20
空冷散热器外缘直径	D_{ohe}	122
冷却三角数量	n_{he}	136

散热器两侧布置直挡风板和弧形挡风板相结合的空气诱导装置，命名为改进型诱导方案 2；图 5-54(d)表示的是改进型诱导方案 1 和改进型诱导方案 2 相结合的空气诱导方案，命名为改进型诱导方案 3；图 5-54(e)展示了改进型空气诱导方案内各部件的结构尺寸及安装位置。

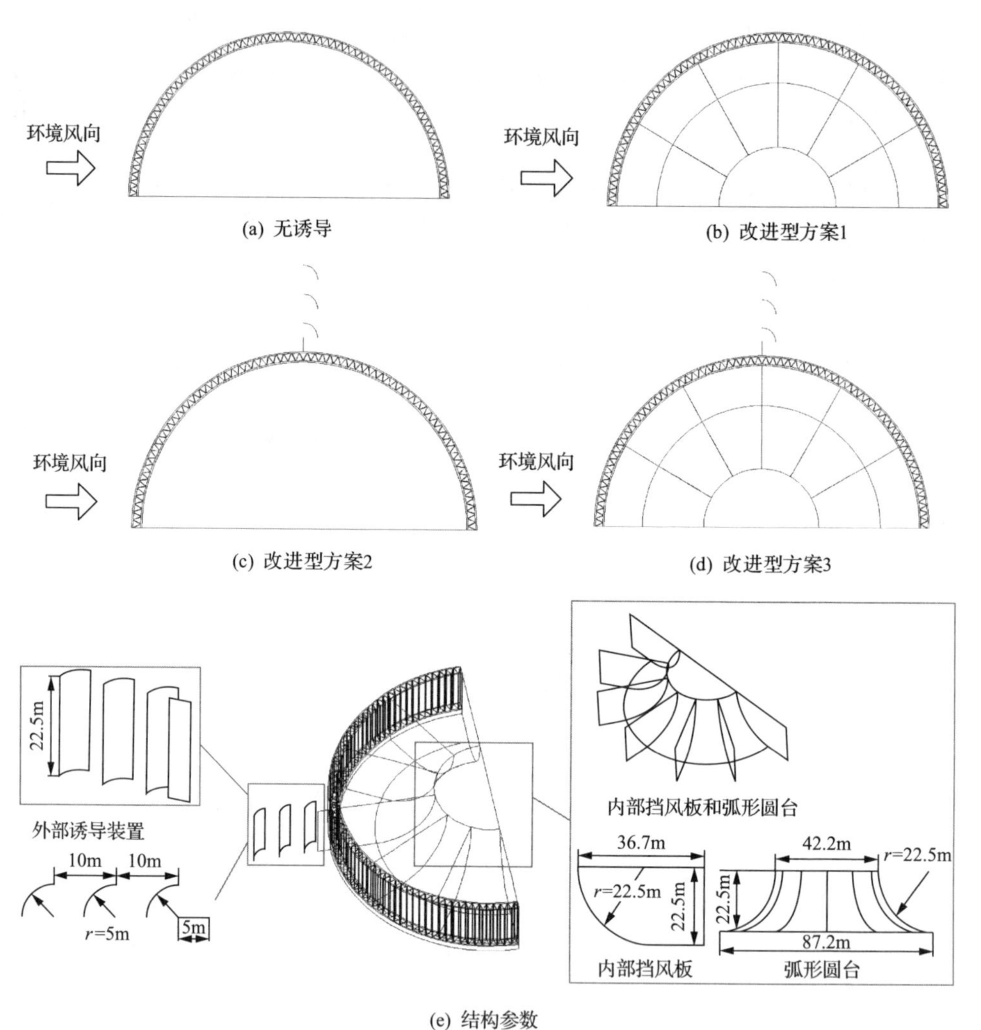

图 5-54　各改进型风场诱导方案布置方式及其结构尺寸

图 5-55 是间接空冷系统模型计算域及边界条件。由于间接空冷系统结构呈中心对称，在环境风作用下，可认为流场及温度场等沿环境风方向呈左右对称，因此采用计算域及间接空冷系统规模为原来一半的处理方法。空冷塔位于计算域对称面的中心位置，计算域长宽高分别为 2200m、1100m 和 1000m。无风条件下，如图 5-55(a)所示，计算域周围入口边界设置为压力入口边界条件，计算域顶部设

置为压力出口边界条件，地面设置为绝热壁面。由于采用对称结构进行数值计算，将通过间接空冷系统中心的截面设置为对称边界条件。环境风作用下，如图 5-55(b)所示，沿环境风方向，计算域上游入口设置为速度入口边界条件，下游出口设置为出流边界条件，其余边界设置为对称面。为了进行网格独立性验证，翅片管束采用了不同网格尺寸，包括 0.034m×0.0277m×1m、0.034m×0.0277m×0.5m 和 0.034m×0.0277m×0.2m 三种尺寸，并模拟得到了环境风速为 4m/s 时 90°风向角下，不同网格尺寸对应空冷散热器冷却空气质量流量。结果表明，不同网格尺寸下冷却空气质量流量变化小于 0.5%，最终选择网格数量为 2516438。

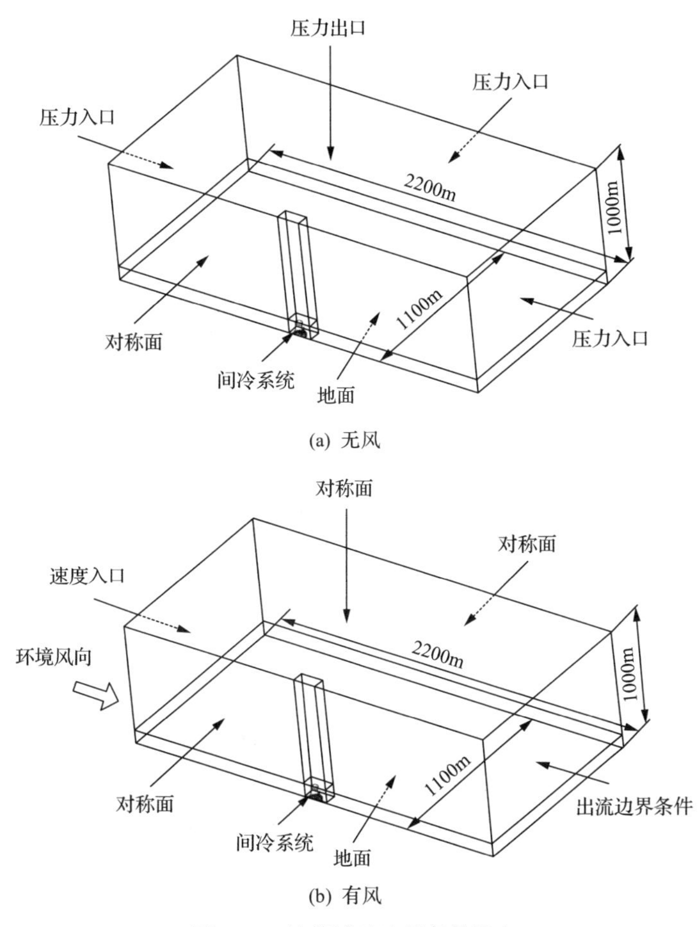

(a) 无风

(b) 有风

图 5-55　计算域及边界条件设定

2. 改进型调控后物理场

图 5-56～图 5-58 表示的是风速为 4m/s、12m/s 和 20m/s，空塔情况下，间接

空冷系统10m高度水平截面和空冷塔中心竖直截面内空气压力场、温度场和流场。虽然不同规模间接空冷系统尺寸不同，但其结构相似，如4.6节所述600MW传统间接空冷系统类似，在环境风作用下，空冷散热器外部流动类似于圆柱绕流，在空冷散热器两侧存在由冷却空气高速流动而引起的低压区，不利于空冷散热器流动换热。可以看出，在低风速条件下，空冷散热器迎风侧和背风侧冷却三角入口压力较高，其流动换热性能得到了一定的强化。随风速增加，在空冷散热器侧后方出现了流动分离，形成了涡流，并在该处出现热空气回流，导致传热恶化。同时，在空冷散热器内部侧后方出现了冷却空气质量流量分配不均匀而引起的巨大涡流，阻塞背风侧冷却三角空气流动。在大风速20m/s时，散热器侧面流动分离前移，冷却空气质量流量分布差异性进一步加强，导致空冷散热器内部涡流加剧，并在背风侧部分冷却三角处形成了穿堂风现象。可以看出，随风速增加，空冷散热器迎风面冷却三角冷却空气质量流量逐渐增加，其对背风侧冷却三角的阻塞作用亦愈加明显。

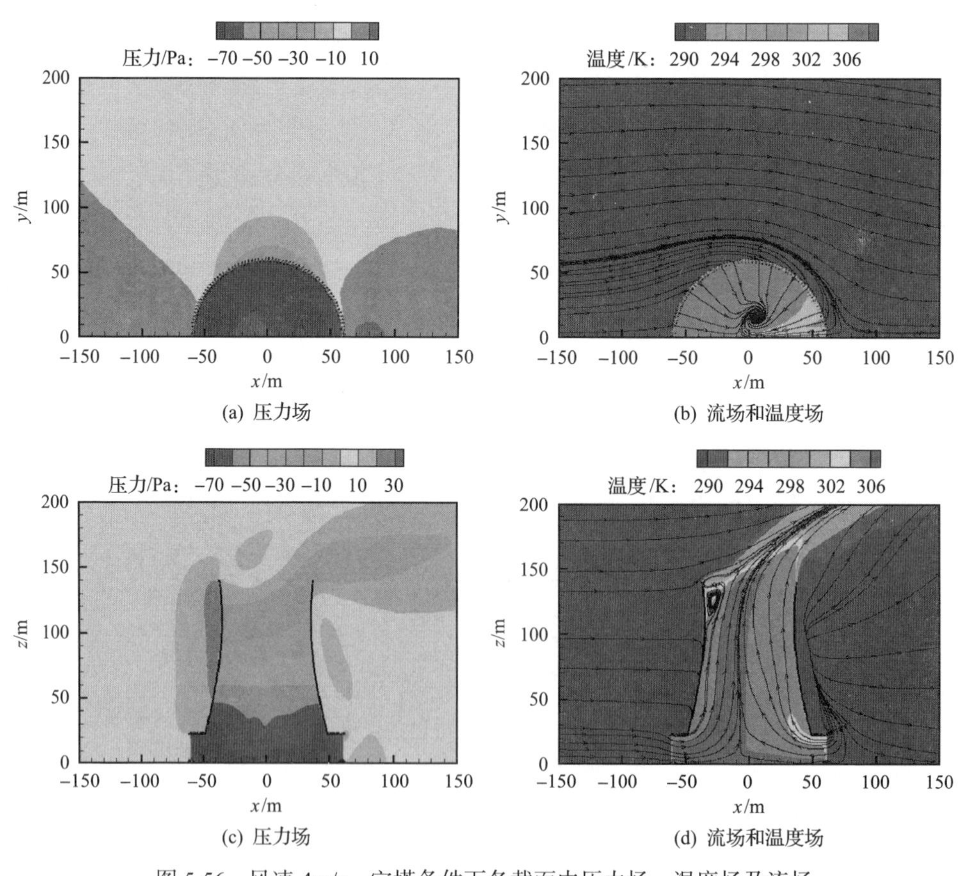

(a) 压力场　(b) 流场和温度场

(c) 压力场　(d) 流场和温度场

图5-56　风速4m/s，空塔条件下各截面内压力场、温度场及流场

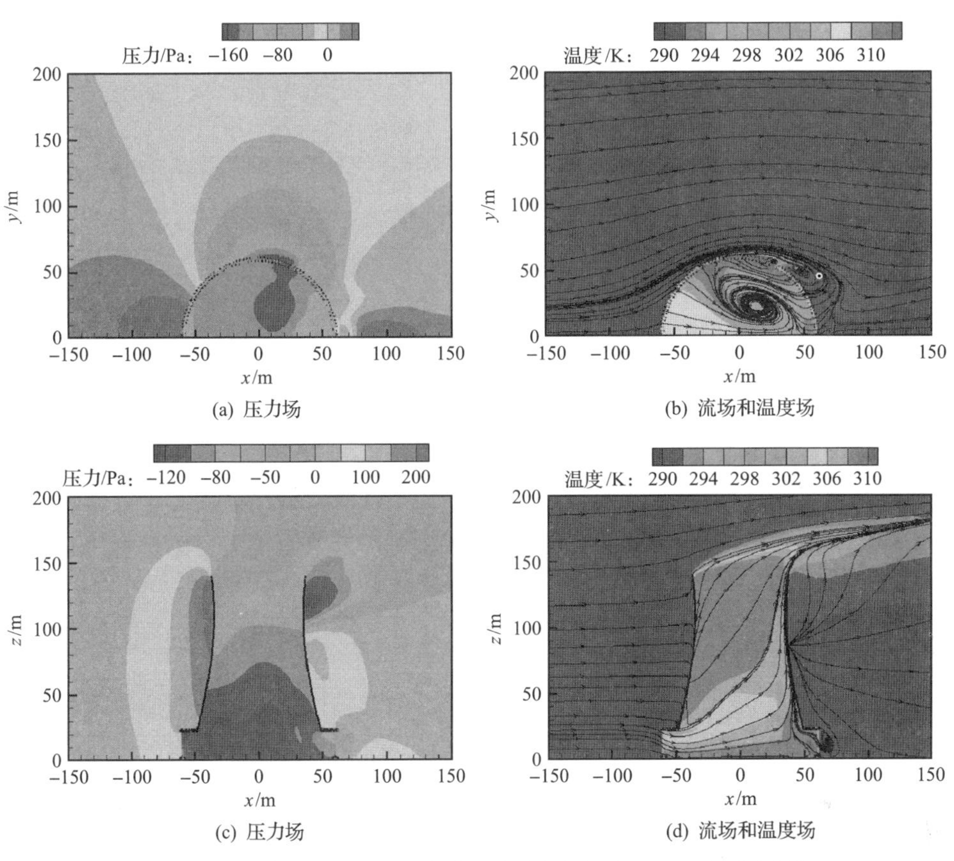

(a) 压力场　　(b) 流场和温度场

(c) 压力场　　(d) 流场和温度场

图 5-57　风速 12m/s，空塔条件下各截面内压力场、温度场及流场

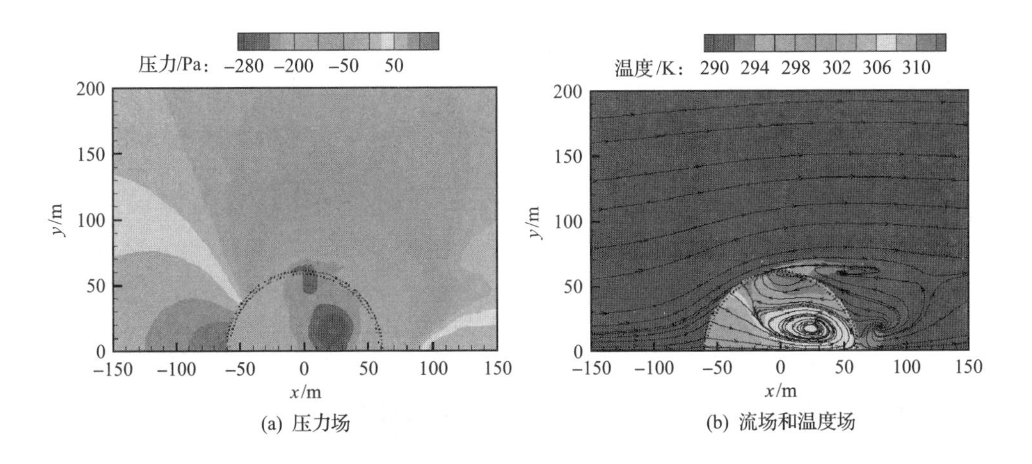

(a) 压力场　　(b) 流场和温度场

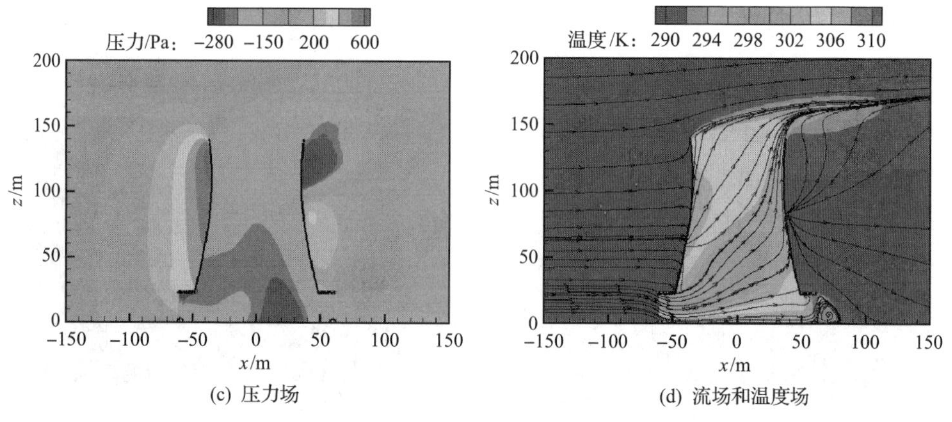

(c) 压力场　　(d) 流场和温度场

图 5-58　风速 20m/s，空塔条件下各截面内压力场、温度场及流场

为了削弱空冷散热器迎风侧冷却三角出口热空气对背风侧空气流动的阻塞作用，打破散热器内部涡流，降低流动阻力，提出在空冷散热器内部布置挡风板与弧形圆台相结合的空气流场诱导装置，即改进型诱导方案 1，对空冷散热器出口热空气进行引导。图 5-59～图 5-61 表示的是风速为 4m/s、12m/s 和 20m/s 条件下，改进型诱导方案 1 对应间接空冷系统 10m 高度水平截面和空冷塔中心竖直截面内空气压力场、温度场和流场。

在低风速 4m/s 时，如图 5-59 所示，空冷散热器两侧依然存在低压区。通过改进型诱导方案 1 诱导装置的布置，热空气从空冷散热器冷却三角出口到空冷塔入口位置的流通面积并没有减小，塔内流场及逆压梯度分布正常，说明空冷散热器中心区域布置的弧形圆锥台并没有造成流动阻力明显增加。风速增加到 12m/s 时，如图 5-60 所示，通过内部诱导装置，将空冷散热器出口划分为相对独立的区域，使空冷散热器各区域冷却三角出口热空气由流量分配不均匀而引起的相互干扰程度降低。同时，在空冷散热器侧后方流动分离程度明显降低，散热器内部巨大涡流被完全打破，散热器内部流场相对均匀。由于弧形圆台的诱导作用，竖直

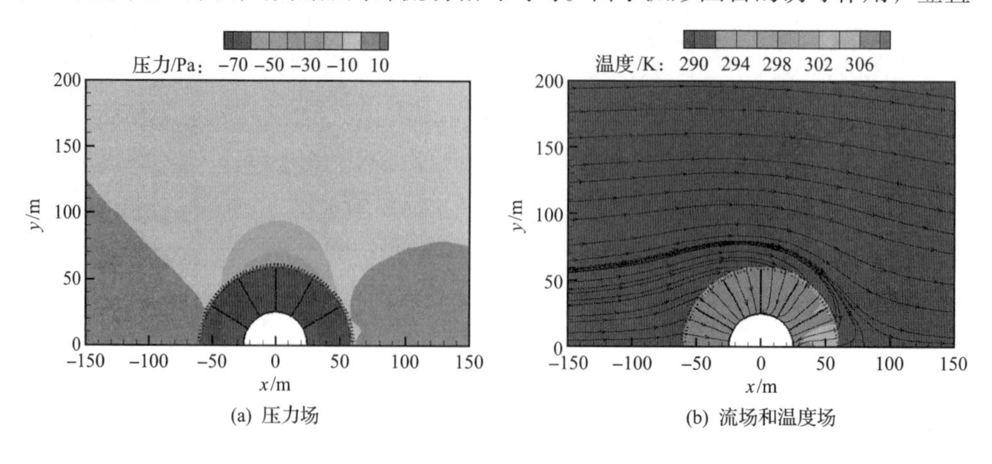

(a) 压力场　　(b) 流场和温度场

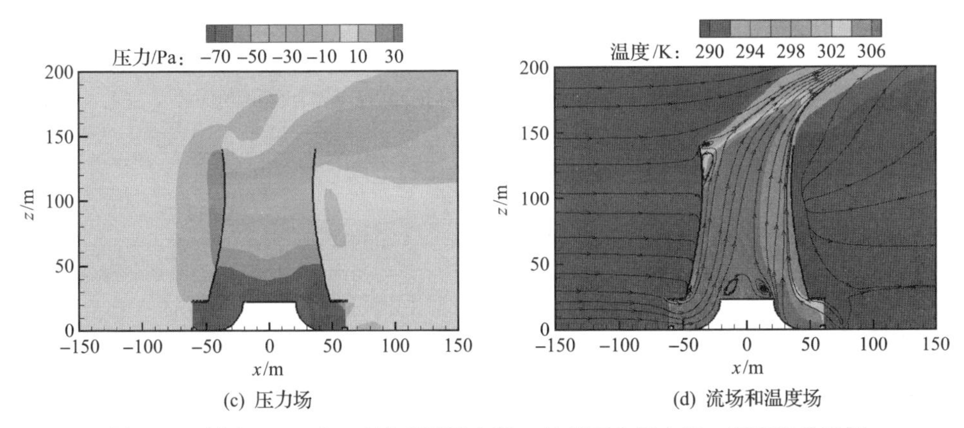

图 5-59　风速 4m/s 时，改进型诱导方案 1 各截面内压力场、温度场及流场

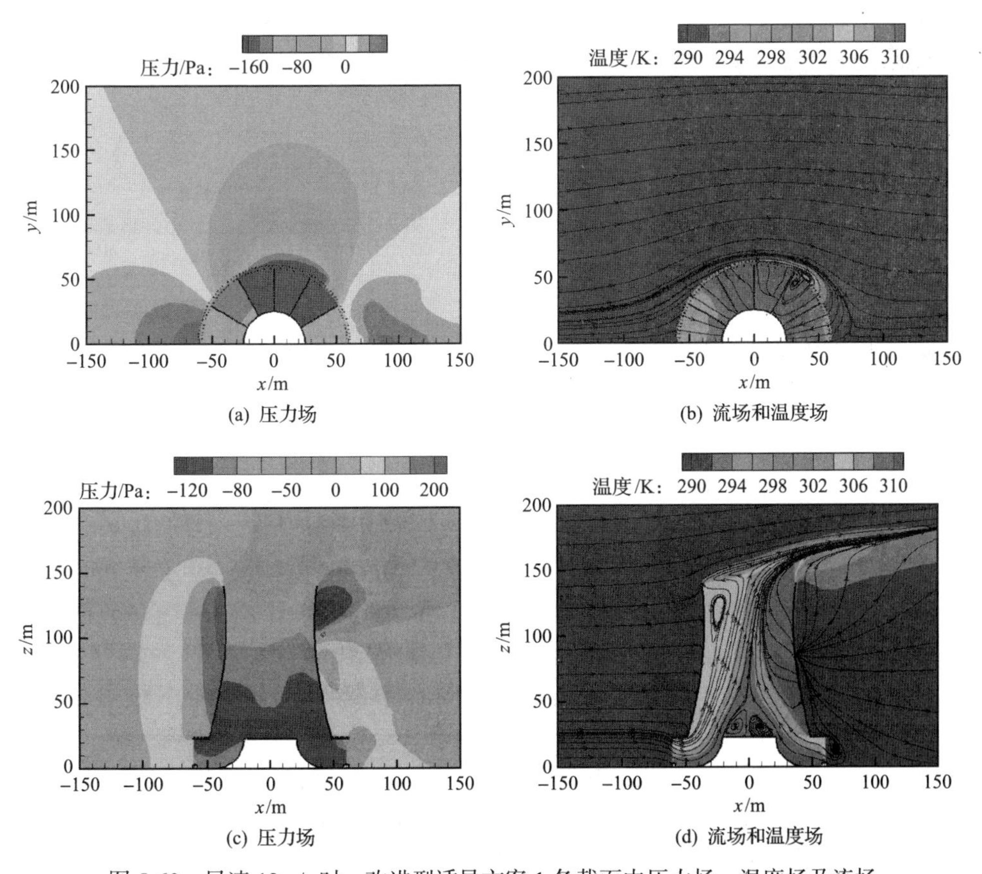

图 5-60　风速 12m/s 时，改进型诱导方案 1 各截面内压力场、温度场及流场

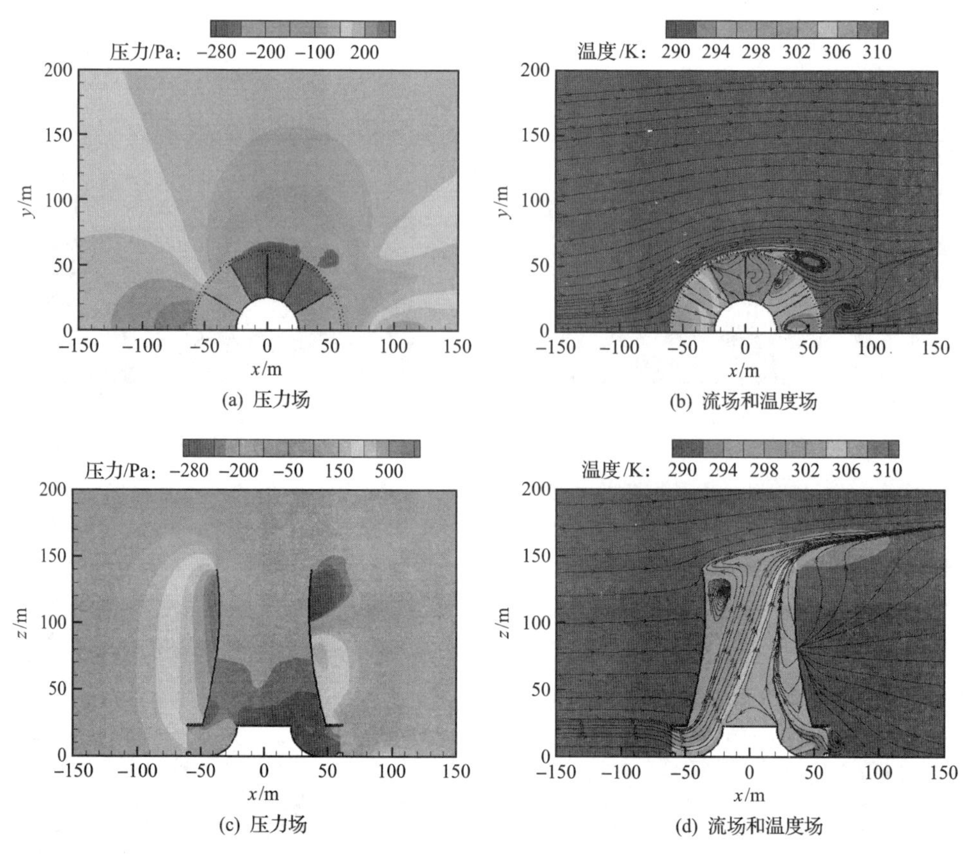

图 5-61　风速 20m/s 时，改进型诱导方案 1 各截面内压力场、温度场及流场

截面内空气压力分布前后差异减小。空冷散热器迎风侧冷却三角出口热空气上升趋势明显，对背风侧气流的阻塞作用明显降低，空冷散热器背风侧冷却空气质量流量明显增加。大风速 20m/s 时，如图 5-61 所示，空冷散热器内部侧后方低压区消失，并且由于流量分配不均引起的巨大涡流被打破，空冷散热器侧面冷却三角入口低压区依然存在。由于内部诱导装置的阻挡和诱导作用，迎风侧冷却三角出口热空气向上流动，削弱了其对背风侧入口处气流的阻塞作用，而背风侧冷却空气迹线明显前移，流量明显增加，流动换热性能得到了提升。

空冷散热器外部类似于圆柱绕流，空冷散热器两侧冷却三角空气质量流量较低，尤其是在高风速情况下。在 5.7.1 节中分析了空冷散热器两侧安装大尺寸挡风板对空冷散热器流动换热性能的影响。结果表明，大尺寸挡风板虽然阻碍了侧面冷却空气的高速流动，提升了空冷散热器侧面冷却三角入口压力和冷却空气质量流量，但对空冷散热器下游冷却三角冷却空气质量流量分布具有一定的不利影响。通过将大尺寸挡风板拆分为小尺寸的弧形板和矩形挡风板，构成空冷散热器外部改进型诱导方案 2。图 5-62～图 5-64 表示的是不同风速下，改进型诱导方案 2 对应间接空冷系统 10m 高度水平截面和空冷塔中心竖直截面内空气压力场、温度场及流场。

低风速 4m/s 时，如图 5-62 所示，在空冷散热器两侧布置改进型风场诱导装置后，空冷散热器侧面高速流动气流引起的低压区被破坏。冷却空气通过弧形板的引导，在减速的同时向空冷散热器下游侧后方冷却三角入口流动，不仅有利于空冷散热器侧面冷却三角冷却空气流入，还降低了空冷散热器侧后方冷却三角冷却空气质量流量受影响程度。

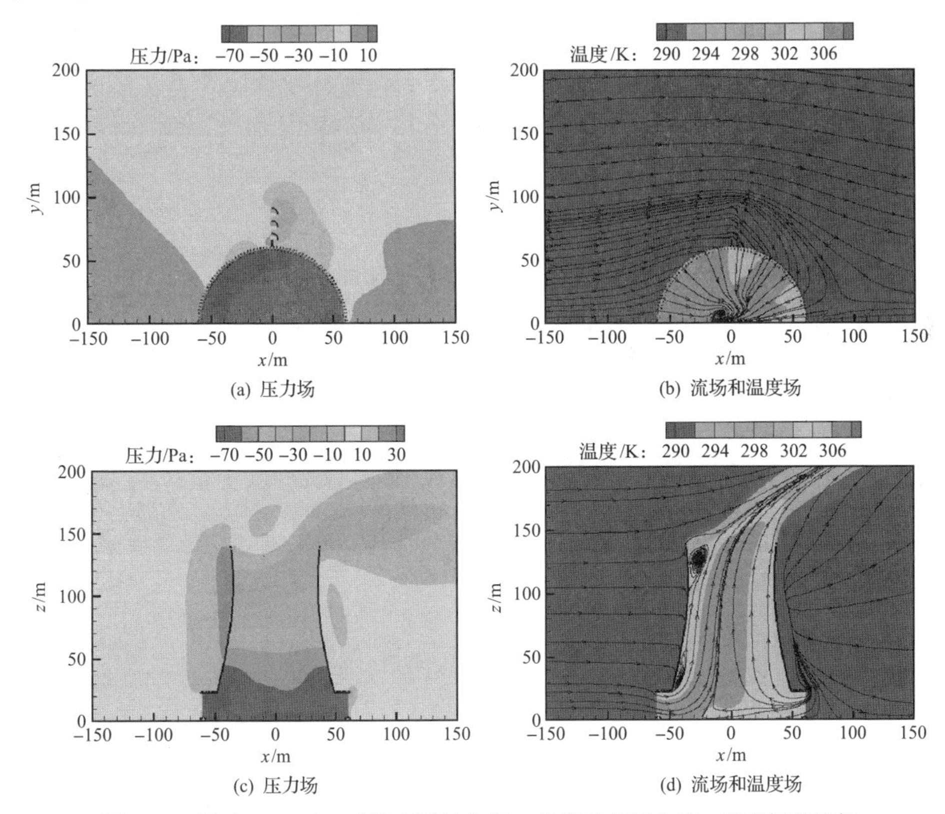

图 5-62　风速 4m/s 时，改进型诱导方案 2 各截面内压力场、温度场及流场

风速为 12m/s 时，如图 5-63 所示，空冷散热器迎风侧冷却三角进出口空气压差增大，空冷散热器迎风面冷却三角冷却空气质量流量增加，在空冷散热器背风侧冷却三角出口形成涡流，对背风侧冷却三角形成阻塞作用。同时，冷却空气通过诱导装置后流速降低，并且气流经过外部导流板减速的同时转向，在诱导装置背风侧形成了涡流，但与实心矩形挡风板相比，改进型外部诱导装置可以平衡其前后压差，使其涡流尺寸减小。

大风速 20m/s 时，如图 5-64 所示，虽然空冷散热器侧面冷却三角流动换热性能有所加强，然而在空冷散热器背风侧冷却三角进出口均出现了较严重的涡流，使侧后方冷却三角流动换热性能恶化，同时在背风侧部分冷却三角处出现了穿堂风。

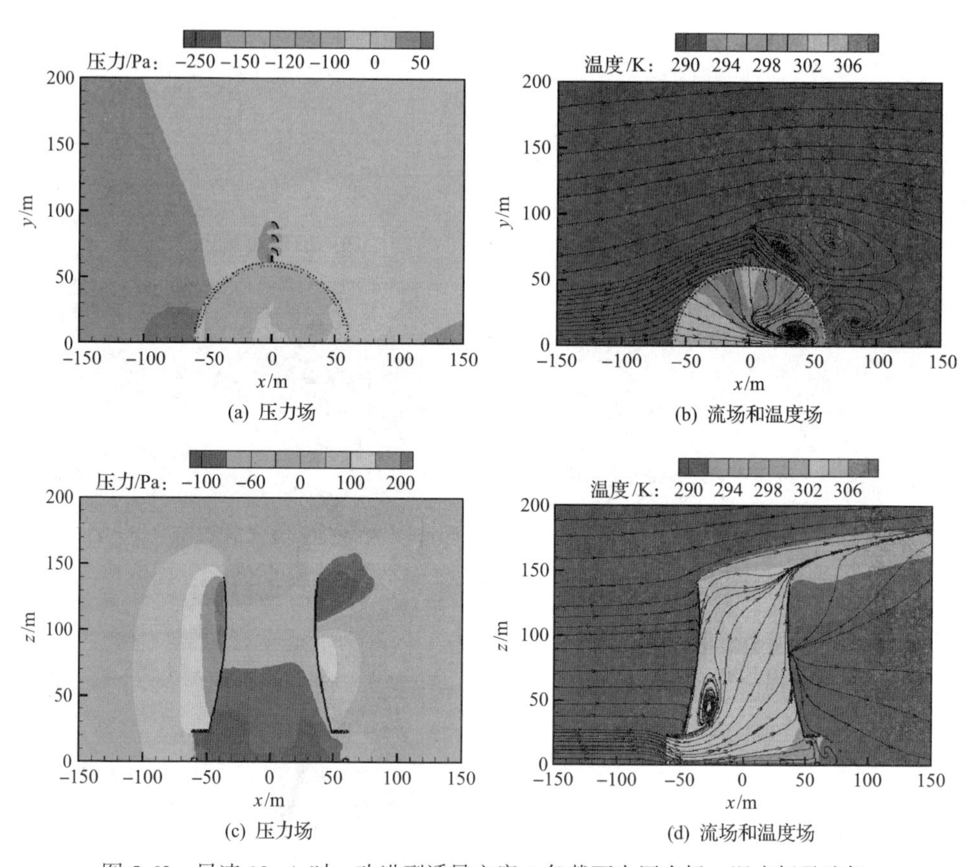

图 5-63　风速 12m/s 时，改进型诱导方案 2 各截面内压力场、温度场及流场

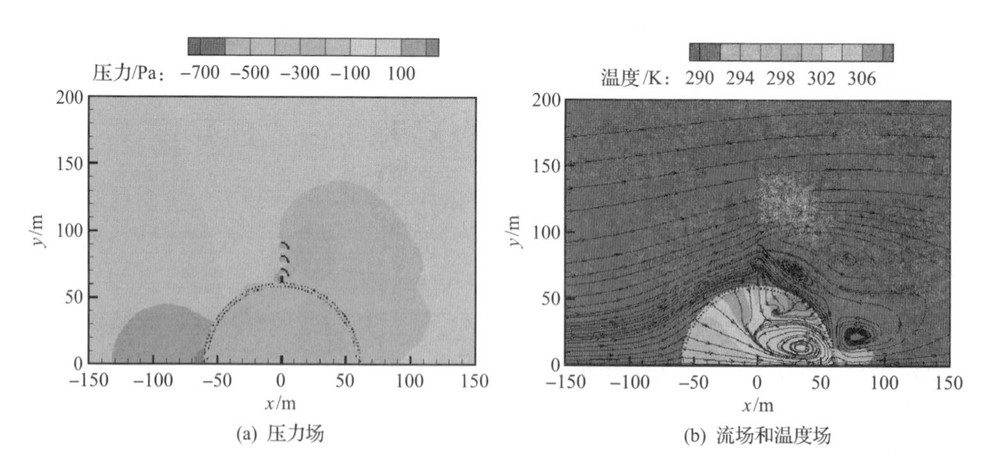

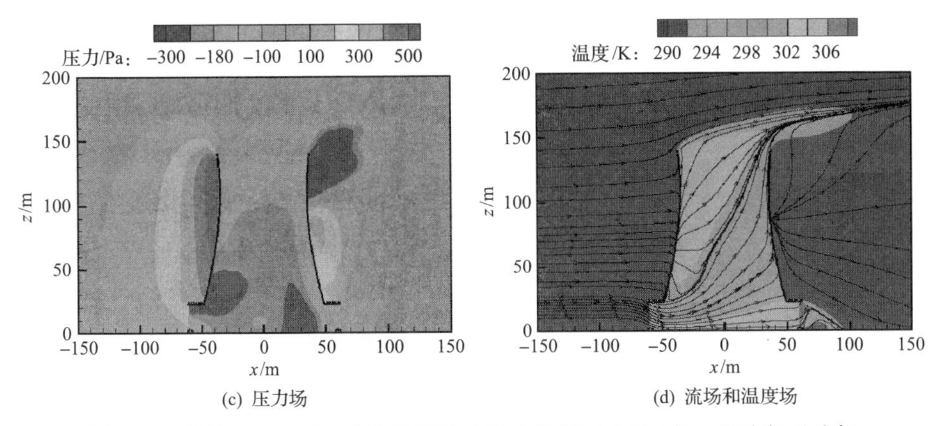

(c) 压力场　　(d) 流场和温度场

图 5-64　风速 20m/s 时，改进型诱导方案 2 各截面内压力场、温度场及流场

改进型诱导方案 3 结合了改进型诱导方案 1 和 2 的布置特点，不仅可以强化空冷散热器侧面冷却三角流动换热性能，还可以优化组织散热器内部热空气流场，削弱迎风侧冷却三角出口热空气对下游冷却三角气流的阻塞作用。对于改进型诱导方案 3，图 5-65～图 5-67 表示的是环境风速分别为 4m/s、12m/s 和 20m/s 条件

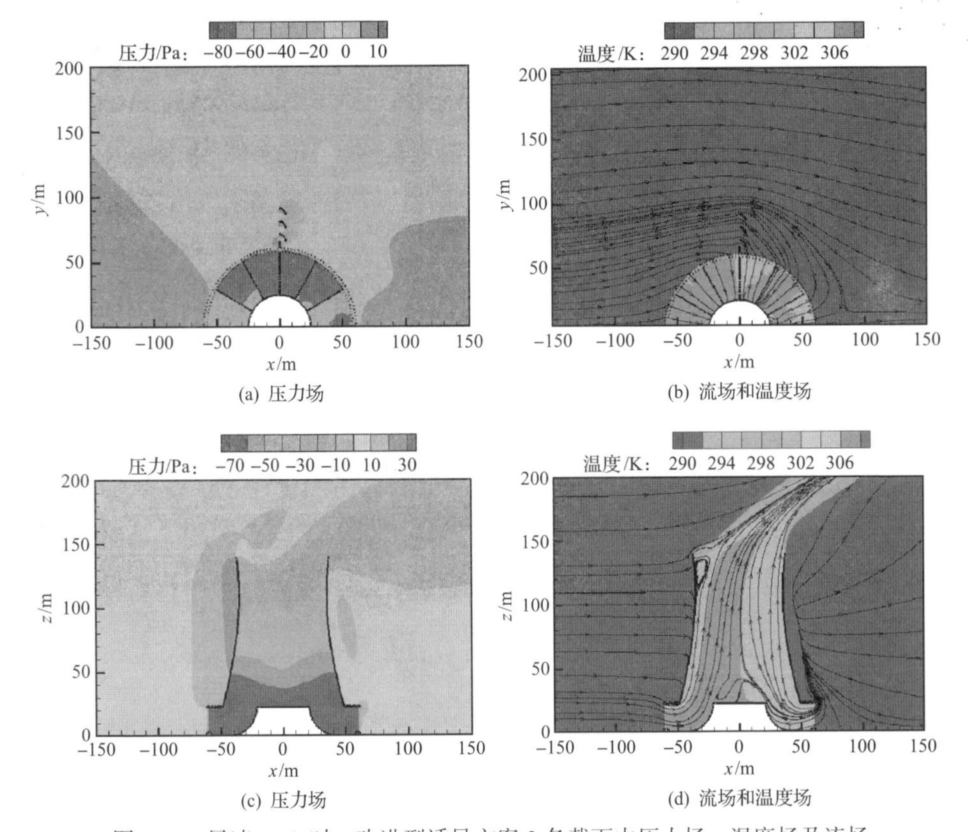

(a) 压力场　　(b) 流场和温度场

(c) 压力场　　(d) 流场和温度场

图 5-65　风速 4m/s 时，改进型诱导方案 3 各截面内压力场、温度场及流场

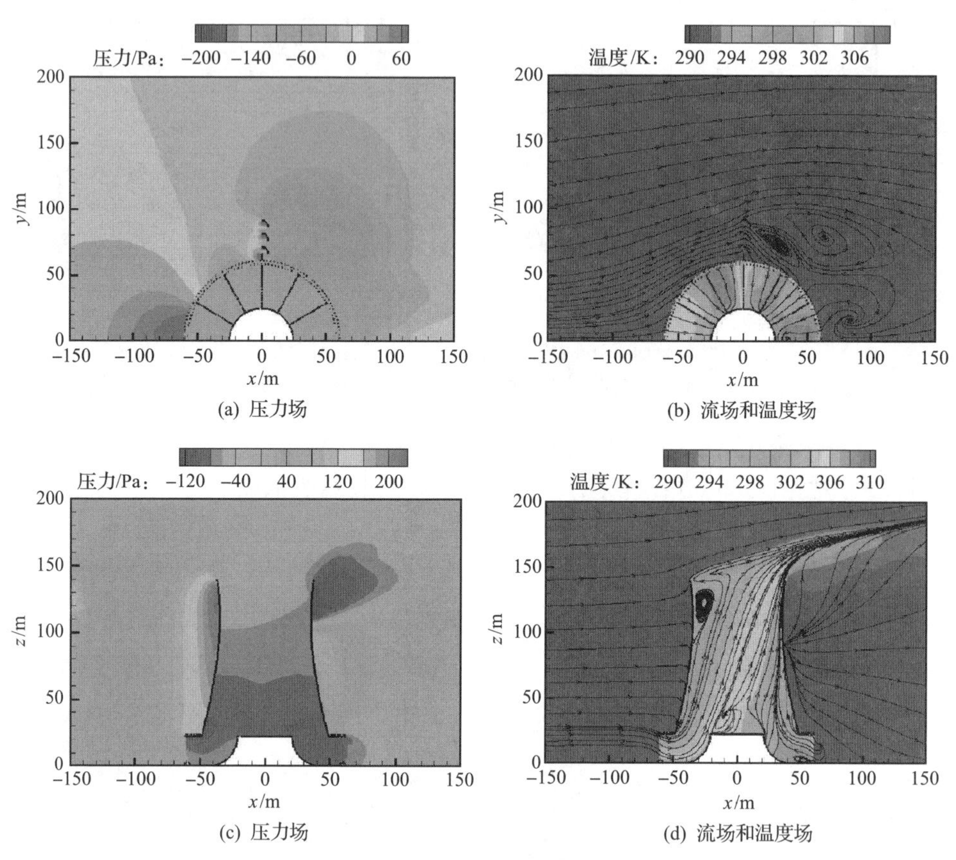

(a) 压力场　(b) 流场和温度场

(c) 压力场　(d) 流场和温度场

图 5-66　风速 12m/s 时，改进型诱导方案 3 各截面内压力场、温度场及流场

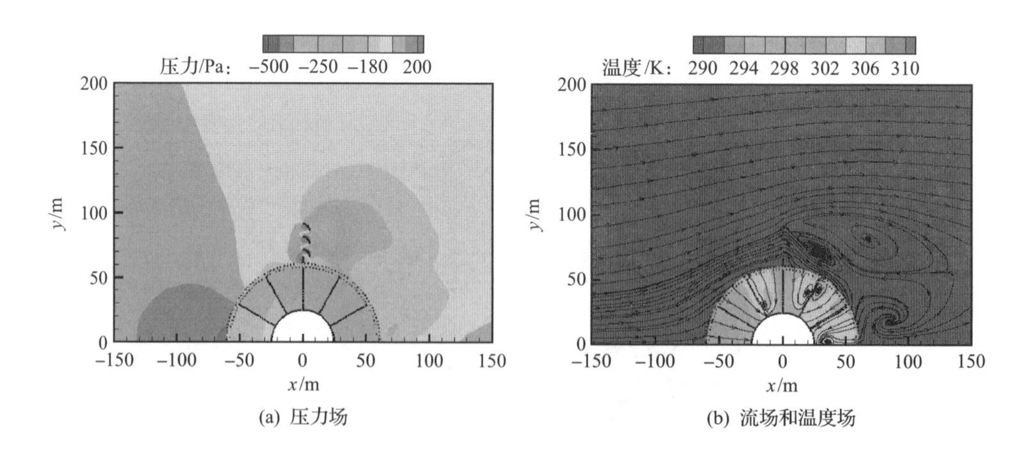

(a) 压力场　(b) 流场和温度场

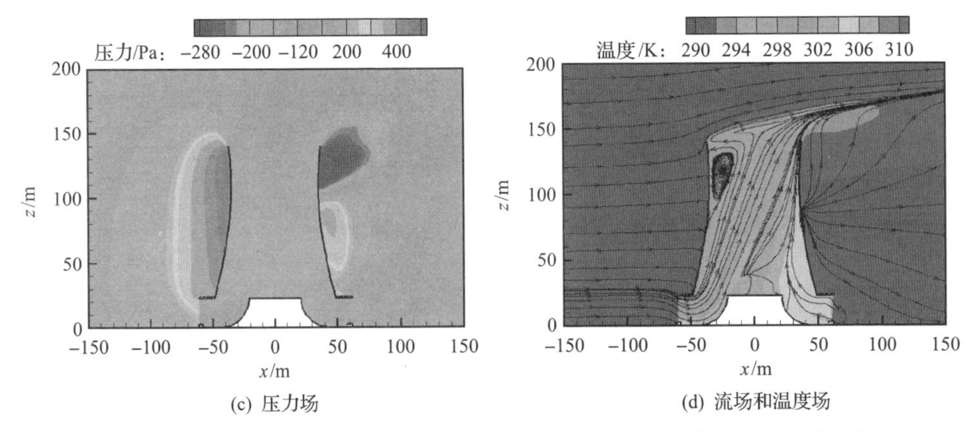

(c) 压力场　　(d) 流场和温度场

图 5-67　风速 20m/s 时，改进型诱导方案 3 各截面内压力场、温度场及流场

下，10m 高度水平截面和空冷塔中心竖直截面内压力场、温度场和流场。可以看出，通过空冷散热器内部弧形圆台及平面挡风板的诱导作用，引导迎风面冷却三角出口气流沿圆台弧形表面向上流动，使其对下游背风侧冷却三角出口气流的阻塞作用大幅降低。低风速下，在竖直截面内逆压梯度分布正常，保证塔内气流顺利流出空冷塔。在高风速条件下，迎风面空冷三角出口气流流量高，流速大，经过弧形圆台引导后仍向下游有一定的偏斜，其偏斜程度与空塔情况相比大幅减小，为背风侧冷却三角出口热空气提供了充足的流通通道。在水平截面内，空冷散热器侧面冷却三角入口高速流动的冷却空气经过外部弧形导流板的减速和引导作用，明显提升了侧面冷却三角入口空气压力，有利于增加其冷却空气质量流量。通过弧形导流板的引导，冷却空气向下游冷却三角入口流动，有利于提升部分冷却三角冷却空气质量流量。在环境风作用下，空冷散热器外部导流板下游出现了涡流。但随风速增加，诱导装置前后空气流通，可以平衡前后压差，导致涡流程度增加不明显，降低了对下游空冷凝汽器单元流动换热性能的不利影响。

改进型空气流场诱导装置可以克服原诱导方案的不足，能有效削弱迎风面冷却三角出口热空气对空冷散热器下游冷却三角空气流动的阻塞作用，并且在显著改善侧面冷却三角流动换热性能的同时，还有效地平衡了空冷散热器迎风侧和背风侧冷却三角冷却空气质量流量，进一步改善间接空冷系统的不利环境风效应。

3. 热力性能变化规律

对于自然通风间接空冷系统，通过分析空冷散热器不同位置冷却三角冷却空气质量流量、热负荷及出口水温分布情况，可以得知不同环境风场诱导方案对间接空冷系统各个位置空冷三角流动换热性能的影响，为间接空冷系统环境风场优化组织提供参考。

式(5-1)定义了冷却空气通过第 i 个冷却三角的容积效率 $e_{\mathrm{vol},i}$，其中，$Q_{\mathrm{w},i}$ 为

环境风作用下通过第 i 个冷却三角冷却空气质量流量；$Q_{0,i}$ 为无风条件下通过第 i 个冷却三角冷却空气质量流量。式(5-2)定义了第 i 个冷却三角换热效率 $\varepsilon_{th,i}$，其中，$\Phi_{w,i}$ 为环境风作用下第 i 个冷却三角换热量；$\Phi_{0,i}$ 为无风条件下第 i 个冷却三角换热量。

$$e_{vol,i} = \frac{Q_{w,i} - Q_{0,i}}{Q_{0,i}} \times 100 \tag{5-1}$$

$$\varepsilon_{th,i} = \frac{\Phi_{w,i} - \Phi_{0,i}}{\Phi_{0,i}} \times 100 \tag{5-2}$$

图 5-68～图 5-71 以雷达图的形式展示了空塔及 3 种改进型诱导方案圆周方向各个空冷三角流动换热热力性能参数随环境风速变化规律，包括不同位置冷却三角容积效率、换热效率及出口水温。

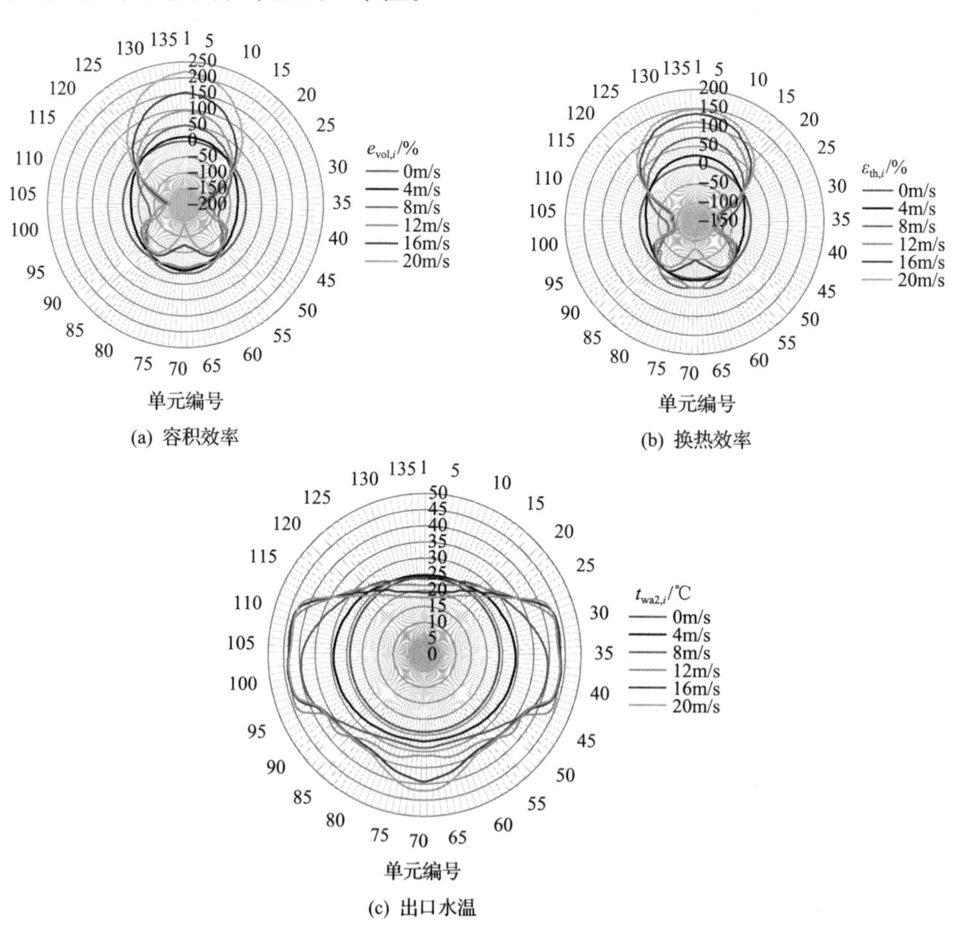

(a) 容积效率

(b) 换热效率

(c) 出口水温

图 5-68　空塔时，间接空冷系统冷却三角热力性能参数

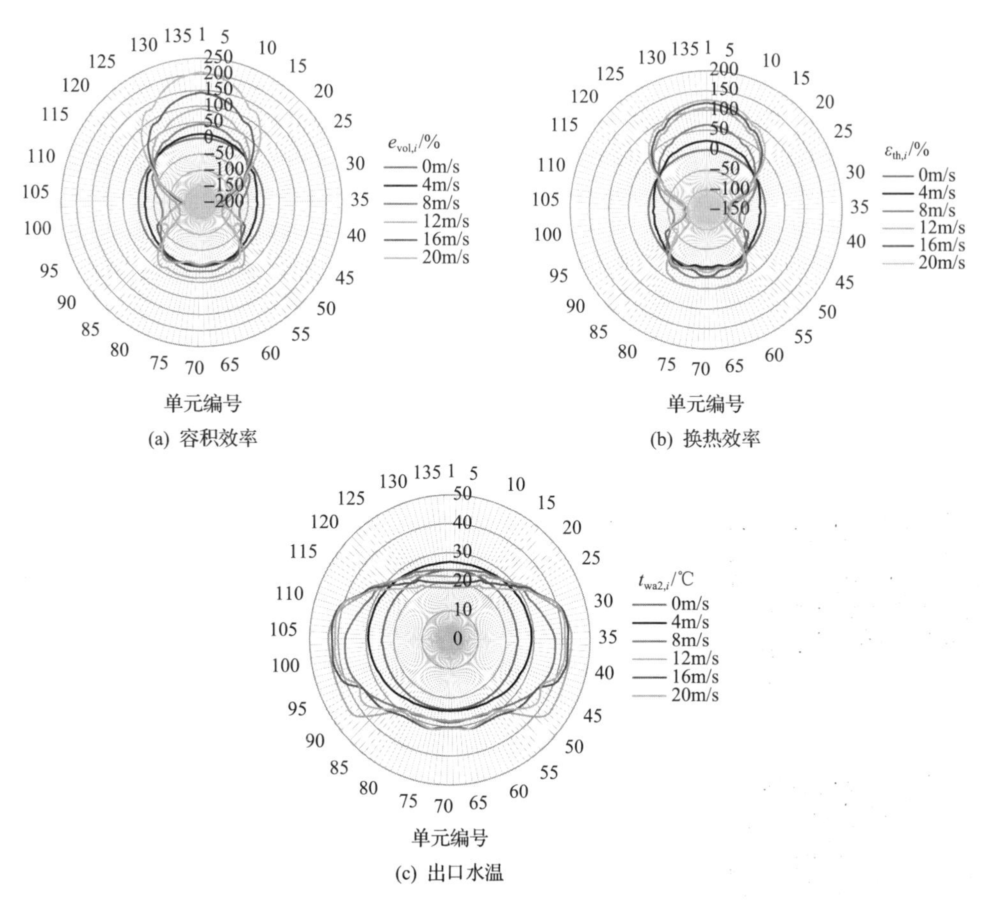

(a) 容积效率　(b) 换热效率

(c) 出口水温

图 5-69　改进型诱导方案 1 间接空冷系统热力性能参数

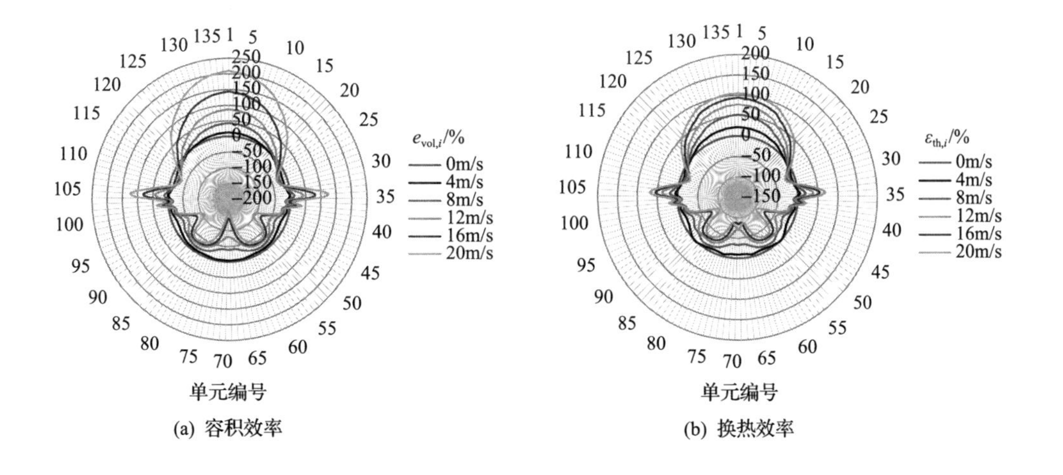

(a) 容积效率　(b) 换热效率

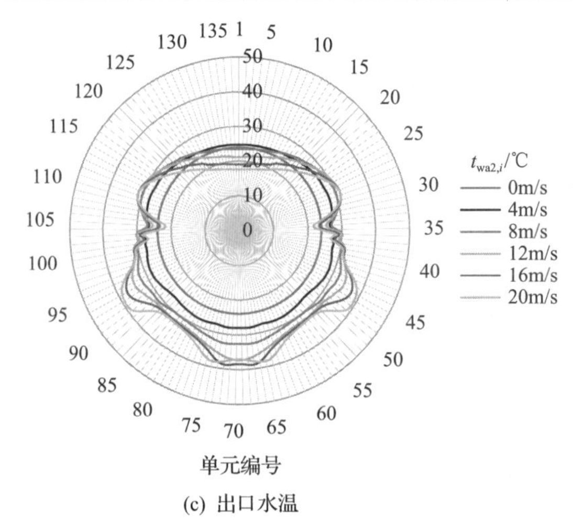

(c) 出口水温

图 5-70　改进型诱导方案 2 间接空冷系统热力性能参数

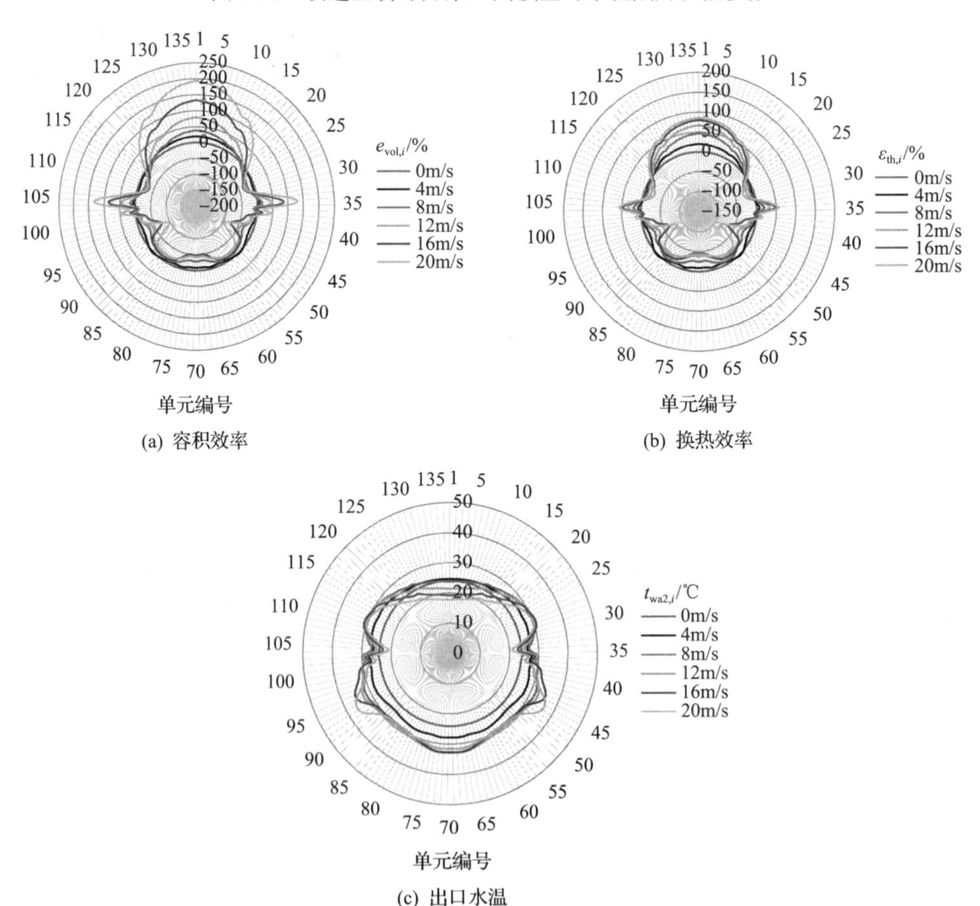

(a) 容积效率　(b) 换热效率

(c) 出口水温

图 5-71　改进型诱导方案 3 间接空冷系统热力性能参数

对于空塔情况，在图 5-68(a)中，空冷散热器迎风面冷却三角容积效率随风速增加而提升。然而，在空冷散热器侧面冷却三角附近，冷却空气高速流动而形成了低压区，甚至在高风速下出现流动分离，使该处冷却三角容积效率较低。并且，当风速大于 8m/s 时，侧面冷却三角容积效率下降明显，其降低幅度随风速增加而增加，背风侧冷却三角容积效率随风速增加先增后减。尤其是在高风速情况下，穿堂风导致容积效率进一步降低。由图 5-68(b)可知，空冷散热器各冷却三角换热效率变化规律与其冷却空气质量流量变化基本一致。随风速增加，迎风面冷却三角换热性能得到强化。在风速为 20m/s 时，其换热效率最高约为无风条件下的 1.5 倍。由换热效率的公式(5-2)可知，换热效率最低值为–100%，即其换热量基本为零。可以看出，在高风速下，侧面部分冷却三角换热效率几乎降低至最低值，说明该处冷却三角换热性能严重恶化，几乎失去了换热能力。对于背风侧冷却三角，换热效率随风速增加先增后减，在低风速条件下，换热性能有所强化；在高风速下，迎风侧冷却三角出口热空气的阻塞作用增强，导致其换热效率明显降低。图 5-68(c)表示的是冷却三角出口水温分布情况。可以看出，迎风面冷却三角由于冷却空气质量流量较高，其出口水温随风速增加而逐渐降低。当风速大于 8m/s 时，空冷散热器侧面冷却三角流动换热性能严重恶化，其换热效率接近于零，导致出口水温较高。在背风侧冷却三角出口水温随环境风速增加而提升。总之，在环境风作用下，空冷散热器迎风面冷却三角流动换热性能强化，侧面冷却三角性能严重恶化，背风侧冷却三角性能在高风速下亦有所恶化。

对于改进型诱导方案 1，冷却三角热力性能参数分布情况如图 5-69 所示。由图 5-69(a)冷却三角容积效率分布可知，与空塔情况相比，迎风侧冷却三角容积效率变化规律基本一致，但整体小幅降低。对于侧面冷却三角，入口条件依然非常恶劣，导致容积效率并没有明显改善，然而背风侧冷却三角容积效率得到了大幅改善，尤其是当风速大于 8m/s，其容积效率改善幅度较大。并且，在所有风速条件下，背风侧冷却三角容积效率基本大于零，即其冷却空气质量流量相对于无风条件有所增加。由于内部改进型诱导装置的作用，削弱了迎风侧冷却三角出口热空气对背风侧冷却三角的阻塞作用，提高了背风侧冷却三角冷却空气质量流量，使迎风面与背风侧冷却三角冷却空气质量流量分布差异减小。如图 5-69(b)所示，当风速大于 8m/s 时，背风侧冷却三角换热效率得到了大幅提升。改进型诱导方案 1 各冷却三角出口水温分布情况如图 5-69(c)所示，可以看出，背风侧冷却三角出口水温大幅降低，流动换热性能得到了大幅强化。总之，诱导方案 1 可以有效改善空冷散热器背风侧冷却三角流动换热性能，而其余冷却三角性能改变不明显。

对于外部风场诱导策略，图 5-70 为改进型诱导方案 2 空冷散热器各冷却三角热力性能参数分布情况。相对于空塔情况，由图 5-70(a)可以看出，空冷散热器侧面冷却三角冷却容积效率明显增加，尤其是在高风速情况下。但需要指出的是，由于侧面改进型诱导装置对高速流动冷却空气的阻挡作用，空冷散热器背风侧冷却三角容积效率小幅下降。如图 5-70(b) 所示，与容积效率分布规律类似，空冷散热器侧面冷却三角换热效率亦明显提升，但迎风侧和背风侧冷却三角换热效率则整体有所降低。如图 5-70(c) 所示，表示的是各冷却三角出口水温分布情况，可以看出，侧面冷却三角出口水温明显降低，而迎风侧和背风侧冷却三角出口水温有小幅增加。在风速为 20m/s 时，背风侧部分冷却三角出现穿堂风，由于穿堂风流量较大，与空塔情况相比，反而一定程度增加了该处冷却三角的换热量。总之，通过改进型诱导方案 2 的布置，在保持其余位置空冷散热器冷却三角流动换热性能小幅变化的情况下，侧面冷却三角流动换热性能明显被强化。

由上述分析可知，改进型诱导方案 1 和方案 2 分别对空冷散热器背风侧和侧面冷却三角流动换热性能有明显的强化作用。改进型诱导方案 3 结合了改进型诱导方案 1 和 2 导流板和挡风板的布置方式，图 5-71 展示了改进型诱导方案 3 各冷却三角热力性能参数分布情况。空冷散热器各冷却三角容积效率如图 5-71(a) 所示。在改进型诱导方案 2 的基础上，改进型诱导方案 3 空冷散热器侧面冷却三角容积效率提升的同时，其背风侧冷却三角容积效率亦有大幅提升。图 5-71(b) 表示的是改进型诱导方案 3 各冷却三角换热效率分布情况，可以看出，与空塔相比，其侧面和背风侧冷却三角换热效率得到大幅提升，同时迎风侧冷却单元换热效率整体有所降低。图 5-71(c) 展示了改进型诱导方案 3 各冷却三角出口水温分布情况，可以看出，与改进型诱导方案 2 相比，当风速大于 8m/s 时，在保持其余位置冷却三角出口水温基本不变的情况下，背风侧冷却三角出口水温明显降低，说明改进型诱导方案 3 空冷散热器流动换热性能优于方案 2 和 1。总之，改进型诱导方案 3 结合了改进型诱导方案 1 和 2 的优势，更大程度强化了空冷散热器冷却三角流动换热性能。

4. 空冷系统总体热力性能变化

图 5-72 表示的是间接空冷系统空塔状况下和采用不同风场诱导方案时热力性能参数随环境风速的变化规律，包括空冷散热器总冷却空气质量流量、出口水温和机组背压。

图 5-72(a) 给出间接空冷系统冷却空气质量流量随环境风速的变化，可以看出，冷却空气质量流量随环境风速增加先减后增。对于空塔和改进型诱导方案 1，其最低点出现在 12m/s 风速，对于改进型诱导方案 2 和 3，其最低点前移至 8m/s 风速。在所有风速下，各改进型诱导方案总冷却空气质量流量相对于空塔情况均有所增加。其中，在相同风速下，改进型诱导方案 2 总的冷却空气质量流量均高于改进型诱导方案 1，同时由于改进型诱导方案 3 综合了改进型诱导方案 1 和 2 的优势，冷却空气质量流量最高。

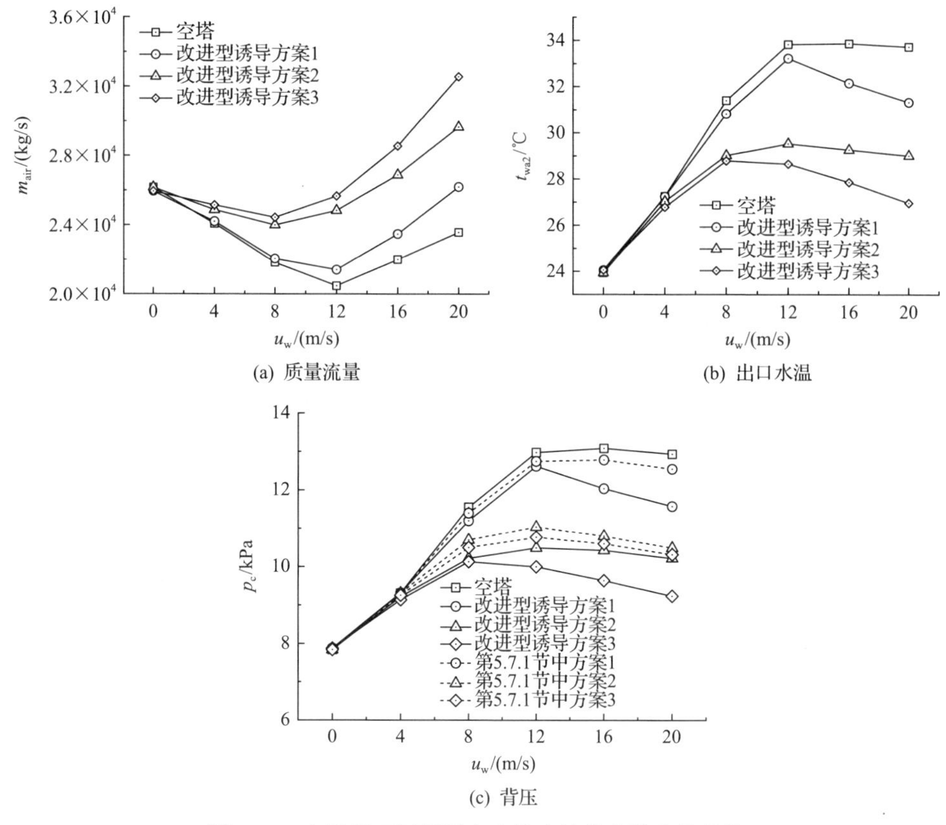

图 5-72　空塔及不同诱导方案热力性能参数变化规律

图 5-72(b)为不同风速下各改进型诱导方案对应的空冷散热器出口水温变化情况。与冷却空气质量流量分布情况相反，空冷散热器出口水温随环境风速增加先增后减。对于改进型诱导方案 1，相同风速下其出口水温低于空塔情况，尤其是在当风速大于 12m/s 的高风速情况下，其作用效果明显。对于改进诱导方案 2，相同风速下对应的出口水温比改进型诱导方案 1 低，说明改进型诱导方案 2 作用效果比改进型诱导方案 1 明显。由于改进型诱导方案 3 综合了改进型诱导方案 1 和 2 的作用效果，出口水温最低。

为了比较改进型风场诱导方案与 5.7.1 节中不同诱导方案对间接空冷系统流动换热性能影响程度的强弱，本节同时研究了在 350MW 间接空冷系统中布置与 5.7.1 节中类似的诱导方案时其背压随风速变化情况，如图 5-72(c)所示。可以看出，与出口水温分布规律基本一致，采用不同诱导方案均可以降低机组运行背压。其中，相同风速下改进型诱导方案 3 对应的机组背压低于改进型诱导方案 1 和 2，可以最大程度地改善间接空冷系统流动换热性能，提高机组运行经济性。与此同时，与 5.7.1 节诱导方案 1 相比，改进型诱导方案 1 在空冷散热器内部增加了弧形圆台，可以有效弱化空冷散热器背风侧冷却三角出口的气流阻塞作用，使机组背压明显低于诱导方案 1，尤其是在风速大于 12m/s 时。同样地，相同风速条件下，改进型诱导方案 2 和方案 3 对应机组背压分别低于诱导方案 2 和方案 3。总之，通过改善空冷散热器内外挡风板结构，改进型空冷散热器环境风诱导方案可以进一步提高间接空冷系统流动换热性能，降低机组背压。

5.7.3　冬季防冻运行调控

1. 数值计算模型

图 5-73 为不同低温气象条件下间接空冷系统的防冻控制计算模型。当环境温度 t_w 不是很低时，散热器空气侧的冷却能力低于水侧最高热负荷，若易冻结扇段翅片管束在风场叠加效应下产生冻结危险，则首先增加此扇段的循环水流量以有效地提升水侧热负荷来实现防冻运行。当环境温度继续降低时，空气的冷却能力将大幅度提高，同时由于空冷散热器入口水温 t_{wa1} 较低，导致空气侧散热量极易超过散热器的水侧最高热负荷，此时应同时调低冷却三角外的百叶窗开度，即通过减少空气质量流量来降低空气的冷却能力，使其与水侧热负荷相匹配来实现防冻运行。迭代计算流程详述如下：

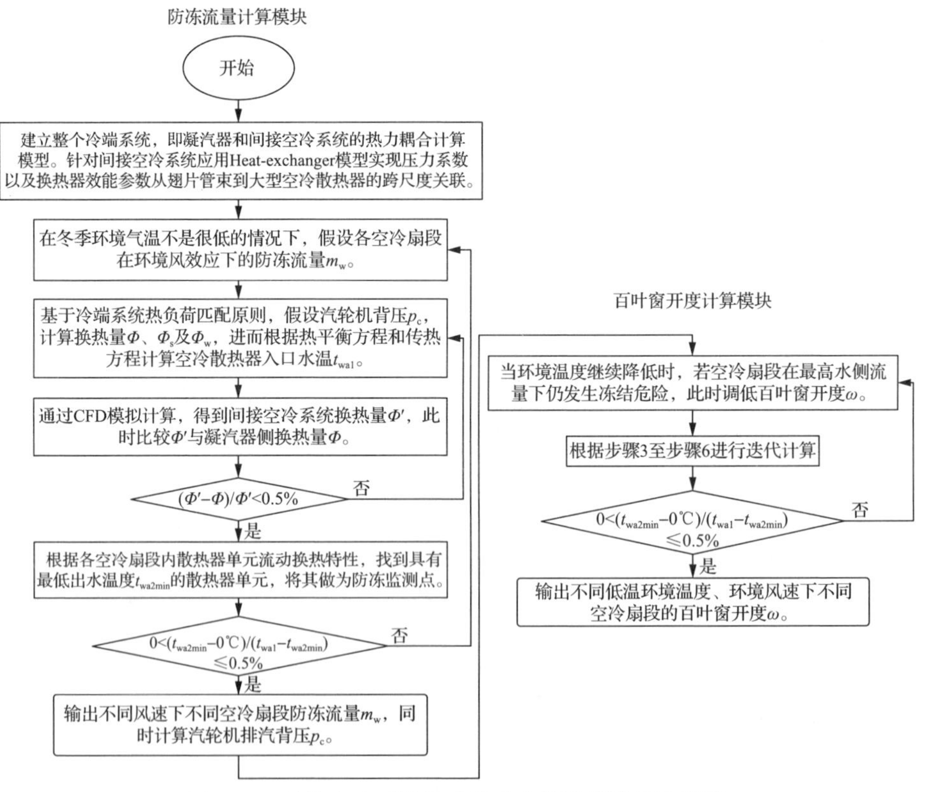

图 5-73　间接空冷系统防冻策略数值模拟计算流程图

(1) 当环境温度不是很低时，执行防冻流量计算模块。应指出的是，600MW 间接空冷机组在实际运行时配置三台循环水泵，在夏季时段，通常三台循环水泵均投入运行，此时翅片管束的水侧流量达到 50.505kg/s；然而在冬季时段，单台泵投运即可满足凝汽器的换热需求以实现冷端系统的热负荷相匹配，此时翅片管束的水侧流量为 16.84kg/s。因此在不同的冬季气象条件下，散热器单元的水侧流量调节范围为[16.84kg/s, 50.505kg/s]。

不同环境风场作用下，假设各扇段的防冻流量为 m_w，在内循环步骤中，实现冷端系统热负荷相匹配。之后得到各扇段散热器单元在防冻流量下的温度分布，找到具有最低出口水温 t_{wa2min} 的冷却三角并将其作为防冻监测点。当监测点温度高于水冰点时，输出不同扇段的防冻流量，并计算汽轮机背压。

(2) 当环境温度继续降低时，若防冻监测点在最高水侧流量注入时仍面临冻结危险，则执行百叶窗开度计算模块。

不同环境风场作用下，假设各扇段的百叶窗开度为 ω，此时冷端系统热负荷平衡计算及防冻判断原则与上述迭代过程相同。最终，输出不同扇段的百叶窗开度，并计算汽轮机背压。

2. 循环水和百叶窗协同调控

基于上述防冻策略计算模型可得到不同环境温度、不同风速下各空冷扇段的防冻流量和百叶窗开度。本节详细分析了无风、低风速 4m/s 及高风速 16m/s 时的防冻结果，如图 5-74～图 5-76 所示；其他风场影响下的防冻结果则拟合为与环境温度的关系式，如表 5-4 所示。

图 5-74 (a) (b) 所示为无风情况下，各空冷扇段在不同环境温度下的防冻流量和百叶窗开度。由于不同扇段的流动换热特性基本相同，则其防冻结果也相应一致。当环境温度不是很低时，例如–5℃和–10℃时，翅片管束即使在最低水侧流

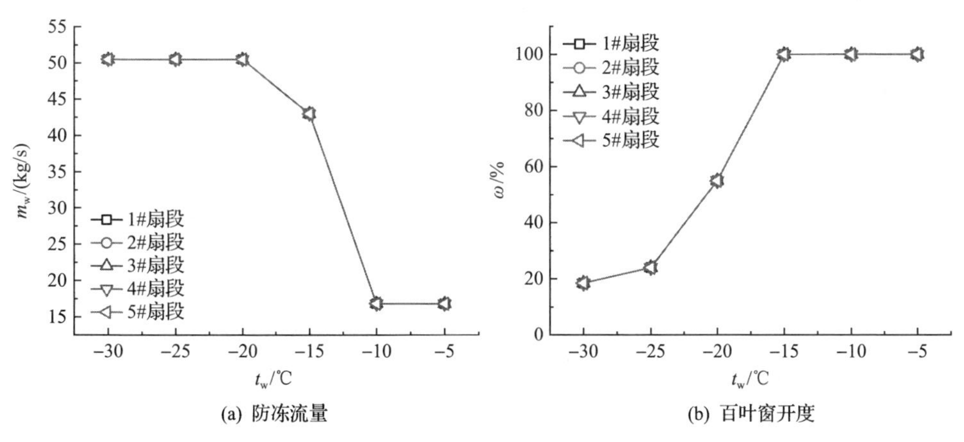

(a) 防冻流量　　(b) 百叶窗开度

图 5-74　无风情况下，空冷扇段的防冻计算结果

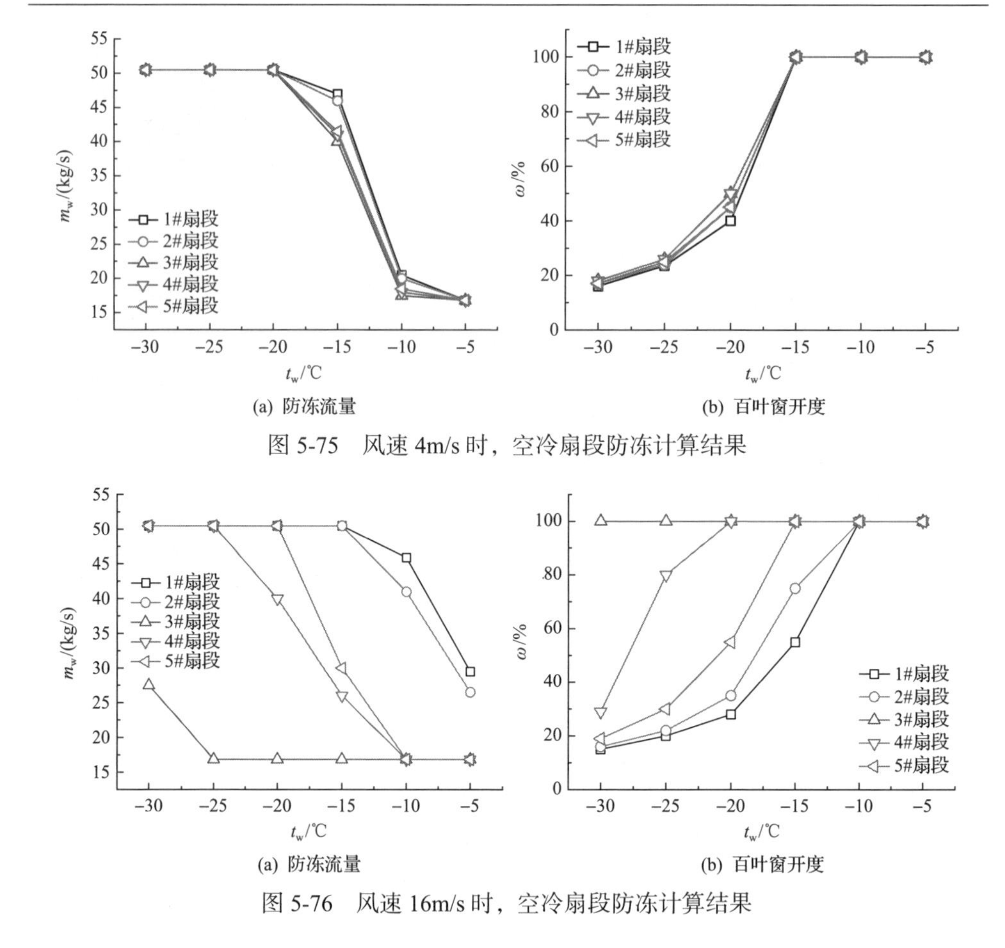

图 5-75　风速 4m/s 时，空冷扇段防冻计算结果

图 5-76　风速 16m/s 时，空冷扇段防冻计算结果

量 16.84kg/s 的条件下，仍处于安全运行状态。然而当环境温度下降到–15℃时，空气侧的冷却能力急剧增加，此时防冻流量快速上升到 43.0kg/s。值得注意的是，当环境温度继续降低到–20℃时，翅片管束即使在最高水侧流量 50.505kg/s 的条件下也面临冻结危险，此时应降低百叶窗开度至 55%。若环境温度继续降低，则防冻流量应保持为最高水侧流量，而百叶窗开度应进一步降低。

图 5-75(a)(b)所示为低风速 4m/s 时各空冷扇段在不同环境温度下的防冻流量和百叶窗开度。在环境温度为–5℃时，最低水侧流量注入也不会发生冻结危险，且当温度下降到–10℃和–15℃时，可通过增加水侧流量来实现防冻运行，此时迎风扇段所示结果最高而侧风扇段最低。然而，在环境温度区间[–20℃, –30℃]时，各扇段防冻流量均达到最高值 50.505kg/s，并且百叶窗开度也大幅调低。

图 5-76(a)(b)所示为高风速 16m/s 时各空冷扇段在不同环境温度下的防冻流量和百叶窗开度。在强度风场作用下，不同扇段由于具有显著的输运性能差异，其防冻流量和百叶窗开度将呈现明显差别。迎风扇段和前侧风扇段的空气侧冷却能力很高，在环境温度为–5℃时，最低水侧流量将不能保证翅片管束的安全运行，

并且在–10℃时，两个扇段的防冻流量分别升至 45.8kg/s 和 40.9kg/s，意味着这两个扇段在强风场且温度降低的条件下，空气侧的冷却能力急剧升高，此时需注入大量循环水以避免翅片管束发生冻结事故。其他扇段在–5℃和–10℃时，最低水侧流量 16.84kg/s 即可维持其防冻运行。当环境温度降为–15℃时，迎风扇段和前侧风扇段的防冻流量达到最高，同时百叶窗开度也相应调低，并且迎风扇段百叶窗开度低于前侧风扇段。值得指出的是，当温度从–5℃将至–25℃时，侧风扇段防冻流量可一直保持为最低值，当环境温度降为极端低温–30℃时，防冻流量上升至 27.5kg/s。由于侧风扇段可单独通过循环水流量调节来实现防冻运行，因此百叶窗可一直维持在全开状态。后侧风扇段以及后侧扇段的所示结果处于 5 个扇段中间，并且防冻流量分别在–20℃和–25℃时达到最高值，此时若环境温度继续降低，则百叶窗开度也相应调低。

风速 8m/s 和 12m/s 时各扇段在不同环境温度下的防冻流量和百叶窗开度均拟合为与环境温度的关系式，如表 5-4 所示。可以看出，在风速为 8m/s 条件下，防冻流量和百叶窗开度与风速为 4m/s 时的所示结果呈现类似分布趋势，而在风速为 12m/s 时，防冻结果呈现复杂分布。

表 5-4　风速为 8m/s、12m/s 时，不同空冷扇段的防冻结果

空冷扇段	环境风速为 8m/s	环境风速为 12m/s
1#扇段	$m_w=\begin{cases}50.505, & -30\leqslant t_w<-20\\ -2055.87\times\exp(t_w/2.198)+50.735, & -20\leqslant t_w\leqslant -10\end{cases}$ $\omega=\begin{cases}1859.4\times\exp(t_w/4.923)+11.318, & -30\leqslant t_w\leqslant -15\\ 100, & -15<t_w\leqslant -10\end{cases}$	$m_w=\begin{cases}50.505, & -30\leqslant t_w<-15\\ 3.99-3.101\times t_w, & -15\leqslant t_w\leqslant -10\end{cases}$ $\omega=\begin{cases}14.62+86.15/(1+10\text{^}(\log(-19.79-t_w)\times 0.218), & -30\leqslant t_w\leqslant -15\\ 100, & -15<t_w\leqslant -10\end{cases}$
2#扇段	$m_w=\begin{cases}50.505, & -30\leqslant t_w<-20\\ -970.73\times\exp(t_w/2.67)+51.052, & -20\leqslant t_w\leqslant -10\end{cases}$ $\omega=\begin{cases}1291.05\times\exp(t_w/5.64)+9.666, & -30\leqslant t_w\leqslant -15\\ 100, & -15<t_w\leqslant -10\end{cases}$	$m_w=\begin{cases}50.505, & -30\leqslant t_w<-15\\ -5.01-3.701\times t_w, & -15\leqslant t_w\leqslant -10\end{cases}$ $\omega=\begin{cases}1242.91\times\exp(t_w/5.705)+10.528, & -30\leqslant t_w\leqslant -15\\ 100, & -15<t_w\leqslant -10\end{cases}$
3#扇段	$m_w=\begin{cases}50.505, & -30\leqslant t_w<-25\\ 2.249\times\exp\left(\dfrac{t_w}{-8.45}\right)+9.123, & -25\leqslant t_w\leqslant -10\end{cases}$ $\omega=\begin{cases}32.5\times t_w+0.5\times t_w^2+550, & -30\leqslant t_w\leqslant -20\\ 100, & -20<t_w\leqslant -10\end{cases}$	$m_w=\begin{cases}1.288\times\exp\left(\dfrac{t_w}{-8.41}\right)-8.414, & -30\leqslant t_w\leqslant -20\\ 16.84, & -20<t_w\leqslant -10\end{cases}$ $\omega=100,\ -30\leqslant t_w\leqslant -10$
4#扇段	$m_w=\begin{cases}50.505, & -30\leqslant t_w<-20\\ 5.748\times\exp\left(\dfrac{t_w}{-9.18}\right)-0.239, & -20\leqslant t_w\leqslant -10\end{cases}$ $\omega=\begin{cases}-0.35\times\exp\left(\dfrac{t_w}{-5.055}\right)+107.0, & -30\leqslant t_w\leqslant -15\\ 100, & -15<t_w\leqslant -10\end{cases}$	$m_w=\begin{cases}50.505, & t_w=-30\\ 47.33\times\exp\left(\dfrac{t_w}{-28.51}\right)-63.27, & -25\leqslant t_w\leqslant -15\\ 16.84, & t_w=-10\end{cases}$ $\omega=\begin{cases}1340.22\times\exp(t_w/8.08)-12.67, & -30\leqslant t_w\leqslant -20\\ 100, & -20<t_w\leqslant -10\end{cases}$
5#扇段	$m_w=\begin{cases}50.505, & -30\leqslant t_w<-20\\ -228.28\times\exp(t_w/67.82)+220.48, & -20\leqslant t_w\leqslant -10\end{cases}$ $\omega=\begin{cases}975.36\times\exp(t_w/6.51)+8.93, & -30\leqslant t_w\leqslant -15\\ 100, & -15<t_w\leqslant -10\end{cases}$	$m_w=\begin{cases}50.505, & -30\leqslant t_w<-20\\ -485.96\times\exp(t_w/128.48)+466.41, & -20\leqslant t_w\leqslant -10\end{cases}$ $\omega=\begin{cases}769.72\times\exp(t_w/7.11)+7.59, & -30\leqslant t_w\leqslant -15\\ 100, & -15<t_w\leqslant -10\end{cases}$

3. 防冻背压

根据冷端系统即凝汽器和间接空冷系统的热负荷匹配原则，可由上述迭代计算模型得出汽轮机的排汽背压，如图 5-77 所示。由于空冷散热器不同扇段在各自的防冻流量和百叶窗开度下均实现防冻运行，此时所计算出的汽轮机背压定义为防冻背压，若空冷机组运行时的排汽背压高于此防冻背压，则空冷散热器不会发生冻结事故。

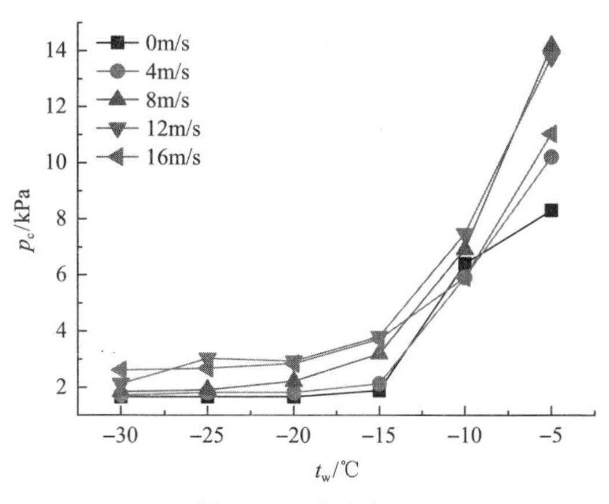

图 5-77 防冻背压

可以看出，在不同风速下，防冻背压随气温降低而降低，并且在无风情况下最低，而在风速为 12m/s 时最高。当环境温度降为−15℃甚至更低时，各风速条件下的防冻背压值均很低，尤其是在无风或低风速 4m/s 的情况。这是由于在执行上述防冻流量或百叶窗开度计算模块时，要同时满足空冷散热器防冻和冷端系统热负荷相匹配的要求，当环境温度降低时，扇段所需的防冻流量 m_w 随即升高，此时空冷散热器的入口水温应反向调低，使凝汽器和间接空冷系统的热负荷相平衡。此外，应指出的是，当环境温度低于−15℃时，防冻背压甚至低于汽轮机的阻塞背压，意味着当机组在阻塞背压工况运行时，空冷散热器不会面临冻结危险。

4. 阻塞背压下的防冻策略

汽轮机的运行背压在工程实际中不低于阻塞背压，而上述防冻背压在环境温度为−15℃及以下时均低于阻塞背压值，说明若机组在相同的防冻流量和百叶窗开度下以阻塞背压工况运行时，空冷散热器将存在一定程度的防冻裕量。因此，本节将针对阻塞背压运行工况对间接空冷系统开展进一步的防冻研究，旨在为空冷电站实际防冻运行中实现深层次节能提供理论支撑。

需强调指出的是，在夏季期间，间接空冷系统的冷却能力往往低于凝汽器的换热量，导致汽轮机组常处于高背压运行状态；但当环境温度降低时，尤其在冬季期间，间接空冷系统的冷却能力将大幅增强，此时可满足机组在满负荷运行下的释热要求，并且使汽轮机组维持在低背压运行状态。在冬季环境温度不是很低的情况下，空冷散热器的水侧最高热负荷高于空气侧的冷却能力，此时应优先利用间接空冷系统在冬季的冷却优势，即使散热器单元外的百叶窗维持全开状态以充分释放空冷塔的抽吸能力。若在环境风场作用下某易冻结扇段面临冻结危险时，可通过单独增加其水侧流量来有效地实现防冻运行，此时的计算逻辑与上述防冻流量计算模块相同。

当环境温度很低，尤其是在–15℃及以下时，间接空冷系统的冷却能力总能满足凝汽器的换热要求，因此机组在阻塞背压工况运行时能实现最优的节能效果。由于空冷散热器空气侧的冷却能力远高于水侧最大热负荷，所以翅片管束极易发生冻结事故，此时应首先调低百叶窗开度以迅速削弱冷却空气的热负荷能力。此外，在实现间接空冷系统防冻运行时，应辅助调节散热器的水侧流量来同时实现冷端系统的热负荷相匹配。最终，阻塞背压运行工况下的防冻控制计算流程，如图 5-78(a)(b)所示。

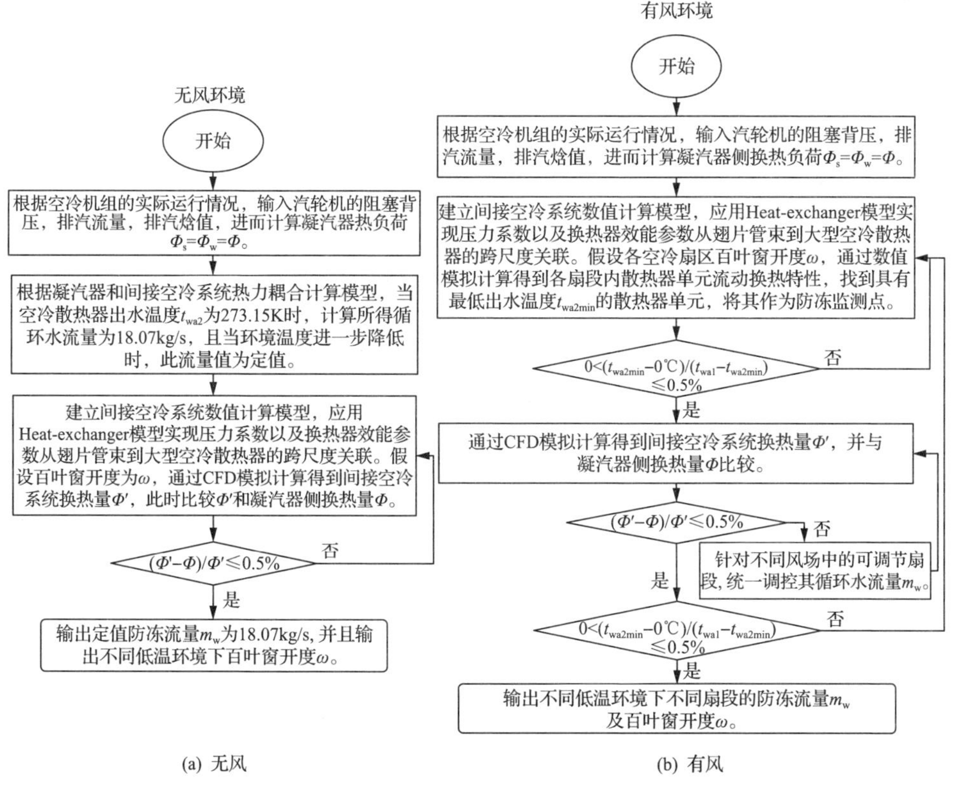

图 5-78　阻塞背压运行工况下，间接空冷系统防冻策略数值模拟计算流程图

根据上述模型可得到阻塞背压运行工况下，空冷散热器各扇段在不同环境温度、不同环境风速下的防冻流量和百叶窗开度。本节阐述了无风、低风速 4m/s 及高风速 16m/s 时的所得结果，如图 5-79～图 5-81 所示；其他风速下的防冻结果则拟合为与环境温度的关系式，列于表 5-5 中。

图 5-79 所示为无风情况下各空冷扇段在不同环境温度下的防冻流量和百叶窗开度。在冬季温度为–5℃和–10℃时，百叶窗维持在 100%开度以最大限度地利用间接空冷系统的冷却能力，从而实现冷端系统的节能运行；同时最低水侧流量 16.84kg/s 即可保障空冷散热器的防冻运行。当大气温度进一步下降时，百叶窗开度应一致调低来直接抑制空气的冷却能力，但调低速率随温度降低而减缓。值得注意的是，在极端低温–30℃时百叶窗开度仅为 18%。此外，当凝汽器和间接空冷系统达到热平衡时，空冷散热器水侧流量为定值 18.07kg/s。

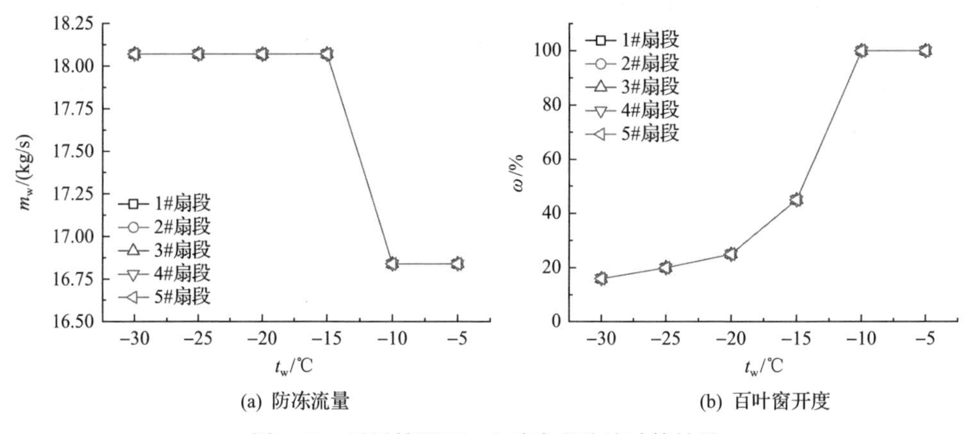

(a) 防冻流量　　(b) 百叶窗开度

图 5-79　无风情况下，空冷扇段防冻计算结果

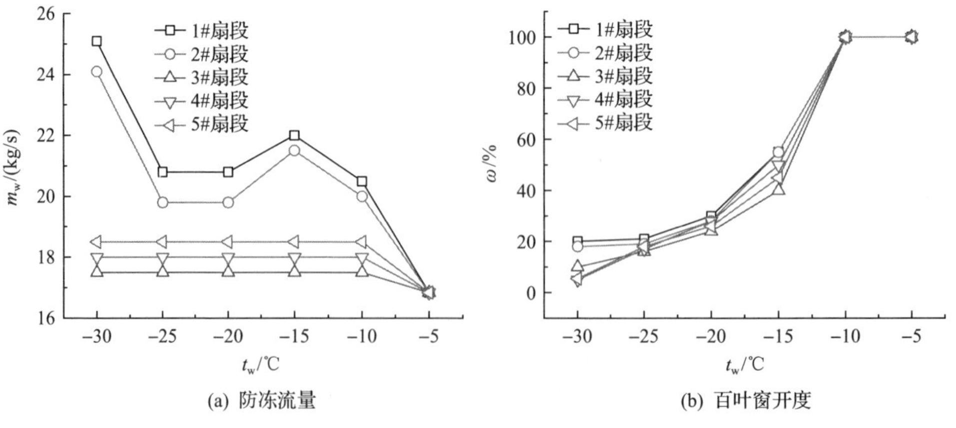

(a) 防冻流量　　(b) 百叶窗开度

图 5-80　风速 4m/s 时，空冷扇段防冻计算结果

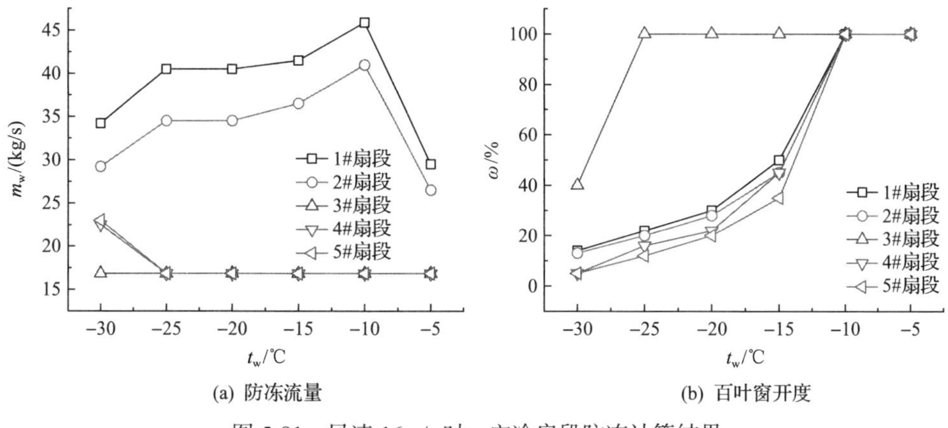

图 5-81　风速 16m/s 时，空冷扇段防冻计算结果

表 5-5　风速为 8m/s、12m/s 时，不同空冷扇段的防冻结果

空冷扇段	环境风速为 8m/s	环境风速为 12m/s
1#扇段	$m_w=-23.55-12.328t_w-1.006t_w^2-0.034t_w^3-3.95E^{-04}t_w^4$, $-5\leqslant t_w\leqslant -30$ $\omega=-44-53.066t_w-5.928t_w^2-0.235t_w^3-0.003t_w^4$, $-5\leqslant t_w\leqslant -30$	$m_w=-0.333-5.629t_w-0.216t_w^2-7.41E^{-05}t_w^3-6.67E^{-05}t_w^4$, $-5\leqslant t_w\leqslant -30$ $\omega=21.167-24.672t_w-2.343t_w^2-0.071t_w^3-7.00E^{-04}t_w^4$, $-5\leqslant t_w\leqslant -30$
2#扇段	$m_w=-20.383-11.364t_w-0.927t_w^2-0.031t_w^3-3.62E^{-04}t_w^4$, $-5\leqslant t_w\leqslant -30$ $\omega=-41.667-52.204t_w-5.828t_w^2-0.231t_w^3-0.003t_w^4$, $-5\leqslant t_w\leqslant -30$	$m_w=0.833-4.665t_w-0137t_w^2+0.003t_w^3+1.00E^{-04}t_w^4$, $-5\leqslant t_w\leqslant -30$ $\omega=31.667-22.629t_w-2.102t_w^2-0.060t_w^3-5.33E^{-04}t_w^4$, $-5\leqslant t_w\leqslant -30$
3#扇段	$m_w=16.84$, $-5\leqslant t_w\leqslant -30$ $\omega=-44.833-52.777t_w-5.801t_w^2-0.226t_w^3-0.003t_w^4$, $-5\leqslant t_w\leqslant -30$	$m_w=16.84$, $-5\leqslant t_w\leqslant -30$ $\omega=100+\{-87/[1+\exp((t_w+24.568)/0.177)]\}$, $-5\leqslant t_w\leqslant -30$
4#扇段	$m_w=\begin{cases}16.84, & -5\leqslant t_w<-25\\ -0.432t_w+6.04, & -25\leqslant t_w\leqslant -30\end{cases}$ $\omega=-87.167-69.866t_w-7.959t_w^2-0.324t_w^3-0.004t_w^4$, $-5\leqslant t_w\leqslant -30$	$m_w=\begin{cases}16.84, & -5\leqslant t_w<-25\\ -0.792t_w-2.96, & -25\leqslant t_w\leqslant -30\end{cases}$ $\omega=100+\{-92/[1+\exp((t_w+18.911)/0.574)]\}$, $-5\leqslant t_w\leqslant -30$
5#扇段	$m_w=-8.3-7.882t_w-0.678t_w^2-0.023t_w^3-2.79E^{-04}t_w^4$, $-5\leqslant t_w\leqslant -30$ $\omega=-71.667-63.896t_w-7.248t_w^2-0.293t_w^3-0.004t_w^4$, $-5\leqslant t_w\leqslant -30$	$m_w=\begin{cases}16.84, & -5\leqslant t_w<-25\\ -0.872t_w-4.96, & -25\leqslant t_w\leqslant -30\end{cases}$ $\omega=-50.833-55.734t_w-6.256t_w^2-0.250t_w^3-0.003t_w^4$, $-5\leqslant t_w\leqslant -30$

图 5-80 所示为低风速 4m/s 时各空冷扇段在不同环境温度下的防冻流量和百叶窗开度。当环境温度为–5℃时，最低水侧流量 16.84kg/s 即可保证各扇段安全运行；但在–10℃时，各扇段水侧流量应略微增加且迎风扇段防冻流量最高而侧风扇段最低。当环境温度从–15℃降至–20℃时，所有扇段百叶窗开度应调低以减少冷却空气质量流量；同时可调节扇段水侧流量应略微降低以匹配凝汽器热负荷。在

极端低温–30℃时，各扇段百叶窗开度均很低，导致间接空冷系统热负荷低于凝汽器换热需求，此时应增加散热器水侧流量来实现冷端系统热力平衡。

图 5-81 所示为高风速 16m/s 时各空冷扇段在不同环境温度下的防冻流量和百叶窗开度。在高速风场作用下，即使在大气温度为–5℃时，迎风扇段和前侧风扇段防冻流量也应增加；当环境降为–10℃时，防冻流量应进一步升高以增加水侧热负荷使其与空气侧冷却能力相匹配。当环境温度从–15℃降至–30℃时，各空冷扇段百叶窗开度应大幅调低以弱化空气侧冷却能力；但侧风扇段空气侧冷却能力很低，因此百叶窗开度变化较小。此外，迎风扇段和前侧风扇段防冻流量应不断降低以实现冷端系统热力平衡。在极端低温–30℃时，后侧风扇段和后侧扇段在最低百叶窗开度 5%的条件下仍不能实现防冻运行，因此需增加水侧流量来提升其热负荷；然而侧风扇段可在最低水侧流量下维持安全运行。

风速 8m/s 和 12m/s 时，各扇段在不同环境温度下的防冻流量和百叶窗开度均拟合为与环境温度的关系式，如表 5-5 所示。

根据上述防冻策略模型，可得到不同环境温度、不同环境风速下的汽轮机背压，如图 5-82 所示。当环境温度不是很低时，即温度为–5℃和–10℃时，基于防冻流量计算模块所得到的汽轮机背压定义为防冻背压，其结果与图 5-77 中的结果完全相同。在温度更低的气象条件下，可通过主动调节百叶窗开度并辅助调节循环水流量来实现最优的防冻运行，即机组维持阻塞背压运行。可以看出，在低温区间[–15℃, –30℃]时，汽轮机背压在不同风速下均为阻塞背压。

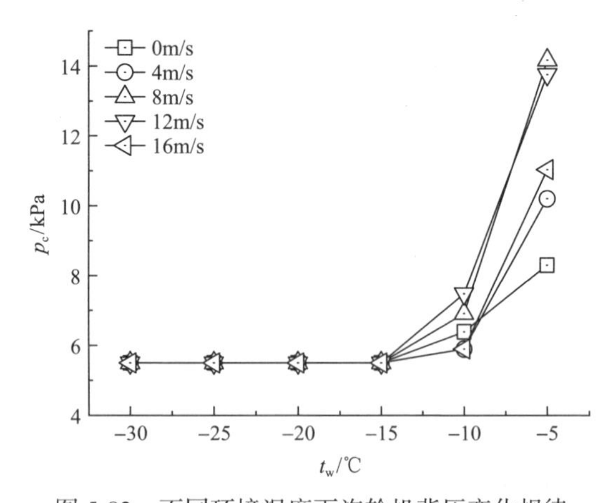

图 5-82　不同环境温度下汽轮机背压变化规律

参 考 文 献

[1] Meyer C J, Kroger D G. Air-cooled heat exchanger inlet flow losses[J]. Applied Thermal Engineering, 2001, 21(7): 771-786.

[2] 张凯峰, 杨立军, 杜小泽, 等. 空冷凝汽器波形翅片扁平管管束外空气流动换热特性[J]. 中国电机工程学报, 2008, 28(26): 24-28.
[3] 杜小泽, 杨立军, 金衍胜, 等. 火电站直接空冷凝汽器传热系数实验关联式[J]. 中国电机工程学报, 2008, 28(14): 32-37.
[4] 杜小泽, 金衍胜, 姜剑波, 等. 火电厂直接空冷凝汽器传热性能实验研究[J]. 工程热物理学报, 2009, 30(1): 99-101.
[5] Jin R N, Yang X R, Yang L J, et al. Thermo-flow performances of air-cooled condenser cell with oblique finned tube bundles[J]. International Journal of Thermal Sciences, 2019, 135: 478-492.
[6] Yang L J, Tan H, Du X Z, et al. Thermal-flow characteristics of the new wave-finned flat tube bundles in air-cooled condensers[J]. International Journal of Thermal Sciences, 2012, 53: 166-174.
[7] Meyer C J, Kroger D G. Numerical simulation of the flow field in the vicinity of an axial flow fan[J]. International Journal for Numerical Methods in Fluids, 2001, 36: 947-969.
[8] Van Rooyen J A, Kroger D G. Performance trends of an air-cooled steam condenser under windy conditions[J]. Journal of Energy Gas Turbine Power, 2008, 130: 023006.
[9] Stinnes W H, von Backstrom T W. Effect of cross-flow on the performance of air-cooled heat exchanger fans[J]. Applied Thermal Engineering, 2002, 22(12): 1403-1415.
[10] Hotchkiss P J, Meyer C J, von Backstrom T W. Numerical investigation into the effect of cross-flow on the performance of axial flow fans in forced draught air-cooled heat exchangers[J]. Applied Thermal Engineering, 2006, 26(2-3): 200-208.
[11] Zhang W X, Yang L J, Du X Z, et al. Thermo-flow characteristics and air flow field leading of the air-cooled condenser cell in a power plant[J]. Science China Technological Sciences, 2011, 54(9): 2475-2482.
[12] 杨立军, 杜小泽, 杨勇平, 等. 直接空冷系统轴流风机群运行特性分析[J]. 中国电机工程学报, 2009, 29(20): 1-5.
[13] 杨立军, 杜小泽, 张辉, 等. 电站空冷凝汽器轴流风机阵列集群效应的数值研究[J]. 科学通报, 2011, 56(21): 2272-2280.
[14] Yang L J, Du X Z, Yang Y P. Measures against the adverse impact of natural wind on air-cooled condensers in power plant[J]. Science China Technological Sciences, 2010, 53 (5): 1320-1327.
[15] He W F, Zhang X F, Han D,et al. Sensitivity analysis from the blade angle regulation of the forced draught fans in an air-cooled steam condenser[J]. Applied Thermal Engineering, 2017, 123: 810-819.
[16] He W F, Chen J J, Han D, et al. Numerical analysis from the rotational speed regulation within the fan array on the performance of an air-cooled steam condenser[J]. Applied Thermal Engineering, 2019, 153: 352-360.
[17] 严俊杰, 张春雨, 李秀云, 等. 直接空冷系统变工况特性的理论研究[J]. 热能动力工程, 2000, 15(6): 601-603.
[18] 杨立军, 杜小泽, 杨勇平. 空冷凝汽器全工况运行特性分析[J]. 中国电机工程学报, 2008, 28(8): 24-28.
[19] Van Rooyen J A, Kroger D. G. Performance trends of an Air-cooled steam condenser under windy conditions[J]. Journal of Engineering for Gas Turbines and Power, 2008, 130(2): 023006-1-023006-7.
[20] Yang L J, Du X Z, Yang Y P. Space characteristics of the thermal performance for air-cooled condensers at ambient winds[J]. International Journal of Heat and Mass Transfer, 2011, 54(15-16): 3109-3119.
[21] Yang L J, Du X Z, Yang Y P. Wind effect on the thermo-flow performances and its decay characteristics for air-cooled condensers in a power plant[J]. International Journal of Thermal Sciences, 2012, 53: 175-187.
[22] Owen M T F, Kroger D G. The effect of screens on air-cooled steam condenser performance under windy conditions[J]. Applied Thermal Engineering, 2010, 30(16): 2610-2615.

[23] Meyer C J. Numerical investigation of the effect of inlet flow distortions on forced draught air-cooled heat exchanger performance[J]. Applied Thermal Engineering, 2005, 25: 1634-1649.

[24] Yang L J, Du X Z, Yang Y P. Influences of wind-break wall configurations upon flow and heat transfer characteristics of air-cooled condensers in a power plant[J]. International Journal of Thermal Sciences, 2011, 50(10): 2050-2061.

[25] Gao X F, Zhang C W, Wei J J, et al. Performance predication of an improved air-cooled steam condenser with deflector under strong wind[J]. Applied Thermal Engineering, 2010, 30(17-18): 2663-2669.

[26] Yang L J, Du X Z, Yang Y P. Improvement of thermal performance for air-cooled condensers by using flow guiding device[J]. Journal of Enhanced Heat Transfer, 2012, 19(1): 63-74.

[27] Huang X W, Chen L, Kong Y Q,et al. Effects of geometric structures of air deflectors on thermo-flow performances of air-cooled condenser[J]. International Journal of Heat and Mass Transfer, 2018, 118: 1022-1039.

[28] Yang L J, Wang M H, Du X Z, et al. Trapezoidal array of air-cooled condensers to restrain the adverse impacts of ambient winds in a power plant[J]. Applied Energy, 2012, 99: 402-413.

[29] Kong Y Q, Wang. W J, Huang X W, et al. Circularly arranged air-cooled condensers to restrain adverse wind effects[J]. Applied Thermal Engineering, 2017, 124: 202-223.

[30] Jin R N, Yang X R, Yang L J, et al. Square array of air-cooled condensers to improve thermo-flow performances under windy conditions[J]. International Journal of Heat and Mass Transfer, 2018, 127: 717-729.

[31] Butler C, Grimes R. The effect of wind on the optimal design and performance of a modular air-cooled condenser for a concentrated solar power plant[J]. Energy, 2014, 68: 886-895.

[32] Zhang Z Y, Yang J G, Wang Y Y. A favorable face velocity distribution and a V frame cell for power plant air-cooled condensers[J]. Applied Thermal Engineering, 2015, 87: 1-9.

[33] Chen L, Yang L J, Du X Z, et al. Novel air-cooled condensers with V-frame condenser cells and induced axial flow fans[J]. International Journal of Heat and Mass Transfer, 2018, 117: 167-182.

[34] Chen L, Yang L J, Du X Z, et al. A novel layout of air-cooled condensers to improve thermo-flow performances[J]. Applied Energy, 2016, 165: 244-259.

[35] Ibrahim T A, Gomaa A. Thermal performance criteria of elliptic tube bundle in crossflow[J]. International Journal of Thermal Science, 2009, 48(11): 2148-2158.

[36] Matos R S, Vargas J V C, Laursen T A, et al. Optimally staggered finned circular and elliptic tubes in forced convection[J]. International Journal of Heat and Mass Transfer, 2004, 47(7): 1347-1359.

[37] Kong K Q, Yang L J, Du X Z, et al. Effects of continuous and alternant rectangular slots on thermo-flow performances of plain finned tube bundles in in-line and staggered configurations[J]. International Journal of Heat and Mass Transfer, 2016, 93: 97-107.

[38] 张春雨, 严俊杰, 林万超. 海勒式间接空冷系统变工况特性理论研究[J]. 工程热物理学报, 2004, 25(1): 13-16.

[39] 张春雨, 严俊杰, 李秀云, 等. 哈蒙式间接空冷系统变工况特性的理论研究[J]. 动力工程, 2000, 20(1): 566-570.

[40] Ma H, Si F Q, Li L, et al. Effects of ambient temperature and crosswind on thermo-flow performance of the tower under energy balance of the indirect dry cooling system[J]. Applied Thermal Engineering, 2015, 78: 90-100.

[41] Hooman K. Dry cooling towers as condensers for geothermal power plants[J]. International Communications of Heat and Mass Transfer, 2010, 37(9): 1215-1220.

[42] Li X X, Gurgenci H, Guan Z Q, et al. Experimental study of cold inflow effect on a small natural draft dry cooling tower[J]. Applied Thermal Engineering, 2018, 128: 762-771.

[43] Goodarzi M. A proposed stack configuration for dry cooling tower to improve cooling efficiency under crosswind[J]. Journal of Wind Engineering and Industrial Aerodynamics, 2010, 98(12): 858-863.

[44] Goodarzi M. Proposing a new technique to enhance thermal performance and reduce structural design wind loads for natural drought cooling towers[J]. Energy, 2013, 62: 164-172.

[45] Goodarzi M, Ramezanpour R. Alternative geometry for cylindrical natural draft cooling tower with higher cooling efficiency under crosswind condition, Energy Conversion Management[J]. 2014, 77: 243-249.

[46] Liao H T, Yang L J, Du X Z, et al. Influences of height to diameter ratios of dry-cooling tower upon thermo-flow characteristics of indirect dry cooling system[J]. International Jounal of Thermal Science, 2015, 94: 178-192.

[47] Liao H T, Yang L J, Du X Z, et al. Triangularly arranged heat exchanger bundles to restrain wind effects on natural draft dry cooling system[J]. Applied Thermal Engineering, 2016, 99: 313-324.

[48] Kong Y Q, Wang W J, Yang L J, et al. A novel natural draft dry cooling system with bilaterally arranged air-cooled heat exchanger[J]. International Jounal of Thermal Science, 2017, 112: 318-334.

[49] Zhao Y B, Long G Q, Sun F Z, et al. Effect mechanism of air deflectors on the cooling performance of dry cooling tower with vertical delta radiators under crosswind[J], Energy Conversion Management, 2015, 93: 321-331.

[50] Al-Waked R, Behnia M. Numerical analysis on overall performance of Savonius turbines adjacent to a natural draft cooling tower[J], Energy Conversion Management, 2015, 99: 41-49.

[51] Lu Y S, Gurgenci H, Guan Z Q, et al. The influence of windbreak wall orientation on the cooling performance of small natural draft dry cooling towers[J], International Jounal of Heat Mass Transfer, 2014, 79: 1059-1069.

[52] Ma H, Si F Q, Kong H, et al. Wind-break walls with optimized setting angles for natural draft dry cooling tower with vertical radiators[J], Applied Thermal Engineering, 2017, 112: 326-339.

[53] Wang W L, Zhang H, Liu P, et al. The cooling performance of a natural draft dry cooling tower under crosswind and an enclosure approach to cooling efficiency enhancement[J], Applied Energy, 2017, 186: 336-346.

[54] Zavaragh H Z, Ceviz M A, Tabar M T. Analysis of windbreaker combinations on steam power plant natural draft dry cooling towers[J], Applied Thermal Engineering, 2016, 99: 550-559.

[55] Wang X B, Yang L J, Du X Z, et al. Performance improvement of natural draft dry cooling system by water flow distribution under crosswinds[J]. International Journal of Heat and Mass Transfer, 2017, 108: 1924-1940.

[56] Chen L, Yang L J, Du X Z. et al. Anti-freezing of air-cooled heat exchanger by air flow control of louver in power plants[J]. Applied Thermal Engineering, 2016, 106: 537-550.

[57] Yang X R, Wei H M, Jin R N, et al. Anti-freezing of air-cooled heat exchanger with rolling-type windbreaker[J]. International Journal of Heat and Mass Transfer, 2019, 136: 70-86.

[58] Wang W J, Yang L J, Du X Z, et al. Anti-freezing water flow rates of various sectors for natural draft dry cooling system under wind conditions[J]. International Journal of Heat and Mass Transfer, 2016, 102: 186-200.

[59] Kong Y Q, Wang W J, Yang L J, et al. Water redistribution among various sectors to avoid freezing of air-cooled heat exchanger[J]. International Journal of Heat and Mass Transfer, 2019, 141: 294-309.

[60] Wang W J, Kong Y Q, Huang X W, et al. Anti-freezing of air-cooled heat exchanger by switching off sectors[J]. Applied Thermal Engineering, 2017, 120: 327-339.

[61] Wang W J, Huang X W, Yang L J, et al. Anti-freezing operation strategies of natural draft dry cooling system[J]. International Journal of Heat and Mass Transfer, 2018, 118: 165-170.

第6章　绿色供热理论及其在大机组热电联产节能中的应用

6.1　概　　述

火力发电是煤炭利用的有效方式，但受环境条件和热力学基本规律的约束，燃煤火力发电的能源转换和利用效率能达到45%左右，燃煤化学能中近55%的能量以低品位余热的形式排放到环境中，造成能源的极大浪费。热电联产(combined heat and power，CHP)机组既发电又供热，可显著提高能源转换利用效率，并可实现供热过程的污染物集中高效控制，兼具节能减排效益，是最具发展和应用前景的煤炭清洁利用技术之一。

传统的燃煤热电联产机组一般采用抽汽供热方式，如图6-1所示。采暖期蒸汽依次在汽轮机高压缸、中压缸做功后，抽出部分蒸汽进入热网加热器加热热网水，剩余蒸汽继续进入低压缸做功发电。

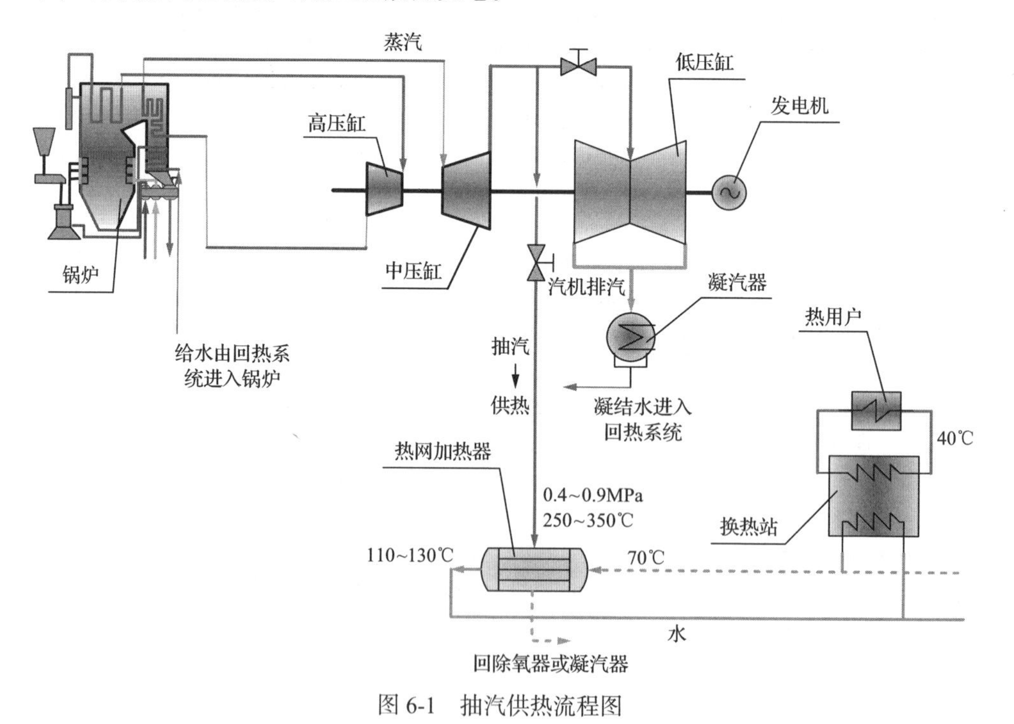

图6-1　抽汽供热流程图

随着我国燃煤发电结构调整不断深化，300MW 和 600MW 级的大容量热电联产机组逐渐成为供热的主力机型。但 300MW 及以上等级的大容量热电联产机组，用于供热的抽汽压力约为 0.3～0.5MPa，对应温度为 235～276℃。亚临界及以上参数的纯凝机组改为供热后的汽源压力更是高达 0.7～1.1MPa，温度达到 340～360℃左右。住房和城乡建设部制定的一级热网供水标准，供水温度为 110～150℃，而实际运行温度通常不超过 110℃，远低于目前大容量火电机组的供热抽汽参数，造成了高品位能量的极大浪费。同时，蒸汽在汽轮机低压缸做功后凝结成水，所释放的汽化潜热直接排放到环境中，产生大量的冷源损失。因此，尽管理论上热电联产的能源综合利用效率可达到 80%以上，但供热蒸汽参数和热网参数不匹配，抽汽供热机组最大㶲效率不到 50%。特别是针对 300MW 等级及以上的大型热电联产机组问题更为突出，极大制约了热电联产技术节能减排效益的发挥。

为此，本章依据“温度对口，梯级利用”的原则，基于热力学第二定律建立了可逆型供热系统，得到供热系统理论最低燃料单耗，定义了绿色供热。分析不同类型供热系统供热能耗，提出绿色热指数作为绿色供热系统的量化指标，并将绿色供热理论应用于工程实际。面向热电联产机组从热源、供热热网到热用户的全供热流程，基于绿色供热理论建立热电联产高效的供热模式，研究汽轮机低品位余热能高效回收和热电联产机组全工况运行特性。集中在以下几方面：

(1) 基于热力学第二定律分析可逆型供热系统，揭示出供热系统的理想极限和理论最低单耗；建立并发展绿色供热理论，提出绿色热指数，得到包括热电联产在内的不同供热方式统一的能耗量化评价指标，并开展供热系统全过程联合特性研究。

(2) 针对大型供热汽轮机抽汽压力高会导致的热损失大和㶲损失大问题，提出回收大型汽轮机抽汽可用能的新方法，并研究其热力性能，在满足供热负荷需求的前提下，力求供热系统温度对口、能量梯级利用。

(3) 基于绿色供热理论，针对汽轮机乏汽低品位能回收利用，提出汽轮机排汽余热和抽汽耦合的梯级供热系统。通过数学建模分析主要参数对高背压供热机组性能的动态影响规律以及热力性能变化，以期获得热电联产机组适于开展高背压供热改造的量化结果，从而指导工程实践。

(4) 基于高背压供热机组附加单耗分布，优化低压回热系统，降低不可逆温差产生的附加单耗，并以此为边界条件进行低压缸通流部分优化设计。

(5) 针对供热规模大的地区，提出多级串联低位能分级加热供热系统，降低供热热源平均温度，实现热电联产机组余热能深度利用。根据用户需求或散热器型式划分近、远程热网，构成梯级供热管网；热源侧梯级加热，热网侧梯级放热，实现供热全流程节能，开展绿色供热理论的工程应用；提出梯级供热管网远、近程热负荷分配方法。

6.2 绿色供热理论与热电联产能耗评价

6.2.1 供热系统的理论最低燃料单耗

发电与供热过程中，热、电等单位产品的燃料消耗定义为系统单耗[1]。供热系统的能耗极限和最低燃料单耗，基于热力学第一定律和第二定律具有不同的表达形式。

1. 基于热力学第一定律能耗极限

基于热力学第一定律，在热量守恒的理想情况下，燃料释放的全部热量传递给热用户而没有任何热损失，即为热力学第一定律的理论极限，表示为

$$B \cdot Q_{\mathrm{net}} = Q_{\mathrm{us}} \cdot 10^6 \tag{6-1}$$

则由热力学第一定律表征的供热系统理论最低燃料单耗 $b_{\min}^{\mathrm{I}}$ 为

$$b_{\min}^{\mathrm{I}} = \frac{B}{Q_{\mathrm{us}}} = \frac{10^6}{Q_{\mathrm{net}}} \tag{6-2}$$

式(6-1)和式(6-2)中，B 为燃料消耗量，kg/h；Q_{net} 为燃煤低位发热量，kJ/kg；Q_{us} 为热用户得到的总热量，GJ/h。

2. 基于热力学第二定律能耗极限

物质的“比㶲”e，指单位质量的物质通过与环境的相互作用，从其初始状态变化到与环境相平衡时所作的可逆功量，单位 kJ/kg，取决于焓(h)、熵(s)等状态参数，以及所处环境的温度(T_0)、压力(p_0)和环境中对应于各组元的化学势 $\mu_{0,\mathrm{j}}$，组元 j 的摩尔数 n_j。

$$e = h - T_0 \cdot s - \sum_j \mu_{0,j} \cdot n_j \tag{6-3}$$

对于一个供热过程，过程的热量㶲(E_{Q})不仅与热量本身(Q)的大小有关，而且与该热量的温度(T)和所处环境的温度(T_0)有关：

$$\mathrm{d}E_{\mathrm{Q}} = \left(1 - \frac{T_0}{T}\right) \cdot \delta Q \tag{6-4a}$$

$$E_{\mathrm{Q}} = \int_{Q_{\mathrm{us}}} \left(1 - \frac{T_0}{T}\right) \cdot \delta Q \tag{6-4b}$$

在没有㶲损失的理想情况下，一次能源(燃料)的㶲将全部被热用户终端所利用。这种情况即为热力学第二定律的供热理想极限，表示为

$$B \cdot Q_{\mathrm{net}} \cdot \xi \cdot 10^{-6} = \int_{Q_{\mathrm{us}}} \left(1 - \frac{T_0}{T_{\mathrm{us}}}\right) \cdot \delta Q \tag{6-5}$$

式中，T_{us} 为热用户所需温度，K；ξ 对于固定的燃料是一个常数，数值上等于燃料㶲值 E_{f} 和 Q_{net} 的比值，对于标准煤取 1.04。

在 T_{us} 和 T_0 都是常量的情况下，式(6-5)转化为

$$B \cdot Q_{\mathrm{net}} \cdot \xi \cdot 10^{-6} = \left(1 - \frac{T_0}{T_{\mathrm{us}}}\right) \cdot Q_{\mathrm{us}} \tag{6-6}$$

相应地，由热力学第二定律表征的供热系统最低燃料单耗 $b_{\min}^{\mathrm{II}}$ 为

$$b_{\min}^{\mathrm{II}} = \frac{B}{Q_{\mathrm{us}}} = \left(\frac{1 - T_0 / T_{\mathrm{us}}}{Q_{\mathrm{net}} \cdot \xi}\right) \cdot 10^6 \tag{6-7a}$$

3. 标准燃料和量化分析

为便于比较燃用不同种类燃料的供热系统，由式(6-2)可计算得到基于热力学第一定律供热系统的最低燃料单耗 $b_{\min}^{\mathrm{I}}$ 为 34.12kg/GJ。热力学第二定律表征的供热系统最低燃料单耗 $b_{\min}^{\mathrm{II}}$，可简化为

$$b_{\min}^{\mathrm{II}} = 34.12 \times \frac{1}{1.04} \times \left(1 - \frac{T_0}{T_{\mathrm{us}}}\right) \tag{6-7b}$$

显然，$b_{\min}^{\mathrm{II}} < b_{\min}^{\mathrm{I}}$。当 T_0 不变而供热温度 T_{us} 趋于无穷大时，$b_{\min}^{\mathrm{II}}$ 将逐渐趋近于 $b_{\min}^{\mathrm{I}}$，如图 6-2 所示。不同用热温度时对应的理论最低燃料单耗见表 6-1。工业热用户所需的供热温度 t_{us}(T_{us}=t_{us}+273.15)一般小于 300℃；对于居民采暖，所需温度一般在 20℃，如果环境温度 t_0(T_0=t_0+273.15)设为 0℃，由表 6-1 可以看出，$b_{\min}^{\mathrm{II}}$ 的数值仅为 2.24kg/GJ，远远低于 $b_{\min}^{\mathrm{I}}$ 的 34.12kg/GJ。即使用热温度高达 300℃，$b_{\min}^{\mathrm{II}}$ 的值也仅为 $b_{\min}^{\mathrm{I}}$ 值的一半。

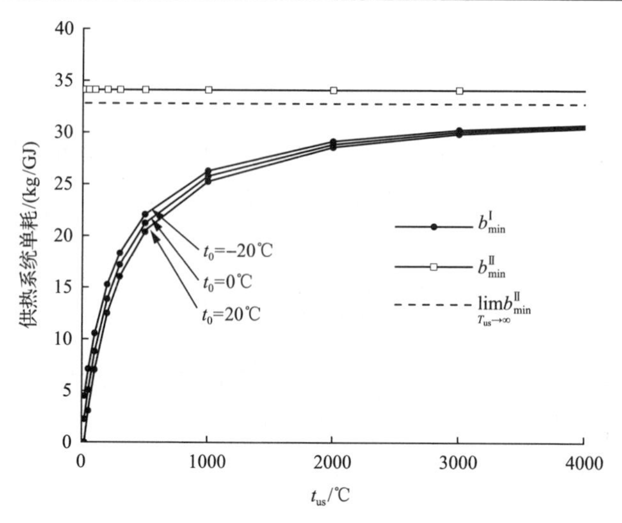

图 6-2　供热系统能耗极限 b_{min}^{I} 和 b_{min}^{II} 的关系

表 6-1　不同用热温度时供热系统理论最低燃料单耗（t_0取 0℃）

用热温度 t_{us} /℃	20	50	100	200	300
理论最低燃料单耗 b_{min}^{II} /(kg/GJ)	2.24	5.08	8.79	13.87	17.17

6.2.2　绿色供热系统的建立及其指标

1. 理想供热系统

由上述分析可知，b_{min}^{I} 表征了热效率为 100%时的供热系统，而 b_{min}^{II} 则表征了㶲效率为 100%时的理想供热系统。㶲效率为 100%时的理想供热系统即为完全可逆的供热系统，其原理如图 6-3 所示。

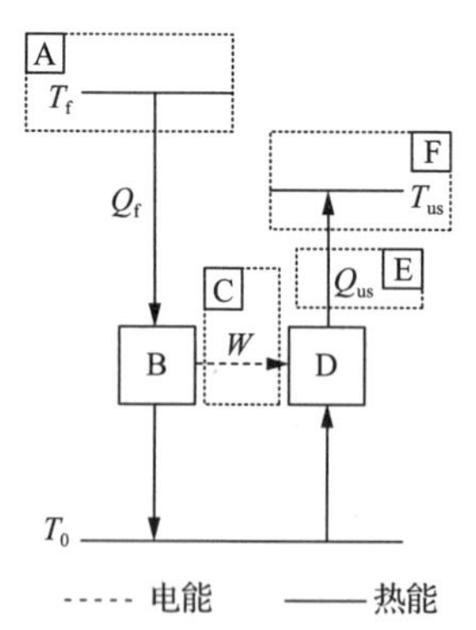

图 6-3　㶲效率为 100%的理想供热系统原理图

A-燃料能释放与转移子系统　B-电能发生子系统　C-电能输配子系统　D-热能发生子系统　E-热能输配子系统　F-热用户子系统

由一次能源供应的供热系统具有天然的不可逆性。图 6-3 中子系统 A 为理想的燃料能释放与转移子系统，其燃料㶲可用式(6-8)计算。同时，以热力学第二定律的观点来看，理想供热系统燃料释放的㶲应该等于燃料所释放热能的㶲值，需满足

$$E_{\mathrm{f}}=Q_{\mathrm{f}}\cdot\xi \tag{6-8}$$

$$E_{\mathrm{f}}=\left(1-\frac{T_0}{T_{\mathrm{f}}}\right)\cdot Q_{\mathrm{f}} \tag{6-9}$$

式(6-8)和式(6-9)中，Q_{f} 为燃料燃烧释放的热能，GJ/h；T_{f} 为燃料的燃烧温度，K。

分析可知，若要同时满足上述两式，无限逼近可逆就只有使燃料的燃烧温度无限提高。然而，热用户需要的温度是一个有限确定的值 T_{us}，为使热量无㶲损失地从高温 T_{f} 传向低温 T_{us}，需要使用一个可逆的热功转换装置(图 6-3 的子系统 B)，如卡诺热机，该可逆的热功转换装置可以产生理论最大电功。理论最大电功通过无线路损失的电能输配子系统(图 6-3 的子系统 C)输送至热能发生子系统(图 6-3 的子系统 D)。在热能发生子系统处，使用可逆的逆向卡诺循环(即可逆热泵)消耗理论最大电功来产生目标温度(即热用户所需温度 T_{us})的热能，该过程亦没有任何㶲损失。最后，目标温度的热能通过一个理想热网被输送至热用户子系统。理想热网意指无任何散热损失和压力损失的热网系统。在热用户子系统处，通过理想的散热终端以定温传热的方式可逆地把热能传递给热用户。此时，热用户得到的热能则为 Q_{us}。该最大供热能力在数值上等于燃料㶲值的 $(1-T_0/T_{\mathrm{us}})^{-1}$ 倍：

$$Q_{\mathrm{us}}=\left(1-\frac{T_0}{T_{\mathrm{us}}}\right)^{-1}\cdot E_{\mathrm{f}} \tag{6-10}$$

整个供热系统的燃料单耗为 $b_{\min}^{\mathrm{II}}$，热效率为

$$\eta_Q=\frac{Q_{\mathrm{us}}}{Q_{\mathrm{f}}}=\frac{W/\eta_{\mathrm{c},2}}{W/\eta_{\mathrm{c},1}}=\frac{\eta_{\mathrm{c},1}}{\eta_{\mathrm{c},2}}=\frac{1-T_0/T_{\mathrm{f}}}{1-T_0/T_{\mathrm{us}}} \tag{6-11}$$

式中，W 为电能，GJ/h；$\eta_{\mathrm{c},1}$ 为卡诺循环热效率；$\eta_{\mathrm{c},2}$ 为逆向卡诺循环正向过程的热效率。因为热用户所需温度远低于燃料的燃烧温度（$T_{\mathrm{us}}\ll T_{\mathrm{f}}$），式(6-11)的数值将远大于 1，即可逆供热系统的热效率远远大于 100%。

2. 绿色供热及绿色热指数

由上述分析可知，供热系统的节能极限并非根据热力学第一定律确定的燃料单耗$b_{\min}^{\mathrm{I}}$（34.12kg/GJ）。由热力学第二定律定义的供热燃料单耗$b_{\min}^{\mathrm{II}}$可以远远小于$b_{\min}^{\mathrm{I}}$。为了给不同供热模式的节能潜力提供统一的量化指标，定义“绿色热指数” ε_{g}[2]：

$$\varepsilon_{\mathrm{g}} = (b_{\min}^{\mathrm{I}} - b) / (b_{\min}^{\mathrm{I}} - b_{\min}^{\mathrm{II}}) \tag{6-12}$$

式中，b为燃料单耗，kg/GJ。

如图 6-4 所示，完全可逆的理想供热系统燃料单耗为$b_{\min}^{\mathrm{II}}$，其绿色热指数为 1。定义燃料单耗在$b_{\min}^{\mathrm{II}}$和$b_{\min}^{\mathrm{I}}$之间的供热系统为绿色供热系统，其绿色热指数介于 0 和 1。对于热力学第一定律所描述的理想供热系统，即没有任何能量损失的情况下，系统燃料单耗为$b_{\min}^{\mathrm{I}}$，其绿色热指数为 0，而对于燃料单耗大于$b_{\min}^{\mathrm{I}}$的供热系统，其绿色热指数为负值。

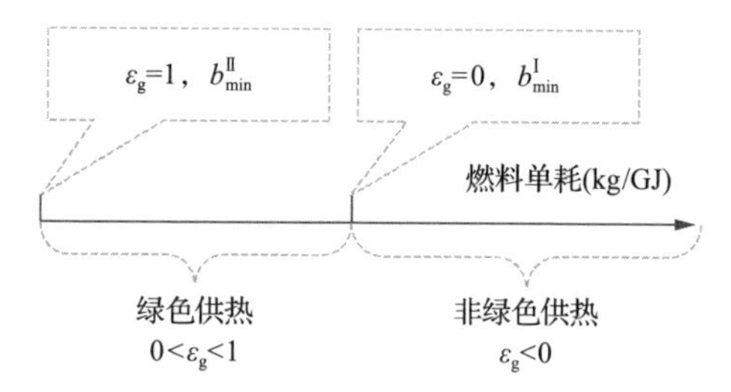

图 6-4　最低燃料单耗和绿色热指数关系

6.2.3　热电联产能耗评价模型

前述提出并分析了绿色供热的概念及其指标，本节将对供热系统单耗的具体计算方法进行探讨，从热电联产机组的评价入手，建立适用于不同类型供热系统的一般化能耗计算模型。

1. 热电厂总热效率改进

热电厂总热效率、热电比、热化发电率是目前我国应用较多的热电联产热经济性评价指标，其中热电厂总热效率使用最为广泛。热电厂总热效率η_{tp}定义为热电厂生产的热、电两种产品的总能量与消耗的燃料能量之比：

$$\eta_{\mathrm{tp}} = \frac{3600P_{\mathrm{e}} + Q_{\mathrm{h}}}{BQ_{\mathrm{net}}} = \frac{3600P_{\mathrm{e}} + Q_{\mathrm{h}}}{Q_{\mathrm{tp}}} \tag{6-13}$$

式中，P_e 为热电厂的发电功率，kW；Q_h 为热电厂的供热量，kJ/h；B 为热电厂的煤耗量，kg/h；Q_{tp} 为燃料总耗能量，kJ/h。

热电厂总热效率属于热力学第一定律所定义的范畴，它将高品位的电能按热量单位转化后，与低品位的供热热能直接相加，只表明某一确定热电厂燃料能量在数量上的有效利用程度，没有体现热力学第二定律对过程可逆性及能量本质的界定。

而采用反映能量品位的㶲效率进行评价，表达式如下：

$$\eta^{ex} = \frac{3600P_e^r + Q_h \cdot (1 - T_0 / \overline{T_h})}{B \cdot Q_{net} \cdot \xi} \tag{6-14}$$

式中，η^{ex} 为热电厂㶲效率；P_e^r 为机组供热工况的发电功率，kW；T_0 为环境温度，K；$\overline{T_h}$ 为供出热能的热力学平均温度，K。

对于汽轮机纯凝工况，锅炉供给汽轮机的热能全部用于发电，发电过程会产生不可逆损失，即㶲损失，包括汽轮机的不可逆损失、回热系统的不可逆损失、管道阀门的不可逆损失、凝汽器排放热量至冷源环境而造成的不可逆损失等。对于供热工况运行的热电联产机组，一定燃料量下，锅炉供给汽轮机的热能并非全部用来发电，而是有一部分用于供热，导致用于发电的热能少于纯凝工况，供热工况发电功率低于纯凝工况，这样机组由于供热而造成了发电量的损失。由于供热而造成的发电量损失表征了供热方面的真实能耗。机组输入燃料量不变时，因供热而少发电量定义为“当量电耗率”(equivalent electricity consumption ratio，EECR)。当量电耗率充分反映了供热方面的能耗代价，应该在总效率分式中予以体现。

式(6-14)作进一步变换如下：

$$\begin{aligned}
\eta^{ex} &= \frac{3600P_e^r + Q_h \cdot (1 - T_0 / \overline{T_h})}{B \cdot Q_{net} \cdot \xi} \\
&= \frac{3600P_e^n + Q_h \cdot (1 - T_0 / \overline{T_h}) - 3600P_e^n + 3600P_e^r}{B \cdot Q_{net}} \\
&= \frac{3600P_e^n}{B \cdot Q_{net}} + \frac{Q_h \cdot (1 - T_0 / \overline{T_h})}{B \cdot Q_{net} \cdot \xi} - \frac{3600(P_e^n - P_e^r)}{B \cdot Q_{net} \cdot \xi}
\end{aligned} \tag{6-15}$$

式中，P_e^n 为机组纯凝工况的发电功率，kW；等号右边第一项为机组纯凝时的发电效率，第二项为供热方面的㶲效率，第三项为机组由于供热而造成的㶲效率降低。

显然，若要提高整个系统的㶲效率，应设法提高第一、二项值和降低第三项值。在输入燃料能量不变的前提下，提高循环初参数，降低循环终参数，改善汽轮机通流特性及优化回热系统等可以提高第一项值(即纯凝机组的发电效率)；可以通过扩大热负荷以增加 Q_h 或提高所供热能的热力学平均温度 $\overline{T_h}$ 增加第二项值。由于终端热用户的用热温度 T_{us} 一定，虽然提高 T_{us} 可以提高电厂的效率，但就整个供热系统热网与热用户之间由于 $\overline{T_h}$ 与 T_{us} 的差值变大，将造成更加显著的不可逆损失，从总能系统观点来看，是不合理的，故第二项值的提高，应该从扩大热负荷入手；降低第三项值应该从减小 $3600(P_e^n - P_e^r)$ 入手，即设法降低由于供热而对发电量造成的影响，则有

$$3600(P_e^n - P_e^r) = 3600(\text{EECR} - \Delta W_p) \tag{6-16}$$

式中，ΔW_p 为电厂由于供热而造成的泵功增加值，kW。需要注意的是，电厂泵功在计算中不包括热网方面的泵功，热网方面的泵功电耗全部考虑为来自于电网，式(6-16)可改写为

$$\eta^{ex} = \frac{3600P_e^n}{B \cdot Q_{net} \cdot \xi} + \frac{Q_h(1 - T_0/\overline{T_h})}{B \cdot Q_{net} \cdot \xi} - \frac{3600(\text{EECR} - \Delta W_p)}{B \cdot Q_{net} \cdot \xi} \tag{6-17}$$

式中，$\text{EECR} - \Delta W_p$ 值的物理意义为机组由于供热而少发的电功率，简称功率热惩罚，用符号 $P_e^{n\text{-}r}$ 表示。第一项值大小表征发电方面的先进性，第二、三项值大小表征供热方面的先进性。

2. 供热系统能耗评价模型

各种类型供热系统可由 6 个子系统一般化描述，系统 1～系统 6 分别对应图 6-3 中的能量转化过程的 A～F 系统，其中 Q_{wi} 表示对应下标的外部能耗，Q_{ni} 表示对应下标的内部能耗，如图 6-5 所示。

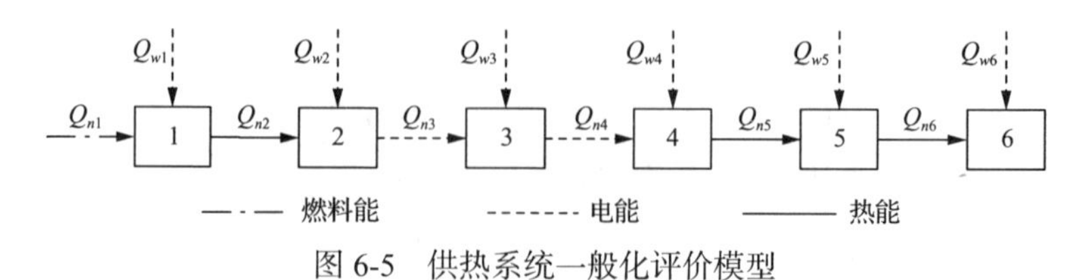

图 6-5 供热系统一般化评价模型

对于图 6-5 中理想状态为完全的串联关系而实际能量流又有非串联因素的系统，可将其单耗分为两个部分计算：一部分是完全串联关系的单耗，称为内部单耗 b_{c}；另一部分是非串联因素的单耗，称为外部单耗 b_{a}。内部单耗基于热力学第二定律计算，假定系统是在没有泵耗的情况下运行的，此时是完全的串联系统；外部单耗由设计或运行数据基于动力学计算得到。这样，燃料单耗可表示如下[3]：

$$b = b_{\mathrm{c}} + b_{\mathrm{a}} \tag{6-18}$$

供热系统的产品为热能，其燃料为一次能源，由热力学第二定律可知

$$F \cdot e_{\mathrm{f}} = P \cdot e_{\mathrm{P}} + \sum E_{\mathrm{D},i} \tag{6-19}$$

式中，F 为燃料量，t/h；P为产品量，GJ/h；e_{f} 为单位燃料的㶲值，kJ/kg；e_{P} 为单位产品的㶲值，kJ/GJ；$E_{\mathrm{D},i}$ 为第 i 个子系统的㶲耗损，GJ/h。

对于完全的串联系统，设系统中从能量流上游至下游方向的序号依次为 $1, 2, 3, \cdots, n$，则串联系统第 i 个子系统的附加燃料单耗可进一步推导为

$$b_{\mathrm{c},i} = \frac{b_{\min}^{\mathrm{II}} \cdot E_{\mathrm{D},i}}{P \cdot e_{\mathrm{P}}} = \frac{b_{\min}^{\mathrm{II}} (E_i^{\mathrm{in}} - E_i^{\mathrm{out}})}{E_n^{\mathrm{out}}} = b_{\min}^{\mathrm{II}} \cdot \frac{(E_i^{\mathrm{in}} - E_i^{\mathrm{out}})}{E_i^{\mathrm{out}}} \cdot \frac{E_{i+1}^{\mathrm{in}}}{E_{i+1}^{\mathrm{out}}} \cdot \frac{E_{i+2}^{\mathrm{in}}}{E_{i+2}^{\mathrm{out}}} \cdot \cdots \cdot \frac{E_n^{\mathrm{in}}}{E_n^{\mathrm{out}}}$$

$$= \frac{b_{\min}^{\mathrm{II}} \cdot (1/\eta_i - 1)}{\eta_{i+1} \cdot \eta_{i+2} \cdot \cdots \cdot \eta_n} \tag{6-20}$$

式中，E_i^{in}、E_i^{out} 分别表示第 i 个子系统的输入㶲与输出㶲，$E_i^{\mathrm{out}} = E_{i+1}^{\mathrm{in}}$；$\eta_i$ 表示第 i 个子系统的㶲效率。

则具有 6 个串联子系统的供热系统内部单耗为[4]

$$b_{\mathrm{c}} = b_{\min}^{\mathrm{II}} + \sum b_{\mathrm{c},i} = b_{\min}^{\mathrm{II}} + \sum \frac{b_{\min}^{\mathrm{II}} (1/\eta_i - 1)}{\eta_{i+1} \eta_{i+2} \cdots \eta_6} \tag{6-21}$$

图 6-5 中，能量流 2、4、6、…、12 均为外部单耗的组成部分，各个子系统的外部单耗具有并联关系，可分别计算，然后求和得到外部单耗的大小。其计算式表示如下：

$$b_{\mathrm{a}} = \sum_{i=1}^{6} b_{\mathrm{a},i} \tag{6-22}$$

$$b_{\mathrm{a},i} = \frac{W_{\mathrm{e},i}}{3.6 \times Q_{\mathrm{us}}} \times b_{\mathrm{av}} \tag{6-23}$$

式中，$b_{a,i}$ 为第 i 个子系统的外部单耗，kg/GJ；b_{av} 为国内平均供电煤耗，g/(kW·h)；$W_{e,i}$ 为第 i 个子系统耗用的电功率，kW。

热能输配子系统(子系统 5)外部单耗应根据热网的具体布置和热负荷分布，进行热网水力计算得到，亦可根据热网运行经验取。事实上，$W_{e,5}$ 热网泵功是外部单耗计算中最重要的一项，热网泵功的基本计算公式为

$$W_{e,5}=\frac{G\cdot\Delta p}{\rho\cdot\eta_p} \tag{6-24}$$

式中，G 为热网水流量，kg/s；Δp 为计算管段压降，Pa；ρ 为热网水密度，kg/m^3；η_p 为泵效率。

6.2.4　绿色供热系统评价应用及分析

1. 不同供热系统单耗分析

选取电加热供热、锅炉热水供热、热泵供热和热电联产供热四种模式，应用上述能耗评价模型计算能耗，各自的㶲效率及单耗分布分列于表 6-2～表 6-7。

表 6-2　电热供热系统子系统㶲效率及单耗分布

子系统	㶲效率	附加单耗/(kg/GJ)
1+2	0.3579	62.821
3	0.9369	2.210
4+5+6	0.068	30.571

表 6-2 中，系统总的内部单耗为 97.840kg/GJ，外部单耗为 0，则产品单耗为 97.840kg/GJ。

电热供热方式最后 3 个子系统的㶲效率只有 0.068，使电加热供热方式总的㶲效率低。电热供热系统外部单耗不需计算，影响单耗的主要因素为电网的平均供电单耗。

锅炉供热是较为传统的供热系统，按照系统规模分为三类，即散户型、小区型和区域型。散户型锅炉供热多指现有家用燃煤小锅炉或家用燃气壁挂炉的模式，小区型多为 10t/h 或 20t/h 的蒸汽锅炉作为热源，区域型多为 410t/h 级别的大型蒸汽锅炉。三种型式的锅炉热效率取值如表 6-3 所示。

表 6-3　不同型式锅炉效率取值

锅炉型式	散户型	小区型	区域型
㶲效率	0.15	0.08	0.465
热效率	0.85	0.80	0.90

表 6-4　锅炉供热系统子系统㶲效率及单耗分布

子系统编号	效率			附加单耗/(kg/GJ)		
	户型	小区型	区域型	户型	小区型	区域型
1	0.18	0.17	0.19	36.468	39.248	33.997
2	1			0		
3	1			0		
4	1			0		
5+6	0.279			5.773		

表 6-5　不同型式锅炉供热系统燃料单耗

系统型式/(kg/GJ)	散户型	小区型	区域型
内部单耗	44.480	47.260	42.009
外部单耗	0	0	0.825
系统单耗	44.480	47.260	42.834

锅炉供热系统单耗主要取决于锅炉效率。散户型和小区型系统一般为自然循环，可不计外部单耗，区域型系统外部单耗主要是热网电耗。锅炉供热系统单耗远小于电热供热系统。

表 6-6　电动热泵供热系统各子系统能耗分布

子系统	㶲效率	附加单耗/(kg/GJ)
1+2	0.3579	22.043
3	0.9369	0.775
4	0.6959	3.501
5+6	0.2794	5.773

表 6-6 中，系统总的内部单耗为 34.330kg/GJ，外部单耗为 0，则产品单耗为 34.330kg/GJ。

热泵系统是利用燃料㶲，驱动热泵完成逆向卡诺循环，获得所需热量。计算以电动热泵为例，热泵供热系统的外部单耗为 0，系统单耗明显低于锅炉供热子系统。

表 6-7　热电联产供热系统各子系统能耗分布

子系统	㶲效率	附加单耗/(kg/GJ)
1+2	0.3579	13.836
3	1	0
4	1.2	–1.543
5+6	0.242	7.017

*表示联产供热系统采用热泵回收排汽热量，导致输出㶲大于输入㶲。

表 6-7 中，系统总的内部单耗为 21.549kg/GJ，外部单耗为 1.008kg/GJ，则产品单耗为 22.557kg/GJ。

热电联产供热与热泵供热原理相同，同样需要把燃料能转化为电能。通过质与量的控制，供出所需质量的热能。系统单耗最低，存在一部分热网电耗。

2. 绿色供热评价

表6-8为不同供热类型系统各子系统的㶲效率和对应的绿色热指数计算结果。可见，不同类型供热系统，其不可逆损失于各子系统的分布不同。电供热系统最后三个子系统的㶲效率仅为0.068，是电供热系统㶲效率低的重要因素，而联产供热系统的子系统4的㶲效率大于1，是联产供热㶲效率最高的主要原因。四类供热系统的燃料单耗和绿色热指数亦不同。热电联产供热系统绿色热指数大于0，属于绿色供热模式，具有显著的节能优势。

表6-8　不同供热系统各子系统㶲效率和绿色热指数计算结果

供热类型	各子系统㶲效率						内部单耗/(kg/GJ)	外部单耗/(kg/GJ)	单耗/(kg/GJ)	绿色热指数
	1	2	3	4	5	6				
电热	0.3579		0.9369	0.0680			97.840	0	97.840	–2.000
锅炉供热	0.19	—	—	—	0.2794		42.009	0.825	42.834	–0.247
热泵供热	0.3579		0.9369	0.6959	0.2794		34.330	0	34.330	–0.007
联产供热	0.3579		—	1.2*	0.2419		21.549	1.008	22.557	0.394

*表示联产供热系统采用热泵回收排汽热量，导致输出㶲大于输入㶲。

影响热泵供热系统的主要因素为电网平均供电煤耗和热泵COP，当电网供电煤耗在270～400g/(kW·h)范围变化，COP在2.5～5范围时，热泵供热系统单耗在20～50kg/GJ之间变化，其变化趋势如图6-6所示。影响热电联产供热系统的主要因素为电网平均供电煤耗和子系统4的㶲效率，当电网供电煤耗在270～400g/(kW·h)范围变化时，子系统4的㶲效率在1～2范围时，热电联产供热系统单耗在10～30kg/GJ之间变化，其变化趋势如图6-7所示。

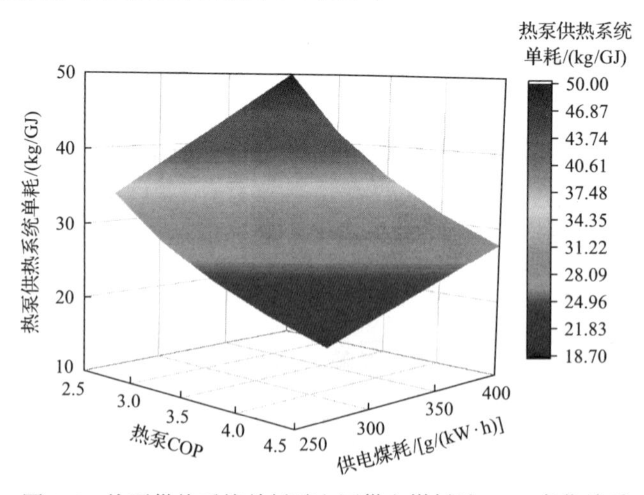

图6-6　热泵供热系统单耗随电网供电煤耗及COP变化关系

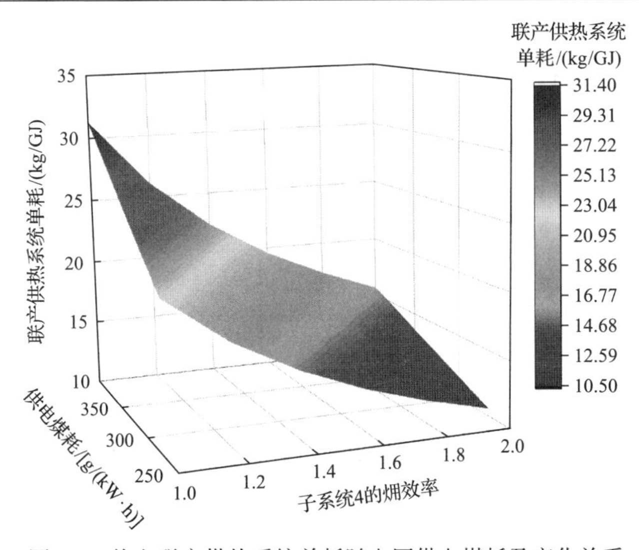

图 6-7　热电联产供热系统单耗随电网供电煤耗及变化关系

综上所述，四种供热方式供热单耗对比如图 6-8 所示，绿色供热指数如图 6-9 所示。

由图 6-8 可见，电热系统的能耗远高于其他类型供热系统，热电联产供热的能耗水平最低。由图 6-9 可见，热泵供热和联产供热具有实现绿色供热的潜力，且联产供热潜力更大。热电联产能耗范围在 10～30kg/GJ 之间，绿色热指数范围为–0.498～0.757。如果供热系统工艺或参数不合理，热电联产供热能耗较高，对应的绿色热指数有可能小于 0；相反，如果选用合理的热源参数，遵循能量匹配原则，提高子系统㶲效率，则联产供热的绿色热指数可极大提高甚至接近可逆供热水平，实现绿色供热。

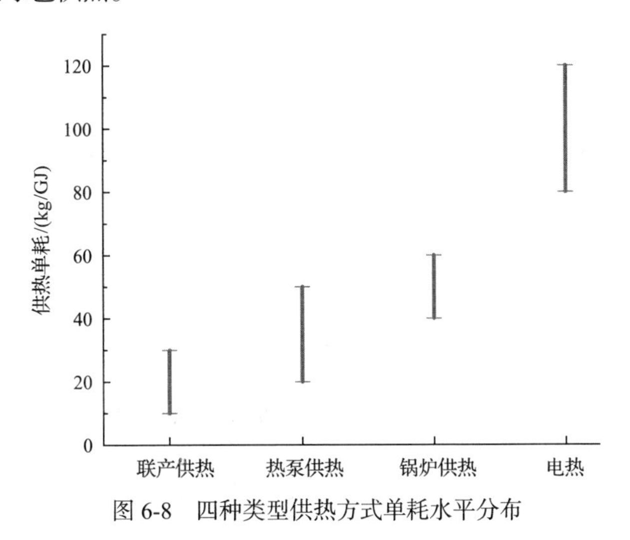

图 6-8　四种类型供热方式单耗水平分布

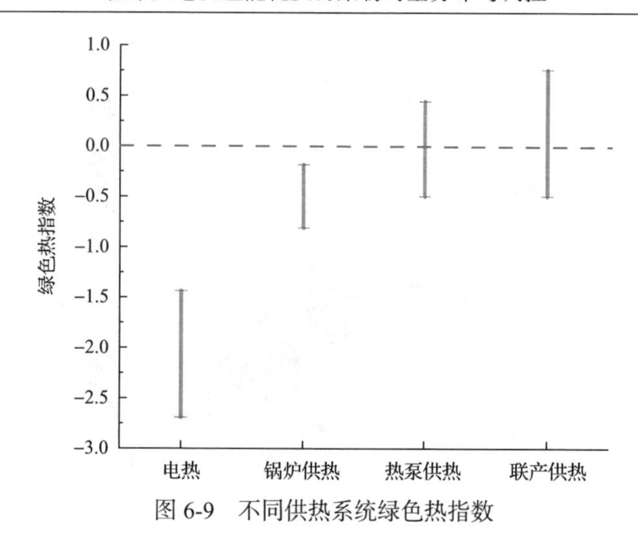

图 6-9　不同供热系统绿色热指数

6.3　热电联产系统全过程联合特性

6.3.1　热网系统性能分析

我国大型热电厂主要采用间接供热方式对外供热。供暖用户系统与一次网通过热力站局域换热器间接连接，实现一次网和二次网热量交换，如图 6-10 所示。随室外温度 t_w 的变化，需同时对热水网路和供暖用户进行供热调节。通常采用质调节方式进行调节，以保持供暖用户系统的水力工况稳定，同时确保室外环境温度变化时供热品质不变。

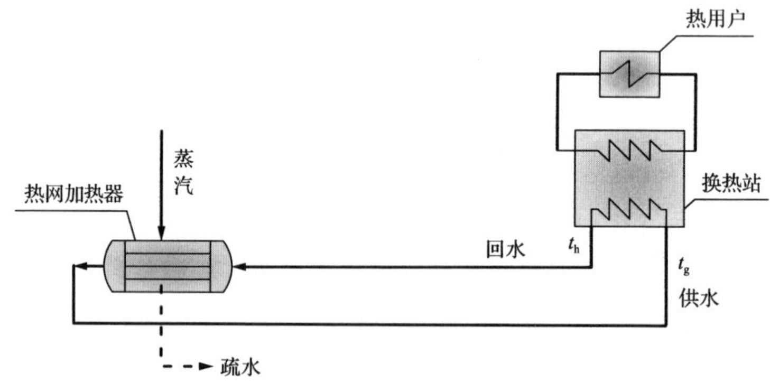

图 6-10　间接连接热水供暖系统

根据热网系统设计工况参数，可确定室外温度与热网供、回水温度关系：

$$t_g = t_n + 0.5\left(t_g' + t_h' - 2t_n\right)\overline{Q}^{1/(1+b)} + 0.5\frac{t_g' - t_h'}{\varphi}\overline{Q} \tag{6-25}$$

$$t_{\mathrm{h}} = t_{\mathrm{n}} + 0.5\left(t_{\mathrm{g}}' + t_{\mathrm{h}}' - 2t_{\mathrm{n}}\right)_{s} \bar{Q}^{1/(1+b)} - 0.5\frac{t_{\mathrm{g}}' - t_{\mathrm{h}}'}{\varphi}\bar{Q} \tag{6-26}$$

式中，$\bar{Q}$为相对热量比，$\bar{Q}=\dfrac{t_{\mathrm{n}}-t_{\mathrm{w}}}{t_{\mathrm{n}}-t_{\mathrm{w}}'}$；$t_{\mathrm{g}}$、$t_{\mathrm{h}}$、$t_{\mathrm{n}}$、$t_{\mathrm{w}}$ 分别为热网供水、回水、室内温度和环境温度，℃；带“′”参数表示相应参数的设计值；b 为散热器的传热指数；φ为相对流量比。

以某地区为例，设计供热工况下一次网供/回水温度 115/70℃，二次网供/回水温度 68/50℃，环境温度取–9℃，室内设计温度为 18℃。热网采用质调节得到室外温度与热网供回水温度之间的关系曲线，如图 6-11 所示。其中，相对热量比表示不同环境室外温度时实际供热量与设计供热量的比值，反映了供热量随室外环境温度的变化情况。由图 6-11 可以看出，热网的供、回水温度是相对热负荷比的单值函数，即室外温度的单值函数。随着室外温度的升高，热网供、回水的温度随之降低，供、回水温差减小。不同的室外温度对应热网不同的供、回水温度，热网特性曲线表示热网加热器全工况时水侧温度变化。

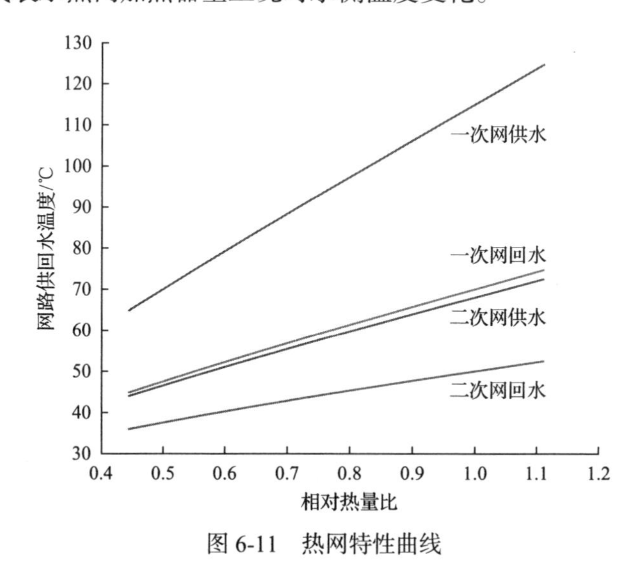

图 6-11　热网特性曲线

对于热电联产供热系统，当室外环境温度升高时供水温度降低，由“温度对口，梯级利用”原则，宜采用较低参数蒸汽。

6.3.2　热网加热器特性分析

热网加热器是热电联产机组的供热蒸汽和一次热网水进行热交换的关键设备。通过对热网加热器的全工况分析，结合热网性能，可以得到合理的抽汽参数，实现能量的梯级利用，提高整个供热系统的效率和节能水平。

供热热网采用的是质调节的方式，热网加热器放出蒸汽的汽化潜热，抽汽焓降表征单位质量蒸汽放热量，而热网水侧温升表征单位质量热网水吸热量，若热网加热器的型号确定，根据传热学原理，计算可得热网加热器在不同的供、回水温度时热网加热器的端差、传热系数和相应的蒸汽参数。根据热网供回水温度与供热抽汽参数的关系可绘制该热网加热器的性能曲线。

以某电厂 300MW 抽凝机组的一台热网加热器为例，其具体参数如表 6-9 所示，绘制热网加热器性能曲线，如图 6-12 和图 6-13 所示。

从图 6-12 可知，当温升一定时，随热网回水温度升高，抽汽饱和压力及饱和压力的变化率都在增大。同理，从图 6-13 可知，随回水温度的不断升高，所消耗的饱和蒸汽量及所对应的饱和蒸汽压力都在增大，饱和压力的变化率也在逐渐增大。

表 6-9　某 300MW 供热机组汽水换热器的参数

参数	数值
加热器型号	LHJR2000/2300-7.0-1960-2.1/0.694QS
换热管外径 d_o/m	0.019
管长 L/m	7
管壁厚度 δ/m	0.0015
总的管数 N_t	4580
管程数 z	2
金属换热面积 A/m^2	1960
水侧流量 $\dot{M}$/(kg/s)	1030.56
水侧压力 P_1/MPa	1.9

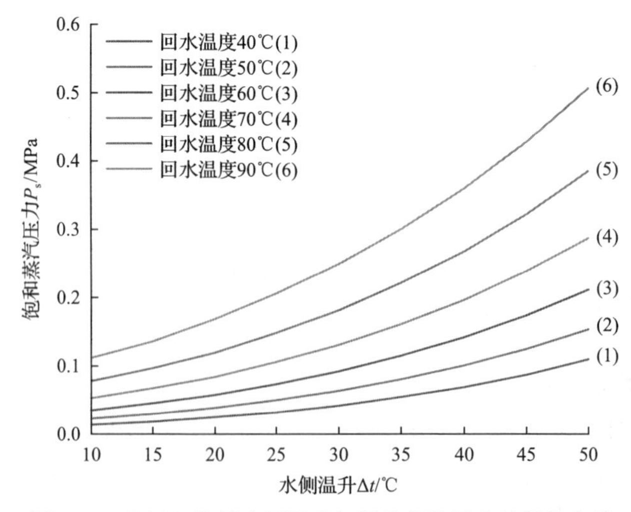

图 6-12　热网加热器水侧温升与供热蒸汽压力的性能曲线

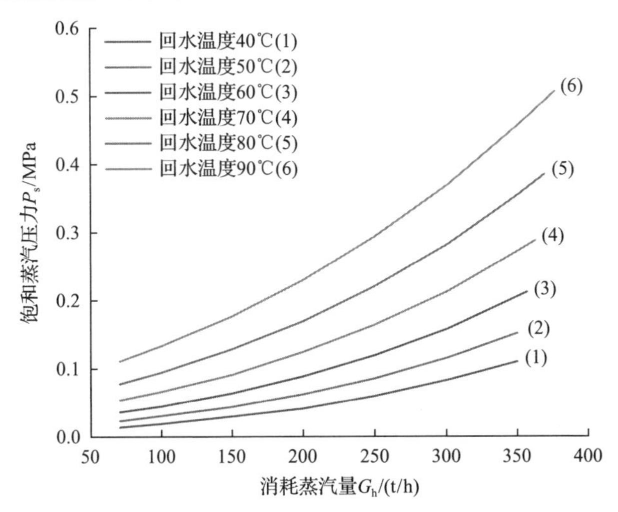

图 6-13　热网加热器消耗蒸汽量与蒸汽压力的性能曲线

由此，已知一次网的供回水温度，可得到供热抽汽饱和蒸汽压力及确定出所需供热蒸汽量，从而得到热网加热器热力特性曲线，如图 6-13 所示。

某地区供暖期内热网供、回水温度如表 6-10 所示，通过变工况计算可得到热网加热器全工况性能曲线，如图 6-14 所示。

随着室外温度的升高，热网水温差随之减小，供热抽汽的参数也随之降低。对于热电联产供热系统而言，根据室外温度的变化，供热汽轮机的抽汽参数也相应的变化，才能实现对能量“温度对口、梯级利用”的合理利用，对于热电联产级组降低供热蒸汽参数，可以让蒸汽多发电，尽可能降低当量电耗率，减小供热不可逆损失，提高能源转化效率。

表 6-10　某地区供热季不同时期热网水温度

室外温度/℃	相对热量比	一次网供水温度/℃	一次网回水温度/℃
–12.0	1.111	124.5	74.5
–10.0	1.037	118.2	71.5
–8.0	0.963	111.8	68.5
–6.0	0.889	105.4	65.4
–4.0	0.815	98.9	62.3
–2.0	0.741	92.4	59.1
0.0	0.667	85.8	55.8
2.0	0.593	79.2	52.5
4.0	0.519	72.4	49.1
6.0	0.444	65.6	45.6

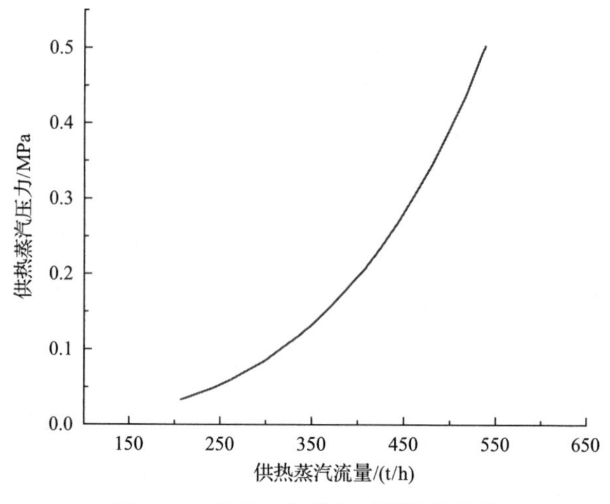

图 6-14 热网加热器全工况性能曲线

6.3.3 低压缸性能分析

热电联产机组采用抽汽供热时，抽出部分蒸汽作为热网加热器热源，其余蒸汽进入低压缸继续做功发电。低压缸性能曲线表示低压缸进口蒸汽压力和进汽量之间的关系，如图 6-15 所示。

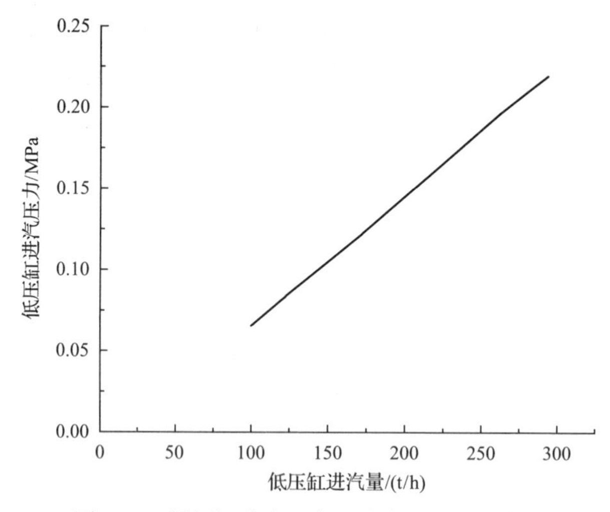

图 6-15 低压缸进汽压力和进汽量的关系曲线

根据汽轮机的主蒸汽流量和回热抽汽量，可以确定供热抽汽量与低压缸进汽压力之间的关系，称为低压缸性能曲线，如图 6-16 所示。根据对不同热电厂机组热平衡图的研究，发现低压缸的进口压力和进口流量有一定的规律可循，无论是纯凝工况还是供热工况，低压缸的进口压力和进口流量都呈现一定的线性关系，因此可以根据这个线性关系绘制低压缸的流量特性曲线。

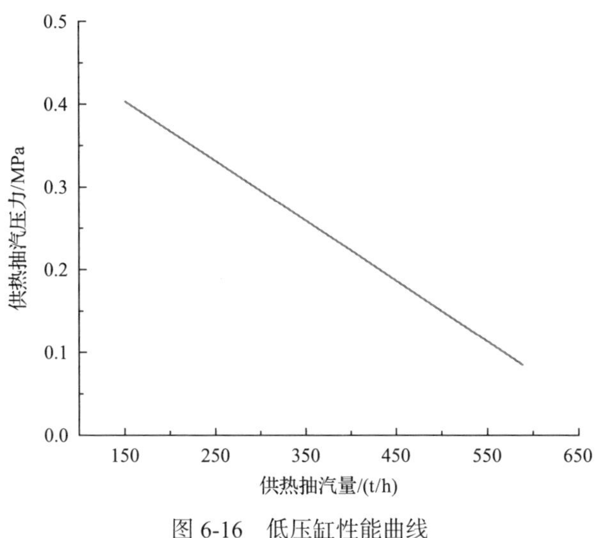

图 6-16　低压缸性能曲线

6.3.4　供热系统联合性能分析

热电联产系统联合特性就是在不同室外温度并满足热网供热要求条件下，汽轮机中压缸排汽、热网加热器抽汽和低压缸进汽参数变化的特性。热电联产系统联合特性曲线表示供热抽汽流量与低压缸进口压力之间的关系，可以将低压缸的流量特性曲线转变为低压缸进口压力和供热机组供热抽汽量之间的关系。

热电联产系统全过程包含热用户、室外环境温度、热网、热网加热器和供热机组。供热热网采用质调节时，随着室外环境温度的降低，为维持热用户室内温度 18℃左右，热网供回水温度逐渐升高，温差也逐渐增大，热网加热器所需的抽汽参数也随之增大，而进入低压缸的蒸汽参数随之降低。通过对热网性能、热网加热器性能及供热汽轮机热力性能综合分析，可以得到热电联产系统联合特性曲线，如图 6-17 所示，表示热电联产供热系统联合特性，并可以依据联合性能曲线作为机组在实际运行中参数调节的依据。

抽汽供热汽轮机调节如图 6-18 所示，供热抽汽控制阀 V_1 和低压缸调节阀 V_2 用于调节。根据热电联产系统的联合特性曲线，热电联产系统供热调节过程有下述特点：

(1)非供热期纯凝工况运行，抽汽控制阀 V_1 关闭，低压缸入口调节阀 V_2 全开，无节流损失。

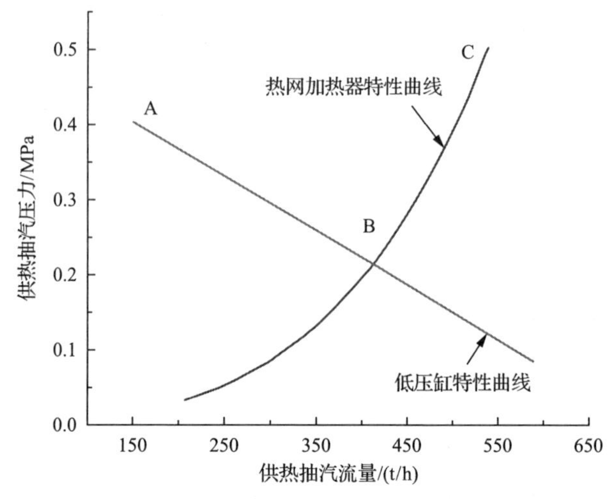

图 6-17　热电联产系统供热机组联合性能曲线图

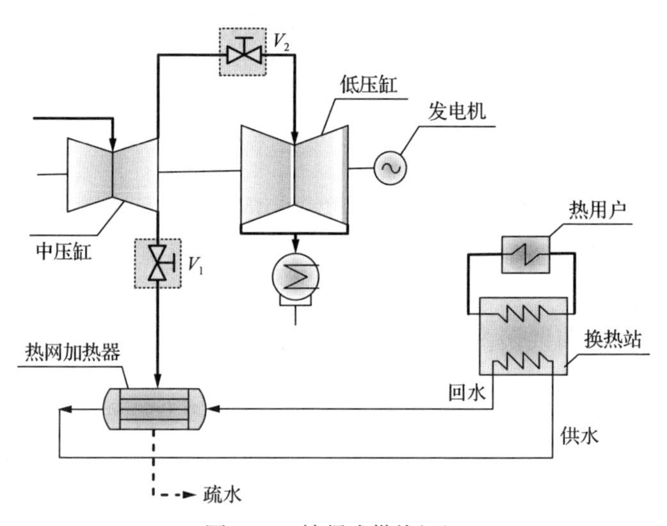

图 6-18　抽凝式供热机组

(2)供热期抽汽控制阀 V_1 开启，随供热热负荷增加，汽门开度逐渐增加，但阀后压力低于阀前压力，存在抽汽节流损失；当汽门到达全开时，V_1 阀门前后无节流损失；此时 V_2 和 V_1 全开，两阀均无节流，中压缸排汽压力等于供热抽汽压力，为图 6-17 中的 B 点，称此时的供热抽汽工况为机组的无节流工况。

供热期若所需热负荷进一步增加时，还需要增加抽汽量，这时 V_1 已处于全开状态，无节流损失，只能通过减小 V_2 开度，即减少低压缸的进汽量，以增加供热抽汽量进入热网加热器，此时 V_2 阀后压力小于阀前压力，V_2 存在节流损失。

随热负荷增加，V_2 开度逐渐减小，节流损失不断增大，直到进入低压缸为最小安全流量时，达到供热最大极限，即最大供热能力，供热抽汽量最大值。

当热负荷由大变小时，调节方式相反。

由于供热机组中低压分缸压力最小值的限制，有时候会存在机组中低压分缸压力的最小值大于其无节流工况压力的情况，例如机组中低压分缸压力的最小值为0.25MPa，机组的无节流工况压力为0.2MPa，此时需要同时调节低压缸调节阀和供热抽汽控制阀的开度，使中压缸的排汽压力达到0.25MPa，这时两个阀门都存在节流损失，机组不存在无节流工况。

供热机组的抽汽参数是由汽轮机低压缸特性和热网加热器特性共同确定的，通过供热抽汽控制阀和低压缸调节阀调节控制。图6-17汽轮机中压缸排汽、热网加热器抽汽和低压缸进汽的参数变化,其特性为中压缸排汽压力沿着曲线ABC呈“V”字型变化。随着热负荷增加，供热抽汽量也随之增加。机组在无节流工况前运行时，中压缸背压随着低压缸性能曲线变化，为图6-17中的AB段；在无节流工况点B处，中压缸排汽压力最小，无节流损失；机组在无节流工况后运行时，中压缸背压随着热网加热器性能曲线变化，为图6-17中的BC段。

6.3.5　最佳冷凝热网加热器及其参数的确定方法

1. 最佳冷源加热器的定义

根据热电联产系统联合特性可知，当机组在无节流工况运行时，其供热抽汽压力为中压缸抽汽过程中的最低压力。使热电联产系统的无节流工况点的压力达到最低压力即中压缸允许的最低排汽压力时的热网加热器，称为最佳冷源热网加热器。而机组在实际运行过程中，根据最大供热工况选择的热网加热器，不能充分利用或无法利用中压缸允许的最低排汽压力，造成供热抽汽时阀门的节流损失很大，能源品位的浪费增加了供热抽汽损耗的发电量。因此，应将中压缸允许的最低排汽压力和热网侧的供热要求结合在一起，合理选择热网加热器，充分利用中压缸允许的最低排汽压力，减小节流损失，进一步提高供热效率。

2. 最佳冷源热网加热器参数的确定方法

设计最佳冷源热网加热器需要将中压缸允许的最低排汽压力与低压缸流量特性、热网加热器无节流供热工况特性、热网系统供回水温度与供热负荷特性有机地结合在一起，求解计算得出其主要参数。逻辑关系如图6-19所示，据此可确定热电联产系统无节流工况运行、中压缸的排汽压力为最低排汽压力时，热网加热器水侧的进、出口温度、流量以及汽侧的供热抽汽压力、饱和蒸汽温度和抽汽量。

根据热电联产系统联合特性和中压缸最低排汽压力选择或设计的最佳冷源热网加热器，能够在热电联产系统全工况运行时，充分、合理地利用中压缸最低排汽压力，并使供热抽汽控制阀和低压缸调节阀的节流损失最小，增加供热蒸汽流的做功能力，增加机组发电量。

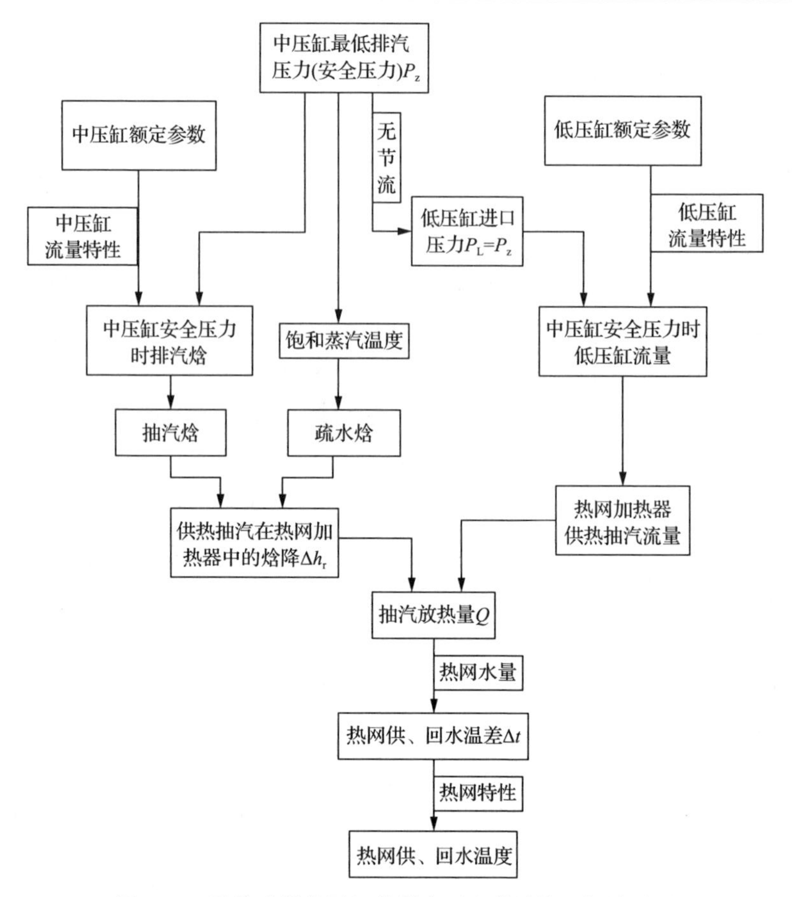

图 6-19　最佳冷凝热网加热器主要参数计算逻辑关系图

6.4　热电联产机组节能技术

针对大型热电联产机组抽汽供热存在的主要问题，在前述热电联产绿色供热理论的指导下，结合对热电联产系统全过程联合特性分析，本节主要围绕热电联产机组节能技术进行讨论。

6.4.1　供热抽汽可用能高效回收

抽汽供热方式利用抽出蒸汽的显热和汽化潜热加热热网水，汽轮机冷源损失减少，热效率较高，但不同机组抽汽供热参数有可能不同。蒸汽压力和温度决定了蒸汽焓值大小，抽汽压力高蒸汽焓值较大。表 6-11 为不同蒸汽压力下汽化潜热与对应的能量品位。可以看出，但当蒸汽压力在 1.0MPa 以下时，压力的变化对汽化潜热的影响并不大，而在汽轮机侧，不同压力等级的蒸汽其做功能力不同。

对于 200MW 及以下机组，中低压缸分缸压力较低，随着电力能源结构调整“上大压小”，目前 300MW 及以上等级的大型汽轮机是供热的主力机型，中低压缸分缸压力甚至达 0.8～1.0MPa，对应的蒸汽品位接近 0.4。抽汽压力升高也将增加供热过程的㶲损。如果设定一次热网供回水温度为 110/50℃、热网加热器端差取 12℃，较适宜的蒸汽压力为 0.21MPa。以饱和蒸汽分析，不同抽汽压力下蒸汽换热过程㶲效率如图 6-20 所示。可以看到，供热抽汽压力在 0.25MPa 变化到 1.0MPa，供热过程㶲损失将增大 41.6%，㶲效率下降 10.2%，蒸汽的能量品位提高 0.079。

表 6-11　不同蒸汽压力下汽化潜热与能量品位

抽汽压力/MPa	饱和温度/℃	饱和蒸汽焓/(kJ/kg)	饱和水焓/(kJ/kg)	汽化潜热/(kJ/kg)	能量品位
0.2	120.21	2706.24	504.68	2201.56	0.3056
0.3	133.53	2724.89	561.45	2136.44	0.3198
0.4	143.61	2738.06	604.72	2133.33	0.3446
0.5	151.84	2748.11	640.19	2107.92	03572
0.6	158.83	2756.14	670.50	2085.64	0.3677
0.7	164.95	2762.75	697.14	2065.61	0.3765
0.8	170.41	2768.30	721.02	2047.28	0.3842
0.9	175.36	2773.04	742.72	2030.31	0.3910
1.0	179.89	2777.12	762.68	2014.44	0.3971

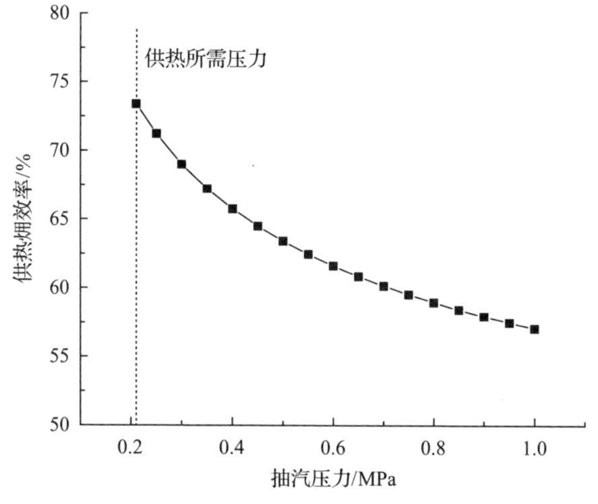

图 6-20　不同压力饱和蒸汽供热㶲效率变化关系

为降低供热抽汽热损失，对采用抽汽供热的机组提出增加供热背压机回收，抽汽可用能的解决方案[5]，降低供热抽汽压力，即将较高压力的抽汽先做功发电，回收可用能后再供热，实现能量的梯级利用。汽轮机中低压缸连通管引出的较高品位供热抽汽，首先进入一个压力匹配合理的背压机，在背压机中做功压力降低后，再进入热网加热器加热热网水，通过回收抽汽可用能降低供热㶲损失，从而避免了高品位能量的浪费，背压机可以驱动发电机替代部分厂用电或驱动辅机设备。对于供热初期和末期，供热负荷及供水温度较低，此时抽汽压力会随之进行相应调整，背压机低负荷运行。随着室外温度下降，供热需求逐渐增大至严寒期额定供热工况，背压机满负荷运行。

以某电厂 300MW 空冷纯凝改供热机组为例，在供热抽汽管道上增加背压机，分析增加背压机后抽汽供热机组热力性能。机组设计参数如表 6-12 所示，抽汽压力为 0.838MPa，方案流程图如图 6-21 所示。抽汽首先进入背压机做功发电，然后背压机排汽进入热网加热器加热热网水。

表 6-12 案例机组设计参数

参数	数值
主汽压力/MPa	16.67
主汽温度/℃	537
再热压力/MPa	3.33
再热温度/℃	537
背压/kPa	15
抽汽压力/MPa	0.837
抽汽温度/℃	339.1
额定电负荷/MW	300

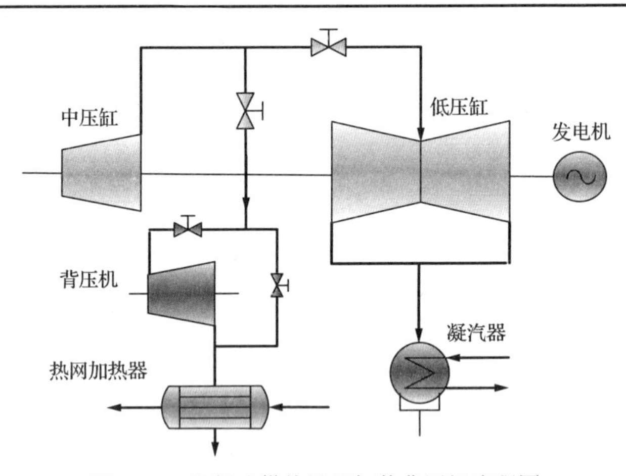

图 6-21 纯凝改供热机组加装背压机流程图

图 6-22 为背压机回收可用能后机组热力性能与供热背压机排汽压力的关系。可见，加装背压机后蒸汽做功压力降低后排汽用于供热，当压力从 0.84MPa 降低至 0.3MPa 时，背压机回收电功率 24MW，达到机组额定功率的 8%(背压机效率取值 0.75)；蒸汽焓值降低抽汽显热变化导致供热能力下降 7.2%，但由于回收可用能系

统㶲效率提高了 0.8%。由此可得出，增加背压机回收可用能，在相同抽汽参数条件下虽然供热能力有所下降，但回收了高品位蒸汽的可用能，能源转化效率提高。

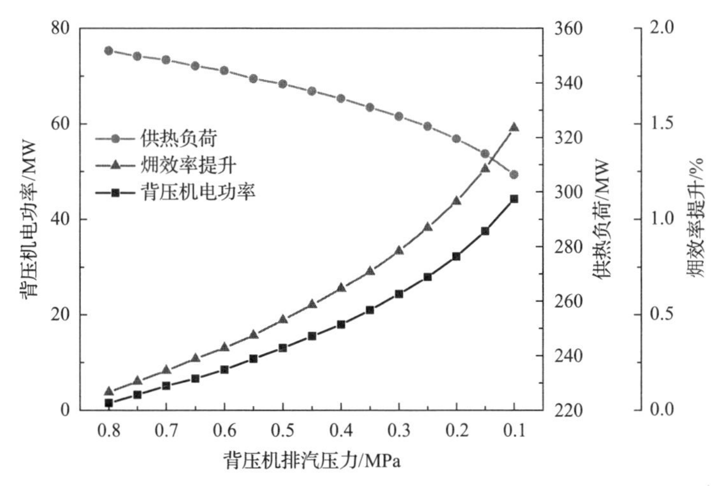

图 6-22　机组热力性能与供热背压机排汽压力的关系

设定热网加热器端差为 12℃，不同供热负荷下热网供水温度与机组供热抽汽流量关系如图 6-23 所示。

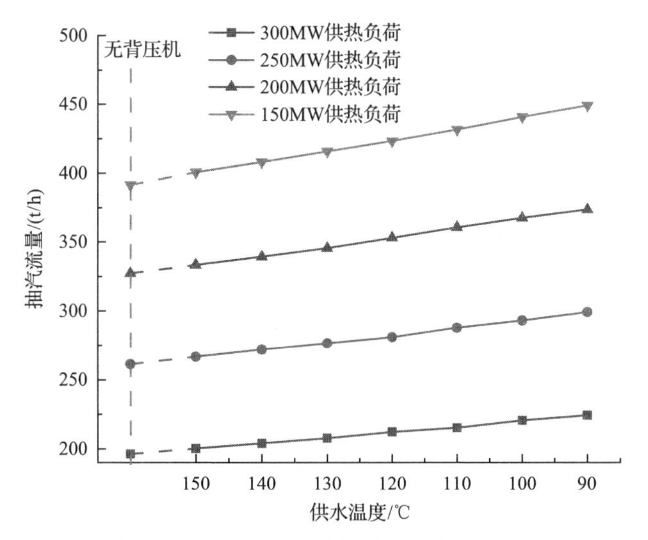

图 6-23　供水温度与供热抽汽量之间的关系

增加背压机后，当供热温度变化时，背压机进汽参数可以调节，供热温度不同时，回收的发电功率也不同。

由图 6-24 可见，随着供水温度降低，供热背压机回收有用功增加。同时看到高品位抽汽在背压机做功焓值降低，供热能力有所下降，机组抽汽流量有所增加，并且供热负荷越高抽汽流量增幅越大。系统抽汽流量增加会造成主汽轮机机流量下降，或者认为部分抽汽由主机转移至背压机膨胀做功，而背压机相对内效率普遍低于主汽轮机(背压机设计相对内效率 0.75)，这在一定程度上会抵消部分背压机回收有用功所带来的收益，综合考虑之后，加装背压机机组净回收功率如图 6-24(b)所示。加装背压机供热期可以驱动发电机代替部分厂用电，或者背压机驱动汽动辅机。

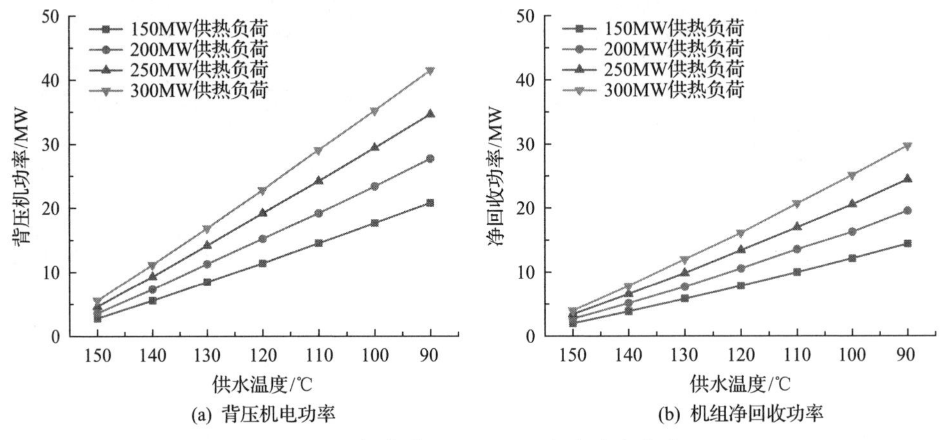

图 6-24　加装背压机后机组发电功率变化

针对案例机组所在地区，热网设计供回水温度 110℃/50℃，热网加热器端差 12℃。在保证对外供热量相同的情况下，根据不同供热时期需求，考虑代替部分厂用电，分析热力学性能计算结果如表 6-13。

表 6-13　不同供热期热力性能参数

参数	供热初末期	次寒期	严寒期
供热负荷/MW	196	240.8	280
供热时长/天	60	60	30
供水温度/℃	99	105	110
背压机入口压力/MPa	0.59	0.72	0.84
抽汽量/(t/h)	281.81	346.22	402.39
背压机排汽压力/MPa	0.15	0.18	0.21
主机发电功率/MW	237.31	223.45	211.36
背压机发电功率/MW	19.04	23.39	27.06
发电功率增加值/MW	13.33	16.52	19.05
发电煤耗率/[g/(kW · h)]	253.5	239.1	225.6
发电煤耗率降低/[g/(kW · h)]	13.9	17.1	19.6

根据表 6-13 可以得出，不同供热时期背压机方案均具有较为明显的节能优势，供热初末期、次寒期与严寒期发电功率增加分别为 13.3MW、16.5MW 和 19.1MW，

对应发电煤耗率降低 13.9g/kW·h、17.1g/kW·h 和 19.6g/kW·h。通过在供热抽汽管道通过加装背压机，使抽出的高参供热蒸汽做功后供热，降低了供热参数和热源侧供热㶲损，实现了能量的梯级利用，提高了能源转换效率。

6.4.2　汽轮机低品位余热能梯级利用

低压缸排汽排入凝汽器凝结，放出汽化潜热，这部分热量未利用释放到环境中。表 6-14 所示为不同压力蒸汽凝结汽化潜热值，可以看出，汽轮机排汽(简称乏汽)压力和温度虽低，但其所含的汽化潜热巨大。湿冷机组 5kPa 的排汽和空冷机组 15kPa 的排汽所对应的汽化潜热分别为 2422.83kJ/kg 和 2372.28kJ/kg，和表 6-11 对比，高于抽汽饱和状态下凝结放出的汽化潜热。

表 6-14　不同压力下蒸汽的汽化潜热

类型	蒸汽压力/MPa	饱和温度/℃	汽化潜热/(kJ/kg)
乏汽	0.005	32.879	2422.83
	0.015	53.971	2372.28
	0.034	72.014	2328.09

采暖期汽轮机运行在较高背压下，可以回收汽轮机排汽余热。热网水进入凝汽器吸收排汽放出的汽化潜热，温度升高后再进入热网加热器由抽汽补充加热，回收低品位热的同时减少高品位供热抽汽，构成高背压机组余热梯级供热系统，如图 6-25 所示。

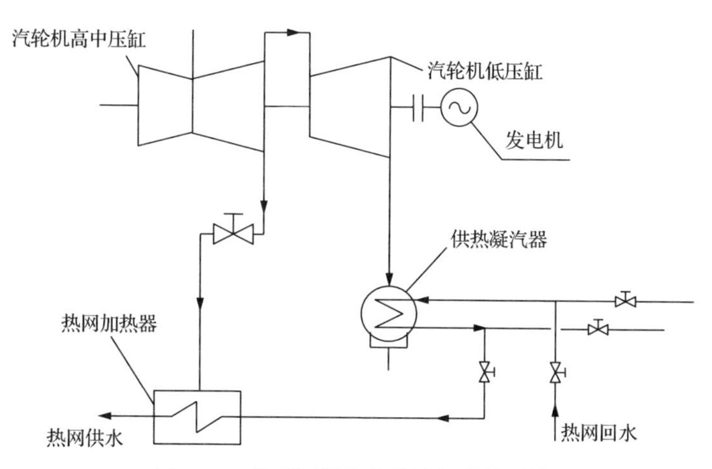

图 6-25　高背压机组余热梯级供热系统

热网回水流经供热凝汽器吸收低压缸排汽的余热，温度升高，再流经热网加热器利用抽汽加热到供水温度，构成余热能梯级供热系统。对于较温暖地区，供热初、末寒期，供水温度要求低，仅利用排汽余热就能满足供热所需，不需抽汽进行尖峰加热，严寒期利用抽汽对热网水进行梯级加热。若进行高背压供热改造，如果是直接空冷或间接空冷汽轮机，由于设计背压较高，可以满足冬季背压 24～34kPa 安全运行；若为湿冷机组考虑到汽轮机的安全性，供热期须更换专门的低压转子，高背压供热汽轮机背压范围为 34～54kPa 时，对应的凝结温度约为 72～83℃。

1. 系统建模

根据机组的热力系统资料，图 6-26 为搭建的供热机组热力系统建模原理图。

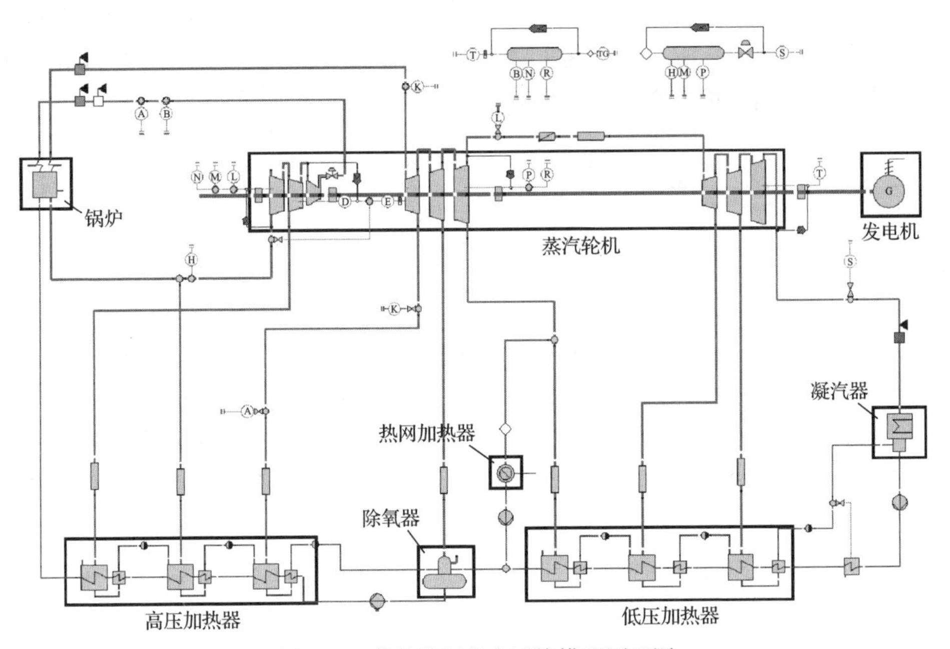

图 6-26　供热机组热力系统模型原理图

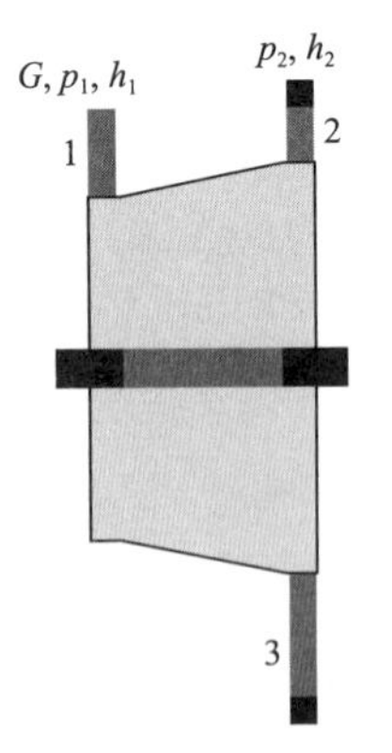

图 6-27　汽轮机级组示意图
1-蒸汽入口；2-蒸汽出口；3-抽汽口

汽轮机变工况计算时，级组如图 6-27 所示，设 A 和 B 代表汽轮机不同工况，满足弗留格尔公式：

$$\frac{G_A}{G_B}=\sqrt{\frac{p_{1A}^{\ 2}-p_{2A}^{\ 2}}{p_{1B}^{\ 2}-p_{2B}^{\ 2}}}\sqrt{\frac{T_{1B}}{T_{1A}}} \tag{6-27}$$

式中，G 为级组蒸汽流量，t/h；p_1 和 p_2 分别为级组入口和出口压力，MPa；T_1 为级组入口蒸汽温度，K。

定义级组压比 π：

$$\pi = \frac{p_2}{p_1} \tag{6-28}$$

根据理想气体状态方程：

$$pv = RT \tag{6-29}$$

将式(6-28)、式(6-29)代入式(6-27)得到改进的弗留格尔公式[6]，如式(6-30)所示，采用该公式对级组进行变工况计算。

$$G_{\mathrm{A}}\sqrt{\frac{v_{1\mathrm{A}}}{p_{1\mathrm{A}}(1-\pi^2)}} = G_{\mathrm{B}}\sqrt{\frac{v_{1\mathrm{B}}}{p_{1\mathrm{B}}(1-\pi^2)}} \tag{6-30}$$

式中，v_1 为入口蒸汽比容。

级组内功率 P_i 可表示为

$$\begin{aligned} P_{\mathrm{i}} = G(h_1 - h_2) &= G\frac{h_1 - h_2}{h_1 - h_{2,\mathrm{is}}}\cdot(h_1 - h_{2,\mathrm{is}}) \\ &= G(h_1 - h_{2,\mathrm{is}})\cdot\eta_{\mathrm{is}} \end{aligned} \tag{6-31}$$

式中，h_1 为级组入口蒸汽焓；h_2 为级组出口蒸汽焓；$h_{2,\mathrm{is}}$ 为出口蒸汽等熵焓；η_{is} 为级组内效率。

对于供热机组，调节级与末级的内效率 η_{is} 在变工况中变化较大，在模拟计算时，根据汽轮机制造厂提供的数据需要对其进行修正。

验证模型精度，变工况建模时对机组设计热平衡图中不同工况进行误差分析。通常选取 THA 工况、75%工况、50%工况、40%工况及 30%工况进行模拟计算，并将其与热平衡图比较，得到各工况模拟计算结果，进行模型精度验证。

以某地区 330MW 空冷改造高背压供热机组为案例，改造前机组采用传统的抽汽供热方式，最大供热负荷为 392MW，该地区采暖平均热指标为 48W/m^2，相应的供热面积 817 万 m^2，机组基本参数如表 6-15 所示。

表 6-15　330MW 供热机组基本参数

参数	数值
额定功率/MW	330
主汽门前蒸汽额定压力/MPa	16.67
主汽门前蒸汽额定温度/℃	538
额定工况蒸汽流量/(t/h)	1046
再热汽门蒸汽额定压力/MPa	3.377
再热汽门蒸汽额定温度/℃	538
抽汽压力/MPa	0.4
额定抽汽量/(t/h)	480
工作转速/(r/min)	3000
排汽压力/kPa	16

高背压供热改造后，该机组增加供热期凝汽器，汽轮机背压可抬高至 34kPa，热网水首先流经供热凝汽器加热至 70℃，然后进入热网加热器，供热抽汽压力仍为 0.4MPa[7]。

高背压梯级供热机组总供热热负荷 Q 包括两部分：

$$Q = Q_1 + Q_2 = [m_{\mathrm{w}} C_{\mathrm{pw}}(t_{\mathrm{s}} - t_{\mathrm{r}})]/3600 \tag{6-32}$$

式中，Q 为总供热热负荷，MW；Q_1 为余热供热负荷，MW；Q_2 为抽汽供热负荷，MW；m_{w} 为热网水流量，t/h；C_{pw} 为水的定压比热容，kJ/(kg·℃)；t_{s} 和 t_{r} 分别为热网供水和回水温度，℃。

热网水在供热凝汽器内吸热量 Q_1 为

$$Q_1 = [m_{\mathrm{c}}(h_{\mathrm{c}} - h'_{\mathrm{c}})]/3600 \tag{6-33}$$

式中，m_{c} 为汽轮机排汽流量，t/h；h_{c} 和 h'_{c} 分别为排汽焓和凝结水焓，kJ/kg。

热网水在热网加热器内吸热量 Q_2 为

$$Q_2 = [m_{\mathrm{e}}(h_{\mathrm{e}} - h'_{\mathrm{e}})]/3600 \tag{6-34}$$

式中，m_{e} 为进入热网加热器的抽汽流量，t/h；h_{e} 和 h'_{e} 分别为抽汽焓和抽汽凝结后疏水焓，kJ/kg。

2. 热力性能分析

本节探讨一定供热负荷下，不同回水温度对高背压机组供热的影响。为在不同条件下具有统一的比较基准，根据目前的凝汽器技术水平，选取 2℃作为换热端差，则汽轮机排汽余热可将热网水加热至 70℃，然后再利用抽汽补充加热。供热负荷 Q 取 300MW，当回水温度变化时，排汽余热可利用情况发生变化，图 6-28

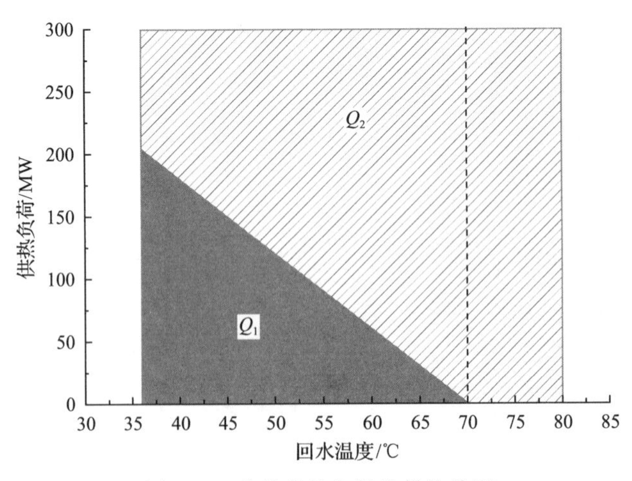

图 6-28　余热供热与抽汽供热分配

所示为不同回水温度下，余热供热负荷 Q_1 和抽汽供热负荷 Q_2 分配情况。

由图 6-28 看出，随着回水温度降低，抽汽供热量明显减少，热网水吸热量主要来自排汽放出的汽化潜热。

根据汽轮机的工作原理，机组的背压高低影响发电功率，背压升高，汽轮机理想焓降减少，发电功率降低。采用高背压供热时，当供热量发生变化时，背压和供热抽汽量都会变化，机组的发电功率也会随之变化[8]。

对本案例机组进行变工况计算，得到高背压供热机组功率与运行背压和抽汽量间的关系如图 6-29 所示。可以看出，在同一背压下，抽汽供热负荷增加，机组发电功率减小；背压升高，发电功率亦减小即机组的做功能力降低。

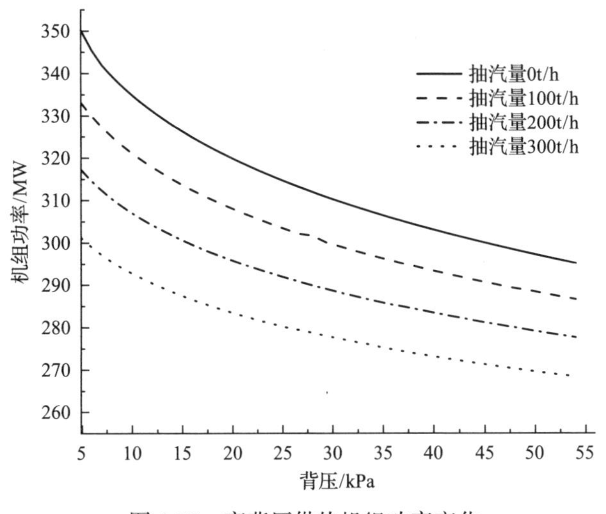

图 6-29　高背压供热机组功率变化

1) 回水温度变化对高背压供热机组发电功率影响

通过前面的分析可知,高背压余热利用受回水温度影响较大,当回水温度变化时，梯级供热系统余热供热量变化，导致抽汽量发生变化，从而影响机组的热经济性。

以供热面积 600 万 m^2，供热量为 288MW 为例，改造前机组采用抽汽供热，发电功率为 269.5MW。回水温度设定范围为 36～60℃，供回水温差取 50℃，保持供热量不变。当机组采用高背压供热时，计算出不同回水温度下排汽余热利用比及对应的机组发电功率如图 6-30 所示，其中，排汽利用比定义为用于供热的排汽量和总排汽量之比。由图 6-30 看出，当回水温度较低时，大部分排汽余热可被利用，相同供热量下，机组发电功率较高。随着热网回水温度升高，机组的排汽利用比降低，发电功率随之降低，当回水温度达到 59℃时，机组发电功率为 269.5MW，和改造前抽汽供热方式机组发电功率相同。回水温度再升高，排汽利用比大幅降低，机组热经济性还不及改前供热方式，乏汽被排至空冷岛造成热量损失，且需要更多的高品位抽汽才能满足供热所需。由于各地区热网差异较大，运行参数参差不齐，从热经济性分析，高背压供热机组更适用于回水温度较低的采暖地区。

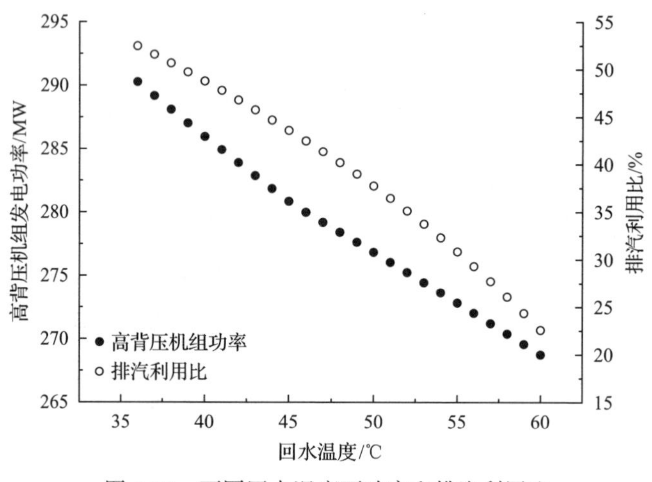

图 6-30　不同回水温度下功率和排汽利用比

2) 回水温度变化对高背压供热机组最大供热能力的影响

由于汽轮机排汽具有很高的汽化潜热，采用高背压供热能有效地扩大机组的供热能力，但一次网回水温度的变化会影响汽轮机排汽余热利用的程度，从而使机组的供热能力发生变化。为此利用 Ebsilon 自带的 Pascal 语言编译程序，讨论排汽余热全被利用条件下机组的最大供热量，即余热供热量和抽汽供热量之和。供回水温度不同，抽汽量不同，对其相应调整通过迭代计算，得到不同回水温度下高背压机组最大供热能力及发电功率，如图 6-31 所示。

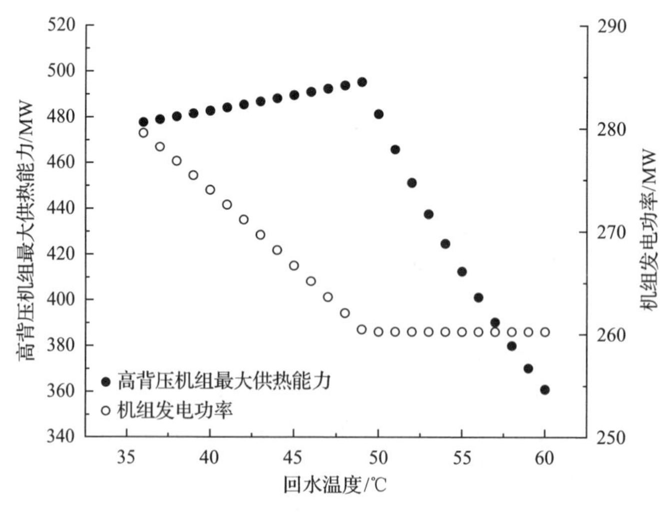

图 6-31　不同回水温度下最大供热能力和发电功率

由图 6-31 看出，在回水温度低于 49℃的范围内，机组的最大供热量随回水温度升高略有上升，而发电功率下降明显。原因是回水温度低，机组排汽余热供热量占比较大，抽汽供热量占比小，当回水温度升高时，抽汽量增加，最大供热量平缓上升，同时发电量下降。在回水温度高于 49℃的范围内，余热利用比减少，供热负荷主要由抽汽承担，但考虑到汽轮机的安全性，达到最大抽汽量时，排汽量也为定值，此时发电功率维持不变；当回水温度高于 49℃时，无法保证排汽余热全被利用，存在排汽冷源损失，机组的最大供热量呈快速下降趋势。当回水温度低于 56℃时，机组的最大供热负荷高于改造前的最大供热负荷。当回水温度为 49℃时，机组达到最大供热量 495MW，由于高背压机组供热能力的增加，对应的热电比均高于 100%，当回水温度为 49℃时，热电比高达 200%(厂用电率取 5%)，缓解了采暖期区域性用热多用电少的矛盾。

对案例机组在承担不同供热负荷时进行变工况性能计算，根据该地区高背压改造后供热期实际运行数据的平均值，取供回水温度为 95/45℃，根据图 6-31，得到机组最大供热量为 489MW，单机对应最大供热面积为 1020 万 m^2，计算不同供热面积下，高背压梯级供热系统的发电热效率和煤耗率，结果如图 6-32 所示。

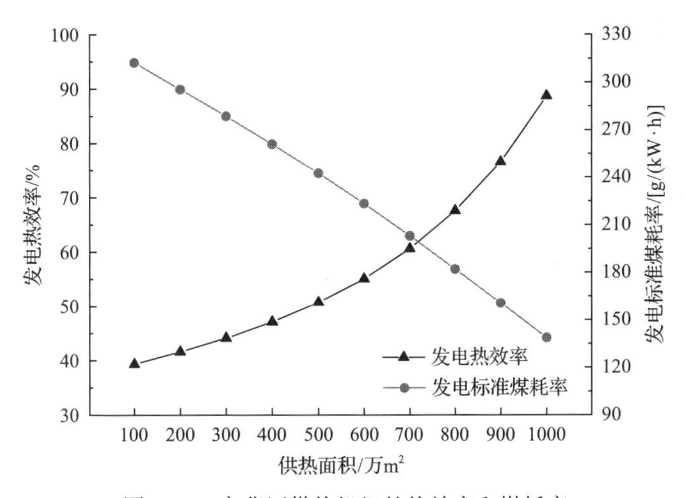

图 6-32　高背压供热机组的热效率和煤耗率

由图 6-32 看出，随供热面积增加，高背压供热机组的发电热效率逐渐升高，对应的发电标准煤耗率明显降低。对于 330MW 机组采用高背压梯级供热，若供热面积达到 1000 万 m^2 时，机组的发电热效率为 88.7%，发电标准煤耗率仅为 138.7g/(kW·h)，由此看出，高背压梯级供热系统减少了高品位抽汽，合理利用排汽余热，机组热效率大大提高，节能减排潜力巨大。同时看到，供热面积越大，排汽利用程度越高，机组的冷源损失越小，高背压供热优势体现得越明显，因此在实际应用高背压梯级供热技术时，应使实际供热面积接近最大供热面积，以获得良好的热经济性。

通过前述讨论看出，采用高背压供热方式，热网回水温度及供热负荷都会影响机组性能，因此并不是所有抽汽供热机组改造为高背压供热方式都节能。针对本章的 330MW 案例机组，通过变工况性能分析，将高背压供热和传统的抽汽供热的机组功率进行对比，在相同的供热负荷下，同时考虑回水温度的变化，分析不同供热方式机组性能。改变供热负荷，重新进行变工况性能计算，得到相应的发电功率如图 6-33 所示。同时对比分析，在供热量相同的情况下，采用高背压供热方式和传统的抽汽供热方式，发电功率的大小，由此判断，在某一确定的供热面积下，哪种供热方式热经济性更高。图中 AB 线上的各点表示不同供热面积下，高背压供热机组功率和抽汽供热机组相同功率机组相等，定义其为等功率线。

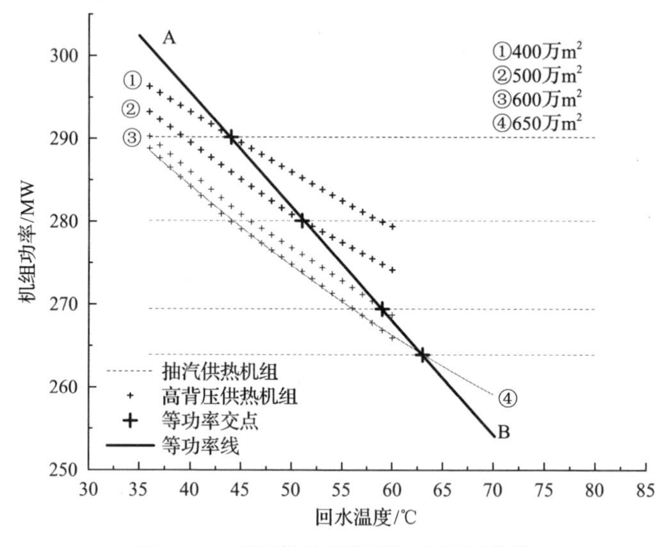

图 6-33　不同供热面积下机组选择曲线

从图 6-33 可以看出，在等功率线 AB 左侧，采用高背压供热方式机组的功率大于传统的抽汽供热机组功率，且供回水温度越低，高背压供热和相同热量下抽汽供热相比，两者发电功率差值越大，而且供热面积越大，高背压供热方式和传统抽汽供热发电功率差值越大，高背压供热方式其优势体现的越明显。在等功率线 AB 右侧，表示某一供热面积下，高背压供热方式机组的发电功率较抽汽供热方式低。由此得出结论，当供热面积及供回水温度在等功率线左侧时，宜采用高背压供热方式，机组的热经济性更高；当供热面积及供回水温度在等功率线右侧时，采用抽汽供热方式，能获得比高背压供热方式更多的发电功率。等功率线的提出和确定可作为机组供热改造供热方式选择的依据。

当供热机组容量参数变化时，通过上述变工况计算，可以得出对应的高背压供热和抽汽供热等功率线，从而确定高背压供热方式的适用条件。

6.4.3 高背压供热汽轮机低压部分性能优化

对于湿冷机组采用冬夏季双转子互换策略，供热季的低压转子拆掉末级或次末级，较纯凝低压转子级数少，为减少改造范围，低压汽缸通常不做大的改动，但由于级数减少低压缸蒸汽流动特性变化，各级参数变化较大，导致回热系统热力特性的变化，需要对低压通流部分优化提高汽轮机效率。

1. 高背压供热机组回热系统能耗分布

某凝汽式汽轮机采用双转子互换技术改造为抽汽背压式汽轮机，改造后供热机组型号为 CB300-16.67/0.79/0.054/538/538。非供热期纯凝工况运行，采用原纯凝低压转子；供热期低压转子更换为高背压转子，适应高背压运行工况，机组主要参数如表 6-16 所示。

表 6-16　机组典型供热工况热力参数

参数	额定供热工况	最大供热工况	最小供热工况
出力/kW	238928	261781	196493
主蒸汽流量/(kg/h)	970004	1025005	870004
主蒸汽压力/MPa	16.67	16.67	16.67
主蒸汽温度/℃	538	538	538
抽汽压力/MPa	0.791	1.009	0.79
抽汽量/(kg/h)	190000	108000	270000
排汽压力/kPa	54	54	54
排汽流量/(kg/h)	444240	549809	314600
末级高加出口给水温度/℃	276.3	280.4	269.7

依据汽轮机制造提供的高背压供热机组实际热力系统平衡图，根据额定供热工况下主蒸汽进汽量、回热抽汽压力温度、凝汽器背压等基本参数，基于质量及能量平衡，利用 EBSILON 软件搭建高背压汽轮机机组系统、建立热力系统模型[9]，分别以背压 54kPa 下不同供热工况的热平衡图为基准建模，并进行了精度验证，最大相对误差不为 0.13%，满足工程上的设计精度要求。

基于热力学第二定律的单耗分析理论，产品单耗 b 由两部分组成：

$$b = b_{\min} + \sum b_j \tag{6-35}$$

式中，$b_{\min}$ 为理论最低单耗；b_j 为各设备的附加单耗，g/(kW·h)。

$$b_j = \frac{E_{\mathrm{D},j}}{(P_{\mathrm{el}} / e_{\mathrm{p}}) \cdot e_{\mathrm{f}}} = \frac{T_0 \cdot S_j^{\mathrm{gen}}}{(P_{\mathrm{el}} / e_{\mathrm{p}}) \cdot e_{\mathrm{f}}} \tag{6-36}$$

式中，$E_{D,j}$ 为设备㶲损，kW；P_{el} 为发电功率，kW；S_j^{gen} 为熵产，kJ/(kg·K)。

取单个回热加热器为研究对象，通过㶲流平衡计算得到㶲损，获得机组回热系统附加燃料单耗的时空分布。第 i 级回热加热器汽水流程及相关参数如图 6-34 所示。

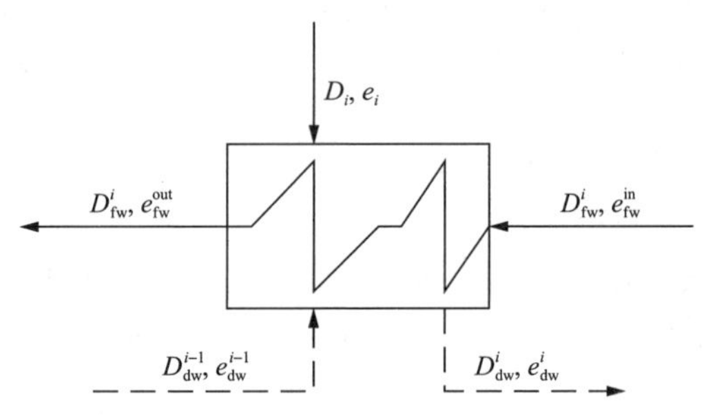

图 6-34　低压加热器汽水流程图

图 6-34 中，D_i、e_i 分别为 i 级回热抽汽的流量与㶲值；D_{dw}^i、e_{dw}^i 分别为流入下一级回热加热器疏水的流量与㶲值；D_{fw}^i 为第 i 级回热加热器进口给水流量；e_{fw}^{in}、e_{fw}^{out} 分别为凝结水在第 i 级加热器的进口和出口㶲值。

$$E_{D,i} = D_i \cdot e_i + D_{fw}^i(e_{fw}^{in} - e_{fw}^{out}) + D_{dw}^{i-1} \cdot e_{dw}^{i-1} - D_{dw}^i \cdot e_{dw}^i \tag{6-37}$$

$$b_i = E_{D,i} \times \left(\frac{e_p}{e_f}\right) \Big/ P_{el} \tag{6-38}$$

根据供热机组回热系统㶲守恒原理，由式(6-37)和式(6-38)计算得到额定高背压供热工况下各级回热加热器的㶲损及附加单耗，结果如表 6-17 所示。

表 6-17　回热加热器㶲损及附加单耗

加热器编号	1#	2#	3#	4#	5#	6#	合计
㶲损/kW	990.062	1277.862	1348.868	3768.21	1267.125	129.27	8781.397
附加单耗/[g/(kW·h)]	0.4572	0.5901	0.6628	1.74	0.5851	0.0587	4.0939

可见，由于凝结水在各级加热器中温升相差较大，偏离“等温升最佳分配”的原则，从而产生较大㶲损，具有较大的节能潜力：

(1)除氧器处凝结水进、出口温差达到 44℃，对应抽汽温度为 337℃，大温差传热且混合式加热导致较大的㶲损失，附加单耗明显增加，除氧器的㶲损及附加燃料单耗占比高达 42.5%。

(2)由于凝结水温升小，所以 6#低压加热器㶲损及附加燃料单耗最小。

(3)3#、4#、5#低加凝结水温升大，且由于抽汽的能量品位高导致较大的㶲损及附加燃料单耗。

2. 高背压供热机组回热系统的优化

案例机组非供热期汽轮机低压缸 2×7 级。供热期汽轮机排汽背压提高至 54kPa，汽轮机低压缸减少至 2×5 级，供热期低压回热系统如图 6-35 所示，图中 D_i、$h_i(i=1,\cdots,4)$分别为第 i 级回热抽汽的流量与焓值，P_c、D_c、h_c分别为汽轮机排汽压力、流量和焓值。对高背压供热改造后汽轮机低压回热系统进行优化，降低低压回热系统整体附加单耗。

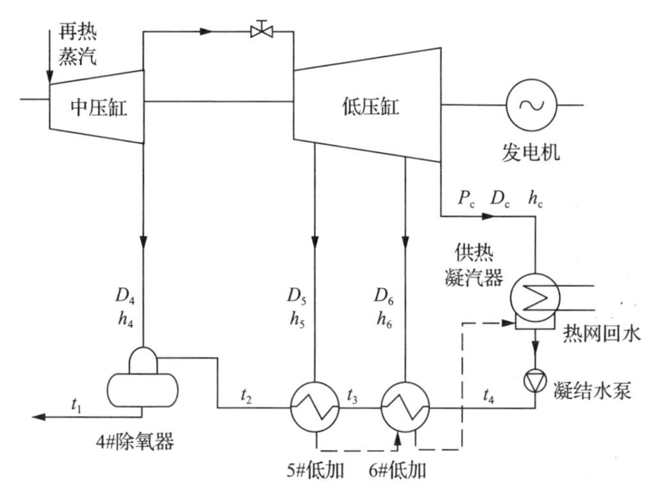

图 6-35　供热期汽轮机低压回热系统

采用平均分配法，进行回热系统焓降分配，重新确定各台低压加热器凝结水温升。由于高中压缸结构不变，除氧器入口凝结水温度不变。控制变量为 5#和 6#低加凝结水温升，并以此作为控制变量，迭代计算直至机组发电功率最大。

分析结果发现，当 5#低加凝结水温升为 27℃、6#低加凝结水温升为 25℃时，发电功率最大，较原工况发电功率增加 507kW，且接近“等温升最佳分配”的原则。

对应的第 5 级和第 6 级抽汽压力，考虑 5%的抽汽压损后第 5 级和第 6 级抽汽压力分别取 0.3591MPa、0.1559MPa，并将此回热抽汽压力作为热力系统计算的边界条件，计算得到各级低压加热器汽水参数，如表 6-18。

重新计算回热系统各设备㶲损与附加单耗，优化前后回热系统的㶲损及附加单耗比较结果见图 6-36，其中，4#除氧器和 6#低加附加单耗变化最大，优化后机组发电功率增加 507kW，整体附加单耗下降 0.3121g/(kW·h)、㶲损失减小 575.5kW。

表 6-18 低压加热器优化前后参数对比

参数	温升优化前			温升优化后		
	4#除氧器	5#低加	6#低加	4#除氧器	5#低加	6#低加
出口水温/℃	171.04	127.025	92.485	171.04	135.158	108.171
出口水比熵/[kJ/(kg · K)]	2.0312	1.6062	1.2208	2.0312	1.6884	1.3979
抽汽流量/(kg/s)	13.725	11.731	3.108	11.001	9.401	8.362
抽汽压力/MPa	0.7515	0.2688	0.0855	0.7515	0.341	0.1481
抽汽比熵/[kJ/(kg · K)]	7.3963	7.4763	7.5472	7.9363	7.4608	7.5107
疏水温度/℃	—	98.085	88.931	—	113.771	88.931

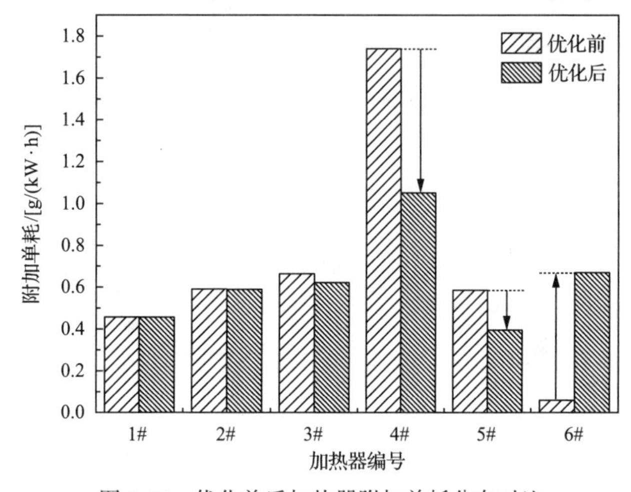

图 6-36 优化前后加热器附加单耗分布对比

第 4 级抽汽量较优化前由 13.725kg/s 降至 11.001kg/s，高品位抽汽量减少；同时给水温升由 44.02℃降至 35.88℃，温差降低使传热不可逆损失减少；除氧器的附加单耗降低 0.6895g/(kW · h)。

与优化前相比，5#低加凝结水温升由 34.54℃降至 26.99℃，附加单耗由 0.5851g/(kW · h)降至 0.3951g/(kW · h)。第 5 级抽汽压力升高、抽汽量减少，故不可逆温差带来的传热损失减少。

6#低加凝结水温升由 9.15℃增大至 24.84℃，抽汽量增加。传热温差增大使得 6#低加附加单耗增加明显，但由于压力低的第 6 级回热抽汽置换了高品位蒸汽量，“以低换高”，使蒸汽在低压缸作功能力增加，满足“温度对口，梯级利用”的原则。

3. 回热系统优化后低压缸通流部分热力设计

汽轮机低压通流部分热力计算：简化汽轮机内部三元可压缩非绝热非定常的黏

性流场，基于稳态绝热气流的假设，采用一维设计理论进行计算，基本方程主要包括：连续性方程、能量守恒方程、过程方程、状态方程等，计算流程如图 6-37 所示。

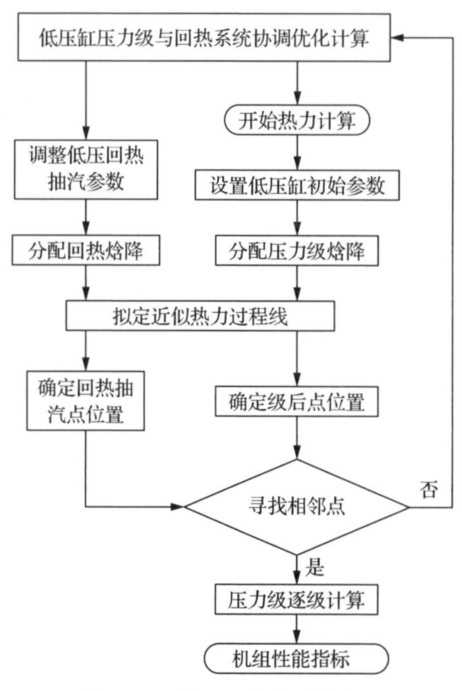

图 6-37　低压缸热力计算流程

将温升分配优化后的第 5 级、第 6 级抽汽压力值作为汽轮机低压通流部分热力计算的边界条件，对低压缸通流部分进行热力设计，同时考虑回热系统与压力级监视段压力的匹配问题。

低压回热系统和压力级两者协调优化、热力计算调整第 5 级抽汽压力为 0.3267MPa，第 6 级抽汽压力 0.1936MPa，为保证各级低压加热器附加单耗最低，重新分配各压力级理想焓降，计算得到各级热力性能参数及主要结构尺寸，数据汇于表 6-19。

表 6-19　低压缸通流部分热力计算结果

参数	压力级 1	压力级 2	压力级 3	压力级 4	压力级 5
蒸汽流量/(kg/s)	95.345	95.345	92.323	87.045	87.045
级的平均直径/mm	1920	1950	1999	2058	2145
级前压力/MPa	0.756	0.5081	0.3267	0.1936	0.1057
圆周速度/(m/s)	301.59	306.31	314	323.27	336.93
理想比焓降/(kJ/kg)	105.59	105.25	109.95	116.71	113.54

续表

参数	压力级 1	压力级 2	压力级 3	压力级 4	压力级 5
滞止比焓降/(kJ/kg)	105.591	108.957	112.942	120.101	118.743
理想出口速度/(m/s)	459.54	466.81	475.27	490.11	487.33
喷嘴理想比焓降/(kJ/kg)	52.795	54.479	56.471	60.051	59.372
喷嘴实际出口速度/(m/s)	315.2	330.89	334.87	336.15	348.61
喷嘴损失/(kJ/kg)	3.12	3.438	3.514	3.549	3.817
喷嘴后压力/MPa	0.6224	0.4081	0.2543	0.1438	0.0753
动叶进口相对速度/(m/s)	78.32	83.34	84.63	84.53	95.69
动叶理想比焓降/(kJ/kg)	52.795	52.624	54.981	58.355	56.771
动叶滞止比焓降/(kJ/kg)	55.865	56.101	58.556	61.932	61.342
动叶出口理想速度/(m/s)	334.25	334.96	342.23	351.94	350.28
动叶出口实际速度/(m/s)	324.22	324.91	331.96	341.38	339.77
动叶损失/(kJ/kg)	3.301	3.316	3.461	3.661	3.625
余速损失/(kJ/kg)	3.709	4.281	4.849	5.208	7.721
动叶后压力/MPa	0.5081	0.3267	0.1936	0.1057	0.0532
轮周有效比焓降/(kJ/kg)	95.461	97.922	101.119	107.683	103.591
级的理想能量/(kJ/kg)	101.881	105.962	109.552	114.891	111.023
轮周效率	0.9159	0.9241	0.9234	0.9373	0.9331
叶高损失/(kJ/kg)	1.68	1.35	1.04	0.7796	0.5279
漏汽损失/(kJ/kg)	1.16	0.93	1.02	0.7578	0.7776
级的有效比焓降/(kJ/kg)	92.622	95.642	99.058	106.141	102.282
级的相对内效率	0.9091	0.9026	0.9042	0.9238	0.9213
级内功率/kW	8831.05	9118.99	9145.33	9238.95	8903.35

额定高背压供热工况优化前的低压缸热效率为 89.65%，低压回热系统优化后，计算得到低压缸效率为 92.50%，有所提高。在主再热蒸汽、低压缸进汽参数基本保持不变的前提下，优化后第 5 级回热抽汽流量减少，第 6 级回热抽汽流量增加，即用低品位抽汽置换出部分高品位抽汽，以低换高使回热系统整体附加单耗减小，机组发电功率增加 3068kW，低压缸效率增加 2.85 个百分点，高背压供热汽轮机低压缸性能得到改善。

高背压供热汽轮机进行低压通流改造时应兼顾回热系统，二者协调优化，使低压回热系统适应汽轮机通流改造热力特性，则可以进一步改进高背压供热汽轮机机组的整体热力性能，为工程应用提供科学指导。

6.4.4　汽轮机低品位能分级加热

1. 汽轮机低品位能分级加热系统的建立

基于热力学第二定律，供热过程是热源与热网间不同品质热交换过程，存在㶲损失。换热过程㶲损 ΔE_x 表示为

$$\Delta E_x = QT_0 \times \left(\frac{1}{\overline{T}_2} - \frac{1}{\overline{T}_1} \right) \tag{6-39}$$

式中，Q 为换热量，W；T_0 为环境温度，K；$\overline{T}_1$ 为热源(供热蒸汽)平均温度，K；$\overline{T}_2$ 为冷源(热水管网)平均温度，K。

换热过程平均温度 $\overline{T}$ 表示为

$$\overline{T} = \frac{Q}{s' - s''} \tag{6-40}$$

式中，s' 为换热初状态熵，kJ/(kg·K)；s'' 为换热末状态熵，kJ/(kg·K)。

对于热水管网，工程计算可简化为

$$\overline{T} = \frac{T' + T''}{2} \tag{6-41}$$

式中，T' 为初状态温度，K；T'' 为末状态温度，K。

换热过程㶲损 ΔE_x 主要取决于热源和热网的平均温度，采用传统汽轮机抽汽供热方式，供热过程温度分布如图 6-38 所示，T_{Ext} 代表供热抽汽温度，T_{N} 代表热水管网温度，$\overline{T}_{\mathrm{S}}$ 代表热源平均温度，Q 代表换热量)。由于供热抽汽温度较高，即热源与热网间存在较大温差，换热过程㶲损较大[10]。

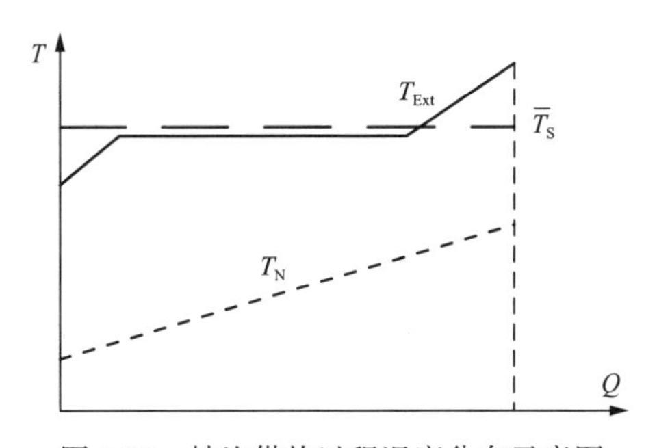

图 6-38　抽汽供热过程温度分布示意图

高背压机组余热供热利用汽轮机乏汽初步加热热网水，抽汽作为尖峰加热热源，供热过程温度分布如图 6-39 所示，T_{Exh} 代表乏汽温度。采用余热梯级加热方

式，热源平均温度得到降低，热源和热网间换热温差明显减小，炯损失降低。因此，降低供热过程平均热源温度是减少供热过程炯损失的重要途径。

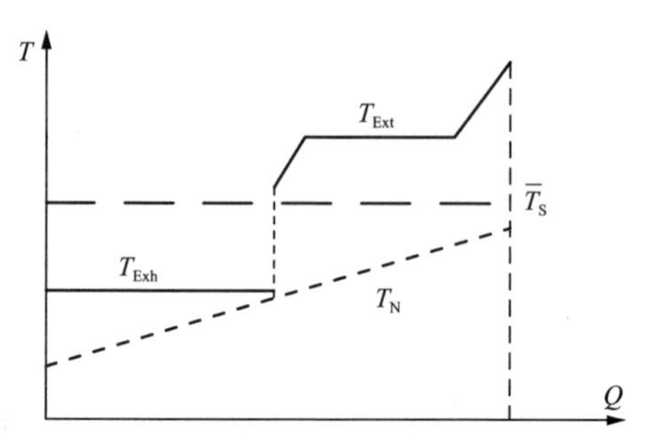

图 6-39　余热能梯级供热过程温度分布示意图

针对大容量热电厂，供热规模大，并列运行热电机组台数多，依然存在供热蒸汽热源平均温度偏高问题。为此提出多热源分级加热技术，进一步降低供热热源平均温度，深度挖掘热电联产系统节能潜力。多级串联加热梯级供热系统流程如图 6-40 所示，供热过程温度分布如图 6-41 所示。

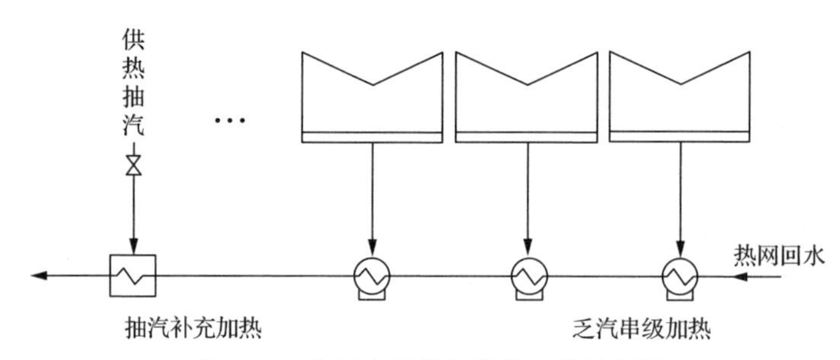

图 6-40　多级串联梯级供热系统流程图

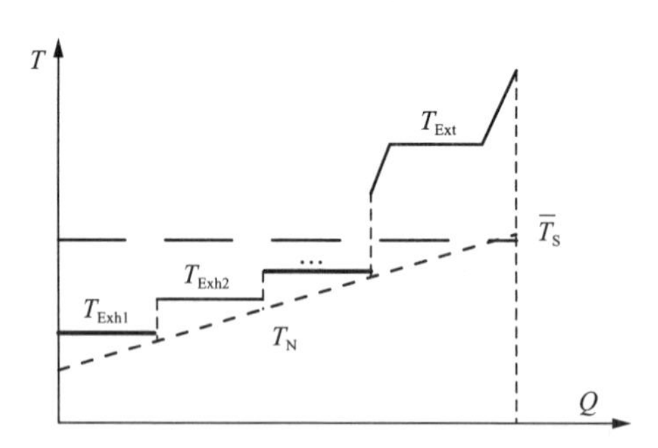

图 6-41　多级串联加热梯级供热过程温度分布

由图 6-41 可以看出，供热系统采用多热源串联加热方式，按照“温度对口，梯级利用”的原则逐级加热热网水，供热热源的平均温度可进一步降低，减少供热过程炯损失。

2. 汽轮机低品位能分级加热技术的工程应用

山西古交兴能电厂目前共有 6 台热电机组，承担太原市近三分之一的供热任务,其中两台 300MW 和两台 600MW 空冷机组为太原-古交供热项目的主要热源。以此四台机组为基础，采用低位能深度梯级利用技术，构建多级串联梯级供热系统，并根据多用户供热需求及供热距离不同划分近程、远程热用户，形成梯级放热热网，进一步优化供热系统。

该系统包含太原、古交、屯兰、马兰和厂区 5 个热用户区，其中电厂至太原市中继能源站的供热距离为 37.8km，温差大，距离长，属于远程热用户，其余在电厂周边为近程热用户。供热系统流程如图 6-42 所示。

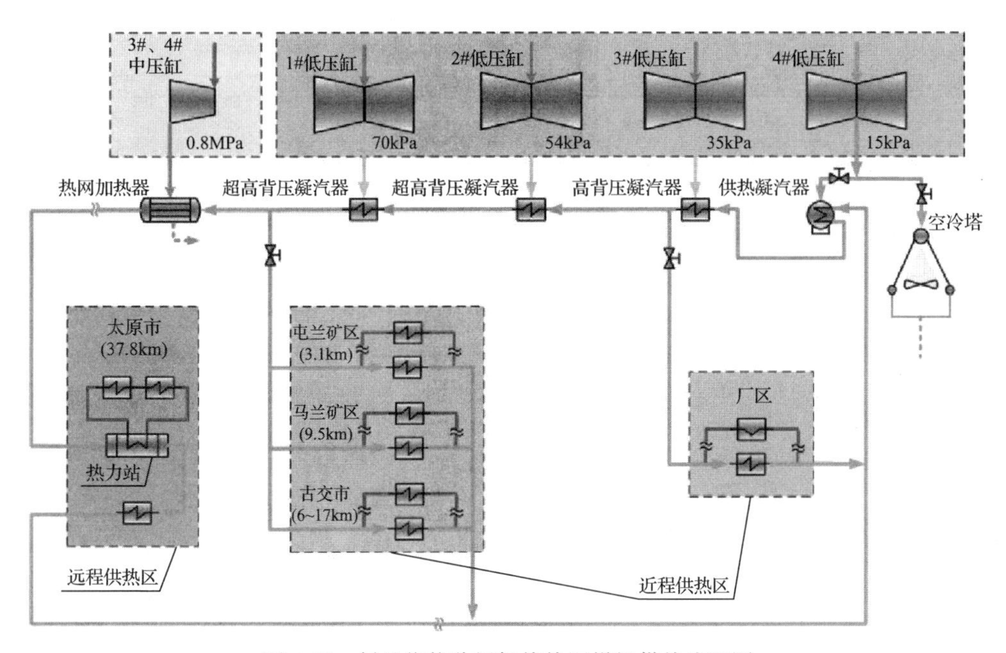

图 6-42　低品位能分级加热热网梯级供热流程图

由图 6-42 可知，整个供热系统由四台直接空冷机组组成，其中 1#、2#为 300MW 亚临界直接空冷机组，3#、4#为 600MW 超临界直接空冷机组。供热期 4#机组常规背压运行，3#机组抬高背压运行，1#、2#机组经低压缸改造超高背压运行，背压分别可提升至 70kPa、54kPa。供热过程分为五个部分，热网回水首先经过四台机组乏汽串级加热，然后经过尖峰加热器补充加热，供热抽汽由 3#、4#机提供，均来自中压缸排汽。

四台机组设计参数见表 6-20，供热需求如表 6-21 所示。

表 6-20　机组设计参数

项目	1#	2#	3#	4#
	高背压	高背压	高背压	抽凝
主汽压力/MPa	16.67	16.67	24.2	24.2
主汽温度/℃	537	537	566	566
再热压力/MPa	3.35	3.33	3.85	3.85
再热温度/℃	537	537	566	566
背压/kPa	70	54	35	15
抽汽流量/(t/h)	—	—	—	840
抽汽压力/MPa	—	—	—	1.099
抽汽温度/℃	—	—	—	375.9
额定电负荷/MW	262	272	567	396

表 6-21　区域供热需求

项目	数值
供热时长/天	151
供热面积/万 m^2	4075
单位面积热负荷/(W/m^2)	53
总供热负荷/(GJ/h)	7780
热网供水温度/℃	110
热网回水温度/℃	50
热网水量/(t/h)	30,900

以系统供热单耗作为评价指标，讨论该系统节能效果。热电联供系统中，供热单耗 $b_{h,CHP}$ 通过下列公式计算：

$$E_{ECR} = p_e - p_{e,CHP} \tag{6-42}$$

$$b_{h,CHP} = \frac{E_{ECR} \times b}{1000 Q_h} \tag{6-43}$$

式中，E_{ECR} 为机组“当量电耗率”，表示热电联产机组因供热而减少的发电功率，kW；p_e 为机组额定发电功率，kW；$p_{e,CHP}$ 为热电联产机组实际发电功率，kW；Q_h 为联产供热负荷，GJ/h；b 为区域电网平均供电煤耗，根据华北电网数据，取为 326g/(kW·h)。

计算得出多级串联加热系统热经济性指标，如表 6-22 所示。

表 6-22　系统设计工况性能参数

名称	1#	2#	3#	4#
主蒸汽压力/MPa	16.6	16.6	24.2	24.2
进汽量/(t/h)	966.7	966.7	1766	1766
机组背压/kPa	70	44.2	27.3	15
发电功率/MW	265.6	277.0	543.0	397.2
供热热源热源	乏汽	乏汽	乏汽/抽汽	乏汽/抽汽
抽汽量/(t/h)	—	—	145	835
抽汽压力/MPa	—	—	1.099	1.099
抽汽供热负荷/(GJ/h)	—	—	401.0	2329.3
乏汽供热负荷/(GJ/h)	1510.9	1469.2	1680.5	384.8
总供热负荷/(GJ/h)	7780			
乏汽供热占比/%	64.9			
乏汽回收率/%	100	100	70.8	51.0
全厂乏汽回收率/%	81.3			
热源平均温度/℃	89.9	78.3	85.2	163.6
供热系统㶲效率/%	94.2	93.3	82.3	67.2
绿色供热指数	0.83	0.91	0.79	0.3
热效率/%	85.7			
发电标煤耗率/[g/(kW·h)]	132.6	132.8	175.8	181.3
当量电耗率/MW	34.4	23.0	57.0	202.8
总当量电耗率/MW	317.2			
供热单耗/(kg/GJ)	7.4	5.1	8.9	24.4
平均供热单耗/(kg/GJ)	13.3			
全厂平均发电煤耗率/[g/(kW·h)]	161.5			

由表6-22可知，多级串联加热系统余热回收率高达81.3%，一次能源(煤炭)利用率达 85.7%，均高于传统抽凝热电联产。设计供热工况时，乏汽热负荷比例达64.9%，供热单耗仅13.3kg/GJ，与传统抽凝方案相比降低53%。

3. 低品位能分级加热系统全工况性能分析

在供热机组实际运行中，供热需求会随着外界环境条件变化发生改变，供热负荷也会做出相应调整。多级串联供热系统由于热网分级加热特性，可根据环境条件和供热需求变化，逐步投入或退出相应加热环节，优化系统运行。鉴于此，对多级串联分级加热系统全工况运行调节及热力学性能展开深入分析。不同环境温度条件下，热网供回水温度和热源参数如图6-43所示。

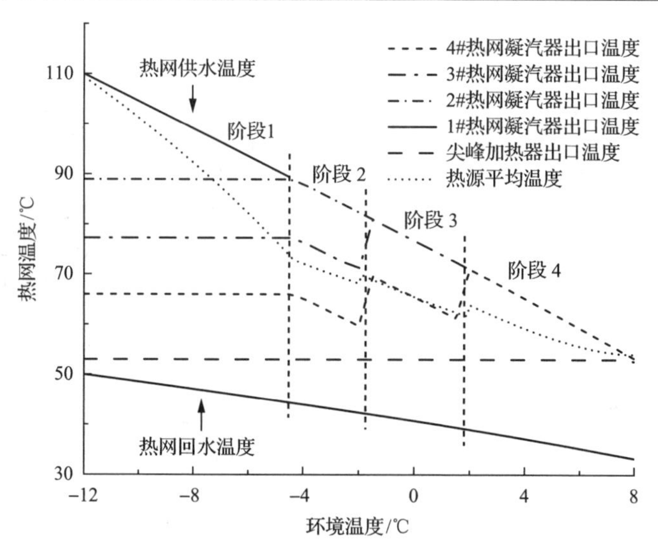

图 6-43　不同环境温度下热网供回水温度和热源参数

对应热负荷分布如图 6-44 所示。

由图 6-43、图 6-44 可知，随着环境温度的升高，用户供热需求逐渐减少，供热负荷与供水温度随之降低。多级串联分级加热系统全工况运行调节主要分为以下四个阶段。

(1) 环境温度较低时，系统可根据供热需求变化，灵活调整尖峰加热器内供热抽汽流量，满足供热要求。当环境温度达到−4.3℃时，系统抽汽热负荷降为零，尖峰加热器停运。

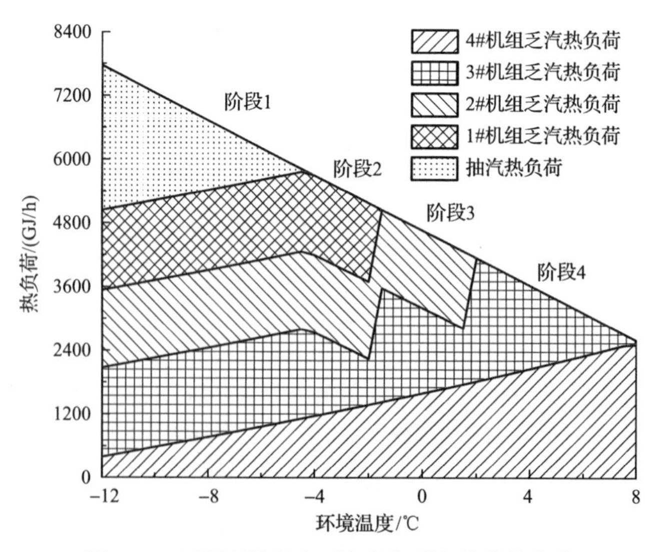

图 6-44　不同环境温度下各机组承担的供热负荷

(2) 环境温度达到–4.3℃时，全部供热负荷均由乏汽承担。并且随着环境温度升高，1#机组供热凝汽器出口热网水温有所下降。为了充分利用 1#机组乏汽，2#机组、3#机组供热凝汽器出口热网水温随之降低。

(3) 环境温度达到–2.0℃时，2#机组乏汽已可满足热网加热需求，1#机组停运，降低系统的供热能耗。而后随着供水温度的降低，2#、3#机组供热凝汽器出口温度也逐渐降低。

(4) 环境温度达到 1.9℃时，3#机组的乏汽能够满足热网加热需求，2#机组停运。之后随着供水温度的不断降低，3#机组供热凝汽器出口温度也逐渐降低。

随着环境温度的升高，热网回水温度也有所降低，4#机乏汽回收量逐渐增加。

根据以上分析，当环境温度较低，供热需求较高时，热负荷由乏汽与抽汽共同承担，此时可通过调节抽汽流量满足供热需求变化；而随着环境温度升高至一定程度，乏汽可满足供热需求时，尖峰加热器停运，需调整机组背压，以适应热负荷的变化，达到更好的节能效果。

根据系统全工况运行调节过程，分析系统供热当量电耗的变化，如图 6-45 所示。

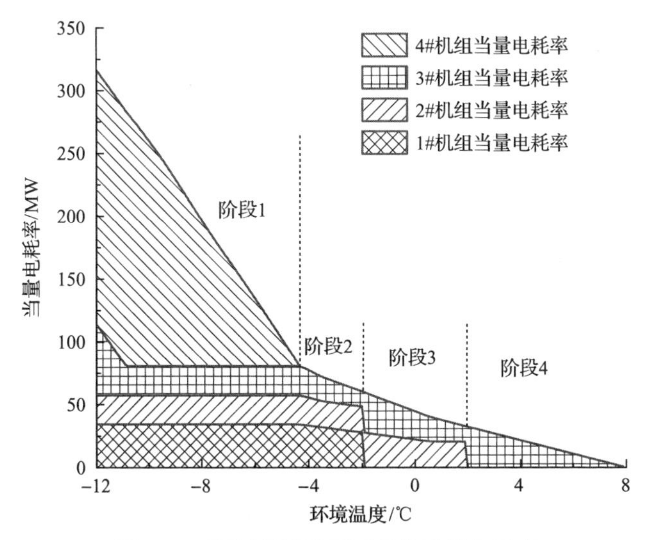

图 6-45　不同环境温度下系统当量电耗率

根据图 6-45，随着环境温度改变，通过运行调节，系统供热当量电耗变化较大，并且变化率在前后两个区间内有明显差异。前者包括调节过程的第 1 阶段，后者包括第 2、3、4 阶段，供热流程区别在于尖峰加热器。在前者区间内，随着环境温度升高，抽汽当量电耗迅速减小；而在后者区间内，尖峰加热器停运，随着环境温度升高，乏汽当量电耗逐渐减小。可以得出，系统供热当量电耗主要来自抽汽，乏汽供热单耗远低于抽汽。例如设计工况下，乏汽当量电耗为 80.5MW，供热单耗仅 5.2kg/GJ，相比之下，抽汽当量电耗为 236.7MW，供热单耗为

28.3kg/GJ。因此，提高供热期的乏汽热负荷比率是多级串联供热系统降低供热单耗、提升热电联产系统节能效果的关键。

北方冬季供热期通常可划分为三个时期：严寒期、寒冷期和次寒期，根据供热区域实际情况三个时期分别持续 31 天、60 天和 60 天。供热期多级串联供热系统乏汽供热热负荷与总热负荷分布如图 6-46 所示，供热单耗如图 6-47 所示。

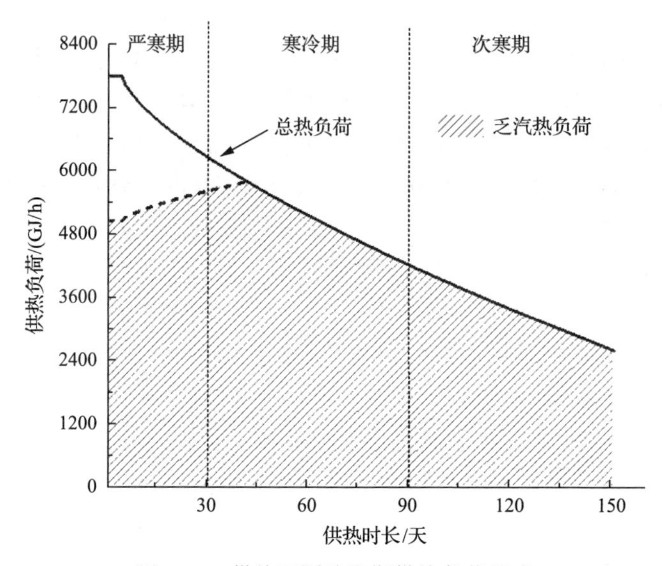

图 6-46　供热不同阶段期供热负荷组成

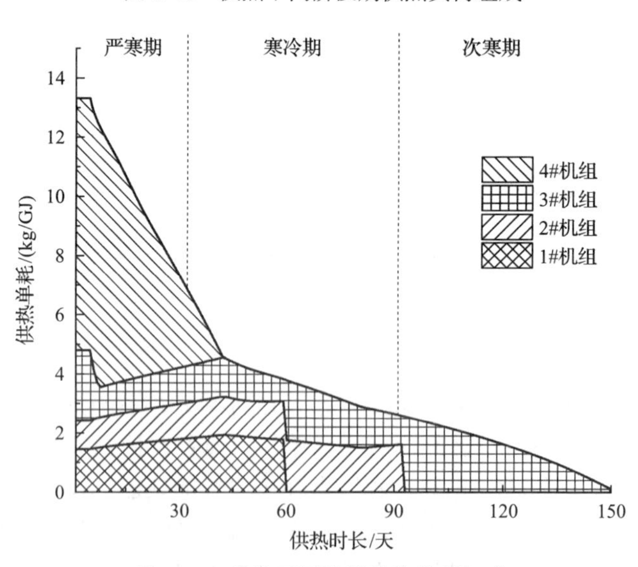

图 6-47　供热不同阶段供热能耗组成

根据图 6-46、图 6-47，供热期内超高背压供热方案仅热负荷较高的 43 天需要抽汽供热，其余时间供热负荷可由乏汽全部承担。严寒期供热需求较高，乏汽供热比例为 76.3%，此时平均供热单耗为 10.7kg/GJ；寒冷期由于供热需求降低，乏汽供热比例升至 99%，平均供热单耗也降为 4.1kg/GJ；而次寒期全部供热负荷均由乏汽承担，平均供热单耗进一步降至 1.6kg/GJ。整个供热期系统乏汽供热比例达 92.5%，平均供热单耗仅 5.30kg/GJ，较常规抽凝热电联产供热系统大幅降低 81.3%，体现了巨大的节能优势。

6.5　汽轮机排汽与抽汽耦合的梯级供热系统

传统抽凝供热模式与理想的可逆供热模式之间仍存在较大距离，在以下环节仍存在较大改进空间。

(1) 供热抽汽温度远高于热网所需温度。

(2) 现行热网的设计供回水温度在 130℃/70℃的温度水平，相对于采暖 20℃室温水平，温度差别较大，热网与热用户的品位失衡依旧存在且没有改善。

(3) 为缓解热用户热能品位的供需失衡，设计供回水温度 50℃/40℃的地暖已被广泛应用，且国内外均有相关研究，但大型热网输配温度没有因此调整，可能导致房间温度过高，造成能量浪费[11]。

按照热力学第二定律低温直供模式，其供水温度低直供给热用户，无局域换热站，㶲效率高。但在实际应用中，对于供热负荷较大地区，供水温度较低，导致热网水流量大、管网布置投资建设和运行泵耗功都会增加。

前述内容重点围绕汽轮机组的热源侧进行了系统集成优化研究。汽轮机排汽余热和抽汽耦合的分级加热余热供热系统，可以为用户提供不同温度品位的热负荷。在此基础上，本节针对 300MW 等级及以上汽轮机组提出梯级供热管网布置，厂内采用热网水梯级加热，热网根据用户或散热器形式分成近程用户和远程用户，实现热源梯级加热，热网梯级放热的供热系统(简称 DCK 供热系统)，系统流程如图 6-48 所示。结合系统的运行特性，探讨供热系统远近负荷分配的影响。

6.5.1　梯级供热系统的热负荷分配

汽轮机低品位余热供热与抽汽耦合的梯级供热系统中，近、远程热负荷分配主要会造成以下两方面的影响。

(1) 热源侧：近、远程热负荷会随着供热距离发生变化，引起供热汽轮机抽汽量变化，从而影响机组的发电功率。

(2) 热网侧：近、远程热网水量会随着热负荷分配而产生变化，而且热网循环水量变化后，热网管道型号不同，不同尺寸的管道对管网建设成本影响很大，此外，管径与流量还会引起管路压损的变化，进而导致热网泵耗改变。

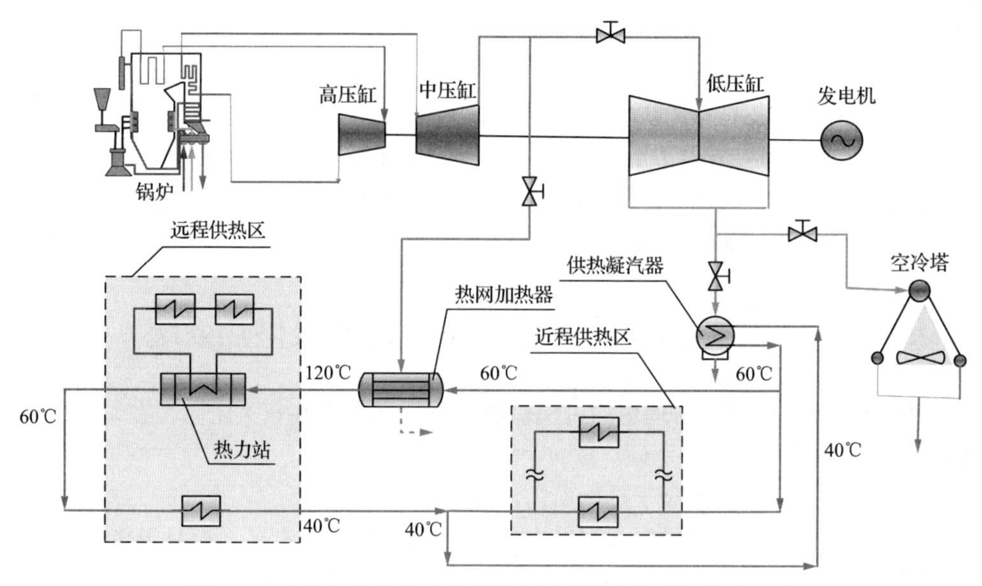

图 6-48　汽轮机低品位余热供热与抽汽耦合的梯级供热系统

因此,确定近、远程热网输送距离是实现 DCK 梯级供热模式的一个关键问题。DCK 供热系统的联合运行特性计算流程如图 6-49 所示。

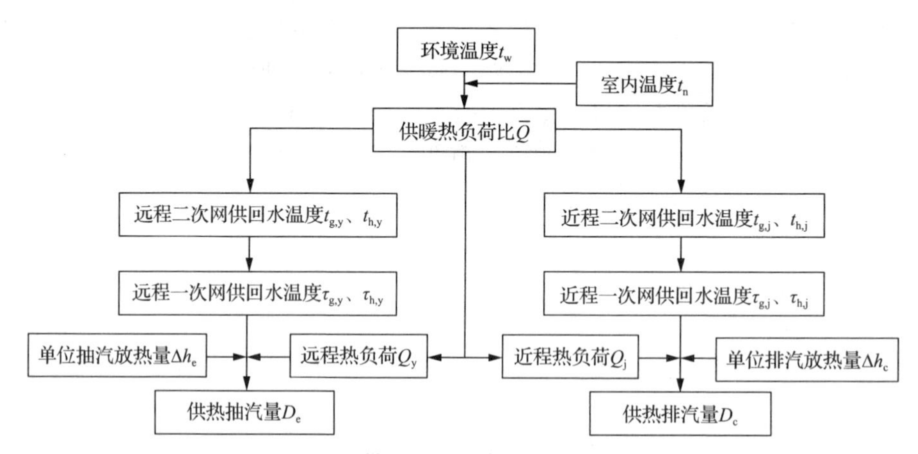

图 6-49　DCK 供热系统联合特性计算逻辑关系图

根据系统的年折算收益建立数学寻优模型,评价 DCK 供热系统不同负荷分配下的优劣。年折算收益 P 包括供热季的燃煤成本、供热管网的基建投资费用和运行费用、供热季的供电收益和供热收益，计算公式为

$$\max C_{\text{total}}=\sum_{\text{hour}}C_{\text{Pe}}+\sum_{\text{hour}}C_{\text{Ph}}-\sum_{\text{hour}}C_{\text{fuel}}-C_{\text{cap}}(\omega+\gamma)-\sum_{\text{hour}}C_{\text{power}}-\sum_{\text{hour}}C_{\text{qloss}} \tag{6-46}$$

式中，C_{Pe} 为逐时发电收益，万元/年；C_{Ph} 为逐时供热收益，万元/年，C_{fuel} 为逐

时燃料成本，万元/年；C_{cap} 为热网管网基建总投资费用，万元/年；ω 为标准投资效果系数，γ 为热网管网折旧、检修及维护费用的年扣除百分数，在热电工程中，管网的基本折旧率一般取 4.8%，大修费率取 1.4%，再考虑经常小修和其他费用，取 γ 为 8%～10%；C_{power} 为热网逐时热媒输送费用，万元/年；C_{qloss} 为热网逐时热损失费用，万元/年。

6.5.2 DCK 梯级供热系统案例分析

以某地区实际热网为例，采用上述联合特性分析模型和性能评价模型，进一步阐明 DCK 供热系统热负荷的分配方法，以及其对供热系统性能的影响。供热区域管网布置如图 6-50 所示，管段长度数据见表 6-23，各热力站供热面积见表 6-24，该区域总供热面积 500 万 m^2，供热指标为 45W/m^2，设计热负荷为 810GJ/h。热网年运行时间为 2402h，热负荷延时曲线如图 6-51 所示。

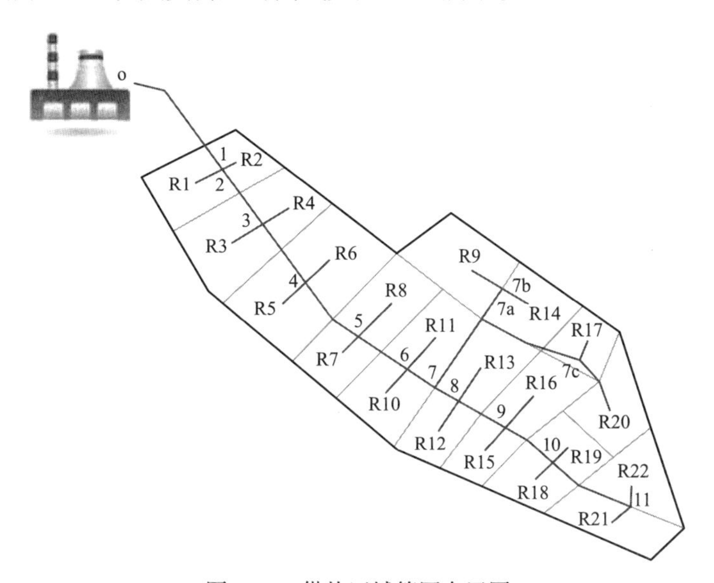

图 6-50　供热区域管网布置图

表 6-23　管段长度数据

管段号	平面长度/m	管段号	平面长度/m	管段号	平面长度/m
0～1	2769.9	5～R8	261.08	8～9	281.42
1～2	173.05	7～7a	479.53	9～R15	165.69
2～R1	158.56	7a～7b	209.71	9～R16	237.86
2～R2	74.32	7b～R9	198.37	7a～7c	561.82
2～3	385.3	5～6	320.81	7c～R17	112.58

续表

管段号	平面长度/m	管段号	平面长度/m	管段号	平面长度/m
3～R3	183.01	6～R10	176.84	9～10	325.76
3～R4	155.67	6～R11	232.84	10～R18	134.21
3～4	411.84	6～7	184.36	10～R19	120.45
4～R5	174.62	7～8	147.7	7c～R20	338.55
4～R6	173.02	8～R12	207.94	10～11	490.43
4～5	423.44	8～R13	223.04	11～R21	125.5
5～R7	131.47	7b～R14	168.87	11～R22	138.86

表 6-24　供热区域负荷分布数据

热力站	面积/万 m^2	热力站	面积/万 m^2	热力站	面积/万 m^2
R1	22.931	R9	32.033	R17	15.683
R2	12.452	R10	23.604	R18	17.961
R3	31.518	R11	24.611	R19	16.113
R4	18.948	R12	17.851	R20	24.955
R5	29.866	R13	24.853	R21	22.803
R6	32.859	R14	23.228	R22	22.917
R7	17.819	R15	15.640	—	—
R8	26.040	R16	25.318	—	—

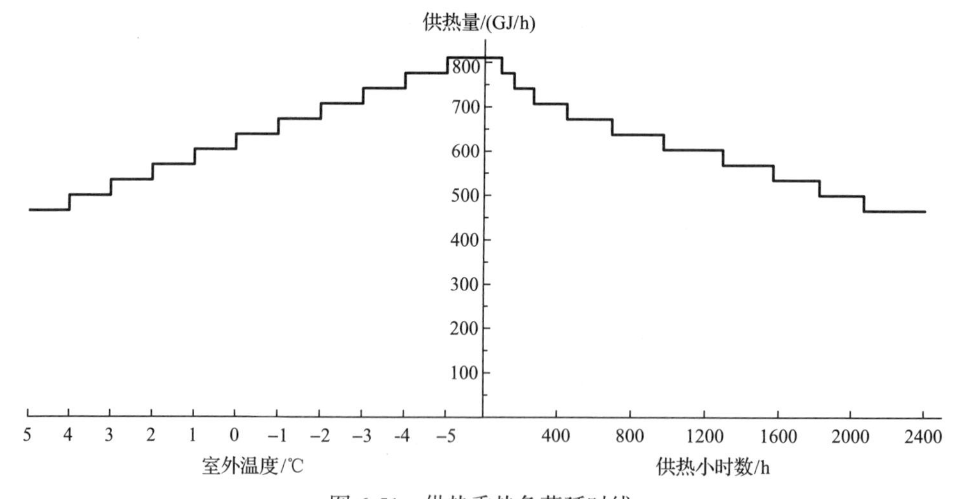

图 6-51　供热季热负荷延时线

该地区热源为 330MW 空冷改造高背压供热机组，中压缸后额定抽汽压力 0.4MPa；供热季机组背压若提高至 22kPa，可利用低压缸排汽加热近程热网循环水至 60℃。机组基本参数汇于表 6-25。

表 6-25　供热机组参数

参数	数值	参数	数值
主蒸汽流量/(t/h)	1046.4	额定抽汽压力/MPa	0.4
主汽压力/MPa	16.67	凝汽背压/kPa	22
主汽温度/℃	538	给水温度/℃	273.6
再热蒸汽压力/MPa	3.377	锅炉效率/%	93
再热蒸汽温度/℃	538	管道效率/%	99

采用 DCK 供热模式对上述区域供热，近程热网采用高背压供热模式与热力站直接连接，远程热网采用抽汽供热模式与热力站间接连接。按照与热源电厂的距离划分近、远程热网的供热范围，可以得到 9 个不同的近、远程热负荷分配方案如图 6-52 所示。

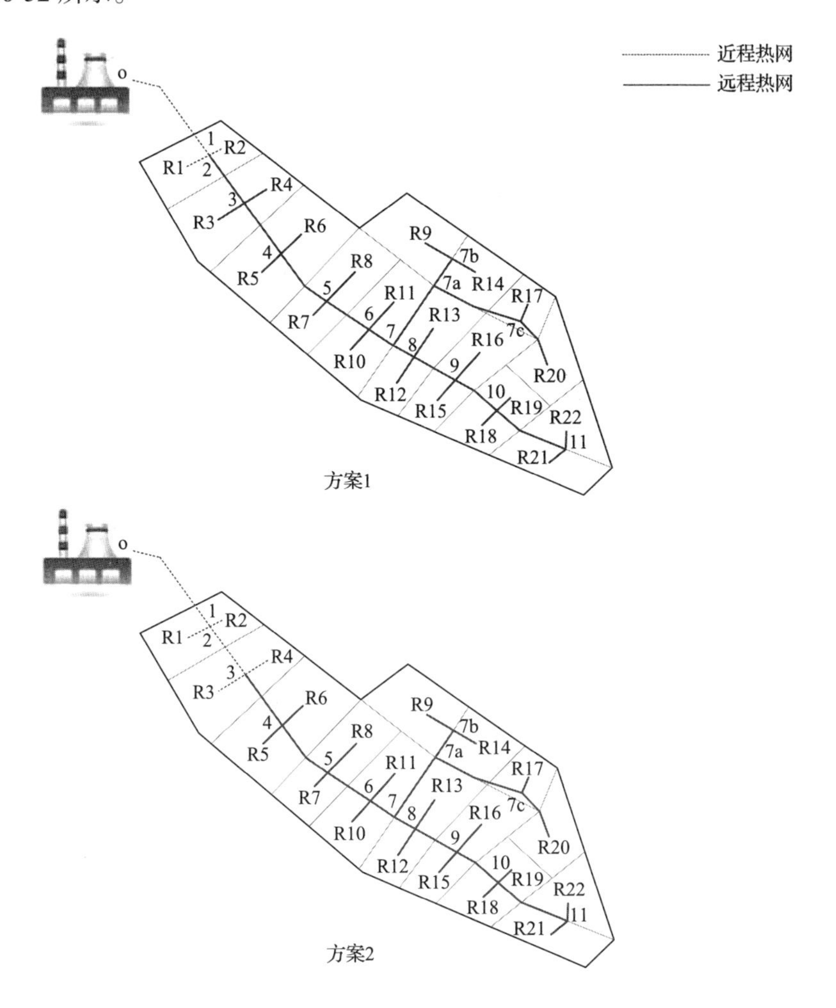

方案1

方案2

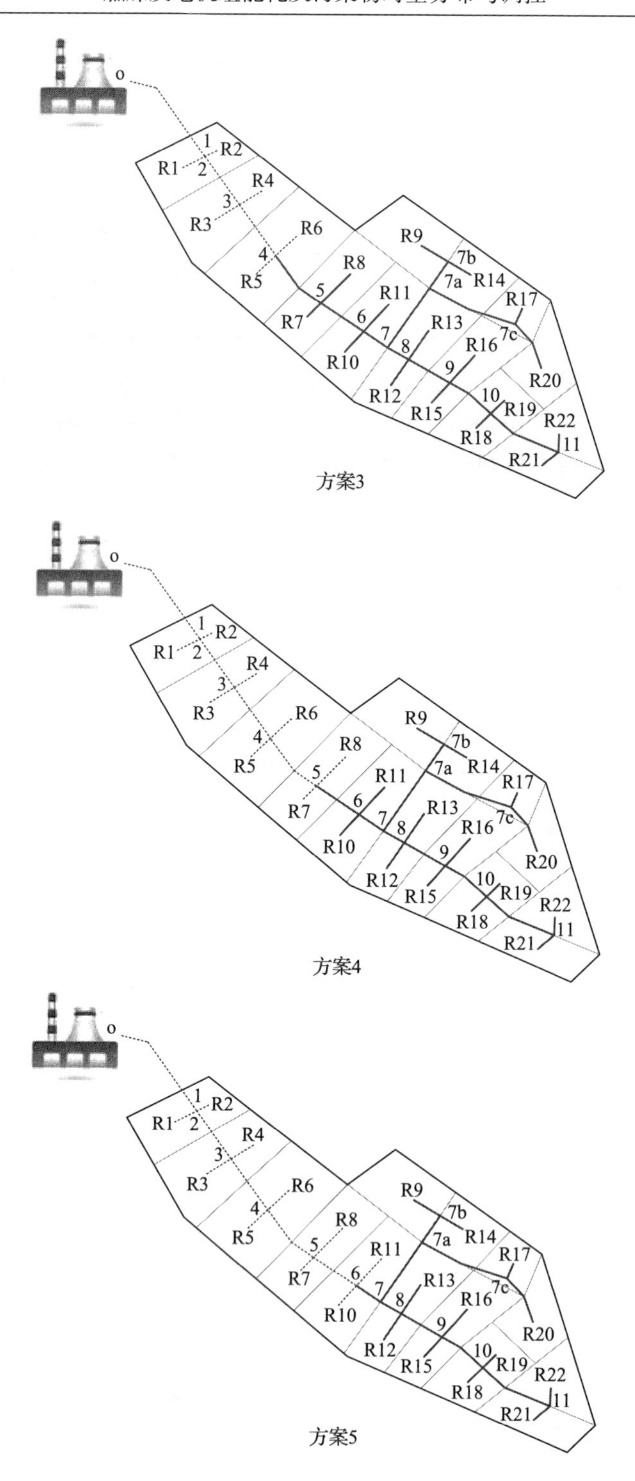
o
1
2
3
4
5
6
7
7a
7b
7c
8
9
10
11
R1
R2
R3
R4
R5
R6
R7
R8
R9
R10
R11
R12
R13
R14
R15
R16
R17
R18
R19
R20
R21
R22

方案3

方案4

方案5

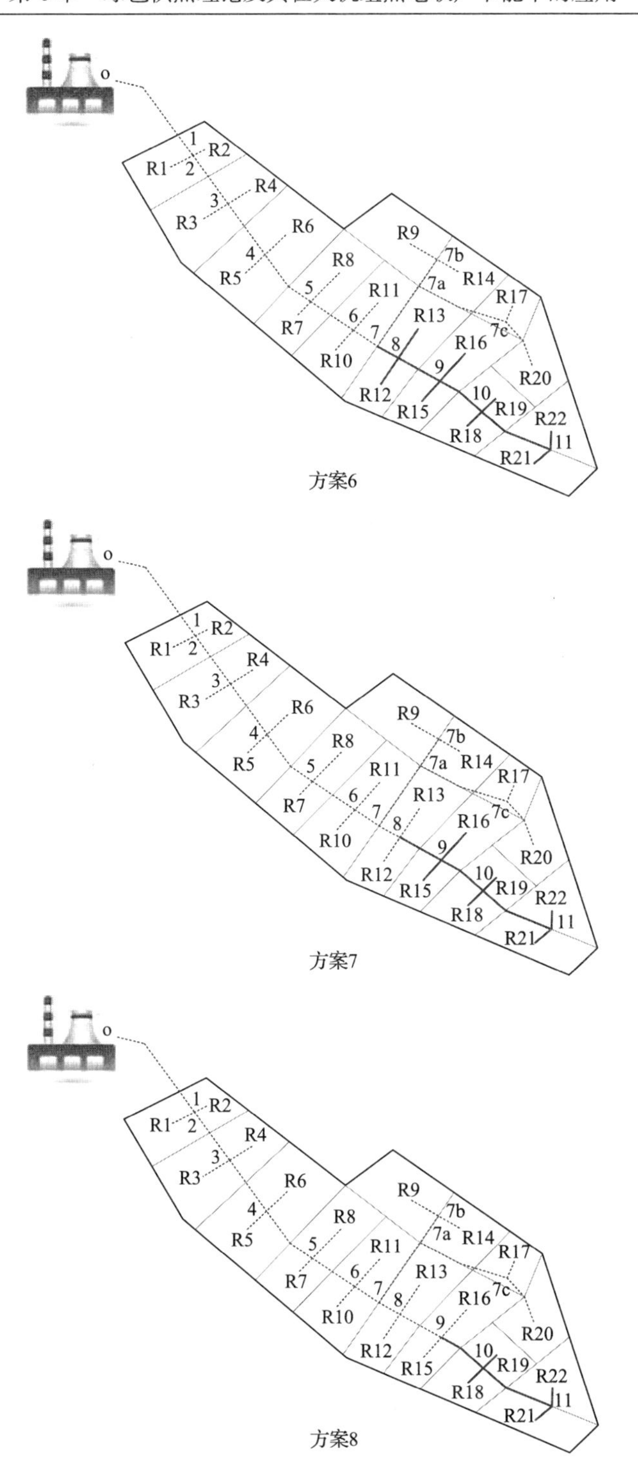
o
1
2
3
4
5
6
7
7a
7b
7c
8
9
10
11
R1
R2
R3
R4
R5
R6
R7
R8
R9
R10
R11
R12
R13
R14
R15
R16
R17
R18
R19
R20
R21
R22

方案6

方案7

方案8

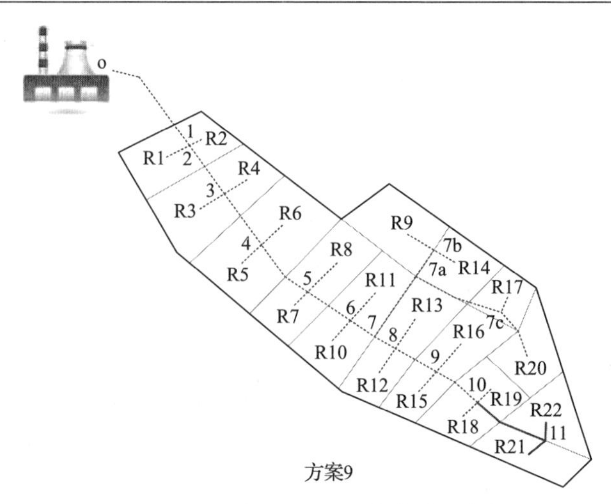

图 6-52　不同近、远程热负荷分配方案

该地区采暖室外设计温度为–5.5℃，室内设计温度为 18℃。近、远程热网均采用质调节，即整个供热期间，随着室外温度的变化，在热源处只改变网路的供水温度，而热网的循环流量维持设计流量不变。

近程热网一次网设计供水温度 60℃，一次网设计回水温度 40℃；二次网设计供水温度 50℃，二次网设计回水温度 40℃；近程热用户采用地暖，散热器计算系数取 0.26。远程热网一次网设计供水温度 120℃，一次网设计回水温度 60℃，二次网设计供水温度 60℃；二次网设计回水温度 40℃，远程热用户采用传统柱型暖气片，散热器计算系数取 0.37。设计管网为枝状管网双管系统。对近、远程热网进行水力计算时，管径设计及阻力计算按照《供热工程》进行，比摩阻范围取 30～70Pa/m，最不利热力站的资用压力取 0.15MPa，热源的内部阻力取 0.1MPa，热网管道局部阻力与沿程阻力的比值取 0.4，分别得出各方案各管段设计管径、管段压降及泵耗。根据热网管道材质，敷设方式获得单位管长管道投资作为各方案中热网管道的投资费用。结合热网调节变工况计算温度数据，还可以得到热网直埋管道的逐时热损失。

对 DCK 供热系统热源-热网的联合运行特性进行计算，可以得出热源机组的逐时抽汽量。如前文所述利用 Ebsilon 软件对该热源电厂热力系统建模，输入逐时抽汽量迭代计算得到逐时发电功率，进一步地获得每一种方案供热期的总发电量，结果如图 6-53 所示。

取该地区燃煤电厂上网电价 0.3 元/(kW·h)，热价 30 元/GJ，煤价 600 元/t，考虑 6%的厂用电率和 10%的热网折旧率，采用动态年计算费用法对热网管网取标准投资效果系数为 0.113，计算出各方案总投资和收益，结果汇于表 6-26。

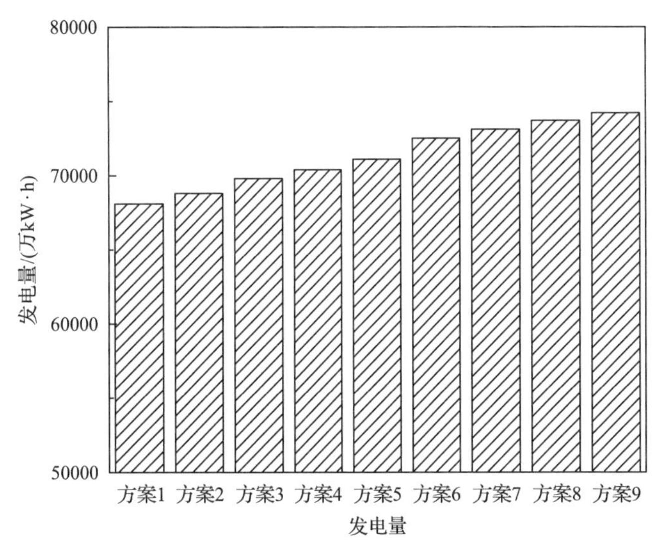

图 6-53　不同方案年发电量对比

表 6-26　不同方案 DCK 供热系统经济性对比

序号	泵能耗费用/(万元/年)	热损失费用/(万元/年)	基建投资/万元	燃料成本/(万元/年)	供电收益/(万元/年)	供热收益/(万元/年)
方案 1	295.9	41.4	1902.4	14439.0	19728.4	4323.1
方案 2	288.4	45.2	2173.6	14439.0	19957.5	4323.1
方案 3	399.1	46.3	2241.1	14439.0	20235.3	4323.1
方案 4	393.1	47.9	2509.9	14439.0	20424.1	4323.1
方案 5	479.0	49.5	2633.3	14439.0	20628.5	4323.1
方案 6	579.5	52.6	3025.1	14439.0	21035.6	4323.1
方案 7	690.8	51.5	2946.9	14439.0	21218.2	4323.1
方案 8	813.0	51.4	2931.6	14439.0	21393.9	4323.1
方案 9	636.5	54.2	3309.5	14439.0	21540.4	4323.1

由表 6-26 看出，从方案 1～方案 9，随着近程直连热网范围的扩大，近程热网水量增加，导致水泵能耗费用呈增长趋势；同时管网管径变大，管道造价变高且单位管长的热损失越大，热网基建投资费用和热损失费用增加。各方案中，在热源机侧燃料输入量保持不变即燃料成本不变、总供热量相同则供热收益相同。不同方案中，近程热网承担热负荷的变化导致远程热负荷变化，从而影响汽轮机供热抽汽量，导致发电量变化，近程承担热负荷越多，机组发电收益越高。

DCK 供热系统近程供热负荷增加使泵能耗费用、热损失费用、基建投资费用增加，对年折算收益的影响负相关；但另一方面近程供热负荷增加使系统发电收益增加，对系统年折算收益的影响正相关。将上述影响系统经济性的因素汇总，由式(6-46)计算出不同方案的年折算收益，结果如图 6-54 所示。

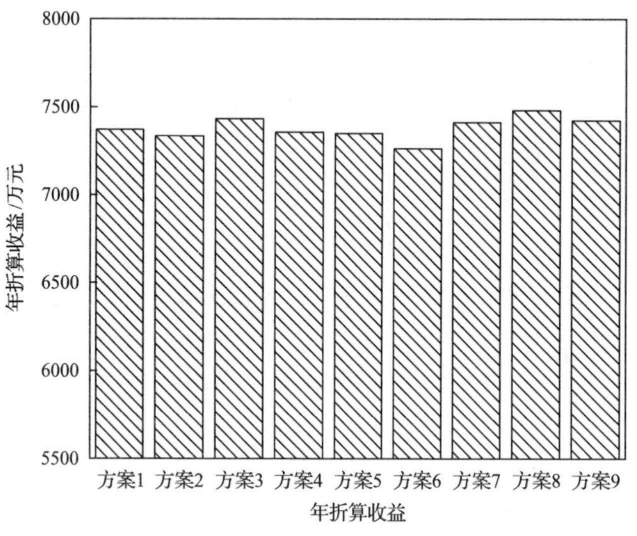

图 6-54　不同方案年折算收益对比图

由图 6-54 看出，9 个热负荷分配方案中，方案 8 的 DCK 供热系统的年折算收益最大，在经济性上最具优势，为此热网热负荷分配的最优方案。此外，从方案 1～方案 9，当近程供热负荷增加时，对应的热网管道管径为离散变量，对供热系统经济性的影响程度不同，年折算收益变化并非单向变化。因此，当采用 DCK 供热系统时，需要对该地区建模，通过年折算收益计算，确定近程、远程供热负荷，从而获得最大收益。

实际应用中，对于不同地区和同一地区不同时间，煤价、热价不同，不同方案系统年折算收益不同，可依据本节远近负荷分配方法具体分析以期获得最大收益。

参 考 文 献

[1] Song Z P. Total energy system analysis of heating[J]. Energy, 2000, 25(9): 807-822.

[2] Yang Y P, Li P F, et al. Green heating: Theory and practice[J]. Science China Technological Sciences. 2015; 58(12): 2003-2015.

[3] 王利刚，杨勇平，董长青，等. 单耗分析理论的改进与初步应用[J]. 中国电机工程学报, 2012, 32(11): 16-21.

[4] 李沛峰，戈志华，银正一，等. 供热系统能耗评价模型及应用[J]. 中国电机工程学报, 2013, 33(23): 19-28.

[5] 戈志华，杨佳霖，何坚忍，等. 大型纯凝汽轮机供热改造节能研究[J]. 中国电机工程学报, 2012, 32(17): 25-30.

[6] 徐大懋，邓德兵，王世勇，等. 汽轮机的特征通流面积及弗留格尔公式改进[J]. 动力工程学报，2010，30(7): 473-477.

[7] 戈志华，孙诗梦，万燕，等. 大型汽轮机组高背压供热改造适用性分析[J]. 中国电机工程学报，2017，37(11): 3216-3222+3377.

[8] Chen H, Xiao Y, Xu G, et al. Energy-saving mechanism and parametric analysis of the high back-pressure heating process in a 300MW coal-fired combined heat and power unit[J]. Applied Thermal Engineering. 2019, 149: 829-840.

[9] Li P F, Nord N, Ertesvåg I S, et al. Integrated multiscale simulation of combined heat and power based district heating system[J]. Energy Conversion and Management, 2015, 106: 337-354.

[10] Zhao S F, Ge Z H, He J, et al. A novel mechanism for ehaust steam waste heat recovery in combined heat and power unit[J]. Applied Energy, 2017, 204: 596-606.

[11] Zhao S F, Ge Z H, Sun J, et al. Comparative study of flexibility enhancement technologies for the coal-fired combined heat and power plant[J]. Energy Conversion and Management. 2019, 184: 15-23.

第 7 章　太阳能辅助燃煤发电技术

7.1　概　　述

当前火力发电在中国电力生产中仍然占据十分重要的地位，近年来我国新建火电机组容量大、参数高，机组效率已经达到国际先进水平，受制于耐高温材料的经济性、安全性等问题，机组效率进一步提高的难度较大，太阳能光热发电技术作为一种清洁且有竞争力的发电技术，具有不稳定、一次性投资高等缺点。将燃煤机组与太阳能互补集成，将低品位太阳能热量集成进入常规火电机组取代部分燃煤消耗，达到置换高品位能源的目的，同时，可以借助化石燃料发电系统的稳定性平抑太阳能的间歇性，体现了可再生能源与传统化石燃料发电的协同效应。

聚光型太阳能热发电根据聚光方式的不同，一般可分为槽式太阳能热发电系统、线性菲涅尔太阳能热发电系统、塔式太阳能热发电系统和碟式太阳能热发电系统四种方式。在众多的太阳能热发电技术中，槽式太阳能热发电系统和塔式太阳能热发电系统发展较为成熟，因此二者也广泛应用在太阳能辅助燃煤发电（solar aided coal-fired power generation，SAPG）系统中。太阳能光热发电系统与传统燃煤发电机组都是以热作为中间能量的载体而进行发电的系统，SAPG 系统的两子系统之间主要是通过热量耦合到一起，因此太阳能辅助燃煤发电系统的集成属于物理能的整合范畴。

1975 年，Zoschak 和 Wu[1]讨论了不同集成模式下太阳能集热与燃煤火力发电系统性能的差异；自 20 世纪 90 年代起，澳大利亚的 Eric Hu 团队也尝试了对系统进行不同方式的集成且进行了案例计算[2-5]。华北电力大学是国内最早开展 SAPG 研究的单位之一，依据“品位对口、梯级利用”的原则提出了 SAPG 的思想，强调从能的“质与量”相结合的思路进行系统集成，并从 SAPG 系统耦合机理[6, 7]、集热场参数优化[8-10]、全工况运行特性与调节技术[11, 12]、控制策略及动态性能[13-15]、太阳能发电贡献度评价[16, 17]等方面开展研究。中国科学院工程热物理研究所则从太阳能辅助燃煤发电系统的热能品位匹配机理[18-20]、变辐照与变工况热力性能分析、太阳能辅助燃煤发电系统结构调控和镜场布置等方面展开了积极探索。此外，美国、印度、西班牙等国家的科研机构以及国内华中科技大学、重庆大学、东南大学等院校和研究机构的相关研究工作也陆续开展。

由于太阳能与传统燃煤发电系统之间的集成并不是两种能量系统的简单物

理叠加，它们之间的匹配和耦合错综复杂，只有从总能系统的高度对两种能量系统的物质流、能量流进行综合集成优化研究，才能够实现能源的综合梯级利用，从而使系统总体的性能达到最优。目前，对于 SAPG 集成的研究主要集中在系统建模、集成方式的探讨、系统性能分析方法、太阳能发电贡献度评价等几个方面。

太阳能辅助燃煤发电系统建模方面，主要借助 THERMOFLEX version 20、Ebsilon、Star-90 等软件对 SAPG 系统进行静态及动态模型的建立。太阳能辅助燃煤发电系统集成设计依据系统集成时各项性能参数的匹配关系，按照集热系统引入燃煤机组位置的不同来集成，主要包括锅炉受热面引入、回热加热系统引入、锅炉受热面及回热加热系统同时引入这三种集成方式。关于太阳能辅助燃煤发电系统的性能方面的研究，目前多集中于对于太阳能辅助燃煤发电系统的热力性能分析和经济性分析，其中热力性能的分析方法主要包括能量分析方法和㶲分析方法，此外，还有综合考虑热力性能和经济因素的热经济学分析方法、4-E(即能量、㶲、环境影响和经济性)分析方法等。太阳能辅助燃煤发电系统作为一种多能源输入的互补集成发电系统，对于太阳能和煤炭这两种外部输入能量在太阳能辅助燃煤发电系统对外发电功率中贡献的评价，多是通过计算太阳能辅助燃煤发电系统中太阳能净发电功率来确定，其算法主要包括参考燃煤电站发电效率法[6]、热量比例分配法、抽汽做功能力法、热经济成本法[11]和太阳能贡献度解析算法[17]等。

本章建立 SAPG 系统性能评价模型，提出基于热力学第二定律的太阳能贡献度评价方法；构建塔式太阳能、槽式太阳能与燃煤机组的不同集成方案，并针对不同集成方案，对系统展开了一系列的性能分析和对比；阐述太阳能辅助燃煤发电系统通用优化集成方法及全工况优化策略，在通用优化集成方法部分主要围绕系统的集成位置和热量分配提出较为通用的系统优化集成方法；在全工况优化部分，主要围绕 SAPG 系统的集成位置、热量分配、确定与参考燃煤电站汽轮机热力学特性、负荷率及当地太阳能直接辐照(direct normal irradinance，DNI)变化相配的集热系统规模进行分析，用以评估系统全工况运行的综合性能。

7.2　太阳能辅助燃煤发电系统性能评价

在太阳能热辅助燃煤发电系统中，太阳能和燃煤均以热能的形式输入蒸汽循环，因此区分太阳能在发电量中的份额，即太阳能的贡献度，是太阳能热辅助燃煤发电系统中亟待解决的重要问题。本章提出了一种基于㶲分析的太阳能贡献度评价方法，并同时考虑了流入、流出子系统边界的㶲流中太阳能(或燃煤)比例上的差异。在评价模型的建立过程中，热力系统按蒸汽膨胀到的压力等级被划分为若干个子系统。然后建立一个理想的热力循环，并从热力学定律出发得出理想循环下太阳能和燃煤做功和蒸汽膨胀到的压力等级的对应关系，进而建立理想循环下太阳能贡献度的评价模型。而后，通过一定的近似，将理想循环中得到的结论推广到实际循环中，建立了实际系统中的太阳能贡献度评价模型。在评价模型中，各子系统的太阳能比例由理想循环中切分出的子循环得出，而与流入㶲中的太阳能比例无关。因此，该评价模型既考虑了太阳能比例在不同子系统之间的差异，又考虑了同一子系统中流入㶲、流出㶲和对外做功在太阳能比例上的差异[21]。

1. 评价模型的建立

目前，几乎所有的燃煤发电机组都按有再热的回热朗肯循环方式运行。在一个典型的回热朗肯循环中，部分蒸汽从汽轮机中被抽出用以加热给水，从而提高给水的平均吸热温度，进而提升循环的整体热效率。在太阳能热辅助燃煤发电系统中，部分抽汽被太阳能热取代。从太阳集热场获得的热量通过油水换热器加热给水，被取代的抽汽回到汽轮机中继续做功，从而实现了太阳能热向电能的转化。

本节针对槽式太阳集热场辅助某 600MW 燃煤发电系统展开分析。原燃煤机组采用“三高四低一除氧”的结构。在该辅助发电系统中，太阳集热场作为辅助热源全部取代原机组中 1#高压加热器(简称高加)的抽汽以加热给水，被取代的抽汽返回汽轮机中继续做功。辅助发电系统如图 7-1 所示，集热场采用 LS-2 型集热器，南北轴跟踪布置。根据电网负荷的需求，辅助发电系统的运行模式可采用“功

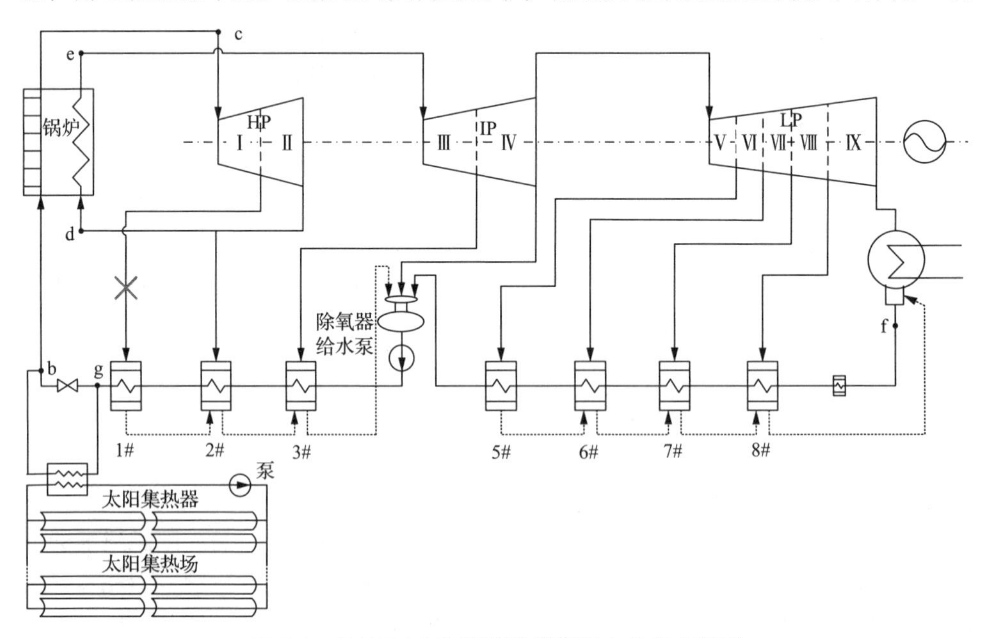

图 7-1　600MW 太阳能辅助燃煤发电机组系统图

率增大型”和“燃料节省型”，本节选取“燃煤节省型”展开分析。图 7-2 是该循环的 T-s 图，给水泵对工质焓升的贡献度很小，因此图中忽略了泵的影响，p_0～p_4 分别为过程 1～5 和系统的压力。在图 7-2 中，g-b-c 和 d-e 是外部热源(锅炉、集热场)的加热过程。其中 g-b 是由太阳集热场加热段，b-c 和 d-e 是由燃煤加热段，f-g 是由循环内部热源(抽汽)加热的加热段。

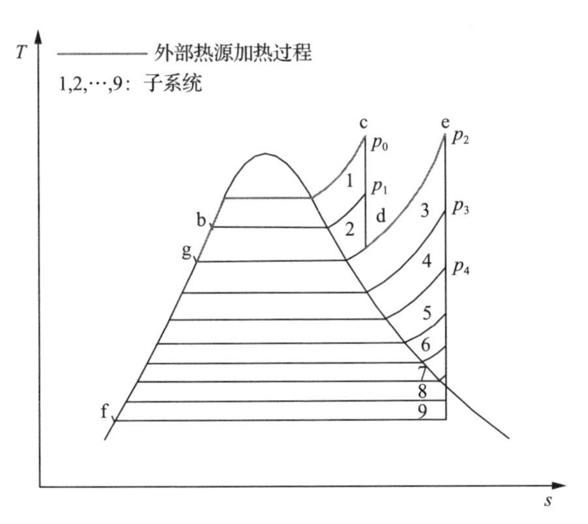

图 7-2　600MW 太阳能辅助燃煤发电系统循环温熵图

在回热朗肯循环中，蒸汽压力随着蒸汽在汽轮机中的膨胀做功而降低。按蒸汽膨胀到的压力等级划分子系统，如图 7-3 所示，由于汽轮机有 8 级抽汽，因此，

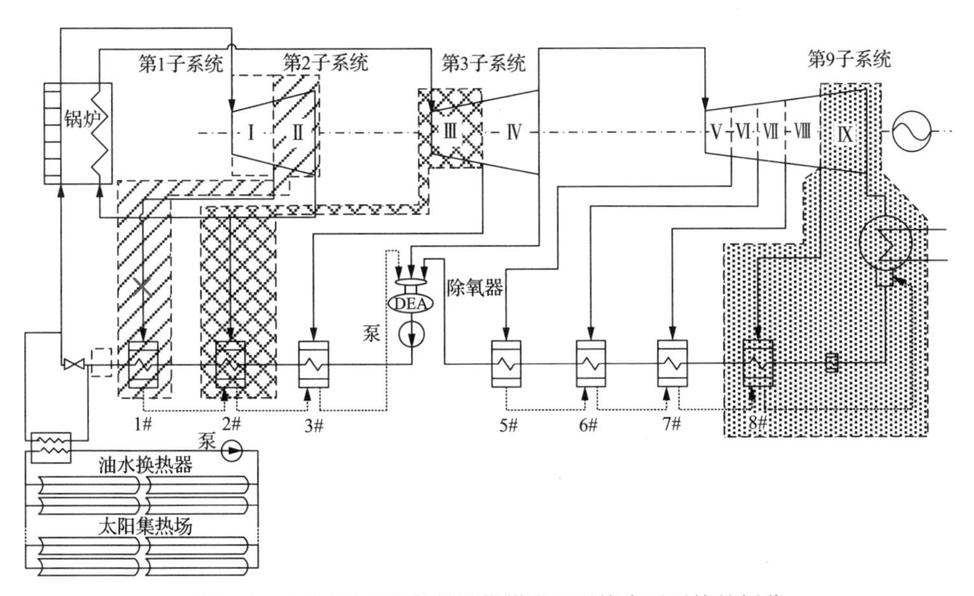

图 7-3　600MW 太阳能辅助燃煤发电系统中子系统的划分

按 8 段抽汽的压力等级将太阳能热辅助燃煤发电系统划分为 9 个子系统。某一汽轮机级组和其对应的回热器被划分为同一子系统。例如，级组 II 与 1#高压加热器被划分为第 2 子系统。9 个子系统之间和㶲流关系如图 7-4 所示，由图可见，外部热源(锅炉、集热场)是系统对外做功的能量的根本来源，各子系统对外做功之和等于系统对外做的总功。其中，第 1 子系统的㶲流关系如图 7-5 所示。

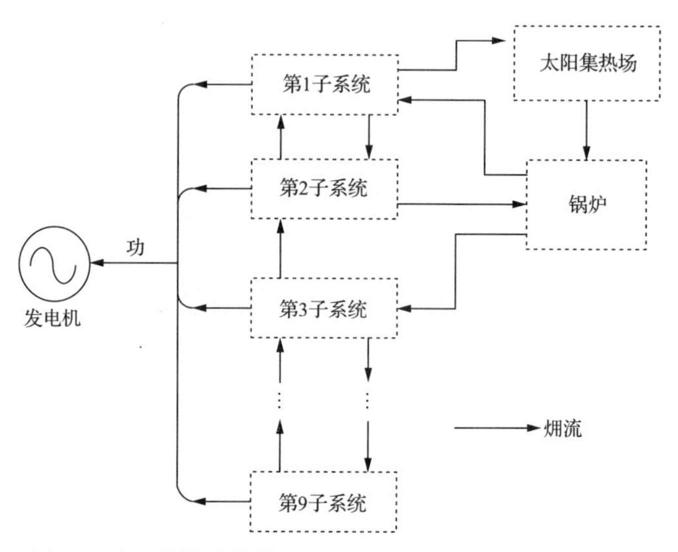

图 7-4　太阳能辅助燃煤发电系统中各子系统之间的㶲流关系

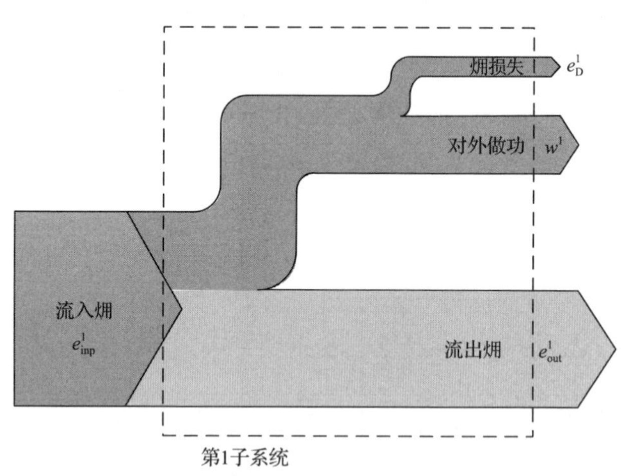

图 7-5　第 1 子系统㶲流关系图

以第 1 子系统为例，如图 7-5 所示，流入子系统的㶲 e_{inp}^1 等于流出子系统的㶲 e_{out}^1、子系统的㶲损失 e_D^1 和子系统对外做功 w^1 之和。现有的评价方法将流入子系统的㶲中的太阳能比例作为子系统对外做功和流出子系统的㶲中的太阳能比例。

这等于认为在同一子系统中，流入㶲、流出㶲、㶲损失及对外做功中的太阳能比例相同。由图 7-5 可以看出，流入第 1 子系统的㶲一部分投入到了做功过程中(图 7-5 中对外做功)，而另一部分㶲保留在工质中，并随工质直接流出了系统(图 7-5 中流出㶲)；因此，将对外做功和流出㶲中太阳能比例假设为流入㶲中太阳能比例带有一定的主观性，未能区分不同㶲流之间的特性差异；特别是当投入做功的㶲和流出㶲有不同的能量来源时，这样的假设并不合适。

在太阳能贡献度评价模型中，仅认为对外做功和㶲损失中的太阳能比例相同，而流入㶲、流出㶲和对外做功中的太阳能比例不必相同。由此，区分了流入、流出同一子系统的㶲流之间的特性差异。这意味着在本评价方案中，子系统做功中太阳能的比例不能像过去的评价方案一样按流入㶲中太阳能比例计算。因此，需要建立确定不同子系统中太阳能做功比例的模型。

依据以上的讨论有

$$\delta_{\text{sol}}^{i} = \frac{e_{\text{D,sol}}^{i}}{e_{\text{D}}^{i}} = \frac{w_{\text{sol}}^{i}}{w^{i}} = \alpha_{\text{sol}}^{i} \tag{7-1}$$

式中，δ_{sol}^{i} 为第 i 子系统㶲损中的太阳能比例；$e_{\text{D,sol}}^{i}$ 为第 i 子系统中的太阳能㶲损失，kJ/kg；e_{D}^{i} 为第 i 子系统的㶲损失，kJ/kg；w_{sol}^{i} 为第 i 子系统的太阳能做功，kJ/kg；w^{i} 为第 i 子系统的做功，kJ/kg；α_{sol}^{i} 为第 i 子系统做功中的太阳能比例。

因此，对于整个系统而言，太阳能贡献度，即太阳能的做功 W_{sol} 为

$$W_{\text{sol}} = \frac{1}{1000} m_0 \left(e_{\text{sol}} - \sum_{i=1}^{9} e_{\text{D}}^{i} \alpha_{\text{sol}}^{i}\right) \eta_{\text{m}} \eta_{\text{g}} \tag{7-2}$$

式中，m_0 为主蒸汽质量流量，kg/s；e_{sol} 为给水在油水换热器中获得的㶲，kJ/kg。

各子系统的㶲损失 e_{D}^{i} 及给水在油水换热器中吸收的㶲可以简单地由计算得到，因此，建立评价模型的关键在于计算各子系统对外做功中的太阳能比例。但是，在本评价模型中，子系统对外做功中的太阳能比例不等于流入子系统的㶲中的太阳能比例。因此，评价模型仅从蒸汽压力和外部热源加热过程出发推导出各子系统对外做功中的太阳能比例，而不是从流入子系统㶲流中的太阳能比例得到子系统做功中的太阳能比例。后文将分 2 步推导得出各子系统做功中的太阳能比例。首先构造一个理想的循环，推导得出理想循环下各子系统的太阳能做功；而后通过一定的近似，将理想循环中的结论推广到实际系统中，进而建立实际系统中的太阳能贡献度评价模型。

2. 理想循环中的太阳能贡献度

1) 理想循环的建立

蒸汽循环的对外做功能力完全来自锅炉和油水换热器等外部热源，因此，蒸汽循环在某一压力等级下的做功，即是从外部热源的加热段获得的能量在某一压力下做的功。从这一思路出发，构建一个外部热源加热过程与实际蒸汽循环相同的理想循环，以研究外部热源加热段获得的能量在蒸汽膨胀到某一压力下的最大做功能力，进而建立理想循环中的太阳能贡献度评价模型；以此为基础，将理想循环中的结论推广到实际系统中，建立实际系统的太阳能贡献度评价模型。

建立如图 7-6 所示的理想循环；a0-b0 段为外部热源的加热段，b0-b1 为等熵膨胀过程，b1-a1 为等压放热过程，a1-a0 为等熵压缩过程；其中，等熵压缩过程 a1-a0 需要的能量由等熵膨胀过程 b0-b1 对应压力下的做功提供。图中 p_{con} 为排汽压力，理想循环 a0-b0-b1-a1-a0 即是以 a0-b0 为外部热源加热过程、以 p_{con} 为排汽压力的做功能力最大的循环。因此，理想循环 a0-b0-b1-a1-a0 的对外做功即是外部热源加热段 a0-b0 获得的能量在 p_{con} 下的最大做功能力。

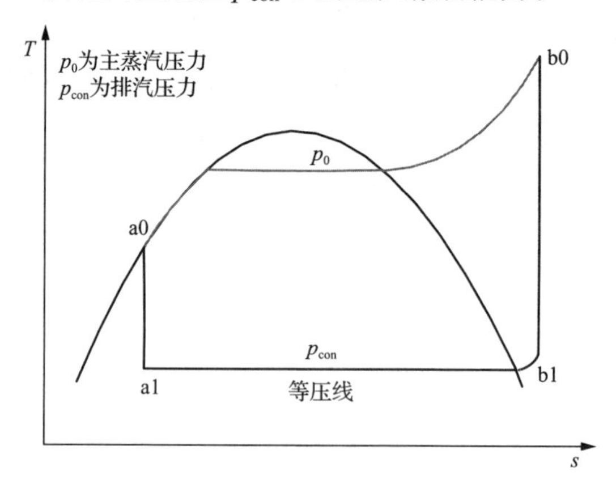

图 7-6　理想循环温熵图

2) 理想循环中太阳能贡献度的建立

以图 7-7 所示的理想循环为例，由于等熵压缩过程 a1-a0 需要的能量由等熵膨胀过程 b0-b1 对应压力下的做功提供，依据热力学基本原理可知，循环对外做功 $w_{0\text{-con}}$ 为

$$w_{0\text{-con}} = (h_{b0} - h_{a0}) - (h_{b1} - h_{a1}) \tag{7-3}$$

式中，h 为 a0、a1、b0、b1 处的焓值，kJ/kg。

由于 b1 到 a1 是等压过程，所以依据热力学基本定律可知

$$h_{b1} - h_{a1} = \int_{a1\text{-}b1} \mathrm{d}h = \int_{a1\text{-}b1} (v\mathrm{d}p + T\mathrm{d}s) = \int_{s_{a0}}^{s_{b0}} T_{con}(s)\mathrm{d}s \tag{7-4}$$

式中，v 为比体积，m^3/kg；p 为压力，MPa；$T_{con}(s)$ 为压力 P_{con} 下的绝对温度关于熵的函数；s 为 a0、b0 处的熵，kJ/(kg·K)。

因此，将(7-4)代入式(7-3)可得整个理想循环的对外做功为

$$w_{0\text{-con}} = (h_{b0} - h_{a0}) - \int_{s_{a0}}^{s_{b0}} T_{con}(s)\mathrm{d}s \tag{7-5}$$

由以上的分析可知，$w_{0\text{-con}}$ 是外部热源加热段获得的能量在压力 p_0 和压力 p_{con} 之间的最大做功能力。

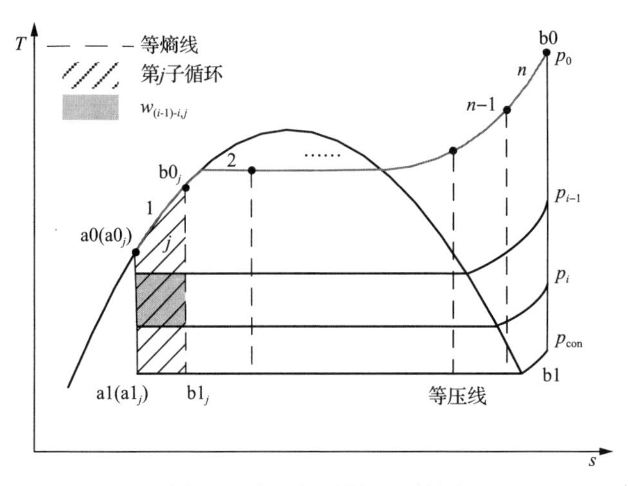

图 7-7　各理想子循环温熵图

p_{i-1}, p_i：介于压力 p_0 和压力 p_{con} 之间的任意压力；

1, 2, ⋯, n−1, n：加热过程；j：从 1～n 之间的任意一个数

如图 7-7 所示，将外部热源的加热段 a0-b0 划分为 n 个子加热段(1,2,3,⋯,n)，在此基础上，将整个理想循环切分成 n 个子循环。每一个子循环包括了一个外部热源加热过程、一个等熵膨胀过程、一个等压凝结过程、一个等熵压缩过程。图 7-7 中的阴影部分为第 1 子循环，以此类推直至第 n 个子循环。对于第 j 个子循环而言($a0_j$-$b0_j$-$b1_j$-$a1_j$-$a0_j$)，其对外做功为

$$w_{0\text{-con},j} = \Delta h_j - \int_j T_{con}(s)\mathrm{d}s \tag{7-6}$$

式中，Δh_j 为第 j 加热过程的焓升，kJ/kg。

同理可知，对于 p_0 与 p_{con} 之间的任一压力 p_i，蒸汽压力由 p_0 膨胀到 p_i 时的对外做功为

$$w_{0\text{-}i,j} = \Delta h_j - \int_j T_i(s)\mathrm{d}s \tag{7-7}$$

因此，当蒸汽压力从 p_{i-1} 膨胀到 p_i 时（如图 7-7 中所示），第 j 子系统的对外做功 $w_{(i-1)-i,j}$ 为

$$w_{(i-1)-i,j} = w_{0-i,j} - w_{0-(i-1),j} = \int_j [T_{i-1}(s) - T_i(s)]\mathrm{d}s \tag{7-8}$$

当 j 为 1 时，第 j 子系统的对外做功 $w_{(i-1)-i,j}$。

因此，对于整个蒸汽循环（a0-b0-b1-a1-a0）而言，其在蒸汽压力从 $p_{i\text{-}1}$ 膨胀到 p_i 过程中的对外做功为

$$w_{(i-1)-i} = \sum_{j=1}^{n} w_{(i-1)-i,j} \tag{7-9}$$

基于以上分析可以发现，对于整个循环而言，在任意两个压力之间，系统对外做的总功恒等于各子循环在这两个压力之间的对外做功之和。因此，$w_{(i-1)-i,j}$ 可以作为整个蒸汽循环中第 j 加热段获得的能量在 p_{i-1} 和 p_i 之间做的功。

对于太阳能热辅助燃煤发电系统，由于存在太阳能和燃煤两种外部热源，外部热源加热段可以分为“太阳能热”加热段（如图 7-2 中 g-b）和“燃煤热”加热段（如图 7-2 中 b-c、d-e 段）。假设理想循环中的压力 $p_{i\text{-}1}/p_i$ 等于进/出子系统的压力，那么对于子系统 i，其对外做功 $w_{\mathrm{sol,rev}}^{i}$ 为

$$w_{\mathrm{sol,rev}}^{i} = w_{(i-1)-i,\mathrm{sol}} \tag{7-10}$$

式中，$w_{(i-1)-i,\mathrm{sol}}$ 为当蒸汽从进入子系统的压力 p_{i-1} 膨胀到流出子系统的压力 p_i 的过程中理想循环对外做功。$w_{(i-1)-i,\mathrm{sol}}$ 可按式（7-11）计算：

$$w_{(i-1)-i,\mathrm{sol}} = \frac{m_{\mathrm{woil}}}{m_0}\int_{\mathrm{g\text{-}b}} [T_{i-1}(s) - T_i(s)]\mathrm{d}s \tag{7-11}$$

式中，m_{woil} 为油水换热器中的给水质量流量，kg/s；m_0 为主蒸汽质量流量，kg/s。

由于燃煤加热段有 2 段，子系统 i 中的燃煤对外做功 $w_{\mathrm{coa,rev}}^{i}$ 为

$$w_{\mathrm{coa,rev}}^{i} = w_{(i-1)-i,\mathrm{coa}} = \begin{cases} \int_{\mathrm{b\text{-}c}} [T_{i-1}(s) - T_i(s)]\mathrm{d}s, & i=1,2 \\ \int_{\mathrm{b\text{-}c}} [T_{i-1}(s) - T_i(s)]\mathrm{d}s + \dfrac{m_{\mathrm{rh}}}{m_0}\int_{\mathrm{d\text{-}e}} [T_{i-1}(s) - T_i(s)]\mathrm{d}s, & i=3,4,\cdots,9 \end{cases} \tag{7-12}$$

式中，m_{rh} 为再热蒸汽质量流量，kg/s。

子系统 i 中的太阳能做功比例 α_{sol}^{i} 为

$$\alpha_{\text{sol}}^{i}=\frac{w_{\text{sol,rev}}^{i}}{w_{\text{rev}}^{i}}=\frac{w_{\text{sol,rev}}^{i}}{w_{\text{sol,rev}}^{i}+w_{\text{coa,rev}}^{i}} \tag{7-13}$$

式中，w_{rev}^{i} 为理想循环中的子系统 i 的对外做功，kJ/kg。

由此，在不涉及进入子系统㶲流中太阳能比例的基础上，获得了各子系统中的太阳能贡献度；太阳能比例在流入、流出同一子系统边界的㶲流之间的差异得到了考虑。

3) 理想循环中太阳能贡献度的证明

上一节依据不同的外部热源加热段，将理想循环切分为若干个子循环，以子循环的对外做功作为对应的外部热源加热段在整个循环中的做功；由此得出了理想循环中的太阳能贡献度。事实上，以上的结论还可以从以下两个假设出发推导而出。

假设 I：整个系统中太阳能和燃煤的㶲效率都不超过 100%。

假设 II：环境温度的变化不影响太阳能贡献度的评价结果。

以图 7-8 为例，a0-ba0 为太阳能加热段，ba0-b0 为燃煤加热段，外部热源加热段为等压加热。对于任意的环境温度 T_{a}，投入循环的太阳能㶲 e_{sol} 为

$$e_{\text{sol}}=\Delta h_{\text{sol}}-T_{\text{a}}\cdot(s_{\text{bsa}}-s_{\text{asa}}) \tag{7-14}$$

式中，e_{sol} 为投入蒸汽循环的太阳能㶲，kJ/kg；Δh_{sol} 为给水在太阳能加热段的焓升，kJ/kg；s_{bsa} 为 bsa 点的熵值，kJ/(kg·K)；s_{asa} 为 asa 点的熵值，kJ/(kg·K)。

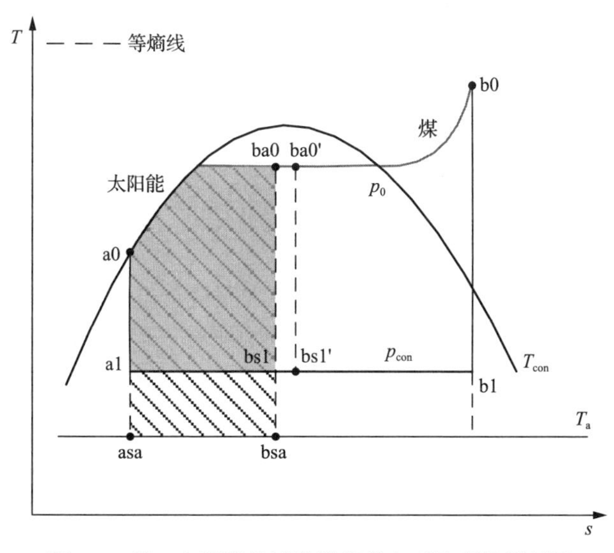

图 7-8　某一太阳能热辅助燃煤发电系统理想循环图

a0-b0 的加热过程是等压加热，因此，由热力学定律可知，e_{sol} 等于图 7-8 中 a0-ba0-bsa-asa-a0 所围成的面积(即图中阴影部分面积)。由式(7-12)可知，在本评价方案中，太阳能贡献度为

$$w_{sol,rev} = \Delta h_{sol} - \int_{a1}^{bs1} T_{con}(s)ds \tag{7-15}$$

式中，$w_{sol,rev}$ 为太阳能的贡献度，kJ/kg。

由热力学定律可知，太阳能贡献度 $w_{sol,rev}$ 等于图 7-8 中 a0-ba0-bs1-a1-a0 所围成的面积。现在，假设符合假设 I 和假设 II 的太阳能贡献度为

$$w_{sol,a} = w_{sol,rev} + \Delta w \tag{7-16}$$

式中，$w_{sol,a}$ 为符合假设 I 和假设 II 的太阳能贡献度，kJ/kg；$w_{sol,rev}$ 为本评价方案中的太阳能贡献度，kJ/kg；Δw 为符合假设 I 和假设 II 的太阳能贡献度与本评价方案中的太阳能贡献度的差，kJ/kg。

Δw 即为图 7-8 中矩形 ba0-ba0′-bs1′-bs1-ba0 的面积。

当 $\Delta w \geqslant 0$ 时，假设的太阳能的贡献度可以表示为图 7-8 中 a0-ba0′-bs1′-a1-a0 所围成面积。根据假设 I，太阳能热的㶲效率不超过 100%，因此

$$e_{sol} - w_{sol,a} > 0 \tag{7-17}$$

将式(7-14)和式(7-16)代入式(7-17)得

$$e_{sol} - w_{sol,a} = \int_{a1}^{bs1} T_{con}(s)ds - T_a \cdot (s_{bsa} - s_{asa}) - \Delta w > 0 \tag{7-18}$$

a1-bs1 的过程既是等压过程，又是等温过程，因此式(7-18)可转化为

$$T_{con}(s_{bs1} - s_{a1}) - T_a \cdot (s_{bsa} - s_{asa}) = (T_{con} - T_a) \cdot (s_{ba0} - s_{a0}) > \Delta w \tag{7-19}$$

即图 7-8 中，矩形 ba0-ba0′-bs1′-bs1-ba0 的面积必须小于等于矩形 a1-bs1-bsa-asa-a1 的面积。

依据假设 II，对于任意的环境温度 T_a，太阳能贡献度的评价结果相同。因此对于任意的环境温度 T_a，Δw 都不变，且必须小于 $(T_{con} - T_a) \cdot (s_{ba0} - s_{a0})$；即 Δw 小于 $(T_{con} - T_a) \cdot (s_{ba0} - s_{a0})$ 在 $0K < T_a < T_{con}$ 时的最小值。

当 $T_a \to T_{con}$ 时，$(T_{con} - T_a) \cdot (s_{ba0} - s_{a0}) \to 0$，因此必须有 $\Delta w=0$。

此时有

$$w_{sol,a} = w_{sol,rev} \tag{7-20}$$

即理想循环中的太阳能贡献度为式(7-20)中本评价方案的太阳能贡献度。

从图 7-8 中看，当环境温度无限趋近凝结温度 T_{con}时，矩形 a1-bs1-bsa-asa-a1 的面积趋向于0，而矩形 ba0-ba0′-bs1′-bs1-ba0 的面积必须小于等于矩形 a1-bs1-bsa-asa-a1 的面积，因此矩形 ba0-ba0′-bs1′-bs1-ba0 的面积只能为 0，即 Δw 只能为 0。

当 $\Delta w \leqslant 0$ 时，设 $\Delta w_{coa} = -\Delta w$，则燃煤一侧的贡献度为

$$w_{coa,a} = w_{coa,rev} + \Delta w_{coa} \tag{7-21}$$

式中，$w_{coa,a}$ 为燃煤的贡献度，kJ/kg；$w_{coa,rev}$ 为本评价方案中的燃煤贡献度，kJ/kg；Δw_{coa} 为符合假设 I 和假设 II 的燃煤贡献度与本评价方案中的燃煤贡献度的差，kJ/kg。

此时，$\Delta w_{coa} \geqslant 0$，同理推出 Δw_{coa} 必须为 0 才能同时满足假设 I 和假设 II。

综上所述，在同时满足假设 I 和假设 II 的基础上，太阳能贡献度为

$$w_{sol,a} = w_{sol,rev} = \Delta h_{sol} - \int_{a1}^{bs1} T_{con}(s)\mathrm{d}s \tag{7-22}$$

式(7-22)中得到的太阳能贡献度即为上节式(7-7)中得到的太阳能贡献度。

图 7-8 中的外部热源加热过程(a0-b0)为等压加热过程，但以上的公式推导同样适用于非等压加热过程的情况。a0-b0 为等压加热过程时，㶲和对外做功的大小可以直观地表示为图 7-8 中的面积，因此本节选取等压加热过程论证以方便读者理解。

3. 实际系统评价模型

上一节从切分子循环的角度出发，建立了不同外部热源加热段的对外做功与蒸汽膨胀到的压力的对应关系；在按蒸汽膨胀到的压力划分子系统的基础上，得到了理想循环中各子系统对外做功中的太阳能份额，进而建立了太阳能贡献度的评价模型。理想循环代表了外部热源加热段获得的能量在给定背压下的最大对外做功能力。因此，可以将理想循环中各子系统对外做功与实际系统中的子系统对外做功进行比较，通过一定的近似，将理想循环中的结论推广到实际系统中，得出实际系统中的太阳能贡献度评价模型。

将实际系统中各子系统㶲流关系与理想循环相比较，可以发现，实际系统中除了存在㶲损失外，各子系统自身的最大做功能力与理想循环也存在差异。这主要是由以下两个原因造成的。

第一，实际系统中存在“重热现象”，将一部分㶲转移到其他子系统中利用。如图 7-9 所示，由于蒸汽压力从 p_0 膨胀到 p_1 过程中存在熵增，因此，2 点处蒸汽的做功能力相对于理想条件下的 1 点提高了。这一过程相当于将一部分理想条件

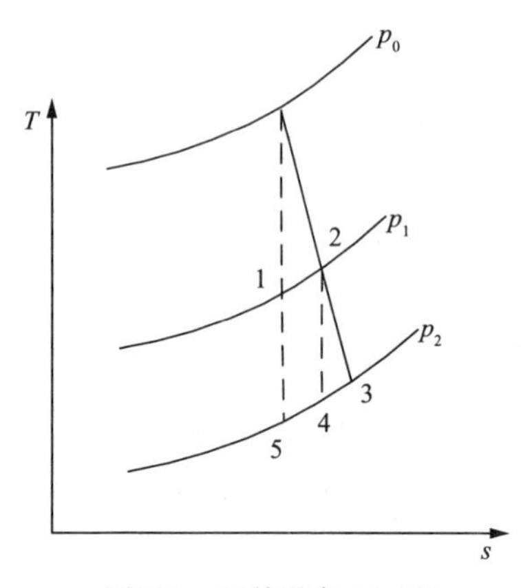

图 7-9　重热现象 T-s 图

下于 p_0 压力到 p_1 压力之间做功的㶲(相当于图 7-9 中，1-2-4-5-1 围成的面积)转移到了 p_1 压力到 p_2 压力之间做功。

第二，实际系统的回热过程与理想循环也存在着差异。在如图 7-8 所示的理想模型中，任意压力下等熵压缩消耗的功由对应压力下等熵膨胀过程的对外做功提供；这一过程对于蒸汽膨胀的压力而言是连续的，即蒸汽膨胀到任意压力时做的功都有部分用于 a1-a0 的等熵压缩过程。但在实际系统中，抽汽口的数量有限，因此，实际系统的回热过程对于蒸汽膨胀的压力而言是不连续的。此外，对于如图 7-8 所示的理想循环，a1-a0 过程中的蒸汽压力是逐渐提高的，而实际系统中仅仅通过一级抽汽(小汽轮机抽汽)提供的能量就将给水提高到了需要的压力。因此实际回热系统与理想循环的差异使各子系统交换了一部分可以用于做功的㶲。

综上所述，实际系统与理想循环相比，各子系统之间相互交换了一部分能投入做功的㶲，此外各子系统还存在㶲损失。本评价方案中同一子系统的做功和㶲损中的太阳能比例相同，因此，研究实际系统中各子系统能实际投入做功的㶲中的太阳能比例成为建立太阳能贡献度评价模型的关键。

与理想循环相比，实际系统中的第 i 子系统的对外做功中的太阳能贡献度 w_{sol}^i 为

$$w_{sol}^i = w_{sol,rev}^i - \Delta w_{sol}^i \tag{7-23}$$

式中，Δw_{sol}^i 为理想循环中第 i 子系统的太阳能贡献度与实际系统中第 i 子系统的太阳能贡献度的差，kJ/kg。

同理可知，实际系统中的第 i 子系统的对外做功 w^i 为

$$w^i = w_{rev}^i - \Delta w^i \tag{7-24}$$

式中，Δw^i 为理想循环中第 i 子系统的对外做功与实际系统中第 i 子系统的对外做功的差，kJ/kg。

经过计算可以发现，对于大多数的太阳能辅助燃煤发电系统，Δw^i 和 Δw_{sol}^i 相对于 w^i 和 w_{sol}^i 而言较小，因此，可以近似忽略 Δw^i 和 Δw_{sol}^i 对第 i 子系统对外做功中太阳能比例的影响，用理想循环中第 i 子系统对外做功中的太阳能比例代替实际子系统中的太阳能比例：

$$\frac{w_{\text{sol}}^{i}}{w^{i}}=\frac{w_{\text{sol,rev}}^{i}-\Delta w_{\text{sol}}^{i}}{w_{\text{rev}}^{i}-\Delta w^{i}}\approx\frac{w_{\text{sol,rev}}^{i}}{w_{\text{rev}}^{i}} \tag{7-25}$$

因此，可得实际系统中的 i 子系统对外做功中的太阳能比例：

$$\alpha_{\text{sol}}^{i}=\frac{w_{\text{sol}}^{i}}{w^{i}}=\frac{w_{\text{sol,rev}}^{i}}{w_{\text{sol,rev}}^{i}+w_{\text{coa,rev}}^{i}} \tag{7-26}$$

在式(7-2)中，通过计算整个蒸汽循环的㶲损失中的太阳能份额，反向求得太阳能的贡献度。之所以选择从损失一侧计算太阳能贡献度，而不是直接将各子系统的对外做功乘以其对应的太阳能比例，是因为各子系统对外做功中的太阳能比例在式(7-25)中做了一定的近似，不可避免地存在一定的误差，而各子系统㶲损失的绝对值均远小于其对外做功的绝对值，因此从损失一侧计算可以大幅度减少由近似所带来的误差。

7.3　太阳能辅助燃煤发电系统典型集成方案与热力特性

7.3.1　太阳能辅助燃煤发电系统典型集成方案

1. 塔式太阳能辅助燃煤发电系统耦合方式

塔式太阳能热发电系统换热流体具有较高温度(例如 Solar Two 电站高温熔融盐运行温度为 565℃)，因此塔式太阳集热系统与燃煤发电系统有多种耦合方式，包括塔式太阳能热加热再热蒸汽(替代全部/部分锅炉再热器)、替代回热抽汽、加热锅炉给水(替代部分锅炉省煤器、过热器)，或者几种耦合方式的组合等。

1) 耦合方案 1：塔式太阳能热加热再热蒸汽和锅炉给水

在温度对等前提下，优先使太阳能热满足再热蒸汽需求，剩余的(少量的)太阳能热用来加热锅炉给水，系统结构如图 7-10 所示。

从图 7-10 中可以看出，太阳能热被分成高、低温两部分，高温部分能量用以加热再热蒸汽，低温部分能量用以加热锅炉给水。被太阳能加热后的再热蒸汽进入锅炉再热器继续吸热达到需要温度，被太阳能加热后的锅炉给水进入锅炉省煤器和过热器继续吸热达到需要的温度。除了太阳集热场和燃煤电站连接部分，两个系统的其他部分结构均保持不变。

由于太阳能在整个系统中处于辅助地位，所以运行过程中要尽量保证燃煤侧运行的稳定性，即尽量保证燃煤侧系统在最优化的设计运行工况下运行，而且这样有利于不同耦合方案的纵向对比分析。

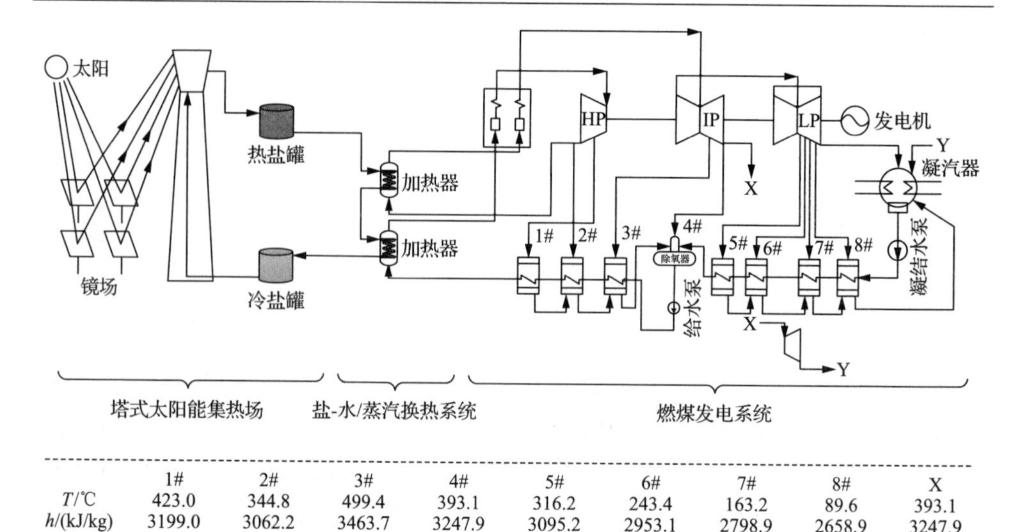

	1#	2#	3#	4#	5#	6#	7#	8#	X
T/℃	423.0	344.8	499.4	393.1	316.2	243.4	163.2	89.6	393.1
h/(kJ/kg)	3199.0	3062.2	3463.7	3247.9	3095.2	2953.1	2798.9	2658.9	3247.9
m/(kg/h)	233680.7	226384.5	103797.8	87630.5	79183.1	83632.4	75792.0	154507.9	128813.0

图 7-10　塔式太阳能辅助燃煤发电系统流程图

(塔式太阳能热加热再热蒸汽和锅炉给水)

2) 耦合方案 2：塔式太阳能热加热锅炉给水

这种耦合方式结构较为简单，即利用盐-水换热器将太阳能热传递给锅炉给水，吸收热量后的给水进入锅炉省煤器和过热器吸收热量达到所需温度。同样，除太阳集热场和燃煤电站连接部分，两个系统的其他部分结构均保持不变，如图 7-11 所示。

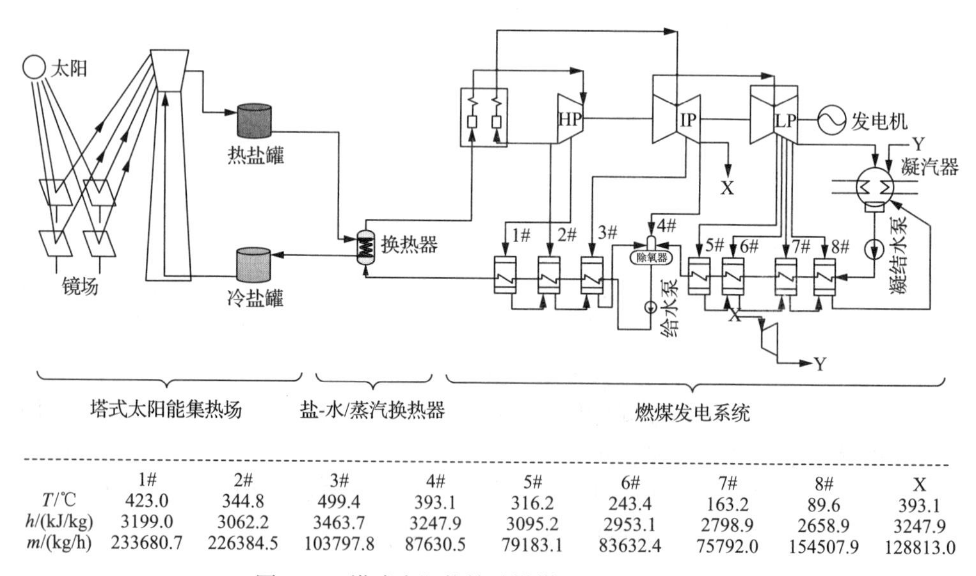

	1#	2#	3#	4#	5#	6#	7#	8#	X
T/℃	423.0	344.8	499.4	393.1	316.2	243.4	163.2	89.6	393.1
h/(kJ/kg)	3199.0	3062.2	3463.7	3247.9	3095.2	2953.1	2798.9	2658.9	3247.9
m/(kg/h)	233680.7	226384.5	103797.8	87630.5	79183.1	83632.4	75792.0	154507.9	128813.0

图 7-11　塔式太阳能辅助燃煤发电系统流程图

(塔式太阳能热加热锅炉给水)

3) 耦合方案 3：塔式太阳能热加热再热蒸汽并替代高温回热抽汽 1#

该耦合方式与图 7-10 结构类似，即将太阳能热分成高低温两部分，分别用以加热再热蒸汽和锅炉给水。不同的是，在这种耦合方式中，最高级回热抽汽(1#)被太阳能热取代，省下的蒸汽(回热抽汽)可以在汽轮机内继续做功，在主蒸汽流量不变的情况下，可以增加电站发电量，如图 7-12 所示。

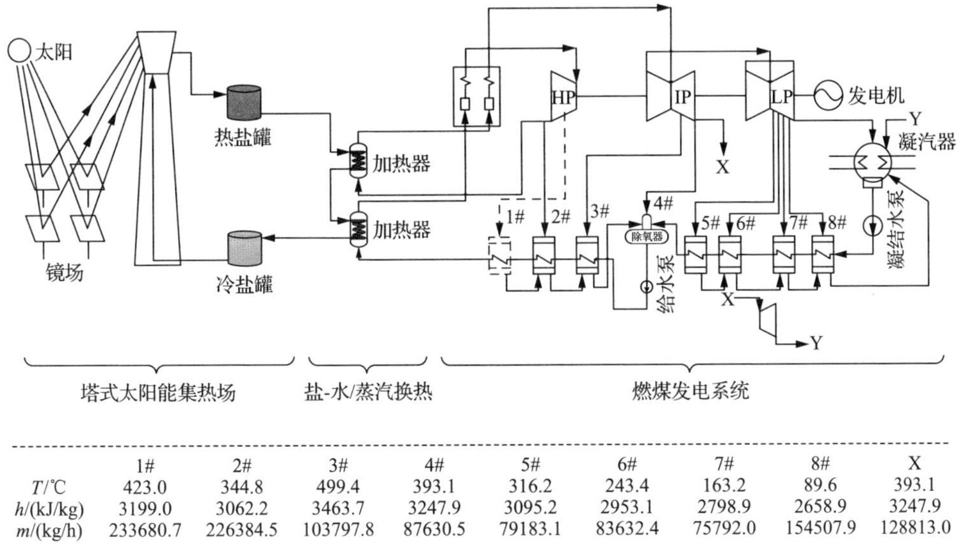

	1#	2#	3#	4#	5#	6#	7#	8#	X
T/℃	423.0	344.8	499.4	393.1	316.2	243.4	163.2	89.6	393.1
h/(kJ/kg)	3199.0	3062.2	3463.7	3247.9	3095.2	2953.1	2798.9	2658.9	3247.9
m/(kg/h)	233680.7	226384.5	103797.8	87630.5	79183.1	83632.4	75792.0	154507.9	128813.0

图 7-12　塔式太阳能辅助燃煤发电系统流程图
(塔式太阳能热加热再热蒸汽并替代高温回热抽汽 1#)

从图 7-12 中可以看出，将熔融盐分成高低温两段分别对外换热，燃煤电站最高温回热换热器(1#)被切断，由低温熔融盐加热锅炉给水到所需温度和压力，为了保证燃煤电站侧稳定运行，此时将锅炉给水加热到与单纯燃煤电站锅炉给水相同温度和压力。加热后的锅炉给水进入锅炉省煤器和过热器加热到所需温度。再热蒸汽被高温熔融盐加热后进入锅炉再热器吸收热量达到所需温度。在此系统中，根据给水和蒸汽的温度范围，对熔融盐实行分级换热，以减少换热温差带来的做功能力损失。

为了使互补系统其他部分热力特性尽量保持不变，本方案耦合过程中，优先满足将锅炉给水加热到与燃煤电站给水相当的温度和压力，剩下的热量用以加热再热蒸汽，即优先满足太阳能热低温段利用，再满足高温段热利用，且高低温段临界温度可以满足两次换热的温差需求。

4) 耦合方案 4：塔式太阳能热加热再热蒸汽并替代高温回热抽汽 1#、2#

该耦合方式与图 7-12 类似，不同的是高温回热换热器 1#、2#同时被取代，太阳能热加热锅炉给水至与燃煤电站给水相当的温度，剩余的热量加热再热蒸汽，省下的抽汽可以在汽轮机内继续做功，系统结构如图 7-13 所示。

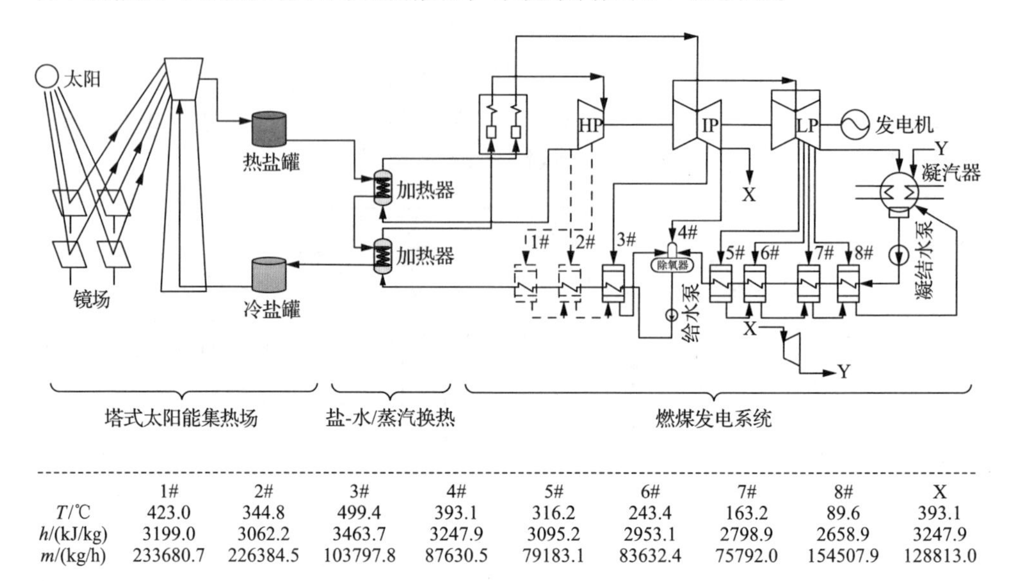

	1#	2#	3#	4#	5#	6#	7#	8#	X
T/℃	423.0	344.8	499.4	393.1	316.2	243.4	163.2	89.6	393.1
h/(kJ/kg)	3199.0	3062.2	3463.7	3247.9	3095.2	2953.1	2798.9	2658.9	3247.9
m/(kg/h)	233680.7	226384.5	103797.8	87630.5	79183.1	83632.4	75792.0	154507.9	128813.0

图 7-13　塔式太阳能辅助燃煤发电系统流程图

（塔式太阳能热加热再热蒸汽并替代高温回热抽汽 1#、2#）

5) 耦合方案 5：塔式太阳能热替代高温回热抽汽 1#～3#

该耦合方案是同时切断所有高温回热抽汽，由太阳能热直接加热给水泵出口给水至一定温度，而不加热再热蒸汽，系统结构如图 7-14 所示。

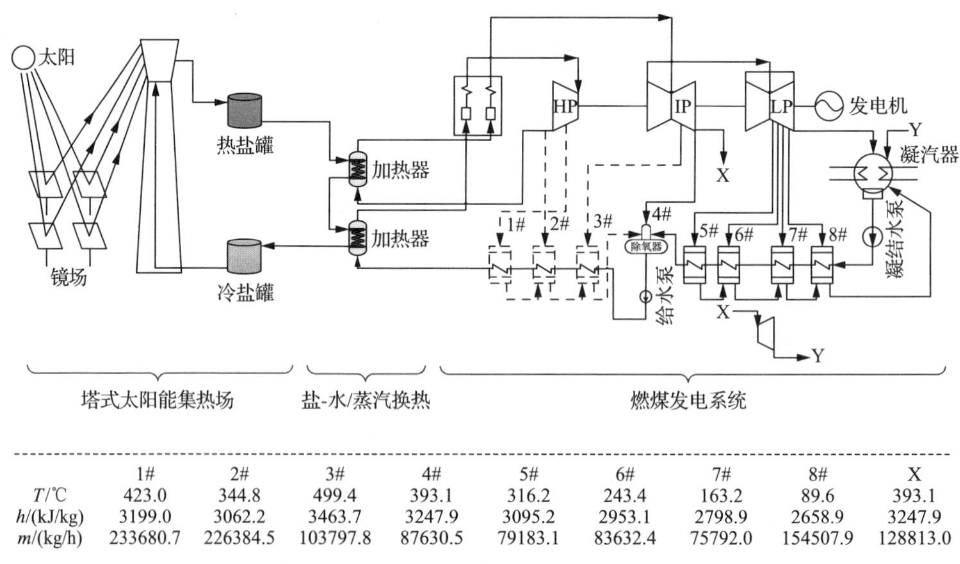

	1#	2#	3#	4#	5#	6#	7#	8#	X
T/℃	423.0	344.8	499.4	393.1	316.2	243.4	163.2	89.6	393.1
h/(kJ/kg)	3199.0	3062.2	3463.7	3247.9	3095.2	2953.1	2798.9	2658.9	3247.9
m/(kg/h)	233680.7	226384.5	103797.8	87630.5	79183.1	83632.4	75792.0	154507.9	128813.0

图 7-14　塔式太阳能辅助燃煤发电系统流程图

（塔式太阳能热替代高温回热抽汽 1#～3#）

2. 槽式太阳能辅助燃煤发电系统耦合方式

相对塔式太阳集热场而言，槽式太阳集热场具有相对较低温度，因此其与燃煤系统耦合方式比塔式太阳集热场少。槽式太阳集热场与燃煤电站主要耦合方式是利用太阳能热加热锅炉给水或替代回热换热器等。

1) 耦合方案 1：槽式太阳能热加热锅炉给水

与图 7-11 结构类似，本耦合方案中用槽式太阳集热场的热量加热锅炉给水，被加热后的给水进入省煤器和过热器吸热达到所需温度。该方案结构简单，如图 7-15 所示，除槽式太阳集热系统和燃煤发电系统连接部分外，系统其他部分均保持原有结构不变。

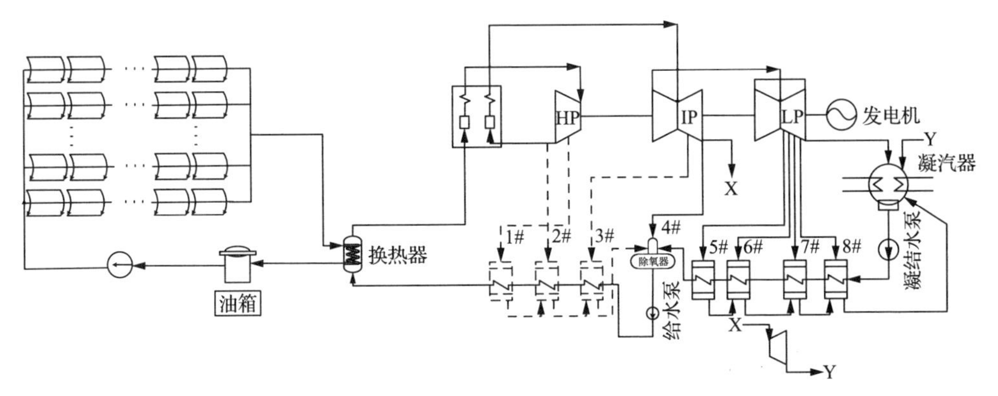

图 7-15　槽式太阳能辅助燃煤发电系统流程图
（槽式太阳能热加热锅炉给水）

槽式镜场出口高温导热油经过油-水换热器充分放热后进入储油罐。为保证互补系统能够稳定运行，系统内其他部件工作情况与原先燃煤电站和槽式太阳集热场运行情况尽量保持一致，这也有利于与塔式太阳能辅助燃煤发电系统的横向比较。

2) 耦合方案 2：槽式太阳能热替代高温回热抽汽 1#～3#

本耦合方案中槽式太阳能镜场有足够热量时，切断所有高温回热换热器（1#～3#），除氧器出口给水经给水泵升压后注入油-水换热器吸收导热油的热量，而后进入锅炉省煤器、过热器吸热达到预设温度，如图 7-16 所示。

7.3.2　太阳能辅助燃煤发电系统热力特性分析

1. 塔式太阳能辅助燃煤发电系统热力性能分析

以 100MW 塔式太阳能热发电站和 1000MW 超超临界燃煤电站为例进行年度

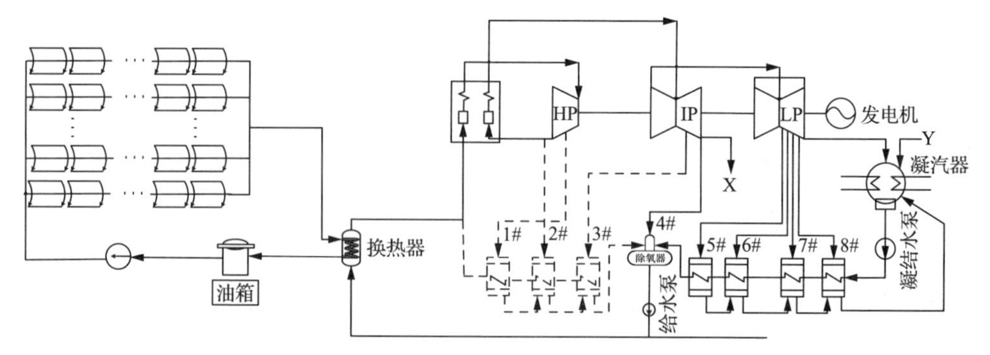

图 7-16　槽式太阳能辅助燃煤发电系统流程图

运行分析，然后将两者相耦合，研究 1000MW 塔式太阳能辅助燃煤发电系统在外部环境扰动和电网实际电力调度需求下的年变工况运行热力特性。

热力参数是评价热力系统好坏的参考，不同的学者对热力参数可能存在不同的定义，在此列出了本部分涉及到的热力参数。

太阳倍数：在塔式太阳能热发电系统中，定义设计点时刻，传热流体从吸热器吸收的能量与电站满负荷发电时所需主蒸汽的能量的比值为太阳倍数。那么，太阳倍数计算方法为

$$\mathrm{SM}=Q_{\mathrm{HTF}}/Q_{S-\mathrm{POW}} \tag{7-27}$$

式中，$Q_{S-\mathrm{POW}}$ 为太阳能热发电站满负荷发电时所需主蒸汽的能量，MW。

对于无储热的太阳能热发电站，其太阳倍数为 1。太阳倍数根据电站设计储热时间和所选取的设计点而设定，取春分日中午 12 点的 DNI 值为设计点 DNI。

容量因子：容量因子 CF 是电站全年发电量的一个描述参数，是电站年实际发电量与电站以铭牌发电功率工作一年(8760h)的发电量之比，即

$$CF=P_{\mathrm{ann}}/(8760\cdot P_{\mathrm{nam}}) \tag{7-28}$$

式中，P_{ann} 为电站年实际发电总量，MW·h；P_{nam} 为电站的铭牌发电功率，MW；8760 为一年内的小时数。

本部分以图 7-10 的系统为例进行研究，从图中可以看出，被高温太阳能热加热的再热蒸汽进入锅炉再热器继续吸热达到预定温度，被低温太阳能热加热后的锅炉给水进入锅炉省煤器和过热器继续吸热达到预定温度。除了太阳集热场和燃煤电站的连接部分(盐水/蒸汽换热器)，其他部分结构保持不变。

由于太阳能在整个系统中处于辅助地位，所以运行过程中要尽量保证燃煤侧运行的稳定性，即尽量保证燃煤侧系统在最优化的设计运行工况下运行。太阳能所占的比例相对较小，当系统在非设计工况下运行时，塔式太阳集热场提供的额定热量(高温部分)也不会超过再热蒸汽的需求，这使燃煤电站部分变负荷运行时

不需要频繁调整盐水换热器内熔融盐的流率，只需要使塔式集热系统满负荷运行(如果太阳直射和储热量足够)。

在进行塔式太阳能辅助燃煤发电系统分析时，将太阳能系统与燃煤电站根据一定的耦合方法相结合。为了更好地将塔式太阳集热场与燃煤电站相匹配，将低温储热罐温度从 290℃调整到 300℃。适当提高高温储热罐出口熔融盐的流率，使塔式太阳能辅助燃煤发电系统和塔式太阳能热发电系统的太阳倍数保持一致，同时也不需要增加熔融盐储热量。

太阳能系统仅采用该 100MW 塔式太阳能热发电站的定日镜场和储热系统，并调整了太阳能系统的运行策略，当太阳辐射和存储的热量不足以满足再热蒸汽和给水的热需求时，则完全切断塔式太阳集热场系统。太阳倍数为 2.5 时塔式太阳能辅助燃煤发电系统的主要参数如表 7-1 所示。

表 7-1　1000MW 级塔式太阳能辅助燃煤发电机组主要参数

系统	参数及单位	数值
塔式太阳集热场	年太阳辐射量/(kW · h/m^2)	2385.06
	定日镜面积/m^2	1 509 719
	加热水/蒸汽的熔融盐流率/(kg/s)	580.7
	太阳倍数	2.5
	吸热器入口熔融盐温度/℃	301.8
	吸热器出口熔融盐温度/℃	565
燃煤发电系统	发电负荷/MW	1008.3
	主蒸汽参数/[MPa/℃/(t/h)]	25.0/600/2733.4
	再热蒸汽参数/[MPa/℃/(t/h)]	4.25/600/2273.4
	凝汽器压力/kPa	5.6
	煤耗率/[g/(kW · h)]	236.4

需要说明的是，表 7-1 中并未列出该塔式太阳能辅助燃煤发电系统的发电效率，因为该电站配备有储热系统，有一些热量存储于/来自于储热系统。所以，不能只对电站进行某个状态热力特性研究，还需要对系统进行长时间(例如一年)运行，研究系统在一段时间内随着外部太阳辐照和电网调度负荷变化时候的非设计运行热力特性。

电网公司往往根据供电地区的用电负荷对燃煤电站进行调度，调度负荷变化范围广，使燃煤电站长期处在非设计工况下运行。因此，对燃煤电站长期变负荷运行研究尤为重要。

本部分按照电网对某 1000MW 燃煤电站全年电力调度逐时负荷对塔式太阳能辅助燃煤发电系统进行调度，年调度电量为 7330.8GW · h。近年来，由于电力过剩，2014 年全国发电设备平均利用小时数仅为 4318h。本部分研究仍然按照 7330.8GW · h 进行。

塔式太阳能辅助燃煤电站在外部太阳辐射扰动下按照电网的电力调度运行，这同样属于非设计工况运行。根据电网电力调度，对 SAPG 电站进行年变工况运行模拟和计算。

利用前面所述太阳能贡献度评价方法对耦合电站进行逐时分析，并累积全年太阳能发电量和燃煤发电量。根据不同的太阳倍数，对太阳集热场配备足够储热时长的储热系统，并将该太阳集热场与燃煤电站相耦合进行模拟和计算分析。

经过模拟计算分析发现，太阳倍数不同时，塔式太阳能辅助燃煤发电系统的年发电量与电网调度负荷误差仅为 1.5%。不同太阳倍数时(配备足够时长储热容量)，塔式太阳能辅助燃煤电站和塔式太阳能热发电站(配备天然气补燃)的年太阳能贡献度情况如图 7-17 所示。

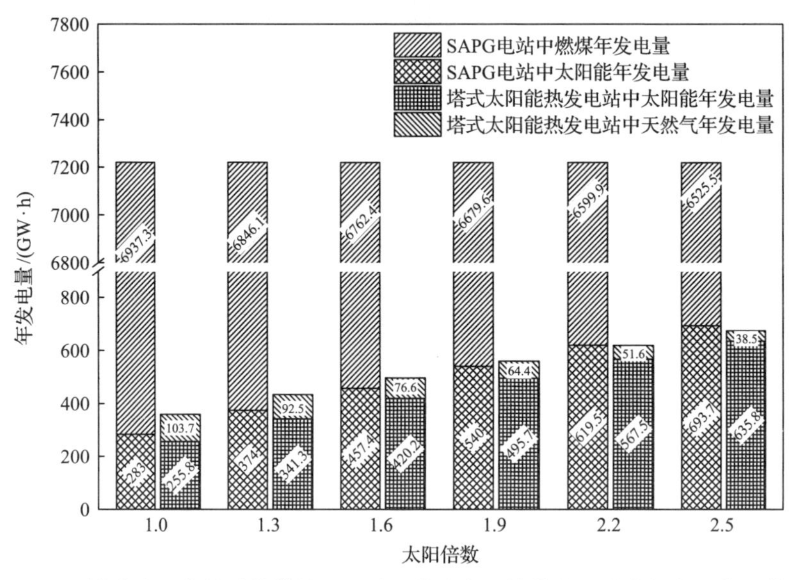

图 7-17 塔式太阳能辅助燃煤热发电站及塔式太阳能热发电站中年太阳能贡献度

从图 7-17 中可以看出，太阳能发电量在耦合电站中占据很小的比例(<10%)，处于辅助状态。随着太阳倍数的增加(从 1.0 增加到 2.5)，由于塔式太阳定日镜场面积的增加，塔式太阳能辅助燃煤发电系统中太阳能年发电量逐渐增加(从 283.0GW · h 增加到 693.7GW · h)，所占比例也由 3.92%增加到 9.61%。同样，随着太阳倍数的增加(从 1.0 增加到 2.5)，配备天然气补燃的塔式太阳能热发电站中太阳能发电量从 255.8GW · h 增加到 635.8GW · h，所占比例由 71.16%增加到 94.29%。需要说明的是，当太阳倍数为 2.2 时，塔式太阳能辅助燃煤热发电站中太阳能发电量(619.5GW · h)与配备天然气补燃的太阳能热发电站总的发电量(619.2GW · h)

基本持平，当太阳倍数为 2.5 时，塔式太阳能辅助燃煤热发电站中太阳能发电量(693.7GW·h)超过配备天然气补燃的太阳能热发电站总的发电量(674.3GW·h)，这说明塔式太阳能辅助燃煤热发电站更加有利于太阳能的热利用，这一点也可以在接下来的光电转换㶲效率分析中体现出来。

图 7-18 所示为塔式太阳能辅助燃煤热发电站及塔式太阳能热发电站的年光电转换㶲效率。

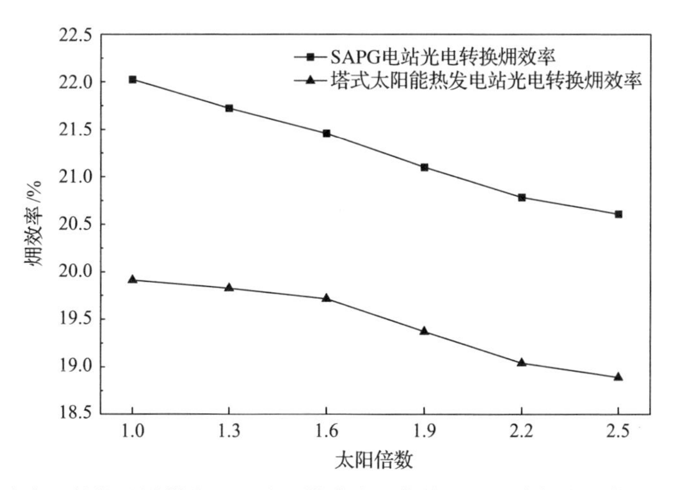

图 7-18　塔式太阳能辅助燃煤热发电站及塔式太阳能热发电站中年太阳能光电转换㶲效率

从图 7-18 中可以看出，随着太阳倍数的增加(从 1.0 增加到 2.5)，塔式太阳能辅助燃煤热发电站和塔式太阳能热发电站的光电转换㶲效率均逐渐降低，塔式太阳能辅助燃煤热发电站的光电㶲效率从 22.03%降低到 20.61%，塔式太阳能热发电站的光电转换㶲效率从 19.91%降低到 18.89%。造成光电转换㶲效率降低的原因有两个：一是当太阳倍数增加时，系统储热量增加，熔融盐在定日镜场、吸热器和储热系统内的热损失也增加；二是当太阳倍数增加时，系统内太阳能所占比例逐渐增加，燃煤/天然气所占的比例逐渐减少，而太阳能的发电效率低于燃煤/天然气的发电效率，系统中太阳能的比例的增加将拉低电站的综合发电效率，从而降低太阳能的发电量。此外，塔式太阳能辅助燃煤发电站的光电转换㶲效率整体上都比塔式太阳能热发电站高，这进一步说明塔式太阳能辅助燃煤热发电站的高参数、大容量的特点能够提高太阳能的热利用率，比单纯塔式太阳能热发电具有优势。

图 7-19 所示为塔式太阳能辅助燃煤热发电站和燃煤电站的年煤耗情况。从图中可以看出，随着太阳倍数的增加(从 1.0 增加到 2.5)，塔式太阳能辅助燃煤发电站的年煤耗量近似线性降低(从 1869640.9t 降低到 1751158.3t，节煤比例从 4.33%上升到 10.39%)，节煤潜力巨大；当太阳倍数分别为 1.0、1.3、1.6、1.9、2.2 和

2.5 时，1000MW 太阳能辅助燃煤发电系统的年平均煤耗率比 1000MW 燃煤电站分别低 10.9g/(kW·h)、14.5g/(kW·h)、17.8g/(kW·h)、21.1g/(kW·h)、24.3g/(kW·h)和 27.3g/(kW·h)。

图 7-20 所示为塔式太阳能辅助燃煤热发电站和燃煤电站的年二氧化碳排放情况，从图中可以看出，随着太阳倍数的增加(从 1.0 增加到 2.5)，塔式太阳能辅助燃煤发电系统的年二氧化碳排放量近似线性降低(从 5255768.3t 降低到 4922700.6t)；当太阳倍数分别为 1.0、1.3、1.6、1.9、2.2 和 2.5 时，1000MW 太阳能辅助燃煤发电系统的年平均二氧化碳排放率相较燃煤电站(758.5g/(kW·h))分别

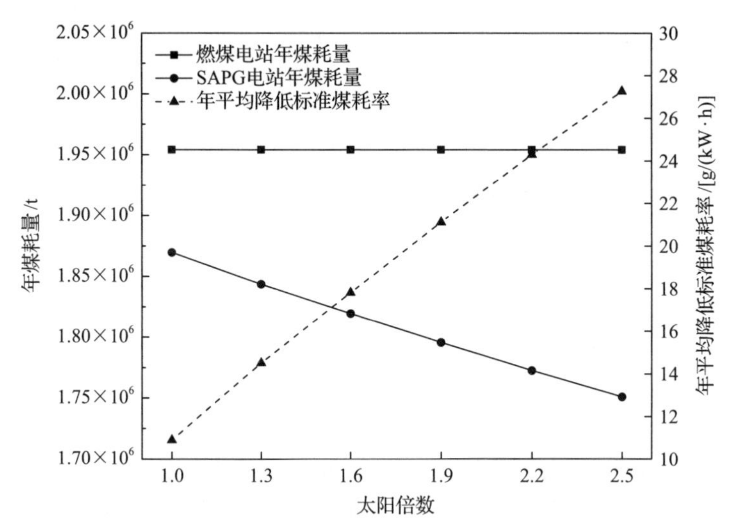

图 7-19 塔式太阳能辅助燃煤热发电站和燃煤电站的年煤耗情况

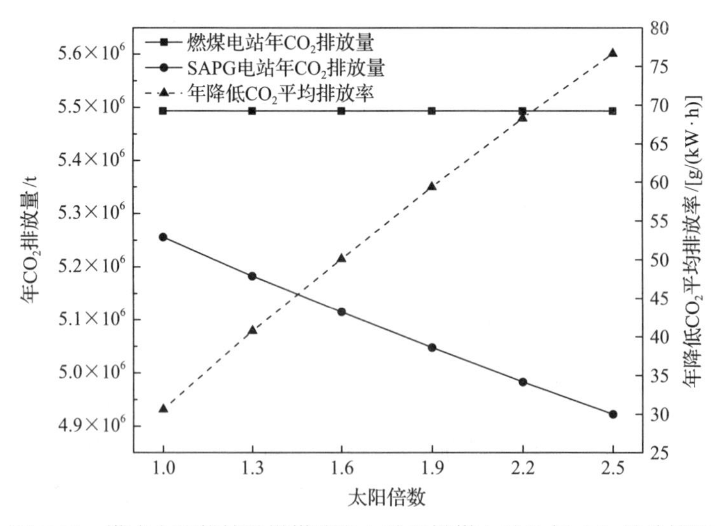

图 7-20 塔式太阳能辅助燃煤热发电站和燃煤电站的年 CO_2 排放情况

降低 30.6g/(kW·h)、40.8g/(kW·h)、50.1g/(kW·h)、59.4g/(kW·h)、68.3g/(kW·h)和 76.6g/(kW·h)，互补系统二氧化碳减排潜力巨大。

需要说明的是，图 7-19 和图 7-20 中用标煤计算年煤耗量，用设计煤种计算二氧化碳的减排量，年二氧化碳减排量会因为设计煤种选择的不同而不同，但减排的趋势不会变化。

通过上述分析可知，塔式太阳能辅助燃煤发电系统相对单纯塔式太阳能热发电站具有较高的光电转换㶲效率，可以极大地提高太阳能热的利用率，还可以减少电站建设的初投资；塔式太阳能辅助燃煤发电系统相对燃煤电站具有较低的煤耗量和二氧化碳排放量，可以极大地减少化石能源的消耗，达到节能减排的目的；此外，塔式太阳能辅助燃煤发电系统中，可以依靠燃煤电站的深度调峰能力平抑太阳辐照资源对电站输出电能的扰动，发出电网友好型的电。

2. 槽式太阳能辅助燃煤发电系统热力性能分析

1) 集热场的设计选取及系统集成方式

本节选取某 330MW 燃煤机组与太阳能集热场进行耦合，其系统集成方式如图 7-21 所示，数字 1～7 表示 7 级抽汽。该互补发电系统中，太阳能将集热场中的导热油加热到一定温度后，用热油的热来取代 1#、2#高加抽汽加热给水，减少的抽

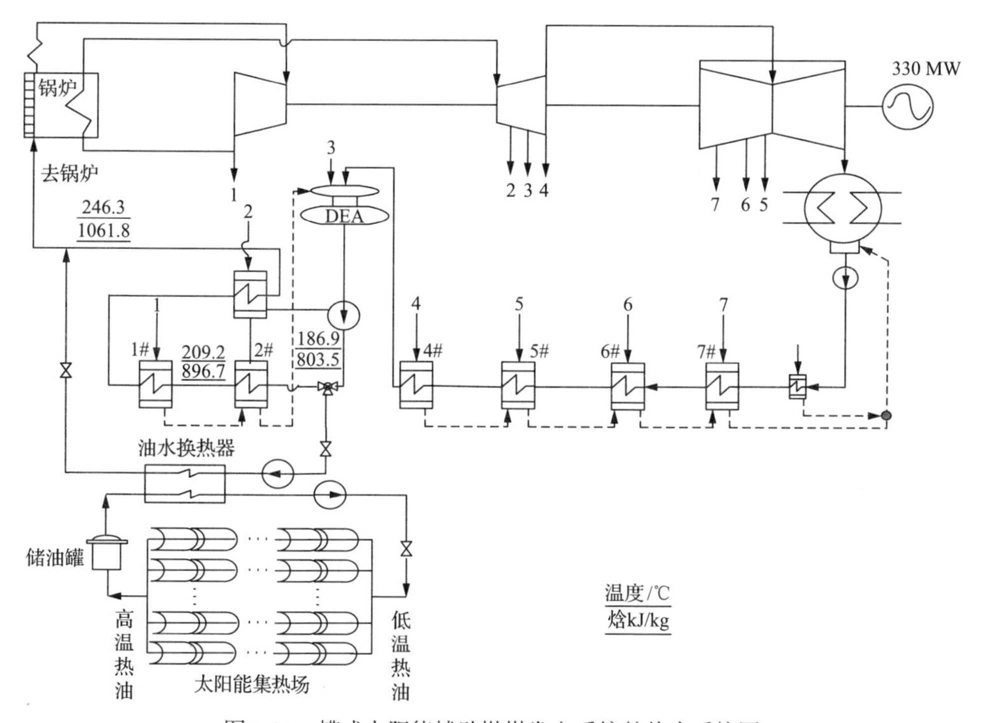

图 7-21　槽式太阳能辅助燃煤发电系统的热力系统图

汽则在汽轮机中继续做功。SAPG 系统分为功率增大型和功率不变型两种，功率增大型是指在燃料量一定的前提下，通过引入太阳能热源使系统的总输出功率增大，功率不变型则指系统总输出功率不变的前提下，通过引入太阳能降低系统所需燃料量。本节以功率不变型的 SAPG 系统为研究对象进行分析讨论。

本节中所选用的换热工质为 VP-1 导热油，该型号导热油性能较好，工作温度较广。现有文献研究表明，集热器的最佳运行工作温度在 200～300℃，Zhang 等[15]对不同工况下集热场最佳流速进行了计算，结果表明：当 DNI 为 900W/m^2 时，导热油在集热场内的最佳流速为 2～3m。据此，本节对 SAPG 系统中的集热场设计点工况进行计算选取，取设计点 DNI 为 900W/m^2，入射角为 0°，集热场采用南北水平轴单轴跟踪布置；集热场内传热流体为导热油。设计工况下，高加抽汽全部被集热场取代，此时通过 SAPG 系统热性能计算得出，所需导热油流量为 1010.1t/h，集热场面积为 158256m^2。此时集热场由 42 个 loop 组成，每个 loop 包含 16 个集热器模块（SCA），每个 SCA 采光面积为 235.5m^2，规格都为 5×47.1m^2，集热场主要参数如表 7-2 所示。

表 7-2　集热场主要参数表格

参数	数值
DNI/（W/m^2）	900
导热油质量流量/（t/h）	1010.1
导热油入口温度/℃	210
导热油出口温度/℃	305
给水流量/（t/h）	900
给水进口温度/℃	187
给水出口温度/℃	246
环境温度/℃	20
环境风速/（m/s）	2
集热单元有效长度/m	47.1
集热单元宽度/m	5
集热单元数 SCA	16
支路数 LOOP	42
入射角/（°）	0

太阳能集热场运行过程中，有两种运行调节方式：一是定集热场导热油出口温度，当运行条件改变时，通过改变导热油流量进行调节；二是定导热油流量，当运行条件改变时，通过改变导热油出口油温进行调节。本节采取定导热油出口温度方式，通过调节导热油流量来确保油水换热器的出口水温维持 246℃左右不变。

2) 额定负荷下系统静态性能分析

当燃煤机组运行负荷保持 330MW 不变时，对于设计工况下的集热场，太阳能恰好可完全替代高加回热抽汽加热锅炉给水。实际运行过程中，由于气候及环境等因素影响，运行条件会偏离设计值，此时存在太阳能只能部分取代高加回热抽汽加热锅炉给水的情况，所以，对太阳能加热不同给水流量时的 SAPG 系统进行分析讨论便显得十分必要。本部分将对太阳能全部及部分取代高加的系统展开研究，分析太阳能取代不同给水流量时 SAPG 系统各运行参数的变化规律。

图 7-22 给出了 DNI 为 900W/m^2，太阳能加热不同给水流量时集热场运行调节过程中的换热工质的温度变化示意图。

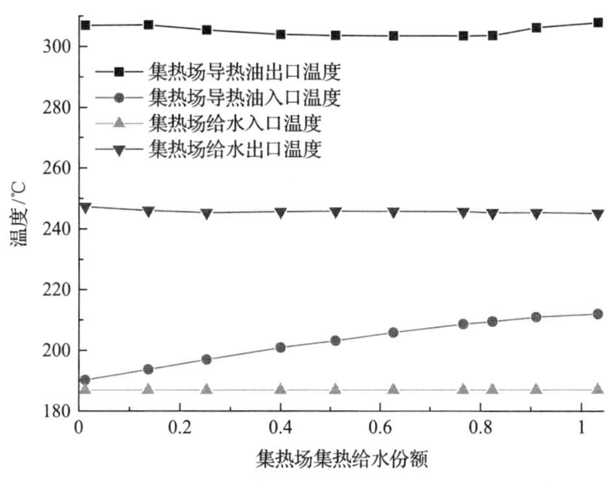

图 7-22　运行调节中换热工质进出口温度变化示意图

原燃煤机组在额定负荷运行时，流入高加入口的给水温度为 187℃左右，从高加流出进入锅炉的给水温度为 245℃左右。当引入太阳能热源加热给水后，为保证燃煤机组运行的稳定，在太阳能加热不同给水流量的工况下，从集热场流出的给水温度也应保证在 245℃左右。图 7-22 给出了在运行调节的过程中导热油和给水的进出口温度变化。由图中可看到，集热场入口给水温度始终保持 187℃不变，当太阳能加热的给水份额发生变化时，为保证集热场出口给水温度维持在 245℃左右不变，需调节集热场内导热油总流量。此时，因集热场导热油总流量发生了变化，为使导热油的流速接近最佳流速，则参与运行的集热场集热面积也会随之改变。在太阳能加热给水的份额由 10%变化到 100%的过程中，油水换热器中导热油入口温度为 305℃左右不变，而出口温度则从 190.59℃增加到 211.92℃，这是因为，在油水换热的过程中，导热油与油水换热器金属管壁的对流换热系数会随着其流量的增加而增加，当取代比例增大时，导热油流量的增加会导致换热系数也随之增加所以，当导热油进口温度不变时，出口温度会随取代比例的增加而增加。图 7-23 为不同集热场面积及 DNI 下太阳能所能加热的给水份额。

从图 7-23 中可看出，相同集热场面积下，当 DNI 增大时，太阳能加热的给水份额近似呈线性增加，当 DNI 一定时，太阳能加热给水份额则随着集热场面积的增加而呈非线性增加。设计面积 158256m^2 下，当 DNI 为 900W/m^2 时，高加可完全被集热场所取代，当 DNI 减小到 700W/m^2 时，设计面积下的集热场可加热的给水比例为 0.68，而当 DNI 减小到 500W/m^2 时，设计面积下的集热场仅可加热 47% 的给水。由此图可看出，在运行过程中应根据 DNI 及参与运行的集热场面积来确定太阳能所能加热的给水流量，以确保 SAPG 系统能够稳定、经济运行。

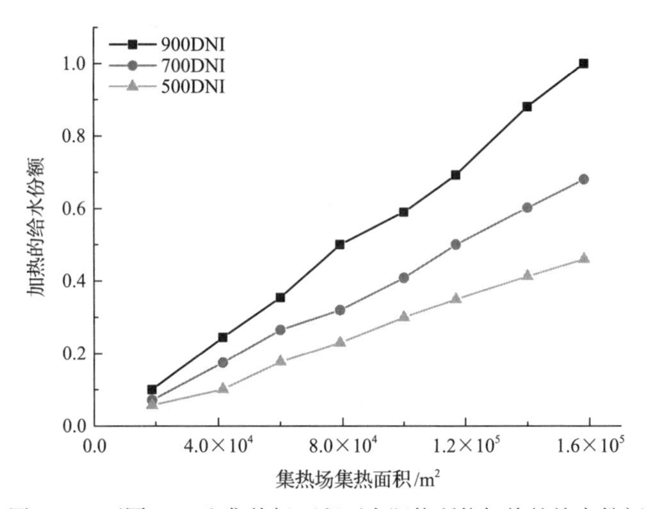

图 7-23　不同 DNI 和集热场面积下太阳能所能加热的给水份额

对于原燃煤机组来说，太阳能的引入不可避免会使其运行参数及性能发生变化，高加抽汽被替代后回到汽轮机中继续做功，势必会对燃煤机组的主汽参数、再热蒸汽参数及各段低加加热器的抽汽参数等产生影响。其中，主蒸汽、再热蒸汽参数变化如图 7-24 所示。

由图 7-24 可看出，当给水全部由高加回热抽汽加热时，互补发电系统的主汽流量约为 944t/h，当给水全部由太阳能加热时，系统主蒸汽流量约为 895.6t/h，主蒸汽流量减小了约 50t/h；而主蒸汽压力则不随太阳能加热给水份额的变化而变化，再热蒸汽流量及压力均会呈增加的趋势。这是因为太阳能取代高加回热抽汽的过程中，取代的回热抽汽越多，进入汽轮机内做功的蒸汽流量也会越多，但系统总输出功率保持不变，因此随着取代比例的增加，系统的主蒸汽流量需减小。系统在运行过程中采用定压运行模式，因此锅炉的主蒸汽压力保持不变。在太阳能加热给水份额逐渐增大的过程中，引入的太阳能热越多，被排挤的高加抽汽流量越多，因而再热蒸汽流量会增加，此时，将调节级与高压缸出口蒸汽之间的各级取为一个级组，应用弗留格尔公式进行分析可得出再热蒸汽压力会呈现增加的趋势。

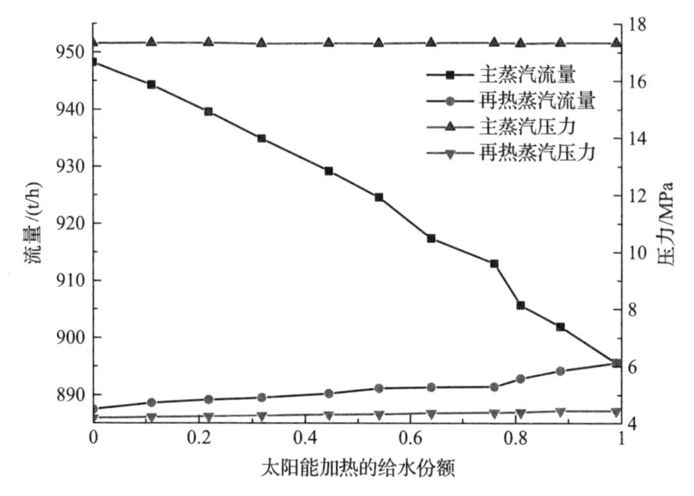

图 7-24　SAPG 系统主汽量及再热蒸汽流量随太阳能加热给水份额的变化

除主蒸汽、再热蒸汽流量发生变化之外，汽轮机各段抽汽流量也会有所变化，图 7-25、图 7-26 分别给出了太阳能加热不同份额给水的工况下，各段抽汽流量的变化趋势。

从图 7-25 中可看出，随着太阳能加热的给水流量不断增大，高加段抽汽流量近似呈线性减小，以 2#回热器抽汽流量为例，当太阳能加热的给水份额为 0 时，其抽汽流量为 57.4t/h，当加热的给水份额为 1 时，抽汽流量为 0t/h，总体来讲，当加热的份额每增加 0.1 时，2#回热器抽汽流量便减少 0.57t/h。如图 7-26 所示，随着流经集热场的给水份额不断增大，3#～7#回热器抽汽流量均有所增加，这是因为，当太阳能加热的给水流量增加时，被取代的高加抽汽量也随之增大，

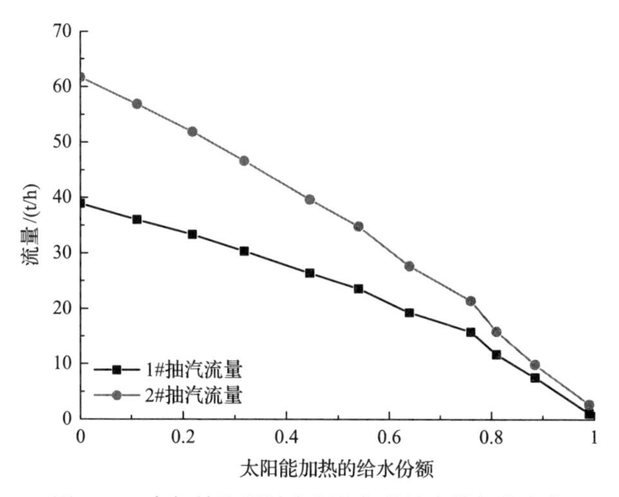

图 7-25　高加抽汽量随太阳能加热给水份额的变化

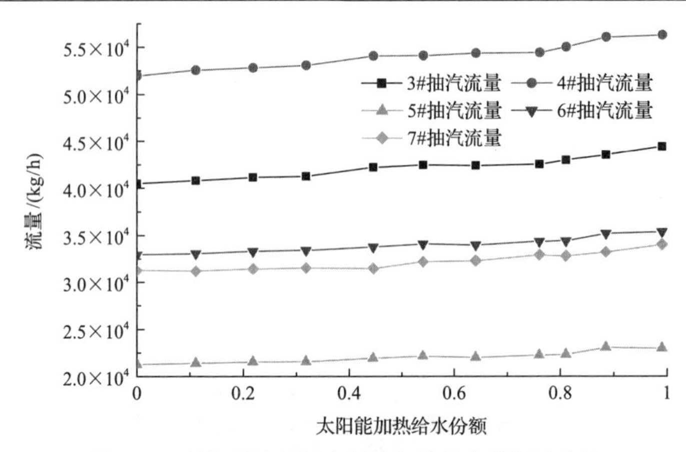

图 7-26　低加抽汽量随太阳能加热给水份额的变化

而被替代的回热抽汽会进入汽轮机中做功，使凝汽器中的凝结水量增大，为使低加出口的给水温度达到所需要求，则需更多的回热抽汽对其进行加热，因而各低加段的抽汽流量便会增加。

由图 7-27 可看到，随着被替代的抽汽量不断增大，调节级后压力有所降低。这是因为集热场在取代高加的过程中，主蒸汽流量会随着取代比例增加而减少，故汽轮机调节级后的压力会随之降低。从图 7-27 和图 7-28 中还可看到，汽轮机再热蒸汽压力、各高加及低加抽汽压力均会随着取代比例的增加而有所增加。以 1#高加抽汽为例进行分析，将调节级与 1#回热器抽汽之间的各级取为一个级组，当取代比例增大时，被取代的高加抽汽回到汽轮机中做功，使级组后的蒸汽流量增大，应用弗留格尔公式进行分析可得出 1#回热器抽汽压力会随之增加，2#～7#回热器抽汽压力分析方法与之相同。

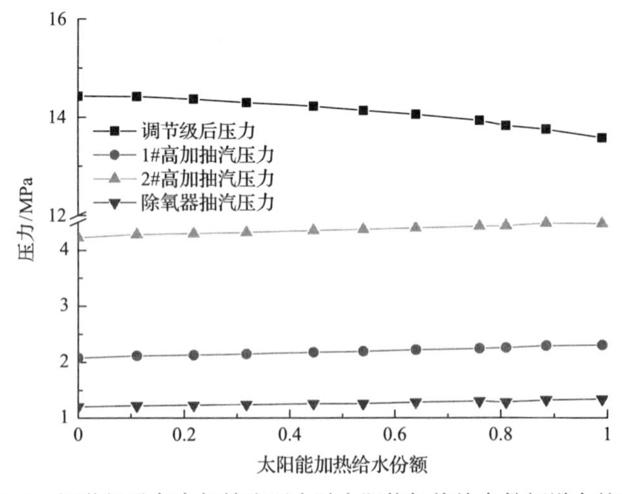

图 7-27　调节级及各高加抽汽压力随太阳能加热给水份额增大的变化

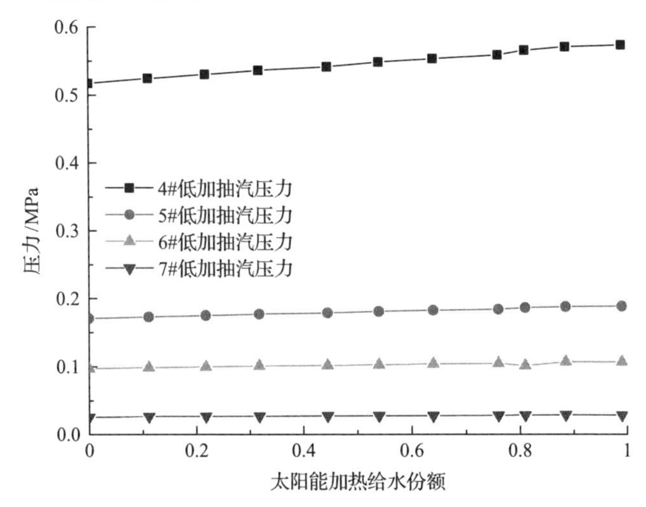

图 7-28　各低加抽汽压力随太阳能加热给水份额增大的变化

系统的煤耗量及汽耗率等是评价机组经济性能的重要指标，太阳能光电转换效率及太阳能发电电功率则是衡量集热场性能好坏的重要参数，为分析 SAPG 系统的整体性能，本节针对系统煤耗量、热耗率、太阳能发电电功率及太阳能光电转换效率进行仿真计算。

SAPG 系统的给煤量变化如图 7-29 所示，当从除氧器流出的给水全部由高加加热时，机组的煤耗量从给水 100%由高加加热时的 139.2t/h 降至给水全部由集热系统加热时的 129.8t/h。平均来讲，太阳能加热的给水份额每增加 10%，互补系统的给煤量平均降低约 1t/h，节煤效果较为明显。这是因为，当流经集热场给水量增加时，锅炉所对应的主蒸汽流量会随之减小，即锅炉的热负荷减小，所以

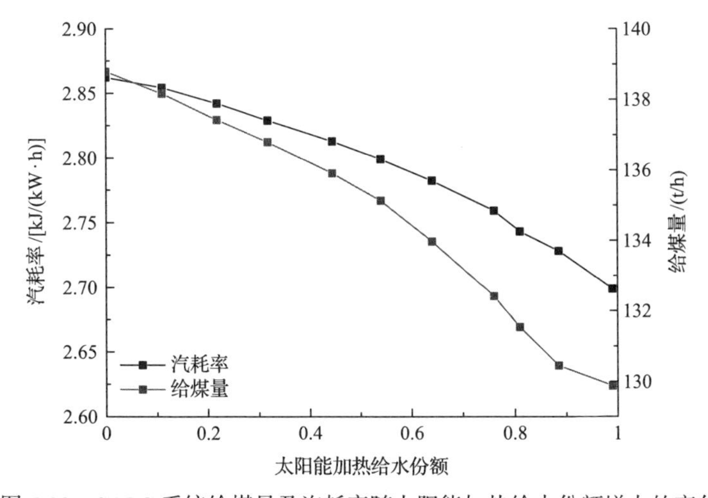

图 7-29　SAPG 系统给煤量及汽耗率随太阳能加热给水份额增大的变化

系统给煤量会将低。由图 7-29 还可看到，SAPG 系统的汽耗率会随着取代比例增加而降低，这是因为，随着太阳能加热给水比例的增加，SAPG 系统的给水流量及主蒸汽流量均会减小，在汽轮机输出功率不变的情况下，汽耗率会随之减小。

SAPG 系统的输出功率可分为两部分，一部分是原燃煤机组的输出功率，另一部分是太阳能发电电功率。图 7-30 给出了太阳能加热不同给水份额下太阳能发电功率变化及其相对应的太阳能光电转换效率。

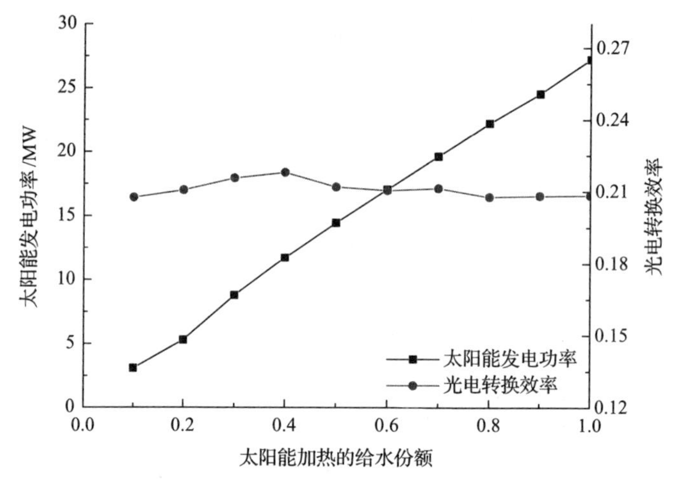

图 7-30　系统太阳能发电功率及光电转换效率随太阳能加热给水份额的变化

从图 7-30 中可看到，太阳能发电功率随太阳能加热给水份额的增加近似呈线性增加。集热系统加热 10%给水量时，太阳能发电功率为 3.09MW，当集热系统加热 100%给水量时，太阳能发电功率可达 27.23MW。总体来讲，平均集热系统加热给水量每增加 10%，太阳能发电功率就增加 2.73MW。从图中还可看到，在上述运行工况下，太阳能加热不同给水份额下的太阳能光电转换效率均维持在 21%左右。

3）部分负荷下系统静态性能分析

火电机组在运行时需参与电网调峰任务，常处于部分负荷运行，故对此工况下的 SAPG 系统进行仿真研究必不可少。本部分针对太阳能辅助部分负荷下的 330MW 机组进行仿真模拟，分析 DNI 为 900W/m^2 时，太阳能完全取代高加回热抽汽加热锅炉给水后，系统各运行参数的变化规律。

图 7-31 为部分负荷下太阳能完全取代高加时，系统所需集热场导热油流量及集热场面积变化图。从图中可看出，当系统负荷增加时，集热场面积与导热油总油量均呈增加趋势。当燃煤机组负荷为 50%时，太阳能完全替代高加回热抽汽时所需的集热场面积为 79128m^2，此时流经集热场的导热油流量为 375.755t/h。当燃煤机组负荷为 100%时，所需的集热场面积为 15825.6m^2，导热油流量为 1010.1t/h。

平均来看系统负荷每增加 10%时，集热场面积约增加 15825.6m^2，导热油总油量平均增加 126.9t/h。

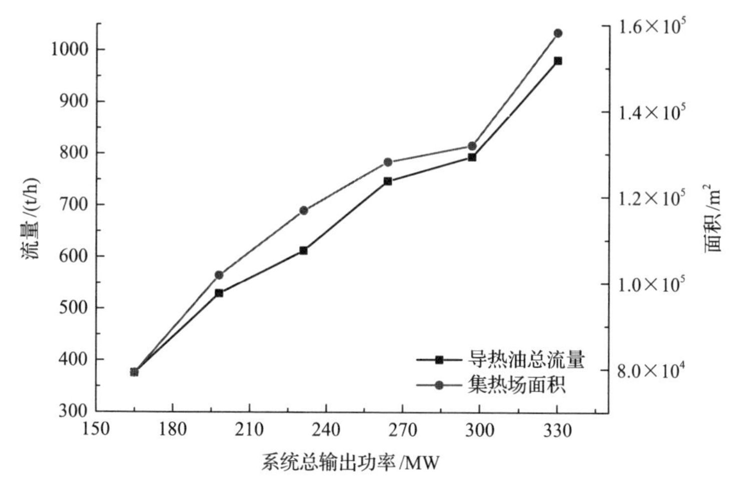

图 7-31 部分负荷下导热油流量及集热场面积变化图

当系统负荷从 50%变化到 100%时，引入太阳能前后机组主蒸汽流量及压力变化如图 7-32 所示，由图中可看出，随着系统负荷的增长，引入太阳能后的主蒸汽流量与引入前的相比会减小，且负荷越大，主蒸汽减小的量也就越多，而主汽压力则几乎不发生变化。这是因为当燃煤机组负荷增大时，锅炉的给水量会随之增大，所需的高加抽汽量也会增加，当引入太阳能后，太阳能所替代的回热抽汽量也随之增多，因 SAPG 系统的总输出功率不变，所以锅炉的主蒸汽流量减少的较多。

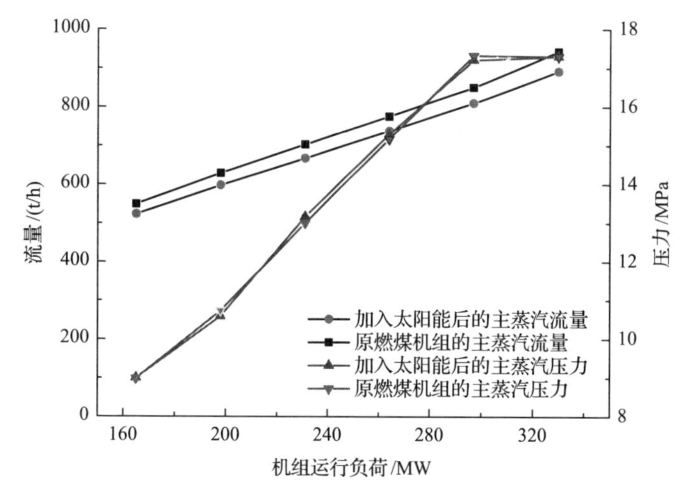

图 7-32 部分负荷下引入太阳能前后主蒸汽参数变化图

由图 7-33 可看出，部分负荷下，引入太阳能后的再热蒸汽流量和压力与引入前相比均会增加，且随着机组负荷的增大，增加的幅度越来越大。这是因为，机组负荷越大，加入太阳能后被替代的回热抽汽量也越来越多，被排挤的回热抽汽量越大，使再热蒸汽流量增加。将调节级与高压缸出口蒸汽之间的各级取为一个级组，应用弗留格尔公式进行分析可得再热蒸汽压力会成增大趋势。

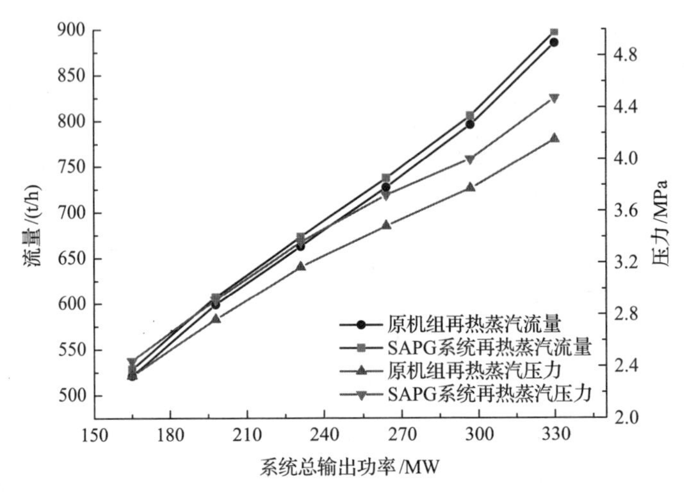

图 7-33　部分负荷下引入太阳能前后再热蒸汽参数变化图

图 7-34 显示了机组负荷从 165MW 增加到 330MW 过程中，引入太阳能前后 7#低加抽汽参数的变化情况。从图中可看出，引入太阳能后的 7#低加抽汽流量和压力与加入太阳能前的相比均会增加，且增大的幅度越来越大。这是因为，当机组负荷增加时，凝汽器中的凝结水量会相应的增大，为使流经低加的给水达到

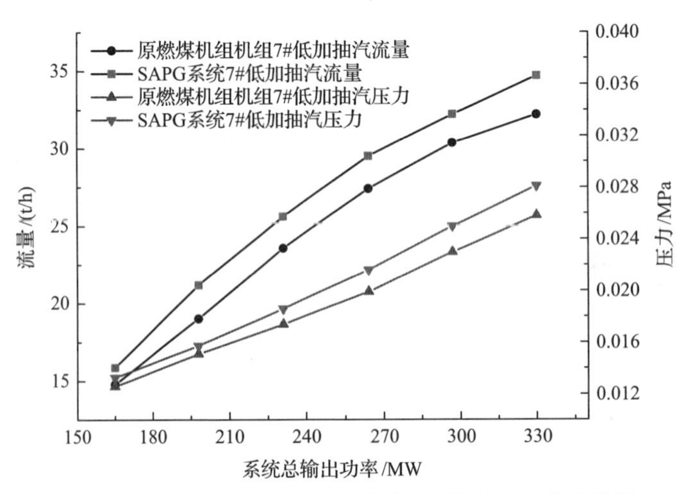

图 7-34　部分负荷下引入太阳能前后低加抽汽参数变化图

所需温度，则需更多的回热抽汽对其进行加热，所以7#低加抽汽流量增加的幅度便会越来越大。将6#加热器与7#加热器间的各级取为一个级组，依然应用弗留格尔公示进行分析可得：引入太阳能后的7#抽汽压力与引入前相比会增加，且增幅会随着负荷的增大而增大，3#～6#低加抽汽参数的变化趋势与7号抽汽相同。

图7-35为部分负荷下SAPG系统与原燃煤机组各自所需的燃煤量变化图。由图中可看出，当系统在50%工况下运行时，原燃煤机组煤耗量为76.06t/h，互补发电系统燃煤量为72.01t/h，每小时节煤4.05t；当系统在100%负荷下运行时，原燃煤机组燃煤量为139.2t/h，SAPG系统燃煤量为129.8t/h，每小时节煤9.4t。据此图可看出，SAPG系统所需的煤耗量与原燃煤机组相比会降低，且运行负荷越高系统节省的煤量越多。

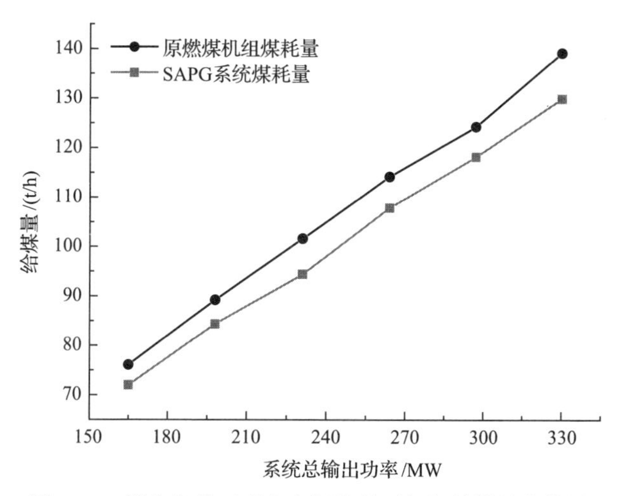

图7-35　部分负荷下引入太阳能前后机组给煤量变化图

4) 实时气象条件下系统动态性能的分析

SAPG系统运行的稳定性与气象条件密切相关，在实际运行过程中，DNI时刻都在发生变化，当太阳辐照不同时，一定面积下的集热场所获得的太阳能热量会有所不同，而不同的太阳能热量势必会对燃煤机组侧的运行带来影响。为探究实时气象条件下SAPG系统的运行情况，本部分以拉萨地区一月份某一天的天气条件为例，输入从9：00～18：00的DNI实时数据，对系统进行连续运行的动态仿真模拟。在不采取其他控制条件下，以设计工况下的参数为初始条件，分析系统在实时运行时的系统的动态性能。

在未采取控制措施时，实时的DNI变化会导致集热场进出口导热油温和油水换热器出口水温的波动。图7-36、图7-37给出了在实际运行时，集热场导热油入口、出口温度和给水出口温度随DNI的变化情况。

由图 7-36 和图 7-37 可看出，以设计点参数为初始条件下运行时，随着 DNI 的改变，集热场导热油出口温度会出现较大的波动，而导热油入口温度和油水换热器出口水温波动较小。当 DNI 发生变化时，集热场所吸收的太阳能会随之变化，因而集热场出口导热油温会有较大波动。从集热场出来的导热油流进储油罐并与其中的导热油混合，因储油罐具有较大的储热能力，从储油罐中流出的导热油温与油罐入口导热油温相差不大。导热油自储油罐流出后进入油水换热器后与给水进行换热，因而给水温度变化也会较为平缓，在运行的 9h 内给水温度变化仅为 10℃左右。导热油从油水换热器流出后直接流进集热场，故集热场入口油温变化也会相对较小。

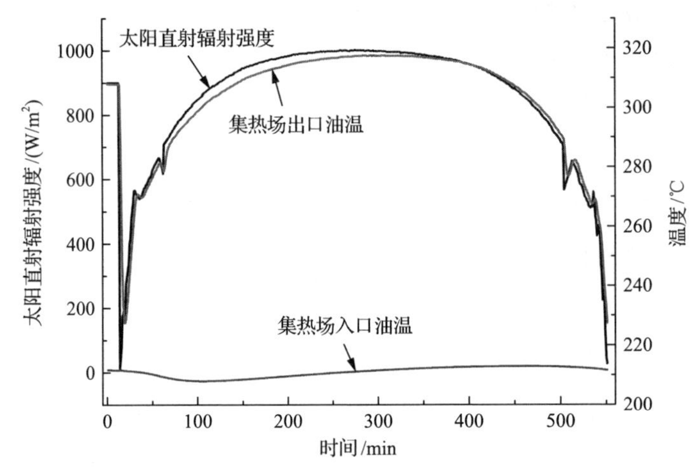

图 7-36　天气实时变化下集热场导热油入口、出口温度变化

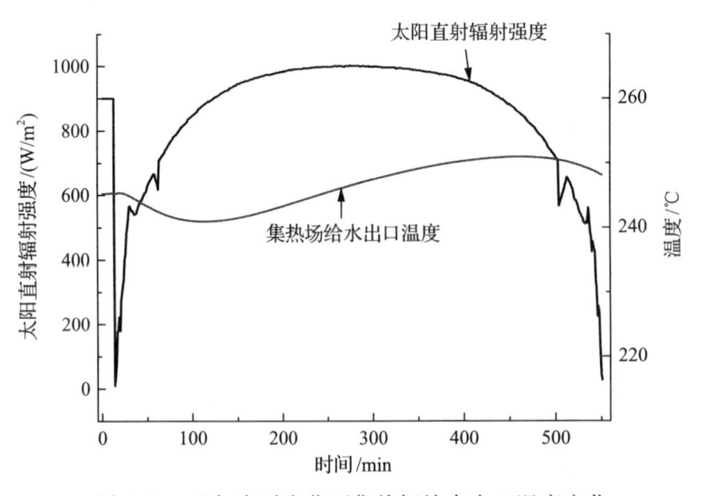

图 7-37　天气实时变化下集热场给水出口温度变化

从图 7-38、图 7-39 中可看出，从开始运行到结束的 9h 内，DNI 时刻在变化，

而整个变化过程中燃煤机组的主汽参数和再热蒸汽参数基本保持不变，这是因为，燃煤机组具有自动调节功能，在运行过程中能够维持主汽、再热蒸汽参数稳定。由此可见，在不采取其他控制措施的前提下，太阳能的实时变化不会造成燃煤机组主汽参数和再热蒸汽参数的剧烈波动。

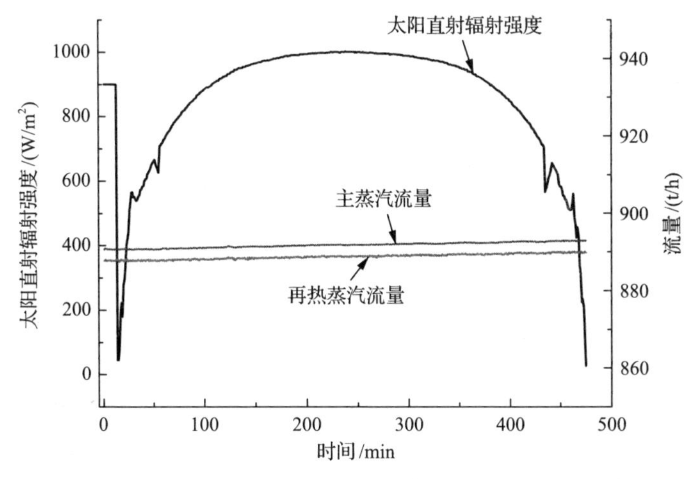

图 7-38　天气实时变化下机组主蒸汽再热蒸汽流量变化

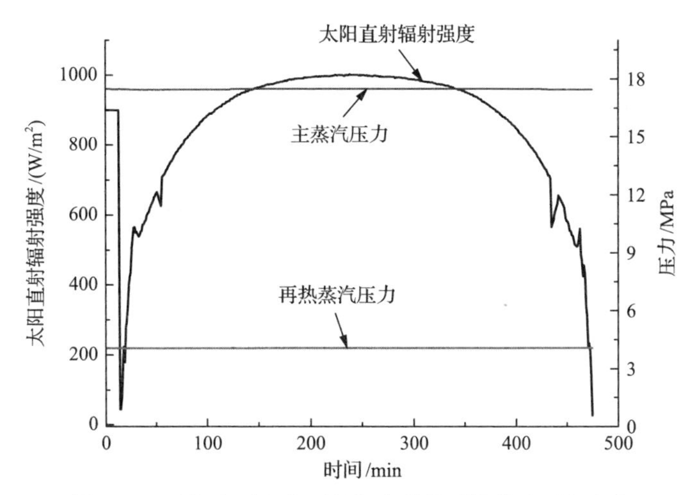

图 7-39　天气实时变化下机组主蒸汽再热蒸汽压力变化

SAPG 系统的煤耗量如图 7-40 所示，由图中可看到，其变化趋势为先增加再减小在增加。这是因为，在运行开始时，DNI 较小，进入系统中的太阳能较少，为保证机组负荷保持 330MW 不变，给煤量需增加。随着运行时间的推移，DNI 逐渐增大，此时机组的燃煤量也随之降低，当傍晚时，DNI 数值又降至较低，所以煤耗量又开始升高。

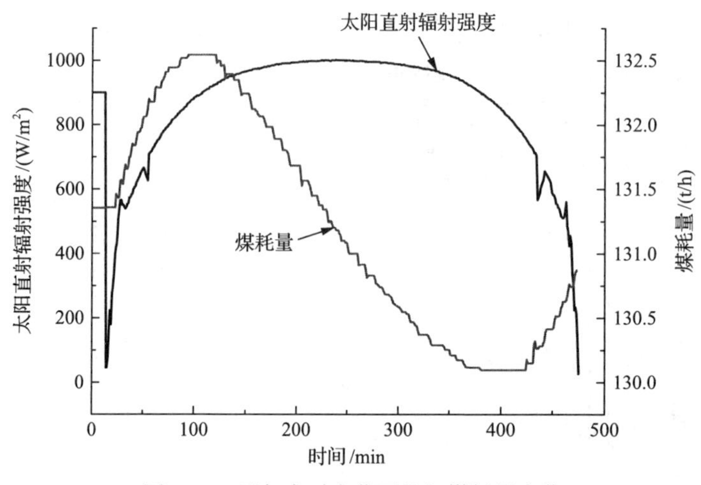

图 7-40　天气实时变化下机组煤耗量变化

5) 太阳直射辐射强度突变对系统的影响分析

SAPG 系统实际运行时，由于云遮或阴天等各种实时气象条件的变化，系统时常会偏离设计工况下运行。DNI 是影响集热系统运行的一个主要因素，其波动会影响整个系统的运行性能，对 DNI 变化进行仿真研究十分重要。在此，本部分对 DNI 由 $900W/m^2$ 突降到 $0W/m^2$ 时的系统进行动态仿真模拟，探究在此过程中系统是否能够维持稳定运行，并获得达到稳定时导热油和给水的时间常数及其其运行参数的变化规律。

图 7-41、图 7-42 分别为 DNI 在某一时刻从 $900W/m^2$ 下降为 $0W/m^2$ 时集热场出口油温和油水换热器出口水温的变化图。从图中可看出，二者温度均无突变发生，这是因为，集热系统本身具有滞后性，且导热油和水均有一定的蓄热能力，

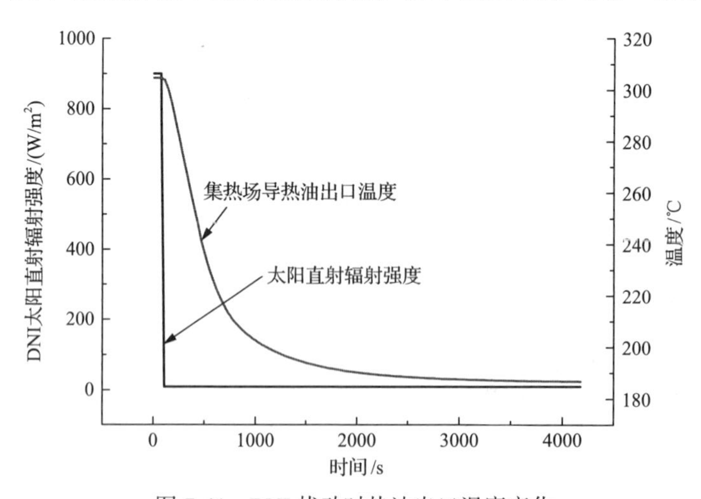

图 7-41　DNI 扰动时热油出口温度变化

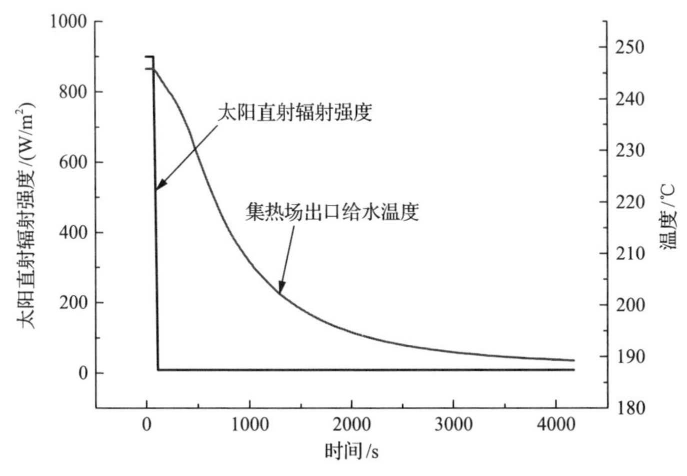

图 7-42　DNI 扰动时集热场给水出口温度变化

所以二者温度会呈图中变化趋势。从图中可看出，经过 70min 后，系统可重新达到稳定状态，经计算可得导热油的时间常数约为 9min，给水的时间常数约为 18min。

当 DNI 发生突变后，SAPG 系统的燃煤机组侧运行参数也会发生变化，图 7-43 为 DNI 发生扰动时系统给煤量的变化趋势。

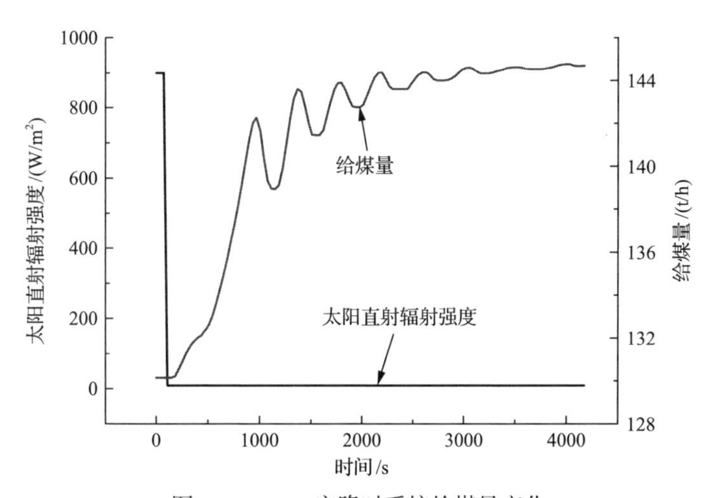

图 7-43　DNI 突降时系统给煤量变化

由图 7-43 可看出，DNI 发生突变的过程中，SAPG 系统的给煤量先有短暂不变的趋势，而后快速增长，具体来看，在 70min 内，煤耗量由 129.8t/h 增加到 144.1t/h。这是因为，在 DNI 发生突变后，由于燃煤机组会有一部分滞后性，给煤量会先保持不变，锅炉入口的给水温度降低，为维持系统的稳定运行，需增加给煤量来保证锅炉出口参数在规定的范围内，所以给煤量会增加。在此过程中，机组负荷的变化趋势如图 7-44 所示，由图中可看出，机组负荷基本保持不变。

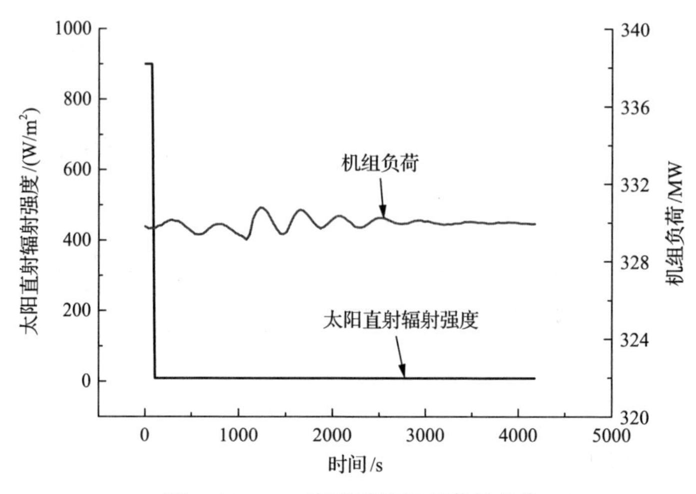

图 7-44　DNI 突降时机组负荷的变化

当 DNI 发生突变过程中，SAPG 系统的主蒸汽、再热蒸汽参数变化如图 7-45、图 7-46 所示，由图中可看出，主蒸汽及再热蒸汽流量、压力几乎没有发生变化。这是由于机组内部自动调节，使其参数维持稳定。由上述分析可知，当 DNI 发生突降后，太阳能集热场侧的运行参数会有较大变化，而燃煤机组侧除煤耗量发生较大变化外，主汽参数、再热蒸汽参数、机组负荷等参数可基本维持稳定。

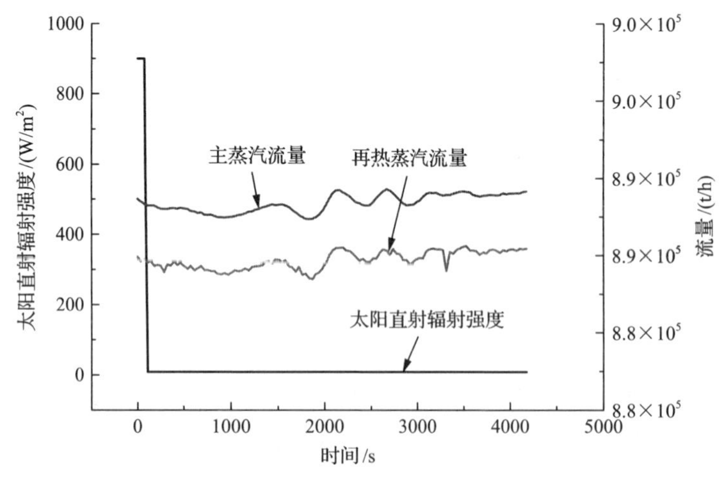

图 7-45　DNI 扰动时主蒸汽、再热蒸汽温度变化

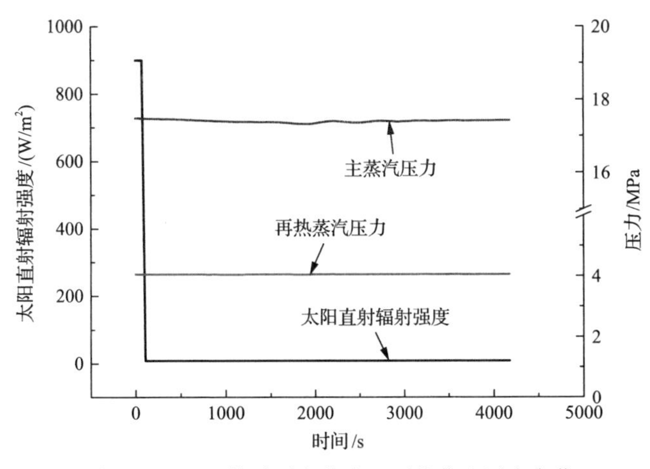

图 7-46　DNI 扰动时主蒸汽、再热蒸汽压力变化

7.4　太阳能辅助燃煤发电系统通用优化集成方法及全工况优化

7.4.1　通用方法系统集成优化

太阳能辅助燃煤发电(SAPG)系统优化的关键问题之一，是如何在特定的目标函数和不同的工况下，确定太阳能热量的最优集成位置，这是系统整体优化设计以及后续系统热力学性能和经济性能分析的基础。尽管如此，SAPG 系统的复杂性和设备的多样性，将所有的可能的集成位置全部加以考虑是一件有挑战的工作。以常规 600MW 一次再热超临界火电机组为例，回热系统包含 3 级高压回热器(6#、7#、8#)、4 级低压回热器(1#、2#、3#和 4#)和除氧器(5#)。对于本节研究的，也是最常见的太阳能辅助回热系统给水加热，系统具有高达$(C_8^1+C_8^2+C_8^3+C_8^4+C_8^5+C_8^6+C_8^7+C_8^8)=255$种集成位置的组合方式，而对于包含 10 级加热器的 660MW 二次再热超超临界机组，回热系统具有高达 1023 种集成位置的组合方式。如果同时考虑到太阳能热量在每种集成方案中不同集成位置的分配比例，那么实际的集成模式具有无数种。以往众多学者已经对不同的集成系统进行了深入的比较研究分析。部分学者开展了运行模式优化，研究基于一种或几种集成方式，并确定针对一种或多种不同的集成方式的最佳运行策略。另有部分学者开展了 SAPG 系统性能研究，进行基于不同的时间尺度的系统运行性能研究。然而，尽管以往的学者已经开展大量全面的研究，但是研究全都基于一种或多种特定的集成方案，并没有明确地提出一种通用的系统集成优化方法，因此，所有可能的潜在的集成方案并未被充分考虑和研究，所得出的结果也往往不够全面，最优的集成方案很可能未被考虑到。

本节从数百种潜在的集成方案中，提出一种通用系统集成优化方法。SAPG 系统的光电转换效率为系统优化的目标函数，光电效率的优化受系统定日镜场、集热器和动力系统侧多方面约束，最终使用遗传算法同时优化太阳能热量集成位置与热量分配比例，确定最优集成模式[22,23]。

对于一个常规的 600MW 一次再热燃煤机组，在回热系统侧的集成方案就有上百种，而对于 660MW 二次再热燃煤机组，回热系统侧的集成方案就高达上千种，如果对所有的几百种集成方案逐一进行建模考虑，显然效率低下。在本节中，提出一种通用系统集成优化方法，用以模拟所有可能的集成方案。系统最大光电转换效率，也就系统输出太阳能净功率 W_{sol} 与总入射太阳能的比值表达式为

$$\eta_{\text{sol-ele}} = \frac{W_{\text{sol}}}{N \cdot A_h \cdot I_b} = \frac{N \cdot A_h \cdot m_d \cdot \eta_{\text{hf,ins}} \cdot \eta_{\text{rec}} \cdot \eta_{\text{eed}}}{N \cdot A_h \cdot I_b} = \eta_{\text{hf,ins}} \cdot \eta_{\text{rec}} \cdot \eta_{\text{eed}} \tag{7-29}$$

式中，$\eta_{\text{sol-ele}}$ 为系统光电转换效率；N 为集热器数量；A_h 为单个集热器面积，m^2；m_d 为除氧器出口给水质量流量，kg/s；$\eta_{\text{hf,ins}}$ 为镜场瞬时光学效率；η_{rec} 为集热器效率；η_{eed} 为汽轮机总的等熵焓降效率。

假设回热系统共包含 n_{fh} 级加热器，则首先在系统中预设 n_{fh} 级熔盐换热器，当系统优化结束后，部分熔盐换热器将会被移除系统。n_{fh} 级熔盐换热器分别与 n_{fh} 级给水加热器相对应，从低压侧到高压侧依次编号为 $\text{FH}_{\text{ms}1}$ 到 $\text{FH}_{\text{ms}n_{\text{fh}}}$。在任意瞬时工况下，一定量的太阳能热量将被镜场收集，被传热流体吸收，并通过 n_{fh} 级熔盐换热器以任意比例集成进入回热系统任意位置，则此时的目标函数即光电转换效率可以表示为

$$\max f(\psi) = \eta_{\text{hf,ins}}(\Delta R_n, \zeta_{\text{hf}}) \cdot \eta_{\text{rec}}(Q_{\text{inc}}, \overline{t}_{\text{rec}}, \zeta_{\text{rec}}) \cdot \eta_{\text{eed}}(X, \zeta_{\text{eed}}) \tag{7-30}$$

$$\text{s.t.} \begin{cases} \sum_{i=1}^{n_{\text{fh}}} x_i = 1 \\ 0 < x_i < x_{\max,i} \end{cases} \tag{7-31}$$

$$\begin{cases} Q_{\text{inc}} = f(N, A_h, I_b, \eta_{\text{ins,hf}}) \\ \overline{t}_{\text{rec}} = f(t_{\text{ms}}) \\ t_{\text{ms}} \in f(X, t) \\ X = [x_1, x_2, \cdots, x_{n_{\text{fh}}}] \\ x_{\max,i} = \dfrac{Q_{\max,i}}{Q_{\text{abs}}} \\ Q_{\text{abs}} = f(Q_{\text{inc}}, \eta_{\text{rec}}) \end{cases} \tag{7-32}$$

式中，$\psi = \psi(X, t_{\text{ms}})$ 为集成模式，由太阳能热量集成位置、分配比例及熔盐节点温度共同描述；X 为太阳能热量分配比例向量，同时描述了太阳能热量集成位置；n_{fh} 为回热系统中给水加热器级数；t_{ms} 为熔盐节点温度向量，描述某时刻熔盐工作状态；ζ_{hf} 为镜场侧固定参数，如定日镜尺寸、中央塔高度等，不参与系统优化；$\overline{t}_{\text{rec}}$ 为集热器平均温度，℃；ζ_{rec} 为集热器侧固定参数，如集热器尺寸，环境参数等，不参与系统优化；ζ_{eed} 为汽轮机侧固定参数；t 为给水温度向量，℃；$Q_{\max,i}$ 为可以集成进入第 i 级给水加热器的最大热量，MW。

当没有热量集成进入第 i 级给水加热器时，则在对应的集成模式 ψ 中，x_i 将等于 0，说明此时第 i 级给水加热器不参与热量集成，而对应的熔盐换热器此时可以被移除系统。集成模式中，热量分配比例 X 将使用遗传算法进行优化。需要注意的是，$f(X, t)$ 是一个解集，而并非一个特定解，也就是说，在特定的工况即特定的给水节点温度 t 下，满足热量分配比例 X 的熔盐节点温度具有多种选择方案。因此，在任意的太阳能热量分配比例 X 下，熔盐节点温度 t_{ms} 需要被进一步优化以尽量减小集热器表面温度 $\overline{t}_{rec}$，并提高集热器效率 η_{rec}。因此，$f(\psi)$ 作为优化过程中的主优化函数，而 $f(t_{ms})$ 则作为优化工程中的次优化函数，并表示为

$$\min f(t_{ms}) = t_{ms,in} + k\cdot(t_{ms,out} - t_{ms,in}) + \Delta t_{rec} \tag{7-33}$$

$$\text{s.t.}\begin{cases}[t_{ms,in}, t_{ms,out}] \in [t_{ms,min}, t_{ms,max}] \\ t_{ms,i} > t_i + \Delta t_{u,i}, \qquad x_i > 0, i = 1,2,\cdots,n_{fh} \\ t_{ms,i-1} > t_{i-1} + \Delta t_{l,i}, \qquad x_i > 0, i = 1,2,\cdots,n_{fh}\end{cases} \tag{7-34}$$

$$\begin{cases}t_{ms,in} = t_{ms,0} \\ t_{ms,out} = t_{ms,nfh}\end{cases} \tag{7-35}$$

式中，$t_{ms,in}$ 为熔盐进口温度，℃；$t_{ms,out}$ 为熔盐出口温度，℃；$t_{ms,min}$ 为熔盐最低使用温度，℃；$t_{ms,max}$ 为熔盐最高使用温度，℃；$t_{ms,i}$ 为第 i 级熔盐加热器的进口温度，℃；$t_{ms,i-1}$ 为第 i 级熔盐加热器的出口温度，℃；t_i 为第 i 级给水加热器的进口温度，℃；t_{i-1} 为第 i 级给水加热器的出口温度，℃；$\Delta t_{u,i}$ 为对应的熔盐换热器和给水换热器进口节点温差，℃；$\Delta t_{l,i}$ 为对应的熔盐换热器和给水换热器出口节点温差，℃。

另外，作为太阳能热量的输入端，镜场布置需要提前优化完成，在后续的集成模式优化过程中，定日镜场的布置保持不变。本节中采用德令哈地区春分时刻正午作为设计点，镜场优化函数如下：

$$\max \eta_{hf,ins} = f(\Delta R_n, \zeta_{hf}) \tag{7-36}$$

$$\text{s.t.}\begin{cases}\Delta R_1 \in [0.5\text{HT}, \text{HT}] \\ \Delta R_n \in [\Delta R_{min}, 2\Delta R_{min}], \qquad n = 2,3,\cdots,N_r,\end{cases} \tag{7-37}$$

$$\begin{cases}\Delta R_{min} = \dfrac{\sqrt{3}}{2}\cdot \text{DM} \\ \text{DM} = \text{DH} + d_{sep}\end{cases} \tag{7-38}$$

式中，$\max \eta_{hf,ins}$ 为最大镜场瞬时光学效率；ΔR_n 为镜场各区域连续环之间的距离，m；ΔR_1 为第一环定日镜与中央塔的距离，m；ΔR_{min} 为镜场各区域连续环之间的最短距离，m；HT 为中央塔高度，m；DH 为定日镜对角线，m；DM 定日镜特征直径，m；d_{sep} 为定日镜附加距离，m。

通用集成优化算法的流程图如图 7-47 所示。

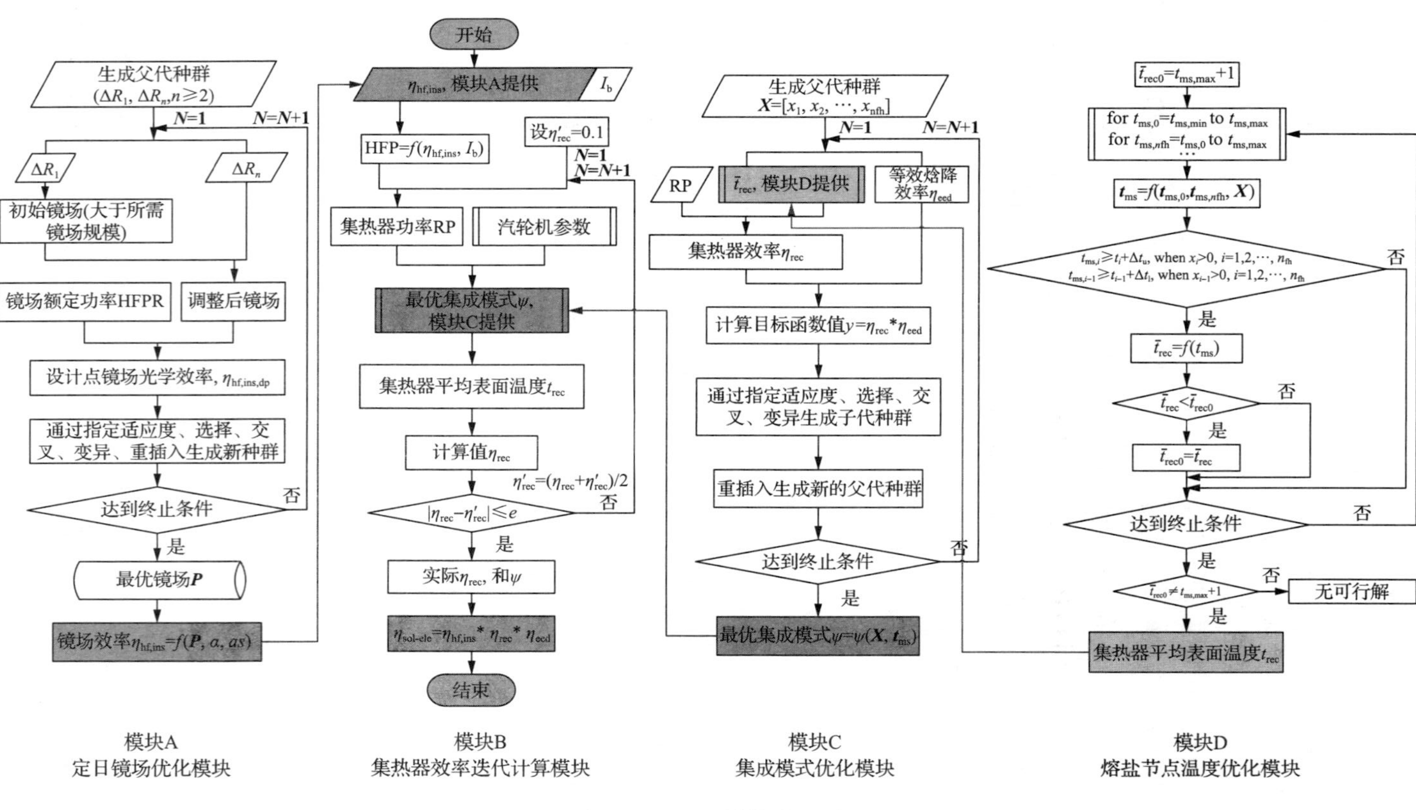

图7-47　GIOM计算流程图

7.4.2　算例研究：一次再热超临界机组

本节将对一个具体的 SAPG 系统进行优化，图 7-48 所示为 SAPG 系统的通用集成优化模型。其中，镜场子系统参考美国 Solar Two 电站，而汽轮机系统参考国内某 600MWe 超临界燃煤机组汽轮机。Solar 电站的镜场的设计参数和本书采用设计参数如表 7-3 所示。

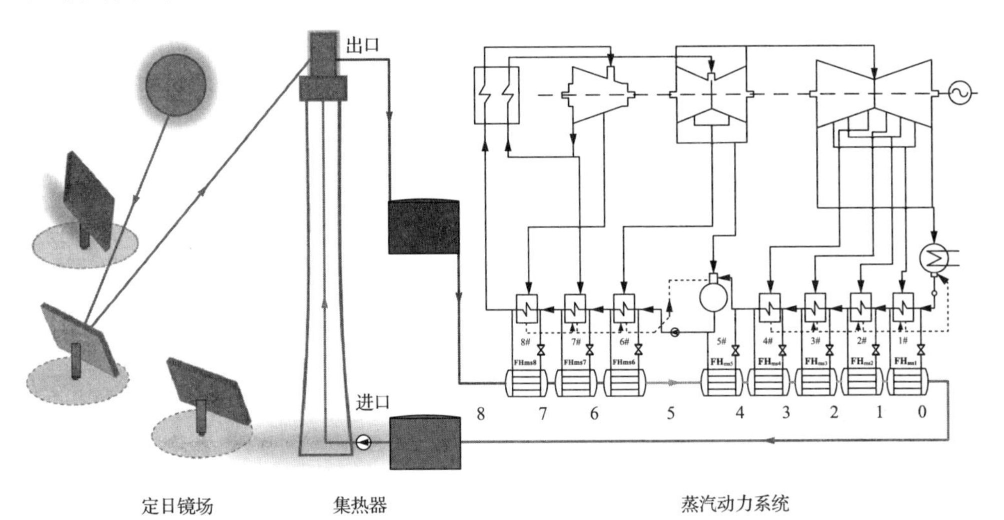

图 7-48　SAPG 系统通用系统集成优化模型

表 7-3　Solar Two 电站和本算例所采用参数

参数	Solar Two 参数	本算例参数
电站位置	34.85°N, 116.8°W	37.37°N, 97.37°E
当地大气压	94688 Pa (Barstow)	71200Pa (德令哈)
设计点	—	3 月 21 日正午
设计点 DNI ($I_{b,design}$)	—	850W/m^2
设计点环境温度	—	20℃
设计点风速	—	2.08m/s
集热器额定负荷	42.2MW	44.1MW
镜场额定负荷 (HFPR)	48MW	48MW
设计点太阳位置，(α, a_s)	—	(α=52.63°, a_s=0°)
中央塔高度 (HT)	76.2m	76.2m
集热器直径 (D_{rec})	5.1m	5.1m
集热器高度 (H_{rec})	6.2m	6.2m

续表

参数	Solar Two 参数	本算例参数
集热器流体管道外径(K_s)	21mm	21mm
定日镜长度(LH)	—	5.57m
定日镜宽度(WH)	—	7.03m
定日镜对角线(DH)	—	8.97m
定日镜面积(A_h)	$39.13m^2$&$95m^2$	$39.13m^2$
定日镜理想反射率	0.903	0.903
定日镜平均清洁程度	0.930	0.930
定日镜总面积	$81400m^2$	$81400m^2$
定日镜附加距离(d_{sep})	—	0m

1. 镜场效率计算

Solar Two 位于美国加利福尼亚州巴斯托东部，电站设计功率 10MW。Solar Two 配置一个共含 1926 面定日镜的镜场、一个圆周型集热器、熔盐储热系统、蒸汽发生系统及汽轮机动力系统如图 7-49 所示。电站传热介质与储热介质采用 Solar Salt，进出口温度为 290℃与 565℃。Solar Two 电站是在 Solar One 电站基础上，增加部分大型定日镜改造完成，因此电站共含有两种不同尺寸的定日镜，如表 7-4、表 7-5 所示。

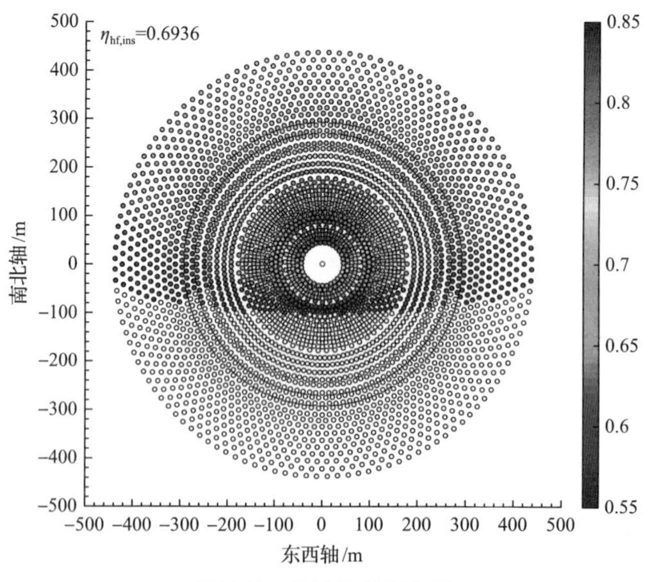

图 7-49　优化的镜场布置

表 7-4　Martin Marietta 定日镜参数

Martin Marietta 定日镜	数值
定日镜数量	1818
反射面积	39.13m^2
定日镜模块数量	12
理想反射率	0.903
定日镜总面积	71140m^2

表 7-5　Lugo 定日镜参数

Lugo 定日镜	数值
定日镜数量	108
反射面积	95m^2
定日镜模块数量	16
理想反射率	0.94
定日镜总面积	10260m^2

2. 集热器效率计算

对于传热流体，Solar Two 使用的是二元盐 Solar Salt(60wt% $NaNO_3$+40wt% KNO_3)。为扩大传热流体的运行温度区间，并增加潜在可能的集成模式，与 Solar Two 不同的是，本节采用三元盐(53wt% KNO_3+ 40wt% $NaNO_2$+7wt% $NaNO_3$)作为传热流体，因此熔盐工作区间扩大到[149, 550]℃。

根据集热器效率计算模型，在不同的集热器平均表面温度下，计算集热器的效率，如表 7-6 所示，并显示于图 7-50 中。由图 7-50 可以看到，随着集热器入射负荷的下降和集热器平均表面温度的升高，集热器效率成下降趋势。并由于集热器热损失中辐射热损失占比较大，由辐射热损失特性可知，集热器平均表面温度越高，集热器效率下降幅度越明显。并且，由图中可以看到，在集热器低负荷下，集热器效率对其平均表面温度的响应更敏感，集热器效率随其平均表面温度的升高而下降的幅度越大。因此从增加提高集热器效率的角度出发，太阳能热量应集成进入低压加热器以降低对换热流体的温度需求，从而可以降低集热器平均表面温度，提高集热器效率。

3. 热电转化效率特性

根据 600MW 超临界汽轮机组的热力学特性，利用等效热降法对 8 级抽汽的

表 7-6　不同工况下集热器效率

温度/℃	100%HFPR	75%HFPR	50%HFPR	25%HFPR
150	0.9423	0.93973	0.93459	0.91918
200	0.93776	0.93368	0.92552	0.90105
250	0.9321	0.92614	0.9142	0.87841
300	0.92508	0.91678	0.90017	0.85033
350	0.91648	0.9053	0.88296	0.81591
400	0.90602	0.89136	0.86204	0.77408
450	0.89341	0.87455	0.83683	0.72365
500	0.87835	0.85446	0.80669	0.66338
550	0.86048	0.83064	0.77096	0.59192
600	0.83945	0.80261	0.72891	0.50782

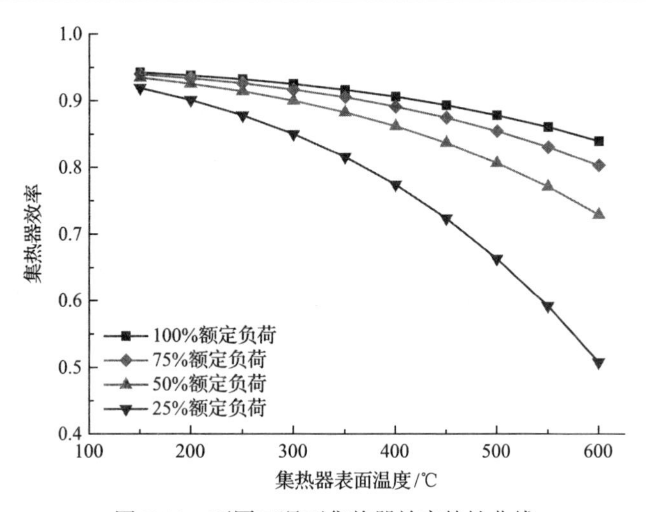

图 7-50　不同工况下集热器效率特性曲线

等效焓降效率进行计算，在不同的运行工况下，计算 8 级抽汽的等效焓降效率如表 7-7 所示，并展示于图 7-51 中。由图 7-51 可以看到，抽汽等效焓降效率随着汽轮机负荷的增大而增大，随着抽汽压力的增大而增大。因此从提高等效焓降效率的角度出发，太阳能热量应优先在高负荷下集成进入更高压力级的加热器内取代抽汽。因此集热器效率特性与等效焓降效率特性对换热流体的温度需求是相反的，需要被权衡考虑。太阳能热量以一定比例合理的集成进入 1 级或多级加热器并设计相应的熔盐换热温度，可以综合考虑集热器效率和汽轮机侧的等效焓降效率，有望获得最大的光电转换效率。

表 7-7　不同工况下各级抽汽等效焓降效率

抽汽编号	100THA	75%THA	50%THA	40%THA
1	0.05838	0.04403	0.02052	0.00829
2	0.10719	0.10341	0.07343	0.05995
3	0.14964	0.14400	0.11678	0.10291
4	0.23064	0.21909	0.19955	0.1854
5	0.31156	0.29395	0.27527	0.25944
6	0.36139	0.34046	0.32351	0.30737
7	0.39645	0.36746	0.35458	0.33876
8	0.40599	0.37637	0.36838	0.35504

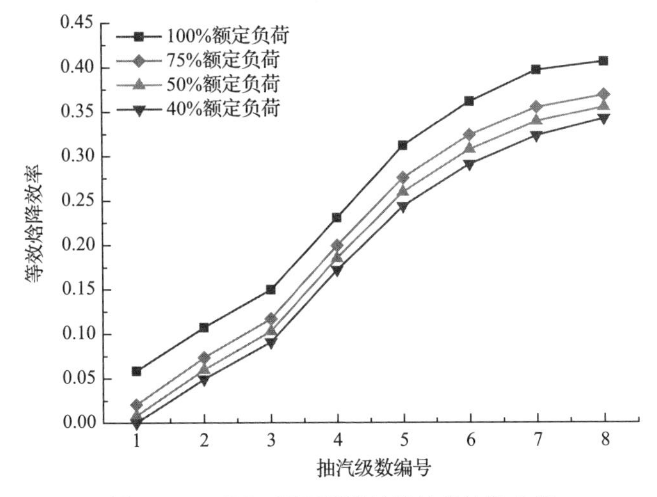

图 7-51　不同工况下等效焓降效率特性曲线

最后，对于任意集成模式下的热量分配比例 $X=[x_1, x_2, x_3, x_4, x_5, x_6, x_7, x_8]$，总的等效焓降效率是各级抽汽独立等效焓降效率的加权平均，可以由下式进行计算：

$$\eta_{\text{eed}} = \frac{1}{Q_{\text{abs}}}\sum_1^8 Q_{\text{abs}} x_i \eta_{\text{eed},i} = \sum_1^8 x_i \eta_{\text{eed},i} \tag{7-39}$$

式中，x_i 为太阳能热量分配进入第 i 级给水加热器的比例；$\eta_{\text{eed},i}$ 为第 i 级抽汽的等效焓降效率。

4. 典型工况最优集成模式优化

根据各子系统的效率模型及 SAPG 系统的通用系统集成优化模型，在不同的工况下的最优集成模式 ψ 可以优化获得，其对应的热量集成位置及分配比例如表 7-8 所示。

表 7-8　不同工况最优集成模式 ψ 下热量分配比例

典型工况		x_1	x_2	x_3	x_4	x_5	x_6	x_7	x_8
100% HFPR	100% THA	0	0	0	0	0	0	0	1
	75% THA	0	0	0	0	0	0	0.1928	0.8072
	50% THA	0	0	0	0	0	0	0.5339	0.4661
	40% THA	0	0	0	0	0	0.1030	0.5442	0.3528
75% HFPR	100% THA	0	0	0	0	0	0	0	1
	75% THA	0	0	0	0	0	0	0	1
	50% THA	0	0	0	0	0	0	0.3717	0.6283
	40% THA	0	0	0	0	0	0	0.5237	0.4763
50% HFPR	100% THA	0	0	0	0	0	0	0	1
	75% THA	0	0	0	0	0	0	0	1
	50% THA	0	0	0	0	0	0	0.0455	0.9545
	40% THA	0	0	0	0	0	0	0.2761	0.7239
25% HFPR	100% THA	0	0	0	0	0	0	0.6188	0.3812
	75% THA	0	0	0	0	0	0	0.6196	0.3804
	50% THA	0	0	0	0	0	0	0	1
	40% THA	0	0	0	0	0	0	0	1

同时，在个工况的最优集成模式下，集热器效率和等效焓降效率如表 7-9、表 7-10 所示。如前文所示，镜场在设计点下提前优化获得并保存，并在后续各工况的最优集成模式优化中保持不变。而在非设计点工况下，镜场效率可以表示为

$$\eta_{\text{hf,ins}} = k_{\text{HFP}} \cdot \frac{I_{\text{b,dp}}}{I_{\text{b}}} \eta_{\text{hf,ins,dp}} \tag{7-40}$$

$$\begin{cases} k_{\text{HFP}} = \dfrac{\text{HTP}}{\text{HFPR}} \\ \text{HFP} = N \cdot A_h \cdot I_{\text{b}} \cdot \eta_{\text{hf,ins}} \\ \text{HFPR} = N \cdot A_h \cdot I_{\text{b,dp}} \cdot \eta_{\text{hf,ins,dp}} \end{cases} \tag{7-41}$$

而对应的不同工况下的光电转换效率可以表示为

$$\eta_{\text{sol-ele}} = \eta_{\text{hf,ins}} \cdot \eta_{\text{rec}} \cdot \eta_{\text{eed}} = \eta_{\text{hf,ins,dp}} \cdot \eta_{\text{rec}} \cdot \eta_{\text{eed}} \tag{7-42}$$

$$\eta_{\text{sol-ele}} = \eta_{\text{hf,ins}} \cdot \eta_{\text{rec}} \cdot \eta_{\text{eed}} = k_{\text{HFP}} \cdot \eta_{\text{hf,ins,dp}} \cdot \eta_{\text{rec}} \cdot \eta_{\text{eed}} \tag{7-43}$$

式中，$\eta_{\text{sol-ele}}$ 为系统光电转换效率；HFPR 为设计点镜场功率，MW；HFP 为非设计点镜场功率，MW；k_{HFP} 为镜场功率系数；$I_{\text{b,dp}}$ 为设计点法向直接辐射强度，

W/m^2；I_b 为非设计点法向直接辐射强度，W/m^2；$\eta_{hf,ins,dp}$ 为设计点镜场瞬时光学效率；$\eta_{hf,ins}$ 为非设计点镜场瞬时光学效率。

表 7-9　不同工况最优集成模式 ψ 下集热器效率

典型工况	100% THA	75% THA	50% THA	40% THA
100% HFPR	0.9179	0.9216	0.9270	0.9299
75% HFPR	0.9072	0.9114	0.9177	0.9213
50% HFPR	0.8858	0.8921	0.8992	0.9040
25% HFPR	0.8416	0.8516	0.8480	0.8548

表 7-10　不同工况最优集成模式 ψ 下等效焓降效率

典型工况	100% THA	75% THA	50% THA	40% THA
100% HFPR	0.3975	0.3747	0.3513	0.3374
75% HFPR	0.3975	0.3764	0.3533	0.3418
50% HFPR	0.3975	0.3764	0.3574	0.3453
25% HFPR	0.3917	0.3708	0.3579	0.3493

非设计工况下镜场功率 HFP 的变化可能由法向直接辐射强度 I_b 或镜场瞬时光学效率 $\eta_{hf,ins}$ 引起。当非设计工况下的 HFP 变化完全由太阳法向直接辐射强度 I_b 引起时，即镜场瞬时光学效率 $\eta_{hf,ins}$ 保持不变与设计点时镜场瞬时光学效率相等，此时系统光电转换效率由式(7-42)计算获得，如表 7-11 所示。此时由于镜场效率与设计点相同，系统光电转换效率较高，此时被认为是相对理想的工况。而当非设计工况下的 HFP 变化完全由镜场瞬时光学效率 $\eta_{hf,ins}$ 变化引起，即太阳法向直接辐射强度 I_b 保持不变与设计点相等，此时系统光电转换效率由式(7-43)计算获得，如表 7-12 所示。此时由于镜场效率偏离设计点，系统光电转换效率较低，此时被认为是相对不太理想的工况。

表 7-11　系统光电转换效率(HFP 变工况由 DNI 变化引起)

典型工况	100% THA	75% THA	50% THA	40% THA
100% HFPR	0.2530	0.2395	0.2259	0.2176
75% HFPR	0.2501	0.2379	0.2249	0.2184
50% HFPR	0.2442	0.2329	0.2229	0.2165
25% HFPR	0.2286	0.2190	0.2105	0.2071

表 7-12　系统热电转换效率(HFP 变工况由镜场效率变化引起)

典型工况	100% THA	75% THA	50% THA	40% THA
100% HFPR	0.2530	0.2395	0.2259	0.2176
75% HFPR	0.1876	0.1784	0.1687	0.1638
50% HFPR	0.1221	0.1164	0.1114	0.1083
25% HFPR	0.0572	0.0548	0.0526	0.0518

5. 典型工况最优集成模式优化

从图 7-51 中可以得到一个结论，即总体上太阳能热量应优先被集成进入最高压力的加热器。一般来说，当太阳能热量仍然可以集成进入更高压力级的加热器时，是不被选择集成进入较低压力级的加热器的。然而，尽管这个结论存在于绝大多数的工况下，并且与诸多先前学者的研究结论相一致，然而当对所有典型工况考察完毕后，发现仍然存在一些特例。由前面分析可知，当镜场负荷 HFP 等于 25%额定镜场负荷 HFPR，并且汽轮机的功率大于 75% THA 时，有超过 60%的太阳能热量被集成进入 7#，尽管此时 8#即最高压力的加热器仍然可以容纳更多的热量。下面对于这个特例进行分析。

这个现象存在于相对较低的镜场共同功率和较高的汽轮机负荷的工况下，可以通过集热器效率特性和等效焓降效率特性进行解释说明。由图 7-52 的集热器效率特性曲线可以看到，集热器效率随着集热器负荷的降低和集热器平均表面温度的增高而降低，尤其是在较低的集热器功率和较高的集热器平均表面温度下，集热器效率的下降尤为明显。而由图 7-53 的等效焓降效率曲线可以看到，汽轮机各级抽汽的等效焓降效率曲线呈“S”型，也就是说，在典型工况下，7#和 8#抽汽的等效焓降效率差别不明显。因此综合考察这两个效率，作为一种合理的权衡，由传热流体吸收的太阳能将以一定的比例集成进入最高压力的两级加热器，此时可以获得最高的光电转换效率。

如图 7-54、图 7-55 所示，图中的参考值代表太阳能热量始终有限集成进入最高压力级的加热器内，直到其无法容纳更多的热量位置，而图中的实际值代表采用由 GIOM 方法优化得到的最优集成模式的计算值。可以看到，采用本节优化的

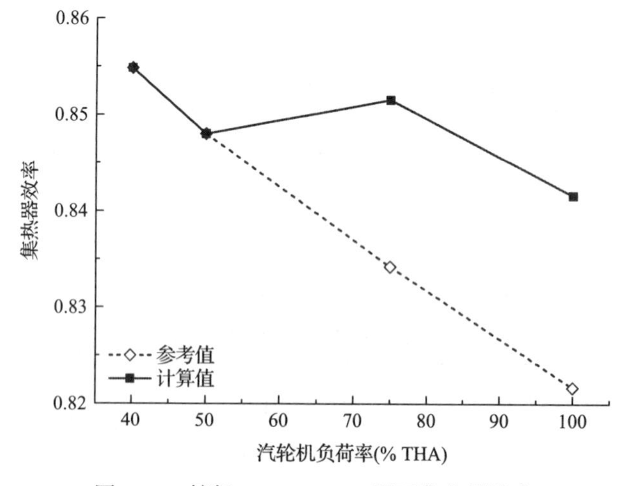

图 7-52　镜场 25%HFPR 工况下集热器效率

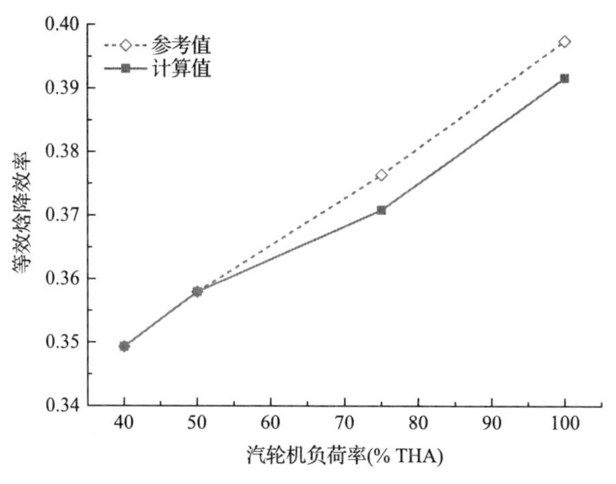

图 7-53　镜场 25%HFPR 工况下等效焓降效率

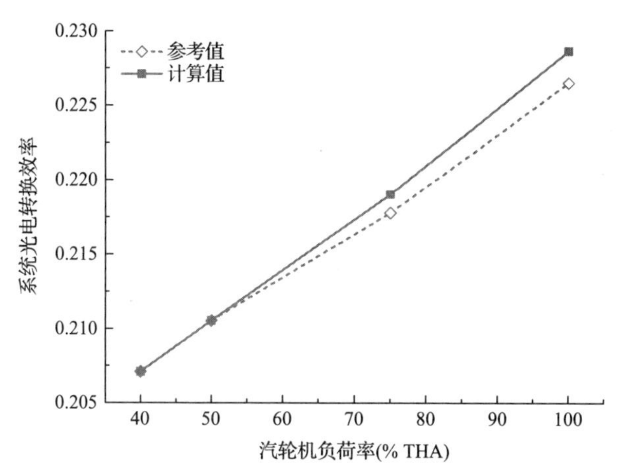

图 7-54　镜场 25%HFPR 工况下系统热电转换效率(镜场变工况由 DNI 引起)

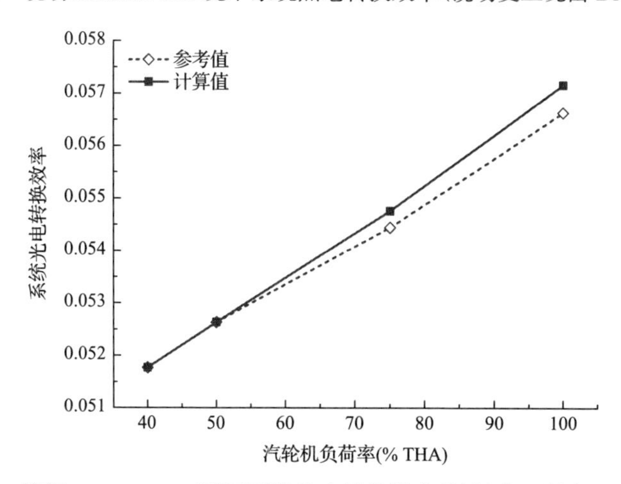

图 7-55　镜场 25%HFPR 工况下系统热电转换效率(镜场变工况由 $\eta_{hf,ins}$ 引起)

太阳能热量分配比例，在 25% HFP 和 75% THA-100% THA 工况下，汽轮机等效焓降效率轻微降低，而集热器效率获得较为明显的提高，最终系统的光电转换效率获得显著提高。

6. 与 Solar Two 对比

将由本节 GIOM 方法优化的 SAPG 系统的性能与 Solar Two 电站进行对比。为消除不同的气象数据和地理位置的差异，Solar 电站的子系统效率和光电转换效率采用德令哈地区的气象数据重新评估计算。

定日镜场的效率采用前文优化得到的镜场的设计点效率，即 0.6936；集热器效率采用德令哈地区的气象数据重新计算得到；根据 Solar Two 电站最终测试评估报告，Solar Two 电站额定负荷下发电系统的稳定热电转换效率为 0.341，而 22% 负荷下热电转换效率为 0.233。而由于缺乏汽轮机特性的进一步的详细数据，作为替代方案，典型工况下 Solar Two 电站汽轮机的热电转换效率将使用线性插值法进行评估。因此经过计算，SAPG 系统和 Solar Two 电站的集热器效率，热电转换效率如图 7-56、图 7-57 所示，而最终的光电转换效率如图 7-58、图 7-59 所示。

根据热力学第二定律，高参数的蒸汽具有更高的热电转换效率，而较高的蒸汽温度要求更高的传热流体温度，集热器效率将因此降低。对于 Solar Two 而言，由于效率特性的冲突其集热器效率和汽轮机效率都相对较低。而对于本节的 SAPG 系统，太阳能热量可以在较低的温度下被集成进入具有较高热效率的汽轮机系统，因此其集热器效率和热电转换效率同时较高。如图 7-56～图 7-59 所示，在所有对应的工况下，SAPG 系统的集热器效率和热电转换效率明显高于 Solar Two 电站。在 100% HFPR 工况下，汽轮机功率 100% THA～40% THA 下，SAPG 系统集热器效率分别为 0.9179～0.9299，而 Solar Two 电站的集热器效率为 0.9043；

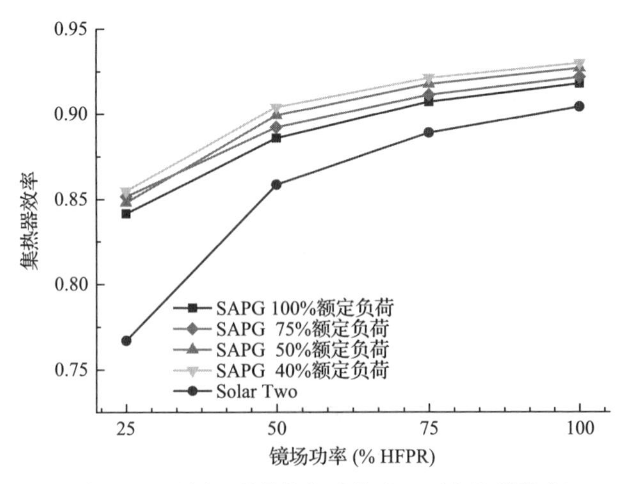

图 7-56　不同工况最优集成模式 ψ 下集热器效率

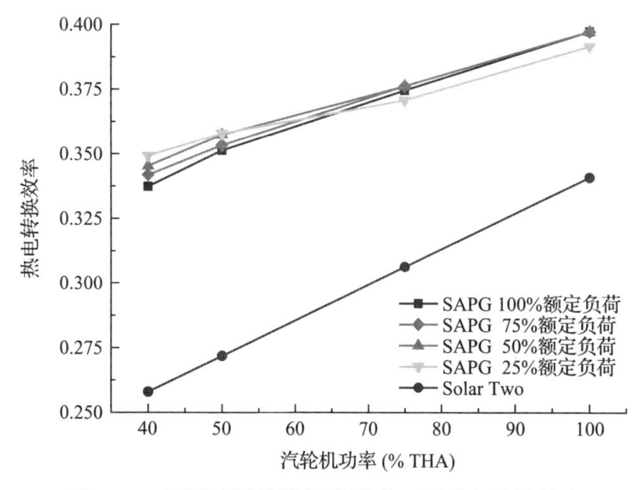

图 7-57　不同工况最优集成模式 ψ 下热电转换效率

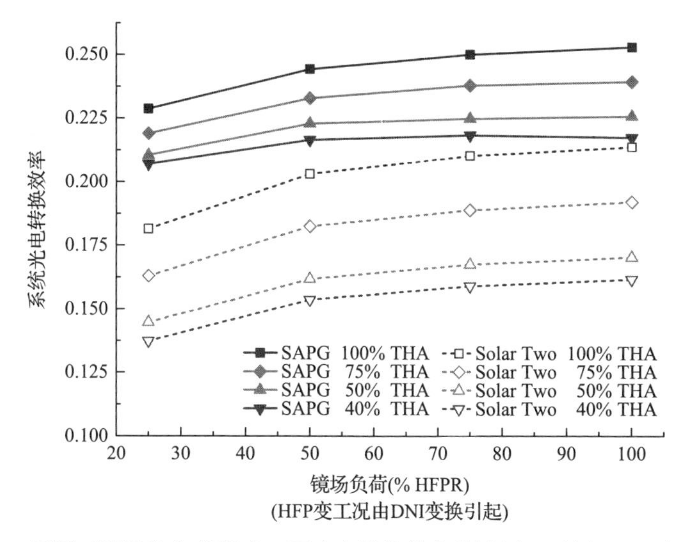

图 7-58　不同工况最优集成模式 ψ 下光电转换效率(镜场变工况由 DNI 变化引起)

在 75% HFPR 工况下，汽轮机功率 100% THA～40% THA 下，SAPG 系统集热器效率分别为 0.9072～0.9212，而 Solar Two 电站的集热器效率为 88.90%；在 50% HFPR 工况下，汽轮机功率 100% THA～40% THA 下，SAPG 系统集热器效率分别为 0.8859～0.9040，而 Solar Two 电站的集热器效率为 0.8586。而在 25% HFPR 工况下，汽轮机功率 100% THA～40% THA 下，SAPG 系统集热器效率分别为 0.8416～0.8548，而 Solar Two 电站的集热器效率为 0.7671。在汽轮机负荷为 40% THA～100% THA 工况下，SAPG 系统的热电转换效率总体约为 0.34～0.40，而 Solar Two 仅为 0.26～0.34。

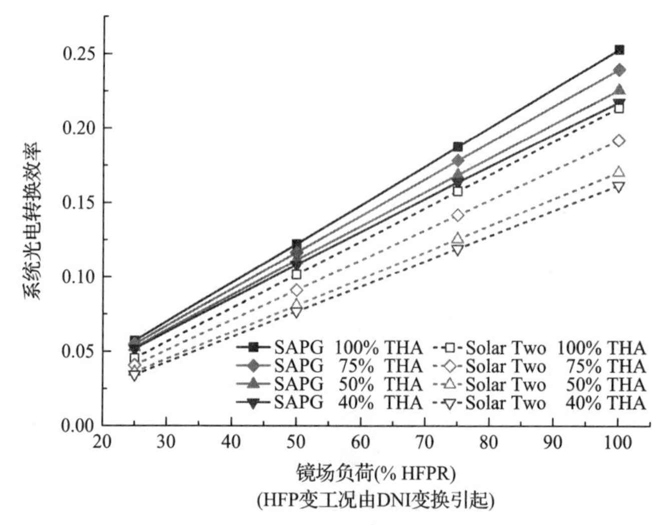

图 7-59　不同工况最优集成模式 ψ 下光电转换效率（镜场变工况由 $\eta_{hf,ins}$ 变化引起）

由图 7-58、图 7-59 所示，SAPG 系统最终的光电转换效率明显高于 Solar Two 电站。对于同样的集热系统，通过本节的 GIOM 方法将太阳能热量集成进入 SAPG 系统，相对于纯太阳能热电站 Solar Two，系统光电转换效率从 0.2139 提高到 0.2530，效率提高的相对值高达 18.28%。

7.4.3　太阳能辅助燃煤发电系统全工况优化成本模型

SAPG 系统优化重要的两个方面，一是动力系统侧的优化，即如何优化获得最优的集成模式，最终目的是保证在一定太阳能热量下获得最大的太阳能净发电量；二是确定最优的集热系统规模，以匹配现有的热动力系统容量、设计或非设计工况下的运行特性及当地的地理位置与气象数据信息，最终目的是保证在最低的投资下获得最大的太阳能净发电量收益，这实际是一个考虑到集热系统侧变气象条件、热动力系统侧变负荷率的双重变工况下的多目标优化问题。其中，热动力系统侧的优化方法即通用系统集成优化方法已经在前面分析。本节将着重对设计与现有热动力系统容量与负荷率，以及当地气象数据相匹配的集热系统规模进行讨论。

典型的 SAPG 系统包含定日镜子系统、集热场子系统、可选择的储热系统及热动力系统。纯太阳能热发电系统当前发展的主要瓶颈之一就是初始投资过大成本回收周期过长，因此作为系统特性的重要方面，SAPG 系统的初始投资也已经改被认真评估讨论。由于 SAPG 系统中的热动力系统为原有系统，所以，本节选择 SAPG 系统中，与太阳能系统的加入而引发的额外投资作为 SAPG 系统的初始投资，并作为 SAPG 系统成本项的评估指标。初始投资评估如下：

$$P = P_{\text{tower}} + P_{\text{reciver}} + P_{\text{hf}} + P_{\text{herater}} + P_{\text{land}} \tag{7-44}$$

式中，P 为 SAPG 系统初始投资，\$；P_{tower} 为中央塔成本，\$；P_{receiver} 为集热器成本，\$ M；P_{hf} 为定日镜成本，\$；P_{heater} 为熔盐换热器成本，\$；P_{land} 为土地成本，\$。

根据 SAM 塔式熔盐电站成本模型，中央塔的造价为其高度的二次函数，可以表示为

$$P_{\text{tower}} = 1835.7 \times \text{HT}^2 - 285868 \times \text{HT} + 3 \times 10^7 \tag{7-45}$$

集热器成本与其面积函数关系式可以表示为

$$P_{\text{receiver}} = 83.34 \times (A_{\text{rec}}/1133)^{0.7} \tag{7-46}$$

定日镜成本为镜面总面积的线性函数，可以表示为

$$P_{\text{hf}} = 200 \times A_{\text{hel}} \times N_{\text{hel}} \tag{7-47}$$

熔盐换热器成本与其换热功率有关，可以表示为

$$P_{\text{heater}} = 350 \times (Q \times \eta_{\text{t}}) \times 1000 \tag{7-48}$$

土地成本为其面积的线性函数，可以表示为

$$P_{\text{land}} = 2.471 \times S_{\text{hf}} \tag{7-49}$$

式(7-45)～式(7-49)中，HT 为中央塔高度，m；A_{rec} 为集热器面积，m^2；N_{hel} 为定日镜总数量；Q 为换热器的换热功率，MW；η_{t} 为 CSP 电站中汽轮机热电效率，根据 Gemasolar 电站数据，假设为 0.375；S_{hf} 为土地面积，m^2。

一般来说，经过优化的定日镜场并非完整的圆形镜场，因此镜场占地面积并不能简单地使用最外环定日镜半径按照圆形场地计算，而需要根据每环定日镜实际占地面积进行计算，如图 7-60 所示。

由此，实际的镜场占地面积可以计算为

$$\begin{cases} S_{\text{hf}} = S_1 + S_2 + \cdots + S_{N_{\text{r}}} \\ S_1 = \pi \cdot (R_1 + \text{DM}/2)^2 \\ S_n = \dfrac{n_n}{N_n} \cdot \pi \cdot \left[\left(R_n + \dfrac{\text{DM}}{2} \right)^2 - \left(R_{n-1} + \dfrac{\text{DM}}{2} \right)^2 \right], \qquad n = 2, 3, \cdots, N_{\text{r}} \end{cases} \tag{7-50}$$

式中，S_{hf} 为镜场占地面积，m^2；S_n 为第 n 环定日镜占地面积，n=1, 2,⋯, N_{r}，m^2；R_n 为第 n 环定日镜距离中央塔的距离，n=1, 2,⋯, N_{r}，m；DM 为定日镜特征直径，m；n_n 为第 n 环定日镜中实际定日镜数量；N_n 为在完整的初始镜场中第 n 环定日

镜中的定日镜数量；N_r 为总的定日镜环数。

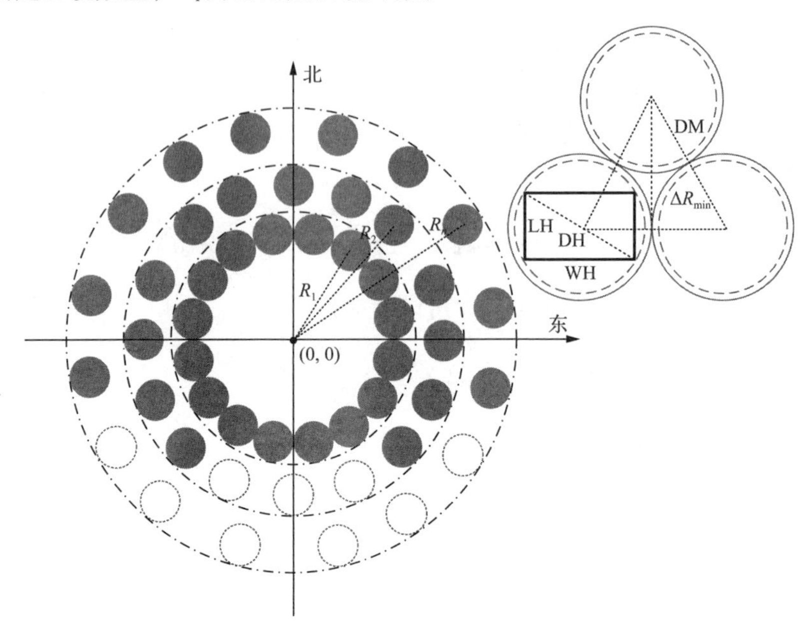

图 7-60　镜场占地面积计算

7.4.4　多目标优化算法

实际的优化问题中经常包含多个目标函数，并且多个目标往往互相冲突，难以被同时优化，如 SAPG 系统优化中的初始投资和太阳能净发电量。因此作为替代方案，可以求解获得帕累托最优解集，即当多目标中的某一指标性能不降低的情况下其余指标无法被进一步提高的解的集合。如对于以最小为最优的优化问题，当定义域内的某一可行解 x^1，$x^2 \in X$时满足下列条件时，则定义为 x^1 支配 x^2：

(1) $f_i(x^1) \leqslant f_i(x^2)$，对于所有指标 $i \in (1, 2, \cdots, k\}$。

(2) $f_j(x^1) < f_j(x^2)$，对于至少一个指标 $j \in (1, 2, \cdots, k\}$。

其中，k 是所有优化指标的总数量。如果一个解被较少的其余解支配，则更有可能被选中参与后续进一步优化，而被多数解支配的解将作为劣解被舍弃。帕累托最优解实际是考虑不同指标的所有权重可能性的非劣解，通过综合对比所有的关注指标，可以方便地获得所有非劣解的解集并在获得特定的进一步的需求后，从帕累托最优解集中选择最终的最优解。基于帕累托非劣解思想，已经提出众多多目标优化算法，如非支配排序遗传算法(non-dominant sorting genetic algorithm，NSGA)，多目标遗传算法(multi-objective evolutionary algorithm，MOEA)，帕累托小生境遗传算法(niche Pareto genetic algorithm，NPGA)和快速非支配排序的遗传算法(non-dominant sorting genetic algorithm-II，NSGA-II)。而基于快速非支配排序的 NSGA-II 算法实际是 NSGA 算法的新版本。NSGA-II 算法通过快速非支配排序有效地减少计算复杂度，通过精英策略保留最优解增加算法收敛速度，通过拥挤距离的计算保持样本的多样性防止算法陷入局部最优，NSGA-II 算法的有效性已经在众多复杂的多目标优化问题上得到应用。

7.4.5　太阳能辅助燃煤发电系统全工况优化

作为计算案例，本节中将对一个 SAPG 系统进行优化，优化的目的将在最低初始投资和最高太阳能净发电量的目标函数下求解获得帕累托最优解集，并且对于任意最优解，将同时求解特定工况下的最优集成模式以求解其最大太阳能净发电量。热动力系统仍然采用前文介绍的国内某 600 MW 超临界火电机组，而集热系统将同时参考 Solar Two 电站和 Gemasolar 电站，参数如表 7-13 所示。

表 7-13　Solar Two 电站和 Gemasolar 电站设计参数

参数	Solar Two 电站	Gemasolar 电站
电站位置	Barstow	Seville
当地大气压	94688 Pa	101480 Pa
设计点	—	—
设计点太阳位置(α, a_s)	—	—
设计点 DNI($I_{b,dp}$)	825W/m^2(估计)	700W/m^2(估计)
设计点镜场效率($\eta_{hf,ins,dp}$)	0.715(估计)	0.636(估计)
设计点集热器平均热流密度(P_{ave})	425kW/m^2	445kW/m^2
设计点环境温度	—	—
集热器额定负荷(RPR)	42.2MW	120MW
镜场额定功率(HFPR)	48MW	136.5MW(估计)
中央塔高度(HT)	76.2m	147(估计)
集热器直径(D_{rec})	5.1m	8.1m
集热器高度(H_{rec})	6.2m	10.6m
定日镜长度(LH)	—	12.305m
定日镜宽度(WH)	—	9.752m
定日镜对角线(DH)	—	15.701m
定日镜反射面积(A_h)	39.13m^2	115.72m^2
定日镜理想反射率	0.903	0.88
定日镜平均清洁程度	0.930	0.95
定日镜总面积	81400m^2	306658m^2
镜场布置方式	圆周形布置	圆周形布置
定日镜附加距离(d_{sep})	—	—

10MW 级 Solar Two 示范电站坐落于美国加利福尼亚州巴斯市(34.85°N, 116.8°W)，配置有 81400m^2 的圆周形定日镜场，圆周形集热器，熔盐换热器和储热系统，集热器额定热功率为 42.4MW，是一个相对较小规模的集热系统；而 19.9 MW 的 Gemasolar 电站，坐落于西班牙塞维利亚(37.46°N, 5.33°W)，是世界上第一座配置圆周形集热器、熔盐储热系统的商业电站。电站配置有超过 300000m^2 的高反射率定日镜(SENER 定日镜)，集热器额定热功率为 120MW，是一个相对中等规模的集热系统。这两座 CSP 电站的设计参数如表 7-14 所示。

在本节的优化过程中，集热器的额定热功率(RPR)、中央塔高度(HT)、第一环定日镜与中央塔的距离(R_1)、镜场各区域连续环之间的距离(ΔR_n, n=1, 2,…, 6)共 9 个变量作为本节的优化变量。参考 Gemasolar 电站，集热器尺寸的高/直径的比值(k_{rec})设置为 1.3086，设计点集热器表面平均功率密度设置为(P_{ave})设置为 445kW/m^2，于是在优化工程中，集热器的面积 Arec 将受到集热器额定负荷率和其表面热流密度的约束，而集热器尺寸(H_{rec}, D_{rec})将由下式计算获得：

$$A_{rec} = \mathrm{RPR}/P_{ave} \tag{7-51}$$

$$D_{rec} = (A_{rec}/\pi \times k_{rec})^{0.5} \tag{7-52}$$

$$H_{rec} = k_{rec} \times D_{rec} \tag{7-53}$$

在本节 SAPG 系统的优化工程中将采用 SENER 定日镜，SENER 定日镜的长(LH)和宽(WH)分别为 12.305m 和 9.752m，定日镜的理想反射率和平均清洁程度为 0.88 和 0.95。SAPG 系统的详细设计参数如表 7-14 所示。

表 7-14　SAPG 系统设计参数

参数	本书 SAPG 系统采用值
电站位置	德令哈(37.37°N, 97.37°E)
当地大气压	71200Pa
设计点	3 月 21 日正午
设计点太阳角度(α, a_s)	(α=52.63°, a_s=0°)
设计点 DNI ($I_{b,dp}$)	700W/m^2
设计点集热器平均热流密度(P_{ave})	445kW/m^2
设计点环境温度	20℃
集热器额定负荷(RPR)	优化变量
镜场额定负荷(HFPR)	受 RPR 约束
集热器直径(D_{rec})	受 RPR, P_{are} 和 k_{rec} 约束
集热器高度(H_{rec})	受 RPR, P_{are} 和 k_{rec} 约束

续表

参数	本书 SAPG 系统采用值
定日镜长度(LH)	12.305m
定日镜宽度(WH)	9.752m
定日镜对角线(DH)	15.701m
反射镜理想反射率	0.903
反射镜平均清洁程度	0.930
镜场布置方式	圆周形布置
典型气象年(TMY)数据	NREL
变工况下气象数据	TMY
变工况下汽轮机负荷率	来自电网调度
中央塔高度(HT)	优化变量
第一环定日镜与中央塔距离(R_1)	优化变量
各区域连续环之间的距离(ΔR_n)	优化变量
定日镜附加距离(d_{sep})	0m

1. 设计工况优化

1)优化流程与结果

本节的设计点选择在德令哈地区春分正午。如表 7-15 所示，用于设计点优化的所有变量的约束如表所示。可以看到，为扩大太阳能集热器系统规模，探索满足 SAPG 系统的太阳能热量的边界值，集热器额定热功率的下限值参考 Solar Two 电站设置为 40MW，而上限值扩大到 400MW。中央塔高度下限参考 Solar Two 电站设置为 76.2m，高度上限参考美国新月沙丘电站设置为 179.3m，而所匹配的集热器尺寸将在优化的过程中根据集热器额定热负荷、平均热流密度和尺寸比例进行动态评估。

表 7-15　设计工况优化的变量约束设置

变量	参数	单位	变量约束
x_1	RPR	MW	[40, 400]
x_2	HT	m	[76.2, 179.3]
x_3	R_1	m	[0.5, 1.0]×HT
x_4	ΔR_1	m	[1.0, 1.5]×ΔR_{min}
x_5	ΔR_2	m	[1.25, 1.75]×ΔR_{min}
x_6	ΔR_3	m	[1.5, 2.0]×ΔR_{min}
x_7	ΔR_4	m	[1.75, 2.25]×ΔR_{min}
x_8	ΔR_5	m	[2.0, 2,5]×ΔR_{min}
x_9	ΔR_6	m	[2.25, 2,75]×ΔR_{min}

优化过程如图 7-61 所示，主要步骤总结如下：

(1)在给定的约束区间内生成一系列的随机变量序列[RPR, HT, R_1, ΔR_1, ΔR_2, ΔR_3, ΔR_4, ΔR_5, ΔR_6]。每个序列代表集热系统的一个设计方案，既包含集热器输出热负荷，又包含塔高、集热器尺寸、镜场布置结构等所有信息。

(2)对于每个随机序列，根据变量数值首先生成一个足够大的镜场。然后在设计点计算所有定日镜的瞬时光学效率。然后选择光学效率最高的前若干面定日镜作为当前方案下的镜场，定日镜数量受集热器额定热负荷约束。

(3)根据每个随机序列中变量的数值，计算每个方案对应的初始投资。

(4)在设计点，使用 GIOM 方法优化获得设计工况下的最优集成模式。其中镜场效率、集热器效率和等效焓降效率根据各部分系统效率计算获得，并计算当前最优集成方案下的光电转换效率，进而计算设计点所在时刻(12h)的太阳能净发电量。

(5)步骤(1)中生成的所有随机序列的优劣使用快速非支配排序方法进行评估，然后选择非支配度较高的序列参与交叉、变异、重插入等一系列操作生成新的序列。经过步骤(1)～(5)的循环计算，由 NSGA-II 优化集热系统的设计方案。

(6)当算法达到停止条件后，将获得帕累托最优解集。根据实际情况，通过进一步约束，从最优解集中选择所需的最终方案。

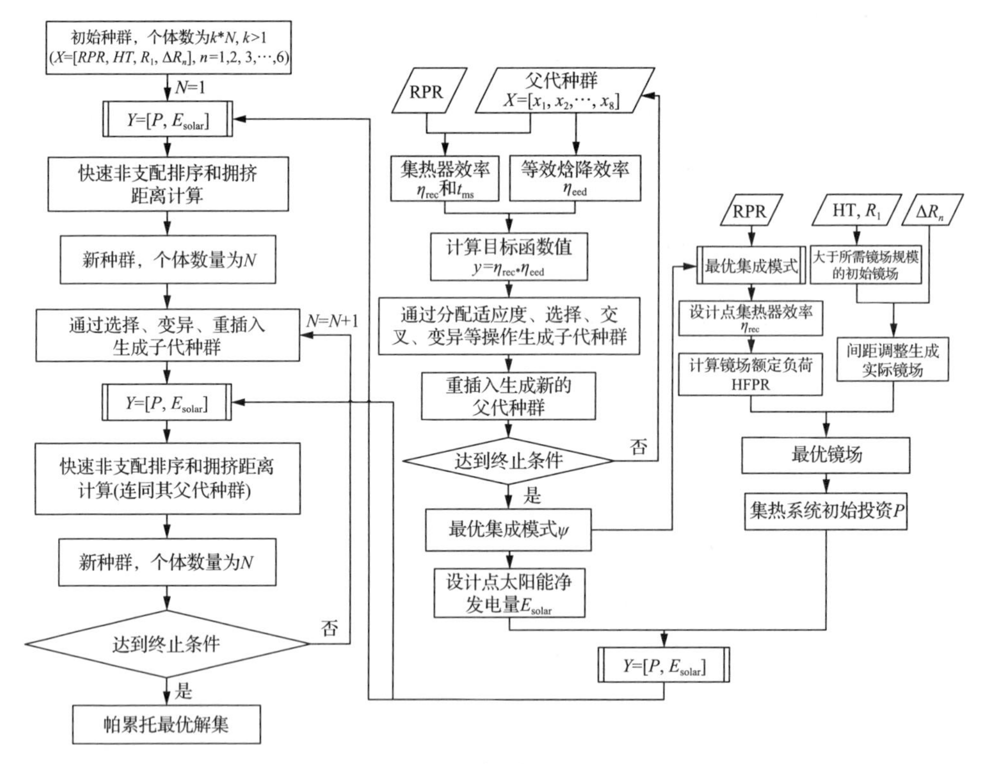

图 7-61 设计点优化流程图

优化结束后，帕累托前沿曲线如图 7-62 所示，其中几种典型规模(50MW 等级、100MW 等级、200MW 等级和 300MW 等级)的集热系统对应的镜场同时显示于图中。对应的帕累托最优解如表 7-16 所示。由图 7-63 可以看到，帕累托最优曲线最上侧的点为(284, 94)，其对应的集热器额定热功率为 330MW，而由变量约束可以看到，集热器额定负荷的约束区间为[40, 400]MW，也就是说，在集热器额定负荷为[330, 400]MW 的区间内并没有最优解，即此时随着集热器输出热量的增加，集热系统初始投资将继续增加而系统太阳能净发电量不在增加。于是，设计点时系统的最大太阳能净发电量为 94MW，而对应的集热器额定负荷为 330MW。实际上，330MW 恰好是设计工况下，汽轮机回热系统所能集成进入的做大热量。

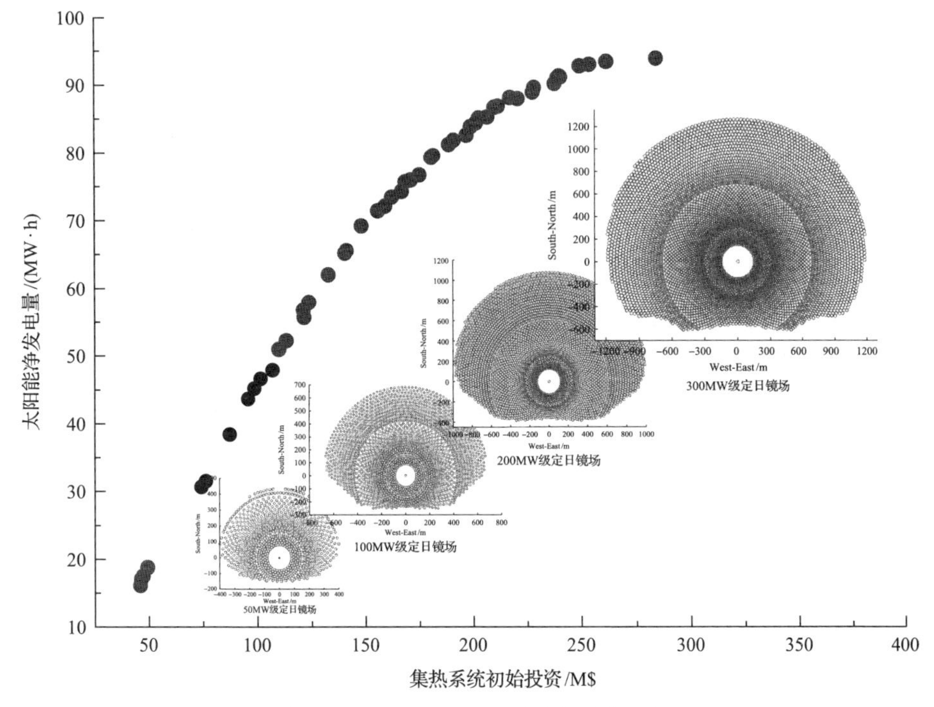

图 7-62　设计点优化的帕累托前沿曲线

表 7-16　设计点优化的帕累托最优设计方案集

RPR	HT	R_1	ΔR_1	ΔR_2	ΔR_3	ΔR_4	ΔR_5	ΔR_6	y_1	y_2
43.0	96.0	0.6	1.0	1.3	1.7	2.2	2.4	2.7	46.5	17.1
97.6	133.7	0.7	1.1	1.4	1.7	2.2	2.2	2.3	87.3	38.4
129.9	133.7	0.8	1.1	1.3	2.0	2.2	2.4	2.6	110.1	51.0
⋮										
145.2	135.7	0.7	1.0	1.3	2.0	2.2	2.2	2.3	121.3	56.7

续表

RPR	HT	R_1	ΔR_1	ΔR_2	ΔR_3	ΔR_4	ΔR_5	ΔR_6	y_1	y_2
180.2	142.1	0.9	1.0	1.3	2.0	2.2	2.4	2.6	148.3	69.2
232.5	159.2	0.7	1.0	1.3	1.7	2.2	2.2	2.7	191.2	81.9
⋮										
267.8	168.1	0.9	1.0	1.3	2.0	2.2	2.4	2.7	217.2	88.2
294.3	171.9	0.8	1.0	1.3	2.0	2.2	2.4	2.7	240.0	91.3
338.7	164.8	1.0	1.0	1.4	1.9	2.1	2.5	2.5	284.1	93.9

2) 场景选择

如前文所述，帕累托前沿曲线代表最优输出的集合，而并非特定的最优输出，如图 7-63 所示，因此针对实际情形，所需要的最优输出及对应的最优解集需要根据进一步约束条件来获得。例如，如果以较低的初始投资作为主要关注目标，则帕累托前沿中左侧 Y 轴下方的点将可能被选择为最终方案；而如果以较高的太阳能净 发电量最为关注的主要目标，则帕累托前沿曲线中右侧 Y 轴上方的点将可能被选择为最终方案。

在本节中，作为示例，以最优方案中单位初始投资的最大发电量作为进一步的目标函数，从帕累托最优解集中选择最终方案。各解集的单位投资发电量，即发电量与初始投资的比值如图 7-63 所示。可以看到，单位投资发电量的最大值为 0.4675，对应的集热器热负荷为 145.2MW，对应的集热系统完整的设计方案为：[145.2(RPR), 135.7(HT), 0.7(R_1), 1.0(ΔR_1), 1.3(ΔR_2), 2.0(ΔR_3), 2.2(ΔR_4), 2.2(ΔR_5), 2.3(ΔR_6)]，而

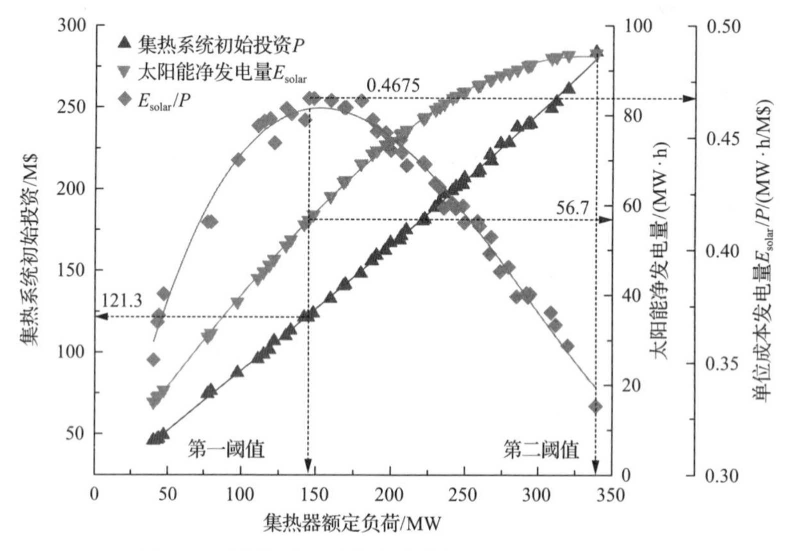

图 7-63　设计功况最优方案集的 P、E_{solar} 和 E_{solar}/P

帕累托输出此时为(121.3, 56.7)。在设计点，经过 GIOM 优化，集热器输出热量在回热系统的分配比例为 X=[0, 0, 0, 0, 0, 0.0348, 0.5764, 0.3888]，也就是说，传热流体吸收的热量几乎全部分配进入压力最高的前两级加热器。

3)结果分析

由帕累托最优解集的详细数值、中央塔高度、集热器面积、定日镜数量和镜场占地面积分别如图 7-64(a)～(d)所示。结果显示，总体上中央塔高度随集热器额定负荷增大而增大，即较大的集热器输出功率通常需要配置较高的中央塔高度。而在相对较高的集热器额定负荷时，中央塔的高度增加趋于平缓，即过高的集热器功率往往需要增加较多的定日镜来实现而非增加中央塔高度；集热器面积与集热器额定负荷呈线性关系，因为本节优化过程中，集热器表面平均热流密度为常数，即较大的集热器输出负荷需要等比例的集热器面积；而定日镜数量和对应的镜场面积则随集热器额定功率的增加而加速增加，即在较高的集热器额定负荷时，往往倾向于选择更多的定日镜并需要更大的镜场占地面积，而非继续增加中央塔高度，这由中央塔的成本曲线决定，因为中央塔的成本随其高度的增加迅速增加。

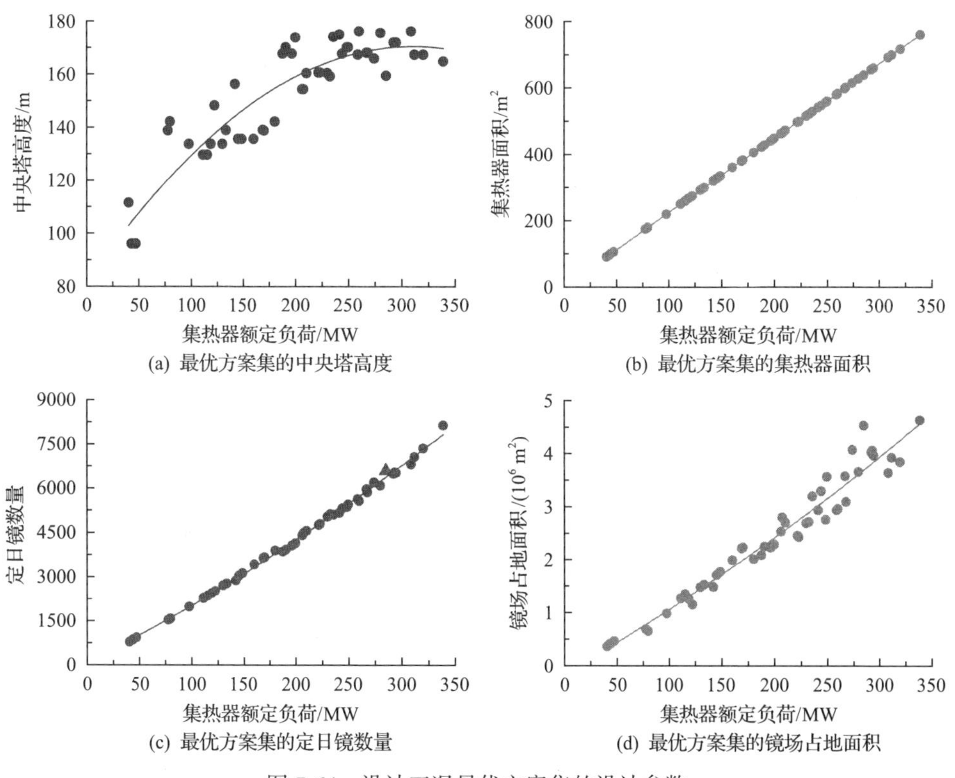

(a) 最优方案集的中央塔高度　(b) 最优方案集的集热器面积

(c) 最优方案集的定日镜数量　(d) 最优方案集的镜场占地面积

图 7-64　设计工况最优方案集的设计参数

同时，所有最优解集的定日镜场效率、集热器效率和热电转换效率如图 7-65(a)～(c)所示，而系统光电转换效率如图 7-65(d)所示。由图 7-65(a)可以看到，镜场效率总体上随着集热器额定负荷的增大而减小，因为较高的集热器负荷需要配置较大尺寸的镜场，并导致较低的镜场效率；由图 7-65(b)看到，集热器效率随集热器额定负荷的增大而轻微增大，因为较高的集热器负荷将导致多余的热量向汽轮机回热系统的低压侧集成，由此降低集热器进口熔盐温度并增大集热器效率；而由于多余的热量向低压侧集成，系统的热电转换效率将逐渐降低；由图 7-65(c)可以发现，在集热器额定负荷为 140～180MW 范围内时，系统热电转换效率开始显著下降。实际上，在设计点，140MW 是所能集成进入汽轮机压力最高的前两级加热器所有热量的总和，而 180MW 则是能集成进入压力最高的前三级加热器的热量的总和；于是系统光电转换效率由上述三个效率相乘计算获得，并如图 7-65(d)所示，可以看到，综合镜场效率、集热器效率和热电转换效率，最终的光电转换效率随集热器额定负荷的增大而降低。

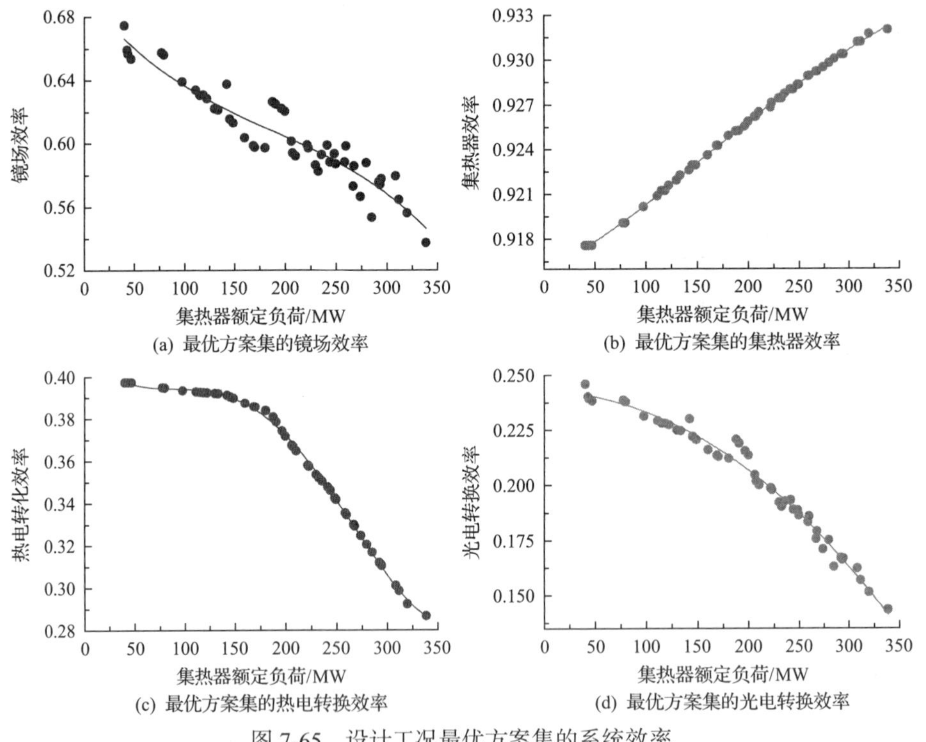

图 7-65　设计工况最优方案集的系统效率

2. 非设计工况优化

1)优化流程与结果

本节将综合考虑系统所在地的气象数据变化与汽轮机实际负荷率变化，对

SAPG 系统进行非设计工况下的优化，此时优化变量的约束区间如表 7-17 所示。

表 7-17　非设计工况优化的变量约束设置

变量	参数	单位	变量约束
x_1	RPR	MW	[40, 200]
x_2	HT	m	[76.2, 179.3]
x_3	R_1	m	[0.5, 1.0]*HT
x_4	ΔR_1	m	[1.0, 1.5]* ΔR_{min}
x_5	ΔR_2	m	[1.25, 1.75]* ΔR_{min}
x_6	ΔR_3	m	[1.5, 2.0]* ΔR_{min}
x_7	ΔR_4	m	[1.75, 2.25]* ΔR_{min}
x_8	ΔR_5	m	[2.0, 2,5]* ΔR_{min}
x_9	ΔR_6	m	[2.25, 2,75]* ΔR_{min}

由于非设计工况下系统优化耗时较多，为缩短计算时间，同时参考设计点优化时最终方案出现的位置，缩小集热器额定功率上限为 200MW。优化过程如图 7-66

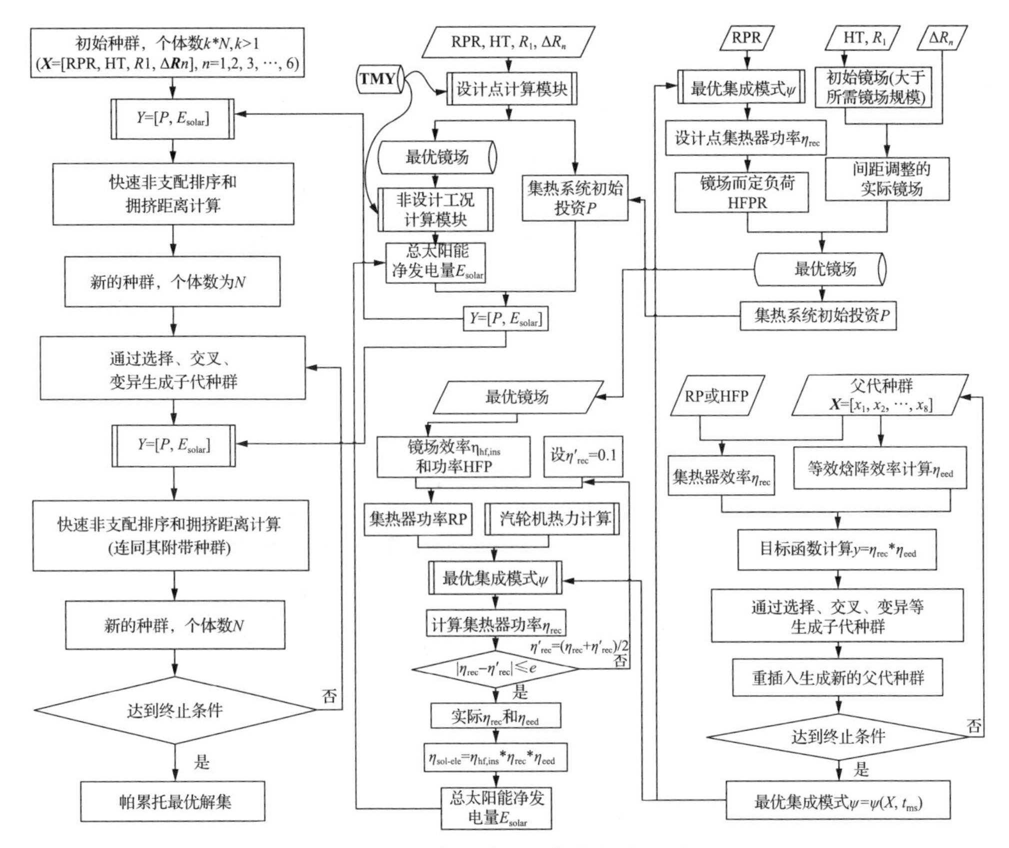

图 7-66　非设计工况优化的流程图

所示，主要步骤与设计点优化过程不同的是，本节中依据设计点镜场光学效率最大优化获得相应方案下的镜场，并存储供后续非设计工况下使用，其余优化过程完全一致。

德令哈地区典型气象年(TMY)的逐时 DNI 和环境温度数据如图 7-67 所示，而本算例中 600MW 机组实际负荷数据如图 7-68 所示。本节中，选择春分日即 3 月 21 日作为典型日进行非设计工况优化。典型日 DNI 及环境温度数据为典型气象年数据的逐时平均值，而典型日汽轮机负荷数据为 3 月各天汽轮机负荷的逐时平均数据(假定全年中汽轮机负荷数据不连续)。典型日 DNI、环境温度和汽轮机负荷数据同时如图 7-69 所示，其中，仅仅当太阳高度角大于 15°的时刻对应的数据显示于图中并参与优化计算。

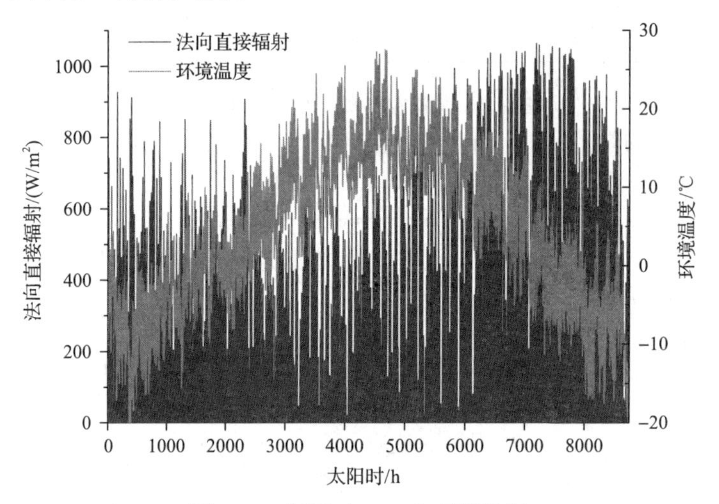

图 7-67 年逐时 DNI 和环境温度

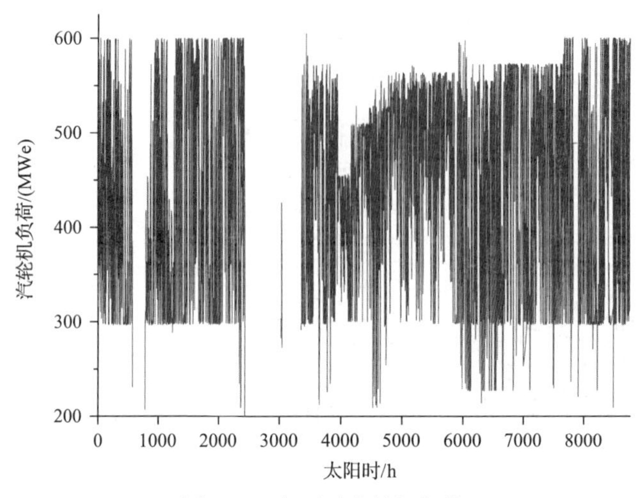

图 7-68 年逐时汽轮机负荷

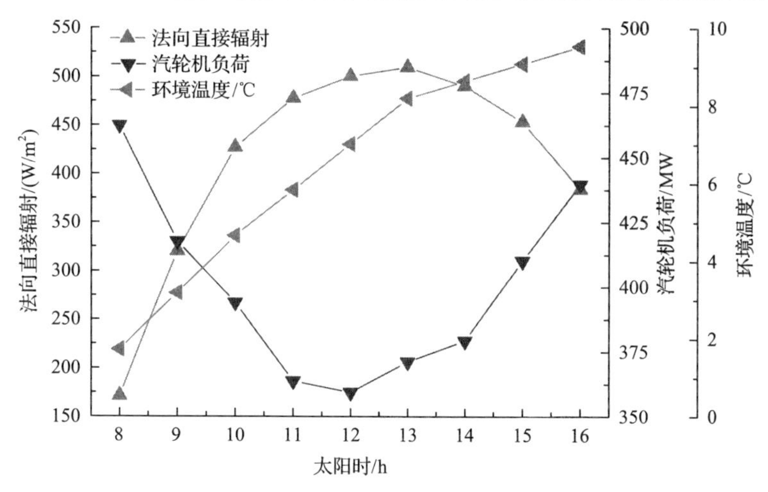

图 7-69 典型日 DNI，环境温度和汽轮机负荷

优化结束后，帕累托前沿曲线如图 7-70 中几种典型规模（50MW 等级、100MW 等级、150MW 等级和 200MW 等级）的集热系统对应的镜场同时显示于图中。对应的帕累托最优解集如表 7-18 所示。

2）选择场景

与设计点优化类似，本节中同样适用单位投资的最大发电量作为进一步的目标函数，从帕累托最优解集中选择最终设计方案。最优解的初始投资，太阳能净

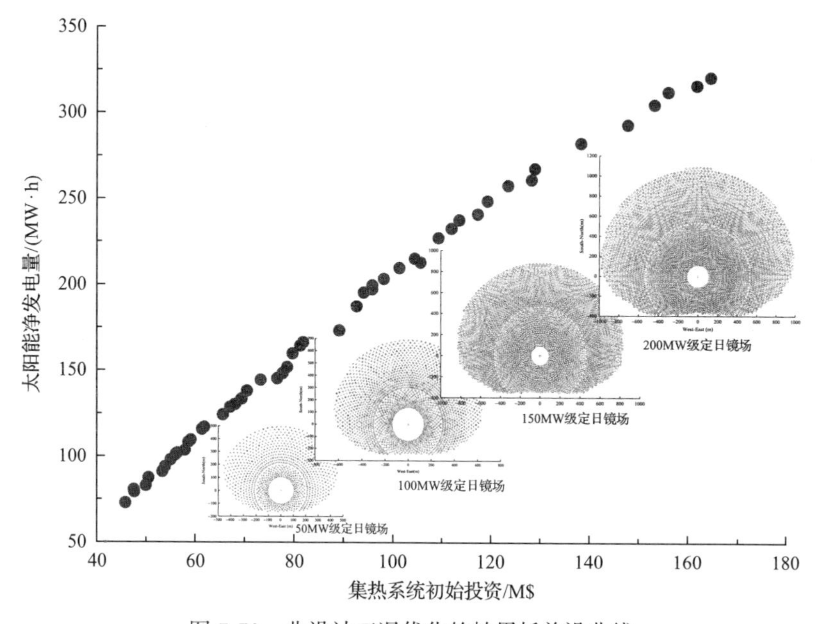

图 7-70 非设计工况优化的帕累托前沿曲线

表 7-18　非设计工况优化的帕累托最优设计方案集

RPR	HT	R_1	ΔR_1	ΔR_2	ΔR_3	ΔR_4	ΔR_5	ΔR_6	y_1	y_2
43.7	92.0	0.9	1.2	1.3	2.0	2.0	2.4	2.7	47.6	79.1
60.4	109.2	0.7	1.2	1.3	2.0	2.0	2.4	2.7	59.2	109.6
79.6	111.5	0.8	1.1	1.3	1.9	1.9	2.1	2.7	73.3	144.3
…										
91.8	117.6	0.8	1.0	1.3	2.0	2.0	2.4	2.7	81.8	166.3
110.7	117.6	0.8	1.0	1.3	2.0	2.0	2.1	2.7	95.8	199.7
133.0	136.6	0.8	1.0	1.3	1.8	2.1	2.5	2.5	113.5	237.6
…										
148.8	159.4	0.6	1.1	1.4	1.7	1.8	2.1	2.3	128.3	260.9
172.8	164.8	1.0	1.0	1.4	1.9	2.1	2.4	2.4	147.8	293.3
197.3	170.3	0.7	1.2	1.3	2.0	2.0	2.1	2.7	164.5	320.7

发电量和单位投资发电量如图 7-71 所示。可以看到，单位投资发电量的最大值为2.09，而对应的设计方案为[133.0(RPR)，136.6(HT)，0.8(R_1)，1.0(ΔR_1)，1.3(ΔR_2)，1.8(ΔR_3)，2.1(ΔR_4)，2.5(ΔR_5)，2.5(ΔR_6)]，也就是说，最终的设计方案为一个集热器额定负荷为 133.0MW 的集热系统，塔高为 136.6m。优化过程中预设较大镜场(预设 6 个区域)，而由最终镜场布置图显示对应方案镜场实际上只包含三个区域(ΔR_1、ΔR_2、ΔR_3 有效)，并且各区域间距从内到外逐渐扩大。第一环定日镜距离中央塔的距离为 136.6*0.8=109.3m，第一个区域的相邻环定日镜的间距为 1.0*ΔR_{min}=13.6m，第二个区域的相邻环定日镜的间距为 1.3*ΔR_{min}=17.7m，第一个区域的相邻环定日镜的间距为 1.8*ΔR_{min}=24.5m，镜场设计点的瞬时光学效率为 0.6324。

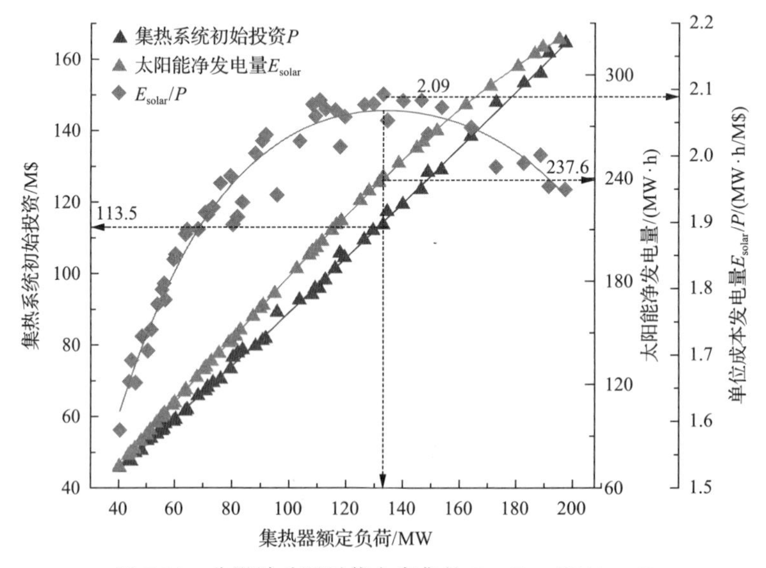

图 7-71　非设计功况最优方案集的 P、E_{solar} 和 E_{solar}/P

在任意瞬时工况下，由传热流体吸收的热量被 GIOM 优化后，以一定的比例集成进入回热系统的不同位置，在典型日各运行工况下，太阳能热量在回热系统的集成位置和集成比例如表 7-19 所示。借助所优化的定日镜场布置和最优集成模式，典型日内镜场收集的太阳能可以提供最多 237.6MW·h 的净发电量，而经过优化后集热系统初始投资为 113.5M$。

表 7-19　非设计工况下热量分配比例

太阳时	x_1	x_2	x_3	x_4	x_5	x_6	x_7	x_8
8	0	0	0	0	-	0	0	1
9	0	0	0	0	-	0	0.4059	0.5941
10	0	0	0	0	-	0.0192	0.5968	0.3840
11	0	0	0	0	-	0.2399	0.4628	0.2973
12	0	0	0	0.0463	-	0.2468	0.4304	0.2764
13	0	0	0	0.0155	-	0.2542	0.4446	0.2857
14	0	0	0	0	-	0.1958	0.4896	0.3147
15	0	0	0	0	-	0	0.6002	0.3998
16	0	0	0	0	-	0	0.4196	0.5804

3) 结果分析

最优解集对应设计方案的塔高、集热器面积、定日镜数量和镜场占地面积分别如图 7-72 所示。与设计点优化结果类似，整体上，较大的集热器额定功率需要较高的中央塔高度、较大的集热器面积、较多的定日镜数量和较大的镜场占地面积。图 7-72(a)显示，中央塔高度随集热器额定负荷的增大缓慢增大，因为中央塔成本对其高度的增加较为敏感，过高的中央塔高度将导致成本明显增加；图 7-72(b)显示集热器面积随集热器额定负荷的增大线性增加，由前文集热器面积的计算方法可知，其面积完全受集热器额定负荷和表面平均热流密度约束，而优化过程总热流密度设定为常数；图 7-72(c)(d)显示，定日镜数量和镜场占地面积随集热器额定负荷的增大显著增大，主要是因为随着镜场规模的增大其瞬时光学效率明显下降，且根据中央塔、定日镜这占地成本特性曲线，较高的集热器额定负荷往往需要通过增加定日镜数量和相应的镜场占地面积来实现，而不是继续增加中央塔高度。

同时，镜场效率、集热器效率、热电转换效率和系统光电转换效率随集热器额定负荷和太阳时的变化、如图 7-73 所示，由典型日气象数据可以看到，中午时刻 DNI 较高。同时由于太阳能的高度角较大，镜场的瞬时光学效率在中午相对较高。图 7-73(a)显示，镜场瞬时光学效率关于 12:00 时对称且随着太阳高度角的增大而增大，随着集热器额定负荷的增大而减小。图 7-73(b)显示，集热器效率同样是中午较高，由典型日气象数据、汽轮机负荷率数据及镜场瞬时光学效率特性可

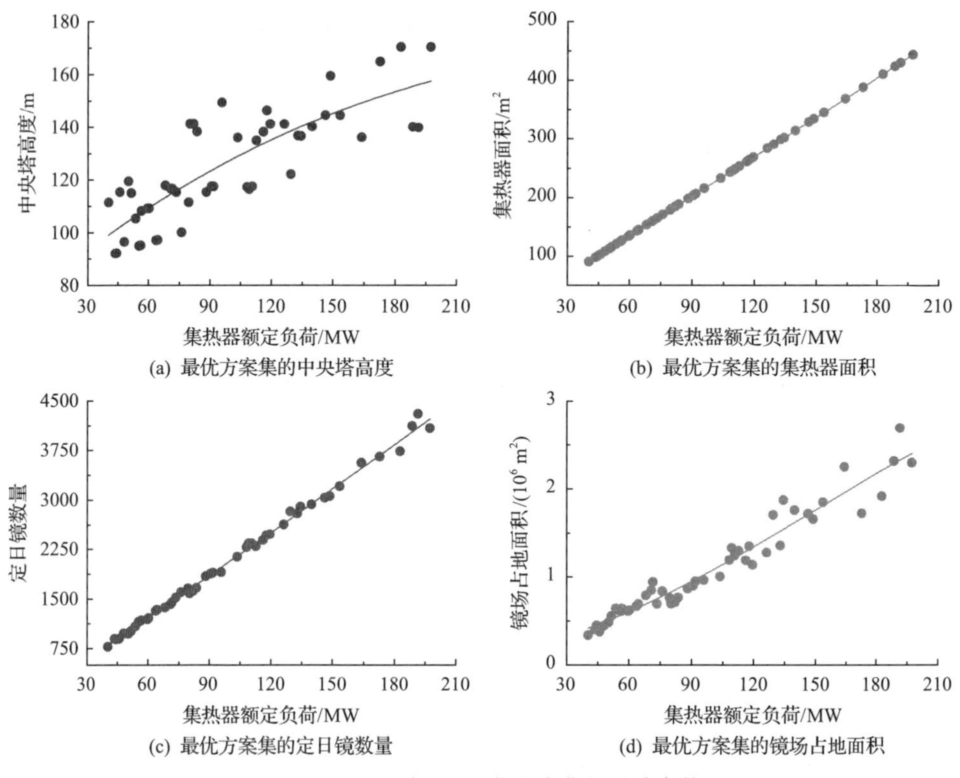

(a) 最优方案集的中央塔高度

(b) 最优方案集的集热器面积

(c) 最优方案集的定日镜数量

(d) 最优方案集的镜场占地面积

图 7-72　非设计工况最优方案集的设计参数

知，集热器实际负荷在中午较高而汽轮机负荷在中午时相对较低，且较高的集热器入射功率和较低的换热流体温度都有助于提高集热器效率。图 7-73(c) 显示，汽轮机热电转换效率在中午明显较低，且随着集热器额定负荷的增大而降低。因为中午时汽轮机负荷较低且集热器入射负荷较高，两方面作用将导致过多的太阳能热量向回热系统低压侧集成，都将降低系统的热电转换效率，这同时也是热电转换效率与集热器额定负荷呈负相关的原因。最后，如图 7-73(d) 所示，在图像的左侧，系统光电转换效率与镜场效率特性相似，而在图像右侧，系统光电转换效率与热电转换效率特性相似。当集热器额定功率低于 130MW 左右时，对应镜场光学效率较高，集热器输出热量适中，太阳能热量主要集成在回热系统高压侧，此时镜场光学效率特性占主导，导致系统热电转换效率在中午较高，上午和下午明显较低；而当集热器额定功率大于 130MW 左右时，对应镜场光学效率明显降低且此时集热器输出热量较多，太阳能热量需要向回热系统低压侧集成，此时热电转换效率特性占主导，导致系统热电转换效率在中午时较低，而在上午或者下午时汽轮机负荷较高等效焓降效率较高且高压侧可集成热量较多，因此系统热电转换效率明显较高。130MW 的集热器额定功率是系统热电转换效率特性明显的分界点。

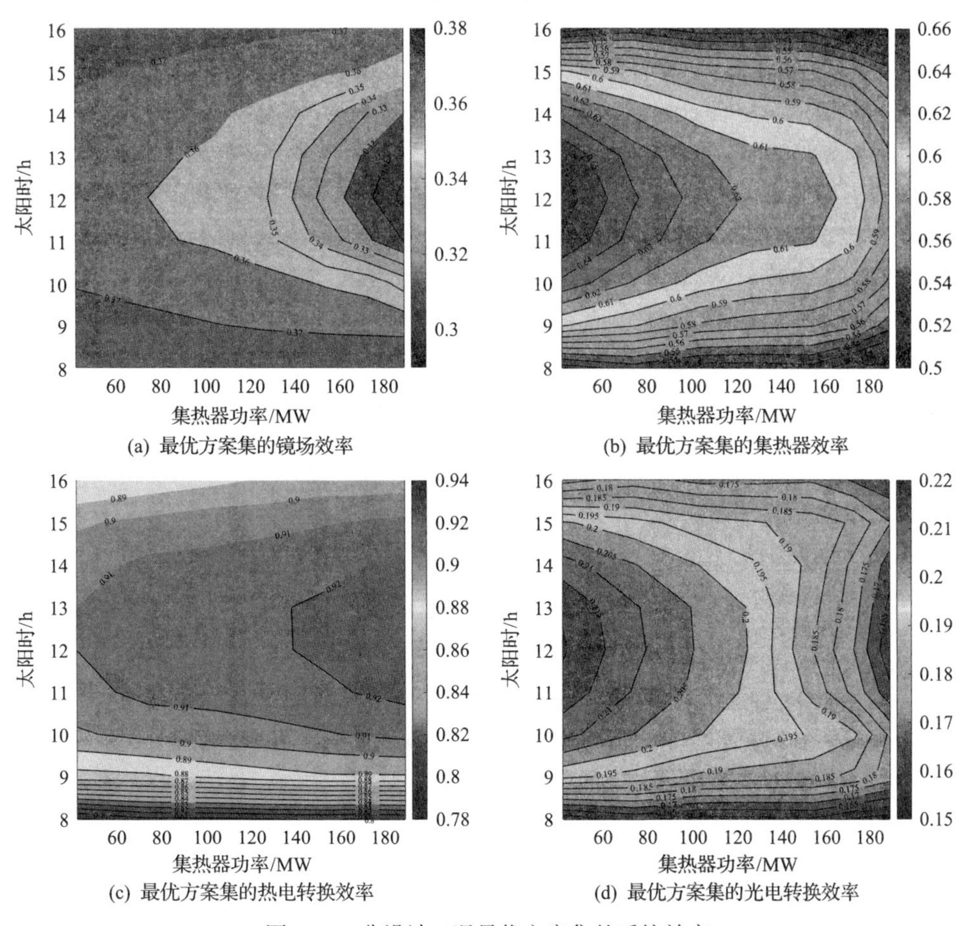

(a) 最优方案集的镜场效率　(b) 最优方案集的集热器效率

(c) 最优方案集的热电转换效率　(d) 最优方案集的光电转换效率

图 7-73　非设计工况最优方案集的系统效率

定日镜场的输入效率等于总镜面面积和法向直接辐射 DNI 的乘积，而对于特定的集热系统设计方案，总的镜面面积是确定的，因此镜场输入能量趋势与 DNI 变化趋势完全一致。如典型日气象数据所示，典型日 DNI 数值在中午相对较高，而 8:00 时 DNI 最低值为 171.2W/m^2，而 13:00 时 DNI 的最大值为 509.6W/m^2。因此对于前述以单位成本发电量为进一步的目标函数选择的最终设计方案，8:00 时总太阳能输出的达到最小值 57.4MW·h，而 13:00 太阳能输入达到最大值即 171.0MW·h。镜场入射太阳能能量，即集热器入射能量，将影响集热器输出热量，并最终影响太阳能热量在回热系统侧的集成位置和分配比例。最后，对于前述以单位成本发电量为进一步的目标函数选择的最终设计方案，逐时的太阳能输入能量、太阳能净发电量、系统光电转换效率计算并如图 7-74 所示。可以看到，系统逐时光电转换效率非常接近。当设计的集热系统规模较大，即集热器额定负荷较大时，虽然太阳能净发电量也相应增大，然而系统光电转换效率较低，因此这是不经济的；而设计的集热系统规模较小，即集热器额定负荷较小时，虽然系统光电转换效率较高，但是最终总太阳能净发电量较小，所以同样是不经济的。根据单位成本发电量为进一步的目标函数选择的集热系统规模，即 133.0MW 集热器额定负荷对应的集热系统，平衡了总太阳能净发电量、系统光电转换效率两方面的因素，提供了合适的太阳能热量，以在集热系统侧变气象数据以及汽轮机侧变负荷等全工况下匹配现有的汽轮机发电系统，是一个综合考虑投资和太阳能净发电量的相对合理的设计方案。

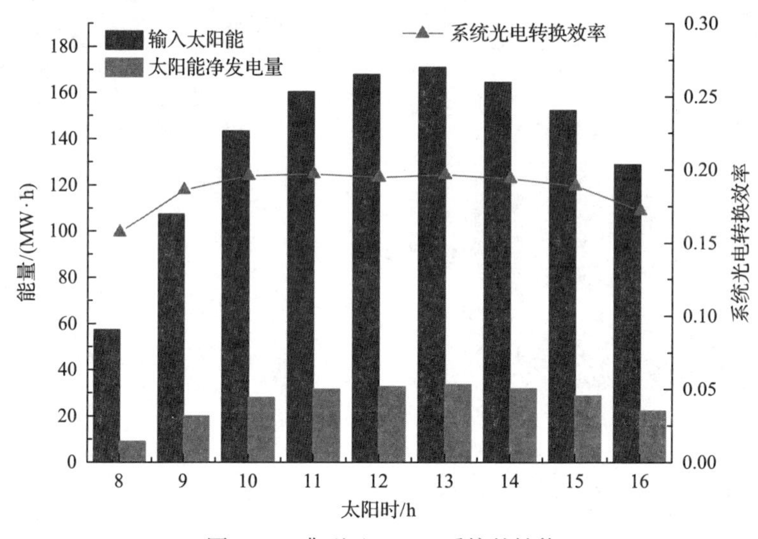

图 7-74　典型日 SAPG 系统的性能

参 考 文 献

[1] Zoschak R J, Wu S F. Studies of the direct input of solar energy to a fossil-fueled central station steam power plant[J]. Solar Energy, 1975, 17: 297-305.

[2] Ying Y, Hu E J. Thermodynamic advantages of using solar energy in the regenerative Rankine power plant[J]. Applied thermal engineering, 1999,19(11): 1173-1180.

[3] You Y, Hu E J. A medium-temperature solar thermal power system and its efficiency optimisation[J]. Applied Thermal Engineering, 2002,22(4): 357-364.

[4] Hu E, Yang Y, Nishimura A, et al. Solar thermal aided power generation[J]. Applied Energy, 2010,87(9): 2881-2885.

[5] Hu E J, Mills D R, Morrison G L, et al. Solar power boosting of fossil fuelled power plants[C]. Proceedings ISES 2003, Gothenburg, 2003.

[6] 杨勇平. 太阳能辅助燃煤一体化热发电系统[J]. 现代电力, 2008, 25(6): 11.

[7] 崔映红. 太阳能辅助燃煤发电系统耦合机理与热力特性研究[D]. 北京：华北电力大学, 2009.

[8] 高嵩. 太阳能辅助燃煤机组集热场优化研究[D]. 北京：华北电力大学, 2010.

[9] 黄畅, 侯宏娟, 徐璋, 等. 太阳能辅助不同容量燃煤机组热性能分析[J]. 工程热物理学报, 2016, 37(4): 695-700.

[10] 黄畅，侯宏娟，徐璋，等. 太阳能辅助不同容量燃煤机组热性能分析[J]. 工程热物理学报，2016，37(4)：695-700.

[11] 朱勇. 太阳能辅助燃煤系统性能评价与运行模式研究[D]. 北京：华北电力大学, 2013.

[12] 谭开禹. 太阳能辅助燃煤电站运行优化研究[D]. 北京：华北电力大学, 2014.

[13] 罗娜. 槽式太阳能辅助燃煤发电系统集热场动态仿真研究[D]. 北京：华北电力大学, 2015.

[14] 张楠. 槽式太阳能辅助 330MW 燃煤发电系统仿真研究[D]. 北京：华北电力大学, 2016.

[15] Zhang N, Hou H, Yu G, et al. Simulated Performance Analysis of A Solar Aided Power Generation Plant in Fuel Saving Operation Mode[J]. Energy, 2019, 166: 918-928.

[16] Zhai R R, Yang Y P, Zhu Y, et al. The evaluation of solar contribution in solar aided coal-fired power plant[J]. International Journal of Photoenergy, 2013: 1-9.

[17] Hou H, Xu Z, Yang Y. An evaluation method of solar contribution in a solar aided power generation (SAPG) system based on exergy analysis[J]. Applied Energy, 2016, 182: 1-8.

[18] Zhao Y, Hong H, Jin H. Proposal of a solar-coal power plant on off-design operation[J]. Journal of Solar Energy Engineering, 2013, 135(3): 1-11.

[19] Zhao Y, Hong H, Jin H. Mid and low-temperature solar–coal hybridization mechanism and validation[J]. Energy, 2014, 74: 78-87.

[20] 彭烁. 光煤互补发电系统全工况集成机理[D]. 北京：中国科学院研究生院（工程热物理研究所）, 2015.

[21] 徐璋. 太阳能热辅助燃煤发电系统中太阳能贡献度评价研究[D]. 北京：华北电力大学, 2017.

[22] Wang J, Duan L, Yang Y. Rapid design of a heliostat field by analytic geometry methods and evaluation of maximum optical efficiency map[J]. Solar Energy, 2019, 180: 456-467.

[23] Wang J, Duan L, Yang Y. Study on the general system integration optimization method of the solar aided coal-fired power generation system[J]. Energy, 2019, 169: 660-673.

索　引

B

C

D

E

F

M

N

O

P

Q

R

S

T

W

X

Y

Z